Silicatos de rochas magmáticas

Eberhard Wernick

Silicatos de rochas magmáticas: aspectos físico-químicos e petrológicos

Conceitos básicos

Edição final

Antonio Carlos Artur
Prof. dr. aposentado do Departamento de Petrologia e Metalogenia (DPM), Instituto de Geociências e Ciências Exatas, Universidade Estadual Paulista "Júlio de Mesquita Filho" (Unesp, campus de Rio Claro-SP)

Guillermo Rafael Beltran Navarro
Prof. dr. do Departamento de Geologia, Instituto de Geociências e Ciências Exatas, Universidade Estadual Paulista "Júlio de Mesquita Filho" (Unesp, campus de Rio Claro-SP)

Thaís Güitzlaf Leme
Dra. em Geociências e Meio-Ambiente, Instituto de Geociências e Ciências Exatas, Universidade Estadual Paulista "Júlio de Mesquita Filho" (Unesp, campus de Rio Claro-SP)

Direitos de publicação reservados à:
Fundação Editora da Unesp (FEU)
Praça da Sé, 108
01001-900 – São Paulo – SP
Tel.: (0xx11) 3242-7171
Fax: (0xx11) 3242-7172
www.editoraunesp.com.br
www.livrariaunesp.com.br
atendimento.editora@unesp.br

Dados Internacionais de Catalogação na Publicação (CIP) de acordo com ISBD
Elaborado por Vagner Rodolfo da Silva – CRB-8/9410

W496s

Wernick, Eberhard
Silicatos de rochas magmáticas: aspectos físico-químicos e petrológicos – conceitos básicos / Eberhard Wernick. – São Paulo: Editora Unesp, 2024.

Inclui bibliografia.
ISBN: 978-65-5711-260-1

1. Geologia. 2. Rochas Magmáticas. 3. Silicatos. 4. Petróleo. I. Título.

2024-2730 CDD 551.072
CDU 551.1

Editora afiliada:

Anni, ao seu lado conheci a indescritível tormenta da paixão.
Hoje me lambuzo diariamente com a doçura do seu amor,
53 anos de raio luz numa imensa catedral.

Muito obrigado

Agradecimentos

Um agradecimento especial ao prof. dr. Guillermo Rafael Beltran Navarro, ao prof. dr. Antonio Carlos Artur e à dra. Thaís Güitzlaf Leme, que, juntos, dedicaram tempo precioso na minuciosa revisão deste livro, sem a qual não seria possível a realização do sonho do Eberhard de publicá-lo.

Anneliese Wernick

Sumário

Prefácio

Os novos modelos de aprendizado consagram a busca independente, individual (ou em grupos de trabalhos) e continuada do conhecimento pelo estudante e o desenvolvimento de sua capacidade de acumular dados multidisciplinares, analisá-los, integrá-los, interpretá-los e aplicá-los a problemas concretos.

Os novos modelos pedagógicos requerem a geração de material didático específico, quer no conteúdo, quer na sua apresentação. O presente texto, *Silicatos de rochas magmáticas: aspectos físico-químicos e petrológicos* é uma tentativa neste sentido, abordando a área de transição entre a mineralogia e a petrografia/petrologia magmática com ênfase nos silicatos.

Num curso de mineralogia, o estudante é confrontado com o complexo mundo dos minerais dos mais variados tipos e cujas características genéricas e específicas básicas tem que assimilar como um todo. Nesse contexto, os silicatos minerais perfazem apenas uma pequena porção do aprendizado mineral total e frequentemente não são tratados com a ênfase que sua importância requer como componentes básicos das rochas.

Em seguida, o estudante é confrontado com a petrografia/petrologia das rochas magmáticas compostas em sua grande maioria essencialmente por silicatos, cujo sólido conhecimento é pré-requisito básico dessa disciplina. Uma deficiência nesse conhecimento prévio implica dificuldades na rápida compreensão, visualização e assimilação dos conceitos petrológicos básicos.

O presente texto visa suprir essa dificuldade. Para tal, parte de conceitos de estruturação atômica, físico-químicos, geoquímicos, petrológicos e geológicos básicos de fácil assimilação para mostrar a relação entre esses conceitos e os aspectos físico-químicos dos minerais silicáticos. Esses aspectos são abordados no presente volume, que se caracterizam pelos seguintes aspectos básicos:

- Apresentação de dados fundamentais de maneira compacta e sucinta através de pequenos blocos de conhecimento específico relacionados no sumário da obra.
- Cada bloco não esgota totalmente um conceito, fato ou dado abordado. Muitas vezes, a complementação é feita em outro bloco, o que estabelece ligações cruzadas de conhecimento e força a retomada de blocos já estudados sob uma nova ótica, mais global, integrada e complexa.
- Retomada sucessiva de conceitos básicos em diferentes contextos, ampliando a noção da sua aplicabilidade multissetorial.
- Amarração de alguns conceitos fundamentais com suas bases físico-químicas para reforçar a visão multidisciplinar do estudante.
- Explicação de alguns aspectos básicos pela utilização de exemplos multidisciplinares do dia a dia. A petrologia tem ligações fortes com várias especialidades, entre elas a culinária. Por isso, todo petrólogo é um mestre-cuca em potencial. Basta correlacionar o ato de cozinhar qualquer legume em água salgada com processos metasso-

máticos; o churrasquear de uma carne gordurosa com a fusão parcial de rochas-fonte; comparar uma explosão vulcânica com uma panela de pressão; comparar o papel da pressão em processos geológicos com o cozinhar do feijão à beira-mar e nos Andes ou como cozinhar em panela aberta, tampada e de pressão; comparar processos metamórficos com o fabrico de um tijolo ou a desgaseificação de calcários; comparar um vidro vulcânico com um vidro comercial, incluindo os processos de formação, devitrificação etc.

- Apresentação de pranchas com um número variável de figuras correlatas cuja interação amplia as bases teóricas e práticas dos conceitos expostos no texto e introduz noções complementares. Algumas figuras são retomadas em várias pranchas de diferentes blocos temáticos, sempre em distintos contextos. É a técnica pedagógica da repetição com variações. Em termos de analogia, seria a execução de um mesmo tema musical com numerosas variantes instrumentais e rítmicas, visando à sua memorização e à percepção de toda sua estrutura básica e potencialidade. Cada figura de uma prancha é acompanhada de legenda mais ou menos extensa que comprime as explicações do texto ou as expande através de informações complementares. Algumas figuras de dada prancha não são sequer mencionadas no texto, forçando o estudante a estabelecer a sua correlação, significado e importância em relação à figura principal descrita no texto. Essa metodologia permite ao docente a elaboração de numerosas questões individuais ou coletivas e atiça a iniciativa do estudante.
- A aglutinação das pranchas de figuras sequencialmente no fim de cada capítulo permite ao estudante a rápida procura de dado assunto, sua revisão e integração com temas correlatos. A diagramação da obra visou à apresentação das pranchas de figuras e suas legendas de modo "espelhado" em páginas duplas, facilitando a integração de ambos.

Consideremos a prancha deste prefácio que trata da fase fluida de magmas sob diversos aspectos geológicos e mineralógicos. Tal combinação, de imediato, propicia as seguintes questões: sob que forma reconhecemos a existência de uma fase fluida num magma? Quais os voláteis aprisionados na estrutura dos silicatos? Dê ênfase aos feldspatoides listando fórmulas. Quais são os principais fluidos aprisionados em inclusões fluidas minerais e qual a sua importância e aplicação? Como ocorre a exsolução da fase fluida numa atividade vulcânica e quais as consequências mineralógicas, estruturais e texturais nas rochas resultantes? Dê seu nome e caracterize-os. Cite evidências geológicas de que a fase fluida de um magma aumenta com sua cristalização progressiva. Qual é o embasamento teórico desse processo? Dê a composição da fase fluida emanada por vulcões e gêiseres etc. E seguem as questões correlatas: que depósitos minerais são gerados por fumarolas? Compare uma explosão vulcânica com uma panela de pressão. Qual é o montante e a composição da fase fluida em diferentes magmas? Roupa seca mais rapidamente em dias de sol ou em dias de sol e vento? Por quê? Mostre como a pressão controla a quantidade de fluidos dissolvidos num magma. Ao que corresponde, em termos de fase fluida magmática, um poço artesiano? Explore os conceitos de pressão litostática (pressão externa) e pressão da fase fluida (pressão interna) de um magma. Qual a diferença entre sistemas rochosos fluido-saturados, fluido-insaturados ou anidros por ocasião de sua fusão? Apresente gráfico para embasar sua explicação. Caracterize os estágios: magmático, pegmatítico, pneumatolítico e hidrotermal durante a cristalização progressiva de um magma hidratado. Explique a formação de cinzas vulcânicas. O que é o círculo de fogo? Mostre a sua localização em mapa. Cite vulcões famosos e sua localização etc., etc., etc. Muitas dessas questões são abordadas em blocos temáticos distintos, parte deles sem correlação aparente, se forem considerados apenas seus títulos.

Essas questões podem tornar-se mais complexas pela combinação de pranchas de diferentes blocos. Em todos os casos, o estudante terá de utilizar-se de textos didáticos complementares, de artigos científicos e da internet, principalmente se tiver interesse em exemplos geológicos nacionais, internacionais, no exame de *case studies* etc. Existe boa complementaridade entre o presente texto e outro livro de minha autoria: *Rochas magmáticas: conceitos fundamentais e classificação modal, química, termodinâmica e tectônica* (São Paulo: Editora Unesp, 2004).

É óbvio que a qualquer momento as questões e problemas propostos devem estar adaptados aos conhecimentos específicos e multidisciplinares já adquiridos pelo estudante e refletir claramente os objetivos do curso de rochas magmáticas.

A petrografia/petrologia é uma disciplina propícia para a utilização da nova metodologia didática, pois é a primeira disciplina cursada por estudantes de geociências na qual ocorre a integração plena de todos os conhecimentos previamente amealhados: física, química, físico-química, matemática, geologia geral, mineralogia, geografia física etc.

Nessa fascinante busca do conhecimento petrológico básico desejo diversão a todos os leitores.

Um dos cuidados da obra foi com a bibliografia. Em muitos textos atuais, os autores de figuras básicas clássicas são frequentemente omitidos ou por serem consideradas de domínio público ou por terem sido ligeiramente modificadas para sua reapresentação. Mesmo nesses casos, o presente texto cita a autoria original das figuras, permitindo, assim, ao leitor o acesso à fonte primária de conhecimento exposto.

Last but not least cabem agradecimentos à minha esposa, Anneliese Margarete Wernick, que digitou o presente texto várias vezes, decifrando com paciência os garranchos manuscritos nas madrugadas e reconstituindo frases inacabadas quando o raciocínio foi mais rápido que a escrita. Sem sua dedicação e incentivo, este texto não teria sido concluído. Outro problema foi a elaboração das numerosas figuras e o desenvolvimento de uma estética homogênea de apresentação. Vários foram os estudantes de geologia que participaram deste processo, mas cabe destacar as (atuais) geólogas Joyce Rodrigues da Cruz, da Unicamp, e Michele Andriolli Custódio, da Unesp, que elaboraram a maior parte das figuras. Às duas e aos demais, os meus agradecimentos.

Eberhard Wernick

Universidade Estadual Paulista (Unesp), Instituto de Geociências e Ciências Exatas, Rio Claro

A

B

C

Composição simplificada de anfibólios e micas

ANFIBÓLIOS					
Tremolita	Ca_2	MF_5	—	Si_8	O_{22} $(OH)_2$
Hornblenda*					
Riebeckita	Na_2	Fe^{2+}_3	Fe^{3+}_2	Si_8	O_{22} $(OH)_2$

MICAS					
Flogopita	K	Mg_3	—	$AlSi_3$	O_{10} $(OH)_2$
Biotita	K	MF_3	—	$AlSi_3$	O_{10} $(OH)_2$
Muscovita	K	—	Al_2	$AlSi_3$	O_{10} $(OH)_2$
Paragonita	Na	—	Al_2	$AlSi_3$	O_{10} $(OH)_2$

* Hornblenda = Tremolita + Al
MF = MgO + FeO

D

Inclusões com fase

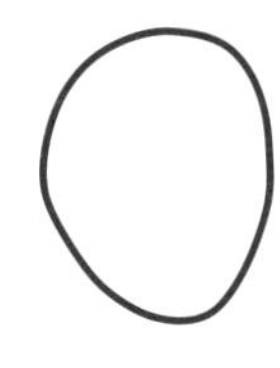

Líquida

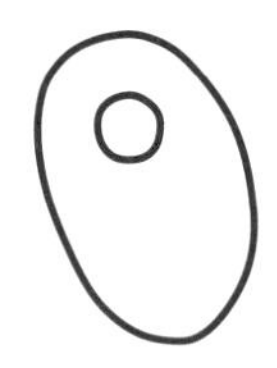

Líquida + gasosa

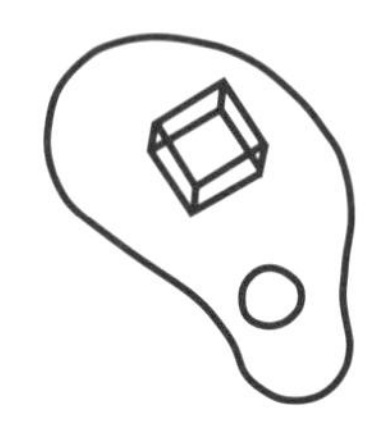

Líquida + gasosa + sólida

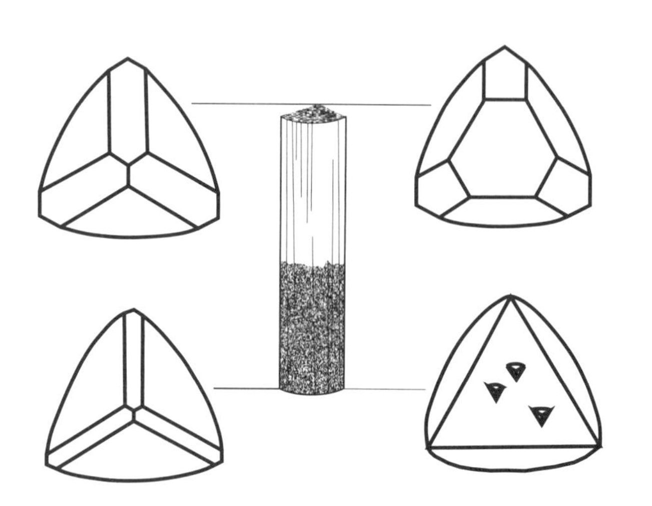

E

Turmalina bicolor com terminação dupla

Exemplo: Figura I – Ocorrência da fase volátil

A fase volátil de magmas, minerais e suas inclusões

A – Erupção pliniana do Vesúvio, Itália (Thiel, 1959)

As manifestações mais visíveis da fase fluida são as explosões vulcânicas nas quais os gases liberados formam com a lava atomizada um *spray* lançado até dezenas de quilômetros de altura. É a coluna (ou nuvem) de fumaça do vulcão. A nuvem pode ter vários formatos, sendo a mais espetacular a erupção pliniana, que se assemelha ao cogumelo de uma explosão atômica. O nome explosão pliniana vem de Plínio, um romano que descreveu com muitos detalhes a explosão do Vesúvio em 79 a.C. que vitimou Pompeia e Herculano, na baía de Nápoles, Itália. O *spray* vulcânico abruptamente resfriado e decantado origina as cinzas vulcânicas.

B – O gêiser Colmeia, Parque Yellowstone, EUA (Thiel, 1959)

Gêiseres são chafarizes de água quente e vapor. Exemplo típico é o gêiser Colmeia do Parque Yellowstone, EUA, que já teve altura de mais de 60 metros. O nome "Pedra Amarela" refere-se a emanações de enxofre de fumarolas que, após a sua condensação e precipitação, formam crostas amarelas que recobrem as rochas vulcânicas.

C – Composição de anfibólios e micas, minerais hidratados (Ragland, 1989)

A fase fluida também é incorporada sob forma de $(OH)^-$ na estrutura dos minerais hidratados, principalmente anfibólios e micas. Biotitas também incorporam algum Cl^- e B^- e feldspatoides e escapolitas S (SO_4^{2-}) e C (CO_3^{2-}).

D – Inclusões fluidas multifásicas contendo gás, líquidos e sólidos (Roedder, 1979b; Burrus, 1981)

A fase fluida pode ser aprisionada no interior de minerais, nos quais forma inclusões. Inclusões fluidas podem conter um ou mais líquidos (soluções aquosas salinas, óleo, CO_2), associações de líquidos e gases (vapores salinos, CO_2, N_2, CH_4) ou mesmo uma associação entre líquidos, vapores e um ou mais sólidos (halita, anidrita, hematita etc.). A presença de outros voláteis, além da água, na fase fluida é indicada pelas emanações de enxofre em fumarolas e por numerosos minerais enriquecidos em voláteis específicos, caso da fluorita (F) e da turmalina (B).

E – Cristal de turmalina bicolor (Klein; Dutrow, 2008)

A turmalina, um silicato de boro, apresenta terminações resultantes da combinação de um ou dois tipos de pirâmides trigonais e um pinacoide basal que pode apresentar depressões triangulares típicas. Um cristal pode ter, simultaneamente, duas terminações e cores distintas. O exemplo mostrado é uma turmalina verde-rosada.

A essência da petrologia magmática

1. O fato (a observação)

- Que minerais constituem as rochas ígneas? Qual sua natureza e composição?
- Que rochas ígneas ocorrem na natureza e qual a frequência de cada tipo? Em que bases podem ser classificadas? Que feições são típicas de diferentes grupos de rochas?
- O que distingue as diferentes rochas magmáticas? Quais as implicações dessas diferenças?
- Em que contexto geológico, tectônico, estrutural, cronológico etc. ocorrem as diferentes rochas ígneas? Existem sítios expostos de magmagênese?
- Que rochas ígneas ocorrem associadas? Quais as características das diferentes associações de rochas? Que critérios definem uma associação como cogenética?
- Que tipos de depósitos minerais ocorrem associados às diferentes rochas ígneas?

2. As questões (reflexões e propostas de investigação)

- Qual é o significado físico-químico e genético dos minerais e das paragêneses minerais?
- Quais fatores controlam a cristalização de minerais, magmas e lavas?
- Que relações existem entre aspectos físico-químicos de magmas, lavas e minerais?
- Que magmas e lavas originam as diferentes rochas ígneas? Onde ocorreu sua gênese?
- Que rochas-fonte originam os magmas?
- Como rochas-fonte fundem? Como magmas são formados? Quais são os principais fatores que controlam o processo?
- Como ocorrem modificações composicionais em magmas? Como de um magma inicial, primitivo ou parental surgem magmas derivados mais evoluídos?
- Como e quando magmas se movem?
- Que relações existem entre magmas, lavas e a fase fluida associada?
- Como depósitos minerais de filiação magmática são formados?
- Como o magmatismo varia no espaço e no tempo?

3. A obtenção das respostas (as ferramentas)

- Que informações e respostas resultam do mapeamento geológico detalhado de corpos rochosos, associações litológicas e províncias magmáticas e da obtenção, sistematização, análise e interpretação de dados mineralógicos, petrográficos, químicos, geológicos, tectônicos, geofísicos, isotópicos, barotérmicos e experimentais de rochas, lavas, fluidos, depósitos minerais e sítios magmagênicos exumados?

4. A integração das respostas (a modelização)

- Que modelos razoáveis resultam das respostas obtidas e como testá-los?
- Os modelos decorrentes das respostas às diferentes questões são coerentes entre si?
- No caso de conflito, que modelo deve ser aceito ou rejeitado?

- Que visão resulta do planeta Terra pela combinação dos diferentes modelos propostos?
- Existe uma evolução litológica qualitativa e quantitativa para o planeta Terra? Quais suas características e que futuro delineiam para o planeta Terra? Qual é o impacto desse conhecimento na relação entre o homem e nosso planeta Terra?

1. Sistemática dos silicatos

1. Rochas, por definição, são agregados de um (rochas monominerálicas) ou mais minerais (rochas polimínerálicas) na presença ou ausência de vidro. Os principais minerais formadores das rochas magmáticas são silicatos. Sem a caracterização detalhada de seus minerais constituintes, sabemos muito pouco sobre uma rocha, exceto a história térmica do seu resfriamento (retratada pela textura da rocha) e a dinâmica do magma ou lava durante seu alojamento/intrusão ou erupção/derramamento/extrusão (retratada pela estrutura da rocha).

2. Entre os vários sistemas de classificação dos silicatos, o Sistema WXYZ é o mais simples e o de mais rápido aprendizado. Os únicos ânions considerados são principalmente O^{2-}, $(OH)^-$ e raramente F^- e Cl^-. Dessa maneira, o Sistema WXYZ trata essencialmente com cátions dos quais os mais importantes constam na Figura 1.1.A.

3. No Sistema WXYZ, os cátions são divididos em dois grupos: elementos formadores de estruturas (ou esqueletos) silicáticos e elementos saturantes (ou modificadores) das estruturas/esqueletos. Cátions formadores de esqueletos situam-se no centro de tetraedros estruturais cujos vértices são ocupados por quatro oxigênios. Essa posição catiônica é chamada de posição Z no Sistema WXYZ (Figura 1.1.A). Consequentemente, os elementos Z formadores de esqueletos têm coordenação 4 ou tetraédrica. O termo "coordenação" refere-se simplesmente ao número de ânions que circunda um cátion numa estrutura mineral iônica (Figura 1.1.B). O número de coordenação é determinado por simples considerações geométricas considerando-se a ligação cátion-ânion como essencialmente iônica e com interpenetração mínima entre suas nuvens eletrônicas (Figura 1.1.C). Dessa maneira, podemos considerar os íons como esferas rígidas, nas quais o comprimento da ligação (distância do núcleo do cátion até o núcleo do ânion) é igual à soma dos raios iônicos do cátion e do ânion (Figura 1.1.D).

Decorre intuitivamente que o número de coordenação de um cátion grande é maior que o de um cátion pequeno (Figura 1.1.B), pois em torno do primeiro pode ser arranjado (ou disposto) um maior número de ânions do que no segundo (desde que os ânions tenham o mesmo raio iônico nos dois casos). Dessa maneira, cada tipo de coordenação depende da relação entre o raio catiônico (r_c) e o aniônico (r_a) (Figura 1.1.C).

Quando um íon coordenador coordena dois íons, os íons coordenados se situam sobre uma reta que passa pelo íon coordenador e a coordenação é dita linear. Quando um íon coordenador coordena três íons, os íons coordenados ocupam os vértices de um triângulo equilátero e a coordenação é dita triangular. Quando um cátion coordena quatro, seis ou oito ânions, os íons coordenados ocupam, respectivamente, os vértices de um tetraedro, de um octaedro e de um cubo e a coordenação é dita tetraédrica, octaédrica e cúbica. Quando um íon coordena doze íons, os íons coordenados podem situar-se nos vértices de um cuboctaedro, um cubo no qual cada uma das seis faces é a base de uma pirâmide tetragonal.

A configuração espacial das diferentes coordenações não é a dos poliedros ideais supramencionados, pois o poliedro de coordenação de um íon coordenador sofre deformações não só pelas características da estrutura do íon coordenador expressa por seu raio iônico e por seu poder polarizante (elevado em íons pequenos com grande carga), mas também por influências dos diferentes íons coordenadores presentes numa estrutura silicática complexa e da coexistência, nestas, de ligações iônicas e covalentes. Das deformações mais ou menos intensas resultam coordenações anômalas como a coordenação 5 (como no caso da andaluzita, Al_2SiO_5), 7, 9 e 10. Coordenações distorcidas são frequentes em sulfetos complexos e sulfossais, caso da tetraedrita $(Cu,Fe)_{12}Sb_4S_{13}$.

Os principais cátions Z formadores de estruturas são Si^{4+}, Al^{3+}, este apenas mais frequente em estruturas silicáticas complexas, raramente Fe^{3+} e, muito raramente, Ti^{4+} (principalmente em silicatos minerais de rochas alcalinas), todos com coordenação tetraédrica em relação ao oxigênio ao qual se ligam. Consequentemente, a estrutura básica unitária dos silicatos são tetraedros de sílica e tetraedros de alumina, ânions complexos com fórmulas $(SiO_4)^{4-}$ e $(AlO_4)^{5-}$. Existem várias maneiras de representar graficamente os tetraedros de sílica e alumina (Figura 1.1.D).

4. As estruturas ou esqueletos dos minerais silicáticos resultam de uma maior ou menor polimerização de tetraedros de sílica e alumina, os chamados tetraedros estruturais. As estruturas mais simples compreendem tetraedros isolados, não polimerizados, caso dos esqueletos dos minerais do grupo da olivina e da granada. Crescente polimerização envolve dois ou mais tetraedros contíguos unidos por um ou mais oxigênios compartilhados e resulta em estruturas compreendendo pares, anéis, cadeias simples e duplas, folhas e estruturas tridimensionais complexas de tetraedros de $[(Si,Al)O_4]$ (figuras 1.2.A e B). Assim, os tetraedros de sílica e alumina têm o mesmo papel no mundo inorgânico que o dos átomos de carbono no mundo orgânico. Entretanto, as permutações e combinações são muito mais numerosas e complexas em hidrocarbonetos que nos silicatos. A principal causa da diferença é a capacidade do carbono de unir-se aos seus átomos vizinhos por diferentes tipos de ligações e não apenas pela ligação iônica do Si e do Al nos tetraedros de $[(Si,Al)O_4]$.

Nos silicatos puros todos os tetraedros estruturais são de sílica. Nos alumossilicatos (Al-silicatos), minerais com estruturas complexas, ocorrem variáveis teores de tetraedros de alumina e de sílica, mas normalmente estes predominam sobre aqueles. Na estrutura tectossilicática dos feldspatos alcalinos, a relação entre tetraedros estruturais de sílica e de alumina é 3:1 $[(Na,K)\mathbf{(AlSi_3)}O_8]$; no feldspato cálcico (anortita), a proporção é de 1:1 $[Ca\mathbf{(Al_2Si_2)}O_8]$. Nos anfibólios e micas, O é substituído por (OH), F e Cl nos octaedros. Nas zeólitas, a água, (OH), Cl e F geralmente ocorrem ocupando canais, cavidades etc. E a substituição de O por OH, Cl e F não ocorre nos tetraedros.

5. Os cátions modificadores ou saturantes dos esqueletos/estruturas W, X e Y só excepcionalmente apresentam coordenação tetraédrica. Cátions W típicos são Ca^{2+}, Na^+, e K^+, são cátions de raio iônico grande e pequena valência. Em coordenação 8 (coordenação cúbica) Ca^{2+}, Na^+ e K^+ têm, respectivamente, raios iônicos efetivos de 1,12, 1,18, e 1,51 Å. Nos anfibólios, o Na^+ pode ocorrer com número de coordenação 8 e 12 e o K^+ ocorre com número de coordenação 12. Nas micas o Ca^{2+}, Na^+ e K^+ ocorrem com número de coordenação 12. Cátions X típicos são Mg^{2+}, Fe^{2+}, Ca^{2+} e Mn^{2+}. Apresentam raio iônico efetivo menor (Mg^{2+}, Fe^{2+}, Mn^{2+} e Ca^{2+} têm, respectivamente, raio iônico efetivo de 0,72, 0,78, 0,83 e 1,06 Å) e valência maior que os cátions W. Seu número de coordenação é geralmente 6 (coordenação octaédrica), embora também possa ser 4 (em melilitas) ou 8 (em granadas). Cátions Y típicos são Al^{3+}, Fe^{3+}, Mg^{2+} e Fe^{2+}. Apresentam os menores raios iônicos do grupo WXY (Al^{3+}, Fe^{3+}, Mg^{2+} e Fe^{2+} têm, respectivamente, raio iônico efetivo de 0,54, 0,65, 0,72 e 0,78 Å) e têm valência maior que os cátions X. Também apresentam número de coordenação 6 (coordenação octaédrica), que diminui para 4 nos espinélios. Assim, o tamanho iônico e o número de coordenação aumentam segundo a sequência $Y<X<W$ e a valência iônica aumenta segundo a sequência $W<X<Y$ (Figura 1.1.A). Si^{4+}, Al^{3+}, e menos frequentemente Fe^{3+}, os principais cátions Z, têm raio iônico efetivo respectivamente de 0,26, 0,39 e 0,65 Å.

6. As estruturas silicáticas e alumossilicáticas são subdivididas em sete grupos (Figura 1.2.A). A base da divisão é a relação O/Z, em que O representa os quatro átomos de oxigênio não compartilhados

(livres) de um tetraedro individual (ZO_4) isolado ou a soma dos átomos de oxigênio não compartilhados (livres) e compartilhados por cada um dos tetraedros polimerizados integrantes da unidade estrutural que por repetição constituem a estrutura (esqueleto, rede cristalina) silicática. Existem sete unidades estruturais mais ou menos complexas. A unidade estrutural mais simples é integrada por apenas um tetraedro isolado (portanto não polimerizado); as demais compreendem tetraedros de (ZO_4) mais ou menos polimerizados. O valor de O varia com o número de oxigênios compartilhados (N) por cada um dos tetraedros polimerizados integrantes das diferentes unidades estruturais. Quanto mais complexa a polimerização, maior o número de oxigênios compartilhados por tetraedros e menor o valor de O. Z é o número de átomos de Si^{4+}, Al^{3+} e excepcionalmente Fe^{3+} em cada unidade estrutural do esqueleto silicatado. Z = 1 num tetraedro isolado (ZO_4). Z aumenta com o incremento da polimerização, que resulta num crescente número de tetraedros por unidade estrutural.

Na estrutura dos ortossilicatos ou nesossilicatos (silicatos em ilhas), nos quais não ocorre polimerização dos tetraedros estruturais, nenhum dos ânions complexos (ZO_4) compartilha um oxigênio com seu tetraedro vizinho (N = 0). Assim, a relação O/Z é 4 [(1+1+1+1)/1] e a unidade estrutural do esqueleto silicático é $(ZO_4)^{4-}$ (Figura 1.2.A). A estrutura nesossilicática é típica do grupo das olivinas e das granadas. Na estrutura da Mg-olivina forsterita (Mg_2SiO_4), cada íon Y (nesse caso o Mg^{2+}) coordena seis oxigênios. Ou seja, enquanto o número de coordenação do Si em relação ao O no tetraedro iônico $(SiO_4)^{4-}$ é 4, a coordenação do Mg^{2+} em relação aos íons que o rodeiam é octaédrica (Figura 1.2.B1). A mesma estrutura se repete na Fe-olivina faialita (Fe_2SiO_4). Estruturas silicáticas simples contêm apenas cátions saturantes com mesmo número de coordenação, nesse caso, octaédrica. O grupo das granadas reúne um número grande de minerais com destaque para almandina [$Fe_3Al_2(SiO_4)_3$], piropo [$Mg_3Al_2(SiO_4)_3$], grossulária [$Ca_3Al_2(SiO_4)_3$] e a espessartita [$Mn_3Al_2(SiO_4)_3$]. Em todas as granadas, um dos cátions saturantes tem coordenação cúbica (número de coordenação 8) e o outro tem coordenação octaédrica.

Nos sorossilicatos (silicatos agrupados ou em pares), a unidade estrutural é composta por dois tetraedros polimerizados unidos por um oxigênio, ou seja, um oxigênio compartilha eletronicamente os dois tetraedros polimerizados (N = 1). Assim, cada um dos tetraedros polimerizados apresenta a relação O/Z = [(1+1+1+0,5)/1] = 3,5, o que resulta no ânion complexo básico $(Z_2O_7)^{6-}$ para os sorossilicatos (Figura 1.2.A). Essa estrutura ocorre nas melilitas, um grupo de minerais sílica-insaturados ou deficientes em SiO_2, representado principalmente por uma solução sólida entre gehlenita [$Ca_2Al(AlSi)_2O_7$] e akermanita ($Ca_2MgSi_2O_7$) (Figura 1.2.C). No epidoto [$Ca_2Al_2(Fe^{3+},Al)O(SiO_4)(Si_2O_7)(OH)$] coexistem unidades estruturais $(Z_2O_7)^{6-}$ e $(ZO_4)^{4-}$.

Nos ciclossilicatos (silicatos anelares ou em anéis) cada tetraedro compartilha dois oxigênios (N = 2) com seus vizinhos numa estrutura anelar. Assim, cada tetraedro que participa da estrutura polimerizada apresenta relação O/Z = [(1+1+0,5+0,5)/1] = 3 que resulta no íon complexo básico estrutural $(ZO_3)^{2-}$ (Figura 1.2.A). Essa estrutura ocorre no berilo [$Be_3Al_2(Si_6O_{18})$], um cilindro oco formado pelo empilhamento de inúmeros anéis hexagonais, cada um girado 30° em relação ao anel imediatamente subjacente (Figura 1.2.D).

A mesma relação O/Z também ocorre nos inossilicatos de cadeia simples na qual cada tetraedro da estrutura em fio compartilha um oxigênio com o tetraedro anterior e outro com o tetraedro posterior o que resulta em N = 2, O/Z = 3 e na unidade estrutural $(ZO_3)^{2-}$ (Figura 1.2.B4). Um grupo mineral importante com esse tipo de estrutura é o dos piroxênios. Importantes piroxênios subalcalinos são os ortopiroxênios de Mg e Fe, uma solução sólida entre enstatita [$Mg_2(Si_2O_6)$] e ferrossilita [$Fe_2(Si_2O_6)$], os clinopiroxênios de Mg, Ca e Fe, uma solução entre diopsídio [$CaMg(Si_2O_6)$] e hedenbergita [$CaFe(Si_2O_6)$] e que inclui também a pigeonita [$(Mg,Fe,Ca)(Mg,Fe)(Si_2O_6)$], um clinopiroxênio pobre em cálcio, e a augita, um complexo clinopiroxênio de Ca, Mg, Fe e Al com fórmula geral [$(Ca,Mg,Fe^{2+},Fe^{3+},Ti,Al)_2(Si,Al)_2O_6$], na qual a substituição de parte do Si por Al permite a inserção na estrutura de cátions saturantes tri- e tetravalentes. A fórmula também evidencia o papel duplo do Al tanto como o íon estrutural ZO_4 quanto com cátion saturante Y.

Nos filossilicatos (silicatos foliares), cada tetraedro compartilha três oxigênios (N = 3) com seus vizinhos, o que resulta numa relação O/Z = [(1+0,5+0,5+0,5)/1] = 2,5 para cada tetraedro integrante da estrutura polimerizada e no íon complexo básico estrutural $(Z_2O_5)^{6-}$ (Figura 1.2.B6). O principal grupo mineral de filossilicatos é o das micas com destaque para a biotita e a muscovita. As biotitas são uma solução sólida entre siderofilita $[K_2Fe_4Al_2(Si_4Al_4O_{20})(OH)_4]$, eastonita $[K_2Mg_4Al_2(Si_4Al_4O_{20})(OH)_4]$, uma designação em crescente desuso, annita $[K_2Fe_6(Si_6Al_2O_{20})(OH)_4]$ e flogopita, $[K_2Mg_6(Si_6Al_2O_{20})(OH)_4]$ e a fórmula da muscovita é $[K_2Al_4(Si_6Al_2O_{20})(OH,F)_4$, isenta de Fe e Mg.

Já nos tectossilicatos (silicatos com estruturas tridimensionais muito complexas), cada tetraedro compartilha todos seus quatro oxigênios com tetraedros vizinhos. Consequentemente, resulta a relação $O/Z = [(0,5+0,5+0,5+0,5)/1] = 2$ para cada tetraedro polimerizado e no íon complexo básico estrutural (ZO_2). SiO_2 é a fórmula estrutural dos polimorfos de sílica (quartzo, tridimita, cristobalita). Também feldspatos, feldspatoides e zeólitas são grupos minerais com estrutura tectossilicática. Os tectossilicatos mais frequentes são os feldspatos, com destaque para os feldspatos potássicos $(KAlSi_3O_8)$ representados pela sanidina, ortoclásio e microclínio, os feldspatos alcalinos $[(K,Na)Si_3O_8]$, que incluem o anortoclásio e os plagioclásios, uma solução sólida entre albita $(NaAlSi_3O_8)$ e anortita $(CaAl_2Si_2O_8)$.

Apenas nos inossilicatos duplos (silicatos de cadeias duplas) a determinação da relação estrutural O/Z é um pouco mais complexa. Uma cadeia silicática simples compreende tetraedros polimerizados linearmente com um dos vértices alternadamente voltado para a direita (tetraedro externo) ou para a esquerda (tetraedro interno) (Figura 1.2.B4). A polimerização de duas cadeias simples para a formação de uma cadeia dupla ocorre por meio dos tetraedros internos e externos (Figura 1.2.B5). Os tetraedros externos compartilham apenas os dois oxigênios da cadeia silicática simples ($O/Z = 3$), enquanto os tetraedros internos compartilham três oxigênios ($O/Z = 2,5$), dois da cadeia silicática simples mais um de polimerização lateral com outra cadeia simples através do vértice de um tetraedro interno. Como numa cadeia infinita, o número de tetraedros externos é igual ao de tetraedros internos, resulta a relação média final $O/Z = 2,75$ e o íon complexo básico estrutural $(Z_4O_{11})^{6-}$. Os anfibólios são o principal grupo mineral silicático com esse tipo de estrutura. O principal anfibólio subalcalino é a hornblenda $[Ca_2(Mg,Fe)_4Si_7AlO_{22}(OH)_2]$, que apresenta uma ampla variação composicional e inclui a incorporação de Na, K e Fe^{3+} combinados com uma variável substituição de Si por Al no íon estrutural ZO_4. Resulta a aparente complexa fórmula $[(Na,K)_{0-1}Ca_2(Mg,Fe^{2+},Fe^{3+},Al)_5Si_{6-7,5}Al_{2-0,5}O_{22}(OH)_2]$.

Os silicatos mais complexos contêm simultaneamente cátions saturantes com distintos números de coordenação (Figura 1.3.A).

7. A complexidade da estrutura silicática se correlaciona, em parte, com a eletronegatividade dos cátions saturantes do esqueleto. Cátions com elevada eletronegatividade, caso do Fe^{2+} e Mg^{2+}, integram silicatos com estruturas mais simples (olivinas, piroxênios) enquanto cátions com menor eletronegatividade, caso do K^+, Na^+, Rb^+, Cs^+, saturam estruturas mais complexas (micas, feldspatos, feldspatoides). O Ca^{2+}, íon com eletronegatividade intermediária, ocorre em plagioclásios cálcicos, micas, anfibólios e piroxênios (Figura 1.3.B).

8. As cargas negativas dos diferentes ânions complexos que resultam da menor ou maior polimerização dos tetraedros $(ZO_4)^{4-}$ são neutralizadas pelos cátions W, X e Y, os cátions modificadores ou saturantes da estrutura. O crescente grau de polimerização, expresso por um incremento no número de oxigênios compartilhados pelos ânions tetraédricos $(ZO_4)^{4-}$, reflete-se numa decrescente relação O/Z e por uma crescente relação entre íons formadores de estrutura (Z) e íons modificadores ou saturantes da estrutura (íons W, X e Y), ou seja, uma crescente relação $Z/(W+X+Y)$ (figuras 1.4 e 1.5).

9. Um magma silicático é, essencialmente, uma combinação líquida entre diferentes protoestruturas ou protoesqueletos minerais mais ou menos polimerizados, cátions metálicos saturantes das protoestruturas, outros íons simples e complexos e água neutra (H_2O) e dissociada, $[(OH)^- + H^+]$ (Figura 1.6.A). As protoestruturas líquidas têm estruturação muito próxima à dos esqueletos silicatos minerais que resultam de sua cristalização (figuras 1.6.B e 1.6.C). A semelhança estrutural entre protoesqueleto e esqueleto silicático manifesta-se nos valores de entalpia (um parâmetro termodinâmico) muito baixos de fusão ou cristalização dos silicatos. A cristalização representa a ordenação estrutural e a saturação (neutralização eletrônica) das valências negativas dos diferentes protoesqueletos silicáticos aniônicos pelos cátions metálicos W, X e Y por perda de energia do sistema magmático.

10. Na natureza ocorrem principalmente dois tipos de líquidos silicáticos ou magmas:

- Magmas básicos. São magmas de alta temperatura (~ 1.200 °C) pobres no ânion $(ZO_4)^{4-}$ e ricos em cátions X e Y (Ca, Mg, Fe e Al). Cristalizam silicatos com estruturas pouco polimerizada com elevada relação O/Z e baixa relação Z/(W+X+Y), caso de olivinas e piroxênios, minerais pobres em Si e ricos em Fe, Mg e Ca. Outra explicação para a pobreza em Si e a riqueza em Ca e Al dos magmas básicos é a cristalização do plagioclásio anortita, um alumossilicato cálcico com 50% de tetraedros de alumina e 50% de tetraedros de sílica na sua estrutura altamente polimerizada. As principais rochas resultantes da cristalização de magmas básicos são os basaltos, rochas vulcânicas escuras (máficas) de granulação fina.
- Magmas ácidos. São magmas mais frios (~ 800 °C) ricos em cátions Z (Si e Al) e W (Na e K), característica que resulta na cristalização de silicatos minerais com estrutura muito polimerizada com baixa relação O/Z e alta relação Z/(W+X+Y), caso de feldspatos alcalinos e micas. Nos polimorfos de sílica (quartzo, tridimita e cristobalita, todos com composição SiO_2), a relação Z/(W+X+Y) é infinita. As principais rochas resultantes da cristalização de magmas ácidos são os granodioritos, rochas plutônicas claras (félsicas) de granulação média a grossa.

11. O grau de polimerização dos íons complexos tem grande influência nas propriedades físicas do magma, tais como viscosidade, densidade, temperatura etc. A viscosidade se correlaciona com a complexidade dos protoesqueletos contidos no magma; quanto maior a complexidade, maior a viscosidade. Decorre que magmas ácidos com elevados teores de sílica (e mais frios) são mais viscosos que magmas básicos, pobres em sílica (e mais quentes). Entretanto, magmas ácidos contêm variáveis teores de voláteis (principalmente H_2O molecular e dissociada e subordinadamente F^-, Cl^- e B^-), que "quebram" (despolimerizam) os íons complexos em estruturas mais simples diminuindo, assim, a viscosidade magmática (Figura 1.6.D). Assim, magmas graníticos pobres em voláteis têm elevada viscosidade, enquanto magmas graníticos saturados em água apresentam elevada fluidez. Baixa viscosidade (elevada fluidez) magmática permite intensa difusão dos íons no líquido magmático rumo aos locais de cristalização mineral. O intenso aporte iônico resulta na cristalização de cristais normais e exóticos até métricos que caracterizam os pegmatitos, rochas que resultam da cristalização de magmas residuais água-saturados ricos em sílica e elementos incompatíveis.

12. O Sistema WXYZ sofreu sucessivas modificações que, entretanto, não alteraram suas características básicas. A posição (ou sítio) tetraédrica dos cátions Z é atualmente denominada de posição T subdividida nas posições/sítios T1 e T2 respectivamente para o Si^{4+} e o Al^{3+} nos ânions complexos $[(Si,Al)O_4]^{4- \text{ a } 5-}$. As posições ou sítios estruturais X e Y, octaédricos, recebem atualmente a designação genérica posição/sítio M subdividida em M1, M2 e M3 baseada em pequenas diferenças nos tamanhos e distorções dos octaedros coordenados por Ca^{2+}, Mg^{2+}, Fe^{2+}, Mn^{2+} (cátions X), Al^{3+}, Fe^{3+} e Ti^{4+} (cátions Y). Existe, ainda, a posição ou sítio estrutural M4, caracterizada por uma coordenação cúbica irregular que pode ser ocupada por Mg^{2+}, Mn^{2+}, Ca^{2+} e Fe^{2+} (cátions X) além do Na^+ (um cátion W). O sítio ocupado pelos grandes íons Na^+ e K^+ (cátions tipo W) na estrutura cristalina dos silicatos denomina-se atualmente de posição ou sítio A. Novo em relação ao Sistema WXYZ é o sítio $(OH)^-$, que também pode conter Cl^- e F^-. Assim, os treze elementos citados são distribuídos em cinco posições ou sítios cristalográficos ou estruturais com características distintas: posições tetraédricas, octaédricas e cúbicas além das posições A e $(OH)^-$. Alguns íons (principalmente Na^+, Mg^{2+}, Fe^{2+}, Mn^{2+} e Al^{3+}) podem ocupar diferentes sítios na estrutura dos silicatos, sobretudo nas mais complexas.

13. Mineral é um sólido de ocorrência natural e origem essencialmente inorgânica caracterizado por um arranjo atômico altamente ordenado e uma composição química homogênea e definida. Substituições iônicas e soluções sólidas mostram que a composição mineral não precisa ser necessariamente fixa e constante. A composição química homogênea e a estrutura ordenada se manifestam nas propriedades físicas dos minerais. Decorre que diferentes minerais têm características físicas distintas. Entre estas destacam-se:

- Forma cristalina (forma geométrica do poliedro formada pelas faces cristalinas do mineral).

- Hábito (maciço, lamelar, fibroso, radiado, bandeado, concêntrico, globular, oolítico etc.).
- Brilho (metálico, não metálico, vítreo, resinoso, sedoso etc.).
- Cor do mineral.
- Cor do traço (cor do pó do mineral numa placa de porcelana).
- Jogo de cor (opalescência, *chatoyance*, asterismo, iridiscência).
- Clivagem, partição e fratura.
- Dureza e conceitos associados (maleabilidade, ductilidade, sectilidade, elasticidade).
- Densidade.
- Magnetismo, radioatividade e solubilidade em líquidos, principalmente ácidos.
- Odor (terra molhada), paladar (salgado) e tato (untuoso).
- Luminescência (fluorescência e fosforescência).
- Piezoeletricidade e piroeletricidade.

14. A estrutura mineral dada pelo arranjo espacial ordenado e repetitivo das partículas constituintes dos minerais se manifesta em três aspectos básicos:

- Simetria cristalina externa. Num cristal bem formado, é a simetria do poliedro cristalino resultante da soma das faces externas presentes que representam faces de diferentes formas geométricas. As faces podem ser de formas não isométricas (pédio, pinacoide, esfenoide, prisma, pirâmide, trapezoedro, romboedro etc.) ou isométricas (cubo, tetraedro, octaedro, trapezoedro etc.). A frequência das diferentes faces cristalinas tem relação direta com a densidade de partículas (pontos reticulares) do retículo cristalino. Quanto maior o número de partículas contidas em dado plano traçado através do retículo cristalino, mais frequente a correspondente face externa no cristal. A relação entre as partículas dos planos reticulares das diferentes faces do poliedro cristalino envolve operações de rotação (eixos de simetria), de reflexão (planos de simetria), inversão (centros de simetria) e rotação + inversão (eixos de rotoinversão). Não ocorre operação de translação. Eixos, planos, centros e eixos de rotoinversão são elementos de simetria. Aplicadas a uma face de dada forma, as operações de simetria geram a forma completa num cristal perfeito. As formas não isométricas e isométricas expressas pelas faces cristalinas pertencem a sete sistemas de simetria que são definidos com base nos comprimentos relativos dos eixos cristalográficos e nos ângulos entre eles. Os sistemas são o triclínico, monoclínico, ortorrômbico, tetragonal, trigonal, hexagonal e monométrico ou isométrico. Os sistemas compreendem 32 classes de simetria que são diferentes combinações entre elementos de simetria; o número de classes de simetria varia nos diferentes sistemas. O sistema triclínico compreende apenas duas classes de simetria; os sistemas tetragonal e hexagonal compreendem o maior número de classes de simetria (sete) e as dos sistemas monométrico e trigonal são cinco. Para alguns autores existem apenas seis sistemas de simetria, pois consideram o sistema trigonal incorporado pelo sistema hexagonal. Aqui, por respeito aos numerosos compêndios clássicos de mineralogia, o sistema trigonal, no qual o quartzo α se cristaliza (grupo espacial $P3_121$), é mantido como sistema separado.

A simetria de um mineral pode ser aumentada por geminação, um intercrescimento ordenado e simétrico entre dois ou mais cristais da mesma espécie. A superfície que une os dois cristais geminados é a superfície de composição. A geminação pode ser por contato ou penetração, simples ou múltipla e, nesse caso, polissintética (como na albita) ou cíclica (como no rutilo, TiO_2, e no crisoberilo, $BeAl_2O_4$). Por resultarem de intercrescimento simétrico, os cristais geminados apresentam operações de simetria adicionais, caso da reflexão por um plano (o plano de geminação), rotação ao redor de uma direção cristalográfica comum aos dois minerais geminados (o eixo de geminação) e inversão em relação a um ponto (o centro de geminação). Geralmente, mas não invariavelmente, o plano de composição é o plano de geminação. As operações de simetria de uma geminação são reunidas na sua lei de geminação. O quartzo apresenta três tipos básicos de geminação: lei do Dauphiné com eixo de geminação **c** e plano de geminação $\{10\bar{1}0\}$; lei do Brasil com plano de geminação $\{11\bar{2}0\}$ e a lei do Japão com plano de geminação $\{11\bar{2}2\}$. Geminação complexa envolve a combinação das leis Dauphiné e Brasil.

Geminações (ou maclas) múltiplas ou uma sucessão de planos cristalinos paralelos podem se manifestar sob forma de estrias em algumas faces minerais ou planos de clivagem. É o caso das estrias resultantes da geminação polissintética da albita, estrias nas faces de octaedros e dodecaedros de magnetita, estrias segundo três direções distintas nas faces (100), (010) e (001) em cubos de pirita e das estrias horizontais nas faces prismáticas do quartzo.

- Simetria cristalina interna ou grupos espaciais. As 32 classes de simetria cristalina externa refletem apenas parte da simetria da estrutura reticular interna como um todo, pois as relações entre as partículas do retículo cristalino são mais complexas que as entre as partículas dos planos cristalinos que se refletem nas faces cristalinas. Envolvem além das operações de rotação, reflexão, inversão e rotação + inversão também operações de translação representadas por uma combinação entre eixos de rotação helicoidal e planos de deslizamento. O conjunto ampliado de operações de simetria define 230 grupos espaciais de simetria cristalina interna. O número de grupos espaciais varia nas diferentes classes de simetria. O grupo espacial é a característica estrutural cristalina dos diferentes minerais. Como tal, também permitem definir limites composicionais precisos numa solução sólida. Exemplo são os piroxênios jadeíta, egirina e augita, todos com estrutura cristalina do grupo espacial C/2c que formam a solução sólida entre piroxênios alcalinos (jadeíta, egirina) e piroxênios subalcalinos (augita). A porção composicional da solução sólida com estrutura cristalina do grupo espacial P2/n é denominada de onfacita. Sendo piroxênios, diopsídio, enstatita e egirina têm a mesma unidade estrutural $(Si_2O_6)^{4-}$. Entretanto, diopsídio ($CaMgSi_2O_6$) e egirina ($NaFe^{3+}Si_2O_6$) são minerais monoclínicos (clinopiroxênios) do grupo espacial C2/c, enquanto a enstatita ($Mg_2Si_2O_6$), mineral ortorrômbico (ortopiroxênio), tem estrutura reticular do grupo espacial Pbca. Fica claro que uma rede cristalina na qual os sítios X e Y são ocupados pelo mesmo cátion Mg^{2+}, caso do piroxênio enstatita, tem estrutura cristalina com simetria distinta da de uma rede cristalina na qual os dois sítios são ocupados por cátions diferentes, Ca e Mg no diopsídio e Na e Fe^{3+} na egirina. Os grupos espaciais, fruto do progressivo conhecimento detalhado da estrutura cristalina, são a causa da substituição dos antigos sítios estruturais octaédricos X e Y do Sistema WXYZ pelo atual e mais refinado sítio genérico M, que compreende os sítios M1, M2, M3 baseado em pequenas diferenças nos tamanhos e distorções dos octaedros coordenados por Mg^{2+}, Mn^{2+}, Ca^{2+} e Fe^{2+}, Al^{3+}, Fe^{3+} e Ti^{4+} e a posição M4 para íons que podem ter coordenação cúbica irregular, caso do Mg^{2+}, Mn^{2+}, Ca^{2+} e Fe^{2+} (cátions X) e do Na^+ (cátion W).
- Retículos de Bravais. São definidos pela estrutura e simetria do retículo cristalino. Sua caracterização envolve as mesmas operações de simetria usadas na definição dos grupos espaciais. Existem catorze tipos básicos de retículos cristalinos conhecidos como retículos de Bravais. Reúnem retículos prismáticos primitivos nos quais apenas os vértices do prisma são ocupados por partículas reticulares (retículo P), retículo de corpo centrado com uma partícula no centro geométrico do prisma (retículo I), prismas com partículas no centro geométrico da face (001), caso do retículo C, e no centro de todas as três faces [(100), (010) e (001)], caso do retículo F, além de um retículo romboédrico primitivo (retículo R). Os diferentes tipos de retículos cristalinos podem apresentar simetria triclínica (P), monoclínica (P, I), ortorrômbica (P, C, F, I), tetragonal (P, I), hexagonal (P ou C) e monométrica (P, F, I). No retículo R, a relação entre o comprimento dos eixos cristalográficos é $\mathbf{a} = \mathbf{b} = \mathbf{c}$ e a relação entre os ângulos formados pelos eixos é $\alpha = \beta = \gamma \neq 90°$.

A

Tipos de cátions do Sistema WXYZ

Modificadores da estrutura			**Formadores da estrutura**
W	**X**	**Y**	**Z**
	Número de coordenação		
8 12 (micas) 12 (anfibólios)	6 8 (granadas) 4 (melilitas)	6 4 (espinélios)	4
	Exemplos		
Ca^{2+}	Mg^{2+}	Fe^{3+}	Si^{4+}
Na^{+}	Fe^{2+}	Ti^{4+}	Al^{3+}
K^{+}	Ca^{2+}	Al^{3+}	Fe^{3+}
	Mn^{2+}		

B

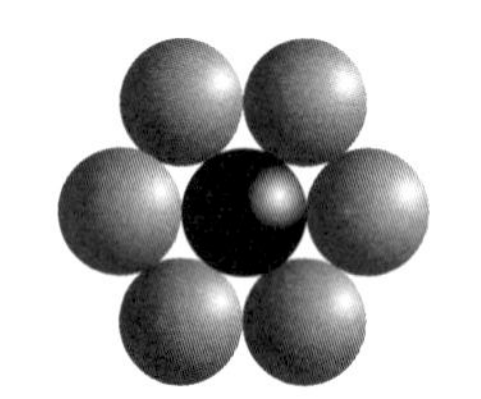

cátion

ânion

D

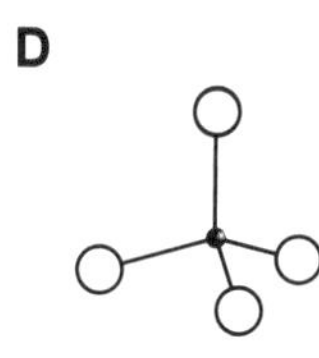

1

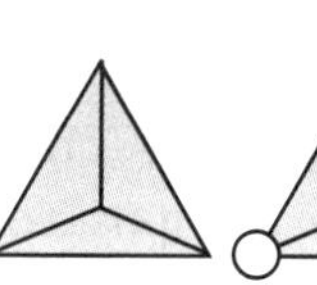

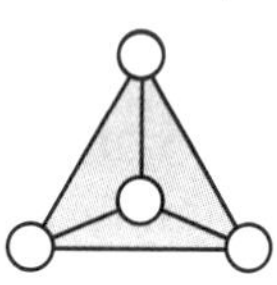

3

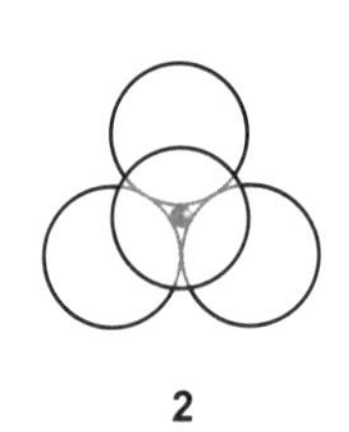

2

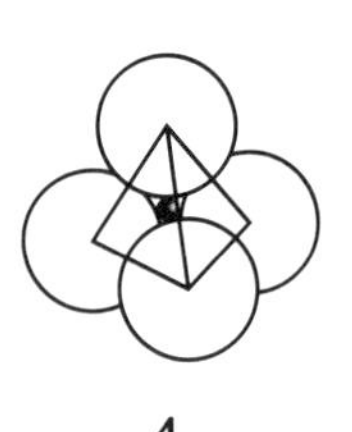

4

C

Raio do cátion / Raio do ânion	**Número de coordenação**	**Geometria de coordenação**
< 0,155	2	Linear
0,155-0,225	3	Triangular equilátera
0,225-0,414	4	Tetraédrica
0,414-0,732	6	Octaédrica
0,732-1,00	8	Cúbica
> 1,00	12	Cúbica compacta

Figura 1.1 – Tipos de cátions em silicatos e número de coordenação

Os silicatos contêm dois tipos principais de cátions: os formadores da estrutura (ou esqueleto) silicática com carga negativa (ou excepcionalmente neutra como no caso dos polimorfos de SiO_2) e os cátions saturantes (ou modificadores) do esqueleto. No Sistema WXYZ, os cátions formadores do esqueleto são os cátions Z, com número de coordenação 4. Por isso, a configuração da unidade básica da estrutura dos silicatos é o tetraedro (ZO_4). Os tetraedros sofrem diferentes graus de polimerização. Na polimerização, um ou mais oxigênios de um tetraedro são compartilhados com um ou mais tetraedros justapostos por meio de ligações covalentes formando estruturas mais ou menos complexas. Os cátions saturantes são divididos em três grupos: W, X e Y com diferentes números de coordenação que refletem diferentes raios iônicos e cargas iônicas.

A - Tipos de cátions do Sistema WXYZ (Ragland, 1989)

Os cátions Z são os cátions dos ânions complexos (ZO_4) que por polimerização formam os esqueletos mais ou menos complexos dos silicatos. W, X e Y são os cátions que saturam (neutralizam) as cargas negativas dos esqueletos. Em termos de carga, $Y>X\geq W$; em termos de raio iônico, $W>X>Y$; e em termos do número de coordenação dominante, $W>X = Y$. O menor número de coordenação (4 ou tetraédrica) é o dos cátions Z, representados principalmente pelo Si^{4+}, subordinadamente pelo Al^{3+} e excepcionalmente por Fe^{3+} e Ti^{4+}.

B, C - Visualização geométrica do número de coordenação; limites numéricos (Ragland, 1989)

O número de coordenação corresponde ao número de ânions que circundam um dado cátion numa estrutura cristalina (**B**). O principal ânion nos silicatos é o oxigênio, que, por combinação com os cátions Z (com coordenação tetraédrica), forma o ânion complexo (ZO_4), que, por polimerização menos ou mais complexa, forma os diferentes esqueletos silicáticos que envolvem ou englobam os cátions metálicos saturantes. O número de coordenação é deduzido por relações matemáticas considerando-se a extensão da ligação iônica como simples soma dos raios iônicos do cátion (r_c) e do ânion (r_a) e considerando-se a nuvem eletrônica dos dois íons como rígida e indeformável. O número de coordenação é a relação r_c/r_a, que no NaCl é a dada pela relação r_{Na}/r_{Cl} (**B**). Considerando-se o raio aniônico r_a constante, o número de coordenação aumenta com o aumento do raio catiônico r_c. A disposição espacial dos ânions coordenados define a geometria da coordenação, que varia de linear (número de coordenação 2) até cúbica compacta ou cúbica centrada, comum no grupo dos elementos nativos, e hexagonal nos silicatos (número de coordenação 12) (**C**).

D - Representação dos tetraedros de (ZO_4)

Existem várias maneiras de representar o tetraedro estrutural básico ZO_4 dos esqueletos dos silicatos: em perspectiva (**D1**), projeção planar por um dos vértices de oxigênio (**D2**), apenas pelo poliedro (tetraedro) de coordenação (**D3**) ou combinando a distribuição espacial iônica com o poliedro (tetraedro) de coordenação (**D4**).

A

Estruturas dos silicatos resultantes da polimerização de tetraedros de (ZO_4)

Nome formal	Nome informal	N	O/Z	Ânion complexo
Nesossilicatos	Ilhas	0	4	(ZO_4)
Sorossilicatos	Pares	1	3,5	(Z_2O_7)
Ciclossilicatos	Anéis	2	3	(ZO_3)
Inossilicatos	Cadeia simples	2	3	(ZO_3)
	Cadeia dupla	2 e 3	2,75	(Z_4O_{11})
Filossilicatos	Folhas	3	2,5	(Z_2O_5)
Tectossilicatos	Estruturas complexas	4	2	(ZO_2)

N – Número de oxigênios compartilhados

O/Z – Relação de oxigênio por cátion formador da estrutura

B

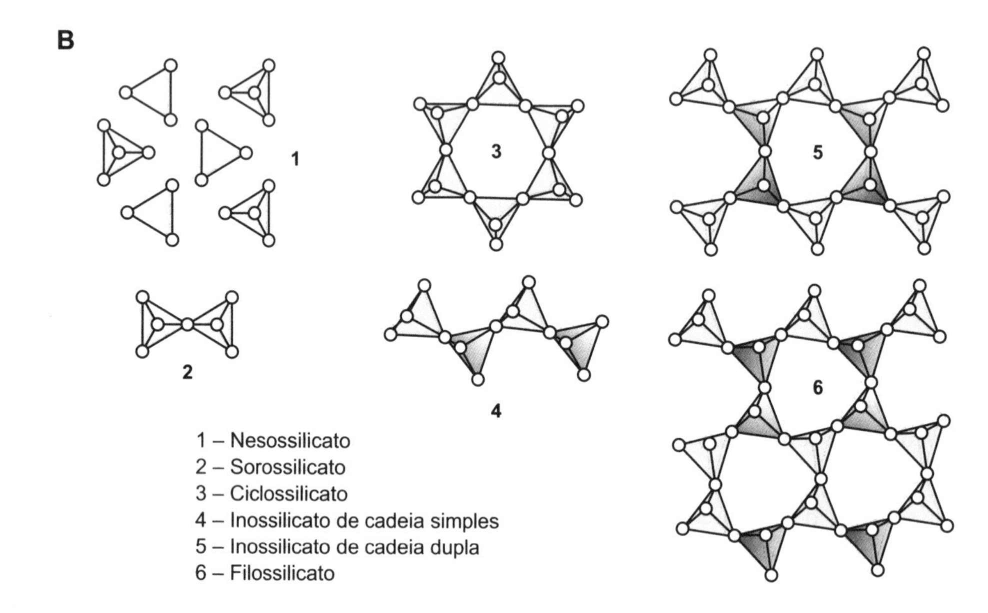

1 – Nesossilicato
2 – Sorossilicato
3 – Ciclossilicato
4 – Inossilicato de cadeia simples
5 – Inossilicato de cadeia dupla
6 – Filossilicato

C **D**

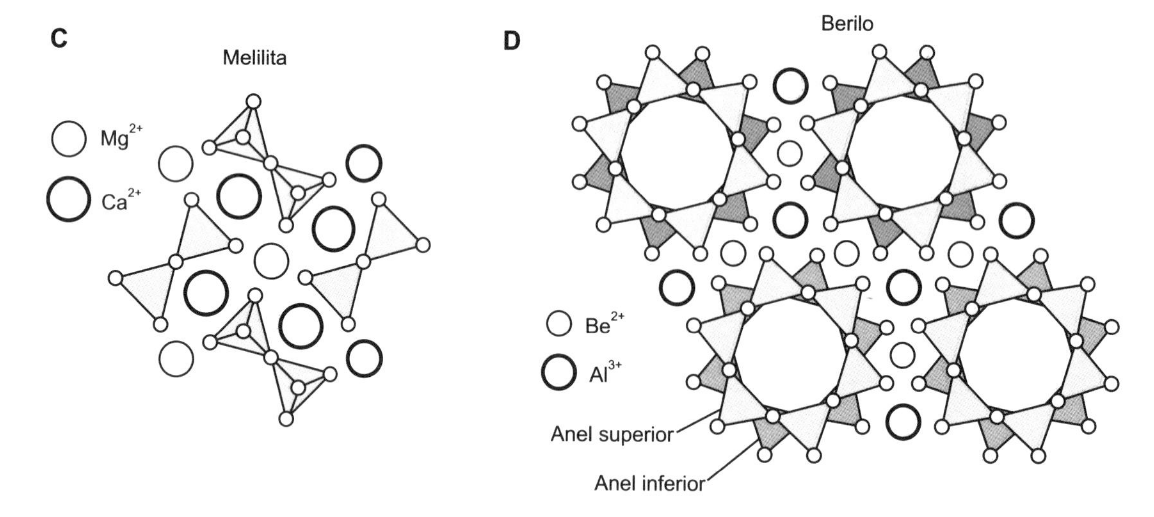

Figura 1.2 – Polimerização dos tetraedros de (ZO_4)

A – Estruturas dos silicatos resultantes da polimerização de tetraedros de (ZO_4) (Ragland, 1989)

Na polimerização dos tetraedros de (ZO_4), estes são unidos pelo compartilhamento de um ou mais íons de oxigênio através de ligações covalentes justapostas. Como os tetraedros (ZO_4) contêm quatro oxigênios, o número de oxigênios compartilhados (N) varia entre 0 e 4. N é 0 na ausência de polimerização, como nos esqueletos dos nesossilicatos, cujos representantes minerais típicos são as olivinas e as granadas. N é 4 nos tectossilicatos, cujos representantes típicos são os polimorfos de sílica, os feldspatos, os feldspatoides e as zeólitas. Quanto maior o número de oxigênios compartilhados, menor é a relação O/Z (número de oxigênios/número de Si + Al) para cada tetraedro polimerizado. No caso dos nesossilicatos, cujas estruturas contêm tetraedros de (ZO_4) isolados, em cada um deles a relação O/Z é [(1+1+1+1)/1] = 4. Polimerizando-se dois tetraedros para a formação de um par que compartilha um oxigênio (a polimerização mais simples), resulta a estrutura Z_2O_7 e, para cada tetraedro, uma relação O/Z = [(1+1+1+0,5)/1] = 3,5. Polimerizando-se tetraedros em fios, cada tetraedro compartilha dois oxigênios, um com seu tetraedro anterior e um com seu tetraedro posterior. Resulta para cada tetraedro uma relação O/Z = [(1+1+0,5+0,5)/1] = 3. Das diferentes possibilidades de polimerização dos tetraedros resultam sete tipos básicos de ânions complexos que correspondem aos sete grupos estruturais de silicatos. Excepcionalmente podem ocorrer silicatos com estrutura híbrida como no caso do epidoto que contém tetraedros isolados e tetraedros pareados.

B a D – Representação dos diferentes tipos de polimerização dos tetraedros ZO_4 (Ragland, 1989; Gill, 1989)

A polimerização progressiva dos tetraedros (ZO_4), que ocorrem isoladamente nos nesossilicatos (**B1**), gera sucessivamente estruturas contendo pares de tetraedros (sorossilicatos) (**B2**), anéis (ciclossilicatos) (**B3**), fios simples (inossilicatos simples) (**B4**), fios duplos (inossilicatos duplos) (**B5**), folhas (filossilicatos) (**B6**) e estruturas tridimensionais de tetraedros (tectossilicatos), aqui não representadas dada sua alta complexidade. Representante típico dos diversos tipos estruturais com crescente complexidade é o grupo das olivinas (nesossilicatos), das melilitas (sorossilicatos) (**C**), o berilo (um ciclossilicato) (**D**), o grupo dos piroxênios (inossilicatos de cadeia simples), dos anfibólios (inossilicatos de cadeia dupla) e das micas (filossilicatos). Os principais grupos minerais com estrutura tectossilicática são feldspatos e feldspatoides, os polimorfos de sílica (quartzo, tridimita e cristobalita) e as zeólitas. Os fios dos inossilicatos simples (piroxênios) compreendem tetraedros externos (claros) e internos (escuros) (**B4**). A polimerização de dois fios simples para a formação de um inossilicato duplo (anfibólio) ocorre pelos tetraedros internos que passam a compartilhar mais um oxigênio (**B5**). Assim, os tetraedros internos compartilham um total de três oxigênios e os tetraedros externos apenas dois, o que resulta, respectivamente, numa relação O/Z = [(1+0,5+0,5+0,5)/1] = 2,5 e [(1+1+0,5+0,5)/1] = 3. Numa cadeia infinita, resulta uma relação média O/Z de 2,75 da qual deriva ânion complexo $(Si_4O_{11})^{6-}$, a unidade estrutural do esqueleto silicático dos inossilicatos de cadeia dupla.

A **Posição estrutural e coordenação de cátions em silicatos**

Cátion	Posição estrutural	Raio cátion / Raio oxigênio	Coordenação
Si^{4+}	(Z)	0,26	4 Tetraédrica
Al^{3+}	(Z)	0,36	
Al^{3+}	(Y)	0,46	6 Octaédrica
Ti^{4+}	(Y)	0,52	
Fe^{3+}	(Y)	0,55	
Mn^{2+}	(X)	0,56	
Mg^{2+}	(X)	0,61	
Fe^{2+}	(X)	0,65	
Ca^{2+}	(W)	0,91	8 Cúbica
Na^{+}	(W)	0,94	
K^{+}	(W)	1,27	12 Hexagonal

Ocorrência em minerais: Olivina, Granada, Piroxênio, Anfibólio, Mica, Feldspato

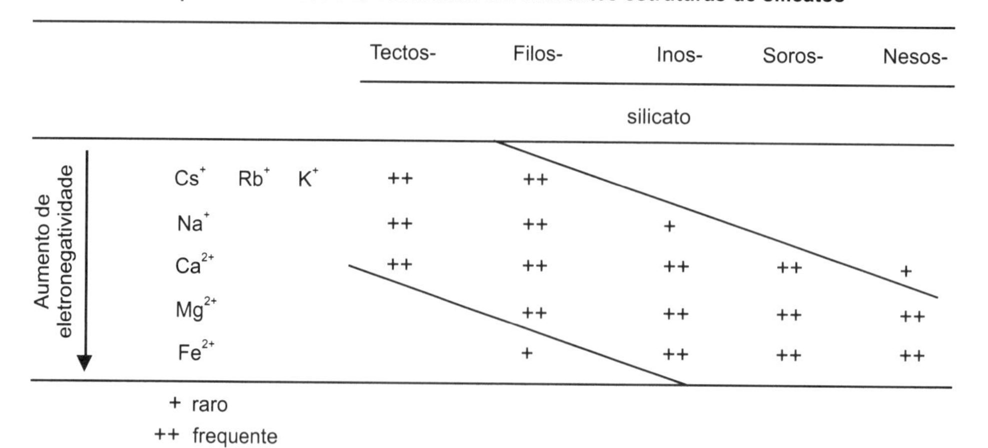

B **Frequência dos cátions saturantes em diferentes estruturas de silicatos**

Aumento de eletronegatividade ↓	Tectos- silicato	Filos- silicato	Inos- silicato	Soros- silicato	Nesos- silicato
Cs^{+} Rb^{+} K^{+}	++	++			
Na^{+}	++	++	+		
Ca^{2+}	++	++	++	++	+
Mg^{2+}		++	++	++	++
Fe^{2+}		+	++	++	++

+ raro

++ frequente

Figura 1.3 – Cátions saturantes e a estrutura cristalina

A - Posição estrutural e coordenação de cátions em silicatos (Gill, 1989)

De acordo com seu número de coordenação, os principais cátions formadores dos silicatos são subdivididos em quatro grupos que ocupam sítios específicos na estrutura cristalina:

X. São íons com número de coordenação 6 (geometria octaédrica), mas que excepcionalmente pode ser 4 como nas melilitas ou 8 como nas granadas.
Y. São íons com número de coordenação 6 (geometria octaédrica), mas que excepcionalmente pode ser 4 como nos espinélios.
W. São íons com número de coordenação 8 (geometria cúbica), mas que excepcionalmente pode ser 12 como no caso das micas.
Z. São íons com número de coordenação 4 (geometria tetraédrica) que formam os íons complexos (ZO_4).

O cátion Al^{3+} com número de coordenação 4 pode integrar tanto o íon complexo (ZO_4) formador da estrutura silicática quanto atuar como cátion saturante com número de coordenação 6. A olivina, um nesossilicato (em cuja estrutura ocorrem apenas tetraedros de SiO_4 isolados, não polimerizados), só contém cátions saturantes com número de coordenação 6 (octaédrica). Com o aumento da complexidade estrutural, os minerais silicáticos apresentam também tetraedros de $(AlO_4)^{5-}$ e cátions saturantes com número de coordenação 8 e 12. Já os feldspatos, minerais com estrutura muito complexa (tectossilicatos), não apresentam elementos com número de coordenação 6 na sua estrutura. Essa característica distingue os silicatos minerais siálicos (ou claros), ricos em Si e Al, dos silicatos minerais fêmicos (ou escuros), ricos em Fe e Mg, caso das olivinas, piroxênios, anfibólios e micas (biotita). Rochas pobres e ricas em minerais fêmicos são denominadas, respectivamente, de rochas félsicas e máficas. Rochas compostas em sua quase totalidade por minerais fêmicos são chamadas ultramáficas.

B - Frequência dos cátions saturantes em diferentes estruturas de silicatos (Möller, 1986)

A relação entre a complexidade do esqueleto silicático e o tipo de cátion que o satura pode, em parte, ser sistematizada considerando-se a eletronegatividade dos cátions saturantes. Cátions com elevada eletronegatividade (Fe^{2+} e Mg^{2+}) integram minerais com estruturas mais simples, ao passo que cátions com menor eletronegatividade (Cs^+, Rb^+, K^+ e Na^+) saturam estruturas silicáticas mais complexas. O cálcio, com eletronegatividade média, ocorre em todos os tipos de estruturas silicáticas. A eletronegatividade, expressa em eV, é um conceito que descreve sob vários aspectos as ligações dos elementos. Uma de suas manifestações é a capacidade de um átomo numa molécula ou num cristal de atrair elétrons adicionais. Elementos eletropositivos têm a capacidade de atrair elétrons; os que cedem elétrons são elementos eletronegativos. A diferença entre as eletronegatividades dos íons numa ligação (que varia entre 0 e 4) define a percentagem iônica e covalente da ligação. Quanto maior a diferença entre as eletronegatividades dos íons da ligação, maior o seu caráter iônico. Existe uma transição contínua entre uma ligação covalente pura e uma ligação fortemente iônica.

Fórmula padrão dos minerais dos sete grupos estruturais de silicatos

Grupo	O/Z	N	TE	Fórmula
Espinélio*	–	–	–	XY_2O_4
Granada	4	0	N	$X_3Y_2Z_3O_{12}$
Olivina	4	0	N	X_2ZO_4
Epídoto	3,67	0,1	N e S	$W_2(X,Y)_3(Z_3O_{11})(OH)$
Melilita	3,5	1	S	$W_2XZ_2O_7$
Ortopiroxênio	3	2	CS	$(X,Y)ZO_3$
Clinopiroxênio	3	2	CS	$W(X,Y)(ZO_3)_2$
Ortoanfibólio	2,75	2 e 3	CD	$(X,Y)_7(Z_4O_{11})_2(OH)_2$
Clinoanfibólio	2,75	2 e 3	CD	$W_2(X,Y)_5(Z_4O_{11})_2(OH)_2$
Mica	2,5	3	F	$W(X,Y)_{2-3}Z_4O_{10}(OH)_2$
Clorita	2,5	3	F	$(X,Y)_6Z_4O_{10}(OH)_8$
Serpentina	2,5	3	F	$X_3Z_2O_5(OH)_4$
Feldspato	2	4	T	WZ_4O_8
Feldspatoide	2	4	T	WZ_3O_6 ou WZ_2O_4
Polimorfo de sílica	2	4	T	SiO_2

N – Número de oxigênios livres e compartilhados em cada tetraedro isolado ou polimerizado nos diferentes tipos de esqueletos silicáticos

O/Z – Relação oxigênio/cátion Z (Si, Al) da unidade estrutural nos diferentes tipos de esqueletos silicáticos

W, X, Y – Cátions saturantes do esqueleto silicático

TE – Tipo estrutural
N – Nesossilicato
S – Sorossilicato
CS – Inossilicato de cadeia simples
CD – Inossilicato de cadeia dupla
F – Tectossilicato
T – Filossilicato
* – Óxido

Figura 1.4 – Os principais silicatos minerais

Fórmulas-padrão dos minerais dos sete grupos estruturais de silicatos (Ragland, 1989)

A polimerização mais ou menos complexa dos tetraedros de (ZO_4) para a formação de diferentes estruturas silicáticas e sua saturação pelos cátions saturantes X, Y e W determinam sete grupos estruturais de silicatos, cada um compreendendo uma ou mais famílias de minerais. O primeiro grupo mineral da lista é o dos espinélios (espinélio, magnetita, cromita), óxidos desprovidos do íon silicático ZO^{4-} (portanto, não silicáticos). Mesmo assim, o $MgAl_2O_4$, o primeiro mineral a cristalizar de magmas muito magnesianos, caso dos duníticos e peridotíticos, é considerado vinculado aos silicatos dada sua relação de reação com o par Mg-olivina + Ca-plagioclásio nos sistemas Forsterita-Anortita e Anortita-Forsterita-Sílica, básicos para a modelagem da cristalização de magmas basálticos. Por isso é considerado um tipo de "protossilicato".

A nomenclatura dos sete grupos subsequentes de silicatos reflete o crescente grau de polimerização dos tetraedros (ZO_4) do esqueleto mineral:

Nesossilicatos (neso = ilha), cuja estrutura contém tetraedros estruturais isolados (ausência de polimerização). Representantes típicos deste grupo são as granadas e as olivinas.

Sorossilicatos (soro = grupo), nos quais o esqueleto contém pares de tetraedros polimerizados que, portanto, compartilham um oxigênio. Representantes típicos deste grupo estrutural são as melilitas, minerais sílica-insaturados. O epidoto é uma mistura de nesos- com sorossilicato.

Ciclossilicatos (ciclo = anel), cuja estrutura é dada por tubos resultantes do empilhamento de anéis de tetraedros estruturais. Os anéis resultam da polimerização de três, quatro ou seis tetraedros que compartilham um oxigênio com o tetraedro antecedente e outro com o tetraedro subsequente. Mineral típico deste grupo é o berilo, $Be_3Al_2Si_6O_{18}$.

Inossilicatos simples (ino = fio), cujo esqueleto é formado por fios (correntes, cadeias) simples de tetraedros estruturais polimerizados, cada um compartilhando um oxigênio com o tetraedro antecedente e outro com o tetraedro subsequente. Os sucessivos tetraedros têm orientação oposta definindo tetraedros internos e externos. O principal representante deste grupo estrutural é a ampla família dos piroxênios.

Inossilicatos duplos, cuja estrutura é formada por pares de fios de tetraedros estruturais simples unidos pelos tetraedros internos que assim compartilham três oxigênios enquanto os externos compartilham apenas dois. O principal representante deste grupo estrutural é a ampla família dos anfibólios, que, à semelhança dos piroxênios, também compreende variedades subalcalinas e alcalinas.

Filossilicatos (filo = folha), com estrutura foliar ou planar de tetraedros estruturais sucessivamente empilhados. O plano de empilhamento corresponde ao excelente plano de clivagem basal das micas.

Tectossilicatos (tecto = corpo), com estrutura tridimensional muito complexa. Os principais representantes deste grupo estrutural são os feldspatos e os feldspatoides; estes são feldspatos sílica-insaturados em parte ricos nos voláteis Cl e S, caso da sodalita, noseana e haüynita.

Os diferentes grupos estruturais distinguem-se, quimicamente (1) pelo número (N) de oxigênios compartilhados ou não (oxigênio livre) em cada tetraedro das diferentes unidades estruturais básicas, (2) pela relação O/Z nas diferentes unidades estruturais básicas e (3) pela relação Z/(X+Y+W) nas diferentes unidades estruturais básicas.

Composição simplificada dos principais minerais das rochas magmáticas

Mineral	W	X	Y	Z	Ânion
ESPINÉLIOS*					
Espinélio	—	Mg	Al_2	—	O_4
Magnetita	—	Fe^{2+}	Fe_2^{3+}	—	O_4
Cromita	—	Fe^{2+}	Cr_2	—	O_4
GRANADAS					
Almandina	—	Fe_3	Al_2	Si_3	O_{12}
Piropo	—	Mg_3	Al_2	Si_3	O_{12}
Grossulária	—	Ca_3	Al_2	Si_3	O_{12}
Espessartita	—	Mn_3	Al_2	Si_3	O_{12}
OLIVINAS					
Forsterita	—	Mg_2	—	Si	O_4
Faialita	—	Fe_2	—	Si	O_4
ORTOPIROXÊNIOS					
Enstatita	—	Mg	—	Si	O_3
Hiperstênio	—	MF	—	Si	O_3
CLINOPIROXÊNIOS					
Diopsídio	Ca	Mg	—	Si_2	O_6
Hedenberguita	Ca	Fe^{2+}	—	Si_2	O_6
Augita					
Pigeonita					
Egirina	Na	—	Fe^{3+}	Si_2	O_6
Jadeíta	Na	—	Al	Si_2	O_6
CLINOANFIBÓLIOS					
Tremolita	Ca_2	MF_5	—	Si_8	$O_{22}(OH)_2$
Hornblenda					
Riebeckita	Na_2	Fe_3^{2+}	Fe_2^{3+}	Si_8	$O_{22}(OH)_2$
MICAS					
Flogopita	K	Mg_3	—	$AlSi_3$	$O_{10}(OH)_2$
Biotita	K	MF_3	—	$AlSi_3$	$O_{10}(OH)_2$
Muscovita	K	—	Al_2	$AlSi_3$	$O_{10}(OH)_2$
Paragonita	Na	—	Al_2	$AlSi_3$	$O_{10}(OH)_2$
FELDSPATOIDES					
Leucita	K	—	—	$AlSi_2$	O_6
Nefelina	Na	—	—	AlSi	O_4
FELDSPATOS					
Albita	Na	—	—	$AlSi_3$	O_8
Anortita	Ca	—	—	Al_2Si_2	O_8
K - feldspato	K	—	—	$AlSi_3$	O_8
POLIMORFOS DE SÍLICA	—	—	—	Si	O_2

MF = (Mg, Fe^{2+}), * óxidos

Figura 1.5 – Composição simplificada dos silicatos minerais no Sistema WXYZ

Composição dos principais minerais das rochas magmáticas no Sistema WXYZ (Ragland, 1989)

São mostradas as composições simplificadas dos principais grupos de silicatos minerais (granadas, olivinas, ortopiroxênios, clinopiroxênios, clinoanfibólios, micas, feldspatoides, feldspatos e polimorfos de sílica) bem como algumas espécies minerais de cada um deles em termos dos cátions W (Ca^{2+}, Na^{+} e K^{+}), X (Mg^{2+}, Fe^{2+} Ca^{2+} e Mn^{2+}), Y (Al^{3+}, Fe^{3+}, Mg^{2+} e Fe^{2+}) e Z (Si^{4+} e Al^{3+}). Os sucessivos grupos minerais listados apresentam crescente complexidade estrutural do seu esqueleto silicático. Os espinélios não são silicatos, e sim óxidos duplos entre Mg, Al, Fe, Ti, Cr, Zn, Mn e Ni. Apresentam fórmula geral XY_2O_4. Entre os numerosos minerais desse grupo destacam-se espinélio (Mg, Al), hercinita (Fe^{2+}, Al), gahnita (Zn, Al), magnetita (Fe^{2+}, Fe^{3+}), cromita (Fe^{2+}, Cr), ulvoespinélio (Fe^{3+}, Ti), jacobsita (Mn, Fe^{3+}) e trevorita (Ni, Fe^{3+}).

Espinélios e granadas contêm cátions X e Y; feldspatos e feldspatoides não contêm cátions X e Y; esta ausência é característica típica dos silicatos minerais siálicos (ou claros). Cátions X e Y ocorrem nos silicatos minerais fêmicos (ou escuros). Rochas ricas em minerais siálicos são denominadas félsicas; as ricas em minerais fêmicos de rochas máficas. Os polimorfos de sílica (SiO_2) não contêm qualquer cátion saturante. Micas, feldspatos e feldspatoides são alumossilicatos (os tetraedros formadores do esqueleto contêm Si e Al). A substituição de 25% do Si^{4+} da estrutura do quartzo (Si_4O_8) por Al^{3+} explica as fórmulas $KAlSi_3O_8$ e $NaAlSi_3O_8$ dos feldspatos potássico e sódico e a substituição de 50% do Si^{4+} da estrutura do quartzo (Si_4O_8) por Al^{3+} explica a fórmula $CaAl_2Si_2O_8$ do Ca-plagioclásio anortita. As estruturas cristalinas de anfibólios e micas contêm (OH). Nas diferentes estruturas é comum a substituição dos elementos maiores das posições X, Y, W e Z tanto por outros elementos maiores (elementos muito frequentes) quanto por elementos menores (elementos raros) e elementos traço (elementos muito raros). Por exemplo, na forsterita, parte do Mg é substituído pelos elementos traço Ni e Cr, aquele mais frequente que este. Resulta, assim, uma composição química mineral bastante complexa, particularmente nos minerais com estruturas mais polimerizadas. A fórmula básica do anfibólio hornblenda é $[Ca_2(Mg,Fe)_4Si_7AlO_{22}(OH)_2]$, mas sua ampla variação composicional pela inclusão de Na, K e Fe^{3+} na estrutura mineral (que exige uma variação acoplada da relação Si/Al no íon ZO_4) resulta na fórmula mais ampla $[(Na,K)_{0\text{-}1}Ca_2(Mg,Fe^{2+},Fe^{3+},Al)_5Si_{6\text{-}7,5}Al_{2\text{-}0,5}O_{22}(OH)_2]$. Variações composicionais ocorrem em soluções sólidas entre dois, três ou quatro componentes distintos, pois a participação relativa de cada componente na composição do mineral varia com a temperatura, a pressão, a fugacidade de oxigênio e a composição do magma. Assim, a biotita é uma solução sólida entre siderofilita $[K_2Fe_4Al_2(Si_4Al_4O_{20})(OH)_4]$, eastonita $[K_2Mg_4Al_2(Si_4Al_4O_{20})(OH)_4]$, annita $[K_2Fe_6(Si_6Al_2O_{20})(OH)_4]$ e flogopita $[K_2Mg_6(Si_6Al_2O_{20})(OH)_4]$. Com a possível incorporação de outros elementos, caso de Fe^{3+} e Ti^{4+}, resulta a fórmula geral $[K_2(Mg,Fe^{2+})_{6\text{-}4}(Fe^{3+},Al,Ti)_{0\text{-}2}(Si_{6\text{-}5}Al_{2\text{-}3}O_{20})(OH,F)_4]$.

A tabela mostra também que, com o aumento da complexidade estrutural do esqueleto silicático, aumenta a relação Z/(W+X+Y) da unidade estrutural básica. Essa relação é expressa pela fórmula mineral. Nas olivinas $[(Mg,Fe)_2\mathbf{SiO_4}]$, que são nesossilicatos, essa relação é 1:2; no feldspato potássico $[K(\mathbf{AlSi_3O_8})]$, um tectossilicato, a mesma relação é 4:1.

A

Ânion de $(SiO_4)^{4-}$

Cátion metálico

Água molecular H_2O

Oxidrila $(OH)^-$

D

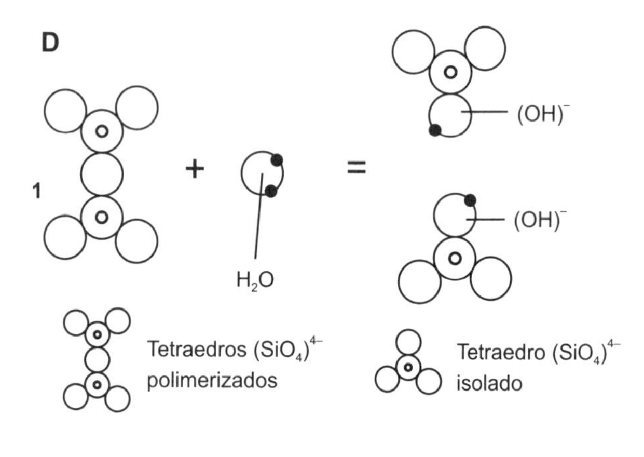

2 $\left[-\overset{|}{\underset{|}{Si}}-O-\overset{|}{\underset{|}{Si}}-\right] + H_2O \rightarrow 2\left[-\overset{|}{\underset{|}{Si}}-OH\right]$

B

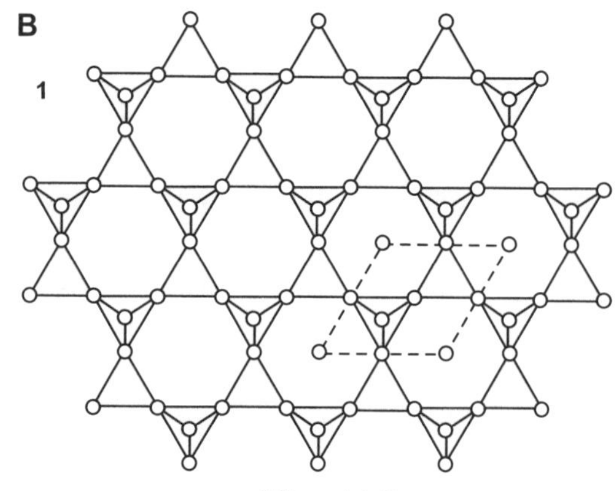

Sílica cristalina

Tetraedros de $(SiO_4)^{4-}$ polimerizados formando rede tridimensional tectossilicática perfeita

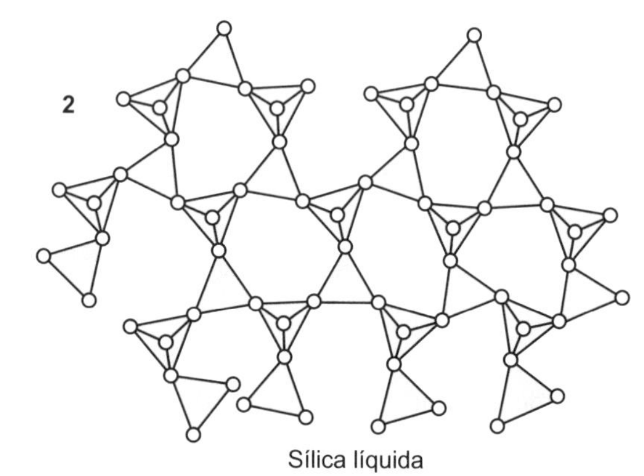

Sílica líquida

Tetraedros de $(SiO_4)^{4-}$ polimerizados formando rede tridimensional tectossilicática imperfeita deformada (protoesqueleto)

C

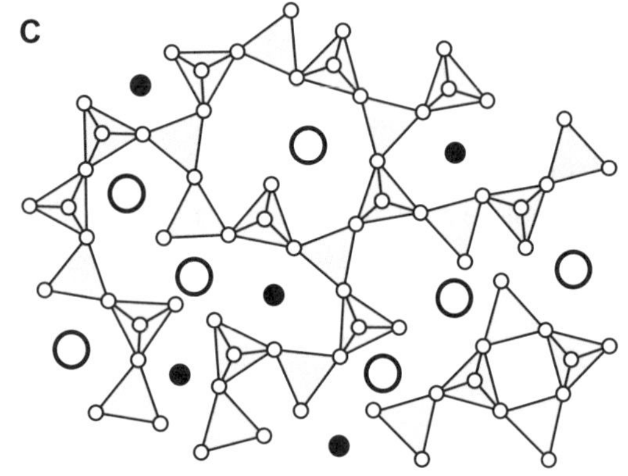

Íons modificadores da rede

Ca^{2+} Mg^{2+}

Diopsídio líquido

Tetraedros de $(SiO_4)^{4-}$ polimerizados formando rede de inossilicato imperfeito deformado (protoesqueleto)

Figura 1.6 – Estruturas de magmas e minerais

A – Visualização gráfica da estrutura de um magma (Mueller; Saxena, 1977)

Magmas são soluções líquidas de alta temperatura dos principais elementos constituintes do planeta Terra. O magma contém protoestruturas ou protoesqueletos silicáticos líquidos mais ou menos polimerizados e com variável carga negativa assinalada nos ápices dos tetraedros de SiO_4^{4-} que compõem as protoestruturas. A configuração dos protoesqueletos é muito próxima à dos esqueletos silicáticos minerais que resultam de sua cristalização. Durante esse processo, os protoesqueletos sofrem pequenos rearranjos estruturais e são saturados pelos cátions metálicos (círculos com +) que coexistem com as protoestruturas líquidas no magma. Outros ânions simples ou complexos (por exemplo, PO_4^{3-}) não estão representados. Magmas contêm variáveis teores de água tanto sob forma neutra ou molecular (círculos vazios) quanto dissociada em H^+ e $(OH)^-$. São mostradas apenas as oxidrilas pois os cátions de H^+ apresentam difusão relativamente rápida no magma, escapando da câmara magmática. A semelhança entre os esqueletos silicáticos minerais e os protoesqueletos líquidos é indicada pela baixa entropia de fusão dos silicatos, que indica que a desordem estrutural das protoestruturas líquidas é apenas um pouco maior que a do correspondente esqueleto silicático cristalino.

B, C – Protoesqueletos líquidos e esqueletos cristalinos (Carmichael et al., 1974)

A comparação da estrutura da sílica cristalina (**B1**) e líquida (**B2**) ressalta a pequena diferença entre o protoesqueleto líquido e o esqueleto silicático cristalino. Decorre que a estrutura de um magma já contém claramente definidos os minerais que irá originar por cristalização. A estrutura do diopsídio $[(Ca,Mg)Si_2O_6]$ líquido em (**C**) é claramente um protoesqueleto com estrutura inossilicática simples deformada entre o qual se situam os cátions saturantes Ca (círculos cheios maiores) e Mg (círculos cheios menores).

D – Rompimento da protoestrutura silicática pela água (Philpotts, 1990)

A água ocorre em magmas em parte sob forma neutra (H_2O) e em parte dissociada em $(H)^+$ e $(OH)^-$. O $(OH)^-$ pode tomar o lugar do oxigênio na estrutura de uma protoestrutura silicática. Essa substituição "quebra" (despolimeriza) a protoestrutura em fragmentos menores. A Figura **D1** e a reação **D2** exemplificam esse processo. A despolimerização do protoesqueleto do inossilicato simples em (**A**) origina fragmentos de tetraedros isolados (o esqueleto dos nesossilicatos) e de pares de tetraedros (o esqueleto dos sorossilicatos). No desenho mostrado, a estrutura do ciclossilicato hexagonal não é afetada pela despolimerização. O rompimento das protoestruturas silicáticas complexas aumenta a fluidez do magma, pois, quanto mais simples a estrutura destes, menor a viscosidade magmática. Magmas graníticos residuais saturados em água são muito fluidos. Como tal, permitem intensa difusão iônica que propicia a cristalização de cristais com dimensões até métricas em pegmatitos.

2. Cristalização magmática

1. A estrutura dos líquidos silicáticos é muito complexa. Simplificando, podemos dizer que compreende essencialmente protoesqueletos líquidos deformados e incompletos de tetraedros de $(SiO_4)^{4-}$ e $(AlO_4)^{5-}$ mais ou menos polimerizados. A estrutura dos protoesqueletos líquidos é muito semelhante à dos esqueletos dos silicatos que deles se originam por cristalização. A baixa entropia de fusão dos silicatos indica essa semelhança. Dessa maneira, um líquido silicático (magma) já contém predeterminado, desde a sua gênese, os minerais que irá originar por cristalização. Os protoesqueletos de magmas isoquímicos variam com a pressão e a temperatura da magmagênese. Entre os protoesqueletos situam-se os íons saturantes com disposição caótica, movimentos brownianos atenuados e em constante migração (por difusão) ao longo de gradientes térmicos e composicionais. Os magmas também contêm quantidades variáveis de água molecular e dissociada. A cristalização é uma condição de equilíbrio entre o mineral e o líquido do qual cristaliza.

2. A cristalização inicia-se na temperatura liquidus e termina na temperatura solidus. O intervalo entre liquidus e solidus é denominado de intervalo (térmico) de cristalização. No intervalo de cristalização, o volume da fração magmática líquida decresce continuamente pela cristalização de uma crescente massa mineral. No caso de um resfriamento muito rápido, o líquido magmático "congela" sob forma de vidro. Vidros vulcânicos ou obsidianas são rochas constituídas total ou dominantemente por vidro. Uma obsidiana holovítrea representa o "congelamento" de um líquido magmático hiperliquidus. Uma obsidiana com uma pequena taxa de cristais, um vitrófiro, indica o congelamento do magma quando este tinha uma temperatura próxima à do liquidus (congelamento periliquidus). Uma rocha com raro vidro intersticial na massa cristalina representa o congelamento perisolidus da pequena fração líquida magmática final (ou residual).

3. O progressivo resfriamento e cristalização do magma aumentam exponencialmente sua viscosidade com implicações marcantes nos processos de fracionamento magmático por decantação e flutuação mineral e na dinâmica de intrusão de magmas e de derrames de lavas. Lavas viscosas permitem a preservação de feições ligadas ao seu deslocamento. É o caso da estrutura de fluxo que retrata a velocidade de deslocamento diferencial das várias camadas de fluxo de um derrame de lava, túneis de lava, estruturas *pa-hoe-hoe*, estrutura cordada etc. Magmas e lavas básicos (pobres em sílica) são mais fluidos que magmas e lavas ácidos (ricos em sílica). A presença de maiores teores de água dissolvida diminui significativamente a viscosidade de um magma e, consequentemente, aumenta a difusão iônica que resulta num maior crescimento mineral. Pegmatitos são rochas portadoras de cristais com dimensões até métricos que resultam da cristalização de magmas residuais hidratados e enriquecidos em elementos incompatíveis. Muitos minerais de cristalização tardia e concentrados em pegmatitos,

caso de zeólitas, turmalina, topázio etc. são ricos em água, cloro, flúor, boro etc. A maior difusão iônica em líquidos magmáticos periliquidus, menos viscosos também resulta em fenocristais com grandes dimensões.

4. Em termos de sua composição, os minerais silicatados dividem-se em dois grandes grupos: minerais escuros ou fêmicos, ricos em Mg e Fe, e minerais claros ou siálicos, ricos em Si, Al, Na e K. O Ca ocorre nos dois grupos de silicatos. O primeiro grupo reúne olivinas, piroxênios, anfibólios e mica (biotita); o segundo engloba plagioclásios, feldspatos alcalinos, polimorfos de sílica (quartzo, tridimita, cristobalita), mica (muscovita) e feldspatoides; os últimos são minerais sílica-insaturados. Rochas ricas em minerais fêmicos são ditas máficas; rochas félsicas são as ricas em minerais siálicos. Minerais não silicáticos ricos em elementos compatíveis frequentemente são minerais opacos. Seus principais representantes são óxidos (cromita, magnetita, ilmenita etc.) e sulfetos (pirita, galena, calcopirita etc.). São minerais acessórios (ou pouco frequentes), mas presentes na maioria das rochas magmáticas. Outros minerais acessórios frequentes são zircão, apatita, titanita etc.

5. A sucessão dos minerais cristalizados de magmas básicos fracionados em sistema fechado com a progressiva queda da temperatura magmática é denominada de sequência de cristalização, série de reação ou série de Bowen (Figura 2.1). Existem três séries de reação:

- Série de reação descontínua. Compreende os minerais ferromagnesianos do grupo das olivinas, piroxênios, anfibólios e micas que cristalizam nesta ordem com a queda de temperatura num sistema magmático fechado sucessivamente fracionado. Cada grupo mineral tem composição e estrutura distinta. No decorrer da cristalização, a estrutura dos minerais sucessivamente cristalizados se torna cada vez mais complexa ao longo da sequência olivina (nesossilicato) → piroxênio (inossilicato de cadeia simples) → anfibólio (inossilicato de cadeia dupla) → mica (filossilicato) e sua composição cada vez mais rica em água e elementos incompatíveis (Figura 2.1). Cada mineral da série de reação descontínua resulta da reação do mineral precedente com o líquido magmático coexistente. A reação ocorre quando dado mineral da série de reação descontínua se torna instável em relação ao "mutante" líquido magmático coexistente, que, durante a cristalização 1) sofre contínuo resfriamento (queda na sua temperatura) e 2) mudança na sua composição, pois os cristais sucessivamente cristalizados não tem a mesma composição do magma do qual cristalizam. Cada etapa da reação da série de reação descontínua é assim representada:

  Mineral A em equilíbrio com o líquido magmático com composição X →
  Mineral B em equilíbrio com o líquido magmático com composição Y,

  onde A e B são sucessivos minerais da série de reação descontínua.

  Cada mineral da série de reação descontínua é uma solução sólida. Resulta que, entre sua gênese e eliminação por reação, os minerais máficos mudam continuamente de composição com a queda da temperatura adaptando sua composição à contínua mudança composicional do líquido magmático durante sua progressiva cristalização. Uma das variações composicionais mais marcantes dos minerais fêmicos com a queda da temperatura magmática é seu progressivo enriquecimento em Fe acompanhado de um empobrecimento gradual em Mg. Esse processo pode ser assim expresso:

  Mineral A1 em equilíbrio com o líquido magmático com composição X →
  Mineral A2 em equilíbrio com o líquido magmático com composição Y,

  onde A é dado mineral da série de reação descontínua; A1 é sua composição sob uma temperatura mais elevada, algo mais rica em Mg; e A2 é a composição da mesma espécie mineral sob temperatura mais baixa com composição ligeiramente mais rica em Fe (Figura 2.1).
- Série de reação contínua. Corresponde à solução sólida siálica dos plagioclásios caracterizada por mudança gradual e contínua na sua composição química com a queda da temperatura, mas sem alteração na sua estrutura triclínica, embora ocorram modificações no tipo de retículo cristalino e nos grupos espaciais de simetria reticular. Com a queda da temperatura cristalizam sucessivamente plagioclásios cálcicos (anortita e bytownita), plagioclásios cálcico-sódicos (labradorita e andesina cálcica), plagioclásios sódico-cálcicos (andesina sódica e

oligoclásio cálcico) e plagioclásios sódicos (oligoclásio sódico e albita) (Figura 2.1).

As reações ocorrem quando dado plagioclásio se torna instável em relação ao líquido magmático coexistente continuamente mutante em termos térmicos e composicionais no decorrer de sua cristalização. Cada etapa da reação da série de reação contínua é assim representada:

Plagioclásio P1 em equilíbrio com o líquido magmático com composição X →
Plagioclásio P2 em equilíbrio com o líquido magmático com composição Y,

onde P1 é um plagioclásio mais rico em Ca e Al cristalizado numa temperatura mais elevada e P2 um plagioclásio ligeiramente mais sódico e silicoso cristalizado sob temperatura mais baixa.

Como os plagioclásios são uma solução sólida entre anortita ($CaAl_2Si_2O_8$) e albita ($NaAlSi_3O_8$), a composição dos sucessivos plagioclásios formados durante a cristalização magmática varia continuamente, de modo infinitesimal. No caso de resfriamento magmático rápido, os plagioclásios sucessivamente formados são preservados em consecutivos anéis (zonas) composicionais, formando cristais de plagioclásios zonados e cujo teor de Na aumenta do núcleo para as bordas do cristal.

- Série residual. Reúne a muscovita, feldspato sódico, feldspato potássico e zeólitas. Polimorfos de sílica (quartzo, tridimita e cristobalita) e feldspatoides cristalizam, respectivamente, de magmas ricos e pobres em sílica. Os minerais da série residual são típicos da fase final da consolidação de magmas residuais félsicos ricos em elementos incompatíveis, água e outros elementos voláteis, presentes em vários feldspatoides e nas zeólitas. O volume de magma residual com essas características é extremamente pequeno mesmo no caso de um fracionamento ideal de magmas basálticos, mas é abundante em magmas graníticos e sieníticos. De acordo com o teor de sílica destes, a série residual compreende i) feldspatos alcalinos e polimorfos de sílica, ii) apenas feldspatos alcalinos ou iii) feldspatos alcalinos e feldspatoides.

6. Durante grande parte da cristalização magmática ocorre a formação conjunta de minerais fêmicos e siálicos. Os diferentes minerais ou pares minerais cristalizados em grandes quantidades em sucessivos intervalos térmicos sob decrescentes temperaturas definem a mineralogia essencial das diversas rochas magmáticas. Dunitos são rochas compostas essencialmente por olivina, peridotitos por olivina e piroxênios, piroxenitos por piroxênios, gabros por piroxênios e Ca-plagioclásios (com ou sem olivina), dioritos por hornblenda e (Ca,Na)- ou (Na,Ca)-plagioclásios, granitos por feldspatos sódico, potássico, hornblenda, biotita e/ou muscovita e quartzo. Vice-versa, cada nome de rocha magmática evoca os minerais ou pares de minerais essenciais que as constituem. No início da cristalização, os minerais fêmicos predominam sobre os minerais siálicos, o que resulta em rochas máficas; no fim da cristalização ocorre o inverso e cristalizam rochas félsicas. Rochas compostas quase totalmente por minerais fêmicos, caso de dunitos, peridotitos e piroxenitos são ditas ultramáficas.

7. No decorrer da cristalização, a decrescente fração líquida do sistema magmático é enriquecida progressivamente em elementos incompatíveis e empobrecida em elementos compatíveis. O progressivo enriquecimento em elementos incompatíveis reflete-se nitidamente na série de reação contínua na qual, com a queda da temperatura da decrescente fração líquida do magma, cristalizam sucessivamente Ca-plagioclásios, (Ca,Na)-plagioclásios, (Na,Ca)-plagioclásios e Na-plagioclásios. O potássio é mais incompatível que o sódio. Assim, enquanto mesmo os Ca-plagioclásios de alta temperatura já contêm pequenos teores de Na (albita), o K só ocorre em teores maiores na biotita (o último mineral da série de reação descontínua), no feldspato potássico, no feldspato alcalino (ou seu equivalente sílica-insaturado, a leucita) e na muscovita, minerais da série residual. Assim, os minerais de potássio são indicadores dos estágios finais da evolução magmática. Em função disso, a relação $SiO_2 \times K_2O$ é muito importante na caracterização química e classificação das rochas magmáticas.

8. O desenvolvimento da sequência de cristalização mineral é controlado principalmente por quatro fatores:

- A complexidade dos esqueletos silicáticos. A cristalização inicia-se com a formação de minerais com esqueletos mais simples, seguida pela cristalização de minerais com estruturas cada vez mais complexas. Assim, cristalizam sucessivamente nesossilicatos, sorossilicatos, inossilicatos de cadeia simples, inossilicatos de cadeia dupla, filossilicatos e tectossilicatos. Exceção são os esqueletos de tectossilicatos ricos em Al dos plagioclásios cálcicos (plagioclásios ricos em anortita, $CaAl_2Si_2O_8$) que cristalizam simultaneamente com minerais fêmicos e com esqueletos silicáticos simples que não contêm alumínio na estrutura, caso da (Mg,Fe)-olivina e dos (Mg,Fe)-ortopiroxênios, ou nos quais a alumina é óxido raro, caso da augita e da pigeonita, respectivamente um (Ca,Mg,Fe,Al)- e um (Mg,Fe,Al)-clinopiroxênio.

- A compatibilidade geoquímica dos cátions saturantes dos esqueletos silicáticos. A compatibilidade geoquímica indica a preferência de um dado elemento durante a cristalização (que representa a condição de equilíbrio líquido ↔ cristal) em integrar a estrutura cristalina de dado mineral ou de permanecer no líquido magmático coexistente do qual o mineral está cristalizando. Essa preferência é quantificada pelo coeficiente de partição (ou de distribuição) K_D (ou simplesmente K ou D) dado pela expressão:

$$K_X^{Y/L} = \frac{\text{concentração do elemento X no mineral Y}}{\text{concentração do elemento X no líquido silicático L a partir do qual cristaliza Y}}.$$

Elementos com $K_D > 1$ são denominados de elementos compatíveis e os elementos com $K_D < 1$ de elementos incompatíveis. Os principais elementos compatíveis são Mg, Ca e Fe (elementos maiores) e Cr, Ni, Cu, V, Co, Mo, Sr etc. (elementos traços); os principais elementos incompatíveis são Na e K (elementos maiores) ao lado de Ba, Zr, Th, Ta, Cs, ETRL, Rb, Hf, Ti, Nb, Li, Be, P, B, Cl e F (elementos traços). O nome incompatível significa que esses elementos, por vários motivos (raio iônico, carga iônica, configuração eletrônica etc.), não cabem nas estruturas de olivinas e piroxênios de rochas basálticas que resultam da cristalização de magmas gerados por fusão parcial de rochas ultramáficas no manto terrestre. Decorre que o nome completo dos elementos incompatíveis é "elementos incompatíveis com as estruturas de olivinas e piroxênios mantélicos".

Um elemento incompatível com concentração muito baixa (elemento traço) no estágio magmático inicial aumenta gradualmente sua concentração no progressivo decrescente volume da fração líquida magmática no decorrer da cristalização. Decorre que no estágio final da cristalização, a alta concentração dos elementos incompatíveis resulta na cristalização de minerais silicatados ou não enriquecidos nesses elementos. É o caso do Li (rubelita, espodumênio, lepidolita), U (uranita, pechblenda), Nb (columbita, pirocloro), Ta (tantalita), Zr (zircão, baddeleyita), ETR (monazita), Ba (barita), Be (berilo), B (turmalina) etc.

Os elementos compatíveis saturam preferencialmente os esqueletos (estruturas) silicáticos simples e as estruturas silicáticas complexas ricas em Al. Decorre que os primeiros minerais que cristalizam são olivinas (nesossilicatos de Mg e Fe), ortopiroxênios (inossilicatos de cadeia simples de Mg e Fe), clinopiroxênios (inossilicatos de cadeia simples de Ca, Mg, Fe e algum Al) e os Ca-plagioclásios (tectossilicatos aluminosos de cálcio). Elementos incompatíveis saturam preferencialmente estruturas silicáticas complexas (tectossilicatos), caso dos feldspatos alcalinos (tectossilicatos de K e Na) e dos feldspatoides (tectossilicatos sílica-insaturados de K e Na) que cristalizam na fase final do resfriamento magmático.

O índice K_D de dado elemento varia com:

- a pressão litostática que age sobre o magma;
- a pressão parcial (ou fugacidade) de oxigênio reinante durante a cristalização;
- a temperatura magmática; e
- a composição do magma (Figura 2.2).

Resulta que o K_D de certo elemento não só varia significativamente de magma para magma, mas também nos diferentes estágios evolutivos de um mesmo magma. Por exemplo, hornblendas de magmas básicos ou basálticos, pobres em sílica, também são pobres em ETR, enquanto as hornblendas de magmas félsicos ou graníticos, ricos em sílica, também são ricas em ETR (Figura 2.2.D). Um elemento compatível pode ser incompatível (ou vice-versa) em magmas com composições contrastantes, caso de magmas ricos em K (magmas alcalinos potássicos), Na (magmas alcalinos sódicos), em Ca + Mg (magmas cálcio-alcalinos e toleíticos) ou em Mg (magmas magnesianos), assim como em magmas mais ou menos fracionados (Figura 2.2.D). Dessa maneira, a grafia detalhada correta do K_D é

$K_{D_{X(Y)}}^{Lz\ PuTw}$,

onde X é o elemento considerado, Y o mineral ao qual se refere o K_D do elemento, Lz a composição do líquido/magma (basáltico, riolítico, fonolítico etc.) do qual Y cristaliza, Pu a pressão que age sobre o líquido/magma Lz durante a cristalização de Y (Pu é baixa em lavas e alta em magmas) e Tw a temperatura de cristalização de Y sob Pu no líquido/magma Lz. Tw é mais elevada e mais baixa, respectivamente, no estágio inicial e final de cristalização de dado magma (basáltico, andesítico, traquítico, riolítico etc.).

- O teor de água. Os minerais hidratados são silicatos máficos de transição contendo elementos compatíveis (Mg, Ca, Fe), incompatíveis (Na e K) e água estrutural. O caráter químico transicional nos minerais máficos hidratados reflete-se no fato de a biotita sob aspecto químico corresponder aproximadamente à soma Mg-olivina (mineral fêmico) + K-feldspato (mineral siálico) + H_2O. Quando puros, os minerais hidratados só cristalizam quando a atividade química da água no magma (aH_2O) é igual a 1, o que corresponde a um magma água-saturado (Figura 2.3). Entretanto, dada a estrutura e composição complexa dos principais minerais silicáticos hidratados, caso dos anfibólios (inossilicatos duplos) e das micas (filossilicatos), a sua cristalização já ocorre quando a aH_2O no magma atinge valores próximos de 0,6 ou 0,7. Em magmas anidros não ocorre cristalização de minerais hidratados. É o caso da maioria dos basaltos que contêm essencialmente Ca-plagioclásio + Mg-olivina + Mg-ortopiroxênio (em basaltos toleíticos) + (Mg,Ca)-clinopiroxênios (augita é mineral abundante em basaltos cálcio-alcalinos e augita titanífera em basaltos alcalinos), todos minerais anidros. Em magmas graníticos, que contêm elevada taxa de água (até 10% peso), a aH_2O crítica ocorre, quase sempre, já no estágio inicial da cristalização. Resulta a dominância de minerais ferromagnesianos hidratados (hornblenda, biotita) e a raridade ou ausência de minerais fêmicos anidros (olivina e piroxênios). Essa raridade também decorre da pobreza de magmas graníticos em elementos compatíveis.
- A pressão parcial de oxigênio, Po_2 (ou a fugacidade de oxigênio, fo_2, o equivalente termodinâmico da Po_2 para gases ideais), que age sobre o magma, determina a sequência e a composição dos minerais máficos cristalizados (Figura 2.4.A). De magmas basálticos sob baixas Po_2 cristalizam inicialmente (Mg,Fe)-olivinas, (Mg,Fe)-ortopiroxênios, (Mg,Ca,Fe)-clinopiroxênio e Ca-plagioclásios, minerais pobres ou isentos de ferro que ocorre sob forma de Fe^{2+}. Consequentemente, o decrescente volume de magma residual resultante da progressiva cristalização enriquece-se rapidamente em Fe, pois olivina, piroxênios e Ca-plagioclásios precipitam simultaneamente logo após o início da cristalização. O enriquecimento em ferro ocorre na ausência de um enriquecimento significativo em sílica, pois o teor médio de sílica de uma mistura de olivina, piroxênios e Ca-plagioclásio é próximo ao teor de SiO_2 do magma basáltico do qual os minerais cristalizam. Resulta a continuidade da cristalização de basaltos que, agora, são muito enriquecidos em ferro. São os ferrobasaltos. Pela cristalização de ferrobasaltos/ferroandesitos aumenta lentamente a Po_2 no sistema magmático que é controlada pela progressiva concentração do baixo teor de água inicial no decrescente volume de líquido magmático. A relação entre teor de água e Po_2 resulta da combinação das reações $H_2O \leftrightarrow H^+ + (OH)^-$ (dissociação da água) e $2(OH)^- \leftrightarrow H_2O + \frac{1}{2}O_2$. Após a cristalização de mais de 95% do volume do magma inicial, é atingida uma concentração de água no magma que resulta numa Po_2 crítica que permite a cristalização do óxido de ferro magnetita ($FeFe_2O_4$), mineral opaco contendo Fe^{2+} e Fe^{3+} e, obviamente, desprovido de sílica. Portanto, a cristalização da magnetita sucede temporalmente à cristalização dos minerais máficos. Pela cristalização da magnetita, o pequeno volume residual de magma sofre rápido enriquecimento em sílica que resulta na cristalização final de um pequeno volume de granófiros e islanditos, rochas vulcânicas/subvulcânicas ricas em (Na,Ca)-plagioclásio e quartzo. A evolução magmática descrita anteriormente é típica de magmas/lavas basálticos toleíticos.

Consideremos agora a cristalização de magmas basálticos sob média Po_2 e condições tamponadas (que mantêm a pressão parcial de oxigênio constante no sistema magmático). É o caso de magmas cálcio-alcalinos mais ricos em álcali e água que os magmas basálticos toleíticos. Nessas condições, a magnetita cristaliza conjuntamente com os minerais fêmicos enriquecidos em Mg. A cristalização precoce da magnetita tem duas implicações fundamentais para a evolução magmática:

- A cristalização de magnetita retira muito Fe do magma, o que impede o enriquecimento do magma residual em ferro, ou seja, a relação FeOT/MgO (onde FeOT = FeO + $1{,}1Fe_2O_3$) permanece aproximadamente constante durante a evolução magmática.
- A cristalização da magnetita, um óxido, implica rápido enriquecimento do magma coexistente em sílica que resulta na geração de grandes volumes de lavas andesíticas/dacíticas/riodacíticas/riolíticas ou magmas dioríticos/granodioríticos/monzograníticos/graníticos (Figura 2.4.B).

Os elevados teores de água no magma cálcio-alcalino garantem o tamponamento da fO_2 e a cristalização de minerais hidratados, caso da hornblenda e biotita respectivamente sob médios (como nos dioritos) e elevados teores de SiO_2 (como em granitos). A progressiva concentração de água no decrescente volume líquido com o decorrer da cristalização gera magmas residuais água-saturados que, por sua elevada fluidez, permitem a cristalização de cristais com dimensões de até vários metros em pegmatitos, as rochas que resultam da cristalização desse tipo de magma.

O crescente teor em álcalis no decorrer da evolução magmática reflete-se na cristalização inicial de apenas Ca-plagioclásios em gabros e de (Ca,Na)-plagioclásios em dioritos e, sob elevados teores de SiO_2, de (Na,Ca)-plagioclásio, biotita e K-feldspato (ortoclásio, microclínio), Na-feldspato (oligoclásio) em granodioritos e granitos.

Magmas alcalinos, caracterizados por elevados teores de álcalis, moderados teores de sílica e baixos teores de Mg, Fe e Ca, cristalizam sob média PO_2. O elevado teor em álcalis, resulta no caso de composições específicas caracterizadas por uma relação molar $[Al_2O_3/(Na_2O + K_2O)]$, na cristalização de máficos alcalinos, caso do piroxênio egirina ($NaFe^{3+}Si_2O_6$), e dos anfibólios riebeckita $[Na_2(Fe^{2+}{}_3Fe^{3+}{}_2)Si_8O_{22}(OH)_2]$ e arfvedsonita $[Na_3(Fe^{2+}{}_4Fe^{3+})Si_8O_{22}(OH)_2]$, nos quais o íon férrico reflete a elevada fO_2 reinante ao fim da cristalização magmática.

9. Durante a cristalização de magmas cálcio-alcalinos, a decrescente fração líquida do sistema magmático sofre contínuo enriquecimento em sílica caracterizando uma evolução magmática. Durante esse processo, sucessivas frações líquidas podem ser extraídas do sistema e cristalizar com a formação de rochas com crescentes teores de sílica. De acordo com seu teor de sílica, magmas e rochas magmáticas são classificados em:

- ultrabásicos, com menos de 45% peso de SiO_2;
- básicos, entre 45% e 52% peso de SiO_2;
- intermediários, entre 52% e 63% peso de SiO_2; e
- ácidos, com mais de 63% peso de sílica.

Ressalte-se que rochas ultrabásicas ($SiO_2 < 45\%$ peso) não equivalem à designação de rochas ultramáficas (mais de 90% de volume de minerais máficos), pois algumas rochas ultramáficas, caso de piroxenitos, são básicas (entre 45% e 52% peso de SiO_2), e não ultrabásicas.

10. O primeiro mineral da série de reação é o espinélio, $MgAl_2O_4$, um óxido geralmente presente em rochas ultramáficas muito ricas em Mg, pobres em Si e com teores relativamente baixos de Ca e Al, caso de dunitos (olivina), peridotitos (olivina + piroxênios); estes incluem harzburgitos (olivina + ortopiroxênio) e lherzolitos (olivina + clinopiroxênio + ortopiroxênio). Nessas rochas, o espinélio (Spl) ocorre em paragêneses com Mg-olivina (forsterita, Fo) e Mg-ortopiroxênio (enstatita, En), com Fo, En e um (Ca,Mg)-clinopiroxênio pobre em Al (diopsídio, Di) ou, ainda, com o Ca-plagioclásio (anortita, An).

O limite de estabilidade do espinélio é dado pela reação espinélio + líquido magmático ultramáfico = forsterita + anortita. Consequentemente, a reação origina tanto o primeiro mineral silicático da série de reação descontínua (a olivina forsterita) quanto da série de reação contínua (o plagioclásio anortita). Como os espinélios de rochas ultramáficas podem ser portadores de quantidades variáveis de Cr, também pode ocorrer a reação Cr-espinélio $[Mg(Al,Cr)_2O_4]$ + líquido ultramáfico = forsterita + anortita + cromita ($Fe^{2+}Cr_2O_4$). Em alguns casos, a anortita produto da reação do espinélio ou do Cr-espinélio pode ser substituída pelo Al-diopsídio, ou seja, a augita. Por essas relações de reação, o espinélio, apesar de óxido, integra a série de reação descontínua.

As reações dos minerais da série de reação descontínua durante a cristalização magmática caracterizam o teor de sílica do líquido envolvido nas reações. Enquanto espinélio reage com líquido ultramáfico para originar olivina, esta reage com líquidos básicos para originar piroxênio, que por sua vez reage com líquidos intermediários para originar anfibólio, que por sua vez reage com líquidos mais ácidos formando biotita. Como os líquidos ultramáficos, máficos, intermediários e ácidos também se caracterizam por teores cada vez menores de cálcio, o mesmo princípio se aplica à série de reação contínua para a geração sucessivamente de plagioclásios cálcicos, cálcio-sódicos, sódico-cálcicos e sódicos. Decorre que, com a queda da temperatura, cristalizam simultaneamente, em dado intervalo térmico, distintos minerais abundantes da série de reação contínua e descontínua a partir de líquidos ultramáficos, máficos, intermediários e ácidos caracterizados por teores de Si, Ca, Mg, Fe, Al, Na, e K específicos. As distintas paragêneses cristalizadas em sucessivos intervalos térmicos cada vez mais frios constituem as diferentes rochas magmáticas. De magmas ultramáficos sob elevadas temperaturas (superiores a 1.000 °C) cristalizam olivina e piroxênios, geralmente na ausência de feldspato. São os dunitos, peridotitos, piroxenitos e komatiitos. Sob temperaturas algo mais baixas, cristalizam de magmas máficos ou básicos olivina, piroxênios e plagioclásios cálcicos-sódicos que constituem gabros e basaltos. De líquidos intermediários, cristalizam sob temperaturas ainda mais baixas piroxênios, anfibólios, plagioclásios cálcico-sódicos a sódico-cálcicos que constituem dioritos, basaltos andesíticos e andesitos. Finalmente, sob temperaturas magmáticas ainda mais baixas (800 °C a 600 °C), cristalizam anfibólios, biotitas, plagioclásios sódico-cálcicos e sódicos, feldspato alcalino, feldspato potássico, muscovita e quartzo da série de reação residual de líquidos ácidos para constituir tonalitos, granodioritos, monzogranitos, granitos, dacitos, latitos, riodacitos e riólitos (Figura 2.1). De líquidos residuais félsicos pobres em sílica cristalizam fonólitos e traquitos, portadores de nefelina e/ou leucita.

11. As séries de reação foram desenvolvidas pela observação da variação mineralógica em rochas resultantes da cristalização de sucessivos magmas derivados de um magma inicial (ou parental) basálticos toleíticos fracionados em sistemas fechados (soleiras, diques, lopólitos etc.). Ressalte-se que, por ocasião da caracterização das séries de reação no início do século passado, ainda não era conhecida a grande influência da fO_2 na sequência de cristalização mineral e na evolução magmática. Também não foram considerados magmas alcalinos, pois as séries de reação não contemplam nem os feldspatoides nem os minerais fêmicos alcalinos.

As séries de reação não têm como objetivo mostrar qualquer vinculação genética entre magmas basálticos e graníticos e sim apenas mostrar que, sob condições excepcionais de fracionamento, um magma básico pode gerar uma fração final de magma ácido mesmo que com volume geologicamente insignificante, clarificar quais as etapas e as características físico-químicas dessa evolução magmática e retratar as variações composicionais e as complexas relações entre minerais que cristalizam sequencialmente de líquidos magmáticos cuja composição, temperatura, fugacidade de oxigênio etc. variam continuamente no decorrer de sua cristalização.

Em termos geológicos, petrográficos e petrológicos, as séries de reação devem ser repartidas em dois grupos. Um primeiro que engloba os minerais de cristalização mais precoce e um segundo que abrange os minerais de cristalização mais tardia. O primeiro grupo inclui os minerais de alta temperatura ricos em Mg, Fe e Ca e refere-se à cristalização de magmas básicos, pois basaltos são rochas máficas anidras compostas essencialmente por olivina, ortopiroxênios, clinopiroxênios e plagioclásios cálcico-sódicos. Basaltos são as rochas vulcânicas mais frequentes na Terra e nos corpos celestes já investigados pelo homem. O segundo grupo, que reúne minerais com temperaturas de cristalização mais baixas e mais ricos em elementos incompatíveis, espelha a cristalização de magmas ácidos, pois granitoides são rochas félsicas hidratadas compostas essencialmente por quartzo, feldspatos alcalinos, plagioclásios sódico-cálcicos e cujos raros minerais fêmicos são principalmente biotita e hornblenda. Granitoides são as rochas plutônicas mais frequentes da crosta terrestre e sua ocorrência em outros planetas (principalmente Marte) ainda carece de sólida confirmação. A simples consideração do enorme volume de rochas granitoides, nome que reúne granitos, monzogranitos, granodioritos. quartzo sienitos e mesmo sienitos e seus equivalentes vulcânicos, já sugere que os magmas granitoides não podem resultar essencialmente do fracionamento de magmas basálticos.

12. A cristalização magmática compreende vários estágios reunidos em dois períodos principais:

- Período subliquidus. Envolve o intervalo térmico entre o início (liquidus) e o fim (solidus) da cristalização magmática. Compreende o estágio magmático e o estágio pegmatítico.
  - Estágio magmático. É o estágio no qual coexistem minerais e um líquido magmático água-insaturado. Pode ser subdividido num estágio pré-**a**H_2O crítica (que antecede à cristalização de minerais hidratados) e num estágio pós-**a**H_2O crítica (que se inicia com a cristalização dos minerais hidratados). Magmas andesíticos representam bem esses dois subestágios com a cristalização inicial de piroxênio andesitos seguida de piroxênio-hornblenda andesitos e hornblenda andesitos. Em magmas andesíticos água-insaturados, a cristalização de hornblenda inicia-se com uma **a**H_2O entre 0,65 e 0,7.
  - Estágio pegmatítico. Neste estágio coexistem cristais, um líquido magmático residual água-saturado e uma fase fluida supercrítica. Um magma água-saturado que coexiste com uma fase cristalina e uma fase fluida independente supercrítica também é denominado de magma água-supersaturado. O magma água-saturado, bastante fluido (ou pouco viscoso), permite intensa difusão iônica que propicia a cristalização de grandes cristais frequentemente intercrescidos (textura pegmatítica). O estágio pegmatítico é comum na cristalização de magmas graníticos e sieníticos, mas é muito raro em magmas basálticos toleíticos. No estágio pegmatítico, a repartição dos elementos entre o magma residual água-supersaturado, os minerais que dele cristalizam e a fase volátil supercrítica independente coexistente (a fase pneumatolítica) é controlada pelo valor do coeficiente de distribuição (K_D) do elemento considerado tanto no equilíbrio sólido/líquido água-saturado quanto nos equilíbrios líquido água-saturado/fluido supercrítico e sólido/fluido supercrítico. Elementos que têm maior afinidade pela fase volátil tornam o fluido supercrítico enriquecido nos elementos que irão, por posterior precipitação, originar as jazidas pneumatolíticas e hidrotermais, estas geradas de soluções subcríticas denominadas de soluções hidrotermais.
- Período subsolidus. Envolve o intervalo térmico de resfriamento da massa rochosa após a cristalização total do líquido magmático. Compreende o estágio pneumatolítico e o estágio hidrotermal.
  - Estágio pneumatolítico. No sistema monário H_2O a densidade da água diminui com o aumento da temperatura (T) e a densidade do vapor aumenta com o aumento da pressão (P). Consequentemente, aumentos de T e P no sistema aproximam a densidade da água e do vapor e ambos se equalizam no ponto crítico (sob 374 °C e 218 atm) quando se tornam fases indistinguíveis e inseparáveis. Como a pressão do ponto crítico é geologicamente insignificante, a maioria dos autores definem o ponto crítico apenas em função da temperatura. Assim, temperaturas acima de 374 °C caracterizam o estágio supercrítico ou pneumatolítico no sistema H_2O.

    Após a cristalização de todo o líquido magmático de um sistema magmático hidratado, a fração aquosa residual não incorporada nos minerais hidratados constitui uma fase fluida supercrítica independente que coexiste com a massa rochosa cristalina quente recém-cristalizada. O estágio pneumatolítico ocorre tanto em magmas que eram água-insaturados quanto água-saturados ao fim de sua cristalização, mas o volume do fluido supercrítico pós-cristalização depende do grau de água-saturação do magma residual pré-cristalização final.

    A fase fluida supercrítica, enriquecida em elementos dominantemente incompatíveis não incluídos na estrutura dos minerais cristalizados, é altamente reativa e ataca a massa rochosa cristalina coexistente e suas rochas encaixantes para estabelecer um novo equilíbrio físico-químico sólido/fluido supercrítico no sistema. As reações entre as rochas e a fase fluida supercrítica são reações metassomáticas que resultam da modificação composicional e textural de um ou um conjunto de minerais por reação com um fluido; o conjunto das reações caracteriza o metassomatismo (ou alteração) pneumatolítico. A alteração metassomática da rocha magmática também é denominada de autometassomatismo, pois o fluido reagente não é de origem externa e, sim, resulta da cristalização do magma que originou a rocha. Ao metassomatismo pneumatolítico associa-se a formação de importantes jazidas minerais que representam genericamente a precipitação de elementos que se concentraram na fase pneumatolítica ao fim da cristalização magmática. São as jazidas pirometassomáticas e pneumatolíticas. Caso clássico de alteração pneumatolítica é a formação de *greisen* pela transformação do feldspato potássico de granitos em muscovita (greisenização). *Greisens* frequentemente são ricos em topázio e cassiterita e abundam em granitos rapakivi, caso das numerosas jazidas de estanho de Rondônia.

- Estágio hidrotermal. Por queda progressiva da temperatura e da pressão, a fase fluida passa de supercrítica para subcrítica. No sistema monário H_2O, a transformação da fase fluida pneumatolítica para a fase hidrotermal pode ocorrer *in situ* por resfriamento isobárico ou durante a migração da fase fluida de seu local de origem para níveis crustais mais rasos, mais frios e de menor pressão litostática. Se a ascensão da fase fluida for rápida, ao longo de planos de falhas e fraturas, a mudança de estado ocorre em condição isotérmica. Na natureza, a passagem da fase supercrítica (pneumatolítica) para a fase subcrítica (hidrotermal) geralmente ocorre por queda conjunta da temperatura e da pressão.

Como a solubilidade de átomos, moléculas e de íons simples e complexos difere na fase fluida supercrítica e subcrítica, a formação da fase hidrotermal *in situ* pelo resfriamento da fase pneumatolítica acarreta novos desequilíbrios entre o fluido hidrotermal e o corpo rochoso e suas rochas encaixantes já previamente modificados pelo fluido pneumatolítico. O desequilíbrio deflagra novas reações metassomáticas na rocha ígnea fresca ou alterada e suas rochas encaixantes também frescas ou alteradas pelas reações pneumatolíticas. Importantes processos de alteração hidrotermal são turmalinização, silicificação, feldspatização, albitização, cloritização e hematitização.

O conjunto das reações entre a fase fluida hidrotermal e o corpo magmático, bem como suas rochas encaixantes, configura a alteração hidrotermal, à qual se associa a formação de importantes jazidas. Os sucessivos estágios de resfriamento progressivo da fase fluida subcrítica se refletem em sucessivas alterações e jazidas hidrotermais distintas. Baseado nesse critério, as jazidas hidrotermais são divididas em cata- (ou hipo-), meso-, epi- e teletermais, as primeiras geradas sob altas temperaturas e as últimas sob temperaturas mais baixas. A sucessão de alterações e mineralizações hidrotermais sob decrescentes temperaturas a partir de um corpo rochoso ígneo caracteriza um zoneamento hidrotermal. Cada jazida integrante do zoneamento, por sua vez, exibe *telescoping* (superposição espacial) das sucessivas alterações hidrotermais geradas por dada solução hidrotermal durante seu resfriamento gradual *in situ*. Assim, numa jazida hipotermal ocorre a superposição entre a alteração hidrotermal inicial de alta temperatura e as alterações meso-, epi- e teletermal geradas sob temperaturas decrescentes pelo progressivo resfriamento da solução hidrotermal hipotermal original. Numa jazida mesotermal ocorre o *telescoping* entre a original alteração hidrotermal de média temperatura e a posterior alteração epi- e teletermal fruto do gradual resfriamento *in situ* da solução mesotermal original. Quanto maior a temperatura da solução mineralizadora inicial mais intenso o "*telescoping* hidrotermal".

13. Para soluções aquosas puras (sistema monário), a mudança progressiva das características físicas de uma fase fluida supercrítica com a queda da temperatura e da pressão pode ser exemplificada por sua evolução ao longo da variação ΔT e ΔP (trilha X-Y). No exemplo considerado (Figura 2.5.A), a variação física da fase fluida ao longo da trilha X-Y é dada pela sequência: fluido supercrítico → vapor → vapor + água (sobre a curva de condensação/vaporização) → água. Ressalta-se que a variação da pressão e da temperatura tem que ter fundamentação geológica, ou seja, a passagem de condições supercríticas para subcríticas tem que seguir graus geotérmicos realistas ou expressar reais condições de resfriamento isobárico (resfriamento do fluido supercrítico *in situ*) ou isotérmico (rápida ascensão do fluido supercrítico ao longo de fraturas e falhas).

14. Para soluções com carga salina (soluções salinas e salmouras), a mudança progressiva é mais

complexa, pois a solução representa um sistema binário, sendo o sistema geológico mais comum o sistema H_2O-NaCl (Figura 2.5.B). Nesse sistema, a temperatura e pressão do ponto crítico varia com a salinidade da solução e o conjunto dos pontos críticos para crescentes teores de NaCl na salmoura define sua curva crítica. Acima da curva crítica ocorre uma solução salina supercrítica NaCl insaturada, ou seja, uma só fase. Abaixo da curva crítica situa-se a curva de saturação trifásica, caracterizada pela associação solução NaCl saturada + vapor NaCl saturado + NaCl cristalino. Na área entre as duas curvas, o estado do sistema é dado pela associação vapor NaCl insaturado + líquido NaCl insaturado e, abaixo da curva trifásica (de saturação), o estado do sistema é dado pela associação vapor NaCl saturado + NaCl cristalino (Figura 2.5.B).

O ponto crítico para uma solução com cerca de 27% NaCl intercepta a curva de fusão mínima ou eutética do haplogranito hidratado (um granito do sistema Or-Ab-Qtz-H_2O) em condições de temperatura e pressão que correspondem a um gradiente geotérmico de 155 °C/km. Ressalte-se que, apesar de a curva crítica e a curva de fusão resultarem de experimentos laboratoriais, o gradiente de 155 °C/km carece de realidade geológica.

15. Consideremos o resfriamento de uma solução salina pneumatolítica gerada ao fim da cristalização num granito na porção supercrítica do sistema H_2O-NaCl (Figura 2.5.B). Nessas condições, a salmoura compreende apenas uma fase: vapor NaCl insaturado supercrítico. Se essa fase pneumatolítica migrar ao longo de um gradiente geotérmico geologicamente real, caso da trilha X-Y de variação ΔT e ΔP, o resfriamento ocorrerá totalmente no campo da solução salina supercrítica NaCl insaturada (Figura 2.5.B). Já o resfriamento de uma solução salina hidrotermal gerada ao fim da cristalização num granito na porção subcrítica do sistema H_2O-NaCl é distinta (Figura 2.5.B). Nessas condições, a salmoura compreende duas fases: vapor NaCl insaturado + solução salina NaCl insaturada. Durante seu resfriamento ao longo da trilha Z-U, um gradiente geológico suave, essa complexa salmoura forçosamente irá cruzar a curva crítica e se transformará numa só fase de solução supercrítica NaCl insaturada (Figura 2.5.B). Se o resfriamento for mais drástico, como no caso da trilha Z-W, o fluido hidrotermal inicial bifásico cruzará a curva trifásica transformando-se numa mistura de vapor NaCl saturado + solução salina NaCl saturada + cristais de NaCl que precipitam da solução e do vapor. Continuando o resfriamento, a fase hidrotermal será composta por vapor NaCl-saturado em equilíbrio com cristais de NaCl que dele precipitam (Figura 2.5.B). A evolução da fase hidrotermal ao longo da trilha Z-W visualiza claramente a formação de jazidas hidrotermais pela precipitação de sólidos (nesse caso, o sal) a partir da fase hidrotermal por resfriamento. A precipitação do soluto também ocorre por reação do fluido hidrotermal com as rochas percoladas, por mudança do pH (que varia nas diferentes rochas percoladas pelo fluido hidrotermal), mistura do fluido hidrotermal com águas meteóricas em subsuperfície, mudanças da fugacidade de oxigênio (que define ambientes oxidantes ou redutores) etc.

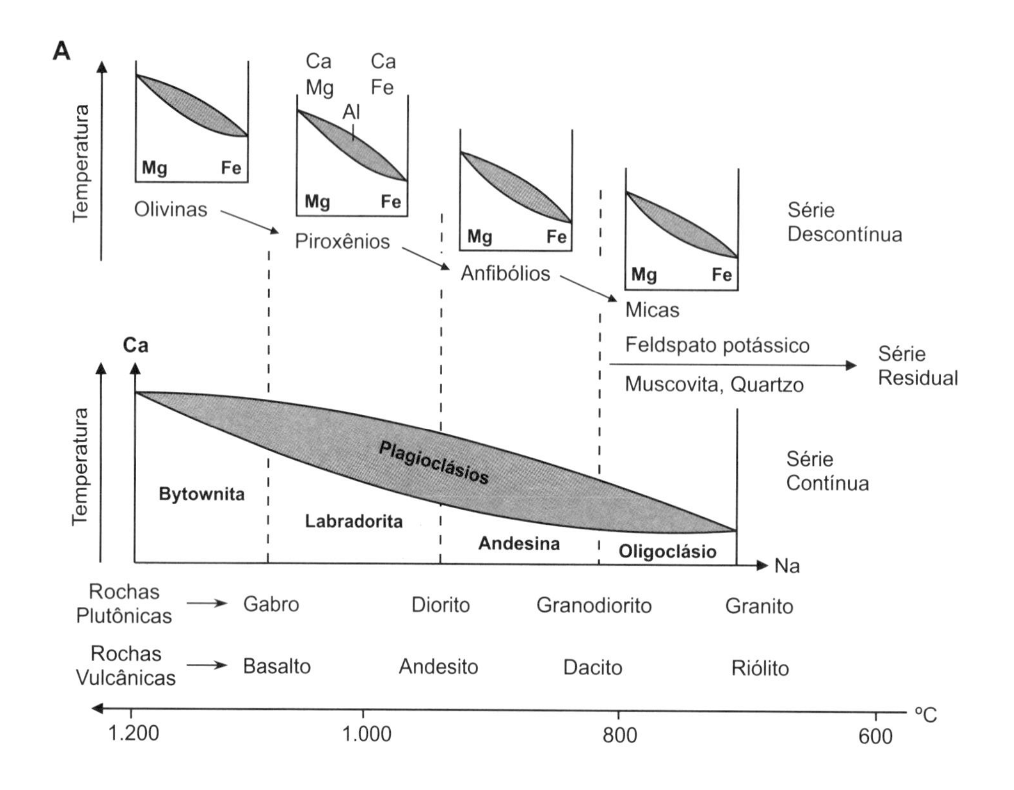
A
Temperatura
Mg Fe
Olivinas
Ca Mg
Ca Fe
Al
Mg Fe
Piroxênios
Mg Fe
Anfibólios
Mg Fe
Micas
Série
Descontínua
Feldspato potássico
Muscovita, Quartzo
Série
Residual
Ca
Temperatura
Plagioclásios
Bytownita
Labradorita
Andesina
Oligoclásio
Na
Série
Contínua
Rochas
Plutônicas
Gabro
Diorito
Granodiorito
Granito
Rochas
Vulcânicas
Basalto
Andesito
Dacito
Riólito
1.200
1.000
800
600
°C

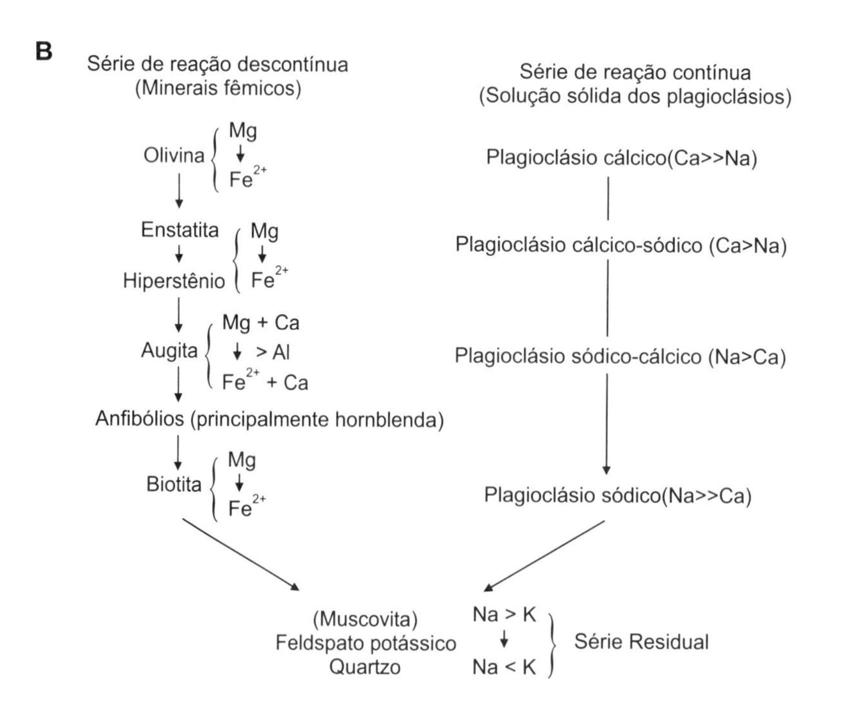
B
Série de reação descontínua
(Minerais fêmicos)
Olivina
Mg
Fe2+
Enstatita
Hiperstênio
Mg
Fe2+
Augita
Mg + Ca
> Al
Fe2+ + Ca
Anfibólios (principalmente hornblenda)
Biotita
Mg
Fe2+
Série de reação contínua
(Solução sólida dos plagioclásios)
Plagioclásio cálcico(Ca>>Na)
Plagioclásio cálcico-sódico (Ca>Na)
Plagioclásio sódico-cálcico (Na>Ca)
Plagioclásio sódico(Na>>Ca)
(Muscovita)
Feldspato potássico
Quartzo
Na > K
Na < K
Série Residual

Figura 2.1 – Série de cristalização/reação de Bowen

A série de cristalização (ou série de Bowen) corresponde à sequência de minerais precipitados sucessivamente durante a cristalização de um magma basáltico fracionado em sistema fechado. Nesse processo, a decrescente fração líquida do magma torna-se progressivamente mais fria, rica em sílica e elementos incompatíveis e pobre em elementos compatíveis. A cristalização magmática envolve a formação simultânea de duas séries de minerais: a série descontínua ou a série dos minerais fêmicos e a série contínua ou a série dos minerais siálicos representados pelos plagioclásios.

Na série de reação descontínua, cada novo mineral dos sucessivos grupos minerais cristalizados tem composição e estrutura progressivamente mais complexas. A série inicia-se com a olivina, um nesossilicato, e culmina com a biotita, um filossilicato. Cada novo mineral resulta da reação do mineral precedente, tornado instável, com o líquido magmático coexistente. Resulta que a série de cristalização descontínua é também chamada de série de reação. Característica típica da série é a cristalização final de minerais com crescente teor de elementos incompatíveis e de $(OH)^-$ na estrutura; são os minerais hidratados dos grupos dos anfibólios e das micas. Cada grupo mineral da série de reação descontínua é uma solução sólida cuja composição química varia durante sua cristalização adaptando-se continuamente à sempre mutante composição da fração líquida magmática da qual cristaliza. Uma das variações químicas típicas é a cristalização de uma composição mais rica em Mg sob temperaturas mais elevadas e mais ricas em Fe sob temperaturas mais baixas. Nos piroxênios subalcalinos também ocorre a incorporação de Al na augita e pigeonita.

Na série de cristalização contínua, representada pelos plagioclásios, varia apenas a composição dos minerais sucessivamente cristalizados, mas não a sua estrutura genérica, um tectossilicato triclínico. Plagioclásios são uma solução sólida entre anortita, o componente de temperatura mais elevada ($CaAl_2Si_2O_8$), e albita ($NaAlSi_3O_8$). Durante a cristalização, um plagioclásio mais cálcico inicialmente cristalizado reage continuamente com o líquido coexistente, tornando-se cada vez mais sódico pela substituição progressiva de Ca + Al por Na + Si na estrutura cristalina com a queda da temperatura. Nesse processo, os plagioclásios são subdivididos em cálcicos, cálcico-sódicos, sódico-cálcicos e sódicos.

Do reduzido volume de magma final cristalizam muscovita, feldspatos alcalinos e quartzo (ou feldspatoides) e zeólitas, minerais que integram a série de cristalização residual.

A – As séries de reação (Wernick, 1972, modificado)

A figura mostra 1) a cristalização simultânea de minerais máficos (da série de reação descontínua) e siálicos (da série de reação contínua); 2) a vinculação de cada mineral formado com dada temperatura e composição magmática; 3) as rochas formadas pela cristalização fracionada de um magma basáltico; e 4) a principal variação química da solução sólida de cada grupo mineral fêmico no decorrer da sua cristalização.

B – As séries de reação (Bowen, 1928)

São mostrados os minerais das séries de cristalização paralelizados em base isotérmica.

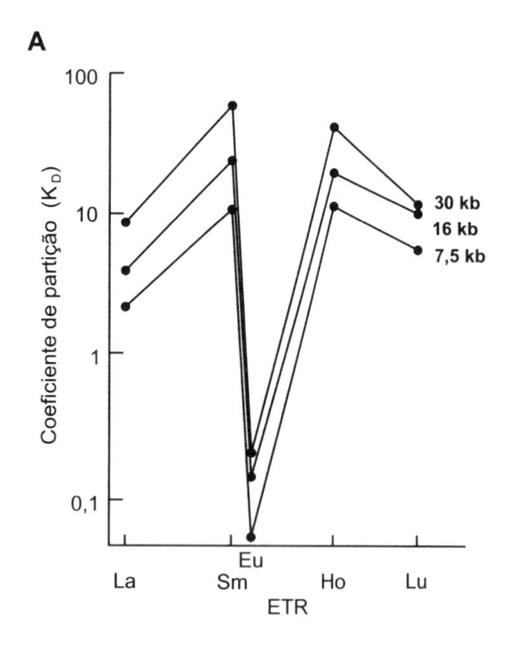
A
100
10
1
0,1
Coeficiente de partição (K_D)
30 kb
16 kb
7,5 kb
Eu
La
Sm
Ho
Lu
ETR

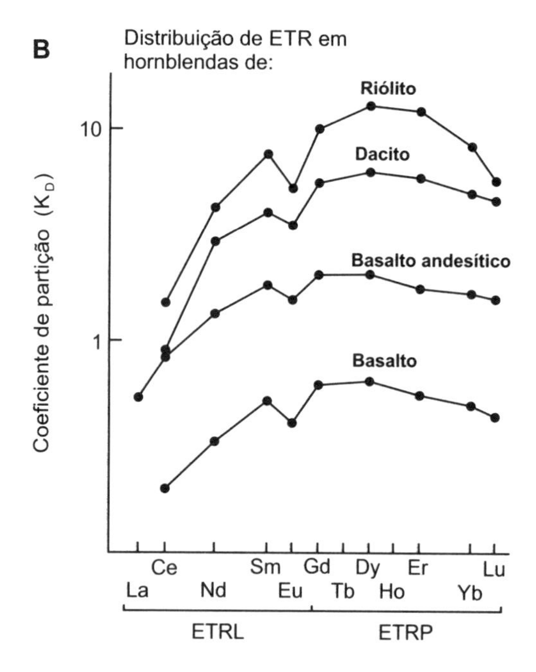
B
Distribuição de ETR em
hornblendas de:
Riólito
Dacito
Basalto andesítico
Basalto
10
1
Coeficiente de partição (K_D)
Ce
Sm
Gd
Dy
Er
Lu
La
Nd
Eu
Tb
Ho
Yb
ETRL
ETRP

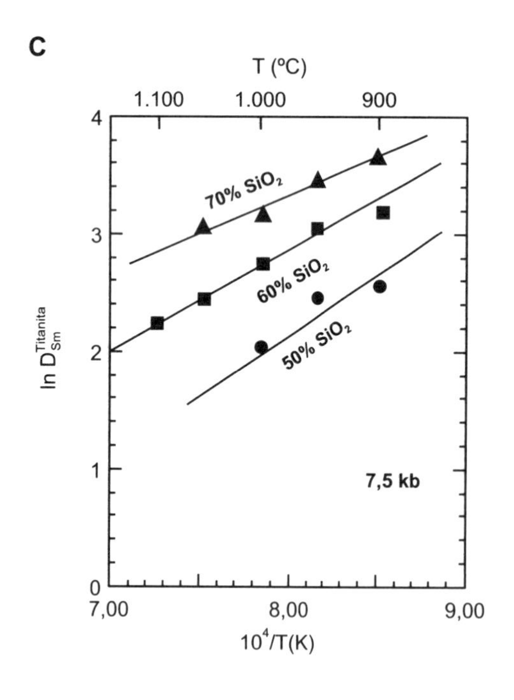
C
T (ºC)
1.100
1.000
900
70% SiO2
60% SiO2
50% SiO2
7,5 kb
4
3
2
1
0
7,00
8,00
9,00
10⁴/T(K)

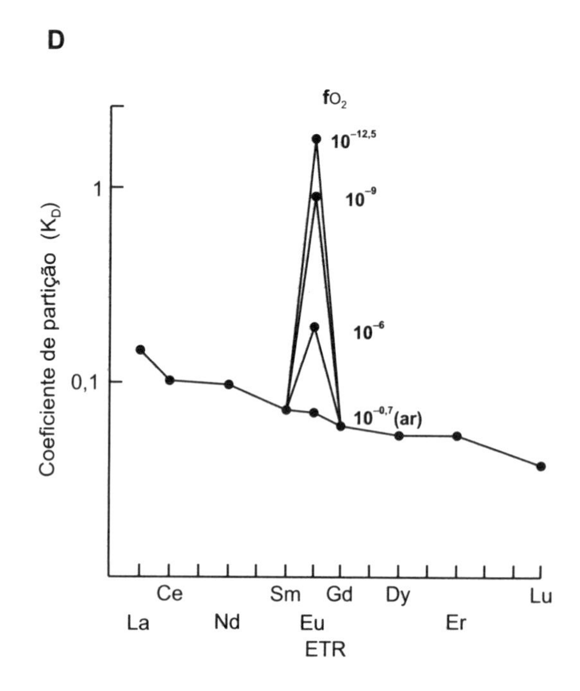
D
fO2
1
0,1
Coeficiente de partição (K_D)
Ce
Sm
Gd
Dy
Lu
La
Nd
Eu
Er
ETR

Figura 2.2 – Coeficiente de distribuição; elementos compatíveis e incompatíveis

O coeficiente de distribuição (D, K ou K_D) relaciona a concentração de dado elemento em dado mineral M à sua concentração no líquido magmático L, a partir do qual o mineral M cristaliza em condições de equilíbrio. Elementos compatíveis são elementos com $K_D > 1$, elementos incompatíveis têm $K_D < 1$. O coeficiente de distribuição depende da temperatura e da composição do magma, do seu teor de água, da pressão litostática e da fugacidade de oxigênio reinantes durante a cristalização.

A – Efeito da pressão sobre o coeficiente de distribuição (Green; Pearson, 1983)

Crescentes pressões agindo sobre o magma durante sua cristalização aumentam significativamente o coeficiente de distribuição D dos elementos terras raras (DETR) entre um magma andesítico e o mineral titanita que dele cristaliza em condições de equilíbrio.

B – Efeito da composição magmática no coeficiente de distribuição (Rollinson, 1993)

É mostrada a variação dos D dos ETR (DETR) no equilíbrio líquido magmático ↔ hornblenda para magmas com crescentes teores de SiO_2. O DETR aumenta em hornblendas cristalizadas a partir de magmas sucessivamente mais silicosos. O gráfico mostra que os ETR leves (ETRL) La e Ce são mais incompatíveis que os ETR pesados (ETRP) Yb e Lu, mas o ETR mais compatível é o disprósio (Dy). Na passagem de magmas basálticos via andesíticos e dacíticos para magmas riolíticos, os ETR mudam gradualmente sua característica geoquímica de incompatíveis ($K_D < 1$) para compatíveis ($K_D > 1$) na hornblenda, isto é, a composição da hornblenda torna-se progressivamente mais rica em ETR.

C – Efeito da temperatura e do teor de sílica sobre o coeficiente de distribuição (Green; Pearson, 1986)

É mostrada a variação do D do Sm (DSm) no equilíbrio isobárico líquido magmático ↔ titanita para magmas com variáveis teores de SiO_2, cada um deles cristalizando em dado intervalo térmico. A pressão que age sobre o sistema é de 7,5 kbar. Sob temperatura constante, o DSm aumenta com o aumento do teor de SiO_2 no líquido. Para dado líquido magmático com teor de sílica específico, o DSm aumenta com a queda da temperatura.

D – Efeito da fugacidade de oxigênio sobre o coeficiente de distribuição (Drake; Weill, 1975)

O efeito da fo_2 é negligenciável na variação dos coeficientes de distribuição dos ETR com exceção do Eu, que pode ser tanto bi- quanto trivalente. É mostrado o aumento do D do Eu (DEu) entre um magma basáltico e o plagioclásio que dele cristaliza em condições de equilíbrio com o aumento da fo_2.

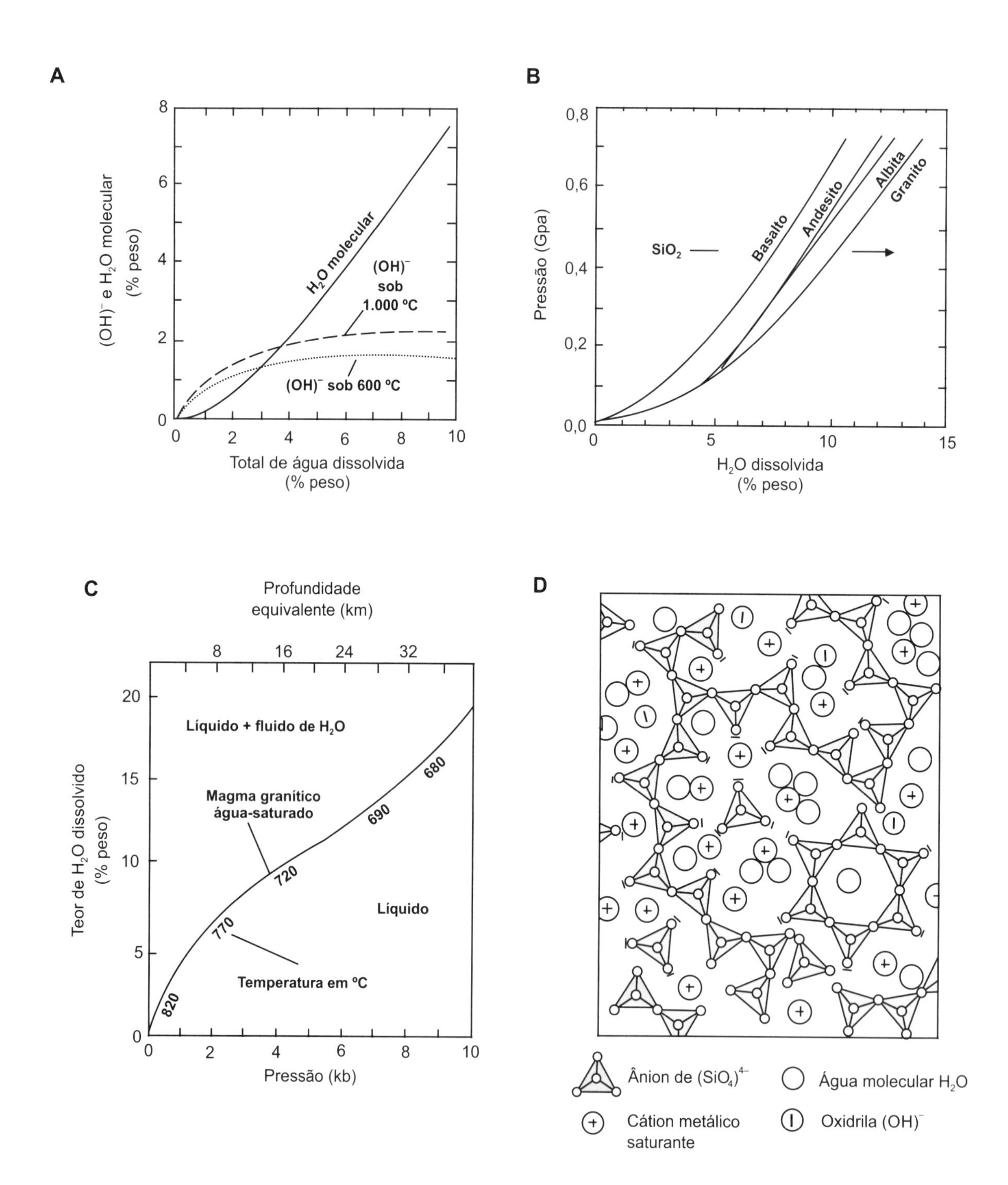
A
8
6
4
2
0
(OH)⁻ e H₂O molecular (% peso)
H₂O molecular
(OH)⁻ sob 1.000 °C
(OH)⁻ sob 600 °C
0 2 4 6 8 10
Total de água dissolvida (% peso)
B
0,8
0,6
0,4
0,2
0,0
Pressão (Gpa)
SiO₂
Basalto
Andesito
Albita
Granito
0 5 10 15
H₂O dissolvida (% peso)
C
Profundidade equivalente (km)
8 16 24 32
20
15
10
5
0
Teor de H₂O dissolvido (% peso)
Líquido + fluido de H₂O
Magma granítico água-saturado
680
690
720
770
820
Líquido
Temperatura em °C
0 2 4 6 8 10
Pressão (kb)
D
Ânion de (SiO₄)⁴⁻
Água molecular H₂O
Cátion metálico saturante
Oxidrila (OH)⁻

Figura 2.3 – Água em magmas

A – A dissociação da água em magmas (Silver et al., 1990)

A água dissolvida em magmas ocorre tanto como molecular ou neutra (H_2O) quanto dissociada em H^+ e $(OH)^-$. Como o H^+ tem uma maior difusão em magmas, escapando mais rapidamente da câmara magmática que o $(OH)^-$, a consequente recombinação do $(OH)^-$ remanescente na forma de $2\ (OH) = H_2O + \frac{1}{2}\ O_2$ aumenta a pressão parcial de oxigênio (Po_2) ou a fugacidade de oxigênio (fo_2) do sistema magmático. Em lavas riolíticas a 1.000 °C a % peso de água dissolvida dissociada aumenta com o aumento do teor de água na lava até o limite de 4%. Ainda para lavas riolíticas a 1.000 °C com 3,5% peso de água dissolvida, a % de água molecular [H_2O] e de oxidrila [$(OH)^-$] é aproximadamente igual. Crescentes teores de água dissolvida implicam crescente domínio de água molecular.

B – Solubilidade da água em magmas com diferentes composições (Burnham, 1979)

Sob pressão constante, a solubilidade de água em magmas e fundidos de silicatos minerais aumenta com o teor de SiO_2 dos líquidos.

C – Relação entre pressão, temperatura e teor de água em magmas graníticos (Burnham; Jahns, 1962)

Sob pressão constante, o teor de água (em % peso) em magmas graníticos água-saturados diminui com o aumento da temperatura do magma. Para manter o decrescente teor de água solúvel em magmas água-saturados sob crescentes temperaturas são necessárias pressões cada vez menores. Para manter dissolvidos os cerca de 17% de água num magma água-saturado com temperatura de 680 °C é necessária uma pressão de cerca de 9 kbar (aproximadamente 35 km de profundidade na crosta terrestre). Já para manter os cerca de 8% de água dissolvido num magma água-saturado com temperatura de 720 °C é necessária uma pressão de cerca de 4 kbar (aproximadamente 15 km de profundidade na crosta).

D – A água na estrutura do magma (Mueller; Saxena, 1977)

A estrutura do líquido magmático compreende protoesqueletos silicáticos muito semelhantes aos esqueletos silicáticos dos minerais que são gerados por cristalização. Entre os protoesqueletos situam-se caoticamente os cátions metálicos saturantes, água molecular e a oxidrila da água dissociada. A presença da água fragmenta os protoesqueletos mais complexos. A figura mostra um protoesqueleto de inossilicato simples parcialmente desmembrado em tetraedros individuais (protoesqueleto de nesossilicato) e pareados (protoesqueleto de sorossilicato). O protoesqueleto de ciclossilicato hexagonal com estrutura fechada, nesse caso, não é afetado pela despolimerização.

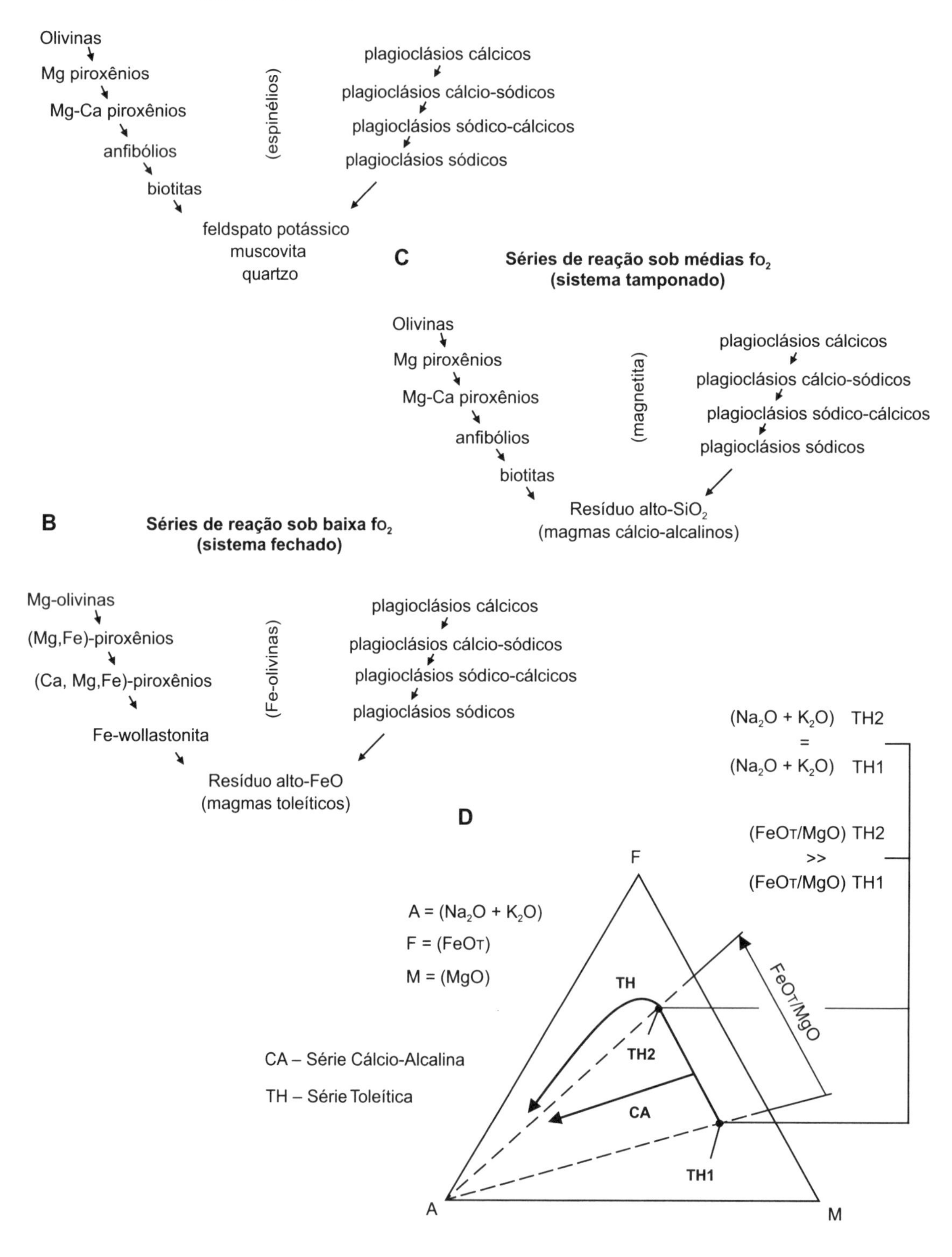
A
Séries de reação genéricas para rochas subalcalinas
Olivinas
Mg piroxênios
Mg-Ca piroxênios
anfibólios
biotitas
(espinélios)
plagioclásios cálcicos
plagioclásios cálcio-sódicos
plagioclásios sódico-cálcicos
plagioclásios sódicos
feldspato potássico
muscovita
quartzo
C
Séries de reação sob médias fo_2 (sistema tamponado)
Olivinas
Mg piroxênios
Mg-Ca piroxênios
anfibólios
biotitas
(magnetita)
plagioclásios cálcicos
plagioclásios cálcio-sódicos
plagioclásios sódico-cálcicos
plagioclásios sódicos
Resíduo alto-SiO_2
(magmas cálcio-alcalinos)
B
Séries de reação sob baixa fo_2 (sistema fechado)
Mg-olivinas
(Mg,Fe)-piroxênios
(Ca, Mg,Fe)-piroxênios
Fe-wollastonita
(Fe-olivinas)
plagioclásios cálcicos
plagioclásios cálcio-sódicos
plagioclásios sódico-cálcicos
plagioclásios sódicos
Resíduo alto-FeO
(magmas toleíticos)
D
$(Na_2O + K_2O)$ TH2
=
$(Na_2O + K_2O)$ TH1
(FeO_T/MgO) TH2
>>
(FeO_T/MgO) TH1
$A = (Na_2O + K_2O)$
$F = (FeO_T)$
$M = (MgO)$
CA – Série Cálcio-Alcalina
TH – Série Toleítica
F
TH
TH2
CA
TH1
FeO_T/MgO
A
M

Figura 2.4 – Séries de reação e fugacidade de oxigênio

A a C – Séries de reação e fugacidade de oxigênio (Bowen, 1928; Osborn, 1979)

O ferro é importante elemento constituinte dos magmas que cristaliza como Fe^{2+} e Fe^{3+} em silicatos e óxidos, como Fe^{2+} em sulfetos e como Fe^0 no ferro metálico. A cristalização de fases minerais contendo Fe^0, Fe^{2+} ou Fe^{3+} é fortemente influenciada pela pressão parcial de oxigênio (PO_2) ou fugacidade de oxigênio (fO_2) que age sobre o magma durante sua cristalização. Minerais contendo Fe^{3+} cristalizam sob fO_2 maiores. (**A**) mostra as séries de reação originais de Bowen em magmas basálticos toleíticos fracionados em sistema fechado quando ainda não era considerada a influência da fO_2 nas sequências de cristalização mineral. (**B**) mostra as mesmas séries de reação sob baixa fO_2 inicial, inferior à necessária para a cristalização da magnetita ($FeFe_2O_4$). Essa evolução magmática, típica da série toleítica, caracteriza-se pela cristalização de (Ca,Fe)-piroxênio e Fe-olivinas de magmas residuais ricos em ferro. (**C**) mostra as séries de reação em magmas basálticos sob média fO_2 que permite a cristalização mais precoce de magnetita. Essa evolução é típica para magmas cálcio-alcalinos e caracteriza-se pela geração de grandes quantidades de magmas derivados ricos em sílica e álcalis.

D – Diagrama AFM (Ragland, 1989)

São mostradas as curvas evolutivas da cristalização fracionada de um magma basáltico toleítico (TH) e um cálcio-alcalino (CA) no diagrama ternário A ($Na_2O + K_2O$); F (FeO_T); M (MgO), óxidos em % peso. $FeO_T = FeO + 1{,}1Fe_2O_3$. Embora quimicamente semelhantes, os dois magmas basálticos cristalizam sob distintas condições de oxidação, o magma toleítico sob baixa e o magma cálcio-alcalino sob média fO_2. No diagrama, o lado FM retrata a variação da relação ferro/magnésio durante a cristalização magmática, que é determinada por meio de retas que unem o vértice A com qualquer ponto (composição de uma rocha) da curva de evolução magmática. Em baixas fO_2 não cristaliza a magnetita ($FeFe_2O_4$), o óxido de ferro mais comum em rochas magmáticas, por conter Fe^{3+}. Assim, o ferro de magmas toleíticos cristaliza apenas sob forma de Fe^{2+} nas soluções sólidas de olivinas e piroxênios, silicatos fortemente magnesianos. Assim, pouco ferro é incorporado por esses minerais fêmicos. Por outro lado, uma mistura dos minerais fêmicos mais o Ca-plagioclásio, mineral que cristaliza concomitantemente, contém, em média, 50% peso de sílica, o mesmo do magma basáltico do qual cristalizam. Resulta que as sucessivas frações magmáticas líquidas fracionadas apresentam progressivo enriquecimento em Fe na ausência de um substancial aumento do seu teor de sílica, como mostra o intervalo de fracionamento TH1-TH2. Apenas após a cristalização de mais de 95% do volume inicial de magma a fO_2 atinge o valor crítico para a cristalização da magnetita e a consequente geração de magmas mais ácidos. Já nos magmas basálticos cálcio-alcalinos, a maior fO_2 inicial resulta numa cristalização mais precoce da magnetita, que implica uma relação MgO/FeO_T aproximadamente constante durante a evolução magmática e o aumento significativo do teor de sílica nos líquidos fracionados. Pelo progressivo fracionamento, um grande volume de lavas/magmas atinge uma composição dacítica/granodiorítica a riolíticas/granítica, silicosa e rica em álcalis; já os volumes de lavas e magmas ácidos gerados a partir de magmas básicos toleíticos são muito pequenos.

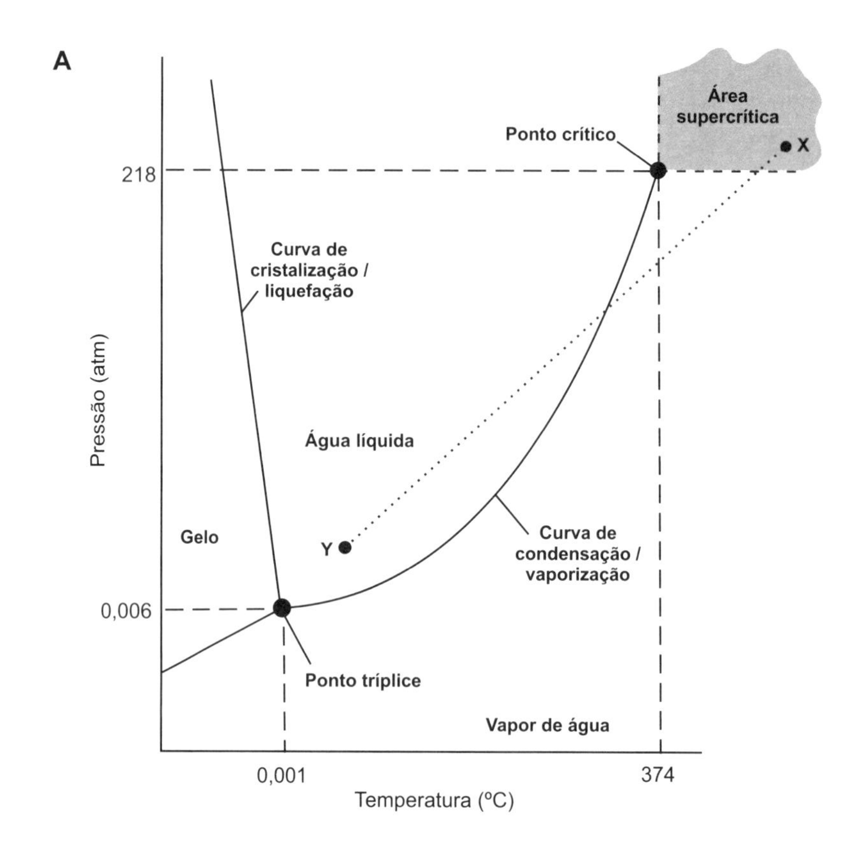

A
218
0,006
Pressão (atm)
Área supercrítica
Ponto crítico
X
Curva de cristalização / liquefação
Água líquida
Gelo
Y
Curva de condensação / vaporização
Ponto tríplice
Vapor de água
0,001
374
Temperatura (ºC)

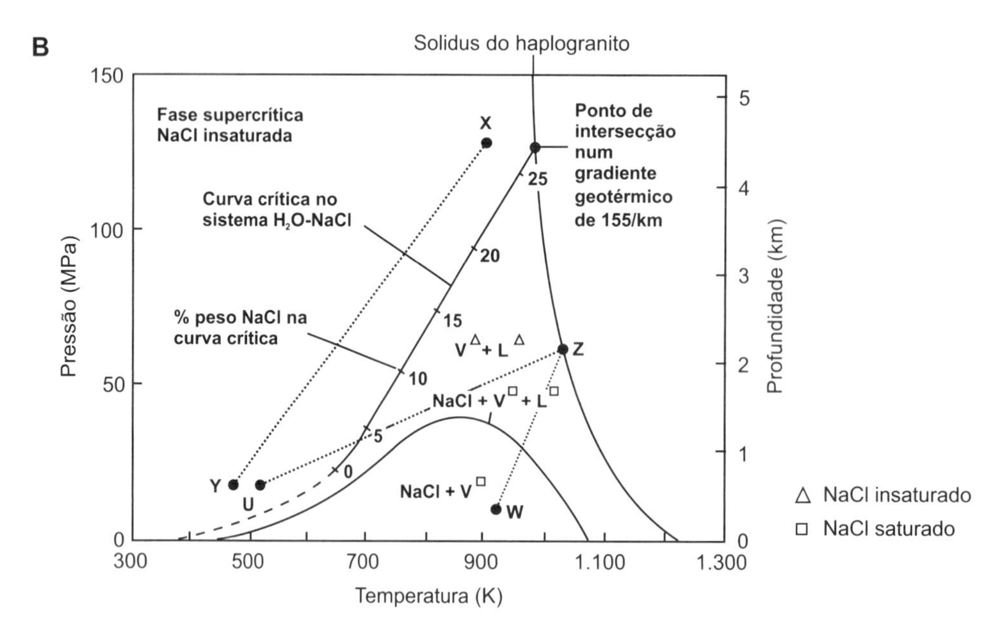

B
Solidus do haplogranito
Fase supercrítica NaCl insaturada
X
Ponto de intersecção num gradiente geotérmico de 155/km
Curva crítica no sistema H₂O-NaCl
% peso NaCl na curva crítica
25
20
15
10
5
0
V△ + L△
Z
NaCl + V□ + L□
NaCl + V□
Y
U
W
150
100
50
0
Pressão (MPa)
5
4
3
2
1
0
Profundidade (km)
300
500
700
900
1.100
1.300
Temperatura (K)
△ NaCl insaturado
□ NaCl saturado

Figura 2.5 – A passagem do estágio pneumatolítico para o estágio hidrotermal

A – O sistema monário H_2O (Krauskopf, 1967a)

A densidade da água diminui com o aumento da temperatura (T) e a densidade do vapor de água aumenta com o aumento da pressão (P). Consequentemente, um aumento de T e P aproxima a densidade da água e do vapor de água no sistema H_2O e ambos se equalizam no ponto crítico quando se tornam fases indistinguíveis e inseparáveis. Condições de T e P ainda maiores são denominadas de condições supercríticas. Estas caracterizam o estágio pneumatolítico da fase fluida do estágio de cristalização água-supersaturado de um magma. Por resfriamento e/ou queda da pressão, a fase fluida pneumatolítica passa para uma solução hidrotermal (água) ou para uma fase gasosa (vapor) subcrítica. É mostrada a variação no estado do sistema H_2O na passagem de um fluido pneumatolítico supercrítico nas condições X para uma solução hidrotermal subcrítica nas condições Y. A variação do estado do sistema ao longo da trilha X-Y (trilha ΔTP) é dada pela sequência fluido supercrítico → vapor → vapor + água (sobre a curva vaporização/condensação para uma combinação TP específica) → água.

B – O sistema H_2O-NaCl (Soupirajan; Kennedy, 1962)

É mostrado o sistema H_2O-NaCl e, nele inserido, a curva de fusão mínima do haplogranito hidratado. A curva crítica é a somatória dos pontos críticos de soluções salinas com crescentes teores de NaCl. A curva crítica intercepta a curva de fusão mínima do haplogranito hidratado no ponto crítico de uma solução com 27% de sal. Na área supercrítica do sistema ocorre apenas uma fase, uma solução salina supercrítica NaCl-insaturada. A área subcrítica compreende a curva trifásica ou de saturação, na qual coexiste vapor e solução NaCl saturados e NaCl cristalino que precipita das duas fases móveis. Na área entre as curvas crítica e de saturação trifásica coexistem vapor + solução NaCl insaturada e na área abaixo da curva de saturação trifásica vapor NaCl saturado + NaCl cristalino. Um fluido pneumatolítico (supercrítico) gerado pela cristalização de um magma granítico hidratado em X e que sofre resfriamento ao longo da trilha X-Y (trilha ΔTP) não sofre modificação, pois permanece continuamente no campo da solução salina supercrítica NaCl insaturada. Um fluido hidrotermal (subcrítico) gerado pelo mesmo magma em Z é bifásico, uma mistura de vapor e solução subcrítica NaCl insaturada; esse tipo de mistura é chamado de vapor úmido. Ao longo da trilha de resfriamento Z-U (trilha ΔTP), o fluido hidrotermal bifásico, após cruzar a curva crítica, se transforma numa só fase de solução salina supercrítica NaCl insaturada. Ao longo da trilha de resfriamento Z-W (trilha ΔTP), o mesmo fluido hidrotermal bifásico sobre a curva de saturação transforma-se numa associação trifásica de vapor e solução NaCl saturados e NaCl cristalino. É o estágio de precipitação do soluto hidrotermal que caracteriza a formação dos depósitos minerais hidrotermais. Continuando o resfriamento ao longo da trilha Z-W, o fluido hidrotermal volta a ser bifásico, agora composto por vapor NaCl saturado e NaCl cristalino que representa outro estágio de precipitação do soluto hidrotermal. Assim, trilhas de resfriamento distintas geram associações de fases distintas para um mesmo fluido hidrotermal inicial.

3. Elementos traços

1. Com o desenvolvimento da química mineral ficou constatado que muitas espécies minerais apresentam variabilidade composicional. Esta resulta da substituição de um ou mais elementos por outro na estrutura cristalina, processo que é mais regra que exceção. Inicialmente, a substituição atômica foi descrita em termos de solução sólida, isto é, uma substância homogênea composta por duas ou mais moléculas em proporção variável. Exemplo são as olivinas que podem ser descritas como uma solução sólida entre as moléculas forsterita (Fo, Mg_2SiO_4) e faialita (Fa, Fe_2SiO_4) ou da solução sólida dos plagioclásios, uma solução sólida entre as moléculas anortita (An, $CaAl_2Si_2O_8$) e albita (Ab, $NaAlSi_3O_8$). A composição exata de dada olivina é expressa em termos da concentração dessas moléculas ou componentes na solução sólida, como no caso da olivina magnesiana $Fo_{92}Fa_8$. Entretanto, com o progressivo estudo da estrutura mineral, verificou-se que a rede cristalina era essencialmente iônica e não molecular e a variabilidade composicional passou a ser interpretada como resultante da substituição de íons na rede cristalina. Assim, a variabilidade composicional das olivinas não é mais entendida como uma mistura molecular entre forsterita e faialita, e sim como uma variável substituição de Mg^{2+} por Fe^{2+} no sítio X e Y da rede cristalina. Resultou que a caracterização dos processos de substituição foi deslocada do exame do isomorfismo molecular em soluções sólidas para as características físicas dos íons e das redes cristalinas. Essa mudança de enfoque fica clara considerando-se a substituição de Zn por Fe. Os carbonatos calcita ($CaCO_3$) e smithsonita ($ZnCO_3$) não formam solução sólida apesar de serem minerais isomórficos, enquanto na esfarelita ocorre ampla substituição de Zn por Fe apesar das estruturas cristalinas muito distintas da esfalerita (ZnS), grupo espacial $F\bar{4}3m$, e da pirita (FeS), grupo espacial Pa3.

2. A frequência (ou concentração) dos elementos químicos presentes nas rochas magmáticas é muito variável. Sob esse aspecto, os elementos são classificados em:

- Elementos maiores. Sua frequência é maior que 1% peso quando expressos em óxidos. Os sete óxidos mais frequentes da crosta terrestre são SiO_2 (59,3%), Al_2O_3 (15,3%), FeO + Fe_2O_3 (7,5%), CaO (6,9%), MgO (4,5%), Na_2O (2,8%) e K_2O (2,2%). A frequência dos óxidos reflete a abundância dos feldspatos, aluminossilicatos de Ca, Na e K, entre os minerais da crosta terrestre. A relação FeO/Fe_2O_3 reflete a Po_2 (para gases reais) ou fo_2 (para gases ideais) do sistema durante a cristalização de minerais e rochas. Os sete óxidos listados ocorrem em todas as rochas magmáticas, quase sempre como elementos maiores (Tabela 3.1).
- Elementos menores. Também são expressos em óxidos e sua frequência nas rochas magmáticas é menor que 1% peso. Elementos menores típicos listados nas análises químicas são TiO_2, MnO, P_2O_5 e H_2O. Elementos menores podem ser maiores em algumas rochas específicas, caso do Cr_2O_3 em rochas ultramáficas e do CO_2 em carbonatitos.

- Elementos traços. Perfazem menos que 0,1% peso das rochas magmáticas. São grafados como elementos e sua frequência é expressa em ppm (partes por milhão, 1% = 10.000 ppm) e ppb (partes por bilhão). Elementos traços só excepcionalmente ocorrem em concentrações maiores, caso de pepitas de ouro, mas muitos elementos traços têm grande importância econômica, caso de Ag, Zn, Cu, Sn etc. que ocorrem concentrados em diferentes tipos de jazidas minerais.

3. Os elementos traços de rochas magmáticas ocorrem sob três formas:

- substituindo isomorficamente elementos maiores e menores de minerais essenciais de rochas (minerais que definem o nome da rocha) (Tabela 3.2);
- integrando a composição de alguns minerais acessórios (minerais que não definem mas podem qualificar o nome da rocha). É o caso do Zr no zircão (**Zr**SiO_4), do B na turmalina schorlita, $NaFe^{2+}{}_3Al_6(Si_6O_{18})(\mathbf{B}O_3)_3.(O,OH)_3(OH,F)$, do Cu na calcopirita (**Cu**FeS_2) etc. (Tabela 3.2);
- em minerais essenciais e acessórios. Nesse caso, os elementos traços ocorrem:
  (1) dispersos de modo mais ou menos homogêneo no mineral hospedeiro; (2) concentrados em espaços vazios da estrutura cristalina (por exemplo, Ce no interior da estrutura tubular do berilo); (3) preenchendo microfraturas; ou (4) formando inclusões sólidas num mineral hospedeiro (por exemplo, "gotículas" de Au em pirita) ou cristais em inclusões fluidas de minerais (por exemplo, Cl em cristais de NaCl em inclusões fluidas salinas).

4. A substituição isomórfica de um elemento maior, menor ou traço de uma estrutura cristalina por outro requer as seguintes condições:

- Os elementos substituídos e substitutos devem ter aproximadamente o mesmo tamanho (raio iônico), pois o elemento substituinte tem que preencher o mesmo espaço na estrutura cristalina ocupada pelo elemento substituído (Figura 3.1). Se o íon substituinte é grande demais, não irá caber no sítio cristalográfico da estrutura cristalina ocupada por um elemento menor; se for pequeno demais, a sua entrada no lugar de um elemento maior irá impedir a sua perfeita "ancoragem" eletrônica na estrutura cristalina caracterizada por uma contínua vibração térmica. Geralmente a diferença entre os raios iônicos dos elementos envolvidos na substituição não pode exceder 15%, mas, sob elevadas temperaturas, a diferença pode ser algo maior, pois a dilatação térmica da estrutura cristalina permite a acomodação de elementos substitutos maiores. Entretanto, uma posterior contração térmica da rede cristalina por resfriamento mineral geralmente resulta na expulsão (exsolução) de íons demasiadamente grandes da encolhida estrutura cristalina.

  Caso clássico de substituição de elementos maiores por elementos traços ocorre nos minerais silicáticos ferro-magnesianos (olivinas e piroxênios) nos quais o Ni (0,77 Å) substitui o Mg (0,80 Å) e o Fe (0,86 Å). Ressalta-se que o raio iônico de um íon varia com seu número de coordenação (o raio iônico efetivo aumenta com o aumento do número de coordenação) (figuras 3.2 e 3.3) e com a natureza (iônica ou covalente) da ligação que o íon estabelece na estrutura cristalina (Figura 3.4).

  No caso de diferenças mais significativas entre os raios iônicos dos elementos substituídos e substitutos, é mais fácil a substituição de um elemento maior por um elemento menor na rede cristalina que vice-versa. Assim, no feldspato potássico (ortoclásio, $KAlSi_3O_8$) é mais fácil a substituição do K^+ (raio iônico de 1,46 Å) por Na^+ (1,10 Å) que a substituição de Na^+ por K^+ no feldspato sódico (albita, $NaAlSi_3O_8$). Decorre que a relação K/Na é mais variável no ortoclásio que a relação Na/K na albita.
- O íon substituído e o íon substituto devem ter a mesma carga. Rb^+ substitui K^+ e Ni^{2+} substitui Mg^{2+}. A substituição entre íons com cargas distintas é possível numa substituição acoplada de dois íons para compensar a diferença de carga resultante de uma substituição simples. É o caso da substituição de (K^+ + Si^{4+}) por (Ba^{2+} + Al^{3+}) no feldspato potássico e de (Ca^{2+} + Al^{3+}) por (Na^+ + Si^{4+}) nos plagioclásios. Substituição acoplada é comum em minerais com estruturas muito complexas.
- O íon substituído e o substituto devem pertencer ao mesmo grupo geoquímico em termos de potencial iônico, uma forma de energia quantificada pela relação entre a carga e o diâmetro de um íon. O potencial iônico permite agrupar os elementos

em dois grupos com características geoquímicas específicas: 1) elementos compatíveis; e 2) elementos incompatíveis. Elementos compatíveis apresentam pequeno raio iônico e baixa carga. Integram facilmente as estruturas silicáticas mais simples de olivinas e piroxênios, minerais fêmicos. Os elementos incompatíveis são divididos em dois subgrupos: (2a) o dos *High Field Strength Elements* (HFSE), e (2b) o dos *Low Field Strength Elements* (LFSE), ou *Large Ion Litophile Elements* (LILE) (Figura 3.5.A). HFSE são elementos de pequeno raio iônico e grande carga. Exemplos típicos são Sc, Y, Ti, Zr, Hf, V, Nb e Ta, elementos dos grupos 3, 4 e 5 (antigos grupos IIIB, IVB e VB) da tabela periódica. Esses elementos têm problemas de integrar estruturas silicáticas devido a seu forte campo eletrônico (*field strength*) que perturba o delicado equilíbrio eletrônico das estruturas cristalinas silicáticas. LILE são elementos com grande raio iônico e pequena carga. Apresentam problemas de acomodação em estruturas silicáticas simples por seu grande volume e, consequentemente, são concentrados principalmente nas estruturas silicáticas complexas com grandes espaços intraestruturais, caso de feldspatos, feldspatoides e zeólitas. Só ocorre substituição entre elementos de um mesmo grupo (compatíveis e incompatíveis) ou subgrupo (HFSE e LILE) geoquímico.

- O íon substituído e o substituto devem pertencer ao mesmo grupo geoquímico em termos de potencial de polarização, uma forma de energia também quantificada pela relação entre a carga e o diâmetro de um íon. Polarização é a formação de um dipolo pela deformação da nuvem eletrônica de um grande ânion por influência de um pequeno cátion com grande carga justaposto. A deformação consiste no adensamento da nuvem eletrônica no lado do grande íon voltado para o íon polarizador (gerando uma porção iônica negativa) e sua rarefação na parte oposta (gerando uma porção iônica positiva) (Figura 3.5.B). Resulta que os íons polarizador e polarizado estabelecem entre si uma fraca atração dipolar, denominada ligação Van der Waals. B, C, Si, N e S, cátions pequenos com alta carga, são cátions altamente polarizadores (Figura 3.5.C). Só ocorre substituição isomórfica entre elementos com igual ou semelhante capacidade de polarização.
- O número de íons do elemento substituído e do substituto deve ser igual. É o caso normal na substituição isomórfica (K^+ por Rb^+) ou acoplada [(Ca^{2+} + Al^{3+}) por (Na^+ + Si^{4+})]. A substituição de dado número de íons do elemento substituído por um número de íons menor do elemento substituto só ocorre quando acompanhada da criação de vacância estrutural, um sítio não ocupado na estrutura cristalina. É o caso da substituição ($3Mg^{2+}$) por ($2Al^{3+}$ + 1 vacância estrutural) em micas. Esse tipo de substituição ocorre apenas em minerais com estruturas complexas. Caso clássico é a substituição de dois cátions K^+ do feldspato potássico $KAlSi_3O_8$ por um cátion Pb^{2+} acompanhada da criação de uma vacância na estrutura do feldspato que atua como centro de cor que confere ao mineral a cor azul-esverdeada chamativa da amazonita.
- O elemento substituto não pode alterar as características da ligação (em termos iônicos e covalentes) estabelecida pelo íon substituído na estrutura cristalina. Por esse motivo, o cádmio (Cd^{2+}, raio iônico de 1,03 Å) não substitui o cálcio (Ca^{2+}, 1,08 Å) em silicatos apesar das cargas iguais e raios iônicos muito próximos, pois a ligação Cd-O é muito menos iônica que a ligação Ca-O. A natureza mais iônica ou covalente de uma ligação é dada pela diferença entre as eletronegatividades dos íons envolvidos na ligação (Figura 3.6.A). Quanto maior a diferença entre a eletronegatividade de dois íons, mais forte o caráter iônico da ligação (Figura 3.6.B).

A eletronegatividade é um conceito amplo que expressa a reatividade dos elementos e o tipo de ligação que estabelecem em moléculas ou redes cristalinas iônicas por meio de sua capacidade de captar elétrons adicionais. Sob esse aspecto, os elementos são classificados em eletropositivos e eletronegativos, respectivamente com baixa e elevada eletronegatividade. Elementos eletropositivos situam-se na porção esquerda da tabela periódica e os valores mais baixos ocorrem nos elementos alcalinos, ao redor de 0,8 para K, Rb e Cs (Figura 3.6.A). A baixa eletronegatividade do sódio indica que o seu átomo tem pequena tendência para formar íons Na^- ($Na \rightarrow Na^-$) por captura de um elétron. Os elementos eletronegativos se localizam na porção direita do sistema periódico. O maior valor de eletronegatividade é 4,1, que ocorre no F e indica que seu átomo tem grande tendência para formar íons F^- ($F \rightarrow F^-$) pela captura de um elétron (Figura 3.6.A). Nos elementos eletronegativos, a subesfera eletrônica da valência é quase completamente preenchida e o elevado número de massa atrai as subesferas para perto do núcleo, característica que oferece ao elétron captado um estado de mínima energia. Este não ocorre nos elementos eletropositivos nos quais o núcleo com pequeno número de massa exerce uma atração muito menor sobre as subesferas eletrônicas, particularmente a subesfera da valência que contém apenas poucos elétrons. A eletronegatividade é quantificada pelo (1) potencial de ionização (Figura 3.7.A) e pela (2) afinidade eletrônica, duas formas de energia. O potencial de ionização é a energia necessária para remover um elétron de um átomo (por exemplo, $Na \rightarrow Na^+$) e a afinidade eletrônica é a energia liberada quando um elétron é adicionado a um átomo (por exemplo, $F \rightarrow F^-$). A eletronegatividade é quantitativamente a média entre o potencial de ionização (conhecida para muitos elementos) e a afinidade eletrônica (conhecida apenas para alguns elementos). Devido à falta desses valores, foi desenvolvido o método Pauling para a determinação da eletronegatividade dos elementos baseado na força da ligação iônica e covalente dos elementos em moléculas e estruturas cristalinas iônicas (Figura 3.6.A).

- Quando a substituição envolve elementos metálicos de transição (EMTs), a substituição não deve alterar a energia de estabilização do campo cristalino ou *Crystal Field Stabilization Energy* (CFSE) da estrutura cristalina. Os elementos metálicos da primeira série de transição (Sc até Zn, com Z entre 21 e 30 dos grupos 3 a 12 da tabela periódica) apresentam raios iônicos compatíveis tanto com uma coordenação tetraédrica quanto octaédrica. Nos EMTs, a orbital 4s da orbital N (cuja dimensão e nível energético é expressa por seu número quântico principal **n** = 4), que comporta no máximo dois elétrons, é preenchida antes que a orbital 3d da orbital M (com número quântico principal **n** = 3), que comporta dez elétrons. Decorre que os EMTs apresentam a suborbital 3d incompleta (Figura 3.8.A). Exceções são Sc^{3+} e Ti^{4+}, que não contêm elétrons 3d, e o Zn^{2+}, elemento no qual a orbital 3d é totalmente preenchida por dez elétrons como nos subsequentes elementos Ga (grupo 13), Ge (grupo 14), As (grupo 15) etc. Nos demais íons dos EMTs, o número de elétrons na orbital 3d varia entre dois (V^{3+}) a nove (Cu^{2+}). O ferro atômico (Z = 26) contém seis elétrons na orbital 3d e dois elétrons na orbital 4s. Decorre que os íons Fe^{2+} e Fe^{3+} (os resultados da retirada de dois e três elétrons do átomo Fe) contêm, respectivamente, seis e cinco elétrons na orbital 3d. Com exceção do Sc, Ti e Zn todos EMTs apresentam vários graus de oxidação (valências, cargas) naturais em diferentes ambientes geológicos terrestres e espaciais (representados por meteoritos).

  As formas das nuvens eletrônicas das cinco orbitais de elétrons da orbital 3d (a forma é expressa pelo número quântico secundário **l** = 2 da orbital) configuram cinco formas resultantes do variado arranjo espacial de quatro "balões" eletrônicos alongados com duas orientações espaciais distintas. Em duas formas, denominadas **eg**, os eixos dos balões eletrônicos alongados têm disposição paralela aos eixos ortogonais de referência **x**, **y** ou **z** da nuvem eletrônica, enquanto nas três outras formas, denominadas **t2g**, o alongamento dos balões eletrônicos tem disposição diagonal aos eixos de referência (Figura 3.8.B). Decorre que, numa ligação de um cátion de EMT numa rede cristalina silicática, a orientação dos eixos das suborbitais **eg** pode ou não coincidir com os três planos ortogonais que contêm os ânions do poliedro de coordenação, um tetraedro numa coordenação 4 e um octaedro numa coordenação 6. A coincidência de ambos implica reforço do nível energético da configuração eletrônica da estrutura cristalina. Uma discordância (os eixos de alongamento dos balões eletrônicos das formas **t2g** situam-se nas diagonais dos planos que contêm os ânions coordenados) resulta numa diminuição do nível energético da configuração eletrônica da rede cristalina. A separação das cinco formas eletrônicas em dois níveis energéticos distintos é chamada de *Crystal Field Splitting* e a diferença absoluta entre os níveis energéticos das formas **eg** e **t2g** de *Crystal Field Stabilization Energy* (CFSE), representada pelo símbolo Δ. Numa coordenação octaédrica, os balões eletrônicos em posição energética favorável são as formas **eg**; os com posição energética desfavorável têm forma **t2g** (Figura 3.8.C). Na coordenação tetraédrica ocorre o inverso

(Figura 3.8.D). No Ti^{4+} e Sc^{3+} (íons sem elétrons 3d), Δ é nula; no Mn^{2+} e Fe^{3+} (íons com cinco elétrons 3d, dois com uma e três com outra forma) e no Zn^{2+} (íon com dez elétrons 3d), o ganho energético da forma **eg** é anulado pela perda energética da forma **t2g**. Portanto, também nesses elementos, Δ é nula (Figura 3.8.E). Nos demais casos, o ganho e a perda energética não se anulam, ou seja, existe uma CFSE. Esta varia com 1) o número de coordenação (4 ou 6) do íon na estrutura cristalina. A CFSE de um íon com coordenação octaédrica (Δ_o) é sempre maior que a do mesmo íon numa coordenação tetraédrica (Δ_t). A diferença $\Delta_o - \Delta_t$ é denominada de *Octahedral Site Preference Energy* (OSPE) ou "energia preferencial pela posição octaédrica" (Figura 3.8.E); 2) o grau de oxidação (natural ou induzida) do íon. No caso do ferro, com as valências Fe^{2+} e Fe^{3+}, numa mesma coordenação octaédrica a Δ_o do Fe^{2+} é maior que a Δ_o do Fe^{3+}; e 3) o "estado *spin*" (alto e baixo) do íon (e expresso pelo número quântico **s**). Segundo o princípio de Pauling, dois elétrons só podem ocupar uma mesma orbital (caracterizada por dados números **n**, **l** e **m**, o número quântico magnético) se apresentarem diferentes valores de **s** que caracteriza uma disposição pareada dos elétrons. No Fe^{3+}, os cinco elétrons 3d podem ocupar tanto as cinco orbitais eletrônicas (cinco elétrons não pareados ou "estado *spin* alto") ou apenas três orbitais (em duas ocorrem dois elétrons pareados e numa ocorre um elétron não pareado, situação que configura "estado *spin* baixo"). A variação no "estado *spin*" afeta os íons com três a oito elétrons 3d, caso do Cr^{3+}/Cr^{+6}, Mn^{2+}/Mn^{3+}, Fe^{2+}/Fe^{3+}, Co^{2+}/Co^{3+}e Ni^{2+}/Ni^{3+}. Para um mesmo íon, a CFSE do "estado *spin* alto" ou *high spin* (ΔHS) é maior que a CFSE do "estado *spin* baixo" ou *low spin* (ΔLS), mas, numa mesma coordenação octaédrica, a ΔHS do Mn^{2+} e Fe^{3+} é igual à ΔLS do Co^{3+}, Fe^{2+} e Ni^{2+}.

A substituição de um EMT por outro pode ser simples ou acoplada, mas nos dois casos requer que a CFSE da rede cristalina seja a mesma antes e depois da substituição. Como a CFSE do Fe^{3+}, Fe^{2+}, Mn^{2+} e do Ti^{4+} é idêntica, nula, existe grande facilidade de substituição acoplada entre Fe^{3+}, Fe^{2+} e Ti^{4+}, caso das soluções sólidas Ilmenita-Hematita e Ulvoespinélio-Magnetita (Figura 3.9.A), e do Fe^{2+} por Mn^{2+}.

5. A substituição isomórfica de elementos maiores por elementos traços resulta em soluções sólidas extremamente diluídas em elementos traços que, assim, se aproximam do comportamento de soluções ideais. Essa característica permite sua interpretação em bases físico-químicas e termodinâmicas. Decorre que diversos elementos traços, principalmente os elementos metálicos da primeira série de transição ao lado dos elementos do grupo da platina (EGP), os elementos terras raras (ETRs) e outros específicos (principalmente Rb, Cs, Sr, Ba, Y, Zr, Hf, Nb, Ta, P, Pb, Th e U) são ferramentas poderosas para modelagens quantitativas de numerosos processos petrológicos, tais como fusão de rochas-fonte, cristalização de magmas, mistura entre magmas, assimilação de rochas encaixantes etc. (Figura 3.9.B).

6. Na substituição de elementos devem ser consideradas também:

- A temperatura do ambiente geológico. Um aumento da temperatura resulta numa expansão da rede cristalina, que implica a ampliação da diferença entre os raios iônicos dos íons substituído e substituto e permite que dado cátion ocupe diferentes sítios estruturais de uma mesma rede cristalina. Resulta que em elevadas temperaturas a taxa de substituição iônica é maior que em baixas temperaturas, fato que se reflete numa maior diversidade e variabilidade composicional nos minerais cristalizados sob elevadas temperaturas. No caso dos feldspatos potássicos, a variabilidade da relação Na/K na sanidina, cristalizada sob elevadas temperaturas, é maior que no ortoclásio e no microclínio, que cristalizam sob temperaturas mais baixas. A variabilidade composicional como função da temperatura é a base da geotermometria.
- A pressão do ambiente geológico. Estruturas cristalinas complexas e abertas permitem maior intensidade e variabilidade da substituição iônica que estruturas compactas, característica típica em elevadas pressões. Essa característica implica a diminuição da diversidade de sítios ocupados por dados íons na rede cristalina e a limitação da diferença entre os raios iônicos dos íons substituído e substituto. Resulta que a diversidade e variabilidade composicional de um mineral cristalizado em baixas pressões é maior que a de seu equivalente químico cristalizado em altas pressões. Exemplos são o piroxênio enstatita ($Mg_2Si_2O_6$) e o piroxenoide wollastonita ($CaSiO_3$) que cristali-

zam sob baixas e altas pressões, nesse caso com estrutura tipo "perovskita", mais compacta e com menor variabilidade química.

- A composição química do ambiente geológico. A substituição de um elemento substituído por um elemento substituto requer uma concentração mínima do elemento substituto nas imediações da rede cristalina na qual ocorre a substituição. Não ocorre a substituição parcial do Mg da olivina forsterita por Ni e Cr se os elementos traços não ocorrerem no magma onde a olivina cristaliza. Normalmente, a substituição do Si do íon complexo ZO_4 é feita pelo Al; em alguns magmas alcalinos fortemente oxidados pobres em sílica e alumina e ricos em ferro, parte do Si pode ser substituído por Fe^{3+}.

A

Óxidos	Granito	Basalto
SiO_2	70,30	49,20
TiO_2	0,31	1,84
Al_2O_3	14,32	15,74
Fe_2O_3	1,21	3,79
FeO	1,64	7,13
MnO	0,05	0,20
MgO	0,71	6,73
CaO	1,84	9,47
Na_2O	3,68	2,91
K_2O	4,07	1,10
H_2O^+	0,64	0,95
H_2O^-	0,13	0,43
P_2O_5	0,12	0,35
CO_2	0,05	0,11
Total	99,07	99,95

C

Elemento*	Basalto	Granito	Folhelho
Ba	330	840	580
Ce	48	92	59
Co	48	1	19
Cr	170	4	90
Cu	87	10	45
Ni	130	4	68
Rb	30	170	140
Sr	465	100	300
Th	4	17	12
V	250	44	130
Y	21	40	26
Zn	105	39	95
Zr	140	175	160
As	2	1,5	13
Li	17	40	66
Sn	1,5	3	6

* elementos em partes por milhão (ppm)

B

Z	Elemento	Basalto	Granito
3	Li	10	30
4	Li	0,5	5
5	B	5	15
6	C	100	300
7	N	20	20
9	F	400	850
11	Na	19.400	27.700
12	Mg	45.000	1.600
13	Al	87.600	77.000
14	Si	240.000	323.000
15	P	1.400	700
16	S	250	270
17	Cl	60	200
19	K	8.300	33.400
20	Ca	67.200	15.800
21	Sc	38	5
22	Ti	9.000	2.300
23	V	250	20
24	Cr	200	4
25	Mn	1.500	400
26	Fe	85.600	27.000
27	Co	48	1
28	Ni	150	0,5
29	Cu	100	10
30	Zn	100	40
31	Ga	12	18
32	Ge	1,5	1,5
33	As	2	1,5

Z	Elemento	Basalto	Granito
34	Se	0,05	0,05
35	Br	3,6	1,3
37	Rb	30	150
38	Sr	465	285
39	Y	25	40
40	Zr	150	180
41	Nb	20	20
42	Mo	1	2
47	Ag	0,1	0,04
48	Cd	0,2	0,2
49	In	0,1	0,1
50	Sn	1	3
51	Sb	0,2	0,2
53	I	0,5	0,5
55	Cs	1	5
56	Ba	250	600
57	La	10	40
72	Hf	2	4
73	Ta	0,5	3,5
74	W	1	2
79	Au	0,004	0,004
80	Hg	0,08	0,08
81	Tl	0,1	0,75
82	Pb	5	20
83	Bi	0,15	0,18
90	Th	2,2	17
92	U	0,6	4,8

Tabela 3.1 – Elementos maiores, menores e traços

A - Análises químicas de rochas (Best, 1982)

De acordo com sua frequência (ou concentração), os elementos formadores das rochas magmáticas são classificados em maiores (ou frequentes), menores (raros) e traços (muito raros). As análises químicas de rochas e minerais geralmente são expressas por meio de óxidos. A concentração dos óxidos dos elementos maiores e menores situa-se entre frações e dezenas de % peso. A concentração dos elementos traços, representados como elementos, é expressa em partes por milhão (ppm) ou partes por bilhão (ppb) em análises químicas de rochas e minerais. São apresentadas as análises químicas de elementos maiores e menores de um granito e um basalto. Adicionalmente é listado o teor de H_2O^+ (umidade da rocha), e o teor de H_2O^- (a água contida nos minerais hidratados). Os dois valores são obtidos, respectivamente, pelo aquecimento alto e muito alto em forno (mufla) do pó de rocha ou mineral a ser analisado. Os óxidos das análises são listados segundo uma sucessão definida que se inicia com o óxido de silício (tetravalente) seguido pelos óxidos de Ti (tetravalente), Fe^{3+} (trivalente), Al (trivalente), Fe^{2+}, Mn, Mg e Ca (todos bivalentes), Na (monovalente) e K (monovalente). O último óxido é do P (pentavalente), que deveria ser o primeiro, mas perde essa posição por ser a sílica o óxido mais frequente nas rochas magmáticas e cujo teor as classifica em ultrabásicas (menos que 45% peso de sílica), básicas (entre 45% e 52%), intermediárias (entre 52% e 65%) e ácidas (mais que 65% peso de SiO_2). Essa classificação reflete variações mineralógicas qualitativas e quantitativas mais ou menos regulares, de tal modo que a menção do teor de sílica de uma rocha evoca imediatamente, dentro de certos limites, sua composição mineralógica. É lógico que uma rocha pobre em sílica não pode conter maiores quantidades de quartzo, mineral composto apenas por SiO_2.

B - Elementos maiores, menores e traços em basaltos e granitos (Taylor, 1964)

São apresentadas as concentrações médias (em ppm) de elementos maiores, menores e traços em basaltos e granitos, todos representados sob forma de elementos e ordenados segundo crescente número de prótons no núcleo do elemento (Z). Nota-se que alguns elementos que são maiores em granitos (onde perfazem alguns % peso) são elementos menores em basaltos (onde perfazem frações de % peso) e vice-versa, mas elementos traços normalmente não se tornam elementos menores ou maiores a não ser em alguns minérios. 1% = 10.000 ppm, 10% = 100.000 ppm.

C - Abundância dos principais elementos traços em basaltos, granitos e folhelhos (Turekian; Wedepohl, 1961)

As rochas ígneas e metamórficas mais frequentes são as de composição granítica (granitos, gnaisses graníticos, migmatitos) e basáltica (basaltos, anfibolitos, hornblenda gnaisses). Decorre que, na maioria das vezes, a abundância média dos elementos traços de folhelhos (produtos do intemperismo argiloso das rochas ígneas e metamórficas) situa-se entre a sua abundância média em granitos e basaltos. Exceções são As, Li, Sn etc., cujo enriquecimento nos folhelhos resulta da sua capacidade de solvatação em ambiente hidratado.

A

Minerais	Elementos maiores	Número de coordenação	Elementos traços
Feldspatos	Ca, Na, K	6-9	Ba, Eu, Pb, Rb, Sr
	Al, Si	4	Ge
Olivinas	Mg, Fe	6	Co, Cr, Mn, Ni
	Si	4	Ge
Clinopiroxênios	Ca, Na	8	Ce, La, Mn
	Mg, Fe	6	Co, Cr, Ni, Sc, V
	Si	4	Ge
Micas	K	12	Ba, Cs, Rb
	Al, Mg, Fe	6	Co, Cr, In, Li, Mn, Sc, V, Zn
	Si, Al	4	Ge
Apatita	Ca	7-9	Ce, La, Mn, Sr, Th, U, Y
	P	4	As, S, V
Zircão	Zr	8	Ce, Hf, La, Lu, Th, Y, Yb
	Si	4	P

B

Minerais essenciais	Fórmula química simplificada	Elementos traços
Olivina	$(Mg,Fe)_2SiO_4$	Ni, Cr, Co
Ortopiroxênio	$(Mg,Fe)_2Si_2O_6$	Ni, Cr, Co
Clinopiroxênio	$(Ca,Mg,Fe)_2(Si,Al)_2O_6$	Ni, Cr, Co, Sc
Hornblenda	$(Ca,Na)_{2-3}(Mg,Fe,Al)_5(Si,Al)_8O_{22}(OH,F)_2$	Ni, Cr, Co, Sc
Biotita	$K_2(Mg,Fe,Al,Ti)_6(Si,Al)_8O_{20}(OH,F)_4$	Ni, Cr, Co, Sc, Ba, Rb
Muscovita	$K_2Al_4(Si,Al)_8O_{20}(OH,F)_4$	Rb, Ba
Plagioclásio	$(Ca,Na)(Si,Al)_4O_8$	Sr, Eu
K-feldspato	$KAlSi_3O_8$	Ba, Sr, Eu

Minerais essenciais	Fórmula química simplificada	Elementos traços
Magnetita	$FeFe_2O_4$	V, Sc
Ilmenita	$FeTiO_3$	V, Sc
Sulfetos		Cu, Au, Ag, Ni, EGP
Zircão	$ZrSiO_4$	Hf, U, Th, ETR pesados
Apatita	$Ca_5(PO_4)_3(OH,F,Cl)$	U, ETR médios
Allanita	$(Ca,Ce)_2(Fe,Ti,Al)_3(SiO_4)(Si_2O_7)(O,OH)$	U, Y, Th, ETR leves
Xenotímio	YPO_4	ETR pesados
Monazita	$(Ce,La,Th)PO_4$	Y, ETR leves
Titanita	$CaTiSiO_5$	U, Th, Nb, Ta, ETR médios

EGP - Elementos do Grupo da Platina: Ru, Rh, Pd, Os, Ir, Pt
ETR - Elementos de Terras Raras (La - Lu)

Tabela 3.2 – Substituição isomórfica

Durante a cristalização dos minerais, parte variável dos seus elementos maiores (abundantes ou frequentes) são substituídos por outros elementos maiores, menores (raros) e traços (muito raros). A substituição pode ser simples (Mg^{2+} por Fe^{2+} nas olivinas; K^+ por Na^+ nos feldspatos alcalinos) ou complexa, acoplada (Ca^{2+} + Al^{3+} por Na^+ + Si^{4+} nos plagioclásios).

Existem várias condições básicas essenciais para que um dado elemento possa substituir outro numa estrutura cristalina iônica: igualdade ou semelhança 1) do raio iônico, 2) da carga iônica, 3) do potencial iônico, 4) do potencial de ionização, e 5) da taxa de ligações iônica e covalente dos elementos na rede cristalina. No caso da substituição de um elemento de transição por outro (Cr, Fe, Co, Cu, Zn, Ti, V, Ni etc.), deve ser observada a *Crystal Field Stabilization Energy* (CFSE), a energia de estabilização do campo eletrônico na estrutura cristalina e que não deve variar no processo substitutivo.

A, B – Elementos traços de minerais essenciais e acessórios (Hall, 1996)

A tabela (**A**) relaciona os elementos maiores dos principais minerais essenciais e acessórios formadores de rochas magmáticas, seus números de coordenação e seus principais elementos traços substitutos genéricos. A tabela (**B**) lista as fórmulas químicas dos principais silicatos constituintes das rochas magmáticas, bem como seus elementos traços substitutos específicos. Quartzo (SiO_2), mineral no qual não ocorre substituição, e vários óxidos, silicatos e fosfatos que cristalizam como minerais acessórios foram omitidos. As fórmulas dos silicatos permitem definir a complexidade estrutural dos minerais tabelados, dada aqui sequencialmente por um nesossilicato (olivina), dois inossilicatos de cadeia simples (orto- e clinopiroxênio), um inossilicato de cadeia dupla (hornblenda), dois filossilicatos (biotita e muscovita) e dois tectossilicatos (plagioclásio e K-feldspato). Nas estruturas mais complexas aumenta a substituição de Si por Al nos tetraedros estruturais polimerizados. Nos feldspatos alcalinos, parte do Al estrutural é substituído pelo Ge e a substituição aumenta com a temperatura. A decrescente relação Al/Ge com o aumento da temperatura é utilizada na distinção entre rochas ricas em feldspatos alcalinos (granitos, sienitos) cristalizadas sob temperaturas mais altas ou mais baixas. Granitos tipo "A" ou anorogênicos são de altas temperaturas.

O Mg nas olivinas é substituído preferencialmente pelo Ni e subordinadamente pelo Cr. Resulta que o rápido decréscimo conjunto dos teores de níquel e magnésio nas análises de rochas basálticas ligeiramente distintas de uma associação magmática pode indicar a contínua cristalização e extração de Mg-olivina do magma e definir, assim, o vínculo genético (fracionamento de olivina) entre as rochas analisadas. Decorre que os elementos traços são importantes ferramentas na determinação dos processos de evolução magmática. O maior problema dessa metodologia reside na concentração muito alta de alguns elementos traços em alguns minerais acessórios específicos. Resulta que um pequeno aumento aleatório no teor de um mineral acessório muito enriquecido no elemento X modifica profundamente a concentração do elemento X na análise química da rocha como um todo (análise total). Essa "contaminação" pode mascarar o papel genético de minerais essenciais da rocha com pequenos teores de X na evolução magmática. Consideremos o enriquecimento de uma rocha basáltica no mineral acessório cromita, $FeCr_2O_4$. A adição desse Cr à rocha pode obliterar a caracterização do fracionamento do ortopiroxênio, mineral no qual parte do Mg é substituído por Cr.

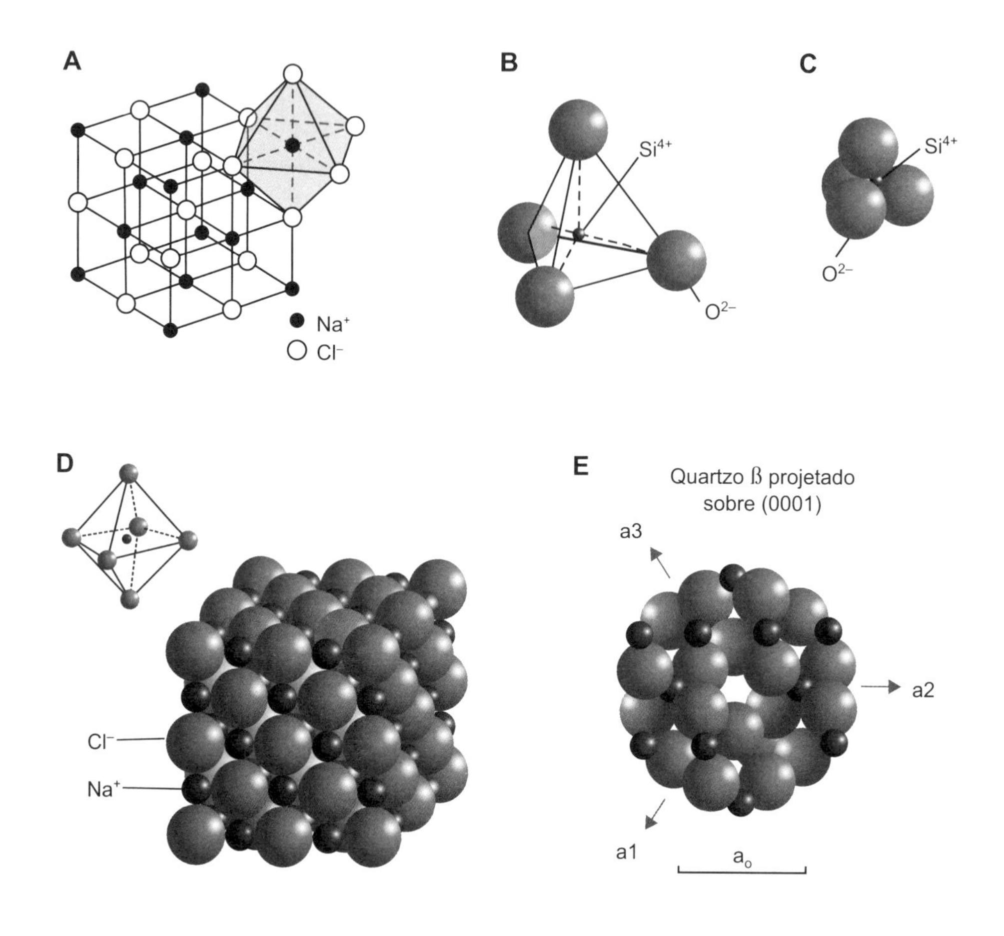
A
Na+
Cl−
B
Si4+
O2−
C
Si4+
O2−
D
Cl−
Na+
E
Quartzo ß projetado sobre (0001)
a3
a2
a1
ao

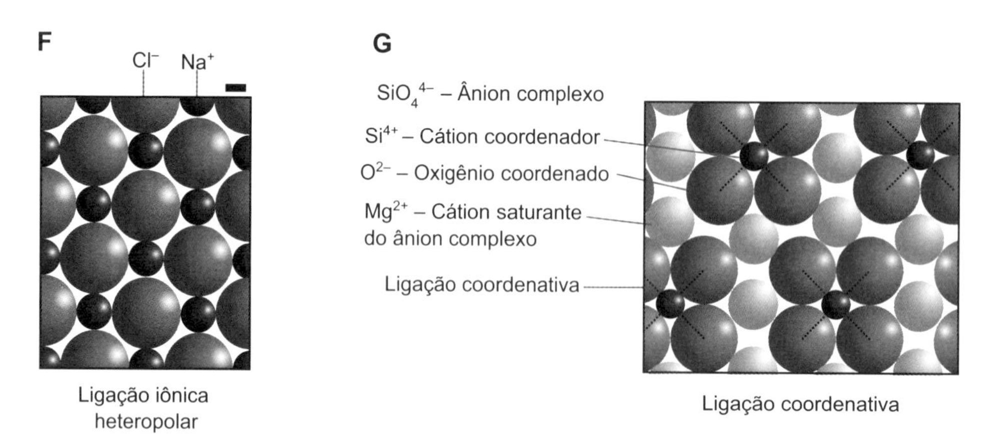
F
Cl− Na+
Ligação iônica heteropolar
G
SiO4 4− – Ânion complexo
Si4+ – Cátion coordenador
O2− – Oxigênio coordenado
Mg2+ – Cátion saturante do ânion complexo
Ligação coordenativa
Ligação coordenativa

Figura 3.1 – Estrutura cristalina

A a G – Representação da estrutura cristalina (Möller, 1986; Gill, 1989; Klein; Dutrow, 2012)

Frequentemente, a estrutura cristalina é visualizada através de uma rede nas quais os íons são pequenos e as distâncias interiônicas muito grandes. É a representação tipo "bolinhas e varetas". Essa representação visa mostrar principalmente aspectos da simetria da rede cristalina ou do sólido de coordenação, como no caso do octaedro de coordenação do Na^+ no NaCl (**A**) e do tetraedro de coordenação do Si^{4+} no SiO_4 (**B**). Em realidade, a estrutura cristalina é muito compacta, como mostrado no tetraedro de sílica (**C**), no cubo de NaCl (**D**) e no quartzo β do sistema hexagonal (ou trigonal para alguns autores) numa projeção sobre o plano cristalino (0001) no qual também é mostrada a posição dos eixos cristalográficos a1, a2 e a3 (**E**). Essas representações, assim como a projeção planar simplificada da estrutura de compostos iônicos heteropolares com ânions simples, caso do NaCl (**F**) ou complexos com ligação coordenativa, caso do SiO_4^{4-} (**G**), deixam claros alguns dos pré-requisitos para uma substituição iônica isomórfica. Estes determinam que 1) os raios iônicos do íon substituído e do íon substituto devem ser aproximadamente iguais; 2) as cargas dos dois íons envolvidos na substituição devem ser idênticas; 3) a natureza da ligação (sua taxa de ligação iônica ou covalente) na rede cristalina não deve ser alterada pela substituição, ou seja, a diferença da eletronegatividade da ligação cátion-ânion original deve ser a mesma após a substituição. Nos elementos de transição também deve ser considerada a *Crystal Field Stabilization Energy* (CFSE) decorrente de sua particular estrutura orbital eletrônica.

Substituições entre íons com cargas distintas ocorrem nos casos de substituições acopladas ou múltiplas, caso da substituição simultânea de (Ca^{2+} + Al^{3+}) por (Na^+ + Si^{4+}) nos plagioclásios. A substituição de dado número de íons substituídos por um número menor de íons substitutos é excepcional, pois a substituição requer não só a substituição dos íons substituídos pelos substitutos, mas também a criação de uma ou mais vacâncias estruturais (sítios cristalográficos não ocupados) na rede cristalina. Exemplo é a substituição de ($3Mg^{2+}$) por ($2Al^{3+}$ + 1 vacância) nas micas.

Nos silicatos com suas estruturas de íons complexos SiO_4^{4-} mais ou menos polimerizadas, a substituição pode afetar não só os cátions que saturam as estruturas, mas também o próprio cátion coordenador do íon complexo polimerizado. A substituição acoplada de parte do Si^{4+}, cátion coordenador do íon complexo $(SiO_4)^{4-}$ por Al^{3+}, cátion coordenador do íon complexo $(AlO_4)^{5-}$, e a simultânea saturação das cargas estruturais negativas resultantes por K^+, Na^+ ou Ca^{2+} é o processo que liga o quartzo aos feldspatos:

4Quartzo = Si_4O_8
Ortoclásio = Si_4O_8 no qual ocorre a substituição de $1Si^{4+}$ por $1Al^{3+} + 1K^+ = KAlSi_3O_8$
Albita = Si_4O_8 no qual ocorre a substituição de $1Si^{4+}$ por $1Al^{3+} + 1Na^+ = NaAlSi_3O_8$
Anortita = Si_4O_8 no qual ocorre a substituição de $2Si^{4+}$ por $2Al^{3+} + 1Ca^{2+} = CaAl_2Si_2O_8$

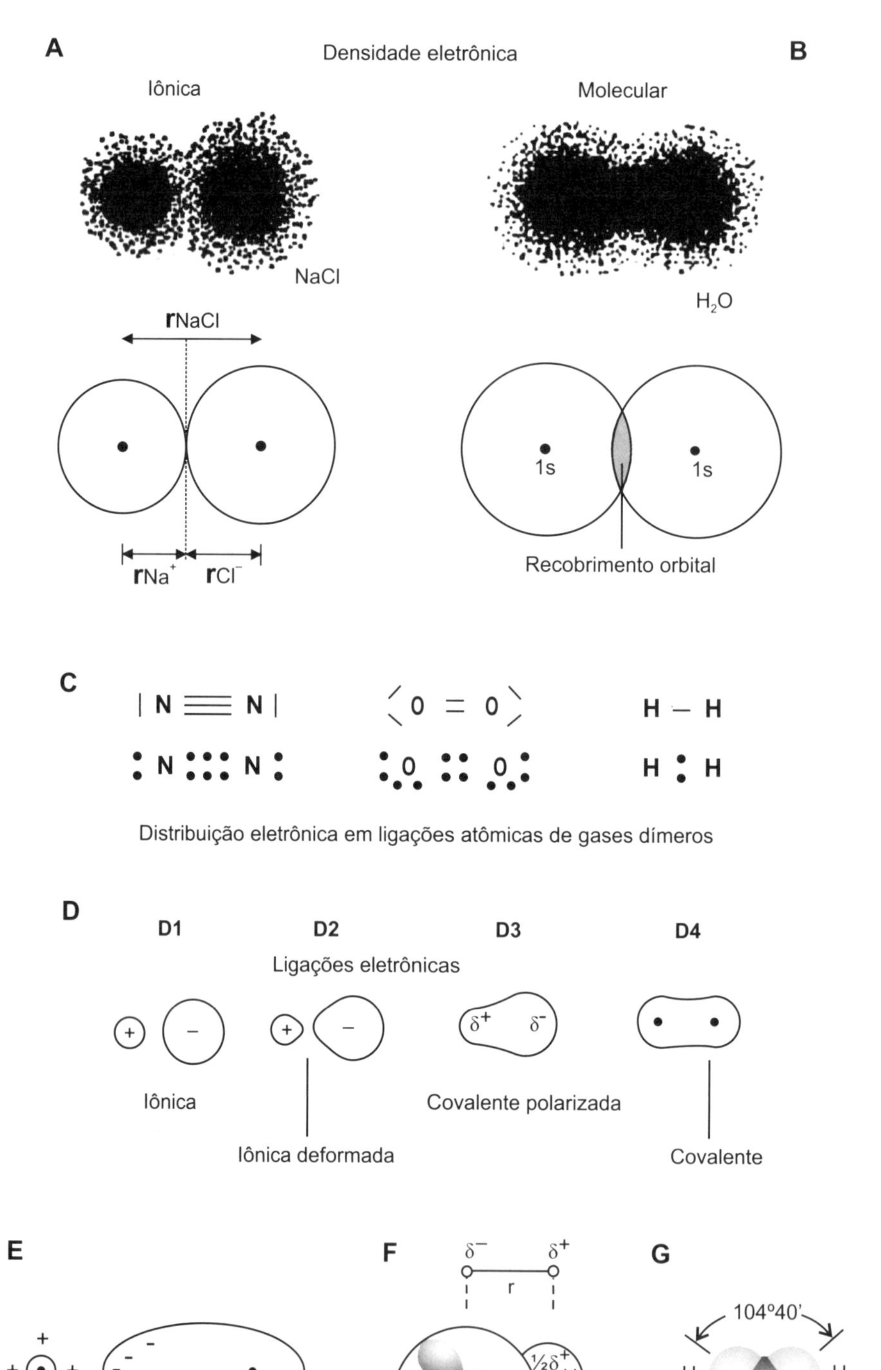
A
Densidade eletrônica
B
Iônica
Molecular
NaCl
H2O
rNaCl
1s
1s
rNa+
rCl−
Recobrimento orbital
C
Distribuição eletrônica em ligações atômicas de gases dímeros
D
D1
D2
D3
D4
Ligações eletrônicas
Iônica
Covalente polarizada
Iônica deformada
Covalente
E
F
G
104°40'
Polarização de um grande ânion
Molécula de água como dipolo

Figura 3.2 – Ligação iônica e covalente

A – Ligação iônica do NaCl (Gill, 1989)

É mostrada a nuvem eletrônica da ligação heteropolar simples NaCl, os raios iônicos Na^+ (**r**Na) e Cl^- (**r**Cl), bem como a distância internuclear (**r**Na-Cl). Íons não têm limites físicos bem definidos, mas uma ligação iônica caracteriza-se por uma distância internuclear (distância de ligação) mensurável precisa dada pela soma dos raios dos íons envolvidos na ligação. Resulta que a determinação do raio iônico dos íons da ligação exige que um deles tenha seu raio iônico bem definido. É o caso do O^{2-}, que em compostos com coordenação triangular tem raio iônico de 1,36 Å. Dessa maneira, o raio iônico do Mg^{2+} no composto MgO (em que o Mg tem número de coordenação 6) é obtido subtraindo-se da distância de ligação de 2,02 Å o raio iônico do O^{2-}, o que resulta num raio iônico para o Mg^{2+} de 0,72 Å.

B, C – Ligação covalente de gases dímeros (H_2, Cl_2, O_2 e N_2) (Möller, 1986; Gill, 1989)

Na ligação covalente, a atração simultânea exercida pelos dois núcleos justapostos implica a superposição parcial de suas nuvens eletrônicas. Resulta que os elétrons da nuvem eletrônica composta resultante expandem suas ondas estacionárias aos dois átomos, formando uma ligação molecular que confere à nuvem eletrônica composta uma energia menor do que a somatória das duas nuvens eletrônicas individuais. Decorre que moléculas de H_2 e Cl_2 (ambos com ligação covalente simples), O_2 (ligação covalente dupla) e N_2 (ligação covalente tripla) são mais estáveis que o hidrogênio, oxigênio, nitrogênio ou cloro atômico. Numa ligação covalente, os dois átomos compartilham um ou mais elétrons para cada átomo obter a configuração eletrônica de gás nobre. Por essa razão, o H, que contém um dos dois elétrons que a subesfera 1s comporta, e o Cl, que contém cinco dos seis elétrons que a subesfera 3p comporta, apresentam ligação covalente simples; o oxigênio e o nitrogênio, que contêm respectivamente 4 e 3 dos 6 elétrons que a subesfera 2p comporta, têm uma correspondente ligação covalente dupla e tripla.

D a G – Passagem da ligação iônica para a ligação covalente (Möller, 1986)

Ligações iônicas (**D1**) e covalentes (**D4**) são tipos extremos de ligações. A ligação iônica deformada (**D2**) e a ligação covalente polarizada (**D3**) são casos de transição entre os extremos. A ligação covalente polarizada resulta da atração que um pequeno cátion com elevada carga exerce sobre a nuvem eletrônica de um grande ânion com pequena carga justaposto. A atração deforma a nuvem eletrônica do ânion pela concentração dos elétrons na porção adjacente ao cátion, situação que gera um dipolo (**E**). Quanto maior a relação carga/raio do cátion, maior sua capacidade de polarização. A água é caso típico de ligação covalente polarizada, na qual a atração dos átomos de hidrogênio sobre o átomo de oxigênio implica o desenvolvimento neste de um dipolo caracterizado por uma carga positiva (δ^+) e duas meias cargas negativas ($\frac{1}{2}\delta^-$) que se ligam por meio de ligações tipo Van der Waals aos dois átomos de hidrogênio (**F**). O dipolo confere à molécula H_2O sua configuração espacial específica caracterizada por um ângulo de 104°40' entre os átomos de hidrogênio.

1	2	3	4	5	6	7	8	9	10	11	12	13	14	15	16	17	*	Grupo
IA	IIA	IIIB	IVB	VB	VIB	VIIB	VIIIB			IB	IIB	IIIA	IVA	VA	VIA	VIIA	**	
Li^{+} 0,59 [4] 0,74 [6] 0,92 [8]	Be^{2+} 0,16 [3] 0,27 [4] 0,45 [6]											B^{2+} 0,11 [4] 0,27 [6]	C^{4+} 0,08 [3] 0,15 [4] 0,16 [6]	N^{5+} 0,10 [3] 0,13 [6]	O^{2-} 1,26 [3] 1,38 [4] 1,40 [6] 1,42 [8]	F^{-} 1,31 [4]	2	Período
Na^{+} 0,99 [4] 1,02 [6] 1,18 [8] 1,24 [9] 1,39 [12]	Mg^{2+} 0,57 [4] 0,72 [6] 0,89 [8]	Elementos de transição										Al^{3+} 0,39 [4] 0,48 [5] 0,54 [6]	Si^{4+} 0,26 [4] 0,40 [6]	P^{5+} 0,17 [4] 0,29 [5] 0,38 [6]	S^{2-} 1,84 [4] S^{6+} 0,12 [4] 0,29 [6]	Cl^{-} 1,81 [6]	3	
K^{+} 1,38 [6] 1,51 [8] 1,55 [9] 1,59 [10] 1,64 [12]	Ca^{2+} 1,00 [6] 1,12 [8] 1,18 [9] 1,23 [10] 1,34 [12]	Sc^{3+} 0,75 [6] 0,87 [8]	Ti^{4+} 0,42 [4] 0,61 [6] 0,74 [8]	V^{5+} 0,36 [4] 0,46 [5] 0,54 [5]	Cr^{3+} 0,62 [6] Cr^{4+} 0,41 [4] 0,55 [6] Cr^{6+} 0,26 [4]	Mn^{2+} 0,83 [6] 0,96 [8] Mn^{3+} 0,65 [6] Mn^{4+} 0,53 [6]	Fe^{2+} 0,63 [4] 0,78 [6] 0,92 [8] Fe^{3+} 0,65 [6] 0,78 [8]	Co^{2+} 0,74 [6] 0,90 [8]	Ni^{2+} 0,55 [4] 0,69 [8]	Cu^{+} 0,46 [2] 0,77 [6] Cu^{2+} 0,57 [4] 0,65 [5] 0,73 [6]	Zn^{2+} 0,60 [4] 0,74 [6] 0,90 [8]	Ga^{3+} 0,47 [4] 0,55 [5] 0,62 [6]	Ge^{4+} 0,39 [4] 0,53 [6]	As^{3+} 0,58 [6] As^{5+} 0,34 [4] 0,45 [6]	Se^{2-} 1,98 [6]	Br^{-} 1,98 [6]	4	
Rb^{+} 1,52 [6] 1,61 [8] 1,66 [10] 1,72 [12]	Sr^{2+} 1,18 [6] 1,26 [8] 1,36 [10] 1,44 [12]	Y^{3+} 0,90 [6] 1,02 [8]	Zr^{4+} 0,72 [6] 0,78 [7] 0,84 [8] 0,89 [9]	Nb^{5+} 0,64 [6] 0,69 [7] 0,74 [8]	Mo^{4+} 0,65 [6] Mo^{5+} 0,41 [4] 0,59 [6]			Rh^{4+} 0,60 [6]	Pd^{2+} 0,64 [4] 0,86 [6]	Ag^{+} 1,15 [6] 1,28 [8]	Cd^{2+} 0,58 [4] 0,74 [6] 0,90 [8]	In^{3+} 0,62 [4] 0,80 [6] 0,92 [8]	Sn^{4+} 0,69 [6] 0,81 [8]	Sb^{3+} 0,76 [6] Sb^{5+} 0,60 [6]	Te^{4+} 2,21 [6]	I^{-} 2,20 [6]	5	
Cs^{+} 1,67 [6] 1,74 [8] 1,81[10] 1,85 [11] 1,88 [12]	Ba^{2+} 1,35 [6] 1,42 [8] 1,47 [9] 1,52 [10] 1,61 [12]	La^{3+} 1,03 [6] 1,16 [8] 1,22 [9] 1,27 [10]	Hf^{4+} 0,71 [6] 0,76 [7] 0,83 [8]	Ta^{5+} 0,64 [6] 0,75 [7] 0,83 [8]	W^{6+} 0,42 [4] 0,51 [5] 0,53 [6]	Re^{4+} 0,63 [6] Re^{7+} 0,38 [4] 0,53 [6]			Pt^{2+} 0,80 [6]		Hg^{2+} 0,94 [4] 1,03 [6] 1,14 [8]		Pb^{2+} 1,19 [5] 1,29 [8] 1,35 [9] 1,40 [10]	Bi^{3+} 0,96 [5] 1,03 [6] 1,17 [8]			6	
		Th^{4+} 0,94 [6] 1,05 [8] 1,09 [9] 1,13 [10]		U^{4+} 0,89 [6] 1,00 [8] U^{6+} 0,52 [4] 0,73 [6]	7													

Raios iônicos efetivos (em Å) para íons normalmente presentes em minerais

[4] - Número de coordenação

* - Nomenclatura atual

** - Nomenclatura antiga

Figura 3.3 – Raio iônico e número de coordenação

Raios iônicos dos elementos na dependência do seu número de coordenação (Pauling, 1960, 1970; Whittaker; Muntus, 1970; Shannon, 1976)

Uma vez ordenados segundo o crescente número de ordem Z, o número de prótons contido no núcleo de um átomo, os elementos do sistema periódico são agrupados na horizontal em sete períodos (ordenação vertical). O primeiro período, aqui não representado, compreende o hidrogênio do grupo 1 (antigo grupo IA ou Ia) e o He do grupo 18 (antigo grupo VIIIA ou VIIIa). Os grupos retratam a ordenação horizontal no sistema periódico. Os demais períodos iniciam-se com um metal alcalino do grupo 1 e terminam com um gás nobre do grupo 18, também não representado. Cada grupo, dado por uma das dezoito colunas do sistema periódico que resultam do empilhamento dos sete períodos, representa um conjunto de elementos com mesmas características químicas gerais. Estas são, pois, o critério para o posicionamento relativo do variável número de elementos dos sucessivos períodos empilhados em grupos específicos. O número mínimo de elementos por período é dois, caso do período 1; apenas os períodos 4, 5 e 6 contêm elementos de todos os dezoito grupos.

O grupo 1, a primeira coluna à esquerda do sistema periódico, contém os metais alcalinos Li^+, Na^+, K^+, Rb^+, Cs^+ e Fr. O frâncio, aqui não representado, é elemento sem isótopo estável. Como cada coluna resulta de sucessivos períodos empilhados, o número Z dos sucessivos elementos do grupo não aumenta regularmente de cima para baixo e sim segundo a sequência 1H, 3Li, 11Na, 19K, 37Rb, 55Cs e 87Fr. O grupo 2 (antigo grupo IIA) reúne os metais alcalinos terrosos 4Be, 12Mg, 20Ca, 38Sr, 56Ba e 88Ra. O grupo 3 (antigo grupo IIIB) engloba os elementos metálicos de transição 21Sc, 39Y os lantanídes (aqui só representados pelo La) com Z entre 57La e 71Lu e os actinides com Z variando entre 89Ac e 103Lr e dos quais os com Z entre 93Np ao 103Lr não ocorrem na natureza. Apenas o 90Th e o 92U são aqui representados. Os elementos dos grupos 3 a 12 dos períodos 4, 5 e 6 correspondem, respectivamente, aos elementos metálicos da primeira, segunda e terceira série de transição. O grupo 17 (antigo grupo VIIA) engloba os halogêneos 9F, 17Cl, 35Br, 53I e 85At e o grupo 18, aqui não representado, os gases nobres 2He, 10Ne, 18Ar, 36Kr, 54Xe e 86Rn.

Numa rede cristalina, a nuvem eletrônica de uma ligação iônica é a somatória dos elétrons cedidos por todos os ânions coordenados pelo cátion. Decorre (1) que o raio iônico do cátion varia com seu número de coordenação na estrutura cristalina e (2) que o raio catiônico de um íon aumenta com o aumento do seu número de coordenação. Para os íons de dado elemento com mesmo número de coordenação, mas com distintas valências, caso do Cr^{3+} [6] e Cr^{6+} [6], do Mn^{2+} [6], Mn^{3+} [6] e Mn^{4+} [6], do Mo^{4+} [6] e Mo^{6+} [6] etc., o cátion com maior valência (carga, grau de oxidação) tem o menor raio iônico. Valência múltipla é comum nos elementos de transição.

Na tabela periódica estão assinalados os raios dos cátions de elementos em ligações com oxigênio em óxidos e silicatos na dependência do seu número de coordenação. Os números de coordenação são dados em colchetes depois dos diversos raios iônicos de dado elemento. Essa finalidade explica a ausência na figura dos gases nobres, dos elementos ausentes na natureza etc.

A

Raios iônicos e covalentes de alguns íons

Elemento	Carga	Raio covalente (Å)	Raio "iônico" (Å)	Número de coordenação
Rb	1+	–	1,81	12
K	1+	1,96	1,63	9
K	1+	1,96	1,68	12
Ba	2+	–	1,55	9
Ba	2+	–	1,68	12
Li	1+	1,34	0,82	6
Ca	2+	–	1,08	6
Ca	2+	–	1,20	8
Sr	2+	–	1,33	8
Mg	2+	1,45	0,80	6
Al	3+	1,30	0,47	4
Al	3+	1,30	0,61	6
Cd	2+	–	1,03	6
Fe	2+	1,25	0,86	6
Fe	3+	1,25	0,73	6
Ni	2+	1,21	0,77	6
Si	4+	1,18	0,34	4
Pb	2+	–	1,41	9
S	2-	1,02	–	–
O	2-	0,73	1,30	–
F	1-	0,71	1,23	–

B

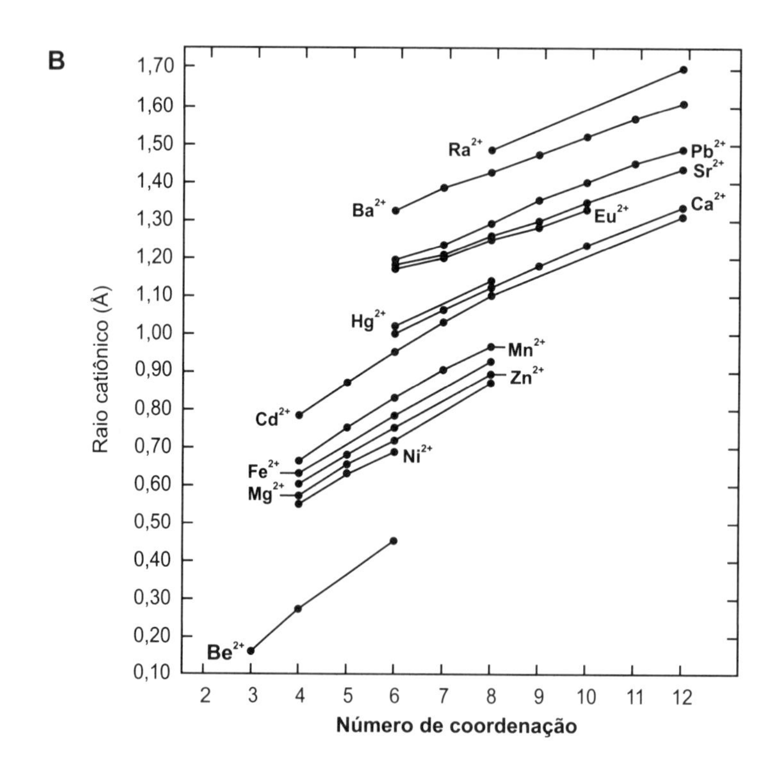

Figura 3.4 – Raios iônicos e covalentes

A – Raios iônicos e covalentes (Whittaker; Muntus, 1970; Huheey, 1975)

A tabela fornece o raio iônico e covalente de diferentes elementos. A natureza mais ou menos iônica ou covalente de uma ligação numa rede cristalina depende da eletronegatividade dos elementos que integram a ligação. Crescentes diferenças nas eletronegatividades dos elementos envolvidos implicam uma natureza mais iônica da ligação, mas não existem estruturas silicáticas totalmente iônicas. Esse fato é ressaltado pela expressão: raios "iônicos" no cabeçalho de uma das colunas da tabela. Reparar que o raio (iônico) covalente se mantém constante com a variação do número de coordenação de dado íon.

Durante uma reação química, os elementos mudam o seu número de elétrons visando obter a configuração eletrônica dos gases nobres. O número de ligações que um átomo é capaz de estabelecer num composto é expresso por sua valência. Nos elementos fortemente eletropositivos, caso dos elementos alcalinos, a existência de apenas um elétron na subesfera eletrônica da valência permite estabelecer apenas uma ligação; portanto, os elementos alcalinos são monovalentes. É o caso do Na com configuração eletrônica $1s^22s^22p^63s^1$. O Mg com configuração eletrônica $1s^22s^22p^63s^2$ tem valência 2, pois o magnésio neutro contém em sua subesfera da valência 3s dois elétrons que podem estabelecer duas ligações com o cloro no composto $MgCl_2$. Decorre que nos elementos eletropositivos a valência corresponde ao número de elétrons na subesfera da valência, que por sua vez corresponde ao número (antigo) do seu grupo na tabela periódica. Portanto, Na^+ pertence ao grupo I, Mg^{2+} ao grupo II, B^{3+} e Al^{3+} ao grupo III, C^{4+} e Si^{4+} ao grupo IV e P^{5+} ao grupo V. Para os elementos eletronegativos, a definição da valência é diferente, pois são elementos com a subesfera da valência quase totalmente preenchida. Pela captação ou o compartilhamento de um ou mais elétrons de um outro íon num composto, os elementos eletronegativos também visam obter a configuração eletrônica de gás nobre. Decorre que a valência (isto é, número de ligações que podem ser feitas por um elemento eletronegativo num composto) é igual aos lugares vagos na subesfera da valência. O oxigênio com seis elétrons de valência e dois lugares vagos pode estabelecer duas ligações (O^{2-}); o cloro com sete elétrons de valência e um lugar vago apenas uma ligação (Cl^-). Ou seja, enquanto o oxigênio necessita captar dois elétrons, o cloro precisa apenas de um para preencher a subesfera da valência e obter a configuração eletrônica de gás nobre.

B – Raio iônico e número de coordenação (Shannon, 1976)

Em elementos com dois ou mais números de coordenação, o raio "iônico" do cátion aumenta com o número de coordenação. Trata-se, pois, de uma representação gráfica da tabela **A** acrescida dos elementos Ra, Eu, Hg, Mn, Zn e Be. A relação entre raio iônico e número de coordenação para íon com mesma carga fica mais patente no gráfico do que na tabela **A**. Por outro lado, a inclinação aproximadamente constante das retas que expressam a relação "número de coordenação/raio catiônico" indica que o aumento do raio iônico com o aumento do número de coordenação independe do raio iônico do cátion com o menor número de coordenação, ou seja, a inclinação da reta não muda com o aumento sucessivo dos raios catiônicos do Be, Ni, Zn, Mg, Fe^{2+} e Cd em coordenação tetraédrica (coordenação 4).

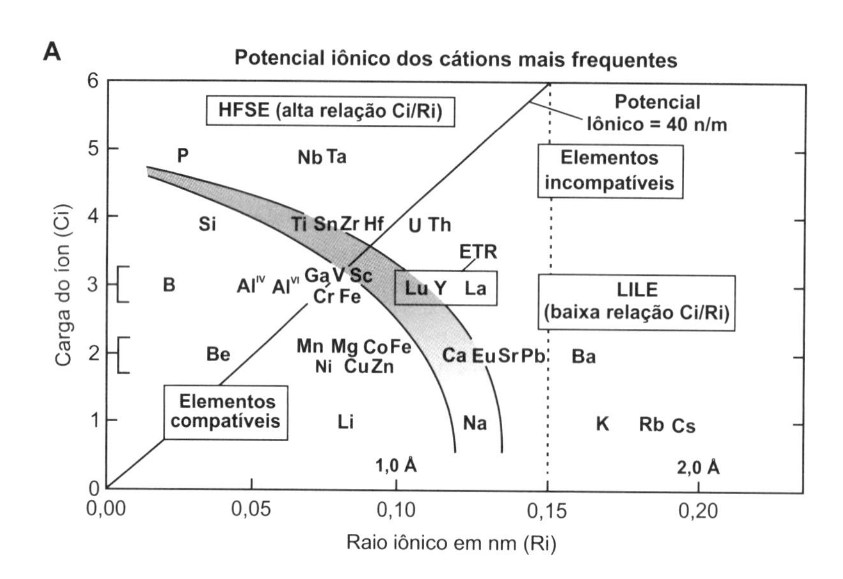
A
Potencial iônico dos cátions mais frequentes
HFSE (alta relação Ci/Ri)
Potencial
Iônico = 40 n/m
Elementos
incompatíveis
P
Nb Ta
Si
Ti Sn Zr Hf
U Th
ETR
B
Al^IV Al^VI
Ga V Sc
Cr Fe
Lu Y La
LILE
(baixa relação Ci/Ri)
Be
Mn Mg Co Fe
Ni Cu Zn
Ca Eu Sr Pb
Ba
Elementos
compatíveis
Li
Na
K Rb Cs
1,0 Å
2,0 Å
Carga do íon (Ci)
Raio iônico em nm (Ri)
0,00
0,05
0,10
0,15
0,20

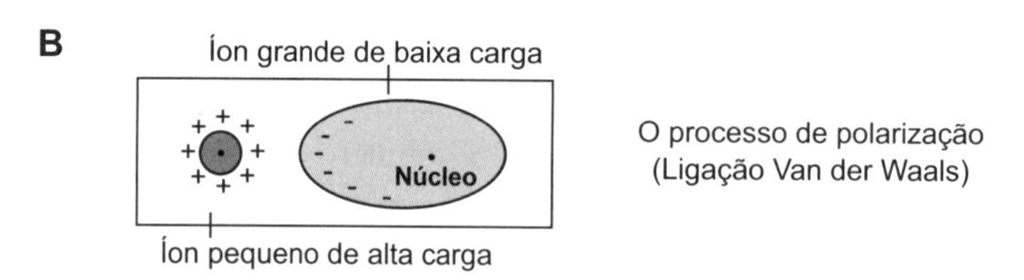
B
Íon grande de baixa carga
Núcleo
Íon pequeno de alta carga
O processo de polarização
(Ligação Van der Waals)

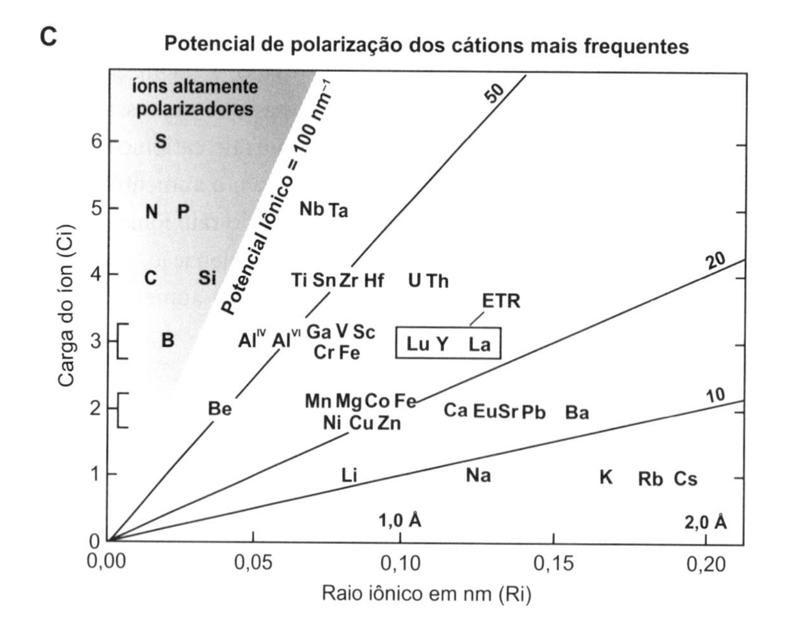
C
Potencial de polarização dos cátions mais frequentes
íons altamente
polarizadores
Potencial Iônico = 100 nm⁻¹
50
20
10
S
N P
Nb Ta
C Si
Ti Sn Zr Hf
U Th
ETR
B
Al^IV Al^VI
Ga V Sc
Cr Fe
Lu Y La
Be
Mn Mg Co Fe
Ni Cu Zn
Ca Eu Sr Pb
Ba
Li
Na
K Rb Cs
1,0 Å
2,0 Å
Carga do íon (Ci)
Raio iônico em nm (Ri)
0,00
0,05
0,10
0,15
0,20

Figura 3.5 – Potencial iônico

O potencial iônico é a relação entre a carga de um íon (Ci) e seu raio iônico (Ri). Para dois íons com mesma carga, aquele com maior raio iônico tem menor potencial iônico.

A – Potencial iônico e classificação geoquímica dos elementos (Gill, 1989)

A relação carga iônica/raio iônico (= potencial iônico) define dois grupos principais de elementos:

1. Elementos com pequeno raio iônico e pequena carga (valência). São os elementos compatíveis.
2. Elementos com raio iônico e carga variáveis. São os elementos incompatíveis. Compreende dois subgrupos:
   2.a. Elementos com pequeno raio iônico e alta carga, isto é, elementos com alta razão Ci/Ri. São os *High Field Strength Elements* (HFSE), os elementos com campo elétrico forte.
   2.b. Elementos com grande raio iônico e pequena carga, isto é, elementos com baixa razão Ci/Ri. São os *Low Field Strength Elements* (LFSE), os elementos com campo elétrico fraco, ou *Large Ion Litophile Elements* (LILE), os elementos litófilos grandes. O limite entre os dois subgrupos é o potencial iônico de 40 nm^{-1}.

Elementos incompatíveis HFSE e LILE apresentam características geoquímicas distintas que condicionam os aspectos mineralógicos, evolutivos e econômicos das rochas magmáticas. Elementos compatíveis saturam estruturas silicáticas simples; os incompatíveis, estruturas silicáticas complexas; elementos LILE caracterizam rochas graníticas e elementos HFSE formam jazidas em rochas alcalinas.

Os elementos maiores (mais frequentes) de cada grupo são substituídos por elementos menores (raros) e traços (muito raros) do mesmo grupo. Não ocorre a substituição de elementos compatíveis por elementos incompatíveis e de elementos HFSE por elementos LFSE.

B, C – Potencial iônico e polarização iônica (Gill, 1989)

A polarização é a deformação da nuvem eletrônica de um grande átomo com baixa carga pela atração exercida por um pequeno átomo coordenador com alta carga adjacente. Cátions com maior potencial iônico causam polarização mais intensa nos seus átomos coordenados. É o caso do B, C, Si, N, P e S, que são denominados elementos altamente polarizadores. A deformação criada no átomo polarizado, cria um dipolo, pela modificação da forma esférica original da nuvem eletrônica para uma forma em pera, cuja parte apical cônica é voltada para o átomo polarizador e atraída por este. (**B**) Resulta uma fraca ligação eletrônica entre os dois átomos denominada de ligação Van der Waals.

No caso de substituição de um elemento maior ou menor por um elemento traço, terá preferência o elemento substituto cujo potencial iônico mais se aproximar do potencial iônico do elemento substituído. A figura mostra claramente que a substituição do K em feldspatos alcalinos é feita preferencialmente pelo Rb e Cs; o Mg de olivinas é substituído por Co, Ni e Cr, o Fe de minerais opacos por V, Sc e Mn, o Zr do zircão por Hf, U e Th e o Ca dos plagioclásios por Sr, Ba e Eu.

A

Eletronegatividade dos principais elementos

Ag	1,42	**Eu**	1,01	**N**	3,07	**Sc**	1,20
Al	1,47	**F**	4,10	**Na**	1,01	**Se**	2,48
As	2,20	**Fe**	1,64	**Nb**	1,23	**Si**	1,74
Au	1,42	**Ga**	1,82	**Nd**	1,07	**Sm**	1,07
B	2,01	**Gd**	1,11	**Ni**	1,75	**Sn**	1,72
Ba	0,97	**Ge**	2,02	**O**	3,50	**Sr**	0,99
Be	1,47	**H**	2,10	**Os**	1,25	**Ta**	1,33
Bi	1,67	**Hf**	1,23	**P**	2,06	**Tb**	1,10
Br	2,74	**Hg**	1,44	**Pb**	1,55	**Te**	2,01
C	2,50	**I**	2,21	**Pd**	1,35	**Th**	1,11
Ca	1,04	**In**	1,49	**Pr**	1,07	**Ti**	1,32
Cd	1,46	**Ir**	1,67	**Pt**	1,44	**Tl**	1,44
Ce	1,08	**K**	0,91	**Ra**	0,97	**U**	1,22
Cl	2,83	**La**	1,08	**Rb**	0,89	**V**	1,45
Co	1,70	**Li**	0,97	**Re**	1,46	**W**	1,40
Cr	1,56	**Lu**	1,11	**Rh**	1,45	**Y**	1,11
Cs	0,86	**Mg**	1,23	**Ru**	1,42	**Yb**	1,06
Cu	1,75	**Mn**	1,60	**S**	2,44	**Zn**	1,66
Dy	1,10	**Mo**	1,30	**Sb**	1,82	**Zr**	1,22

B

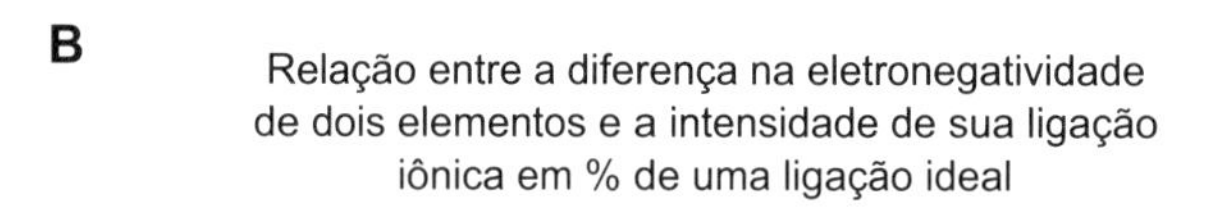
Relação entre a diferença na eletronegatividade de dois elementos e a intensidade de sua ligação iônica em % de uma ligação ideal

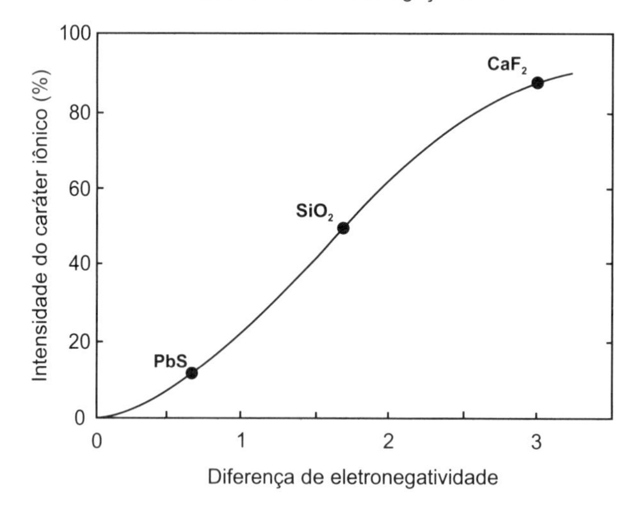

Figura 3.6 – Eletronegatividade

A - Eletronegatividade de elementos (Little; Jones, 1960)

A eletronegatividade (expressa por um número sem dimensões) é um conceito vinculado à capacidade de reação dos elementos e à natureza das ligações que estabelecem em moléculas e redes cristalinas iônicas. Basicamente corresponde à capacidade de um elemento de atrair elétrons adicionais em moléculas e estruturas cristalinas. Numa reação, os elementos trocam ou compartilham elementos visando obter a configuração eletrônica dos gases nobres. Elementos com pequena capacidade de atração de elétrons são denominados eletropositivos; situam-se na porção esquerda da tabela periódica. É o caso dos metais alcalinos (K, Rb, Cs) com eletronegatividade pouco acima de 0,8. Elementos com grande capacidade de atração de elétrons são denominados eletronegativos; situam-se na porção direita da tabela periódica. É o caso do flúor, elemento com a eletronegatividade máxima 4,1. Os elementos fortemente eletronegativos apresentam o "efeito nuclear", isto é, a maior atração da nuvem eletrônica pelo núcleo de grande massa e o consequente baixo nível de energia orbital. O "efeito nuclear" falta nos metais alcalinos devido ao seu baixo número atômico. Do contrastante nível energético orbital decorre que os íons eletronegativos apresentam alta capacidade de atrair elétrons numa ligação, enquanto os elementos eletropositivos têm baixa capacidade de retenção de elétrons numa ligação. Os gases nobres têm eletronegatividade zero, pois têm a subesfera eletrônica da valência ocupada pelo número total de elétrons que a subesfera comporta.

A substituição de um elemento maior ou menor por um elemento traço depende da similaridade entre a eletronegatividade de ambos. Rb (0,89) e Ba (0,97) substituem com facilidade o K (0,91) em feldspatos alcalinos, Sr (0,99) substitui o Ca (1,04) em plagioclásios e Cr (1,56), Co (1,70) e Ni (1,75) substituem o Mg (1,23) nas olivinas.

B - Intensidade da ligação iônica (Pauling, 1960, 1970)

A natureza mais ou menos iônica ou covalente de uma ligação em moléculas e estruturas cristalinas iônicas é definida pela diferença entre a eletronegatividade dos elementos que integram a ligação. É determinada quantitativamente no gráfico % de intensidade do caráter iônico × diferença entre as eletronegatividades dos elementos envolvidos na ligação. Uma ligação iônica ideal é 100% iônica, uma ligação covalente ideal é 0% iônica. O gráfico também é denominado gráfico de Pauling. Como exemplos estão representadas as ligações PbS, SiO_2 e CaF_2, cujas diferenças de eletronegatividade de seus elementos constituintes podem ser obtidas a partir da Figura 3.6.A. O elemento mais eletronegativo é o F e, como tal, forma compostos fortemente iônicos. Enxofre é menos eletronegativo que o oxigênio. Decorre que sulfetos são compostos mais covalentes que óxidos. A ligação entre silício e oxigênio no quartzo (SiO_2) é aproximadamente 42% iônica. Outras ligações químicas em silicatos têm maior caráter iônico que a ligação Si-O. O íon Si tem carga 4+, raio iônico de 0,34 Å e eletronegatividade 1,74; o íon Al tem carga 3+, raio iônico de 0,47 Å e eletronegatividade 1,47. Decorre que o potencial iônico (raio iônico/carga) do Si é aproximadamente o dobro da do Al, mas a ligação Al-O é mais iônica (quase 60%) que a ligação Si-O (42%). A ligação Mg-O é cerca de 65% iônica; as ligações Ca-O e Na-O são mais de 75% iônicas.

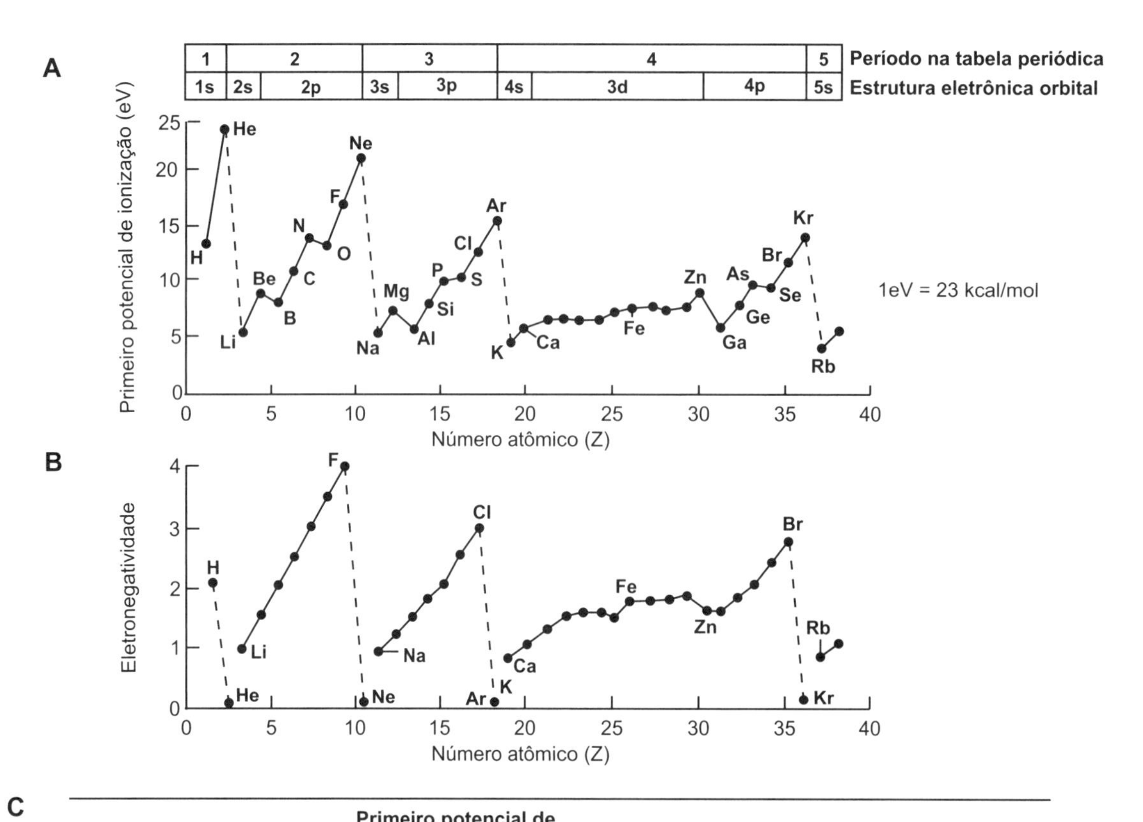

C

Z	Elemento	Primeiro potencial de ionização, em Elétron volts (e.V)*	Eletronegatividade	Estrutura eletrônica
1	H	13,598	2,1	$1s^1$
2	He	24,587	0,0	$1s^2$
3	Li	5,392	1,0	$1s^22s^1$
4	Be	9,322	1,5	$1s^22s^2$
5	B	8,298	2,0	$1s^22s^22p^1$
6	C	11,260	2,5	$1s^22s^22p^2$
7	N	14,534	3,1	$1s^22s^22p^3$
8	O	13,618	3,5	$1s^22s^22p^4$
9	F	17,422	4,1	$1s^22s^22p^5$
10	Ne	21,564	0,0	$1s^22s^22p^6$
11	Na	5,139	1,0	$[Ne]3s^1$
12	Mg	7,646	1,3	$[Ne]3s^2$
13	Al	5,986	1,5	$[Ne]3s^23p^1$
14	Si	8,151	1,8	$[Ne]3s^23p^2$
15	P	10,486	2,1	$[Ne]3s^23p^3$
16	Si	10,360	2,4	$[Ne]3s^23p^4$
17	Cl	12,967	2,9	$[Ne]3s^23p^5$
18	Ar	15,759	0,0	$[Ne]3s^23p^6$
19	K	4,341	0,9	$[Ar]4s^1$
20	Ca	6,113	1,1	$[Ar]4s^2$
21	Sc	6,54	1,2	$[Ar]3d^14s^2$
22	Ti	6,82	1,3	$[Ar]3d^24s^2$
23	V	6,74	1,5	$[Ar]3d^34s^2$
24	Cr	6,766	1,6	$[Ar]3d^54s^1$
25	Mn	7,435	1,6	$[Ar]3d^54s^2$
26	Fe	7,87	1,7	$[Ar]3d^64s^2$
27	Co	7,86	1,7	$[Ar]3d^74s^2$
28	Ni	7,635	1,8	$[Ar]3d^84s^2$
29	Cu	7,726	1,8	$[Ar]3d^{10}4s^1$
30	Zn	9,394	1,8	$[Ar]3d^{10}4s^2$
31	Ga	5,999	1,7	$[Ar]3d^{10}4s^24p^1$
32	Ge	7,899	2,0	$[Ar]3d^{10}4s^24p^2$
33	As	9,81	2,2	$[Ar]3d^{10}4s^24p^3$
34	Se	9,752	2,5	$[Ar]3d^{10}4s^24p^4$
35	Br	11,814	2,8	$[Ar]3d^{10}4s^24p^5$
36	Kr	13,999	–	$[Ar]3d^{10}4s^24p^6$
37	Rb	4,177	0,9	$[K]5s^1$

Figura 3.7 – Eletronegatividade e potencial de ionização

A – Eletronegatividade, potencial de ionização e estrutura eletrônica orbital (Lide, 1991; Brady; Russel; Holum, 2000)

A transformação "átomo – elétron = cátion" é um processo que requer energia. A energia para remover o elétron mais fracamente atraído pelo núcleo de um átomo recebe a denominação (primeiro) potencial de ionização, que expressa, assim, o grau de atração exercida pelo núcleo de um átomo neutro sobre um elétron de uma órbita parcialmente preenchida. Da definição resulta que o potencial de ionização aumenta em cada período da tabela periódica com o aumento do número atômico (Z), pois o aumento da massa nuclear resulta numa maior atração sobre os elétrons e, portanto, no aumento da energia necessária para remover um elétron. Por outro lado, o preenchimento progressivo das órbitas eletrônicas resulta também em um aumento gradual do potencial de ionização do átomo. Assim, o potencial de ionização também expressa a resistência de um átomo de ceder um elétron de uma orbital quase ou totalmente preenchida. Resulta que a eletronegatividade aumenta com o incremento do número atômico em cada período e diminui com o aumento do número atômico em cada coluna do sistema periódico.

Decorre que o potencial de ionização é máximo nos gases nobres (cujas órbitas estão totalmente preenchidas) e é mínimo nos elementos alcalinos (Li, Na, K, Rb), pois esses elementos contêm apenas um elétron a mais que a configuração estável dos gases nobres. Já os elementos alcalinos terrosos (Be^{2+}, Mg^{2+}, Ca^{2+}, Sr^{2+} e Ba^{2+}) têm que perder dois elétrons para a obtenção de uma configuração estável. A remoção desses dois elétrons requer mais energia que a retirada de apenas um elétron dos elementos alcalinos, o que se retrata num maior potencial de ionização dos elementos alcalinos terrosos em relação ao dos elementos alcalinos. Em (**A**) é mostrada a variação do primeiro potencial de ionização dos elementos H (Z = 1) até Rb (Z = 37) em função do crescente número atômico.

B, C – Primeiro potencial de ionização, eletronegatividade e número atômico (Klein, 2002)

A eletronegatividade, um número sem dimensões, é a medida da capacidade de um átomo de atrair elétrons para sua capa eletrônica externa numa molécula ou rede cristalina iônica. Elementos com baixa eletronegatividade são eletrodoadores (doadores de elétrons), os com elevada eletronegatividade são elementos eletrorreceptores. A eletronegatividade expressa, pois, a facilidade do átomo em estabelecer uma ligação iônica. Os átomos envolvidos numa reação trocam ou compartilham elétrons para obter a configuração eletrônica dos gases nobres e a eletronegatividade é calculada a partir da força de ligação entre átomos em moléculas e redes cristalinas. Os gases nobres, que apresentam as configurações eletrônicas mais estáveis entre os elementos (todas suas órbitas estão totalmente preenchidas), têm, portanto, simultaneamente, o maior potencial de ionização, pois não apresentam nenhuma tendência para ceder elétrons (**A**), e a menor eletronegatividade, pois não apresentam nenhuma tendência para captar elétrons numa reação (**B**). São quimicamente inertes. Conclui-se que existe forte correlação entre o primeiro potencial de ionização, eletronegatividade, estrutura eletrônica e o número atômico e, portanto, o posicionamento dos elementos na tabela periódica (**C**).

A **Configuração eletrônica do Fe, Co, e Ni**

Elemento		Número atômico	Configuração eletrônica			
			K	L	M	N
Ferro	(Fe)	26	$1s^2$	$2s^22p^6$	$3s^23p^63d^6$	$4p^2$
Cobalto	(Co)	27	$1s^2$	$2s^22p^6$	$3s^23p^63d^7$	$4p^2$
Níquel	(Ni)	28	$1s^2$	$2s^22p^6$	$3s^23p^63d^8$	$4p^2$

B Agrupamento de orientação

(1) e (2) - **eg** (concordante)

(3) a (5) - **t2g** (discordante)

C

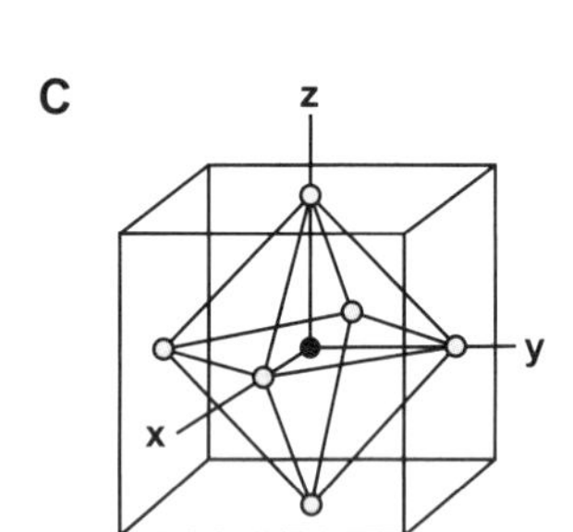

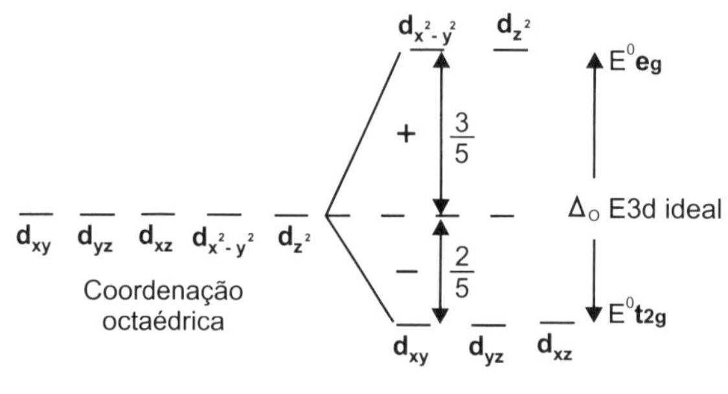

Z
X
Y
d_{z^2} (1)

Z
X
Y
$d_{x^2-y^2}$ (2)

D

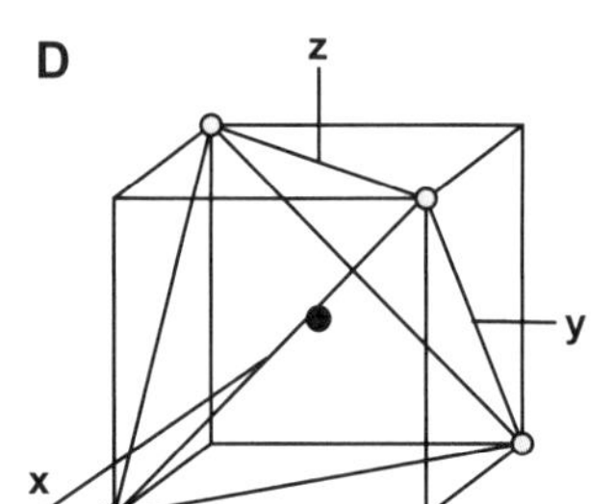

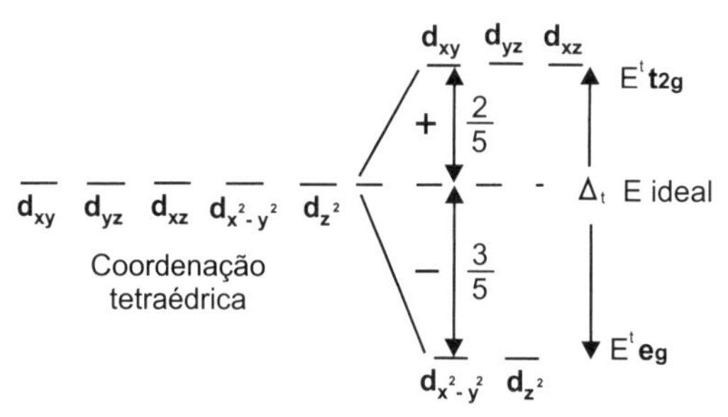

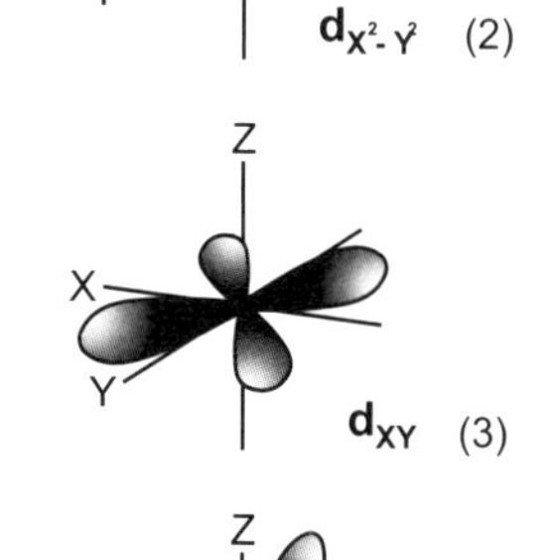

Z
X
Y
d_{YZ} (4)

Z
X
Y
d_{ZX} (5)

E **CFSE dos elementos metálicos de transição**

Elemento	Número de elétrons 3d	CFSE* octaédrica	CFSE* tetraédrica	Energia preferencial pela posição octaédrica
Sc^{3+}	0	0	0	0
Ti^{4+}	0	0	0	0
V^{3+}	2	160,2	106,7	53,5
Cr^{3+}	3	224,7	66,9	157,8
Mn^{2+}	5	0	0	0
Fe^{3+}	5	0	0	0
Fe^{2+}	6	49,8	33,1	16,7
Co^{2+}	7	92,9	61,9	31,0
Ni^{2+}	8	122,2	36,0	86,2
Cu^{2+}	9	90,4	26,8	63,6
Zn^{2+}	10	0	0	0

*(KJ/mol)

Figura 3.8 – *Crystal Field Stabilization Energy*

A *Crystal Field Stabilization Energy* (CFSE) é aspecto típico dos elementos de transição resultante de sua particular estrutura eletrônica e da orientação dos "balões de densidade eletrônica" (Ψ^2) das cinco orbitais **3d**. A substituição de um íon de transição por outro ocorre quando a CFSE da rede cristalina não é alterada pela substituição.

A, B – Densidade e orientação eletrônica das orbitais d (Gill, 1989)

Nos elementos metálicos de transição, o preenchimento eletrônico parcial ou total da subesfera 4s (que comporta até dois elétrons) da esfera eletrônica N ocorre antes do preenchimento total da subesfera 3d (que comporta até dez elétrons) da esfera eletrônica M. Em (**A**) é mostrada a configuração eletrônica dos elementos ferro (Fe), cobalto (Co) e níquel (Ni).

A configuração da densidade eletrônica (Ψ^2) das cinco orbitais **d** difere e apresenta dois grupos de orientação. No grupo **eg**, que reúne duas configurações, a disposição do alongamento dos "balões eletrônicos" é paralela aos eixos de referência x, y e z; no grupo **t2g**, que compreende três configurações, os balões têm orientação diagonal aos eixos (**B**).

C, D – *Crystal Field Splitting* (Klein, 2002)

Os elementos de transição apresentam tanto coordenação octaédrica quanto tetraédrica. Numa ligação octaédrica (**C**), as configurações eletrônicas **eg** do cátion de transição apontam para planos que contêm os íons coordenados, o que resulta num ganho de energia ($+ E^0_{eg}$). Já as configurações **t2g** apontam para planos situados entre os íons coordenados e, consequentemente, sofrem perda de energia ($- E^0_{t2g}$). Numa ligação tetraédrica (**D**) ocorre o inverso. O fracionamento dos balões orbitais **d** em um grupo de alta e um grupo de baixa energia denomina-se *Crystal Field Splitting* e a diferença energética entre ambos chama-se *Crystal Field Stabilization Energy* (CFSE), expressa pelo símbolo (Δ). A CFSE da coordenação octaédrica particular é dada pela expressão $\Delta_o = E^0_{eg} - E^0_{t2g}$, a CFSE da coordenação tetraédrica pela expressão $\Delta_t = E^t_{t2g} - E^t_{eg}$. Além da coordenação a CFSE também varia com a valência e o "estado *spin*" (alto e baixo) de um mesmo íon.

E – *Crystal Field Stabilization Energy* e *Octahedral Site Preference Energy* (Dunitz; Orgel, 1957; Burns, 1970)

São mostrados os valores Δ_o, Δ_t e ($\Delta_o - \Delta_t$) para alguns elementos de transição. Para dado íon, sua CFSE sob coordenação octaédrica (Δ_o) é sempre maior que a sob coordenação tetraédrica (Δ_t). A diferença $\Delta_o - \Delta_t$ é denominada de *Octahedral Site Preference Energy* (OSPE). Ti^{4+}, Sc^{3+}, Mn^{2+}, Fe^{3+} e Zn^{2+}, por sua particular estrutura eletrônica tanto sem, quanto com cinco ou dez elétrons na órbita 3d, têm Δ_o e Δ_t nulos. Por essa igualdade, apresentam grande facilidade de substituição mútua.

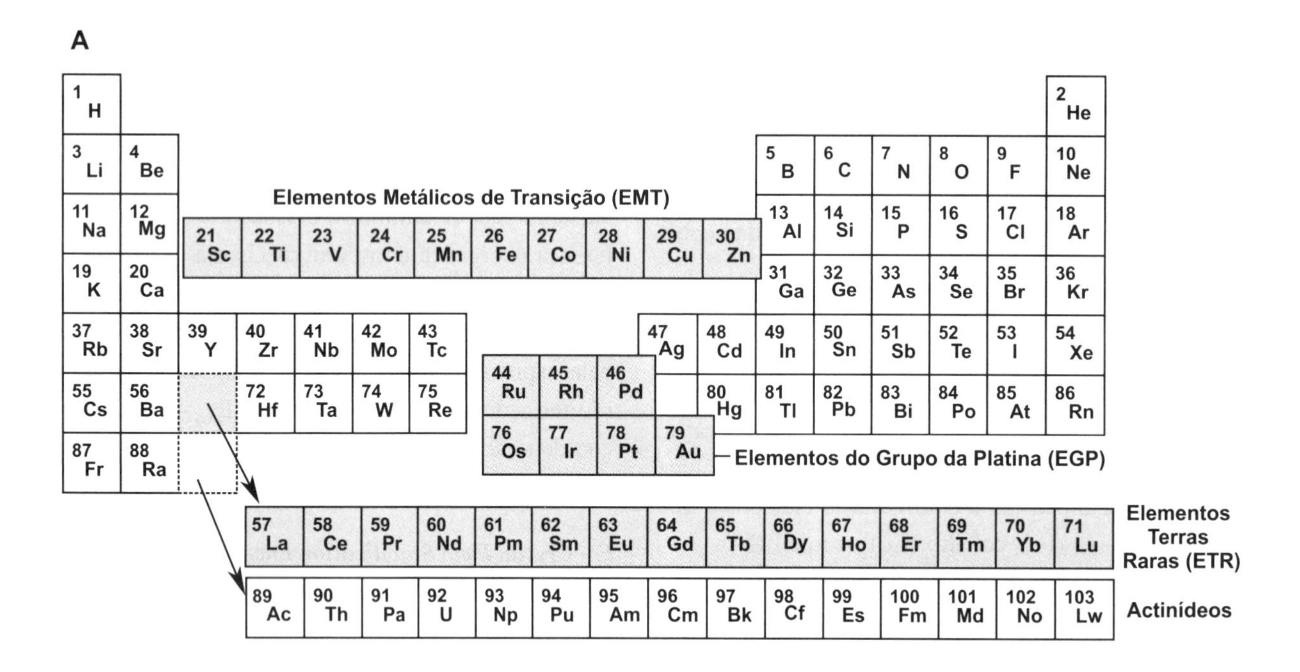

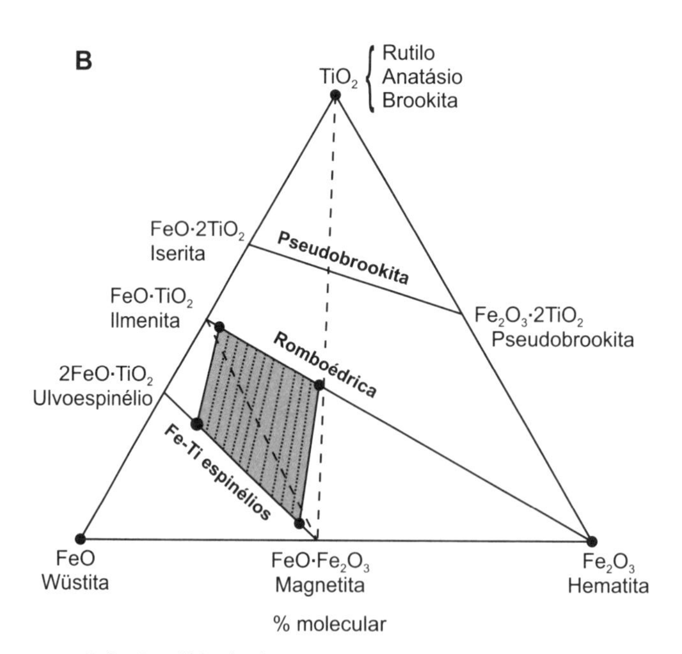

— Solução sólida de alta temperatura
- - Solução sólida de baixa temperatura
······ (Fe,Ti)-óxidos coexistentes das séries romboédrica e dos espinélios

Figura 3.9 – Elementos de transição

A – Posição dos EMT, EGP e ETR na tabela periódica (Gill, 1989)

Os elementos metálicos de transição (EMTs), os elementos do grupo da platina (EGPs) e os elementos terras raras (ETRs) são três grupos de elementos traços que têm tratamento geoquímico conjunto devido a sua posição agrupada na tabela periódica. São mostrados por molduras mais salientes. Junto com os elementos traços assinalados em cinza, são de importância fundamental na interpretação e modelagem de processos petrológicos e geoquímicos.

A 1ª Série de Transição engloba os elementos Sc, Ti, V, Cr, Mn, Fe, Co, Ni, Cu e Zn, metais dos grupos 3 a 12 (antigos subgrupos IIIA até IIB do bloco d) do 4º período da tabela periódica. Seu número atômico cresce de 21 no Sc para 30 no Zn e o número de elétrons **d** varia entre 0 (Sc^{3+}, Ti^{4+}) e 10 (Zn^{2+}). Os elementos de transição caracterizam-se por valências (ou estágios de oxidação) múltiplas. Nos elementos Cr (cinco elétrons 3d) e V (três elétrons 3d) todos os d-elétrons são capazes de participar de ligações com oxigênio, característica que permite vários graus de oxidação em ambientes geológicos naturais: Cr^0, Cr^{3+}, Cr^{6+} e V^{3+}, V^{4+}, V^{5+}. No Fe (seis elétrons 3d e um elétron 4s), Co (sete e dois), Ni (oito e dois) e Cu (dez elétrons 3d e um elétron 4s), apenas os elétrons 4s têm energia suficiente para participar de ligações com oxigênio. Essa característica se reflete em estágios de oxidação mais baixos (Fe^0, Fe^{2+}, Fe^{3+}, Co^0, Co^{2+}, Co^{3+}, Ni^0, Ni^{2+}, Ni^{3+} e Cu^0, Cu^+, Cu^{2+}).

B – O sistema TiO_2-FeO-Fe_2O_3 (Carmichael; Turner; Verhoogen, 1974; Haggerty, 1976)

O sistema TiO_2-FeO-Fe_2O_3 envolve os cátions de elementos de transição Fe^{2+}, Fe^{3+} e Ti^{4+} com mesma *Crystal Field Stabilization Energy* (CFSE), característica que facilita sua substituição acoplada, pois os três íons têm distintas valências. As substituições ocorrem (1) entre $FeO{\cdot}2TiO_2$ (iserita) e $Fe_2O_3{\cdot}TiO_2$ (pseudobrookita) na solução sólida pseudobrookita; (2) entre $FeO{\cdot}TiO_2$ (ilmenita) e Fe_2O_3 (hematita) na solução sólida romboédrica e (3) entre $2FeO{\cdot}TiO_2$ (ulvoespinélio) e $FeO{\cdot}Fe_2O_3$ (magnetita) na solução sólida dos (Fe,Ti)-espinélios, todas de alta temperatura (linhas tracejadas). A solução sólida Hematita-Ilmenita é completa acima de 950 °C. O campo sombreado delimita as variações nas composições das soluções sólidas romboédrica e dos (Fe,Ti)-espinélios que coexistem em rochas magmáticas. Pares minerais coexistentes são unidos por retas de conexão unindo composições específicas sobre as duas retas. Uma vez estabelecida a correlação entre temperatura e composição química nas duas soluções sólidas através de trabalhos experimentais com óxidos sintéticos, as composições das duas soluções de óxidos (naturais) coexistentes em dada rocha magmática podem ser utilizadas para determinar sua temperatura de cristalização (termometria geológica). Rutilo, brookita e anatásio, representam estruturas polimerizadas de octaedros de TiO_6 que compartilham, respectivamente, duas, três ou quatro arestas. Essa característica torna o rutilo a estrutura mais estável e o anatásio a mais instável. As linhas (contínuas) entre rutilo e magnetita e entre ilmenita e magnetita conectam fases coexistentes sob temperaturas mais baixas. Assim, ilmenita forma com hematita a solução sólida romboédrica em altas temperaturas, mas coexiste com magnetita em baixas temperaturas.

4. Afinidade geoquímica dos elementos

1. Uma das numerosas classificações geoquímicas dos elementos baseia-se na sua tendência de permanecer em estado nativo (elementos siderófilos) ou estabelecer ligações com enxofre (elementos calcófilos) ou oxigênio (elementos litófilos). A afinidade geoquímica com o oxigênio envolve tanto ligações simples, formando óxidos, quanto ligações múltiplas para formar íons complexos como o $(SiO_4)^{4-}$, que, quer sob forma simples, quer por polimerização, forma as estruturas dos minerais silicáticos. Exemplos de elementos siderófilos, calcófilos e litófilos são, respectivamente, (Au, Ir, Pt), (Cu, Pb, Zn, Mo) e (Li, Na, K, Sr). Um quarto grupo, o dos elementos atmófilos ou hidrófilos, reúne aqueles com afinidade geoquímica com a atmosfera (sob forma de gases) e a hidrosfera (oceanos e mares), águas superficiais (rios, lagos, represas), soluções magmáticas aquosas, fontes hidrotermais, águas subterrâneas etc. A atmosfera é composta essencialmente por N_2, O_2 e CO_2. A classificação dos elementos em siderófilos, calcófilos e litófilos baseia-se na sua frequência relativa em meteoritos metálicos, sulfetados e silicatados (Figura 4.1.A). A classificação dos elementos em litófilos, calcófilos e siderófilos resulta também da sua distribuição relativa entre líquidos coexistente com distintas características geoquímicas. É o caso dos líquidos de metais nativos, sulfetos (mate) e escória silicática que coexistem durante processos de fundição de diferentes minérios.

2. O caráter geoquímico dos elementos é em boa parte governado pela configuração eletrônica dos seus átomos e, portanto, fortemente relacionado com sua posição sistemática na tabela periódica. Elementos litófilos são os que formam facilmente íons com órbita externa com oito elétrons. Os elementos calcófilos são os dos subgrupos B cujos íons têm dezoito elétrons na órbita externa. Elementos siderófilos são os do Grupo VIII e alguns elementos vizinhos cuja órbita externa apresentam em sua maior parte preenchimento eletrônico incompleto. Consequentemente, os elementos dos quatro grupos de afinidade geoquímica ocupam posições distintas e agrupadas na tabela periódica (Figura 4.1.B). Os elementos calcófilos e siderófilos se concentram na porção central, os elementos atmófilos na extremidade direita e os elementos litófilos na porção mais à esquerda da tabela periódica.

3. Nas rochas magmáticas ocorrem minerais contendo elementos siderófilos, calcófilos e litófilos. Os elementos litófilos que englobam elementos maiores, menores e traços ocorrem em minerais com ânions complexos de oxigênio e óxidos. Os principais representantes minerais com complexos de oxigênio são os silicatos. Resultam de uma maior ou menor polimerização do ânion complexo SiO_4^{4-}. São representados principalmente por olivinas, piroxênios, anfibólios, micas, feldspatos, feldspatoides, os polimorfos de SiO_2 e zeólitas. Os principais cátions saturantes do ânion complexo SiO_4^{4-} que ocorrem nos minerais silicáticos ou polimerizados são Fe, Mg, Ca, K e Na. O Al frequentemente substitui o Si no ânion complexo SiO_4^{4-} originando o ânion AlO_4^{5-}. No plagioclásio anortita ($CaAl_2Si_2O_8$), meta-

de dos íons complexos de Si são substituídos por ânions complexos de Al; no K-feldspato ($KAlSi_3O_8$), o Al substitui o Si em 25% dos íons complexos. Outros minerais que contêm íons complexos com oxigênio são carbonatos (por exemplo, calcita), fosfatos (por exemplo, apatita), wolframatos (por exemplo, scheelita) etc.

Óxidos simples comuns são magnetita, cromita, hematita e ilmenita. Geralmente são minerais acessórios nas rochas magmáticas. Entretanto, alguns vulcões de magma cálcio-alcalino podem expelir lavas ou autólitos nos quais a magnetita é mineral dominante. Essas lavas representam o extravasamento de níveis magmáticos enriquecidos em magnetita fracionada (decantada) que ocorre com fenocristais e microfenocristais em 56% a 90% de todas amostras de andesitos orogênicos. O mesmo processo (decantação mineral) gera leitos e camadas mais ou menos "possantes" de magnetita e cromita em espessas intrusões subvulcânicas (principalmente diques e lopólitos) de magmas basálticos toleíticos fortemente fracionados. Caso clássico é o complexo máfico-ultramáfico de Bushveld, África do Sul.

São também minerais acessórios de elementos calcófilos cujos representantes típicos nas rochas magmáticas são pirita (FeS_2), molibdenita (MoS_2), galena (PbS), esfalerita (ZnS), calcosita (Cu_2S), covelina (CuS), estibinita (Sb_2S_3) etc. Em certos minérios, os sulfetos são os minerais mais frequentes e a troilita (FeS) ocorre em vários tipos de meteoritos.

Muitos elementos siderófilos (Au, Ir, Pt etc.) são elementos traços com frequência de partes por milhão (ppm) ou partes por bilhão (ppb) nas rochas magmáticas, mas podem ocorrer excepcionalmente em concentrações maiores, caso de pepitas de ouro. Pequenas quantidades de ferro e cobre nativo ocorrem em basaltos (resultantes da cristalização de derrames) e diabásios (resultantes da cristalização de magmas subvulcânicos ou hipoabissais) cristalizados em ambiente redutor sinalizado por folhelhos escuros associados aos corpos magmáticos. Ferro nativo também é constituinte essencial dos Fe-meteoritos (sideritos) sob forma de ligas de ferro com algum Ni e Co constituindo os minerais kamacita (α-Fe,Ni) e taenita (γ-Fe,Ni). Ligas de Fe com algum Ni e Co constituem o núcleo terrestre. Ag nativa é típica de algumas jazidas de prata.

4. A quantificação da afinidade geoquímica específica dos elementos siderófilos, calcófilos e litófilos é determinada em diagramas "fugacidade de enxofre × fugacidade de oxigênio" sob distintas temperaturas. Elementos litófilos são os que formam óxidos sob baixas fO_2; elementos calcófilos formam sulfetos sob baixas fS_2 (Figura 4.2.A). Os gráficos mostram que a intensidade da afinidade geoquímica dos diversos elementos siderófilos ou calcófilos varia, podendo ser maior ou menor. Elementos dos diferentes grupos geoquímicos normalmente são ordenados segundo a decrescente intensidade de sua afinidade geoquímica específica (Figura 4.2.B). O ouro, elemento fortemente siderófilo, é, consequentemente, o metal com menor tendência calcófila e litófila. Já o Ga é, simultaneamente, mais siderófilo e calcófilo que Ge, Pb, Sn, Ni, Fe e Cu. A intensidade da afinidade geoquímica (forte, fraca) permite separar os elementos com forte afinidade característica do seu grupo geoquímico na tabela periódica (figuras 4.3.A e B).

5. Outra maneira de quantificar o caráter geoquímico de um elemento é o valor do calor de formação do seu óxido em relação ao do FeO. Óxidos com calor de formação maior que o do FeO são litófilos e quanto maior a diferença numérica entre os dois valores, maior a afinidade litófila do elemento. Óxidos com calor de formação menor que o do FeO são óxidos de elementos calcófilos ou siderófilos.

6. Além das características atômicas, também a temperatura, pressão e composição do sistema influem no caráter geoquímico dos elementos químicos. Decorre que, em condições ambientais distintas, certos elementos podem pertencer a mais de um grupo geoquímico. É o caso do oxigênio, que ao mesmo tempo é atmófilo (o gás O_2) e litófilo (integra os íons complexos SiO_4^{4-} dos silicatos). Ferro ocorre sob forma nativa em meteoritos e como produto da fundição de minério de ferro, como sulfetos (pirita, marcassita), óxidos (magnetita, hematita) ou em silicatos (a Fe-olivina faialita e o Fe-piroxênio ferrossilita) (Figura 4.3.C). Também Ge, Pb, Sn, Ni e Cu, elementos de cátions mono- e bivalentes com coordenação octaédrica têm comportamento litófilo ou calcófilo e formam silicatos, óxidos ou sulfetos na dependência da fugacidade de oxigênio (fO_2) e enxofre (fS_2) do magma. Cr é um elemento fortemente litófilo (cristalizando como cromita) na crosta terrestre, mas, na ausência de oxigênio (como em meteoritos), se torna um elemento fortemente calcófilo, cristalizando como o sulfoespiné-

lio daubreelita, $FeCr_2S_4$. Sob condições fortemente redutoras, carbono e fósforo, normalmente litófilos, têm comportamento siderófilo.

7. Também elementos siderófilos podem ter simultaneamente afinidade calcófila mais ou menos desenvolvida. Como tal, são concentrados em alguns sulfetos. No famoso lopólito fracionado (diferenciado) de Bushveld, África do Sul, os elementos platinoides (Ru, Rh, Pd, Os, Ir, Pt) ocorrem como elementos nativos, sulfetos e arsenetos associados com/ou dispersos em segregações de sulfetos do famoso *Merensky reef*, uma camada particular de piroxenitos da intrusão. Os sulfetos desse estrato possivelmente correspondem ao de um magma rico em enxofre (magma sulfetado) que se separou por imiscibilidade do magma basáltico original, à semelhança da separação entre água e óleo a partir de uma emulsão hidro-oleosa. Entre os elementos siderófilos, o Au tem a menor afinidade com enxofre, mas pode formar concentrações locais disseminadas em pirita. Assim, a cristalização de sulfetos é processo importante de concentração dos elementos siderófilos nas rochas magmáticas e sua raridade nestas resulta da grande concentração de Fe, Ni e Co no núcleo terrestre.

8. A sistemática ocorrência de dado elemento em certos minerais nem sempre é indicador do caráter geoquímico do elemento, principalmente tratando-se de elemento traço. Embora os minerais de tálio (Tl) sejam sulfetos, fato que indica tratar-se de elemento calcófilo, a maior parte do Tl na crosta terrestre ocorre em silicatos onde substitui o K.

9. Magmas podem apresentar condições ambientais distintas em termos da fugacidade de oxigênio (fO_2). Variações na fO_2 se refletem, entre outras características, nos minerais de ferro presentes nas rochas magmáticas: Fe^0 (ferro nativo), os óxidos FeO (wüstita), $FeFe_2O_4$ (magnetita) e Fe_2O_3 (hematita) e os silicatos portadores de ferro, principalmente olivinas $[(Mg,Fe^{2+})_2SiO_4]$ e piroxênios $[(Mg,Fe^{2+})_2Si_2O_6$, $(Ca,Mg,Fe^{2+})_2Si_2O_6$ e $NaFe^{3+}Si_2O_6]$ (Figura 4.4). A cristalização magmática de ferro nativo e hematita é muito rara pois reflete fO_2 anormalmente baixas e altas em magmas assim como a wüstita, pois o Fe^{2+} entra preferencialmente junto com o Mg na composição dos silicatos com estruturas simples (olivinas e piroxênios), os primeiros minerais que se formam no início da cristalização de magmas basálticos. Como tais, indicam baixa fO_2. Só excepcionalmente um silicato contém apenas ou dominantemente Fe^{3+}, caso do piroxênio sódico egirina ($NaFeSi_2O_6$), mineral máfico tardio típico de rochas alcalinas que geralmente cristalizam sob fO_2 de médias a elevadas. A fO_2 de magmas é menor que a de lavas que cristalizam em contato com o ar (Figura 4.5).

Durante o intervalo de cristalização, a fO_2 do magma pode permanecer aproximadamente constante (sistema magmático tamponado inicialmente com média fO_2 inicial), caso de magmas cálcio-alcalinos, ou aumentar lentamente (sistema magmático fechado com baixa fO_2 inicial), caso de magmas toleíticos. A maior parte da fO_2 (cuja equivalente nos gases reais é a pressão parcial de oxigênio) resulta da dissociação da água dissolvida no magma. Como magmas ácidos (magmas graníticos, ricos em sílica) contêm mais água dissolvida que magmas básicos (magmas basálticos, pobres em sílica), a fO_2 dos magmas básicos é menor do que a de magmas ácidos, o que aumenta a sua riqueza potencial em sulfetos.

10. Muitos magmas cristalizam sob fO_2 suficientemente baixa e fS_2 suficientemente alta para a formação de sulfetos. Sulfetos são minerais portadores de elementos fortemente calcófilos que normalmente não são incorporados na estrutura dos silicatos. Caso típico é o Cu, que forma os sulfetos covelina (CuS), calcosita (Cu_2S), calcopirita ($CuFeS_2$), bornita (Cu_5FeS_4) e digenita (Cu_9S_5). Já o ferro, menos calcófilo que o cobre, ocorre tanto em sulfetos (pirita) quanto em silicatos (olivinas, piroxênios, anfibólios, micas) e óxidos (principalmente magnetita). Em silicatos e óxidos tem afinidade litófila. Geralmente o conteúdo de sulfetos é menor nas rochas ácidas (granitos, granodioritos) que nas rochas básicas (gabros, diabásios, basaltos) e ultrabásicas/ultramáficas (dunitos, peridotitos, piroxenitos). Corpos magmáticos básicos fortemente fracionados hospedam algumas importantes jazidas de sulfeto, caso da pentlandita $[(Fe,Ni)_9S_8]$ no lopólito de Sudbury, Ontário, Canadá, onde ocorre associada com pirrotita ($Fe_{(1-x)}S$, com x = 0-0,17), uma variedade magnética de pirita.

11. Os elementos metálicos hidrófilos formam um grupo de elementos químicos de grande importância econômica. Elementos hidrófilos concentram-se na fase aquosa dissolvida em magmas hidratados água-insaturados ou água-saturados e

na fase fluida gasosa independente que coexiste em equilíbrio com magmas água-saturados em sistemas magmáticos água-supersaturados. O desenvolvimento do par magma água-saturado + fase fluida é comum durante a cristalização final ou residual de magmas graníticos, bastante ricos (alguns % peso) em água. É o estágio magmático água-supersaturado ou pegmatítico.

Quando a atividade química da água (aH_2O) atinge uma unidade (valor termodinâmico da água-saturação) inicia-se a cristalização de silicatos hidratados, caso de anfibólios e micas na fase principal e tardia, e de zeólitas na fase residual da cristalização magmática. Como na natureza os sistemas magmáticos são reais e não ideais, a cristalização dos minerais hidratados já se inicia para aH_2O entre 0,65 e 0,7.

A quantidade de água que forma a fase fluida independente numa câmara magmática no estágio da cristalização final ou residual é a diferença entre a quantidade de água total presente no sistema magmático e a quantidade necessária para saturar o decrescente volume de magma residual água-saturado. A redução progressiva da fração magmática líquida água-saturada por cristalização implica um aumento contínuo da fase fluida coexistente. Parte da fase fluida permeia a quente a rocha totalmente ou quase totalmente cristalizada como filme fluido intergranular, enquanto a maior parte concentra-se em fraturas e falhas, nos contatos da intrusão e na cúpula (zona apical) do corpo rochoso e outros locais de menor pressão. Também em magmas água-insaturados a pequena quantidade de água dissolvida no magma e liberada após sua cristalização total constitui uma fase volátil supercrítica que permeia a rocha quente coexistente. A diferença é que nessas condições geralmente não ocorre a cristalização de minerais hidratados no estágio magmático e o volume de fase fluida é bem menor que num sistema água-supersaturado.

Durante sua formação, a fase fluida apresenta-se em estado supercrítico monofásico (fluido pneumatolítico). Por resfriamento e/ou queda na pressão, o fluido pneumatolítico passa de supercrítico para subcrítico originando soluções hidrotermais, quer monofásicas (vapor ou água), quer bifásicas (vapor + água). Quimicamente, tanto a fase fluida quanto as soluções hidrotermais são soluções aquosas salinas mais ou menos concentradas contendo variáveis teores de íons simples ou complexos metálicos e não metálicos, caso de O^{2-}, OH^-, F^-, Cl^-, CO_3^{2-}, B^-, S^{2-}, SO_4^{2-}, PO_4^{3-}, Au^+, Be^{2+}, Ce^{3+}, Cs^+, Rb^+, Li^+, Na^+, K^+, Mo^{3+}, Nb^{3+}, Sn^{4+}, W^{4+} etc. Trata-se, portanto, de um sistema H_2O-NaCl modificado, muito complexo. A natureza salina da fase fluida manifesta-se por frequentes cristais de NaCl presentes em inclusões fluidas polifásicas incorporadas pelos minerais durante seu crescimento. A qualquer instante da formação da fase fluida ocorre uma repartição dos elementos presentes no líquido magmático água-saturado baseada na sua preferência (expressa pelo coeficiente de distribuição D) de concentrar-se nos minerais ($DXn^{magma/fase\ cristalina}$) ou na fase fluida ($DXn^{magma/fase\ fluida}$), em que Xn é dado elemento químico do sistema magmático água-supersaturado.

A fase fluida é extremamente reativa em relação ao sistema rochoso coexistente que cristalizou na ausência da fase fluida e, portanto, está em desequilíbrio físico-químico com a mesma. O desequilíbrio se reflete em numerosas reações entre a rocha quente em progressivo resfriamento com a fase fluida que passa gradualmente de crítica para subcrítica. As reações de transformações de minerais magmáticos por meio de fluidos pneumatolíticos e hidrotermais são denominadas de reações metassomáticas, e são geneticamente distintas das modificações minerais resultantes do intemperismo químico.

A concentração dos elementos metálicos hidrófilos (EMH) na fase fluida resulta de duas características geoquímicas típicas desse grupo de elementos:

- muitos elementos metálicos hidrófilos apresentam grande afinidade geoquímica com a água. O Li e outros elementos alcalinos apresentam forte tendência para uma coordenação com moléculas de H_2O;
- os elementos metálicos hidrófilos têm a capacidade de se unirem com os ânions não metálicos da fase fluida, caso de O^{2-}, F^-, Cl^-, B^-, S^{2-}, SO_4^{2-}, CO_3^{2-}, PO_4^{3-} etc., para a formação de ânions metálicos simples e complexos solúveis. É o caso, por exemplo, dos íons complexos SnO_4^{4-}, MoO_3^{2-}, WOF^{5-}, $WO_2F_4^{2-}$, $AuCl_2^{2-}$ e $SnCl_6^{2-}$, entre muitos outros.

Os ânions simples e complexos normalmente presentes na fase fluida bem como os ânions simples e complexos contendo metais hidrófilos solúveis na fase fluida associada com magmas graníticos são muito variados (Tabela 4.1). Para alguns cátions metálicos pairam dúvidas sobre a fórmula exata dos seus ânions complexos solúveis. É o caso de alguns ânions metálicos complexos de carbonatos, fosfatos, boratos etc. Tratando-se de ânions solúveis, eles são transportados pela fase fluida por distâncias até quilométricas durante sua ascensão de níveis crustais mais profundos e mais quentes para níveis mais rasos e frios. Assim, a fase fluida tem participação importante na formação de pegmatitos exóticos, nos processos de alteração pneumatolítica/hidrotermal de rochas e na gênese de jazidas pneumatolíticas/hidrotermais. Na ausência de água, os elementos hidrófilos mudam de afinidade geoquímica. O lítio passa a ter comportamento litófilo, o molibdênio apresenta comportamento calcófilo e outro comportamento siderófilo.

12. A classificação geoquímica apresentada pode ser combinada com outras classificações dos elementos em termos de tipos de ligações, potencial iônico, potencial de polarização, hidrólise, graus de oxidação (que varia muito nos elementos metálicos de transição) etc. para a geração de novas subdivisões geoquímicas dos elementos com finalidades específicas. É o caso dos elementos granitófilos concentrados em depósitos minerais associados com granitos que são agrupados em:

- elementos com cátions muito pequenos, caso do Be e B. São elementos que não conseguem substituir os cátions saturantes das estruturas silicáticas normais e precisam, consequentemente, formar minerais específicos como a turmalina e o berilo, comuns em pegmatitos, rochas que resultam da cristalização de magmas água-saturados de baixa viscosidade;
- elementos de ânions simples e complexos de oxigênio, caso do C, P, S, H, F e Cl, como é o caso de hidróxidos, carbonatos, fosfatos e sulfatos;
- elementos de cátions mono e bivalentes com coordenação octaédrica, caso do Li, Fe, Cu e Zn. Têm comportamento ambivalente litófilo/calcófilo e formam, com exceção do Li, silicatos, óxidos ou sulfetos na dependência da fO_2 e fS_2 do magma.
- elementos alcalinos ou com tendência alcalina, caso do Na, K, Rb, Cs, elementos alcalinos na tabela periódica, e do Ag, Hg e Pb;
- elementos com grandes cátions e elevada carga, caso do Y, ETR, Zr, Hf, Nb, Ta, Mo, W, Mn, As, Sn, Sb, Bi, Th e U;
- elementos metálicos nobres, caso do Au (Figura 4.6.A).

13. Os elementos granitófilos podem ser representados num gráfico log Potencial Iônico (ou carga/raio iônico) × Raio Iônico. Nessa representação, os cátions dos elementos são inicialmente separados em seis grupos que reúnem os cátions com carga 6^+ (Mo, W), 5^+ (P, As, Sb, Nb, Ta), 4^+ (Si, Ge, Ti, Mo, W, Sn, Hf, Zr, Ce, U, Th), 3^+ (B, Al, As, Co, Fe, V, Sb, Sc, Lu, Y, Sm, Pr, Ce, La, Bi), 2^+ (Be, Mg, Cu, Zn, Mn, Ag, Cd, Ca, Hg, Sr, Pb, Eu) e 1^+ (Li, Cu, Na, Ag, K, Au, Rb, Tl, Cs). Cada grupo é então ordenado no gráfico log Potencial Iônico (ou carga/raio iônico) × Raio Iônico segundo crescentes raios iônicos e o log do potencial iônico dos integrantes de cada grupo. Resultam seis curvas convexas positivas subparalelas cuja sucessão (da curva 6^+ à curva 1^+) corresponde a uma progressiva queda no potencial iônico e define uma transição de compostos com ligação mais iônica (curva 6^+) para compostos com ligação mais covalente (curva 1^+) e de elementos mais litófilos (curva 6^+) para elementos mais calcófilos (curva 1^+) (Figura 4.6.B). Os elementos da curva 6^+ são concentrados em mineralizações magmáticas de formação precoce sob altas temperaturas e representados principalmente por óxidos (cassiterita, magnetita etc.) presentes em pegmatitos situados dominantemente no corpo granítico, enquanto os elementos da curva 1^+ são concentrados em mineralizações hidrotermais de formação tardia sob temperaturas mais baixas e representados principalmente por sulfetos (argentita, pirita, cinábrio etc.) presentes em veios nas rochas encaixantes da intrusão granítica. As curvas intermediárias representam depósitos magmático-pneumatolíticos, pneumatolíticos e pneumatolítico-hidrotermais, nos quais os metais são transportados em fluidos com crescentes temperaturas sucessivamente sob forma de íons complexos solúveis de fluoretos, hidróxidos, carbonatos ou cloretos.

A

Classificação geoquímica dos elementos baseada em sua distribuição em meteoritos (excluídos os atmófilos)

Siderófilos			Calcófilos			Litófilos					Atmófilos				
Fe*	Ni*	Co*	(Cu)	Ag		Li	Na	K	Rb	Cs	(H)	N	(O)		
Ru	Pd	Rh	Zn	Cd	Hg	Be	Mg	Ca	Sr	Ba	He	Ne	Ar	Kr	Xe
Os	Pt	Ir	Ga	In	Tl	B	Al	Sc	Y	La-Lu					
Au	Mo	Re^{+}	(Ge)	(Sn)	Pb	Si	Ti	Zr	Hf	Th					
Ge*	W^{+}	Sn*	(As)	(Sb)	Bi	P	V		Nb	Ta					
C^{o}	Ga*	Cu*	S	Se	Te	O	Cr	U							
Ge*	Sb^{+}	As^{+}	(Fe)	Mo	(Os)	H	F	Cl	Br	I					
			(Ru)	(Rh)	(Pd)	(Fe)	Mn	(Zn)	(Ga)						

* Calcófilo e litófilo na crosta terrestre

+ Calcófilo na crosta terrestre

^{o} Litófilo na crosta terrestre

B

Sistema periódico com a Classificação Geoquímica dos Elementos

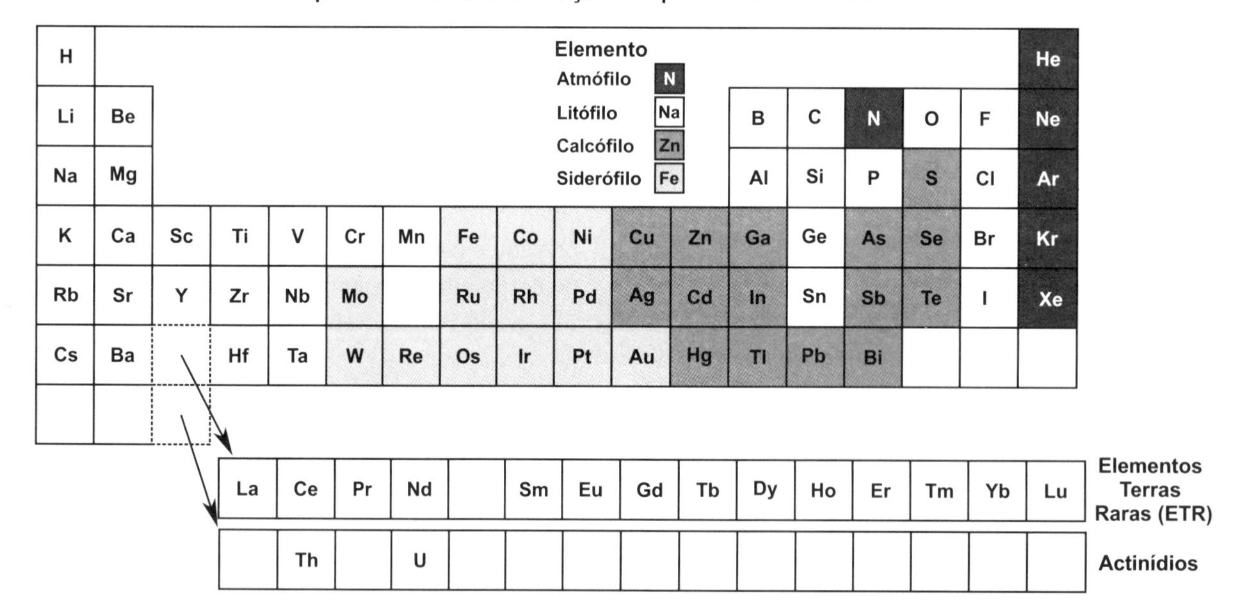

Figura 4.1 – Características geoquímicas

A – Os principais elementos siderófilos, calcófilos, litófilos e atmófilos (Mason, 1966)

A lista apresentada baseia-se em estudos geoquímicos de meteoritos metálicos, sulfetados e silicatados. Fe, Co, Ni, Ge, Sn, Cu e Ga elementos siderófilos em meteoritos, têm comportamento calcófilo e/ou litófilo na crosta terrestre. Nas mesmas condições, o Re, Mo, W, As e Sb apresentam afinidade calcófila e o C características litófilas. Os elementos entre parênteses apresentam comportamento geoquímico múltiplo. Em meteoritos, o cobre é elemento fortemente siderófilo, subordinadamente calcófilo, mas não desenvolve afinidade litófila. Assim, é concentrado em meteoritos metálicos, tem frequência subordinada em meteoritos sulfetados e praticamente falta em meteoritos silicatados. Também o ferro é elemento fortemente siderófilo, mas igualmente apresenta tendência subordinada calcófila e litófila. Assim, é concentrado principalmente em meteoritos metálicos e tem frequência subordinada em meteoritos sulfetados e silicatados. Conclui-se que a característica geoquímica de um elemento pode variar nos diferentes ambientes terrestres e espaciais (representados pelos meteoritos). A passagem da afinidade geoquímica de um elemento de calcófila (ocorrência como sulfeto) para litófila (ocorrência como óxido ou silicato) depende da fo_2 e da fs_2 do ambiente geológico e dos valores limites da mudança que varia de elemento para elemento. Sob baixas fo_2, o Fe ocorre como ferro metálico (nativo); sob médias e elevadas fo_2, como óxido (wüstita, magnetita, hematita) e, sob elevadas fs_2, como sulfeto (pirita).

B – Grupos de afinidade geoquímica dos elementos na tabela periódica (Hall, 1996)

De acordo com sua afinidade geoquímica, os elementos são divididos em quatro grupos: elementos siderófilos, calcófilos, litófilos, atmófilos e hidrófilos (ou atmófilos). O primeiro grupo ocorre em estado nativo, o segundo em sulfetos, o terceiro cristaliza em óxidos e silicatos. Elementos atmófilos concentram-se na atmosfera, na hidrosfera no seu sentido amplo, na fase fluida monofásica pneumatolítica (supercrítica), e na fase mono ou bifásica hidrotermal (vapor de água e/ou água subcrítica) de magmas água-supersaturados (o estado caracterizado pela coexistência entre um magma água-saturado e uma fase volátil independente). O caráter siderófilo, calcófilo, litófilo ou hidrófilo dos elementos é determinado pelo estudo mineralógico de rochas, meteoritos, alterações rochosas e minérios pneumatolíticos e hidrotermais, pegmatitos e os produtos de processos metalúrgicos (mates metálicos e escórias). O comportamento geoquímico de um elemento pode variar com a fugacidade de oxigênio e/ou enxofre do meio ambiente de cristalização. Assim, elementos com comportamento siderófilo em meteoritos podem apresentar afinidade calcófila ou litófila em rochas magmáticas. É característica a instabilidade do ferro metálico (gênese com afinidade siderófila numa siderurgia) em condições atmosféricas, como mostra a ferrugenização natural (afinidade litófila) de portões e outros artefatos de ferro.

Os elementos siderófilos e calcófilos concentram-se na porção central, os litófilos na porção esquerda e os atmófilos na porção direita da tabela periódica. A distribuição mostra clara relação entre a estrutura atômica e a afinidade geoquímica dos elementos.

A

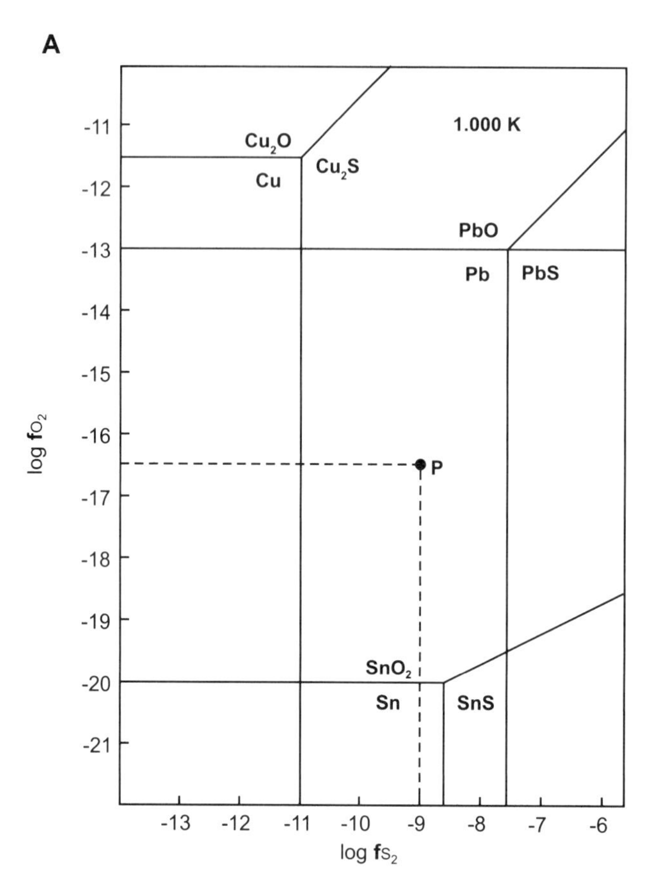

Não são mostrados os campos de estabilidade do $CuSO_4$ e do $PbSO_4$

B

Intensidade da afinidade calcófila e litófila dos principais elementos maiores e traços (sob 1.000 °C)

Afinidade calcófila (S)	Afinidade litófila (O)
Au (menor)	Au (menor)
Ge	Cu
Pb	Pb
Sn	Ni
Ni	Sn
Fe	Ge
Cu	Fe
Ga (maior)	Ga (maior)

Figura 4.2 – Fugacidade de oxigênio e enxofre

A – Diagrama $fs_2 \times fo_2$ sob 1.000 K (Holland, 1959)

Um elemento siderófilo pode apresentar características litófilas ou calcófilas dependendo da fugacidade de oxigênio (fo_2) e do enxofre (fs_2) no ambiente (sistema) de cristalização. Por isso, um elemento é considerado litófilo quando cristaliza sob forma de óxido (ou silicato) sob baixa fo_2; o mesmo vale para definir os elementos calcófilos (cristalização sob forma de sulfetos) em relação à fs_2. Elementos siderófilos são aqueles que cristalizam sob forma nativa mesmo sob elevadas fo_2 e fs_2. A afinidade geoquímica de um elemento também varia com a temperatura. Decorre que diagramas $fs_2 \times fo_2$ sob diferentes temperaturas definem quantitativamente a afinidade siderófila, calcófila e litófila de um elemento.

São mostrados os campos de estabilidade dos metais nativos, sulfetos e óxidos de Sn, Pb e Cu no diagrama $fs_2 \times fo_2$ sob 1.000 K. Quanto maior o logaritmo negativo de fs_2 e fo_2, menor a fugacidade do gás. Na temperatura considerada, o Sn tem maior afinidade litófila que o Pb e o Cu ($fo_2\ SnO_2 < fo_2\ PbO < fo_2\ Cu_2O$) e o Cu tem maior afinidade calcófila que o Sn e o Pb ($fs_2\ Cu_2S < fs_2\ SnS < fs_2\ PbS$). Decorre que, para desenvolver afinidade siderófila (formar sulfetos), o Cu requer um ambiente menos redutor que o Sn e o Pb e, para desenvolver sua afinidade litófila (formar óxidos), o Sn requer condições menos oxidantes que o Pb e o Cu. Sob fo_2 de $10^{-6,5}$ atm e fs_2 de 10^{-9} atm (ponto P), o Cu ocorre como Cu_2S, o Sn como SnO_2 e o Pb sob forma metálica. As fugacidades críticas de conversão de um elemento nativo em óxido ou sulfeto também podem ser calculadas termodinamicamente a partir das energias livres de formação do óxido e do sulfeto do elemento considerado.

B – Afinidade calcófila e litófila de alguns elementos traços sob 1.000 °C (Arculus; Delano, 1981a, 1981b)

A lista mostra a afinidade geoquímica dos elementos traços Au, Ge, Pb, Sn, Ni, Fe, Cu e Ga sob 1.000 °C. Au tem as menores afinidades calcófilas e litófilas entre os elementos listados de acordo com sua afinidade geoquímica essencialmente siderófila. Ga tem a maior afinidade calcófila e litófila que revela seu caráter transicional calcófilo/litófilo. Também o ferro forma com facilidade ora sulfetos (pirita), ora óxidos (magnetita). Decorre que flutuações na fs_2 e na fo_2 durante a evolução magmática propiciam a cristalização ora de expressivos leitos de sulfetos, ora de óxidos no interior da massa de minerais silicáticos. Em magmas cálcio-alcalinos e alcalinos, a fo_2 inicial relativamente elevada propicia cristalização precoce da magnetita, a baixa fo_2 de magmas toleíticos, a sua cristalização é mais tardia. Existe, portanto, em magmas toleíticos um maior período evolutivo pré-magnetita, no qual pode ocorrer a cristalização de sulfetos. É o caso da jazida de sulfeto de Ni [principalmente pentlandita, $(Fe,Ni)_9S_8$)] na base do lopólito de Sudbury, Canadá, e do horizonte de sulfetos Merensky com a maior mineralização de platina do mundo no complexo de Bushveld, África do Sul. O chamado *Merensky reef* situa-se acima da camada principal de cromita e abaixo da camada principal de magnetita na chamada Zona Crítica do complexo máfico-ultramáfico. As três camadas indicam flutuação não regular da relação fs_2/fo_2 durante a complexa evolução do corpo toleítico com mais de 500.000 km^3 que inclui sucessivas injeções de magma basáltico em quatro lopólitos adjacentes ora isolados, ora coalescentes.

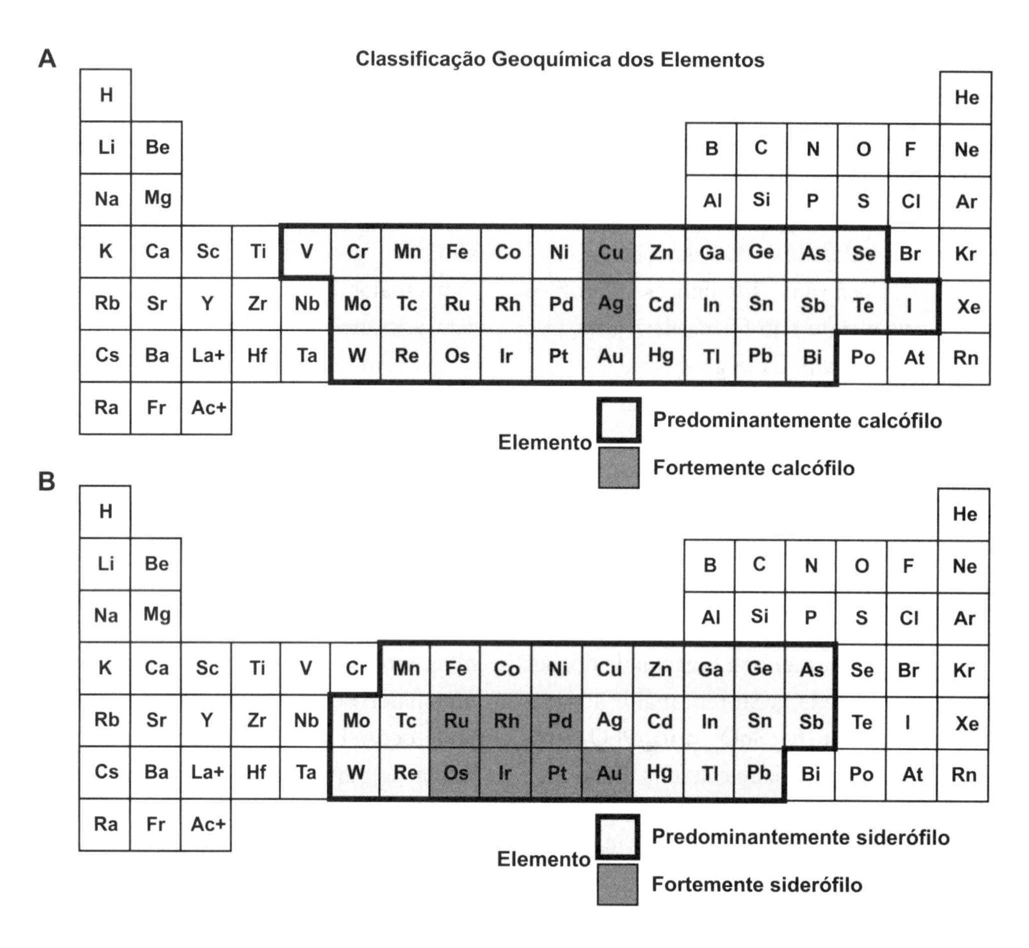
A
Classificação Geoquímica dos Elementos
H He
Li Be B C N O F Ne
Na Mg Al Si P S Cl Ar
K Ca Sc Ti V Cr Mn Fe Co Ni Cu Zn Ga Ge As Se Br Kr
Rb Sr Y Zr Nb Mo Tc Ru Rh Pd Ag Cd In Sn Sb Te I Xe
Cs Ba La+ Hf Ta W Re Os Ir Pt Au Hg Tl Pb Bi Po At Rn
Ra Fr Ac+
Elemento
Predominantemente calcófilo
Fortemente calcófilo
B
H He
Li Be B C N O F Ne
Na Mg Al Si P S Cl Ar
K Ca Sc Ti V Cr Mn Fe Co Ni Cu Zn Ga Ge As Se Br Kr
Rb Sr Y Zr Nb Mo Tc Ru Rh Pd Ag Cd In Sn Sb Te I Xe
Cs Ba La+ Hf Ta W Re Os Ir Pt Au Hg Tl Pb Bi Po At Rn
Ra Fr Ac+
Elemento
Predominantemente siderófilo
Fortemente siderófilo

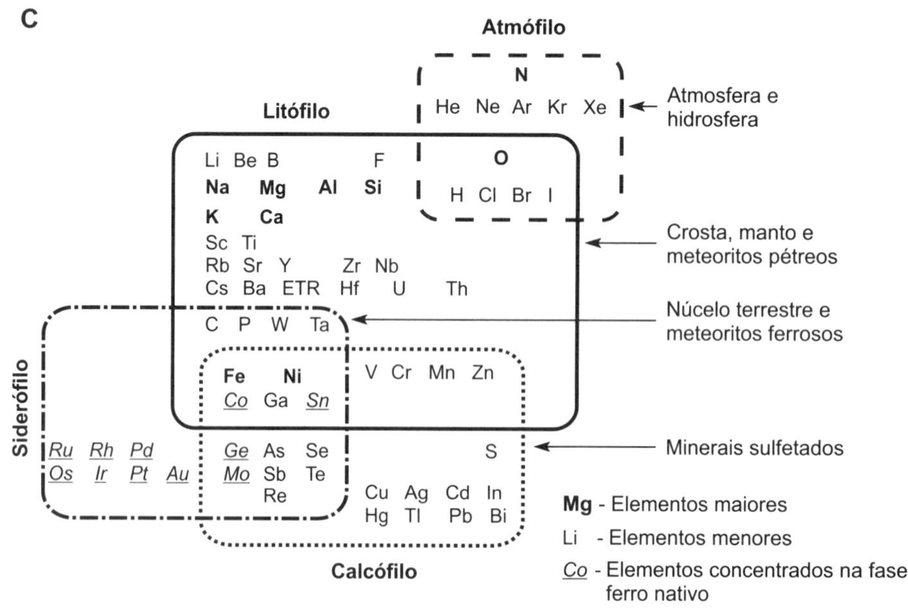
C
Atmófilo
N
He Ne Ar Kr Xe
Atmosfera e hidrosfera
Litófilo
Li Be B F
Na Mg Al Si
K Ca
Sc Ti
Rb Sr Y Zr Nb
Cs Ba ETR Hf U Th
O
H Cl Br I
Crosta, manto e meteoritos pétreos
C P W Ta
Núcelo terrestre e meteoritos ferrosos
Fe Ni
Co Ga Sn
V Cr Mn Zn
Siderófilo
Ru Rh Pd
Os Ir Pt Au
Ge As Se
Mo Sb Te
Re
S
Minerais sulfetados
Cu Ag Cd In
Hg Tl Pb Bi
Calcófilo
Mg - Elementos maiores
Li - Elementos menores
Co - Elementos concentrados na fase ferro nativo

Figura 4.3 – Variação na afinidade geoquímica

A, B – Elementos calcófilos e siderófilos na tabela periódica (Hall, 1996)

A figura mostra a posição dos elementos calcófilos (**A**) e siderófilos (**B**) na tabela periódica e destaca nos dois grupos os elementos nos quais essa característica geoquímica é bem desenvolvida (quadrados cinza). É o caso do Cu e Ag entre os elementos calcófilos e Ru, Rh, Pd, Os, Ir, Pt e Au entre os elementos siderófilos. A moldura saliente delimita os elementos com fraca tendência calcófila (**A**) ou siderófila (**B**).

Os diferentes elementos siderófilos podem apresentar maior ou menor afinidade com o enxofre (afinidade calcófila). A afinidade siderófila ou calcófila varia de um elemento para outro e pode ser mais ou menos intensa. Decorre que os elementos platinoides (Ru, Rh, Pd, Os, Ir, Pt) ocorrem tanto como elementos nativos, sulfetos e arsenetos (como no *Merensky reef* do complexo máfico-ultramáfico de Bushveld, África do Sul) e que os elementos siderófilos são concentrados nos sulfetos minerais (galena, esfalerita, pirita, calcosita, covellita, molibdenita, pentlandita etc.) das rochas magmáticas. É comum o ouro formar gotículas minúsculas na pirita e na pirrotita.

C – Afinidade geoquímica dos elementos na Terra, em meteoritos e em minerais (Gill, 1989)

Os grupos de elementos atmófilos (ou hidrófilos), litófilos, calcófilos e siderófilos estão agrupados de acordo com quatro ambientes geoquímicos típicos: (1) atmosfera e hidrosfera (elementos atmófilos); (2) crosta, manto e meteoritos líticos ou pétreos (elementos litófilos); (3) núcleo terrestre e meteoritos metálicos (elementos siderófilos); e (4) sulfetos minerais (elementos calcófilos).

As áreas de recobrimento identificam os elementos que ocorrem em dois ou mais ambientes geoquímicos, isto é, apresentam distintas afinidades geoquímicas. Fe, Ni, Co, Ga e Sn ocorrem tanto em sulfetos, como elementos nativos no núcleo terrestre e em meteoritos metálicos e como óxidos e silicatos na crosta e manto terrestre, além de meteoritos pétreos. Letras grandes indicam elementos maiores, letras pequenas elementos menores ou traços e letras em itálico os elementos que ocorrem em ligas de ferro de sideritos (Fe-meteoritos) e no núcleo terrestre. Nos sideritos são representados principalmente pela kamacita (liga de α-Fe,Ni) e pela taenita (liga γ-Fe,Ni). ETR é a sigla para os elementos terras raras, elementos traços de grande importância na modelagem de processos genéticos e evolutivos de magmas. Os elementos terras raras leves são mais incompatíveis que os elementos terras raras pesados.

A ocorrência de jazidas de filiação magmática geradas por processos de cristalização fracionada (caso das camadas ou lentes de magnetita, cromita e sulfetos) em complexos máficos-ultramáficos toleíticos continentais e oceânicos (cadeias meso-oceânicas e fundos oceânicos) ou por processos pneumatolíticos e hidrotermais (mineralizações de cassiterita em granitos rapakivi e de sulfetos de cobre em plutons cálcio-alcalinos tipo cobre-pórfiros) mostram que as relações entre fS_2 e fO_2 que controlam a precipitação de sulfetos e óxidos variam durante a cristalização magmática e a evolução *in situ* de fluidos autóctones ou *en route* de fluidos alóctones que migram do seu local genético para áreas de menor temperatura e pressão.

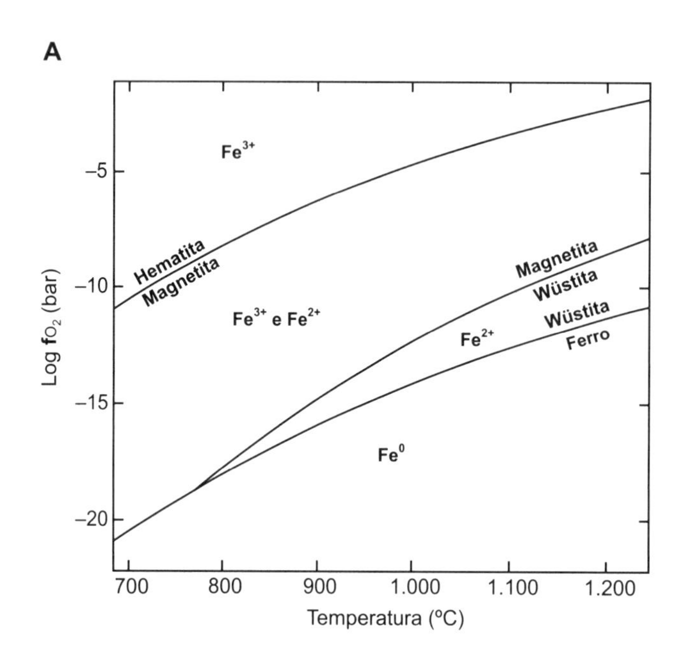
A
Log fO2 (bar)
-5
-10
-15
-20
700
800
900
1.000
1.100
1.200
Temperatura (ºC)
Fe3+
Hematita
Magnetita
Fe3+ e Fe2+
Magnetita
Wüstita
Fe2+
Wüstita
Ferro
Fe0

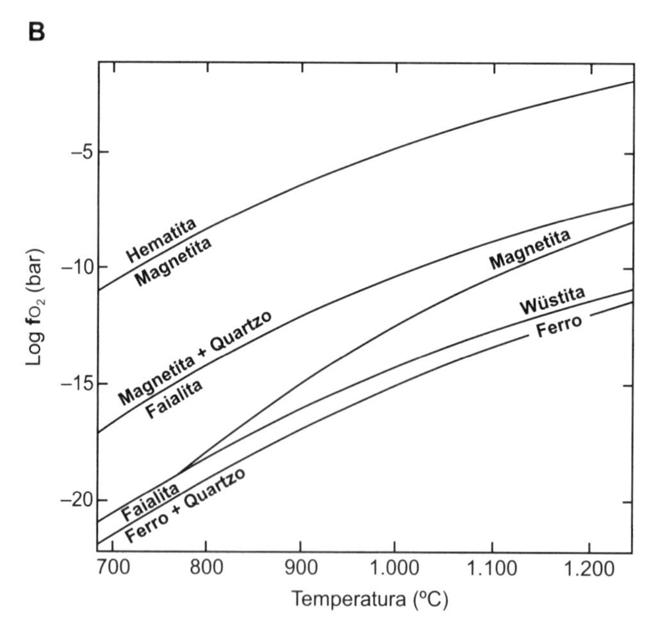
B
Log fO2 (bar)
-5
-10
-15
-20
700
800
900
1.000
1.100
1.200
Temperatura (ºC)
Hematita
Magnetita
Magnetita + Quartzo
Faialita
Magnetita
Wüstita
Ferro
Faialita
Ferro + Quartzo

Figura 4.4 – Fugacidade de oxigênio

A – Diagrama fo_2 × Temperatura para o Ferro (Myers; Eugster, 1983)

A fugacidade (f) é a medida da "tendência de escape" de um componente mantido em solução. A fugacidade aplica-se a gases ideais; seu equivalente para gases reais é a pressão parcial. A diferença entre ambos é dada pelo coeficiente de fugacidade γ. Assim, $fo_2 = \gamma\ Po_2$ ou $fo_2/\gamma = Po_2$. A afinidade geoquímica de muitos elementos varia com a fo_2 e a temperatura. Caso clássico é o ferro que, sob baixa fo_2, tem afinidade geoquímica siderófila, mas que, com o aumento progressivo da fo_2, torna-se cada vez mais litófilo. Assim, sob crescentes fo_2, o ferro passa de Fe^0 (ferro nativo ou metálico) para FeO (wüstita, só Fe^{2+}), $FeO{\cdot}Fe_2O_3$ (magnetita, Fe^{2+} e Fe^{3+}) e Fe_2O_3 (hematita, só Fe^{3+}).

O diagrama mostra as reações tampão do ferro num diagrama Temperatura × fo_2, no qual a temperatura é expressa em °C e a fo_2 em log decimal da pressão em bar. Quanto maior a expressão numérica negativa, menor a fo_2. Numa reação tampão, a fo_2 mantém-se constante até o consumo total do reagente ou dos reagentes. Sob pressão constante, a fo_2 de dada reação tampão diminui com a queda da temperatura. Quanto maior a fo_2 de uma reação tampão maior a tendência litófila do ferro. A presença de ferro nativo num basalto indica condições redutoras durante a cristalização da lava. Essa situação ocorre quando a lava/magma subvulcânico cristaliza sobre/entre folhelhos carbonosos, geralmente cinzentos/pretos. A presença de magnetita, comum em muitos basaltos, diabásios, gabros, e granitos cálcio-alcalinos indica que a fo_2 durante a cristalização dos seus magmas teve a intensidade de oxidação "$Fe^{2+} + Fe^{3+}$", ou seja, a cristalização ocorreu numa fo_2 entre os tampões faialita ↔ magnetita + quartzo e magnetita ↔ hematita. A formação de ferrugem (hematita) em grades de ferro em condições atmosféricas indica que a fo_2 do ar se situa acima do tampão magnetita ↔ hematita ou apresenta a intensidade de oxidação "Fe^{3+}".

B – Diagrama fo_2 × T para rochas magmáticas (Myers; Eugster, 1983)

No caso do ferro, o intervalo de fo_2 entre o surgimento da magnetita (pela oxidação da wüstita) e da hematita (por oxidação da magnetita) é muito grande. Para dividir esse intervalo foi introduzida a curva T × fo_2 para o equilíbrio Faialita (o silicato de Fe^{2+}, Fe_2SiO_4) + O_2 ↔ Magnetita (o óxido de Fe^{2+} e Fe^{3+}, $FeFe_2O_4$) + Quartzo (SiO_2). A faialita por sua vez integra o equilíbrio Fe^0 + Quartzo + O_2 ↔ Faialita. Resulta uma grade mineral de tampões de oxirredução baseada nas seguintes reações sob crescente fo_2.

$2\ Fe + O_2 + SiO_2$	$= Fe_2SiO_4$	(faialita)
$2\ Fe + O_2$	$= 2\ FeO$	(wüstita)
$6\ FeO + O_2$	$= 2\ FeFe_2O_4$	(magnetita)
$3\ Fe_2SiO_4 + O_2$	$= 2\ FeFe_2O_4 + 3\ SiO_2$	(magnetita + quartzo)
$4\ FeFe_2O_4 + O_2$	$= 6\ Fe_2O_3$	(hematita)

Paralelamente foram desenvolvidas outras grades baseadas na oxidação para o C, Ni, Mn etc., que são utilizadas quer individualmente, quer em combinação com a grade mineral do ferro, permitindo, assim, uma caracterização mais precisa do valor numérico da fo_2.

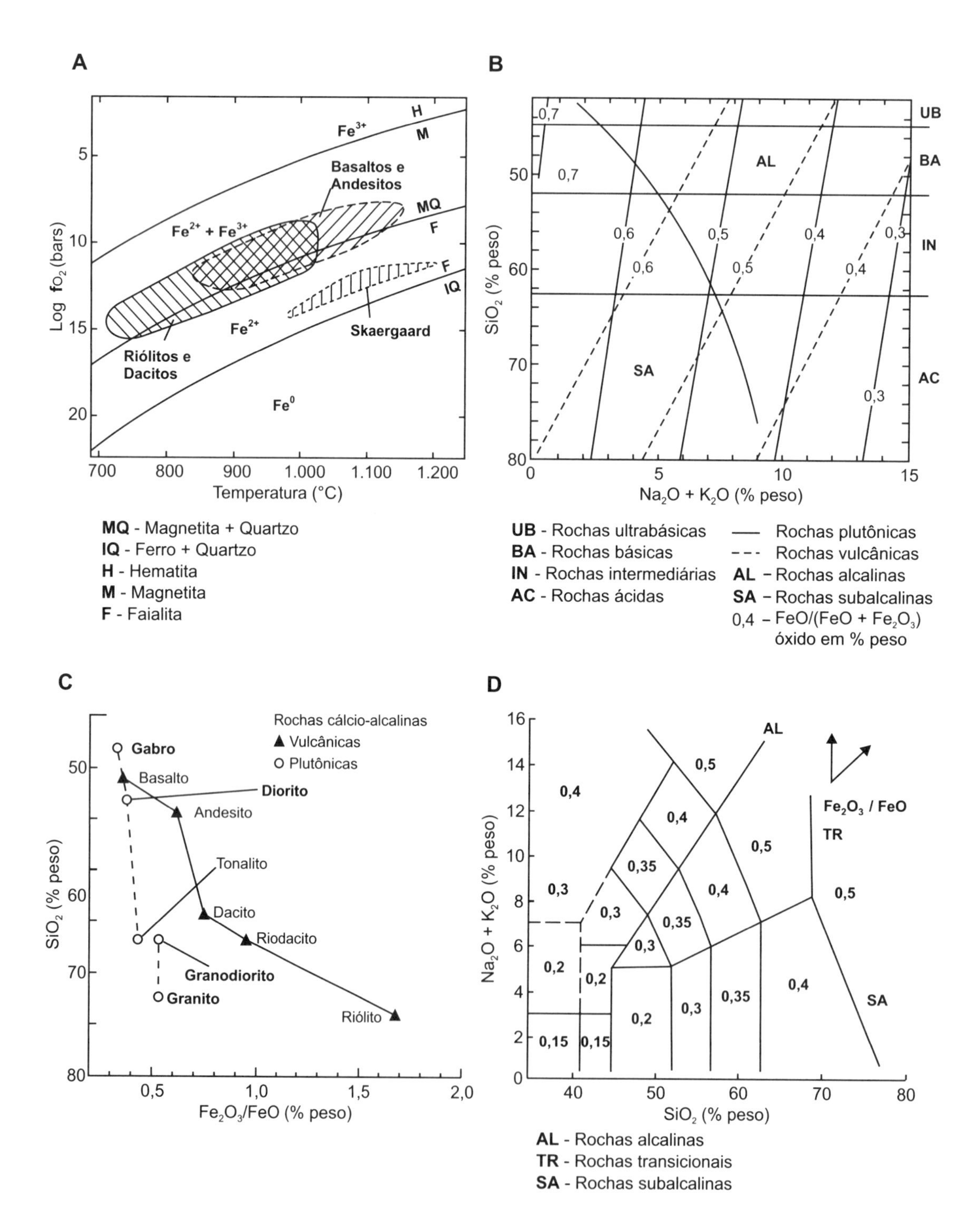
A
H
M
Fe3+
Basaltos e Andesitos
MQ
F
Fe2+ + Fe3+
F
IQ
Fe2+
Skaergaard
Riólitos e Dacitos
Fe0
Log fO2 (bars)
Temperatura (°C)
MQ - Magnetita + Quartzo
IQ - Ferro + Quartzo
H - Hematita
M - Magnetita
F - Faialita
B
UB
BA
IN
AC
AL
SA
SiO2 (% peso)
Na2O + K2O (% peso)
UB - Rochas ultrabásicas
BA - Rochas básicas
IN - Rochas intermediárias
AC - Rochas ácidas
Rochas plutônicas
Rochas vulcânicas
AL - Rochas alcalinas
SA - Rochas subalcalinas
0,4 - FeO/(FeO + Fe2O3) óxido em % peso
C
Rochas cálcio-alcalinas
Vulcânicas
Plutônicas
Gabro
Basalto
Diorito
Andesito
Tonalito
Dacito
Riodacito
Granodiorito
Granito
Riólito
SiO2 (% peso)
Fe2O3/FeO (% peso)
D
AL
Fe2O3 / FeO
TR
SA
Na2O + K2O (% peso)
SiO2 (% peso)
AL - Rochas alcalinas
TR - Rochas transicionais
SA - Rochas subalcalinas

Figura 4.5 – fO_2 de cristalização

A a C – fO_2 de cristalização em rochas magmáticas (Mueller; Saxena, 1977; Middlemost, 1985, modificado; Le Maitre, 1989)

A fugacidade de oxigênio de magmas e lavas durante sua cristalização é expressa pela relação $FeO/(FeO + Fe_2O_3)$, óxidos em % peso da análise química das rochas estudadas. Crescente fO_2 resulta em maior relação Fe^{3+}/Fe^{2+} e, portanto, em menores valores da relação $FeO/(FeO + Fe_2O_3)$, denominada de razão de oxidação. Esta varia teoricamente entre 0 ($FeO = 0$) e 1 ($Fe_2O_3 = 0$). Nas rochas magmáticas, a razão de oxidação varia entre pouco mais de 0,7 até pouco menos de 0,3. A razão de oxidação de rochas vulcânicas é algo menor que em seus correspondentes plutônicos, pois rochas vulcânicas normalmente cristalizam em contato com o ar cuja fO_2 se situa acima do tampão magnetita ↔ hematita. Nos dois casos, os valores diminuem com o aumento do teor de álcalis ($Na_2O + K_2O$) e de sílica (SiO_2). Esse fato decorre do variável teor de água dissolvido (e parcialmente dissociada) nos magmas e que é maior em rochas ácidas (ricas em sílica) e alcalinas (ricas em álcalis) que em rochas básicas (mais pobres em sílica) e subalcalinas (pobres em álcalis) (**A**). Outra forma de representar o grau de oxidação de uma rocha magmática é a simples relação Fe_2O_3/FeO, óxidos em % peso. Essa relação é usada em (**B**) para mostrar que rochas vulcânicas (nesse caso da série cálcio-alcalina) são mais oxidadas que seus equivalentes plutônicos, cuja relação Fe_2O_3/FeO varia pouco durante a evolução (fracionamento) magmático. A mesma relação também é usada para mostrar no diagrama TAS (Total de Álcalis × Sílica) de classificação das rochas vulcânicas que a oxidação magmática aumenta com o teor de sílica tanto nas rochas subalcalinas, transicionais quanto nas alcalinas e que, sob mesmos teores de sílica, a oxidação aumenta com o teor de álcalis ($Na_2O + K_2O$) nas rochas. Assim, rochas ácidas são mais oxidadas que rochas básicas e rochas alcalinas mais que rochas subalcalinas (**C**). Antigamente as análises químicas de rochas separavam o FeO do Fe_2O_3, prática que foi substituída pela determinação do ferro total presente na rocha analisada apenas sob forma de Fe_2O_3. Entretanto, muitas relações e índices geoquímicos utilizam os valores de FeO e/ou Fe_2O_3 separadamente. Os valores Fe_2O_3/FeO constantes em (**C**) são aceitos mundialmente e permitem, assim, calcular os teores de FeO para diferentes rochas a partir dos valores de Fe_2O_3 das análises químicas.

D – fO_2 de cristalização de rochas vulcânicas e subvulcânicas (Carmichael et al., 1974; Sato; Valenza, 1980; Gill, 1981; Hall, 1996)

O diagrama fO_2 × Temperatura apresenta a variação desses parâmetros durante a cristalização de basaltos e andesitos (rochas vulcânicas geradas a partir de lavas mais quentes) e de dacitos e riólitos (rochas vulcânicas geradas a partir de lavas mais frias). Os valores situam-se paralela e dominantemente um pouco acima do tampão de oxirredução faialita ↔ magnetita + quartzo (tampão FMQ), na faixa de intensidade de oxidação "$Fe^{2+} + Fe^{3+}$".

Também é apresentada a influência da pressão na fO_2 pela comparação da fugacidade de oxigênio reinante durante a cristalização de lavas básicas com 1.100 °C em condições vulcânicas e subvulcânicas. Estas são representadas pelo lapólito máfico-ultramáfico acamadado/bandado de Skaergaard, Groenlândia, que cristalizou sob cerca de 600 bar. Os valores de fO_2, mais baixos, se situam na faixa de intensidade de oxidação "Fe^{2+}" entre os tampões de oxirredução Fe^0 + quartzo ↔ faialita e faialita ↔ magnetita + quartzo.

Ânion simples ou complexos aniônicos	Forma de transporte de ânions simples e complexos aniônicos pela fase fluida de magmas graníticos
Óxidos	$(SnO_4)^{4-}$, $(MoO_3)^{2-}$, $(NbO_4)^{3-}$ etc.
Hidróxidos	$Ag(OH)^0$ $WO_2(OH)^+$ $UO_2(OH)^+$
Molibdatos **Tungstatos** **Politungstatos**	H_2MoO_4 H_2WO_4 $H_6[H_2W_{12}O_{40}]$ $H_3[PW_{12}O_{40}]$ $[Si(W_{12}O_{40})]^{4-}$
Fluorhidróxidos	$Sn(OH)_3F$
Fluoretos	WOF_5^-, $WO_2F_4^{2-}$ etc. $Sn(OH)_2F_2$, $Na_2Sn(OH, F)_6$ SnF_4, $KBeF_3$, $[AlF_2(H_2O_4)]^+$
Cloretos	CuCl, $(ZnCl_4)^{2-}$ $PbCl_3^-$ $(FeCl_2)^0$, $(FeCl_n)^{2-n}$ Hg, $PbCl^+$
Carbonatos	W ETR
Fosfatos	W Ca, Fe, Mn, ETR, Li $AlPO_4$, $NaAl_2PSiO_8$
Sulfatos	$[Au(S_2O_3)_2]^{3-}$
Sulfetos	AuS^-
Bissulfetos	$Cu(HS)_2^-$, $Zn(HS)_3^-$ $Au(HS)^{2-}$
Boratos	Li, Na

Ânions metálicos simples ou complexos solúveis na fase fluída associada com magmas graníticos

Tabela 4.1 – Elementos hidrófilos

Ânions simples e complexos solúveis de elementos metálicos hidrófilos (Clarke, 1992)

Em sistemas magmáticos, os elementos hidrófilos concentram-se na fase fluida independente gerada no estágio de evolução magmática "água-supersaturado", no qual coexiste com o magma água-saturado. O desenvolvimento do par magma água-saturado + fase fluida é comum durante a cristalização final de magmas graníticos, bastante ricos (alguns % peso) em água e é a última fase evolutiva da sequência magma água-insaturado → magma água-saturado → magma água supersaturado (magma água-saturado + fase volátil ou fluida independente). A redução progressiva da fração magmática líquida água-saturada por cristalização implica um aumento gradual da fase fluida coexistente. Após o término da cristalização, a fase fluida coexiste com a rocha recém-cristalizada, quente. A fase fluida autóctone permanece no lugar de sua geração sofrendo gradual resfriamento *in situ*; a fase fluida alóctone migra de seu local de geração para lugares de menor pressão e temperatura percolando rochas com distintas características físico-químicas.

A repartição relativa de dado elemento nos dois meios móveis coexistentes é expressa pelo coeficiente de distribuição $D_X^{\text{fase fluido/magma água-saturado}}$, no qual X é um dado elemento no sistema magmático água-supersaturado. Nos elementos hidrófilos $D_X^{ff/mas} > 1$, durante sua formação, a fase fluida apresenta-se em estado supercrítico (fluido monofásico pneumatolítico) e quimicamente como solução aquosa salina mais ou menos concentrada contendo variáveis teores de íons simples ou complexos não metálicos, caso de O^{2-}, OH^-, F^-, Cl^-, CO_3^{2-}, B^-, S^{2-}, SO_4^{2-}, PO_4^{3-} etc. Trata-se, portanto, do sistema H_2O-NaCl modificado, muito complexo.

A concentração dos elementos metálicos hidrófilos Au, Be, Ce, Li, Mo, Nb, Sn, W, Ta, U, Th etc. na fase fluida decorre de duas características geoquímicas básicas desse grupo de elementos: (1) a grande afinidade de alguns desses elementos metálicos com a água. Metais alcalinos são facilmente coordenados por moléculas de H_2O; e (2) a capacidade desses elementos metálicos em se unir com ânions não metálicos da fase fluida para a formação de ânions metálicos simples ou complexos hidrossolúveis, ou seja, ânions metálicos solúveis na fase fluida, que, assim, é capaz de transportá-los.

Após o seu escape da câmara magmática, a fase fluida alóctone ascende para níveis crustais mais rasos. Nessa migração, os diferentes íons solúveis são precipitados sucessivamente (1) pelo gradual resfriamento da fase fluida, que passa do estado supercrítico para o subcrítico; o resfriamento diminui a solubilidade dos compostos dissolvidos na fase fluida; (2) pela mudança na pressão devido à descompressão durante a migração (ascensão) da fase fluida ou devido às descompressões locais no contato entre rochas maciças e porosas; (3) devido à mudança da fO_2 em níveis crustais rasos; (4) pela variação do pH do meio ambiente representado pelas diferentes rochas percoladas pela fase fluida durante sua ascensão; e (5) pela variação da composição da fase fluida resultante da precipitação sequencial dos minerais dissolvidos, da reação da fase fluida com as rochas percoladas (alteração pneumatolítica e hidrotermal), da mistura entre a fase fluida e águas de infiltração (águas supérgenas) etc.

Jazidas hidrotermais que resultam da precipitação de minerais da fase fluida pneumatolítica e hidrotermal sob elevadas, médias ou baixas temperaturas são denominadas, respectivamente, de jazidas hipotermais, mesotermais e epitermais. Jazidas de temperatura genética muito baixas são denominadas de teletermais. A tabela mostra os principais ânions simples e complexos de metais hidrófilos da fase fluida pela cristalização de magmas graníticos.

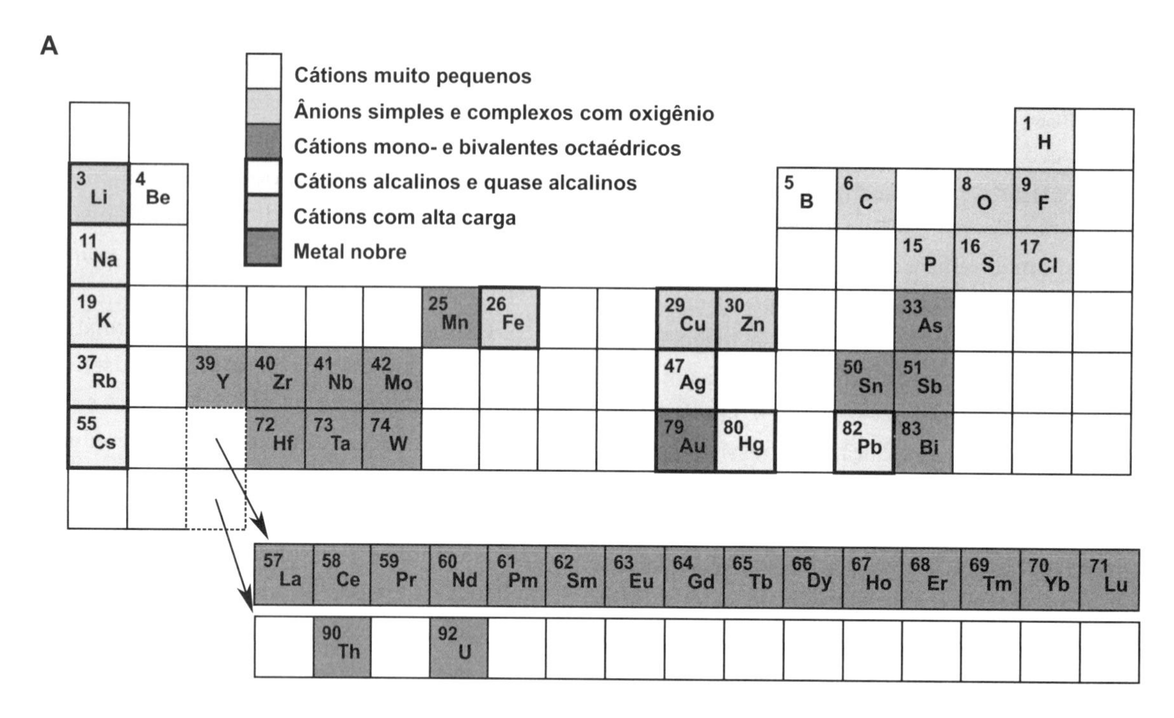
A
Cátions muito pequenos
Ânions simples e complexos com oxigênio
Cátions mono- e bivalentes octaédricos
Cátions alcalinos e quase alcalinos
Cátions com alta carga
Metal nobre
1 H
3 Li
4 Be
5 B
6 C
8 O
9 F
11 Na
15 P
16 S
17 Cl
19 K
25 Mn
26 Fe
29 Cu
30 Zn
33 As
37 Rb
39 Y
40 Zr
41 Nb
42 Mo
47 Ag
50 Sn
51 Sb
55 Cs
72 Hf
73 Ta
74 W
79 Au
80 Hg
82 Pb
83 Bi
57 La
58 Ce
59 Pr
60 Nd
61 Pm
62 Sm
63 Eu
64 Gd
65 Tb
66 Dy
67 Ho
68 Er
69 Tm
70 Yb
71 Lu
90 Th
92 U

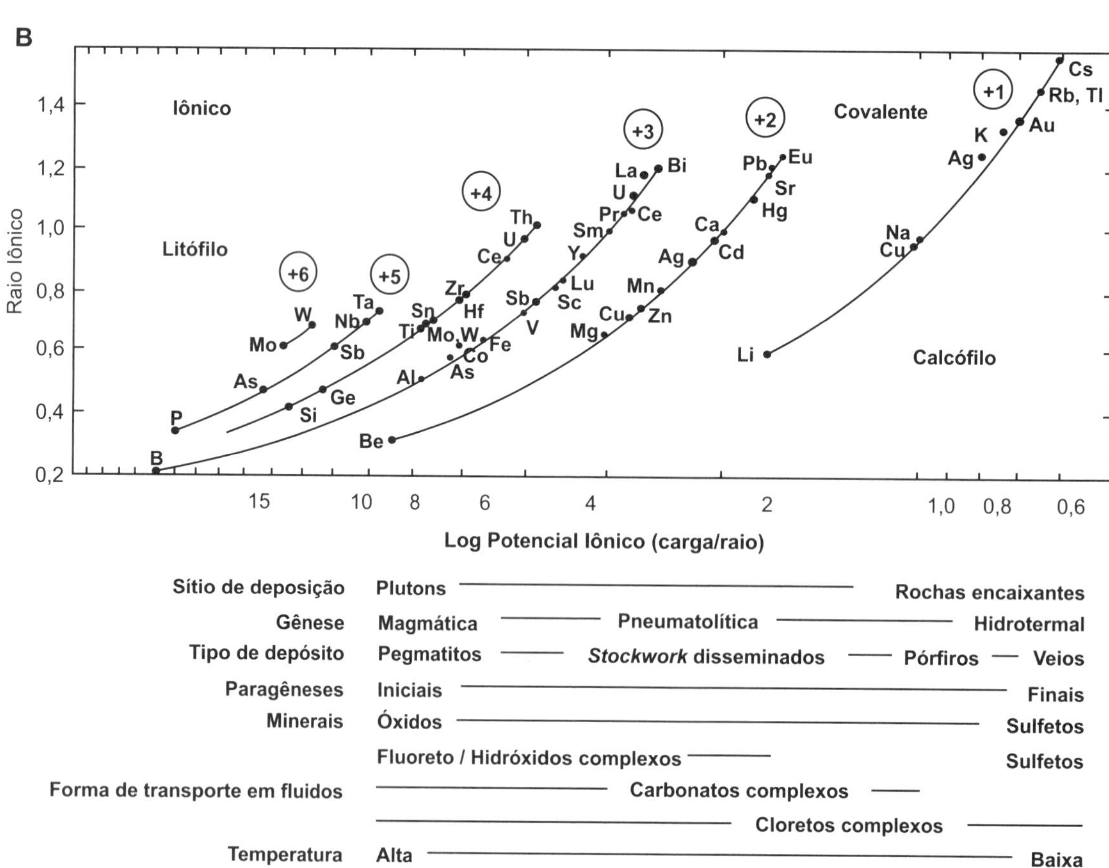
B
Raio Iônico
Log Potencial Iônico (carga/raio)
Iônico
Litófilo
Covalente
Calcófilo
+6
+5
+4
+3
+2
+1
Sítio de deposição
Plutons
Rochas encaixantes
Gênese
Magmática
Pneumatolítica
Hidrotermal
Tipo de depósito
Pegmatitos
Stockwork disseminados
Pórfiros
Veios
Paragêneses
Iniciais
Finais
Minerais
Óxidos
Sulfetos
Fluoreto / Hidróxidos complexos
Sulfetos
Forma de transporte em fluidos
Carbonatos complexos
Cloretos complexos
Temperatura
Alta
Baixa

Figura 4.6 – Elementos hidrófilos

A – Os grupos de elementos hidrófilos na tabela periódica (Eugster, 1985; Armstrong, 1988; Clarke, 1992)

Os elementos químicos concentrados em depósitos minerais associados com granitos são chamados de elementos granitófilos. São agrupados em:

- elementos com cátions muito pequenos, caso do Be e B. São elementos que não conseguem substituir os cátions saturantes das estruturas silicáticas normais e precisam, consequentemente, formar minerais específicos como a turmalina e o berilo, comuns em pegmatitos, rochas que resultam da cristalização de magmas água-saturados de baixa viscosidade do sistema magmático "água-supersaturado" e que contam com uma participação mais ou menos intensa da fase fluida pneumatolítica associada;
- elementos de ânions simples e complexos de oxigênio, caso do C, P, S, H, F e Cl, como é o caso de hidróxidos, carbonatos, fosfatos e sulfatos;
- elementos de cátions monovalentes e bivalentes com coordenação octaédrica, caso do Li, Fe, Cu e Zn. Têm comportamento ambivalente litófilo/calcófilo e formam, com exceção do Li, silicatos, óxidos ou sulfetos na dependência da fS_2 e fO_2 do sistema;
- elementos alcalinos ou com tendência alcalina, caso do Na, K, Rb, Cs, elementos alcalinos na tabela periódica, e do Ag, Hg e Pb;
- elementos com grandes cátions e elevada carga, caso do Y, ETR, Zr, Hf, Nb, Ta, Mo, W, Mn, As, Sn, Sb, Bi, Th e U;
- elementos metálicos nobres, caso do Au.

B – Os elementos hidrófilos no gráfico log Potencial Iônico × Raio Iônico (Strong, 1980)

Os cátions dos elementos granitófilos com carga 6^+ (Mo, W), 5^+ (P, As, Sb, Nb, Ta), 4^+ (Si, Ge, Ti, Mo, W, Sn, Hf, Zr, Ce, U, Th), 3^+ (B, Al, As, Co, Fe, V, Sb, Sc, Lu, Y, Sm, Pr, Ce, La, Bi), 2^+ (Be, Mg, Cu, Zn, Mn, Ag, Cd, Ca, Hg, Sr, Pb, Eu) e 1^+ (Li, Cu, Na, Ag, K, Au, Rb, Tl, Cs) quando lançados no gráfico log Potencial Iônico (ou carga iônica/raio iônico) × Raio Iônico definem seis curvas convexas positivas subparalelas. A sucessão da curva 6^+ para a curva 1^+ corresponde a uma progressiva queda no potencial iônico e caracteriza:

(1) uma transição de compostos com ligação mais iônica (curva 6^+) para compostos com ligação mais covalente (curva 1^+);
(2) de elementos mais litófilos (curva 6^+) para elementos mais calcófilos (curva 1^+);
(3) a concentração dos elementos da curva 6^+ em mineralizações magmáticas de formação precoce sob altas temperaturas e representados principalmente por óxidos [cassiterita, SnO_2, magnetita, $FeFe_2O_4$ etc.] presentes em pegmatitos situadas no corpo granítico e a concentração dos elementos da curva 1^+ em mineralizações hidrotermais de formação tardia sob temperaturas mais baixas e representados principalmente por sulfetos (argentita, Ag_2S, pirita, FeS_2, cinábrio, HgS etc.) geralmente presentes em veios nas rochas encaixantes da intrusão granítica;
(4) a concentração dos elementos das curvas intermediárias em mineralizações magmáticas-pneumatolíticas, pneumatolíticas e pneumatolíticas-hidrotermais nos quais os metais são transportados em fluidos com decrescentes temperaturas sucessivamente sob forma de íons complexos solúveis de fluoretos/hidróxidos, carbonatos ou cloretos.

5. Crescimento mineral

1. Cristalização é a passagem de um estado no qual partículas (íons simples e complexos, átomos ou moléculas) têm distribuição desordenada e aleatória para um estado no qual as partículas têm distribuição altamente ordenada caracterizada por um retículo cristalino que representa a disposição espacial regular, periódica e repetitiva das partículas constituintes do mineral.

2. A cristalização pode ocorrer a partir de vapores, soluções e fusões. A cristalização a partir de vapores é relativamente rara. Exemplos clássicos são a cristalização de flocos de neve a partir do ar saturado com vapor de água e a formação de cristais de enxofre a partir de gases sulfurosos de fumarolas emitidas por vulcões. A cristalização de evaporitos a partir de soluções salinas pela evaporação gradual do solvente aquoso é processo geológico comum. Impressionante exemplo é o Salar de Uyuni localizado nos departamentos de Potosí e Oruro na Bolívia. O mesmo processo é executado industrialmente para a obtenção de sal marinho em salinas situadas em áreas de ventos fortes e constantes. Silicatos constituintes das rochas magmáticas cristalizam a partir de fusões silicáticas naturais denominadas de magma e lavas. De modo genérico, um magma ou uma lava é uma solução líquida complexa e homogênea de todos os elementos constituintes do planeta Terra. Como a frequência relativa dos elementos varia nos diferentes compartimentos litológicos, estratigráficos e tectônicos da crosta, manto e núcleo terrestre, o mesmo ocorre nos diferentes tipos de magma.

3. O crescimento de um cristal (mineral) envolve a formação inicial de um germe ou núcleo submicroscópico denominado de germe de cristalização ou núcleo cristalino. Nucleação é o processo de formação do germe de cristalização. Teoricamente, a temperatura de nucleação de um silicato é a temperatura liquidus (T_L) da fusão quando a mesma se torna saturada nos elementos componentes do futuro cristal (mineral). Entretanto, a nucleação exige uma certa supersaturação da fusão nos elementos constituintes do cristal. Uma supersaturação é obtida por queda da temperatura e/ou da pressão de uma fusão saturada (numa solução aquosa, a supersaturação também pode resultar da evaporação de parte do solvente). Decorre que a temperatura efetiva de nucleação (T_N) de um mineral silicático é menor que a temperatura liquidus (T_L) da fusão da qual cristaliza. A diferença entre T_N e T_L é o sub-resfriamento (ΔT_S) do líquido no início da nucleação. Num diagrama Temperatura × Concentração, a área entre a curva de saturação da fusão e a curva de supersaturação de nucleação espontânea é denominada de região de Ostwald-Miers (ROM) ou região metaestável de nucleação (RMN) (Figura 5.1). Na ROM, área de fraca supersaturação, a taxa de nucleação é muito baixa e os raros pequenos germes quase sempre sofrem dissolução logo após a sua formação. Sob condição de alta supersaturação, que implica uma elevada taxa de nucleação, parte dos germes formados sofre dissolução, mas parte cresce e atinge o estado crítico (raio crítico – r_C) de estabilidade energética. Quanto maior a taxa de

nucleação, maior a taxa de germes de cristalização estáveis formados.

4. A nucleação de um germe de cristalização depende da energia livre de Gibbs envolvida no processo. Se a nucleação implicar um menor nível energético ($-\Delta G$) do sistema, os germes formados são estáveis, caso contrário ($+\Delta G$), os germes são instáveis e redissolvidos no líquido a partir do qual se formam. A energia envolvida na formação de um germe de cristalização compreende dois componentes energéticos:

- L_V, a diferença entre as maiores forças de coesão dos íons/átomos em estado cristalino (na rede cristalina) e as menores no estado líquido. A diferença representa um $-\Delta G$ para o estado sólido. Assim, a L_V de um sistema líquido em cristalização depende do volume do germe formado. Volumes maiores resultam em menores níveis de energia livre de Gibbs no sistema ($-\Delta G$).
- τ_S, que reflete a reatividade dos íons não saturados na superfície do germe cristalino. Assim, a τ_S de um sistema líquido em cristalização depende da superfície do germe formado. Superfícies maiores resultam em maiores níveis de energia livre de Gibbs no sistema ($+\Delta G$). ΔG_L é a diferença entre a energia livre do núcleo e a energia livre de um equivalente volume do líquido que cristaliza o núcleo.

Para germes com forma cúbica ou esférica, a variação total da energia livre do germe, G_L, é, respectivamente,

$$\Delta G_L = -r^3 L_V + 6r^2 \tau_S$$ (volume + superfície do núcleo com forma de cubo)

e

$$\Delta G_L = -4/3\, \pi r^3 L_V + 4\, \pi r^2 \tau_S$$ (volume + superfície do núcleo com forma de esfera)

Em germes muito pequenos, a relação superfície/volume é muito grande; ΔG_L é positivo e os germes formados não são estáveis. Em germes maiores, a relação superfície/volume é menor; ΔG é negativo e os germes tornam-se energeticamente estáveis. O raio do germe esférico que separa germes instáveis de germes estáveis é denominado de raio crítico (r_C) (Figura 5.2).

5. A taxa de nucleação (T_N), o número de germes de cristalização (N) formados por unidade de volume de líquido (cm^3) e tempo (min), [$T_N = N/cm^3min$] depende principalmente da:

- concentração das partículas (íons, átomos) no líquido magmático. Quanto maior a temperatura da fusão, maior a quantidade de soluto dissolvido na solução. Por resfriamento, soluções atingem a concentração de saturação sob T_L (temperatura liquidus) e a supersaturação crítica de nucleação espontânea sob T_N (temperatura de nucleação espontânea). T_L e T_N são mais elevadas em soluções concentradas que em soluções diluídas. A crescente concentração do soluto na solução sob decrescentes temperaturas reflete o contínuo decréscimo do valor do coeficiente de solubilidade do soluto com a queda da temperatura;
- agitação (o movimento browniano) das partículas no líquido. A formação de um núcleo resulta da atração iônica entre cátions e ânions simples ou complexos na solução silicática. Uma movimentação intensa dos íons diminui ou anula os efeitos da atração iônica. O movimento browniano diminui com o aumento da viscosidade do líquido magmático, que aumenta exponencialmente com a queda da temperatura, que, por sua vez, promove a crescente supersaturação da fusão. Assim, a temperatura controla a movimentação das partículas no líquido e, portanto, a efetividade do processo de nucleação. Decorre da existência de uma condição térmica durante o resfriamento magmático na qual a combinação entre sub-resfriamento e movimento das partículas é ótima para a formação de germes de cristalização. Essa condição térmica corresponde ao sub-resfriamento da taxa de nucleação máxima e que declina sob sub-resfriamentos menores e maiores.

6. Cristais crescem pela sucessiva deposição ordenada de novos íons em torno do núcleo (germe) cristalino inicial. A velocidade ou taxa de crescimento linear do mineral é expressa em cm/min. A ampliação da rede cristalina depende do aporte contínuo dos íons constituintes do cristal do líquido circundante ao local de cristalização do mineral. A incorporação dos elementos constituintes do mineral na sua estrutura cristalina empobrece o líquido pericristalino nesses íons, o que provoca um gradiente de concentração em relação ao líquido mais distal e mais rico nesses mesmos íons. O gradiente de concentração deflagra a difusão dos íons

(difusão iônica) de locais de sua maior concentração no líquido para a região em torno do mineral em crescimento. A contínua incorporação dos íons na rede cristalina mantém o gradiente de concentração ativo. A velocidade de difusão depende, entre outros fatores, da concentração dos elementos na solução magmática e de sua viscosidade (Figura 5.3). Os dois fatores são controlados pela temperatura. Aumentos na temperatura (1) aumentam o coeficiente de solubilidade do soluto na solução e, portanto, aumentam a concentração do soluto na fusão, e (2) diminuem a viscosidade da fusão. Decorre que, durante o resfriamento magmático, existe uma condição térmica na qual a combinação entre sub-resfriamento, concentração e viscosidade do líquido é ideal para o crescimento mineral. Tal fato corresponde ao sub-resfriamento da taxa de crescimento cristalino máximo que declina sob sub-resfriamentos menores e maiores.

7. A taxa de nucleação máxima e a taxa de crescimento máximo não ocorrem no mesmo sub-resfriamento do líquido magmático; existe um deslocamento térmico entre ambas (Figura 5.4.A). As distintas relações entre as taxas de nucleação e de crescimento mineral sob diferentes sub-resfriamentos resultantes de resfriamentos magmáticos mais lentos e mais rápidos geram ampla variação no número e tamanho (dimensões) dos cristais das diferentes espécies minerais presentes na rocha final. Essa variação resulta em diferentes texturas das rochas magmáticas. Texturas expressam certas características (dimensões e tamanho relativo dos minerais, cristalização mais ou menos perfeita dos minerais ou perfeição do seu poliedro cristalino, hábito dos minerais, natureza geométrica dos seus contatos, disposição espacial relativa dos cristais das diferentes espécies minerais constituintes da rocha etc.) dos minerais que constituem dada rocha, bem como a quantificação volumétrica da taxa de vidro que pode ocorrer em rochas vulcânicas e subvulcânicas.

- Magmas profundos (plutônicos) que resfriam lentamente mantêm por longo tempo um pequeno sub-resfriamento inicial que é caracterizado por uma taxa de nucleação de baixa a moderada e uma taxa de crescimento mineral de moderada a elevada (Figura 5.4.A). Resultam rochas com um número relativamente pequeno de cristais com dimensões de médias a grandes. É a textura equigranular (cristais com dimensões aproximadamente iguais) de granulação que vai de grossa a média (Figura 5.4.B). Na granulação grossa e média, os cristais são individualizados a olho nu, feição das texturas faneríticas (Figura 5.4.C).
- Um resfriamento algo mais rápido resulta num sub-resfriamento algo maior que é caracterizado pela formação de muitos núcleos e por um menor crescimento mineral (Figura 5.4.A). O sub-resfriamento maior é reflexo da grande inércia dos líquidos magmáticos que resulta em respostas termodinâmicas lentas às rápidas variações físicas do sistema magmático. Decorre que um resfriamento rápido não gera uma sucessão de pequenos sub-resfriamentos e sim apenas um sub-resfriamento maior. Resulta uma textura equigranular composta por numerosos grãos minerais de granulação média a fina. Também na granulação fina os cristais são individualizados a olho nu ou com o auxílio de uma lupa com aumento de dez vezes; portanto a textura é fanerítica (Figura 5.4.C).
- Resfriamentos magmáticos ainda mais rápidos resultam em sub-resfriamentos elevados a extremos, caso de muitas lavas, caracterizados por cristais muito numerosos e muito pequenos associados ou não com variáveis taxas de vidro (Figura 5.4.A). É a textura densa (Figura 5.4.D). Rochas com texturas densas podem ser holocristalinas ou hipocristalinas; nestas, a fração cristalina domina sobre a fração vítrea. Rochas com textura densa são denominadas de afaníticas, pela impossibilidade da individualização dos grãos minerais a olho nu ou com o auxílio de uma lupa. A sua presença é percebida pelo reflexo da luz nas muito frequentes faces cristalinas e planos de clivagem e pela ausência do brilho típico do material vítreo.
- Num sub-resfriamento extremo não ocorre mais nucleação e crescimento mineral ou ambos são muito restritos; a lava transforma-se total ou dominantemente em vidro vulcânico, um líquido superviscoso ou sólido amorfo (Figura 5.4.E). Vidros industriais são lavas riolíticas sintéticas simplificadas consolidadas sob sub-resfriamento extremo. Rochas vítreas podem ser holovítreas ou hipovítreas; nestas, a fração vítrea domina sobre a fração cristalina. As rochas caracterizam-se pelo brilho típico do vidro e pela presença de fraturas conchoidais que também ocorrem de ma-

neira menos acentuada nas rochas hipovítreas e nas rochas densas hipocristalinas.

- Em rochas vulcânicas e subvulcânicas é comum a textura porfirítica e vitrofírica que retratam a sucessão de duas etapas de cristalização sob distintos sub-resfriamentos (Figura 5.5). Na primeira, o magma sofre resfriamento lento e a cristalização inicia-se após um pequeno sub-resfriamento. Resulta a cristalização inicial de poucos e grandes cristais, denominados de fenocristais. Em seguida, a suspensão magmática, por alívio da pressão litostática, ascende e extravasa sob forma de lava ou cristaliza em condições subvulcânicas. O resfriamento rápido da lava resulta em grande sub-resfriamento, com altas taxas de nucleação e baixas taxas de crescimento mineral. Consequentemente, a fração ainda líquida da lava cristaliza com a formação de cristais pequenos ou muito pequenos, que formam a matriz fina ou densa da rocha que engloba os grandes cristais da fase de cristalização intraterrestre. É a textura porfirítica. Como a ascensão magmática pode ocorrer após um período variável de cristalização inicial, a relação fenocristais/matriz é muito variável nas rochas magmáticas. Se o resfriamento subaéreo ou subaquático for muito abrupto, a fração líquida da suspensão consolidará como vidro vulcânico (obsidiana) e originará a textura vitrofírica, típica dos vitrófiros, vidros vulcânicos hipocristalinos a hipovítreos. Rochas plutônicas também podem ser porfiríticas, mas aqui a textura pode refletir diferentes velocidades de crescimento dos minerais constituintes da rocha, que, após um longo período de resfriamento lento, se manifesta em diferenças consideráveis nas suas dimensões. Exemplo típico são granitos porfiríticos com fenocristais (ou megacristais) de microclínio que podem ultrapassar dez centímetros de comprimento.

8. Na maioria dos minerais, certas propriedades (velocidade de transmissão da luz, dureza, piezoeletricidade etc.) variam ao longo dos eixos cristalográficos da rede cristalina, que caracteriza os cristais como materiais homogêneos (as propriedades não variam ao longo de direções paralelas na estrutura cristalina) anisotrópicos (as propriedades variam segundo direções distintas). Exceções são os minerais isótropos que cristalizam no sistema isométrico.

A velocidade de crescimento de uma face cristalina (expressa pela velocidade de crescimento areal da face e pela velocidade de deslocamentos da face ao longo de uma perpendicular a ela) não só varia nas distintas faces da forma de um mineral, mas também se concentra ao longo das arestas do poliedro cristalino. Sob sub-resfriamento muito intenso, o desenvolvimento dos cristais inicia-se com a formação de cristalitos, verdadeiros embriões de cristais. Os mais comuns são os margaritos, globulitos, triquitos e belonitos (Figura 5.6.A). Um grupo especial de cristalitos são os cristalitos dendríticos, precursores dos cristais esqueléticos e entre eles destacam-se os penachitos com forma de pena (figuras 5.6.B e C). Penachitos de piroxênio com até 2,5 cm ocorrem na soleira (*sill*) de diabásios de Limeira-SP. Outro hábito típico de grandes sub-resfriamentos são cristais aciculares ou espículas minerais que podem ter disposição radial a partir de um centro de crescimento em comum constituindo esférulas e cuja presença define a textura esferulítica (Figura 5.6.D). A textura esferulítica é comum em muitas rochas vulcânicas. Famosos são os vidros vulcânicos "flocos de neve" em que as esférulas de cristais aciculares brancos destacam-se no vidro negro. De sub-resfriamentos menos intensos resultam cristais esqueléticos, nos quais o crescimento ao longo das arestas minerais é mais intenso que o crescimento equidimensional no interior do cristal. Resultam, assim, cristais com espaços vazios internos. Em basaltos de resfriamento rápido (grande sub-resfriamento) são comuns cristais esqueléticos de olivina, magnetita e plagioclásio, estes com suas típicas terminações "em garfo" (figuras 5.6.E, F e G).

9. Pequenos sub-resfriamentos resultam em cristais com faces cristalográficas externas mais ou menos desenvolvidas. Em relação à maior ou menor perfeição do poliedro cristalino externo que delimita os minerais, estes são classificados em:

- Euedrais. São minerais delimitados em sua totalidade ou quase totalidade por faces cristalinas mais ou menos desenvolvidas (Figura 5.6.H). Resultam da cristalização inicial em meio fluido, quer magmático, quer pneumatolítico/hidrotermal ou mesmo gasoso, caso de fumarolas vulcânicas. Caso típico de minerais euedrais são fenocristais de rochas porfiríticas e vitrofíricas.

- Subedrais. São minerais cuja forma é delimitada em sua maior parte por faces cristalinas, enquanto a outra parte do mineral apresenta limites irregulares sem vinculação cristalográfica perceptível (Figura 5.6.I). Retratam o período principal da cristalização magmática, pois resultam da cristalização nos espaços (interstícios) de uma rede irregular de cristais previamente formados que não se tocam (rede aberta) (Figura 5.6.I).
- Anedrais. A maior parte da forma dos cristais é dada por limites irregulares sem vinculação cristalográfica. Representam o estágio final da cristalização magmática, pois resultam da cristalização nos espaços (interstícios) de uma rede irregular de cristais previamente formados que se tocam (rede fechada) (Figura 5.6.I).

10. Muitos minerais são soluções sólidas. A sua cristalização caracteriza-se por contínuas reações entre uma solução instável M1 cristalizada do líquido X1 sob T1P1 (condição 1) com o líquido coexistente derivado X2 (cuja composição resulta da cristalização de M1) sob T2P1 (condição 2 na qual T2 < T1) para a obtenção de uma nova solução sólida M2 em equilíbrio com o líquido X2 enquanto mais M2 cristaliza diretamente do líquido X2. A variação na composição de M2 para M1 é um enriquecimento no componente de menor ponto de fusão da solução sólida. No caso considerado, cristalização e reação ocorrem em condições isobáricas (P1).

Casos clássicos de soluções sólidas minerais são os plagioclásios, uma solução sólida entre $CaAl_2Si_2O_8$ (anortita) e $NaAlSi_3O_8$, (albita), as olivinas, uma solução sólida entre Mg_2SiO_4 (forsterita) e Fe_2SiO_4 (faialita), e os feldspatos alcalinos, uma solução sólida entre $KAlSi_3O_8$ (feldspato potássico) e $NaAlSi_3O_8$ (albita). Piroxênios, anfibólios e micas são soluções sólidas entre três ou quatro componentes.

A reação da fração cristalina M1 com o líquido X2 para a formação da nova solução sólida M2 estável demanda tempo, pois envolve a:

- difusão (migração) de íons substitutos do componente de menor ponto de fusão através do líquido magmático até o contato cristal/líquido da solução sólida M1 instável;
- difusão intracristalina dos íons substitutos através da estrutura cristalina de M1 até os sítios estruturais do íon a ser substituído;
- difusão (migração intracristalina) do íon substituído através da estrutura cristalina de M1 até a interface cristal/líquido; e
- a dispersão do íon no líquido por difusão que elimina o gradiente químico resultante da acumulação do íon substituído na interface cristal/líquido da solução sólida M1.

A velocidade dos processos listados diminui com a progressiva substituição de M1 por M2. A velocidade de difusão de íons e átomos no líquido magmático também diminui muito com o aumento de sua viscosidade. O aumento da viscosidade é exponencial para um resfriamento linear do líquido magmático. Decorre que, num rápido resfriamento magmático, a reação entre o líquido X2 e o cristal solução sólida M1 não é completada e, assim, M1 é preservado e integra sob forma de uma zona com composição específica o cristal em desenvolvimento. Com a repetição do processo, o cristal passa a ser constituído por uma sequência de soluções sólidas cristalinas tornadas sucessivamente instáveis com a mudança composicional e o resfriamento magmático, mas preservadas no cristal em crescimento devido à rápida queda da temperatura do magma. Cristais soluções sólidas, que do centro para a borda apresentam uma sucessão de zonas com variação composicional caracterizada por crescente participação do composto da solução sólida de menor temperatura de fusão, são denominados de cristais zonados. Cristais zonados representam uma cristalização em condições de desequilíbrio. São o oposto de cristais de solução sólida com estrutura e composição homogênea em toda sua extensão que indicam, assim, que as contínuas reações entre as sucessivas soluções sólidas instáveis com o líquido coexistente foram totalmente completadas durante o crescimento do cristal solução sólida final. Em outras palavras, um cristal solução sólida homogênea indica que sua cristalização ocorreu em condições de equilíbrio, resultado da queda muito lenta da temperatura magmática. Essa condição é muito rara na natureza, de tal modo que também muitos cristais de rochas plutônicas mostram zoneamento composicional. Excepcionalmente, um cristal zonado pode apresentar zoneamento inverso, fruto de processos petrogenéticos raros com destaque para as misturas entre magmas por ocasião do recarregamento de uma câmara magmática contendo magma intermediário ou ácido por magma básico, fortes flutuações no teor e na pressão de água no magma, a assimilação de rochas encaixantes específicas pelo magma ou flutuações locais na temperatura magmática por correntes de convecção sempre presentes em câmaras magmáticas maiores. Nesse caso, as sucessivas zonas de soluções sólidas instáveis "congeladas" apresentam crescente teor do componente da solução sólida com ponto de fusão mais alto. Mais comum é uma alternância entre faixas irregulares mais ou menos espessas com zoneamento normal e inverso.

A velocidade da reação entre a solução sólida com o líquido também depende da:

- complexidade da substituição durante a reação. No caso das olivinas, a reação envolve a substituição do cátion saturante Mg^{2+} por Fe^{2+}; nos feldspatos alcalinos, a substituição do cátion saturante K^+ por Na^+. Os dois casos representam substituições isomórficas simples e, consequentemente, as reações são mais rápidas e o zoneamento mineral é restrito ou ausente;
- posição do íon a ser substituído na estrutura mineral. Nos plagioclásios, a reação entre a solução sólida instável com o líquido coexistente envolve uma substituição acoplada de $Ca^{2+} + Al^{3+}$ por $Na^+ + Si^{4+}$. Ca é cátion saturante da estrutura silicática à semelhança do Mg na olivina e do K no feldspato alcalino. Já o Al é íon coordenador do tetraedro $(AlO_4)^{5-}$ fortemente integrado na estrutura silicática do plagioclásio por intensa polimerização com outros íons estruturais complexos de $(AlO_4)^{5-}$ e $(SiO_4)^{4-}$. Decorre que a substituição de íons da estrutura silicática é muito difícil e, assim, a reação raramente é completada mesmo sob resfriamento lento, caso da cristalização de magmas profundos (plutônicos). Decorre que plagioclásios zonados são muito frequentes em rochas vulcânicas, subvulcânicas e mesmo plutônicas. Também outros minerais apresentam zoneamento composicional mais ou menos marcante, caso dos piroxênios, anfibólios e micas (Figura 5.7).

11. A nucleação pode ser espontânea ou induzida. No primeiro caso, o cristal cresce a partir de um núcleo formado pela atração iônica entre cátions e ânions simples e complexos com movimento browniano no líquido magmático. No caso induzido, a nucleação ocorre sobre a superfície externa de um cristal preexistente geralmente (mas não exclusivamente) isoestrutural à da do mineral em estágio de nucleação. Cristais zonados de soluções sólidas (plagioclásios, olivinas, piroxênios, anfibólios, micas) são típicos exemplos de nucleação induzida, assim como a formação de coroas (bordas, carapaça, manto) de reação "felpudas" envolvendo cristais instáveis. Geralmente nucleação espontânea e os dois casos de nucleação induzida coexistem durante a cristalização magmática. Nos plagioclásios, os sucessivos novos cristais formados por cristalização espontânea com a queda da temperatura do sistema são cada vez mais ricos em albita, o componente da solução sólida de temperatura de fusão mais baixa. Já o crescimento por nucleação induzida resulta numa capa mais rica em albita envolvendo cristais preexistentes de plagioclásios instáveis mais ricos em anortita. Cada capa (ou zona de crescimento) sucessivamente formada induz a cristalização, ao seu redor, de nova capa de plagioclásio mais rica em albita cristalizada sob temperatura algo mais baixa. O resultado final da cristalização são cristais zonados com núcleos ricos em anortita envolvidos por sucessivas capas cada vez mais ricas em albita. Plagioclásios zonados com grandes núcleos ricos em anortita são raros, pois, no início da cristalização sob altas temperaturas, a taxa de nucleação é baixa e a taxa de crescimento alta (Figura 5.8).

12. A quantidade (teor) de água no líquido magmático influi poderosamente na nucleação e no crescimento mineral:

- teores variáveis de água no magma deslocam os máximos das curvas de nucleação e crescimento de diferentes minerais ora para sub-resfriamentos maiores, ora para sub-resfriamentos menores;
- teores variáveis de água modificam as taxas de nucleação e de crescimento mineral sob dado sub-resfriamento;
- o teor de água influi na viscosidade do líquido magmático; crescentes teores de água diminuem sua viscosidade. Caso clássico são magmas graníticos e sieníticos residuais, frequentemente água-saturados e, portanto, muito fluidos. Nesses magmas (de baixa temperatura e elevada fluidez), os íons e moléculas apresentam elevados coeficientes de difusão. A combinação de baixas taxas de nucleação (baixa temperatura) com grandes

taxas de crescimento (baixa viscosidade ou alta difusão) propicia o desenvolvimento de pegmatitos, rochas compostas por poucos cristais com grandes dimensões que podem ultrapassar dezenas de metros. O rápido crescimento mineral propicia um intenso intercrescimento mútuo no qual dado cristal tanto envolve quanto é envolvido por seu vizinho, feição que caracteriza a textura pegmatítica. Na porção pegmatítica do turmalina granito Perus-SP, ocorrem cristais de microclínio gráfico com até doze metros de comprimento.

13. A análise mineralógica textural estuda a forma dos minerais, a variação de suas dimensões e a determinação de suas idades relativas por meio do exame das relações e feições interminerais e intraminerais. Baseia-se em algumas regras gerais básicas:

- euedrais são de cristalização precoce;
- minerais que ocupam os interstícios de uma malha mineral são mais jovens que os minerais formadores da malha;
- minerais com bordas de reação são minerais instáveis preservados;
- minerais zonados indicam resfriamento rápido;
- grandes diferenças nas dimensões dos cristais de dada espécie mineral indicam cristalização sob diferentes sub-resfriamentos;
- um mineral envolvido por outro é mais velho que o mineral envolvente;
- minerais intercrescidos cristalizaram simultaneamente.

Dessa maneira, a análise mineralógica textural elucida, entre muitos outros aspectos, a história térmica da cristalização magmática e a sequência de cristalização dos minerais que compõem a rocha estudada. Assim, a análise mineralógica textural é uma poderosa ferramenta para a caracterização de processos magmáticos. Entretanto, sua realização requer muitos cuidados interpretativos, dada a falta de dados experimentais mais detalhados, a complexidade das texturas das rochas em três dimensões (lâminas petrográficas reduzem as observações para um plano) etc. Uma mesma textura envolvendo dois minerais pode resultar de diferentes combinações entre nucleação e crescimento mineral, pois:

- o sub-resfriamento crítico de nucleação espontânea varia de mineral para mineral;
- a taxa de nucleação para um mesmo mineral varia em diferentes sub-resfriamentos;
- a velocidade de crescimento varia de mineral para mineral;
- a velocidade de crescimento para um mesmo mineral varia em diferentes sub-resfriamentos;
- a nucleação e a taxa de crescimento de um dado mineral dependem da composição do magma a partir do qual o mineral cristaliza;
- a nucleação e o crescimento de dado mineral variam com o teor de água do magma;
- a taxa de nucleação e de crescimento mineral não só dependem da intensidade (valor) do sub-resfriamento, mas também da velocidade de resfriamento magmático que o gera;
- variações no sub-resfriamento e no teor de água nem sempre são refletidos rapidamente na taxa de nucleação e crescimento mineral, pois líquidos silicáticos têm respostas termodinâmicas lentas, isto é, sistemas magmáticos têm alta inércia.

14. Sub-resfriamento é a diferença entre a temperatura de cristalização teórica (temperatura liquidus ou de saturação) de uma fase sólida e sua temperatura efetiva de cristalização. Um resfriamento brusco gera grandes sub-resfriamentos e aumenta rapidamente a viscosidade de um magma, fato que retarda a difusão dos elementos constituintes de um mineral através do magma até o germe de cristalização. O aumento da viscosidade afeta diferencialmente a difusão dos cátions no magma. Grandes cátions sofrem um maior retardo que cátions menores. Consideremos um magma basáltico cujos constituintes principais são olivina (Mg, Fe, Si), plagioclásio (Ca, Na, Al, Si) e piroxênio (Ca, Mg, Fe, Al, Si). Dos elementos constituintes desses minerais, Si e Al estão incorporados nas estruturas dos protoesqueletos que serão saturados pelo Mg, Fe, Ca e Na além do próprio Al. Sob sub-resfriamento de 40 °C, a velocidade de difusão do Mg e Fe que saturam o protoesqueleto para a formação da olivina é maior que a do Ca e Na que saturam o protoesqueleto para a formação do plagioclásio, mas, sob sub-resfriamento de 45 °C, as velocidades de difusão se invertem. Consequentemente, sob sub-resfriamento brando, cristaliza inicialmente olivina, enquanto, sob sub-resfriamento um pouco maior, o primeiro mineral a cristalizar é o plagioclásio (Figura 5.9.A).

15. A forma de um cristal é a soma de todas as faces presentes no seu poliedro cristalino. O desenvolvimento de uma face cristalina envolve dois componentes:

- crescimento de dado plano cristalino estrutural já criado. É o crescimento planar ou crescimento areal de dada face cristalina. O crescimento (expansão areal) de um plano cristalino é controlado por vários fatores, entre eles a concentração dos íons cristalinos no líquido, a sua velocidade de difusão, a presença de certos elementos traços e a τ_s, uma energia superficial do cristal resultante das cargas iônicas não saturadas dos íons do plano externo do cristal em contato com o líquido circundante;
- a geração de sucessivos novos planos cristalinos estruturais similares superpostos. É o deslocamento planar ou velocidade de deslocamento de dada face cristalina ao longo de uma perpendicular a ela. Durante o crescimento mineral, as faces com maior velocidade de deslocamento planar (faces de crescimento rápido) são progressivamente eliminadas, o que implica que a forma de um mineral sofre mudanças durante seu crescimento e que no poliedro cristalino da forma de um mineral bem desenvolvido dominam faces com pequena velocidade de deslocamento planar (faces de menor velocidade de crescimento).

As duas distintas e simultâneas operações de crescimento mineral envolvem ganhos energéticos distintos, sendo o do deslocamento planar consideravelmente maior que o do crescimento planar. A velocidade de deslocamento varia para as diferentes faces cristalinas; é determinada em complexos experimentos de crescimento cristalino partindo-se de um corpo mineral esférico de dado mineral mergulhado numa solução supersaturada de mesma composição para qualificar e mesurar o progressivo desenvolvimento e crescimento das faces da forma do poliedro cristalino.

Do crescimento diferencial das diversas faces do poliedro cristalino, que implica desenvolvimento preferencial de uma ou mais faces, resulta o hábito mineral que pode ser acicular, alongado, prismático retangular, colunar, alongados, achatados, foliar, arredondado ou globular etc. Em cristais euedrais bem desenvolvidos, nos quais a forma resulta de poucas faces distintas, o hábito pode ser cúbico, octaédrico, dodecaédrico etc. A combinação de certa forma com certo hábito define uma morfologia ou tipologia mineral.

16. A energia τ_s, expressão da reatividade dos íons não saturados da superfície cristalina externa, é proporcional à densidade iônica da face e, portanto, varia de face para face. É evidente que, numa estrutura isométrica cúbica como a do NaCl, a densidade iônica por unidade de superfície varia nas faces (100), (101) e (111). A τ_s tem a capacidade de atrair diferentes íons simples e complexos de elementos traços que constituem uma espécie de rede iônica externa que impede com maior ou menor eficiência o acesso dos íons constituintes do mineral às suas posições estruturais no plano cristalino externo do cristal. Consequentemente, os elementos traços atraídos pela τ_s inibem com maior ou menor eficiência o crescimento e deslocamento planar do plano cristalino que recobrem. A natureza e o teor de elementos traços não só variam significativamente nos diferentes magmas parentais, mas também nos sucessivos magmas derivados por fracionamento de dado magma parental. O fracionamento gera magmas derivados cada vez mais ricos em elementos incompatíveis. O bloqueio do crescimento de faces específicas por particulares elementos traços implica um maior desenvolvimento das demais faces, o que se manifesta numa particular forma do mineral. Decorre que a forma de dado mineral muda não só em diferentes ambientes geoquímicos (magmático, pneumatolítico e hidrotermal), mas também durante a evolução dos diferentes ambientes geoquímicos. Magmas sucessivamente fracionados tornam-se progressivamente mais ricos em elementos incompatíveis, fluidos pneumatolíticos e hidrotermais são enriquecidos em elementos metálicos hidrófilos e elementos voláteis. Resulta que alguns ambientes geoquímicos podem ser reconhecidos pela supressão ou surgimento de faces específicas na forma de certos minerais (Figura 5.9.B). Um mineral que cristaliza no sistema monométrico e cuja forma contém basicamente as faces (100) e (111) pode apresentar em distintas rochas ou minérios ora hábito cúbico, ora hábito octaédrico pelo maior desenvolvimento de uma ou outra face. Num cristal isométrico cuja forma contém apenas a face (100), o hábito será cúbico se as faces (100), (010) e (001) forem aproximadamente equidimensionais, mas o hábito será achatado se a face (001) tiver um desenvolvimento muito maior que as demais faces cúbicas.

17. Caso clássico é a variação da forma (que inclui faces prismáticas, piramidais, bipiramidais e pinacoides) e do hábito (mais ou menos acicular, prismático, bipiramidal ou equidimensional) do zircão em diferentes tipos de granitos. As diferentes combinações de formas e hábitos dos cristais de zircão definem 64 classes de tipos morfológicos (ou classes tipológicas) (Figura 5.10).

O desenvolvimento relativo das formas piramidais {211} e {101} e a supressão de uma ou de ambas e a presença ou ausência das faces (301) e (101) na forma do zircão são controlados pelo índice de alcalinidade molar Al/(Na + K) que subdivide os granitos em seis linhagens: aluminosa, cálcio-alcalina, cálcio-alcalina potássica ou subalcalina potássica, alcalina, toleítica e charnockítica. Os granitos aluminosos são subdivididos em autóctones, parautóctones e alóctones, que refletem magmas progressivamente menos aluminosos. Os granitos cálcio-alcalinos são subdivididos em granitos de baixa, média e elevada temperatura que expressam locais magmagênicos cada vez mais profundos ao longo de zonas de subducção.

As seis linhagens têm intervalos termoquímicos evolutivos menores (granitos toleíticos, charnockíticos e crustais) ou maiores (granitos cálcio-alcalinos e alcalinos) que se refletem num menor ou maior número de classes tipológicas de zircão nas diferentes linhagens de granitos. Granitos toleíticos e charnockíticos (ou charnoquíticos) apresentam um número muito pequeno de classes tipológicas. Granitos toleíticos (ou plagiogranitos) são o produto final do fracionamento ideal extremo de magmas basálticos toleíticos. Granitos charnockíticos são ricos em CO_2, gás que controla a forma e hábito dos cristais de zircão muito mais intensamente que a composição do magma que pode apresentar acentuada evolução termoquímica (Figura 5.10).

Já a relação entre as dimensões (largura) das faces das formas prismáticas {100} e {110} e a supressão de uma ou de ambas é controlada pelo índice térmico, que reflete a temperatura dos sucessivos magmas derivados, progressivamente mais frios e evoluídos.

Resulta que o exame microscópico e a classificação da morfologia de um grande número de cristais de zircão de dado intervalo granulométrico extraídos de uma amostra de granito permitem, após tratamento estatístico, determinar a classificação química do granito da amostra e sua temperatura de cristalização pela quantificação dos índices de alcalinidade e térmico (Figura 5.11).

18. Uma pequena variação (1) na composição de dado tipo de magma (por exemplo, num magma basáltico), (2) na sequência dos minerais que cristalizam sucessivamente do magma, (3) da taxa de nucleação e de crescimento dos minerais cristalizados, e (4) do grau de cristalinidade da rocha resultante de um resfriamento magmático mais ou menos rápido, resulta em diferentes arranjos espaciais dos minerais da fração cristalina, bem como da fração líquida vitrificada quando presente. Os distintos arranjos espaciais das espécies minerais e da fração vítrea coexistente são denominados de textura ou litotrama. Alguns autores nacionais insistem no horrível termo "fabrica", tradução sem igualdade de significado do inglês *fabric* para designar a litotrama. Consideremos o caso de haplobasaltos (basaltos com clinopiroxênios e plagioclásios na ausência de olivina) hipocristalinos e holocristalinos (Figura 5.12). Cada arranjo espacial (textura, litotrama) dos componentes dessas rochas recebe nome específico, caso da textura intersertal, intergranular e subofítica (figuras 5.12.A, B e C). Na textura dolerítica, grandes cristais de piroxênio (cristais poiquilíticos) englobam total ou parcialmente alguns cristais tabulares (ripas) euedrais a subedrais de plagioclásio que formam uma malha aberta (as ripas de plagioclásio não se tocam) (Figura 5.12.D). A textura ofítica tem características semelhantes, mas as ripas de plagioclásio formam uma malha fechada (os cristais tabulares se tocam) (Figura 5.12.E). A comparação das duas texturas sugere que basaltos com textura dolerítica são algo mais ricos em piroxênio e pobres em plagioclásio do que basaltos com textura ofítica.

As texturas dolerítica e ofítica podem resultar de diferentes combinações entre sequência de nucleação, a taxa de nucleação ou a taxa de crescimento mineral nos três estágios subsequentes de cristalização magmática. As principais possibilidades são:

- Estágio inicial: formação de poucos núcleos de piroxênio; os cristais têm média velocidade de crescimento. Estágio intermediário: continua o crescimento dos cristais de piroxênio e inicia-se abundante nucleação de plagioclásio, cujos cristais também têm média velocidade de crescimento; inicia-se o engolfamento dos cristais de plagioclásio pelos cristais de piroxênio. Estágio final: continua o crescimento dos cristais das duas espécies minerais que resulta num maior engolfamento de ripas de plagioclásio pelos cristais de piroxênio e na configuração espacial final da textura ou litotrama dolerítica ou ofítica (Figura 5.13.A).

- Estágio inicial: abundante nucleação de plagioclásio; os cristais têm pequena velocidade de crescimento. Estágio intermediário: continua o crescimento lento dos cristais de plagioclásio. Pequena nucleação de piroxênio, cujos cristais têm alta velocidade de crescimento; inicia-se o engolfamento dos cristais de plagioclásio pelos cristais de piroxênio. Estágio final: continua o crescimento dos cristais das duas espécies minerais que resulta no engolfamento de mais ripas de plagioclásio pelos cristais de piroxênio e na configuração espacial final da textura dolerítica ou ofítica (Figura 5.13.B).
- Estágio inicial: rara nucleação de piroxênio e simultânea abundante nucleação de plagioclásio; a velocidade de crescimento dos cristais de piroxênio é maior que a dos de plagioclásio. Estágio intermediário: continua o crescimento dos cristais das duas espécies minerais e inicia-se o engolfamento dos cristais de plagioclásio pelos cristais de piroxênio. Estágio final: continua o crescimento dos cristais das duas espécies minerais e o consequente engolfamento de mais ripas de plagioclásio com crescentes dimensões pelos cristais de piroxênio e configuração espacial da textura dolerítica ou ofítica (Figura 5.13.C).

É a hipótese preferida. Os cristais de plagioclásio são menores e mais numerosos que os de piroxênio, o que indica para estes uma taxa de nucleação menor e uma taxa de crescimento maior. Os cristais de plagioclásio engolfados aumentam de dimensões do centro para as bordas dos cristais envolventes de piroxênios, mas são menores que os não engolfados. A razão é que, uma vez engolfados, os cristais cessam de crescer, enquanto os cristais não engolfados continuam seu crescimento. O aumento das dimensões dos cristais de plagioclásio do centro para as bordas dos cristais de piroxênio indica que a captura dos cristais de plagioclásio foi progressiva (os cristais engolfados estavam cada vez maiores), o que confirma uma maior taxa de crescimento do piroxênio em relação à do plagioclásio. Finalmente, a ocorrência de pequenos cristais de plagioclásio no centro dos cristais de piroxênio indica que cristais das duas espécies minerais já coexistiram desde o início da cristalização com resultado de uma nucleação simultânea. A história temporal (dividida nos três estágios considerados) de geração das texturas dolerítica e ofítica resulta do exame microscópico de basaltos com crescente cristalinidade (ou decrescente teor de vidro), que permite caracterizar o desenvolvimento progressivo das texturas no decorrer da cristalização magmática (Figura 5.13.D).

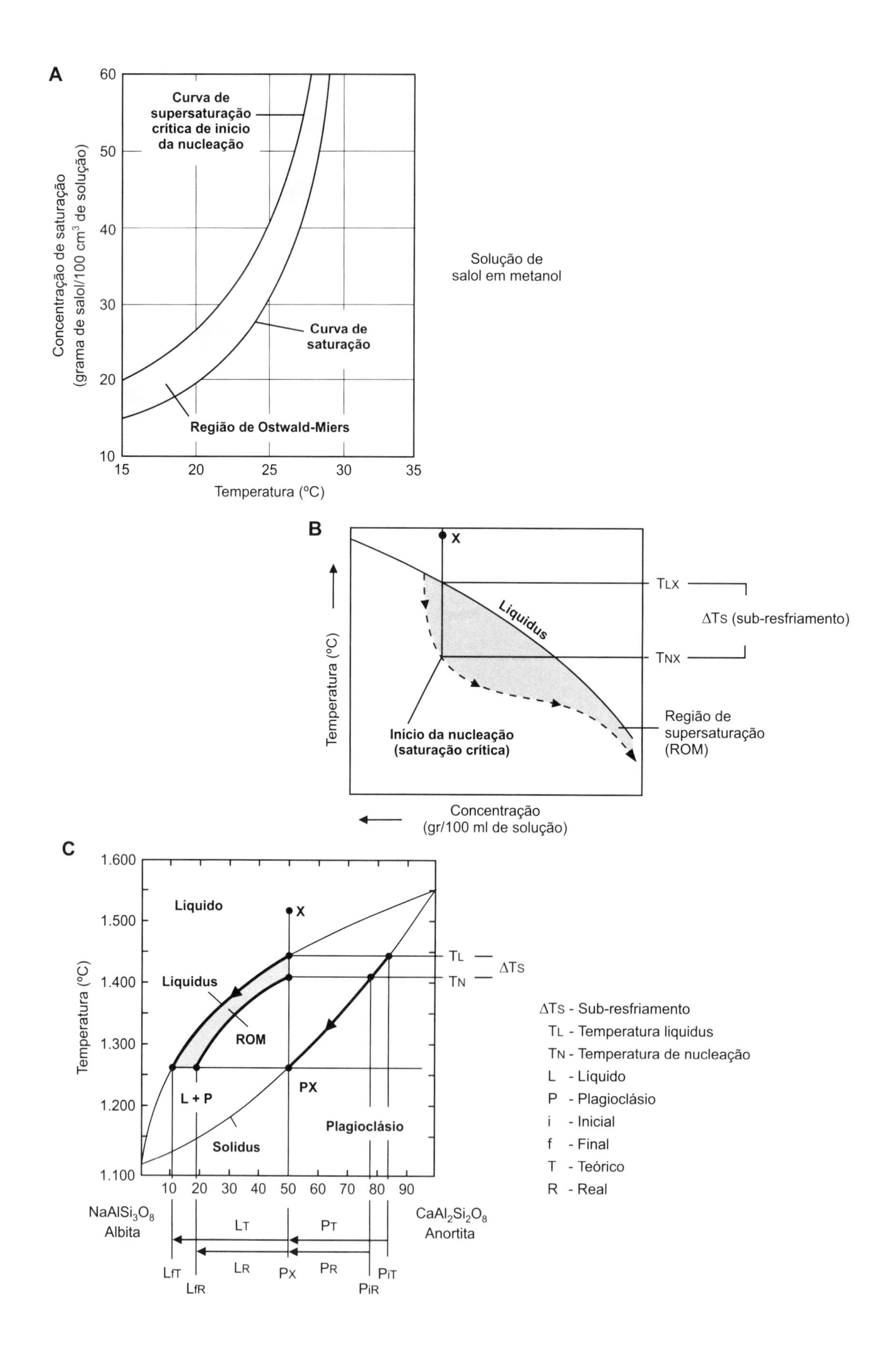
A
Curva de supersaturação crítica de início da nucleação
Curva de saturação
Região de Ostwald-Miers
Concentração de saturação (grama de salol/100 cm³ de solução)
Temperatura (°C)
Solução de salol em metanol
B
X
TLX
ΔTS (sub-resfriamento)
TNX
Liquidus
Início da nucleação (saturação crítica)
Região de supersaturação (ROM)
Temperatura (°C)
Concentração (gr/100 ml de solução)
C
Líquido
X
Liquidus
ROM
L + P
PX
Plagioclásio
Solidus
TL
TN
ΔTS
Temperatura (°C)
NaAlSi3O8 Albita
CaAl2Si2O8 Anortita
LT
PT
LR
PR
LfT
LfR
PX
PiR
PiT
ΔTS - Sub-resfriamento
TL - Temperatura liquidus
TN - Temperatura de nucleação
L - Líquido
P - Plagioclásio
i - Inicial
f - Final
T - Teórico
R - Real

Figura 5.1 – Sub-resfriamento

A – Curvas de saturação e de nucleação espontânea (Kleber, 1965)

Teoricamente, a cristalização inicia-se quando, por resfriamento do sistema, o líquido se torna saturado nos elementos que integram a fase sólida a ser formada. A temperatura de saturação é denominada de temperatura liquidus (TL). Entretanto, na natureza, a cristalização mineral exige certa supersaturação que é obtida sob temperatura menor, denominada de temperatura de nucleação espontânea (TN). A diferença entre TL e TN é denominada de sub-resfriamento (ΔTs). A área compreendida entre a curva de saturação e a curva de nucleação espontânea é denominada região de Ostwald-Miers (ROM). Na ROM, a nucleação mineral é muito restrita e os raros germes de cristalização formados são instáveis e tendem a ser redissolvidos na solução líquida. A concentração de saturação e de nucleação espontânea de uma solução aumenta com o aumento da temperatura, pois uma maior temperatura aumenta o coeficiente de dissolução do soluto e, consequentemente, sua concentração na solução.

B – Variação da supersaturação com a temperatura (Gill, 2010)

Supersaturação é a diferença entre a concentração de um líquido na temperatura liquidus e sua concentração sob dada temperatura subliquidus. Consideremos o resfriamento de um magma inicial X totalmente líquido e insaturado nos elementos que integram a composição química de dado mineral M. Por resfriamento, o magma X torna-se saturado no soluto M na temperatura liquidus. Continuando o resfriamento, X torna-se supersaturado no soluto M e na temperatura de nucleação espontânea, TN, inicia-se a nucleação e o crescimento do mineral M. Uma vez iniciada a nucleação, ela só cessa com o esgotamento total do líquido ou sua vitrificação. A figura mostra que a concentração da saturação liquidus e a da supersaturação de nucleação espontânea convergem com a queda da temperatura magmática, causa a progressão da cristalização. A queda na supersaturação sob baixas temperaturas implica acentuado declínio da taxa de nucleação e de crescimento do mineral M, mas não implica a supressão da cristalização.

C – Temperaturas liquidus e de nucleação espontânea (Shelley, 1993)

São mostradas as curvas liquidus (início teórico da cristalização) e solidus (fim da cristalização) do sistema dos plagioclásios, uma solução sólida entre anortita ($CaAl_2Si_2O_8$) e albita ($NaAlSi_3O_8$). A curva de nucleação espontânea, de temperatura mais baixa, acompanha grosseiramente a curva liquidus ou curva de saturação sistêmica. O rebaixamento térmico da curva liquidus de cristalização espontânea (supersaturada) em relação à teórica (saturada) implica que, em condições de supersaturação, o plagioclásio inicialmente cristalizado (PiR) é menos cálcico e o líquido final (LfR) é mais cálcico que seus correspondentes teóricos (respectivamente PiT e LfT) cristalizados em condições de saturação sistêmica. Entretanto, essa variação não modifica a composição do plagioclásio homogêneo final PX que cristaliza em condições de equilíbrio da solução líquida inicial X.

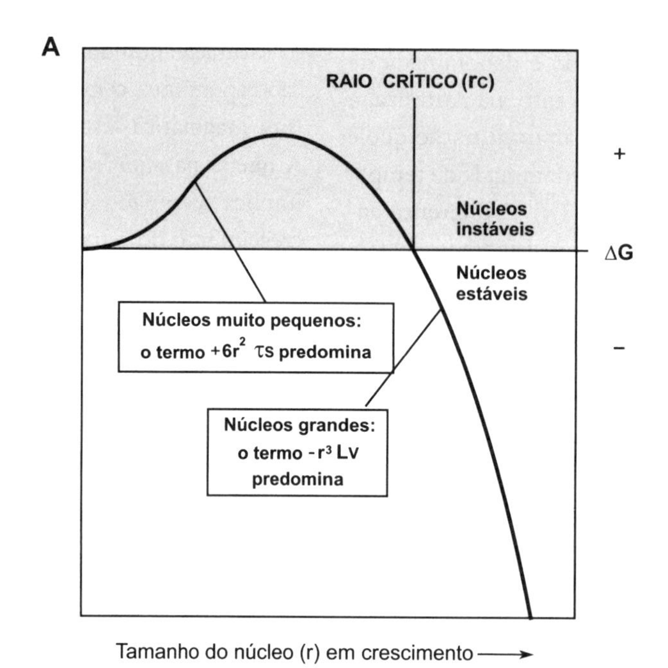

ΔG_L – Energia livre do núcleo em relação à uma quantidade equivalente de líquido do qual cristaliza

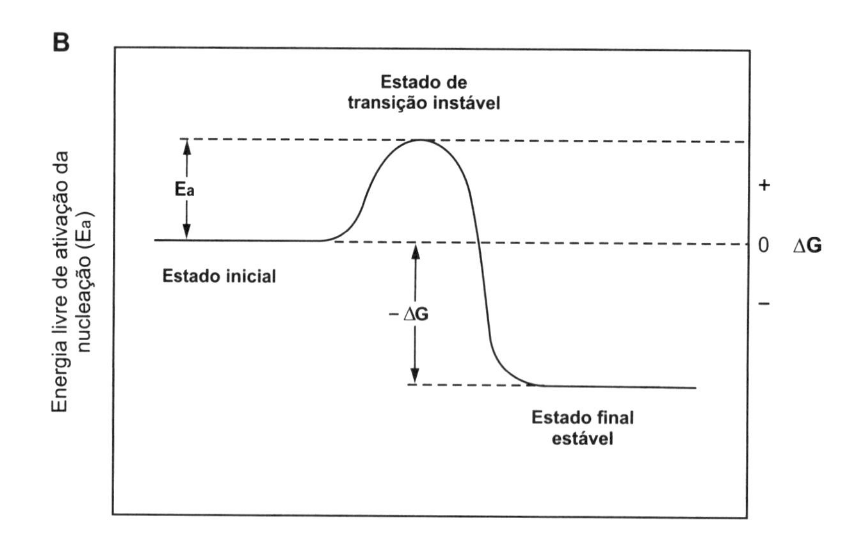

Figura 5.2 – Nucleação

A – Núcleos cristalinos: energia e dimensões (Flinn; Trojan, 1990)

Um mineral cresce em torno de um protocristal denominado de germe ou núcleo de cristalização. A nucleação depende da diferença entre a energia livre de Gibbs de um núcleo ou germe cristalino de dado mineral e a energia livre de seu equivalente volume de líquido mineral a partir do qual o germe cristaliza (ΔG_L). A energia livre de Gibbs do núcleo (G_L) compreende dois componentes. O primeiro é a energia de coesão L_V das partículas da rede cristalina do núcleo. Portanto, L_V depende do volume do germe cristalino. Quanto maior o volume do germe, maior sua L_V e menor a energia G_L do núcleo. O segundo componente, a energia de superfície τ_s do núcleo, expressa a energia das partículas (íons) não saturadas da superfície da rede cristalina. τ_s depende, pois, da superfície total do germe cristalino. Quanto maior a superfície do germe, maior sua τ_s e maior a energia G_L do núcleo. A energia livre de Gibbs total do germe de cristalização, G_L, resulta, pois, da relação entre a perda energética que depende do seu volume e do ganho energético que depende de sua superfície. Para um germe cúbico de lado **r** resulta: $G_L = -6r^2\ \tau_s - r^3\ L_V$. A relação volume/superfície de qualquer partícula (cúbica, esférica etc.) aumenta com seu tamanho. Na tabela a seguir é mostrada a variação da relação volume/superfície de uma partícula cúbica com o aumento progressivo do seu tamanho:

Tamanho da aresta do cubo (r)	Volume (r^3)	Superfície ($6r^2$)	Volume/ Superfície
1	1	6	0,166
2	8	24	0,333
3	27	54	0,500
4	84	96	0,875
5	125	150	0,833

Decorre que, para um germe de cristalização com baixa relação volume/superfície, isto é, um germe pequeno, a diferença ΔG_L entre o germe e um volume equivalente de líquido mineral do qual o núcleo cristaliza é positiva e a nucleação não ocorre. Para um germe com alta relação volume/superfície, isto é, um germe grande, a diferença ΔG_L é negativa e a nucleação ocorre espontaneamente. O raio (para germes esféricos) ou lado (para germes cúbicos) crítico expressa a dimensão do germe para o qual $\Delta G_L = 0$. Germes com raio e lado maiores que os críticos são estáveis, isto é, evoluem para um cristal.

B – Energia de ativação da nucleação (Flinn; Trojan, 1990)

Mesmo para valores negativos de ΔG_L, o desenvolvimento do germe só ocorre pela adição ao sistema de dada energia de ativação da nucleação, E_a, pois, na natureza, a iniciação cinética dos processos físico-químicos necessita de uma energia de ativação, um verdadeiro "empurrão energético" para superar a inércia do sistema.

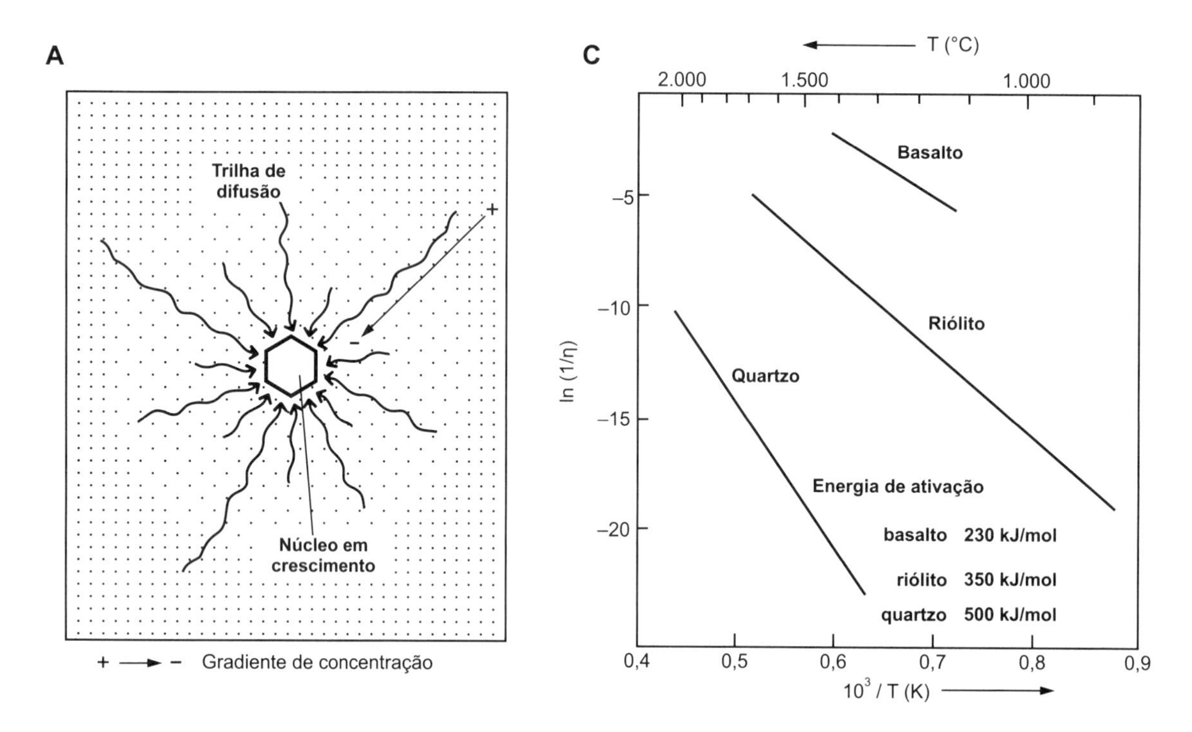

η - viscosidade

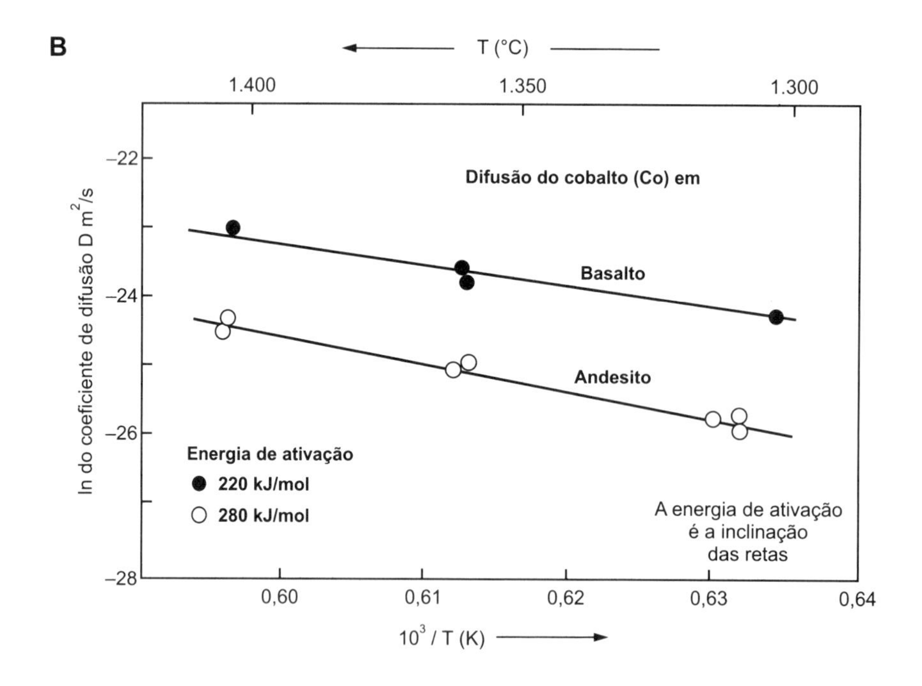

Figura 5.3 – Difusão

A – Difusão e crescimento mineral (Fisher, 1978)

O crescimento mineral resulta da deposição repetida e regular das partículas constituintes do cristal em torno de um núcleo ou germe de cristalização. A extração dos íons do líquido na interface cristal/líquido empobrece o líquido nas imediações do cristal no íon incorporado pelo cristal. A diferença entre a concentração do íon extraído nas imediações do cristal em crescimento e sua concentração em porções líquidas mais distais do magma corresponde a um gradiente de concentração iônica no líquido. O gradiente de concentração deflagra a difusão do íon extraído das porções magmáticas de sua maior concentração para a área pericristalina de menor concentração visando restabelecer uma concentração homogênea do íon no líquido. Decorre que o crescimento do mineral depende da difusão de seus elementos constituintes através do líquido para a interface cristal/líquido.

B – Difusão iônica (Lowry; Henderson; Nolan, 1982)

A difusão iônica depende de muitos fatores, com ênfase para as características do íon e a viscosidade do líquido magmático. Íons com grande raio iônico ou alta valência têm difusão mais lenta (menor coeficiente de difusão) que íons pequenos ou pequena valência. A viscosidade de um líquido silicático aumenta exponencialmente com a queda linear da temperatura; consequentemente, a velocidade de difusão de dado íon pelo líquido, expresso por seu coeficiente de difusão, diminui com a queda da temperatura do sistema. Num gráfico Arrhenius, a relação entre o logaritmo do coeficiente de difusão e o inverso da temperatura (expressa em graus Kelvin) determina uma reta cuja inclinação define a energia de ativação da difusão. A energia de ativação da difusão de cobalto num líquido basáltico é de 220 kJ/mol, num líquido andesítico é de 280 kJ/mol. A energia de ativação da difusão aumenta com o aumento do teor de sílica do líquido, pois líquidos mais e menos silicosos sob mesma temperatura são, respectivamente, mais e menos viscosos.

C – Viscosidade e temperatura (Scarfe, 1977)

Sob dada temperatura, um magma flui sob o efeito de uma pressão cisalhante σ. O gradiente da velocidade de fluxo por cisalhamento é dado pela expressão $V_{fc} = \sigma/\eta$, na qual η é uma constante denominada de viscosidade. Valores de η baixos e altos caracterizam respectivamente líquidos fluidos (água) e tenazes (piche asfáltico). Como a viscosidade aumenta exponencialmente com a queda da temperatura, a relação $\log \eta \times 1/T$ (em graus Kelvin) determina uma reta cuja inclinação define a energia de ativação do fluxo de cisalhamento. O mesmo comportamento do coeficiente de difusão (**B**) e da viscosidade (**C**) num gráfico Arrhenius caracteriza a relação direta entre viscosidade e coeficiente de difusão. Aumentos na viscosidade inibem a difusão e, consequentemente, a nucleação e o crescimento cristalino (mineral). (**C**) mostra, também, que a viscosidade de um líquido silicático aumenta com o teor de sílica, como indica o comparativo entre líquidos basálticos, riolíticos e de sílica pura.

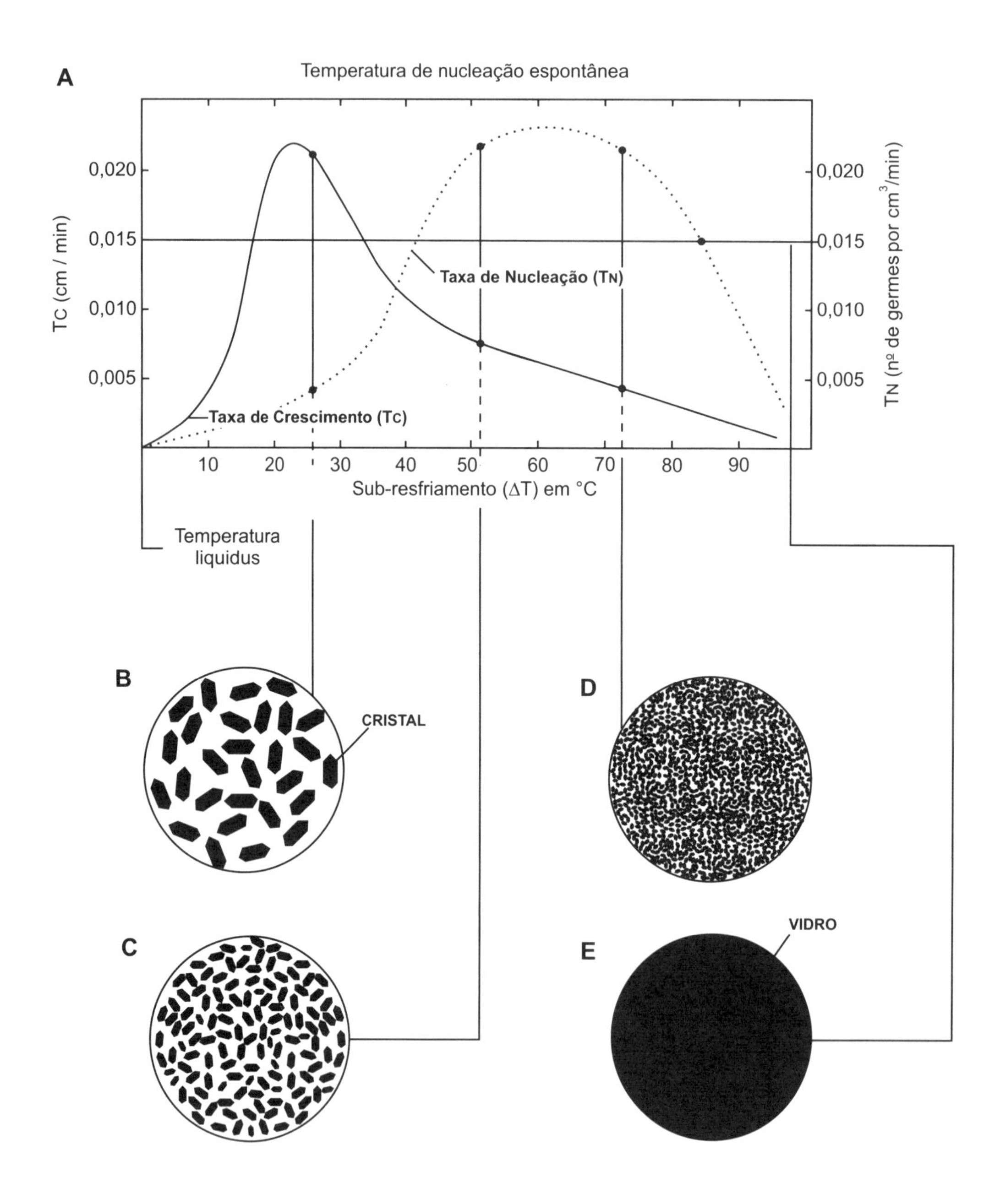
A
Temperatura de nucleação espontânea
0,020
0,015
0,010
0,005
Tc (cm / min)
0,020
0,015
0,010
0,005
TN (nº de germes por cm³/min)
Taxa de Nucleação (TN)
Taxa de Crescimento (Tc)
10
20
30
40
50
60
70
80
90
Sub-resfriamento (ΔT) em °C
Temperatura
liquidus
B
CRISTAL
C
D
E
VIDRO

Figura 5.4 – Nucleação e crescimento mineral

A – Relação entre taxa de nucleação e taxa de crescimento mineral (Hughes, 1982)

A taxa de nucleação (N/cm^3 min) – o número de núcleos formados (N) por unidade de volume (cm^3) e tempo (min) num líquido com dada supersaturação –, e a taxa de crescimento mineral (cm/min) – o aumento de tamanho de dado cristal (cm) crescendo num líquido com dada temperatura por unidade de tempo (min) – variam com o sub-resfriamento magmático (a diferença entre a temperatura liquidus ou de saturação e a temperatura de nucleação espontânea). A taxa de nucleação depende da supersaturação do magma e da intensidade do movimento browniano das partículas no líquido magmático. O crescimento mineral depende da supersaturação do magma e da velocidade de difusão das partículas no líquido magmático. Os dois fatores são função da temperatura do sistema magmático, que decresce continuamente durante a cristalização. A distinta natureza dos parâmetros condicionantes da nucleação e do crescimento mineral implica a não coincidência entre a taxa máxima de nucleação e a taxa máxima de crescimento mineral. Esta ocorre em sub-resfriamentos menores que aquela.

B a E – Texturas de rochas magmáticas (Barker, 1983, modificado)

A variação das taxas de crescimento e de nucleação mineral com o sub-resfriamento magmático determina diferentes texturas magmáticas. Texturas expressam certas características (formas, disposição espacial, dimensões absolutas, dimensões relativas, variação granulométrica, visibilidade dos cristais, taxa de material cristalino ou vítreo etc.) da fração mineral e/ou vítrea constituintes de uma rocha.

Consideremos a cristalização de um magma com um pequeno sub-resfriamento (a temperatura do magma é pouco menor que a temperatura de saturação do sistema). Nessa condição, a taxa de nucleação mineral é pequena e a taxa de crescimento mineral é alta. Resulta uma rocha formada por poucos minerais com grandes dimensões e o tamanho dos cristais é aproximadamente igual. O resultado é uma textura equigranular grossa, uma textura fanerítica, termo que indica que os cristais são visíveis a olho nu (**B**). Consideremos, agora, a cristalização de um magma com um médio sub-resfriamento (a temperatura do magma é razoavelmente menor que a temperatura de saturação do sistema). Nessa condição, a taxa de nucleação mineral é alta e a taxa de crescimento mineral é moderada. Resulta uma rocha formada por muitos cristais com pequenas dimensões e os tamanhos dos cristais são aproximadamente iguais. É a textura fanerítica equigranular fina (**C**). Consideremos, ainda, a cristalização de um magma com um grande sub-resfriamento (a temperatura do magma é muito menor que a temperatura de saturação do sistema). Nessa condição, a taxa de nucleação mineral é elevada e a taxa de crescimento mineral é muito baixa. Resulta uma rocha formada por inúmeros diminutos cristais com pequenas dimensões cuja existência é indicada pelos abundantes reflexos da luz incidente nos extremamente abundantes planos de clivagem ou faces minerais. É a textura densa, afanítica (**D**). Sob sub-resfriamento extremo, a temperatura do líquido magmático não mais intercepta a curva de nucleação, ou seja, o líquido não atinge a condição de nucleação espontânea e, consequentemente, não ocorre nem nucleação nem crescimento mineral. Nessas condições, o magma é transformado em vidro vulcânico, um líquido superviscoso ou um sólido amorfo (**E**). Vidros industriais são vidros vulcânicos sintéticos.

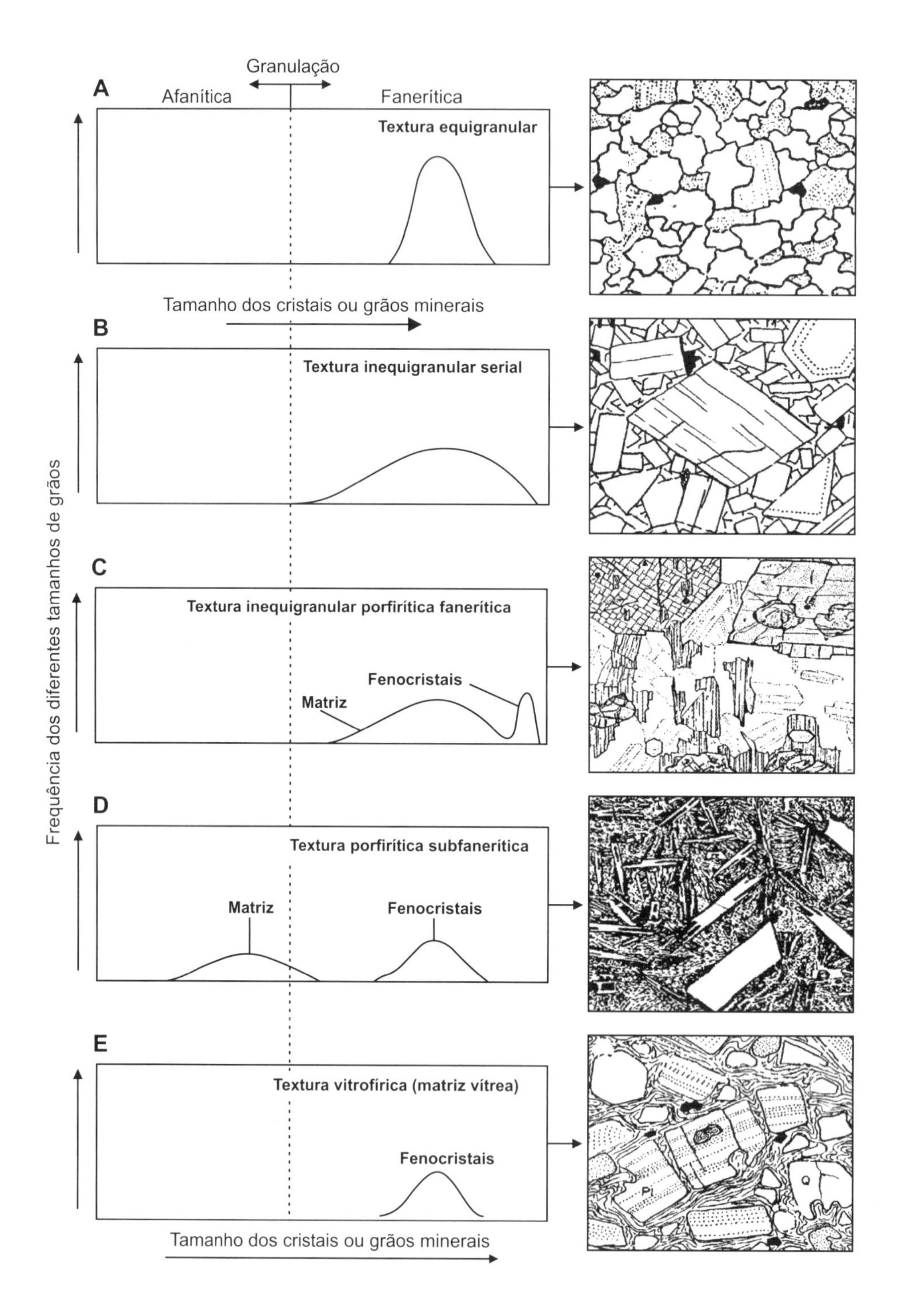
Granulação
A
Afanítica
Fanerítica
Textura equigranular
Tamanho dos cristais ou grãos minerais
B
Textura inequigranular serial
C
Textura inequigranular porfirítica fanerítica
Fenocristais
Matriz
D
Textura porfirítica subfanerítica
Matriz
Fenocristais
E
Textura vitrofírica (matriz vítrea)
Fenocristais
Tamanho dos cristais ou grãos minerais
Frequência dos diferentes tamanhos de grãos

Figura 5.5 – Crystal Size Distribution

A a E – Texturas e história térmica da cristalização (Best; Christiansen, 2001, modificado)

Crystal Size Distribution (CSD) é a caracterização da variação das dimensões dos cristais de uma rocha pela determinação da frequência de cada um dos intervalos granulométricos padrão de referência utilizados. Estes normalmente são divididos em intervalos faneríticos e afaníticos ao lado do intervalo não cristalino "vidro vulcânico". A CSD é feita num gráfico Tamanho dos Cristais × Frequência dos Diferentes Tamanhos dos Cristais. Esse gráfico caracteriza diferentes texturas e sua interpretação elucida a história térmica da cristalização magmática pela determinação do sub-resfriamento dominante e da intensidade de sua variação. As principais texturas definidas pela CSD são:

A – Textura equigranular. O magma profundo, situado em ambiente quente, cristaliza lentamente e mantém por longo tempo um moderado sub-resfriamento caracterizado por médias taxas de nucleação e de crescimento mineral. Resultam cristais aproximadamente iguais e com dimensões que permitem a sua identificação a olho nu, o que define a textura como fanerítica.

B – Textura inequigranular serial. O magma cristaliza num intervalo de sub-resfriamento mais amplo caracterizado por crescente taxa de nucleação e decrescente taxa de crescimento mineral. Resulta uma textura composta por cristais com dimensões variadas, mas suficientemente grandes para permitir a sua identificação a olho nu ou com lupa.

C – Textura porfirítica fanerítica. A cristalização inicia-se sob um pequeno sub-resfriamento com a formação de poucos cristais com grandes dimensões. São denominados fenocristais. A cristalização segue sob resfriamento algo mais rápido que progressivamente aumenta o sub-resfriamento do magma. Resulta a formação da segunda geração de cristais sob crescentes taxas de nucleação e decrescentes taxas de crescimento mineral que resulta numa granulação de média a fina. Essa população de cristais forma a matriz inequigranular da rocha que engloba os fenocristais. A textura porfirítica indica a cristalização de um magma em dois estágios, um mais profundo e outro mais raso, este sendo o resultado da ascensão do magma para níveis crustais mais rasos.

D – Textura porfirítica subfanerítica. A textura indica uma cristalização em duas etapas térmicas distintas. Na etapa inicial, plutônica, ocorre a formação de fenocristais sob pequeno e persistente sub-resfriamento. Em seguida, o magma sofre rápida ascensão e extravasamento transformando-se em lava. Esta cristaliza rapidamente sob grande sub-resfriamento caracterizado por uma taxa de nucleação muito grande e uma taxa de crescimento mineral muito pequena. Resulta uma matriz densa, uma mistura de cristais diminutos, cristais esqueléticos, cristalitos e vidro. Os cristais são tão pequenos que sua individualização é impossível a olho nu ou por meio de lupa. Uma matriz afanítica que engloba fenocristais faneríticos caracteriza uma textura subfanerítica.

E – Textura vitrofírica. É uma variedade de textura porfirítica na qual fenocristais ocorrem numa matriz totalmente vítrea (matriz holovítrea) ou predominantemente vítrea (matriz hipovítrea). A sua história térmica é semelhante à da textura porfirítica subfanerítica. A diferença é que a lava sofre um resfriamento tão rápido que o grande sub-resfriamento resultante permite apenas incipiente nucleação e crescimento mineral. Decorre a transformação da maior parte do líquido magmático residual em vidro geralmente coalhado de cristalitos e cristais esqueléticos. Obsidiana pode sofrer posterior devitrificação mais ou menos intensa. A figura mostra uma matriz com estrutura fluidal formada pela movimentação (fluxo) da lava durante sua cristalização.

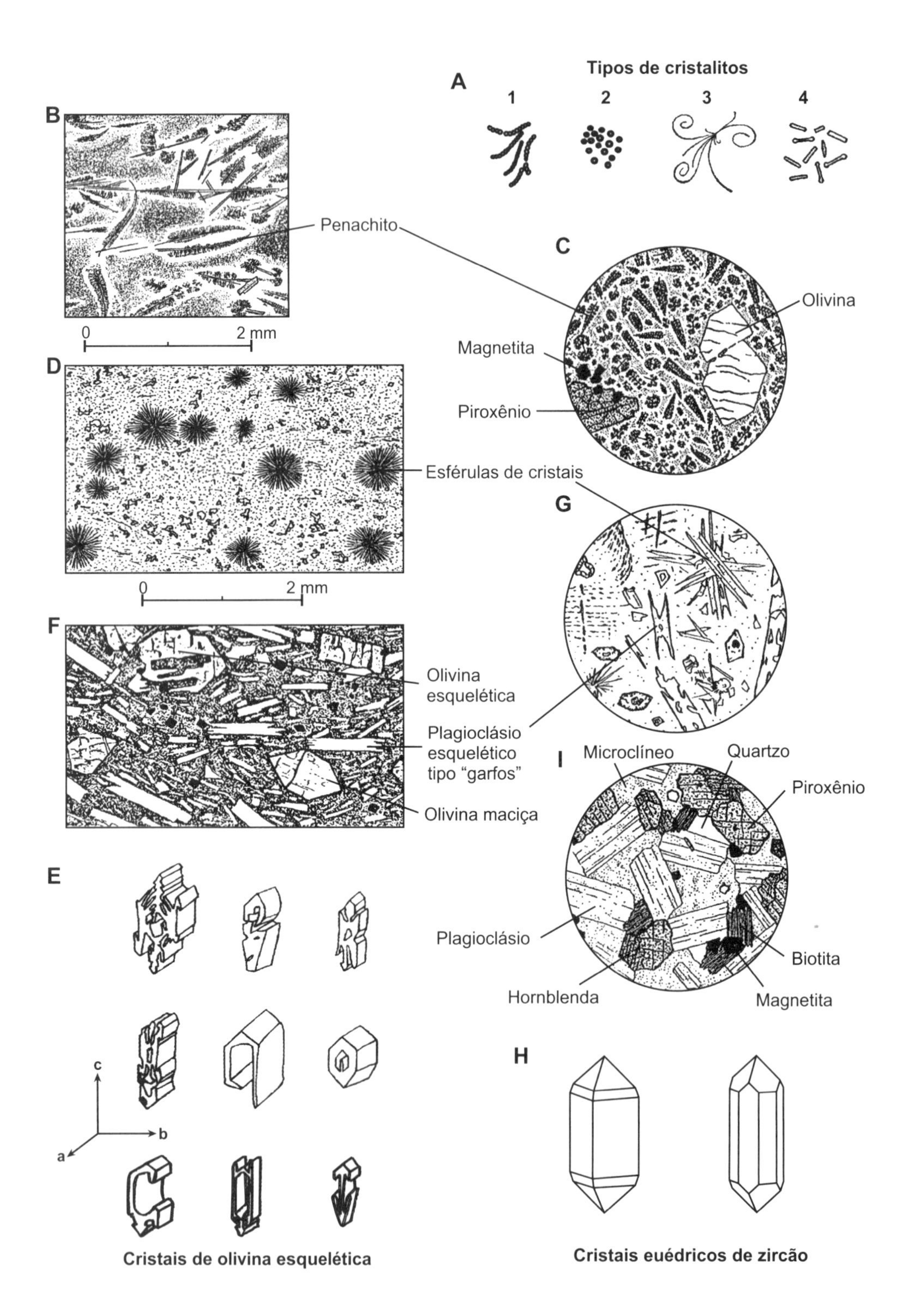
A
Tipos de cristalitos
1
2
3
4
B
Penachito
0
2 mm
C
Olivina
Magnetita
Piroxênio
D
Esférulas de cristais
0
2 mm
G
F
Olivina
esquelética
Plagioclásio
esquelético
tipo "garfos"
Olivina maciça
I
Microclíneo
Quartzo
Piroxênio
E
Plagioclásio
Biotita
Hornblenda
Magnetita
H
c
b
a
Cristais de olivina esquelética
Cristais euédricos de zircão

Figura 5.6 – Sub-resfriamento e hábito cristalino

A a G – Cristalitos, cristais aciculares, cristais esqueléticos e cristais maciços (Grout, 1932; Donaldson, 1976; Bard, 1986)

O hábito dos minerais cristalizados varia com o sub-resfriamento magmático. Entre os hábitos cristalinos formados em grandes sub-resfriamentos destacam-se: (**A**) Cristalitos. São cristais incipientes formados sob sub-resfriamentos muito grandes. De acordo com sua forma são classificados em margaritos (**A1**), globulitos (**A2**), triquitos (**A3**) e belonitos (**A4**), estes com formato de microcotonetes. Particularmente frequentes são os penachitos, cristalitos em forma de pena (**B**). Penachitos ocorrem na matriz densa de rochas porfiríticas (**C**). Enormes penachitos com mais de 2 cm de comprimento ocorrem no diabásio da soleira de Limeira-SP. (**D**) Cristais aciculares ou espículas de cristais com disposição caótica, orientada (geralmente por fluxo de lavas) ou radial formando esférulas (textura esferulítica). Textura esferulítica ocorre em rochas vulcânicas, ácidas a básicas; nestas é mais rara. "Flocos de neve" é uma textura na qual esférulas de espículas minerais e cristais aciculares brancos ocorrem em vidro vulcânico negro. (**E**) Cristais esqueléticos cristalizam sob acentuados sub-resfriamentos. Resultam de um crescimento preferencial segundo certas direções cristalográficas ou elementos físicos (principalmente arestas) da rede cristalina. Cristais esqueléticos são caracterizados pela presença de espaços vazios internos ocupados por vidro ou por uma matriz densa. Geralmente apresentam forma externa imperfeita, descontinuada. Nas olivinas são comuns tubos irregulares paralelos ao eixo cristalográfico preenchidos por matriz densa ou vítrea. As formas externas são complexas, geralmente ricas em reentrâncias geométricas (**E**). Como tal não apresentam a forma poliédrica, típica de minerais maciços. Em plagioclásios são frequentes expansões ou proeminências terminais em cristais tabulares alongados que lembram vagamente "garfos" (com duas expansões ou dentes) ou "tridente" (com três expansões ou dentes). A coexistência de garfos e tridentes de plagioclásio e olivina esquelética é comum em basaltos hipocristalinos microporfiríticos (**F**) e cristais aciculares e esqueléticos geralmente coexistem em rochas vulcânicas com matrizes densas (**G**).

H, I – Cristais maciços (Wimmenauer, 1985)

Pequenos a moderados e persistentes sub-resfriamentos resultam na formação de cristais maciços. De acordo com sua configuração externa, os cristais são subdivididos em euedrais, subedrais e anedrais. Nos minerais euedrais, sua forma é totalmente determinada por faces cristalinas, como no caso do zircão. O mineral ocorre como poliedro cristalino (**H**). Nos minerais subedrais parte de sua configuração é definida por faces cristalinas (forma parcial) e parte por planos irregulares. A lâmina petrográfica (**I**) mostra um quartzo monzonito composto por piroxênio subedral, magnetita, subedral, plagioclásio subedral, biotita subedral a anedral, microclínio anedral e quartzo anedral. A configuração externa mais ou menos facetada dos minerais indica, respectivamente, de uma cristalização mais precoce num ambiente quase totalmente líquido e uma cristalização mais tardia nos interstícios da malha irregular de cristais previamente precipitados.

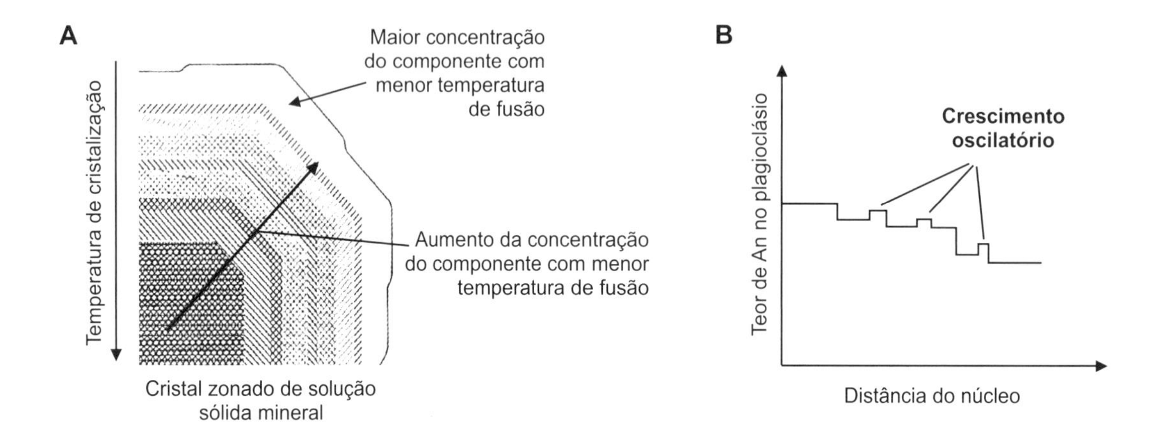
A
Maior concentração do componente com menor temperatura de fusão
Temperatura de cristalização
Aumento da concentração do componente com menor temperatura de fusão
Cristal zonado de solução sólida mineral
B
Teor de An no plagioclásio
Crescimento oscilatório
Distância do núcleo

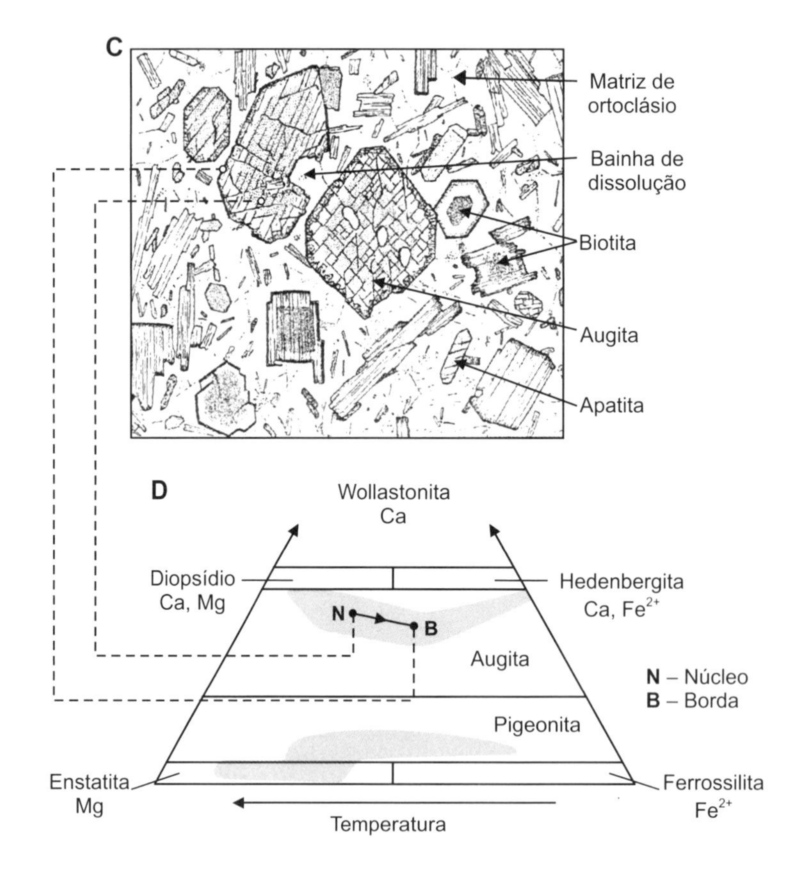
C
Matriz de ortoclásio
Bainha de dissolução
Biotita
Augita
Apatita
D
Wollastonita
Ca
Diopsídio
Ca, Mg
Hedenbergita
Ca, Fe2+
N
B
Augita
N – Núcleo
B – Borda
Pigeonita
Enstatita
Mg
Ferrossilita
Fe2+
Temperatura

Figura 5.7 – Cristais zonados

A, B – Plagioclásio zonado (Hatch; Wells; Wells, 1975; Shelley, 1993)

Cristais zonados resultam da cristalização sob condições de desequilíbrio. É feição típica de minerais soluções sólidas, caso das olivinas, piroxênios, anfibólios, micas e dos plagioclásios, entre outros minerais. Durante a cristalização de uma solução sólida, cada composição mineral parcial formada é mais rica no componente de maior temperatura de fusão que a concentração desse componente no líquido do qual a solução sólida cristaliza. Resulta que o líquido do qual cristaliza a solução sólida é empobrecido nesse componente e, consequentemente, é rompido o equilíbrio físico-químico entre a solução sólida cristalizada e o líquido coexistente, agora mais rico no componente com menor ponto de fusão. A solução instável tenta readquirir sua composição estável reagindo com o novo líquido coexistente para obter uma composição algo mais rica no componente com menor ponto de fusão.

Os plagioclásios são uma solução sólida entre a albita ($NaAlSi_3O_8$) e a anortita ($CaAl_2Si_2O_8$), o componente com maior ponto de fusão. Portanto, a cada instante da cristalização magmática, um plagioclásio mais rico em anortita coexiste em desequilíbrio com um líquido mais rico em albita. A reação de restabelecimento do equilíbrio entre ambos envolve a troca de parte do Ca^2 + Al^3 do excesso de anortita na solução sólida por Na^+ + Si^{4+} do líquido. A reação por substituição iônica acoplada resulta num novo plagioclásio algo mais rico em albita.

A substituição acoplada é um processo moroso e, como tal, exige a manutenção da temperatura de reação por longo tempo, caso da lenta cristalização plutônica. Quando o resfriamento é mais rápido, caso de magmas subvulcânicos e lavas, a reação não é completada e as sucessivas composições instáveis são preservadas no cristal final formando sucessivas capas concêntricas "congeladas". São os cristais zonados. As sucessivas zonas que cristalizam em torno das preexistentes por nucleação induzida apresentam composição instável "congelada" cada vez mais ricas em albita em direção à borda do cristal, refletindo temperaturas de cristalização cada vez mais baixas (**A**). Pequenos aumentos recorrentes no teor de anortita configuram um crescimento oscilatório (**B**) que pode resultar da flutuação recorrente da pressão de água no magma ou de flutuações térmicas no magma pela ação de correntes de convecção sempre presentes em câmaras magmáticas maiores.

C, D – Cristais zonados no sistema dos piroxênios subacalinos (Morimoto, 1988)

O desenho da lâmina petrográfica (**C**) mostra belos fenocristais zonados de augita diopsídica num gabro alcalino. Nos minerais ferro-magnesianos (olivinas, piroxênios, anfibólios e micas), o zoneamento retrata quase sempre um enriquecimento progressivo do mineral em ferro do centro para a borda do cristal. O enriquecimento em ferro dos piroxênios subalcalinos é mostrado no subsistema Diopsídio-Hedenbergita-Enstatita-Ferrossilita do sistema Wollastonita-Enstatita-Ferrossilita (**D**). Está assinalada a variação dos clinopiroxênios ao longo da trilha composicional Diopsídio → (Augita) → Hedenbergita, e dos piroxênios ao longo da trilha composicional Enstatita → (Pigeonita) → Ferrossilita. No campo dos clinopiroxênios estão assinaladas as composições do núcleo e da borda da augita diopsídica mostrada em (**C**).

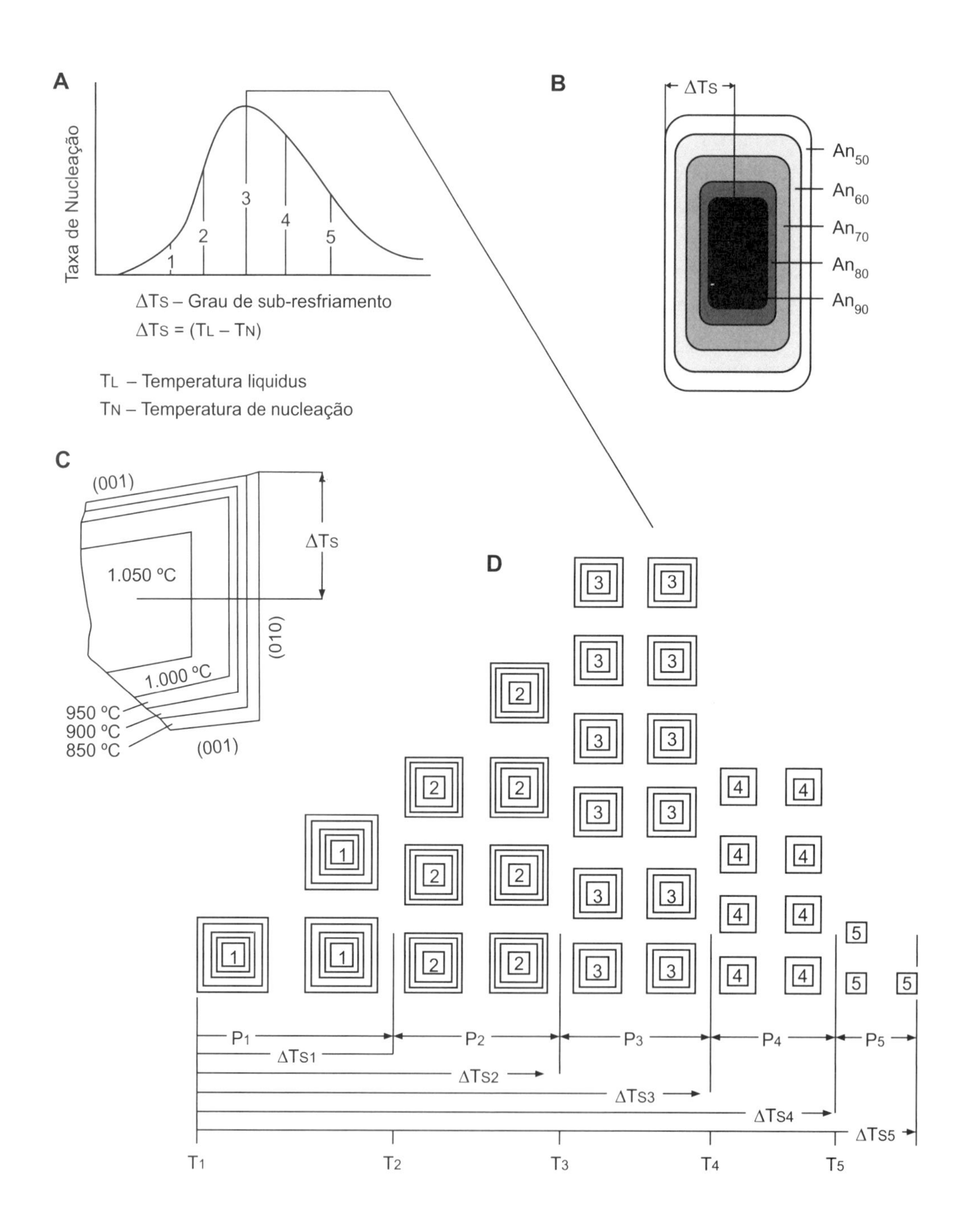
A
Taxa de Nucleação
1
2
3
4
5
ΔTs – Grau de sub-resfriamento
ΔTs = (TL – TN)
TL – Temperatura liquidus
TN – Temperatura de nucleação
B
ΔTs
An50
An60
An70
An80
An90
C
(001)
ΔTs
1.050 °C
(010)
1.000 °C
950 °C
900 °C
850 °C
(001)
D
P1
P2
P3
P4
P5
ΔTs1
ΔTs2
ΔTs3
ΔTs4
ΔTs5
T1
T2
T3
T4
T5

Figura 5.8 – Plagioclásio zonado

A a **D** - **Zoneamento de plagioclásio em rochas vulcânicas** (Hughes, 1982; Mueller; Saxena, 1977; Barker, 1983)

A cristalização em distintos sub-resfriamentos magmáticos implica variação das taxas de nucleação e crescimento mineral (**A**). A cristalização em sub-resfriamentos que aumentam rapidamente é típica de lavas e magmas subvulcânicos e difere do pequeno e persistente sub-resfriamento que caracteriza a cristalização de magmas profundos. Em rápida queda da temperatura, as reações entre minerais instáveis de soluções sólidas com o líquido coexistente não são completadas, característica que origina plagioclásios zonados no sistema Anortita-Albita. Nestes, as sucessivas zonas composicionais apresentam crescentes teores de albita (**B**) que refletem decrescentes temperaturas de cristalização (**C**).

A nucleação dos plagioclásios pode ser espontânea ou induzida. No primeiro tipo ocorre a geração de novos núcleos no seio do líquido magmático e sua frequência (taxa de nucleação) varia com a ampliação do sub-resfriamento durante a cristalização. Além disso, os núcleos espontâneos formados em decrescentes temperaturas no decorrer da cristalização são cada vez mais ricos em albita. Numa nucleação induzida, o plagioclásio neocristalizado desenvolve-se em continuidade cristalográfica em torno de macronúcleos de cristais de plagioclásio instáveis previamente cristalizados. Decorre que a nucleação induzida é responsável pela formação de cristais zonados.

Em (**D**) sob T2, o líquido L2 cristaliza o plagioclásio P2 simultaneamente por: 1) nucleação espontânea e crescimento de cristais P2, e 2) nucleação induzida e crescimento de P2 em torno de cristais de plagioclásio P1 cristalizados previamente do líquido L1 sob T1 e cuja composição está em desequilíbrio com o líquido L2. Resulta a coexistência entre cristais homogêneos de P2 e cristais zonados P1, 2. Com a cristalização de P2, o líquido L2 muda sua composição para L3 com temperatura liquidus T3. Do líquido L3 cristaliza e cresce o plagioclásio P3 novamente sob duas formas: 1) por nucleação espontânea, e 2) por nucleação induzida envolvendo os plagioclásios previamente cristalizados. Estes agora são de dois tipos: cristais homogêneos P2 e cristais zonados P1, 2, ambos cristalizados sob T2 e agora instáveis. Resulta a coexistência entre cristais homogêneos P3, cristais zonados P1, 2, 3 e cristais zonados P2, 3. E assim sucessivamente.

Os diferentes sub-resfriamentos (ΔTs1 < ΔTs2 < ΔTs3...) determinam: 1) diferentes quantidades de núcleos espontâneos formados (a taxa de nucleação varia com a intensidade do sub-resfriamento), e 2) cristais com diferentes dimensões (a taxa de crescimento mineral varia com a intensidade do sub-resfriamento). No início da cristalização, sob pequenos sub-resfriamentos, são formados poucos cristais que crescem rapidamente. No meio da cristalização, a nucleação é máxima e o crescimento mineral é moderado. No fim da cristalização, são formados poucos núcleos que crescem lentamente. A variação na taxa de crescimento não é considerada em (**D**), que reflete apenas a relação entre sub-resfriamento e taxa de nucleação (**A**). Se a taxa de crescimento mineral fosse considerada em (**D**), o lado do núcleo quadrado 1 dos plagioclásios zonados P1, 2, 3, 4, 5 seria maior que o do núcleo quadrado 2 dos plagioclásio P2, 3, 4, 5 e o do núcleo quadrado 3 dos plagioclásios zonados P3, 4, 5.

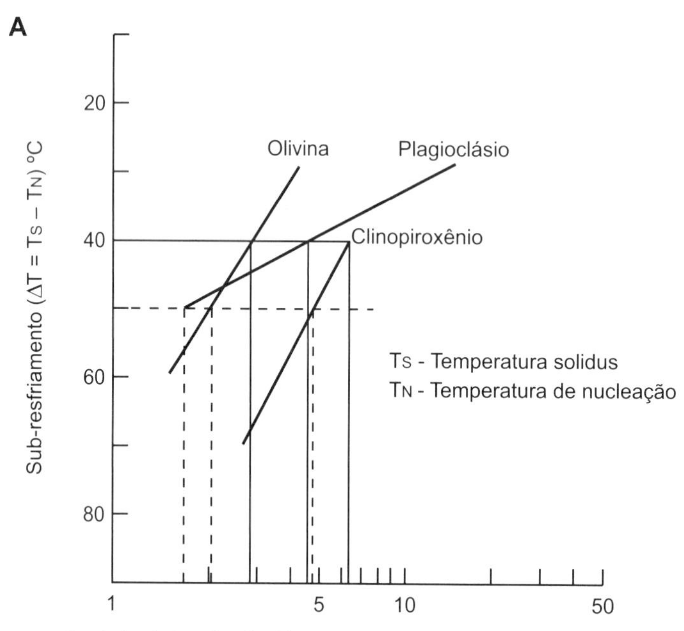
A
20
40
60
80
Sub-resfriamento (ΔT = Ts – TN) °C
Olivina
Plagioclásio
Clinopiroxênio
Ts - Temperatura solidus
TN - Temperatura de nucleação
1
5
10
50

Período de incubação (duração do sub-resfriamento) em horas

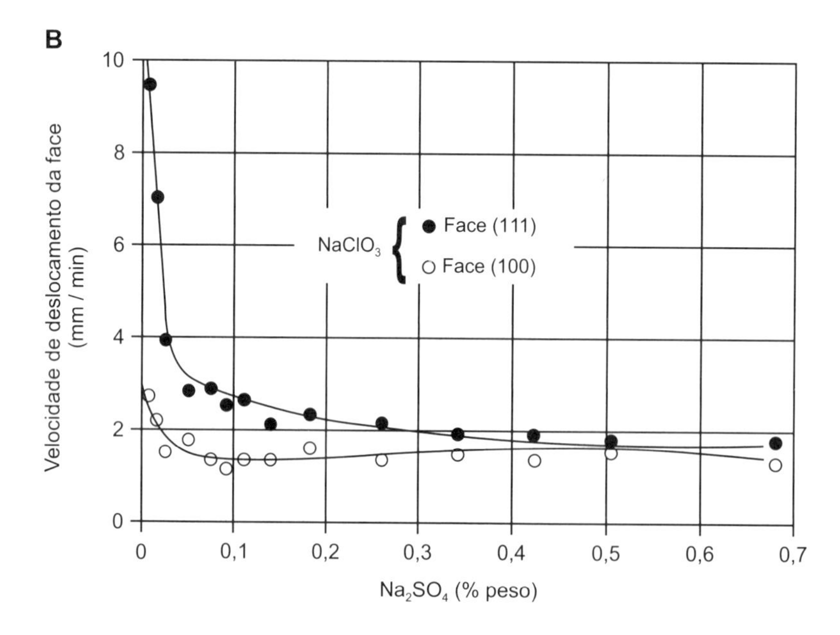
B
10
8
6
4
2
0
Velocidade de deslocamento da face (mm / min)
NaClO3
Face (111)
Face (100)
0
0,1
0,2
0,3
0,4
0,5
0,6
0,7
Na2SO4 (% peso)

Figura 5.9 – Sub-resfriamento, sequência de cristalização e hábito mineral

A - Sub-resfriamento e sequência de cristalização (Corrigan, 1982)

O gráfico Tempo de Manutenção do Sub-Resfriamento (ou Incubação) × Intensidade do Sub-Resfriamento mostra a sequência de cristalização dos minerais olivina, plagioclásio e clinopiroxênio num líquido basáltico sintético de composição simplificada na dependência da intensidade do sub-resfriamento (temperatura de saturação do magma - temperatura de cristalização do magma) do sistema. Num sub-resfriamento de 40 °C, a sequência de cristalização é olivina (após incubação de 3 horas), plagioclásio (após incubação de pouco mais de 5 horas) e clinopiroxênio (após incubação de quase 8 horas). Aumentando-se o sub-resfriamento para 50 °C, a sequência de cristalização muda para plagioclásio (após a manutenção do sub-resfriamento por menos de 2 horas), olivina (após 2 horas) e clinopiroxênio (após cerca de 5 horas). Resulta que o sub-resfriamento não só determina a sequência de cristalização dos minerais, mas também a demora da nucleação mineral. Maiores sub-resfriamentos resultam numa nucleação mais rápida devido à maior supersaturação do líquido.

B - Controle do hábito mineral por compostos não constituintes do mineral (Kleber, 1965)

A presença de variáveis teores de distintos aditivos em soluções das quais cristalizam minerais tem grande influência sobre o hábito do mineral cristalizado (por exemplo, fluorita cúbica ou fluorita octaédrica) devido à ação bloqueadora do crescimento da superfície de um cristal da energia de superfície σ_s. O gráfico mostra a velocidade de deslocamento das faces (100) e (111) durante a cristalização do $NaClO_3$ na dependência da concentração de Na_2SO_4 (em % peso) dissolvido numa solução supersaturada de $NaClO_3$. Até concentrações de 0,5% de Na_2SO_4, a velocidade de crescimento da face (111) (isto é, a velocidade de deslocamento da face ao longo da perpendicular a ela) é maior que a face (100); sob concentrações maiores, a situação se inverte. Os íons de SO_4^{2-} substituem parte dos íons ClO_3^- na superfície das faces cristalinas e atuam como um filme semiporoso que dificulta a chegada dos íons ClO_3^- às suas posições na rede cristalina. A taxa de substituição do ClO_3^- por SO_4^{2-} varia nas diferentes faces cristalinas e, consequentemente, promove mudança diferenciada nas suas velocidades de crescimento e deslocamento. A adição de Na_2SO_4 à solução também diminui a velocidade de crescimento dos cristais como um todo em relação a uma solução de $NaClO_3$ pura.

Como cristais são poliedros resultantes da justaposição de diferentes superfícies planas, decorre que as faces de menor velocidade de deslocamento (crescimento) são as mais frequentes na forma final dos cristais. Sob baixas concentrações de Na_2SO_4, o hábito do clorato de sódio é cúbico; sob concentrações maiores é octaédrico. O fracionamento de magmas e de soluções pneumatolíticas/hidrotermais geralmente muda drasticamente a concentração dos diversos elementos traços nos sucessivos magmas e soluções derivados. Tal fato acarreta a mudança da forma (a soma de todas as faces do poliedro cristalino) e do hábito (a morfologia do mineral resultante do crescimento diferencial das faces da forma) de um mesmo mineral cristalizado a partir de diferentes magmas ou soluções fracionadas.

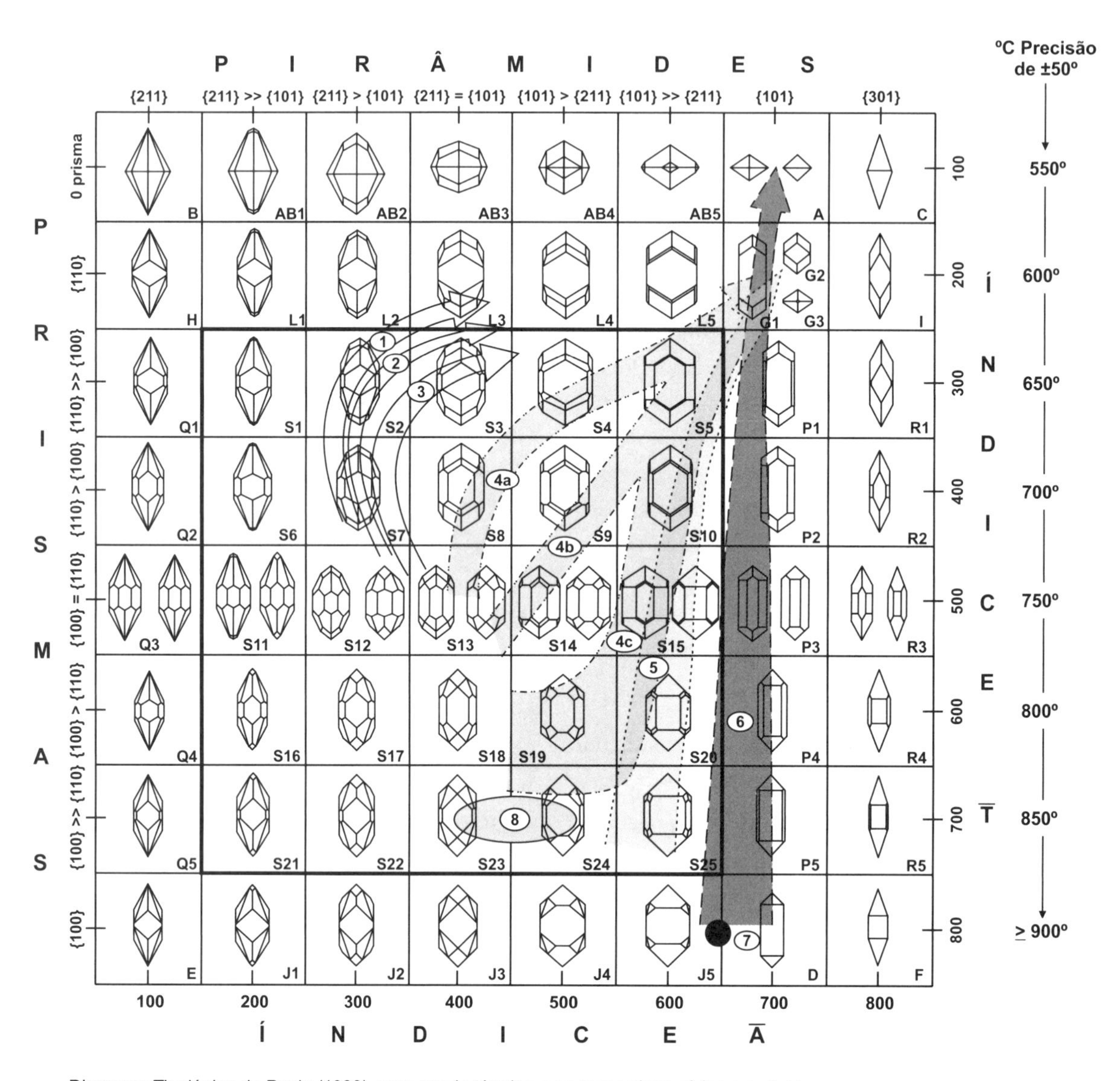

Diagrama Tipológico de Pupin (1980), com escala térmica e as respectivas séries granitoides :
(1, 2, 3) granitos crustais;
(4) granitos cálcio-alcalinos (a, b, c – séries de baixa, média e alta temperatura);
(5) granitos subalcalinos;
(6) granitos alcalinos;
(7) granitos toleíticos;
(8) granitos charnockíticos.

Índice Ā: Índice de alcalinidade
Índice T̄: Índice de temperatura

Figura 5.10 – Quadro Tipológico do Zircão

O Quadro Tipológico do Zircão (Pupin, 1980)

As faces mais importantes da forma do zircão, mineral do sistema tetragonal, são prismáticas e piramidais. As formas prismáticas {100} e {110} estão quase sempre presentes e só excepcionalmente uma ou ambas faltam. Também as formas piramidais {101} e a bipiramidal {211} estão quase sempre presentes e só excepcionalmente uma ou ambas faltam. As formas {301} e {112} são raras, o pinacoide {001} é muito raro. As duas formas prismáticas apresentam desenvolvimento distinto que, combinado com a ausência de uma ou de ambas, permite classificar a forma (hábito) do zircão em oito classes prismáticas: (1) cristais desprovidos das duas formas prismáticas; (2) cristais com apenas a forma {100}; (3-7) cristais com as formas {100} e {110} nos quais a largura da face (100) pode ser >>, >, =, < ou << que a largura da face (110); (8) cristais com apenas a forma {110}. Também as formas piramidais {101} e {211} apresentam desenvolvimento distinto, que combinado com a ausência de uma ou de ambas e a presença da forma {301} permite classificar a forma (hábito) do zircão em oito classes piramidais: (1) cristais com apenas a forma piramidal {211}; (2-6) cristais com as formas {211} e {101} nos quais a área da face (211) pode ser >>, >, =, < ou << que a superfície da face (110); (7) cristais com apenas a forma {101}; e (8) cristais apenas com a forma piramidal {301}. Pela combinação entre os dois grupos de 8 classes resultam 64 classes de forma (hábito) dispostas no quadro morfológico ou tipológico do zircão, no qual cada tipologia ou tipo morfológico (uma combinação particular entre a forma e o hábito do cristal) recebe nome específico. Dos 64 tipos morfológicos, 25 pertencem ao grupo S, uma combinação entre as formas {100}, {110}, {101} e {211}.

Estudando-se a morfologia das populações de zircão de vários estágios evolutivos de diferentes linhagens de granitos foi possível estabelecer com boa precisão que o desenvolvimento relativo das duas formas prismáticas é controlado essencialmente pela temperatura do magma, função do seu grau evolutivo. Magmas evoluídos de temperaturas mais baixas favorecem o domínio da forma {110}, enquanto magmas mais primitivos, de maior temperatura, favorecem um maior desenvolvimento da forma {100}. Tal fato indica que o crescimento da forma {100} é progressivamente retardado pelo aumento da concentração de certos elementos traços incompatíveis nos magmas sucessivamente fracionados. Já o desenvolvimento relativo das formas piramidais é controlado pela relação molar de alcalinidade Al/(Na + K). Segundo esse parâmetro, a tipologia de zircão define seis linhagens de granitos: aluminosos ou crustais (que compreendem as variantes 1, 2 e 3, respectivamente granitos de corpos autóctones, parautóctones e alóctones), granitos cálcio-alcalinos (que compreendem as variantes 4a, 4b e 4c, respectivamente granitos de baixa, média e alta temperatura), cálcio-alcalinos potássicos ou subalcalinos potássicos (linhagem 5) e alcalinos (linhagem 6), granitos toleíticos (7) e granitos charnockíticos (8). As seis linhagens têm intervalo termoquímico evolutivo menor (granitos crustais) ou maior (granitos alcalinos) que se refletem num menor ou maior número de classes tipológicas de zircão nas diferentes linhagens de granitos. Os granitos toleíticos e charnockíticos contêm cristais de zircão com morfologia muito restrita, respectivamente das classes J5 e D e S24 e S25. Não são ainda conhecidos os elementos traços ou as combinações de elementos traços específicos que controlam o crescimento das diferentes formas prismáticas e piramidais, mas certamente são alguns dos elementos traços concentrados em minerais exóticos de pegmatitos associados com as seis linhagens de granitos mencionados.

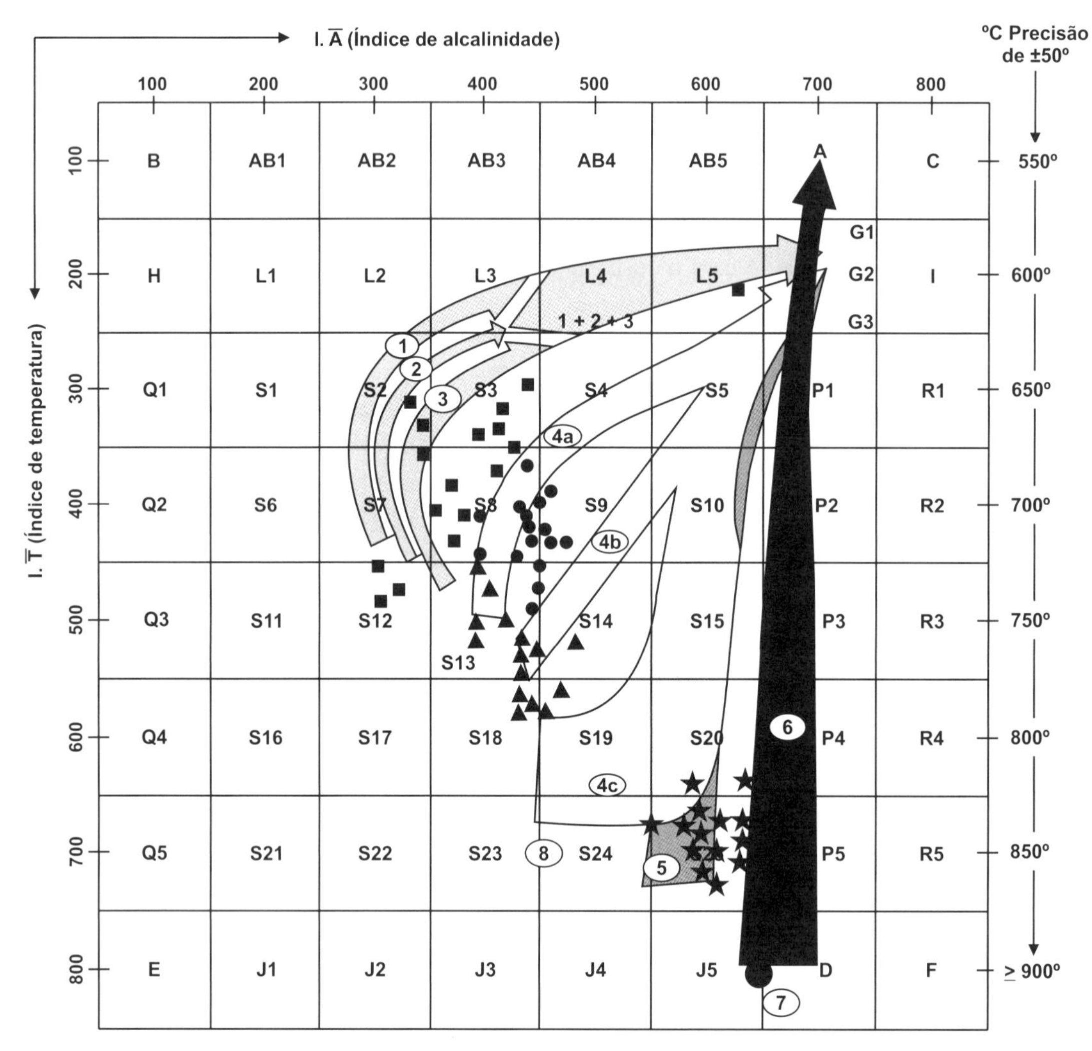

Granitos do estado de São Paulo

■ Mairiporã, Cantareira, Taipas, Morro do Perus e Perus
● Itaqui
▲ São Roque
★ Itu

Séries granitoides :

(1, 2, 3) granitos crustais aluminosos: autóctones (1); parautóctones (2); e alóctones (3);
(4) granitos cálcio-alcalinos (a, b, c – séries de baixa, média e alta temperatura);
(5) granitos subalcalinos;
(6) granitos alcalinos;
(7) granitos toleíticos;
(8) granitos charnockíticos.

Figura 5.11 – A morfologia do zircão de granitos

Tipologia de zircão de granitos de distintas linhagens (Wernick et al., 1985; Ferreira, 1991; Galembeck, 1991; Teuppenhayn, 1994)

O método tipológico do zircão é uma eficiente ferramenta para a determinação da linhagem química e da temperatura de cristalização de dada amostra de granito.

Após a moagem da amostra, os cristais de zircão são isolados por uma combinação de processos gravimétricos (ciclone e bromofórmio) e magnéticos (separador Frantz). Os cristais isolados são separados em várias classes granulométricas por peneiramento mecânico. Para os estudos são utilizados sempre os cristais da mesma classe granulométrica, o que homogeneíza o estágio de desenvolvimento dos cristais a serem estudados, pois zircão é mineral acessório precoce a tardio em magmas graníticos. Os cristais da classe granulométrica escolhida são montados em várias lâminas de pó. Por microscopia de luz transmitida é determinada a classe tipológica (morfológica) de pelo menos cem cristais. A classificação tipológica de cada cristal examinado baseia-se nas formas prismáticas e (di)piramidais presentes no cristal e pela avaliação das dimensões relativas das formas prismáticas e das formas (di)piramidais. O tratamento estatístico dos resultados obtidos determina a tipologia média da população examinada que quantifica os Índice de Temperatura ($I\bar{T}$) e Índice de Alcalinidade ($I\bar{A}$) no Quadro Tipológico do Zircão. Neste estão inseridos, em formas contínuas, os estágios evolutivos de seis linhagens de granitos, duas com três subdivisões. Os granitos aluminosos ou crustais são subdivididos em granitos autóctones (linhagem 1), parautóctones (linhagem 2) e alóctones (linhagem 3) caracterizados por decrescente relação molar Al/(Na + K), isto é, granitos progressivamente menos aluminosos. Os granitos aluminosos têm baixa temperatura genética (baixo $I\bar{T}$) e, consequentemente, intervalo termoquímico evolutivo restrito. Típico nas formas dos cristais de zircão de granitos aluminosos é a presença da forma bipiramidal {112}, altamente diagnóstica. Os granitos cálcio-alcalinos (linhagem 4) são divididos em granitos de baixa (linhagem 4a), média (linhagem 4b) e alta temperatura (linhagem 4c), refletindo sítios magmagênicos crescentemente profundos ao longo de zonas de subducção. As três sublinhagens são caracterizadas, entre outros aspectos químicos, por crescentes teores de Zr nos diagrama $SiO_2 \times Zr$. Os granitos cálcio-alcalinos potássicos ou granitos subalcalinos potássicos recobrem parcialmente a linhagem 4c e apresentam temperatura genética algo maior. A linhagem 6, a dos granitos alcalinos, caracteriza-se por cristais de zircão com a forma piramidal {301}, altamente diagnóstica. "Bolas" de zircão compostas apenas por formas {301} e desprovidas de formas prismáticas com até 80 centímetros de diâmetro ocorrem em pegmatitos das rochas alcalinas do vale do Rio do Peixe-GO. Rochas graníticas com cristais de zircão com tipologia bastante restrita são os granitos toleíticos, fracionamento extremo de magmas basálticos (linhagem 7) e os granitos charnockíticos, nos quais o controle da morfologia dos cristais de zircão pelo CO_2 superpõe-se ao controle morfológico pela composição química magmática.

No Quadro Tipológico do Zircão estão lançados os dados resultantes do estudo da morfologia do zircão de amostras dos granitos Mairiporã, Cantareira, Taipas, Morro do Perus, Perus, Itaqui, São Roque e Itu, todos do estado de São Paulo. A expansão dos estudos resultou na caracterização do zoneamento regional dos granitos cálcio-alcalinos brasilianos nas regiões Sudeste e Sul do país.

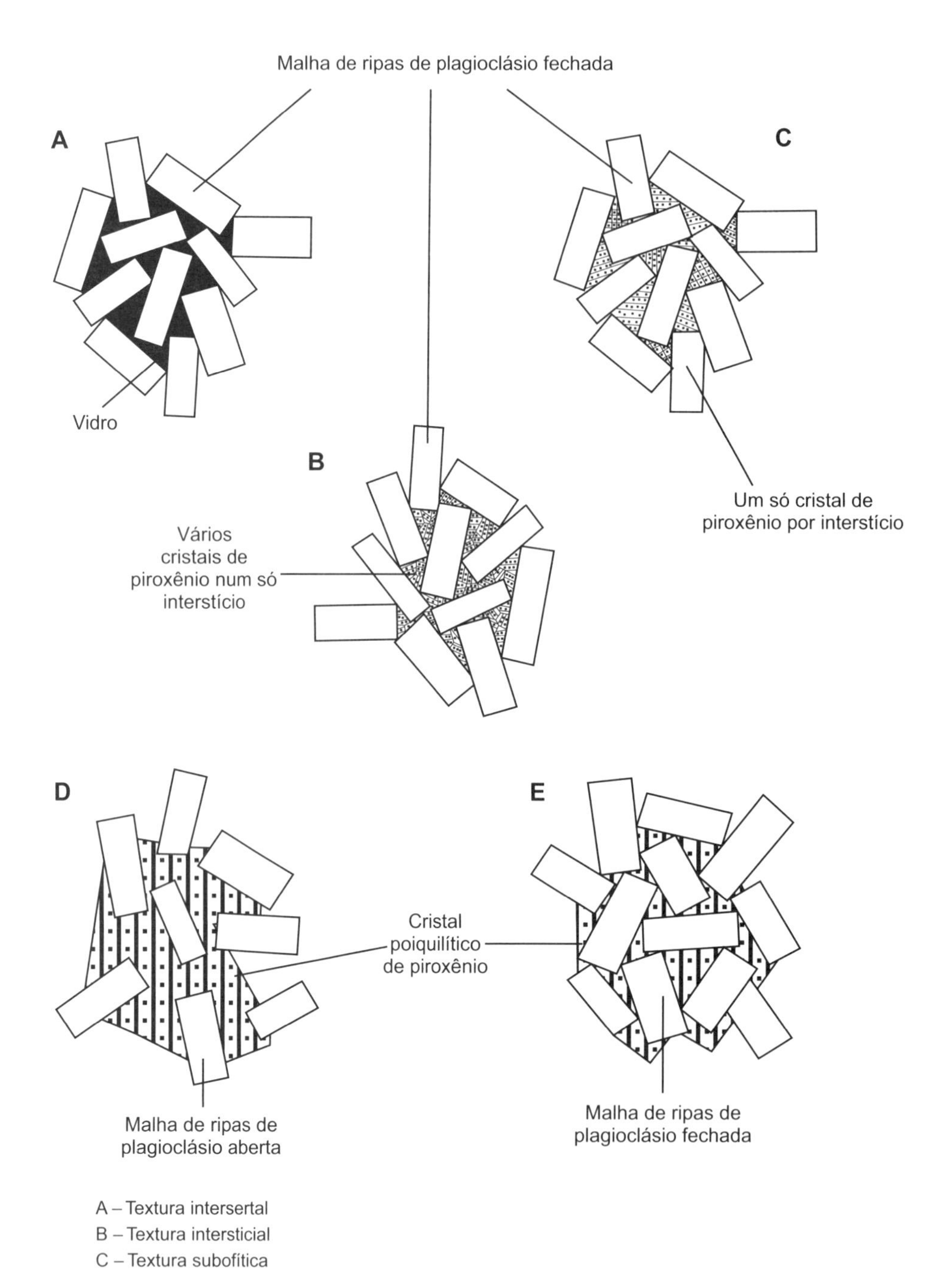

A – Textura intersertal
B – Textura intersticial
C – Textura subofítica
D – Textura dolerítica
E – Textura ofítica

Figura 5.12 – Texturas de gabros e basaltos

A variada distribuição espacial dos minerais constituintes de dada rocha magmática define distintas texturas ou litotramas. Além da distribuição espacial, a textura também considera o tamanho absoluto (granulação gigante, muito grossa, grossa, média, fina, muito fina e densa) e relativo (textura porfirítica e vitrofírica ou fírica, textura inequigranular serial ou hiatal e textura equigranular ou afírica) dos minerais presentes, seu hábito que resulta do crescimento preferencial de uma ou mais faces do total de faces que configuram a forma (combinação das faces de um cristal) de dado mineral (colunar, achatado, alongado, foliar, acicular, prismático etc.), a maior ou menor presença de minerais delimitados em maior ou menor grau por faces cristalográficas, caso da textura idiomórfica, subidiomórfica e alotriomórfica que caracteriza, respectivamente, o domínio de cristais euedrais, subedrais e anedrais na rocha e das quais a textura de calçamento e aplítica são configurações particulares etc.

A a E – **Texturas de basaltos** (Bard, 1986)

Entre as numerosas texturas de basaltos holocristalinos e hipocristalinos destacam-se:

A – Textura intersertal. As ripas de plagioclásio euedrais a subedrais formam uma rede fechada (os cristais se tocam) cujos interstícios intergranulares são ocupados por vidro vulcânico, mais ou menos devitrificado, micrólitos e minerais secundários (calcita, clorita, epidoto etc.).

B – Textura intersticial. As ripas de plagioclásio formam uma rede fechada (os cristais se tocam) cujos interstícios são ocupados por vários cristais de piroxênio. A rocha normalmente também contém variáveis teores de olivina e minerais opacos e, raramente, anfibólio. Frequentemente a mineralogia intersticial está mais ou menos alterada para minerais secundários.

C – Textura subofítica. As ripas de plagioclásio formam uma rede fechada (os cristais se tocam) cujos interstícios são ocupados predominantemente por apenas um cristal (grão) de piroxênio. A rocha normalmente também contém variáveis teores de olivina e minerais opacos e, raramente, anfibólio.

D – Textura dolerítica. Grandes cristais poiquilíticos de piroxênios englobam ripas de plagioclásio euedrais a subedrais que formam uma rede aberta (os cristais da rede não se tocam). A rocha normalmente também contém variáveis teores de olivina e minerais opacos e, raramente, anfibólio.

E – Textura ofítica. Grandes cristais poiquilíticos de piroxênios englobam ripas de plagioclásio euedrais a subedrais que formam uma rede fechada (os cristais da rede se tocam). A rocha normalmente também contém variáveis teores de olivina e minerais opacos e, raramente, anfibólio.

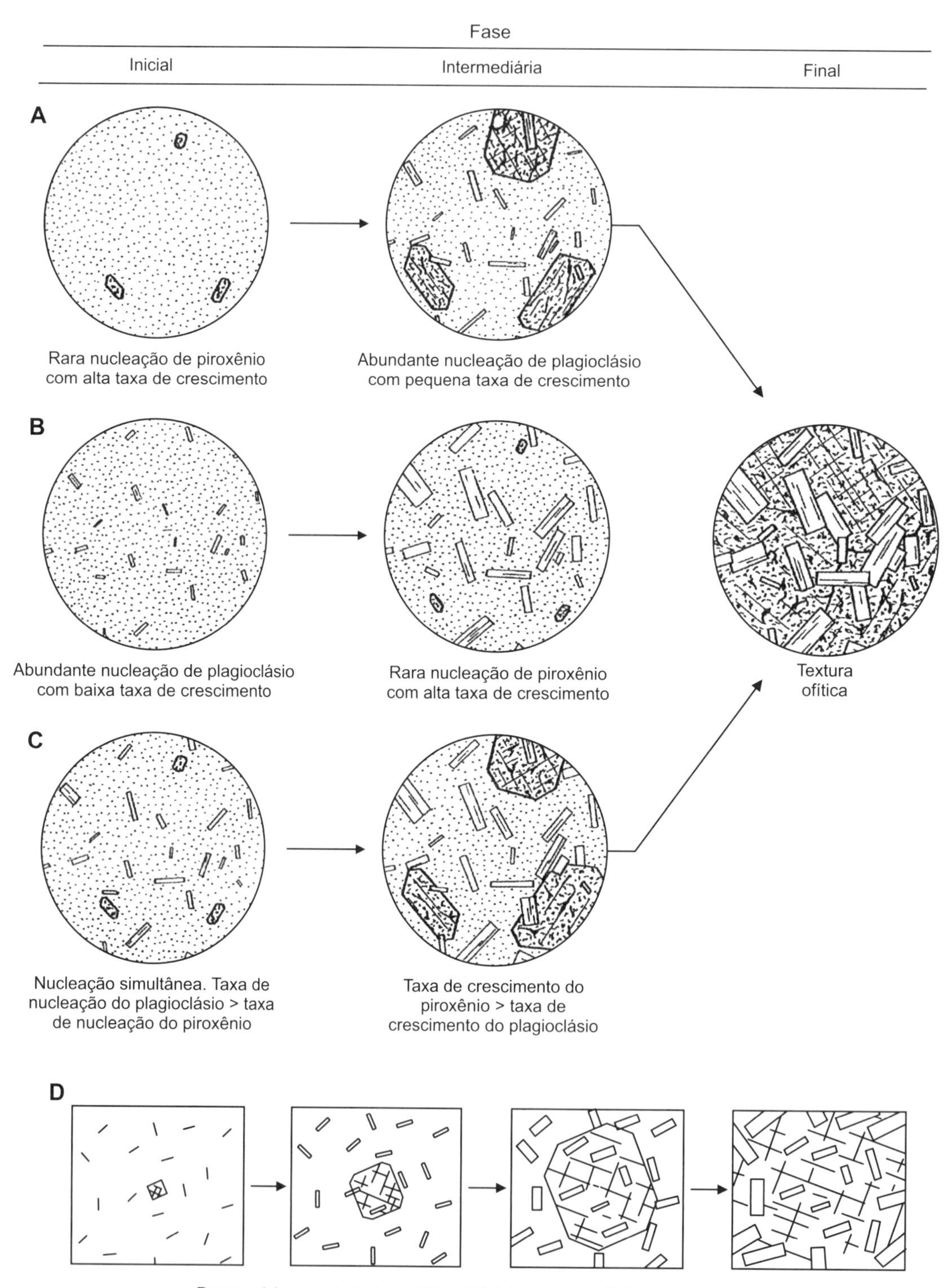

Desenvolvimento da textura ofítica. Cristais de plagioclásio progressivamente maiores do centro para a borda dos cristais de augita

Figura 5.13 – Interpretação textural

A interpretação textural envolve a determinação da sequência de nucleação e da taxa de nucleação e de crescimento para cada um dos distintos minerais constituintes da rocha. As duas taxas variam com a amplitude térmica do sub-resfriamento cuja variação depende da velocidade do resfriamento do líquido magmático. Simultaneamente, no decorrer da cristalização varia a composição, a fugacidade de oxigênio, o teor de água no magma etc. na progressivamente fração líquida do magma. Todos esses parâmetros controlam a mineralogia e a textura das rochas magmáticas

A a C – Interpretações genéticas da textura ofítica (Best; Christiansen, 2001)

São representadas três interpretações genéticas da textura ofítica de um diabásio, cada uma com três fases de desenvolvimento:

A – Interpretação genética 1. *Fase inicial*: Formação de poucos núcleos de piroxênios que crescem rapidamente. *Fase intermediária*: Formação de muitos núcleos de plagioclásio. Piroxênio e plagioclásio aumentam de volume e apresentam, agora, a mesma taxa de crescimento mineral moderado. *Fase final*: Formação da textura ofítica. Poucos grandes cristais de piroxênio englobam numerosos cristais menores de plagioclásio.

B – Interpretação genética 2. *Fase inicial*: Abundante nucleação de plagioclásio que cresce lentamente. *Fase intermediária*: Rara nucleação de cristais de piroxênio que crescem rapidamente enquanto os cristais de plagioclásio continuam a crescer lentamente. *Fase final*: Formação da textura ofítica.

C – Interpretação genética 3. *Fase inicial*: Nucleação simultânea de plagioclásio e piroxênio. *Fase intermediária*: Os cristais de plagioclásio e piroxênio crescem, mas a velocidade de crescimento do piroxênio é bem maior que a do plagioclásio. *Fase final*: Formação da textura ofítica.

D – Desenvolvimento da textura ofítica (Shelley, 1993)

As interpretações genéticas mais aceitas para a textura ofítica é que plagioclásio e piroxênio são minerais de nucleação e de crescimento simultâneo (hipótese C). O piroxênio tem menor taxa de nucleação (são cristais menos numerosos) e maior taxa de crescimento mineral (os cristais são maiores) que as correspondentes taxas do plagioclásio. Um dos aspectos texturais que suporta essa hipótese é o aumento das dimensões das ripas de plagioclásio do centro para a borda dos megacristais poiquilíticos de piroxênio. Um cristal poiquilítico é caracterizado pelo engolfamento de cristais com dimensões variadas de uma ou mais espécies minerais. É feição frequente dos cristais finais que cristalizam de um *mush* magmático no qual a fase líquida perde parte de sua continuidade física. Inicialmente, o piroxênio ainda pouco desenvolvido engloba as também ainda pequenas ripas de plagioclásio proximais que, após a sua incorporação, param de crescer. Numa fase posterior, pelo contínuo crescimento diferenciado de piroxênio e plagioclásio, os agora grandes cristais de piroxênio englobam cristais proximais de plagioclásio maiores que os incorporados na fase inicial da cristalização magmática. Resulta um zoneamento dimensional dos cristais de plagioclásio do núcleo para a borda dos grandes cristais de piroxênio.

6. Sistemas binários: tipos básicos de cristalização magmática

1. A cristalização de sistemas binários (sistemas com dois componentes) ocorre de duas formas:

- Por queda da temperatura do sistema cristalizam de uma solução líquida homogênea inicial duas espécies minerais, cada uma com a composição de um dos componentes do sistema. São sistemas binários tipo eutéticos.
- Por queda da temperatura do sistema cristaliza de uma solução líquida homogênea inicial uma só espécie mineral com composição idêntica à da solução líquida original. São sistemas binários tipo solução sólida.

Os dois tipos básicos de cristalização apresentam numerosas variantes.

2. Um sistema contém matéria e propriedades. O conteúdo material de um sistema é a somatória de suas fases (**f**), que no caso de sistemas magmáticos são suas diferentes espécies minerais, que coexistem ou não com teores variáveis de vidro (líquido) e gases. Cada fase tem características físicas (densidade, magnetismo, ponto de fusão, estrutura cristalina etc.) específicas que permitem a sua separação das demais fases do sistema. As características químicas das fases do sistema são dadas por suas fórmulas ou por frações de fórmulas químicas (geralmente óxidos) que são denominadas de componentes (**c**). Um sistema é dito monário se todas suas fases (**f**) são quimicamente definidas por um só componente (**c** = 1), caso do sistema água (H_2O); binário se todas as fases do sistema (**f**) são quimicamente definidas por dois componentes (**c** = 2), ternário se todas as fases do sistema (**f**) são quimicamente definidas por três componentes (**c** = 3) etc.

3. Estado do sistema. O estado de um sistema é caracterizado pelas fases nele contidas. Fases são unidades físico-químicas homogêneas (matéria) de um sistema passível de separação mecânica (um sólido e um líquido coexistentes podem ser separados por peneiramento ou filtragem). Uma fase pode ser contínua ou não. Um cristal do mineral M imerso no líquido magmático ou 52 cristais do mineral M dispersos numa fração magmática líquida definem o mesmo estado do sistema (magmático) caracterizado pela coexistência de duas fases: uma líquida (o líquido magmático) e uma sólida (o mineral M). Setenta cristais do mineral M1 e 123 cristais do mineral M2 dispersos ou agrupados no líquido magmático definem para o sistema (magmático) um estado caracterizado pela coexistência de uma fase líquida (o líquido magmático) e duas fases sólidas (os minerais M1 e M2). A mudança de estado de um sistema ocorre pela mudança de suas fases coexistentes. O estado inicial de um sistema magmático hiperliquidus é caracterizado pela presença de apenas uma fase líquida homogênea (o líquido magmático) e o seu estado final após uma cristalização de todo o líquido magmático pela coexistência de várias fases sólidas (diferentes minerais). Os estados intermediários do sistema entre o seu estado inicial e o final são caracterizados, sucessivamente, pela coexistência de uma fase líquida com 1, 2, 3, 4 etc. fases sólidas, pois os diferentes minerais constituintes de uma rocha polimineralica cristalizam

sucessivamente com a queda da temperatura do sistema. Essa variação no estado do sistema fechado é caracterizada na natureza por uma dada associação litológica composta por rochas isoquímicas, compreendendo obsidianas holovítreas, vitrófiros hipovítreos com fenocristais de uma ou duas espécies minerais inseridos numa matriz vítrea que domina em volume sobre os fenocristais, rochas hipocristalinas contendo vidro intersticial entre os dominantes cristais de três espécies minerais e rochas holocristalinas compostas por quatro ou mais espécies minerais na ausência de vidro.

4. Parâmetros intensivos de estado. A mudança do estado de um sistema (isto é, uma mudança nas fases coexistentes no sistema) resulta da variação dos parâmetros intensivos que definem numericamente as condições físico-químicas do sistema. Os principais parâmetros intensivos de estado (que independem da extensão do sistema) são temperatura (T), pressão (P) e composição (X). Existem outros parâmetros intensivos, mas sua influência é negligenciável na petrologia, com exceção da pressão parcial de água ($\mathbf{P}_{H_2O}$), oxigênio ($\mathbf{P}_{O_2}$), enxofre ($\mathbf{P}_{S_2}$) e gás carbônico ($\mathbf{P}_{CO_2}$), que controlam a cristalização de silicatos hidratados (caso de anfibólios e micas), óxidos, oxi-íons (sulfatos, fosfatos, carbonatos etc.) e o grau de oxidação dos elementos, principalmente do ferro (caso dos minerais silicáticos portadores apenas de Fe^{2+} ou apenas de Fe^{3+}). Em sistemas magmáticos reduzidos ocorre H_2, o S cristaliza como sulfetos (caso da pirita, galena, blenda, covellita) ou como enxofre nativo (como em fumarolas) e o C como CH_4 ou grafita/diamante (em kimberlitos e lamproitos).

5. Um diagrama de fases mostra os diversos estados de um sistema com dada composição, na dependência dos parâmetros intensivos X, P e T. Numa representação planar, o sistema é representado na condição P = k. Escolhendo-se dado valor (uma composição específica Xn) para o parâmetro X do sistema, a composição do sistema permanece constante (X = k), e, variando-se (diminuindo-se) progressivamente o parâmetro temperatura (T), o diagrama de fases mostra as mudanças de estado durante a cristalização do líquido com composição Xn sob pressão constante. Se o diagrama de fases representar o sistema em elevada ou baixa pressão, a queda da temperatura mostra, respectivamente, as mudanças de estado de um magma ou de uma lava com composição Xn durante sua cristalização. Os diagramas são obtidos pela petrologia experimental em autoclaves por meio de experimentos bastante complexos. N. L. Bowen, atuando no Geophysical Laboratory da Carnegie Institution, Washington, EUA, é considerado o pai da petrologia experimental. Atualmente, os equipamentos mais sofisticados geram pressões e temperaturas equivalentes às da porção inferior do manto terrestre.

6. Entre as feições básicas do diagrama de fases do sistema binário eutético Diopsídio-Anortita, Di-An ou $CaMgSi_2O_6$-$CaAl_2Si_2O_8$, destacam-se (Figura 6.1):

- Uma vez atingida a temperatura de saturação da solução líquida homogênea nos elementos de dada fase mineral, inicia-se a sua cristalização. Denomina-se de liquidus a curva de equilíbrio entre o líquido magmático e o mineral que dele cristaliza para as diversas composições do sistema. O mineral que cristaliza na temperatura de saturação do líquido é o mineral liquidus. No sistema Di-An, o mineral liquidus do líquido com composição A é a anortita, o do líquido com composição B é o diopsídio (Figura 6.1). Portanto, a mineralogia liquidus varia com a composição da solução líquida do sistema, bem como a temperatura inicial de cristalização do mineral liquidus, a temperatura liquidus. A progressiva adição de diopsídio (Di) a uma solução líquida rica em anortita (An) diminui gradualmente a temperatura liquidus da anortita; o mesmo ocorre em relação à temperatura liquidus do diopsídio pela adição progressiva de $CaAl_2Si_2O_8$ a uma solução líquida rica em $CaMgSi_2O_6$ (Figura 6.1.A).
- Acima da curva liquidus, o sistema contém apenas uma fase, uma solução líquida homogênea com composição $(CaMgSi_2O_6)X/(CaAl_2Si_2O_8)(1-X)$ onde X varia entre 1 e 0, valores para os quais o sistema passa de binário para monário (sistema com um só componente), os sistemas diopsídio e anortita.
- O cruzamento entre as duas curvas liquidus convexas define o ponto eutético, a menor temperatura liquidus do sistema. No ponto eutético E, o ponto invariante do sistema binário, cristalizam conjuntamente diopsídio e anortita na proporção de 58% peso Di para 42% peso An ($Di_{58}An_{42}$), a proporção eutética. No ponto eutético, um ponto

invariante, coexistem todas as fases do sistema: diopsídio, anortita e líquido eutético, isto é, no ponto eutético de uma solução líquida homogênea com composição específica e única no sistema (composição eutética) cristalizam em temperatura fixa simultaneamente duas espécies minerais com diferentes composições em proporção fixa (Figura 6.1.A).

- Denomina-se curva solidus a curva de equilíbrio entre o estado parcialmente cristalino e o estado totalmente sólido do sistema. Em temperaturas menores que a temperatura solidus só existem fases sólidas cristalinas (espécies minerais) no sistema. No caso do sistema Di-An, o solidus é uma reta com temperatura eutética. Abaixo da temperatura solidus sempre coexistem cristais de diopsídio e de anortita, mas a proporção entre ambos varia com a composição da solução líquida homogênea inicial (Figura 6.1.A).
- Entre as curvas convexas liquidus e a reta solidus (cuja temperatura é a do ponto eutético **E**) coexistem em equilíbrio a fase líquida e uma fase sólida (diopsídio ou anortita). Apenas no ponto invariante eutético **E** coexistem todas as fases integrantes do sistema (líquida + diopsídio + anortita, mas a fase líquida tem composição específica, eutética). O intervalo térmico ΔT entre a temperatura liquidus (T_L) e a temperatura solidus (T_S) de dada solução líquida homogênea define seu intervalo de cristalização. O intervalo de cristalização varia com a composição do líquido. O intervalo é maior para soluções líquidas ricas em An ou em Di e diminui para líquidos com composições próximas à do eutético ($Di_{58}An_{42}$). A solução líquida com composição eutética não apresenta intervalo de cristalização: a passagem do líquido para as duas fases minerais ocorre em temperatura fixa, a temperatura eutética. Decorre que, no ponto eutético, uma mistura de cristais de diopsídio e anortita na proporção $Di_{58}An_{42}$ comporta-se como uma substância pura com ponto de fusão/cristalização fixo. Daí o nome eutético (do grego: substância verdadeira).
- Durante a cristalização, a fase líquida coexistente com o mineral liquidus muda continuamente de composição pela crescente extração de anortita ou de diopsídio via progressiva nucleação e crescimento mineral. A progressiva cristalização de anortita com a queda da temperatura enriquece o decrescente volume de líquido coexistente em diopsídio; no caso da cristalização de diopsídio, o líquido sofre gradual enriquecimento em anortita. A mudança composicional sempre atinge a composição final eutética. O volume de líquido eutético residual obtido varia com a composição da solução líquida inicial. Quanto mais a composição do líquido inicial se aproximar da composição eutética, maior o volume de líquido eutético final.
- Com o avanço da cristalização, um decrescente volume de solução líquida homogênea coexiste em equilíbrio com uma crescente fração cristalina. A qualquer temperatura, o teor (em % peso) da fração cristalina e da fração líquida coexistente no sistema pode ser determinado pela "regra da balança" ou "regra da alavanca" (Figura 6.1.B). Graficamente, a % peso da fração cristalina do sistema é representada pelo segmento Y (Y_1 em T_1, Y_2 em T_2, Y_3 em T_3 e Y_E em T_E) e a fração líquida é dada pela relação $100X/(X + Y)$, caso de [$(X/(X + Y_1)$ em T_1, $X/(X + Y_2)$ em T_2, $X/(X + Y_3)$ em T_3, e $X/(X + Y_E)$ em T_E] respectivamente entre T_L (quando a fração líquida perfaz a totalidade do sistema) e T_E. O valor de X é fixo e depende da composição do líquido inicial; X aumenta com a aproximação da composição da fração líquida do sistema da composição eutética.
- A descrição do processo de cristalização num sistema binário eutético mostra que, uma vez iniciada a cristalização de diopsídio ou anortita, a mesma prossegue até o consumo total da fração líquida. Apenas em condições de resfriamento muito rápido a fração líquida do sistema sofre vitrificação.

7. Denomina-se cristalização em condições de equilíbrio aquela na qual durante todo intervalo de cristalização do sistema as fases cristalinas sucessivamente formadas permanecem em contato íntimo com o líquido coexistente até seu total esgotamento (consumo, exaustão). O isolamento da fase sólida da fase líquida coexistente do sistema configura uma cristalização em condições de desequilíbrio. Existem numerosos processos capazes de gerar uma cristalização em condições de desequilíbrio; clássica é a decantação de minerais bem mais densos que o líquido coexistente na base da câmara magmática.

8. Consideremos a cristalização em condições de equilíbrio do líquido A com composição $An_{70}Di_{30}$ e temperatura inicial T_i (Figura 6.2.A). Por queda da

temperatura do sistema, o líquido A atinge a curva liquidus (em A0) na temperatura liquidus TL e a solução líquida saturada em $CaAl_2Si_2O_8$ inicia sua cristalização com a precipitação de anortita (anortita é mineral liquidus). Pela cristalização de anortita, que representa a extração de An do líquido, este enriquece-se em Di e muda sua composição para A1, um líquido com temperatura liquidus T1. Simultaneamente, a fração líquida do sistema decresce de 100% peso para 100X/(X + Y1)% peso. Devido à queda da temperatura liquidus (T1 < TL), a cristalização de A1 prossegue com a queda da temperatura do sistema pela precipitação de mais anortita. Consequentemente, a composição da fração líquida do sistema muda sua composição de A1 para A2, mais rica em Di que A1, com temperatura liquidus T2, menor que T1, e seu volume perfaz, agora, 100X/(X + Y2)% peso do sistema. Com nova e progressiva queda na temperatura do sistema, o processo repete-se sucessivamente. Atingida a temperatura eutética TE, o líquido residual atinge a composição eutética AE no ponto eutético **E**. A fração líquida eutética perfaz 100X/(X + YE)% peso do sistema. Ocorre, agora, a cristalização conjunta de diopsídio e anortita na proporção eutética $Di_{58}An_{42}$ até a exaustão total do líquido na temperatura constante TE. Por motivos didáticos, as etapas evolutivas do sistema (explicadas para os líquidos A, A1, A2, A3, A4 e AE) são representadas como sucessivas etapas estanques maiores (Figura 6.2.A), mas, em realidade, as variações na composição do líquido, sua temperatura liquidus, a % peso das frações sólida e líquida no sistema são contínuas, infinitesimais, que resultam de uma queda também infinitesimal da temperatura do sistema. Na natureza, a queda de temperatura pode ser mais lenta (magmas profundos), relativamente rápida (magmas subvulcânicos) ou muito rápida (delgados derrames de lavas).

Uma solução líquida inicial B com composição $Di_{90}An_{10}$ e temperatura inicial Ti atinge, pelo progressivo resfriamento do sistema, a curva liquidus em B_0 na temperatura liquidus TL. Nessa temperatura é atingida a saturação de Di no líquido que define o equilíbrio líquido ↔ cristal para o mineral liquidus diopsídio que inicia sua cristalização (Figura 6.2.B). Por gradual queda da temperatura do sistema prossegue a cristalização de diopsídio e, consequentemente, a decrescente fração líquida coexistente apresenta contínuo enriquecimento em An e temperatura liquidus cada vez menor. Atingida a composição eutética, a fração líquida residual LE, que perfaz 100X/(X + YE)% peso do sistema, é totalmente exaurida sob temperatura constante TE pela cristalização conjunta de diopsídio e anortita na proporção eutética $Di_{58}An_{42}$.

A solução líquida E (líquido eutético) $Di_{58}An_{42}$ com temperatura inicial Ti permanece totalmente líquida com a queda da temperatura do sistema até a temperatura eutética 1.270 °C. Inicia-se, então, a cristalização conjunta de diopsídio e anortita na proporção eutética $Di_{58}An_{42}$ até o consumo total do líquido eutético na temperatura constante TE (Figura 6.3.A).

9. A fusão de qualquer mistura de diopsídio e anortita inicia-se sempre na temperatura eutética TE com a produção de um líquido eutético (Figura 6.3.B). Decorre que diferentes rochas-fonte binárias com fusão eutética (diferentes composições sólidas M1, M2, M3, M4 do sistema Diopsídio-Anortita) geram por fusão inicial em 1.270 °C o mesmo líquido eutético LE. A fusão eutética encerra-se com o consumo de toda a anortita ou diopsídio da mistura cristalina inicial. Para misturas com composição no intervalo E-An sobra, ao fim da fusão eutética, anortita como fração sólida residual; para as com composição entre E-Di sobra diopsídio. Por aumento gradual da temperatura do sistema, a fração sólida residual sofre fusão/dissolução progressiva no líquido coexistente até sua liquefação/dissolução total. A fusão termina na temperatura liquidus, na qual a composição da fase líquida iguala a da fase sólida inicial. Resultam, assim, líquidos finais L1, L2, L3 e L4 com a mesma composição das misturas cristalinas iniciais M1, M2, M3 e M4 formados, respectivamente, nas temperaturas liquidus TL1, TL2, TL3 e TL4 (Figura 6.3.B). Decorre que a composição do líquido formado pela fusão de dada mistura silicática sólida inicial depende da temperatura final do sistema. Se esta for inferior à temperatura liquidus da mistura sólida inicial, a fusão não será total e o líquido do sistema será mais pobre no componente sólido residual pós-eutético que a mistura cristalina original. No caso da mistura sólida M3, se a temperatura final do sistema for TF e não TL3, a fusão parcial gera um líquido final LF com composição mais pobre em anortita que M3 (Figura 6.3.B).

10. Numa cristalização em condições de desequilíbrio (CCD), a fase sólida não permanece em

contato com a fase líquida durante toda a cristalização do sistema. Os minerais cristalizados podem ser separados do líquido coexistente quer por decantação de minerais pesados (densos), concentrados na base da câmara magmática, quer por flutuação dos minerais leves, concentrados no topo da câmara magmática. Outro processo importante é a concentração dos minerais de cristalização mais precoce em certas partes da câmara magmática por correntes de convecção líquidas mais ou menos densas e possantes que ocorrem em toda câmara magmática. A extração/isolamento dos cristais formados representa o fracionamento (divisão) do sistema original caracterizado pelo estado sólido + líquido em dois sistemas distintos: um totalmente sólido composto pelos cristais extraídos e outro totalmente líquido resultante da completa extração dos cristais formados. Os dois sistemas fracionados têm composições distintas, complementares, e frequentemente contrastantes em termos de um ou vários elementos químicos maiores, menores ou traços. Numa cristalização em condições de desequilíbrio ideais (CCDI), cada cristal é imediatamente retirado do sistema inicial após a sua formação. O sistema fracionado permanece, assim, sempre totalmente líquido; a cristalização e extração dos minerais do sistema apenas diminuem o volume e mudam a composição do sistema líquido fracionado. Numa cristalização em condições de desequilíbrio reais (CCDR), nem todos os minerais são retirados do sistema após a sua cristalização e o intervalo entre a cristalização dos minerais e seu fracionamento é muito variável. Geralmente, o fracionamento real concentra-se na fase inicial da cristalização, quando o magma de alta temperatura é mais fluido e a cristalização gera tanto minerais densos (Mg-olivina, Mg-piroxênios, magnetita, cromita) quanto leves (plagioclásios).

Consideremos um líquido rico em Di no sistema Diopsídio-Anortita. Consequentemente, diopsídio é mineral liquidus que inicia sua cristalização na temperatura liquidus do diopsídio para a composição do sistema considerada. A extração do diopsídio cristalizado do sistema não altera a mineralogia liquidus do sistema com a queda da temperatura nem impede o líquido fracionado de atingir o ponto eutético. Apenas muda a relação entre o diopsídio pré-eutético e o diopsídio eutético na massa cristalina final. A relação diminui com o aumento da eficiência do fracionamento numa CCDR.

11. Uma solução sólida resulta da mistura entre dois ou mais componentes isoestruturais. A mistura representa a substituição simples ou acoplada progressiva de íons simples ou complexos específicos do componente com ponto de fusão mais elevado por íons estruturalmente equivalentes do componente com ponto de fusão mais baixo no decorrer da cristalização, isto é, com a queda da temperatura do sistema binário. Uma solução sólida pode ser completa ou incompleta; nesta, a mistura entre os dois componentes é parcial. Vários grupos minerais são soluções sólidas completas ou incompletas. Caso clássico é a solução sólida completa dos plagioclásios, cujas composições variam entre anortita (An, $CaAl_2Si_2O_8$) e albita (Ab, $NaAlSi_3O_8$); os dois componentes têm estrutura cristalina triclínica. A variação composicional com a queda da temperatura ocorre pela substituição acoplada contínua do par iônico (Ca^2 + Al^3) da anortita (o membro da solução sólida com ponto de fusão mais alto) pelo par iônico (Na^+ + Si^{4+}) da albita. O mesmo ocorre com a solução sólida completa das olivinas cujas composições variam entre as dos componentes forsterita (Fo, Mg_2SiO_4) e faialita (Fa, Fe_2SiO_4) pela substituição isomórfica progressiva de Mg^{2+} por Fe^{2+} com o contínuo resfriamento do sistema. A variação contínua da composição das soluções sólidas completas exige sua subdivisão em intervalos composicionais formais, cada um com nome específico. A solução sólida (ou série) dos plagioclásios entre albita (Ab) e anortita (An) é subdividida em:

Ab 100-90 – albita = An 0-10
Ab 90-70 – oligoclásio = An 10-30
Ab 70-50 – andesina = An 30-50
Ab 50-30 – labradorita = An 50-70
Ab 30-10 – bytownita = An 70-90
Ab 10-0 – anortita = An 90-100

e a solução sólida (ou série) das olivinas entre forsterita (Fo) e faialita (Fa) é subdividida em:

Fo 100-90 – forsterita = Fa 0-10
Fo 90-70 – crisolita = Fa 10-30
Fo 70-50 – hialosiderita = Fa 30-50
Fo 50-30 – hortonolita = Fa 50-70
Fo 30-10 – ferrohortonolita = Fa 70-90
Fo 10-0 – faialita = Fa 90-100

12. Existem notáveis diferenças entre os sistemas binários eutético e de solução sólida:

- O sistema binário eutético compreende duas curvas liquidus convexas e uma reta solidus; no sistema binário de solução sólida completa, as curvas liquidus e solidus têm configuração, respectivamente, convexa e côncava. Ambas delimitam o campo de equilíbrio líquido + sólido com forma amendoada.
- No sistema binário eutético, o intervalo de cristalização é máximo para soluções líquidas respectivamente em um ou outro componente do sistema; no sistema binário de solução sólida completa, os correspondentes intervalos de cristalização são mínimos.
- No sistema binário eutético, cada composição tem temperatura liquidus distinta, mas todos os líquidos têm a mesma temperatura solidus (a linha solidus é uma reta); no sistema binário de solução sólida completa, cada composição tem temperaturas liquidus e solidus específicas.
- No sistema binário eutético, a cristalização em condições de equilíbrio resulta em duas fases sólidas (minerais) com a mesma composição dos componentes do sistema; no sistema binário de solução sólida completa, a cristalização resulta numa solução sólida com a mesma composição da solução líquida inicial.
- No sistema binário eutético, o mineral liquidus tem composição constante entre as temperaturas liquidus e solidus do sistema; no sistema binário de solução sólida completa, a fase sólida muda constantemente de composição entre as temperaturas liquidus e solidus do sistema.

13. Da configuração amendoada do campo "sólido + líquido" no sistema binário de solução sólida completa (Figura 6.4) decorre que, no intervalo de cristalização,

- cada solução sólida cristalizada sempre é mais rica no componente com maior temperatura liquidus (x) que o líquido do qual cristaliza. No sistema Anortita-Albita ou $CaAl_2Si_2O_8$-$NaAlSi_3O_8$, cada plagioclásio cristalizado é sempre mais rico em anortita que a solução líquida a partir da qual cristaliza ($An_S > An_L$); e
- cada solução sólida cristalizada é mais rica no componente de menor ponto de fusão que a solução sólida imediatamente precedente cristalizada em temperatura algo maior. No sistema Anortita-Albita ou $CaAl_2Si_2O_8$-$NaAlSi_3O_8$, cada plagioclásio cristalizado é sempre mais rico em albita que o plagioclásio precedente com maior temperatura de cristalização ($AbP_2 > AbP_1$ e $TP_1 > TP_2$).

14. A cristalização de sucessivas soluções sólidas sempre mais ricas no componente de maior temperatura de cristalização que os líquidos dos quais cristalizam (continuamente mais rico no componente de menor temperatura de cristalização) implica:

- a mudança composicional contínua da fase líquida com o avanço da cristalização. No caso dos plagioclásios, a composição da fração líquida resultante da sucessiva cristalização de novas soluções sólidas torna-se progressivamente mais rica em Ab e apresenta temperatura liquidus cada vez menor. Decorre que os sucessivos plagioclásios cristalizados também são cada vez mais ricos em Ab; e
- a diminuição progressiva do volume da fase líquida que coexiste com uma crescente fração cristalina. A qualquer instante da cristalização o teor (em % peso) da fração líquida e sólida no sistema é determinado pela "regra da balança" (Figura 6.4.B).

15. Numa cristalização em condições isobáricas, a composição do germe de cristalização de dada solução sólida S está em equilíbrio com a composição da solução líquida coexistente L da qual cristaliza na temperatura liquidus T_L. Entretanto, a solução sólida é mais rica no componente com maior (mais alta) temperatura de cristalização (CATC) que a fase líquida da qual cristaliza. Resulta que o progressivo crescimento do cristal solução sólida S modifica a composição do líquido coexistente, que se torna mais rico no componente com menor (mais baixa) temperatura de cristalização (CBTC), o que acarreta a diminuição de sua temperatura liquidus. A mudança térmico-composicional transforma o líquido L num novo líquido L_1, o que acarreta em rompimento do equilíbrio entre S e L, pois agora coexistem no sistema S e L_1. Consequentemente, cristaliza da fase líquida L_1 a solução sólida S_1, mais rica no CBTC que S. Coexistem no sistema binário, agora, as fases S, S_1 e L_1, o que reduz o grau de

liberdade do estado do sistema de 1, condição univariante, (presença das fases S e L) para 0, condição invariante (presença das fases S, S1 e L1). Em condições invariantes, todos os parâmetros intensivos do sistema (X, P e T) permanecem fixos. Como X e P já estavam fixos numa cristalização isobárica do líquido com composição L, a condição invariante configura o "congelamento" termodinâmico do sistema, pois o parâmetro T não pode mais ser variado. Consequentemente, cessa o resfriamento do sistema. Para readquirir o grau de liberdade 1, que permite novamente a variação da temperatura, uma das fases do sistema tem que ser eliminada. Esta é a fase sólida S e sua eliminação ocorre pela

- dissolução/reabsorção parcial de S no/pelo líquido L1; e
- reação de S com L1 para a formação de S1, a solução sólida em equilíbrio com L1.

Reabsorção e reação enriquecem o líquido L1 em CATC. Para manter a composição de L1 constante, forçosamente a eliminação de S tem que ser acompanhada da cristalização de S1, mais rica no CATC que a solução líquida L1 da qual cristaliza. Com a eliminação de S, o sistema readquire o grau de liberdade 1 e recomeça o resfriamento do sistema no qual coexistem em equilíbrio S1 e L1. E o processo descrito recomeça numa temperatura um pouco mais baixa, pelo crescimento dos cristais de S1 e a associada mudança composicional de L1.

A cristalização de uma solução sólida de uma solução líquida é, portanto, um contínuo processo de cristalização e eliminação de soluções sólidas cada vez mais volumosas e cada vez mais ricas no CBTC até a última solução sólida atingir a mesma composição da solução líquida inicial. A cristalização das sucessivas soluções sólidas ocorre em condições univariantes e sua eliminação em condições invariantes.

As considerações teóricas aqui expostas encontram limitações na natureza, pois sistemas magmáticos têm grande inércia termodinâmica, isto é, pequenas variações nos parâmetros do estado não encontram respostas no estado do sistema. A lenta reação de eliminação das sucessivas soluções sólidas instáveis permite sua preservação em cristais zonados. Por outro lado, o aumento exponencial da viscosidade da fração líquida com queda da temperatura e seu decrescente volume com a progressão da cristalização limita fortemente a dissolução/reabsorção das soluções sólidas instáveis no/pelo líquido coexistente.

16. Consideremos no sistema binário de solução sólida dos plagioclásios a cristalização em condições de equilíbrio do líquido inicial X com composição $An_{50}Ab_{50}$ e temperatura inicial Ti (Figura 6.5.A). Por queda da temperatura do sistema X atinge a curva liquidus na temperatura liquidus (TLX) e inicia sua cristalização com a precipitação do plagioclásio Pi com composição $An_{80}Ab_{20}$, mais rica em An que X. Pela cristalização de Pi, o líquido X muda sua composição para X1 mais rica em Ab que X. A cristalização de Pi diminui o volume (teor) da fração líquida do sistema para 100X/(X + Y1)% peso. A nova fração líquida X1 tem temperatura líquida TLX1 menor que a TLX. Essa mudança permite a continuidade da cristalização num sistema continuamente resfriado. De X1 cristaliza o plagioclásio P1 mais rico em An que X1, mas mais pobre em An que Pi. Ao mesmo tempo, Pi torna-se instável (P1 agora é o plagioclásio estável, pois se situa sobre a isoterma TLX1 enquanto Pi cristalizou na isoterma mais elevada, TLX). Consequentemente, uma pequena parte de Pi é reabsorvida (dissolvida) pelo (no) líquido X1 coexistente enquanto a maior parte reage com o líquido X1 para mudar sua composição para P1 (o plagioclásio estável) pela substituição acoplada de parte do (Ca + Al) da estrutura de Pi por (Na + Si) do líquido X1. Dessa maneira, a massa de plagioclásio compreende P1 primário e P1 de reação e, portanto, o volume total de P1 é maior que o volume de Pi cristalizado na etapa inicial. A cristalização de P1 e a eliminação de Pi por reação e dissolução empobrecem X1 em Ca e Al (anortita), o que implica mudança de sua composição para X2. A temperatura liquidus de X2 é TLX2, mais baixa que TLX1 e a decrescente fração líquida perfaz agora 100X/(X + Y2)% peso do sistema. A nova queda da temperatura liquidus permite a continuidade do processo de cristalização com a queda da temperatura do sistema. Assim, de X2 cristaliza o plagioclásio P2 mais rico em An que X2, mas mais pobre em An que P1. Ao mesmo tempo, uma parte de P1, agora instável, é reabsorvida/dissolvida pelo/no líquido coexistente X2, enquanto outra parte reage com o mesmo líquido transformando sua composição na do plagioclásio estável P2. Dessa maneira, a massa de plagioclásio compreende P2 primário e P2

de reação e, portanto, o volume total de P2 é maior que o de P1 formado na etapa de cristalização precedente. A cristalização de P2 e a eliminação de P1 por dissolução e reação empobrecem o líquido X2 em Ca e Al que, assim, muda sua composição para X3. A temperatura liquidus de X3 é TLX3, menor que a temperatura liquidus TLX2 e a fração líquida do sistema passa a ser 100X/(X + Y3) em % peso. A nova temperatura liquidus permite a continuidade da cristalização num sistema em contínuo resfriamento. Assim, de X3 cristaliza o plagioclásio P3 mais rico em An que X3, mas mais pobre em An que P2. Simultaneamente, uma pequena parte de P2, agora instável, é dissolvida/reabsorvida no/pelo líquido coexistente X3, enquanto a maior parte reage com o mesmo líquido transformando sua composição em P3, a composição do plagioclásio estável na TLX3. Dessa maneira, a massa de plagioclásio compreende P3 primário e P3 de reação e decorre que o total de P3 é maior que o de P2. A cristalização de P3 e a eliminação de P2 por reação e dissolução mudam a composição da fração líquida do sistema para X4. O líquido X4 tem menor teor em An, menor temperatura liquidus (TLX4), menor volume [equivalente a 100X/(X + Y4)% peso] que X3. Do líquido X4 cristaliza o plagioclásio P4, mais rico em An que X4, mas mais pobre em An que P3. Grande parte deste, agora instável, reage com X4 mudando sua composição para P4, enquanto outra parte é reabsorvida/dissolvida pelo/no líquido X4. O volume total de P4 é maior que o de P3 formado na TLX3. O resultado da cristalização de P4 e da eliminação de P3 quase só por reação é a mudança da composição do líquido X4, tornando-o ainda mais rico em Ab.

A cristalização encerra-se quando a agora já muito reduzida fração líquida final XF com composição $An_{13}Ab_{87}$ é totalmente consumida na TSX, a temperatura solidus de X, tanto pela cristalização do plagioclásio final PX com composição $An_{50}Ab_{50}$, quanto por sua reação com o plagioclásio com composição (PX + ΔAn) cristalizado a partir do líquido (XF + ΔAn) na (TS + ΔT) para formar mais PX. Resulta a cristalização final de uma solução sólida homogênea de plagioclásio X com a mesma da solução líquida binária homogênea inicial.

A cristalização da solução líquida inicial X, aqui descrita através da sucessiva cristalização das soluções sólidas Pi, P1, P2, P3, P4, PX + ΔAn e da solução sólida final PX (Figura 6.5.A), é uma simplificação da cristalização teórica dos plagioclásios, na qual existem "infinitas" soluções sólidas intermediárias entre o início e o fim da cristalização do plagioclásio homogêneo final com composição $An_{50}Ab_{50}$. Entretanto, a inércia termodinâmica de líquidos silicáticos aproxima grosseiramente a cristalização descrita de uma cristalização natural.

17. A fusão incipiente de uma rocha-fonte composta exclusivamente por um mineral solução sólida (rocha monominerálica) gera líquidos (magmas) iniciais enriquecidos no componente de menor ponto de fusão da rocha-fonte (Figura 6.5.B). A temperatura solidus (início da fusão) e liquidus (fim da fusão) da rocha-fonte, bem como a composição do magma inicial e final, varia com a composição da fase mineral solução sólida da rocha-fonte. Assim, a temperatura e a composição do líquido inicial resultante da fusão de anortositos compostos por andesina e labradorita são distintas.

No sistema An-Ab é mostrada a fusão progressiva do anortosito SM composto por cristais de plagioclásio com composição $An_{50}Ab_{50}$. A fusão inicia-se na temperatura solidus TSM com a produção do líquido inicial Mi com composição $An_{13}Ab_{87}$, bem mais rica em Ab que SM. A fusão termina na temperatura TLM com a produção do líquido final Mf com a mesma composição da solução sólida inicial SM pela fusão do último resíduo sólido do sistema, SMf. Entre TSM e TLM, o intervalo térmico de fusão de SM, a composição do crescente volume de líquido varia por meio de etapas infinitesimais entre Mi e Mf tornando-se progressivamente mais rico em Ca e Al (isto é, em anortita) e mais pobre em Na e Si (isto é, em albita). A variação na curva liquidus corresponde ao segmento L entre Mi e Mf (Figura 6.5.B). Simultaneamente, a decrescente fração sólida muda sua composição gradualmente, de $An_{50}Ab_{50}$ (SM) para $An_{80}Ab_{20}$ (SMf), a composição da última fração sólida infinitesimal do sistema. A variação na curva solidus corresponde ao segmento S entre SM e SMf (Figura 6.5.B). Em qualquer temperatura do intervalo de fusão, a composição do crescente volume de líquido e a da decrescente fração sólida residual complementar é, respectivamente, mais rica em Ab e mais rica em An que a solução sólida original SM.

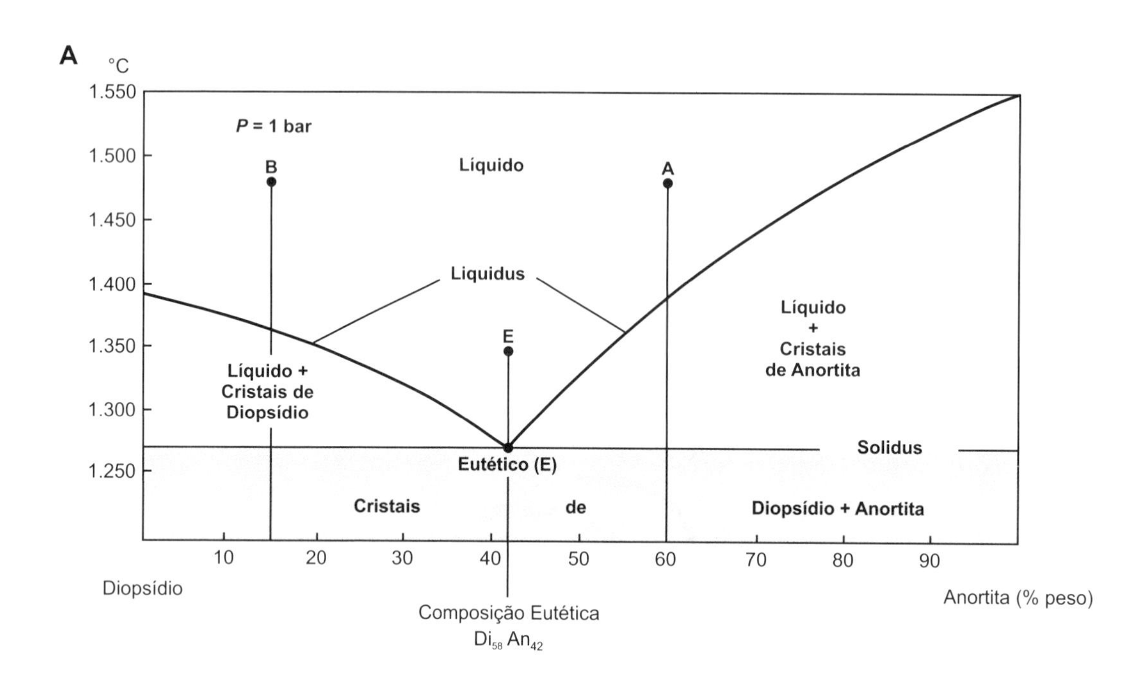
A
°C
1.550
1.500
1.450
1.400
1.350
1.300
1.250
P = 1 bar
B
Líquido
A
Liquidus
E
Líquido +
Cristais de
Diopsídio
Líquido
+
Cristais
de Anortita
Solidus
Eutético (E)
Cristais
de
Diopsídio + Anortita
10
20
30
40
50
60
70
80
90
Diopsídio
Anortita (% peso)
Composição Eutética
Di58 An42

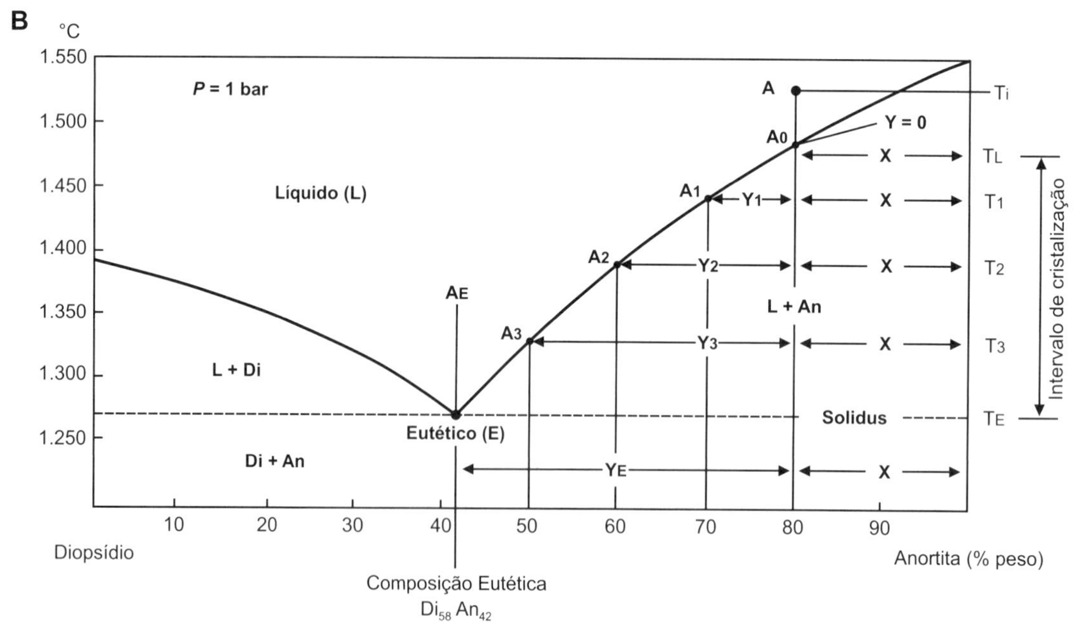
B
°C
1.550
1.500
1.450
1.400
1.350
1.300
1.250
P = 1 bar
A
Ti
A0
Y = 0
X
TL
Líquido (L)
A1
Y1
T1
A2
Y2
T2
AE
L + An
A3
Y3
T3
L + Di
Solidus
TE
Intervalo de cristalização
Eutético (E)
Di + An
YE
10
20
30
40
50
60
70
80
90
Diopsídio
Anortita (% peso)
Composição Eutética
Di58 An42
% peso da fração líquida (L) no sistema: L = 100X/(X + Y)

Figura 6.1 – Características de sistemas binários com ponto eutético

A, B – O sistema Diopsídio-Anortita: aspectos básicos (Bowen, 1915)

Liquidus é a curva Temperatura × Composição (sob pressão constante) de equilíbrio entre a solução líquida com composição $(CaMgSi_2O_6)X/(CaAl_2Si_2O_8)(1–X)$ e o mineral que dele cristaliza. O mineral que cristaliza sobre o liquidus é denominado mineral liquidus; sua natureza varia com a composição da solução líquida. O mineral liquidus do líquido A é anortita (An), o do líquido B é diopsídio (Di) (**A**). No sistema Di-An existem duas curvas liquidus com convexidades opostas: uma para soluções ricas em An e uma para soluções ricas em Di; a característica mostra que a temperatura liquidus varia com a composição da solução líquida inicial. O cruzamento entre as duas curvas liquidus define o ponto eutético (E), um ponto invariante, com a menor temperatura liquidus do sistema. No ponto eutético coexistem conjuntamente as três fases do sistema (a fase líquida eutética, diopsídio e anortita) e, como o grau de liberdade do sistema no ponto E é 0, durante a cristalização da fase líquida a temperatura do sistema permanece constante. Do líquido eutético cristalizam conjuntamente diopsídio e anortita na proporção de 58% peso Di para 42% peso An ($Di_{58}An_{42}$), isto é, do líquido homogêneo eutético cristalizam simultaneamente duas fases cristalinas (espécies minerais com a composição dos componentes do sistema) em proporção fixa (que reproduz a composição química do líquido eutético).

Solidus é a curva de equilíbrio entre o estado totalmente sólido do sistema e o estado líquido + sólido terminal. O intervalo entre o liquidus (T_L) e o solidus (T_S) é o intervalo (térmico) de cristalização de dado líquido inicial do sistema; seu valor varia com a composição do líquido inicial. No intervalo de cristalização, a fração líquida do sistema continuamente diminui de volume e muda de composição. A solução líquida eutética (composição E) não apresenta intervalo de cristalização, pois esta ocorre apenas na temperatura fixa eutética (T_E). Assim, uma mistura de cristais de diopsídio e anortita na proporção eutética $Di_{58}An_{42}$ comporta-se como uma substância pura caracterizada por temperatura de cristalização/fusão fixa. Daí o nome eutético (do grego: substância ou corpo verdadeira).

Durante a cristalização do líquido A, sua composição (A_1, A_2, A_3) e temperatura liquidus (T_1, T_2, T_3) muda continuamente pela extração de crescentes teores de anortita com a progressiva queda da temperatura. A mudança composicional sempre atinge a composição final eutética na temperatura eutética T_E (**B**). No decorrer da cristalização diminui gradualmente o volume da fração líquida que coexiste em equilíbrio com a crescente fração cristalina do sistema. Em qualquer temperatura do intervalo de cristalização o teor (em % peso) da fração líquida e da fração sólida (cristalina) no sistema é dada pela "regra da balança", que expressa a relação entre os segmentos Y e X na representação gráfica do sistema. Para o líquido A, o teor da fração sólida corresponde ao segmento Y, a distância isotérmica entre o teor de An no líquido A e o teor de An no liquidus na temperatura considerada. Y aumenta com a queda da temperatura do sistema. X é um valor fixo que depende da composição do líquido inicial, pois é o segmento entre An_{100} e o teor de An no líquido A. O teor da fração líquida é dado pela relação $100X/(X + Y)$. No instante em que o líquido A ($An_{80}Di_{20}$) atinge a curva liquidus na T_L, o sistema é totalmente líquido, pois $Y = 0$. A quantidade de líquido A_2 ($An_{60}Di_{40}$) na T_2 é $= 100 \cdot (100 - 80)/[20 + (80 - 60)] = 2.000/40 = 50\%$ peso e a do líquido eutético A_E ($An_{42}Di_{58}$) na T_E é $100 \cdot (100 - 80)/[20 + (80 - 42)] = 2.000/58 = 34,48\%$ peso. A mesma regra aplica-se aos líquidos que têm como mineral liquidus o diopsídio.

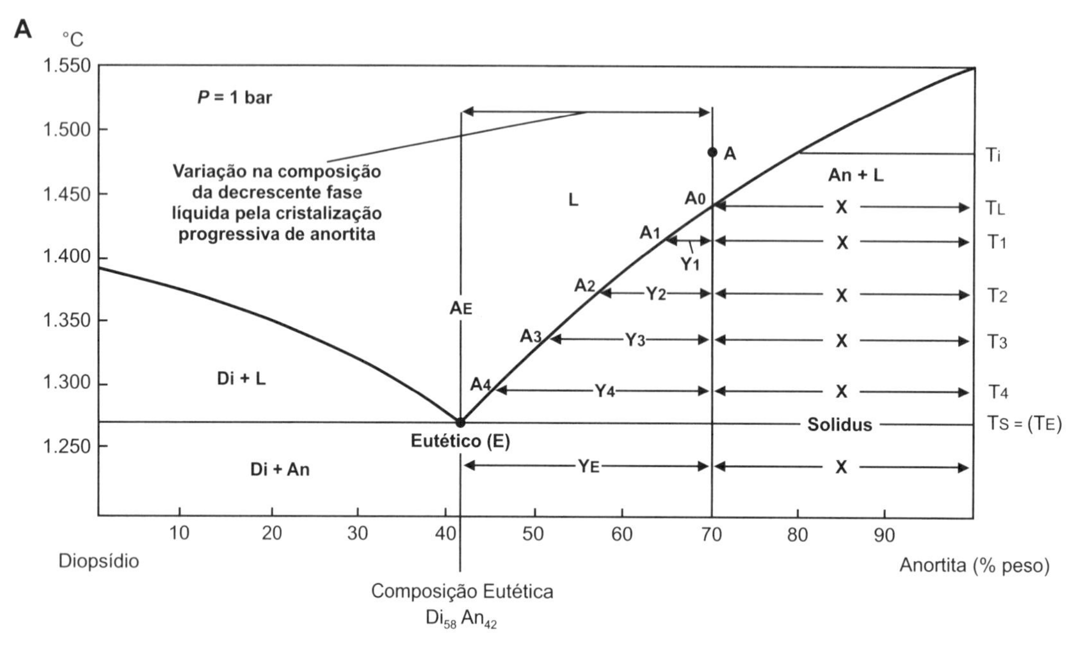

% peso da fração líquida eutética (LE) no sistema: $L_E = 100X/(X + Y_E)$

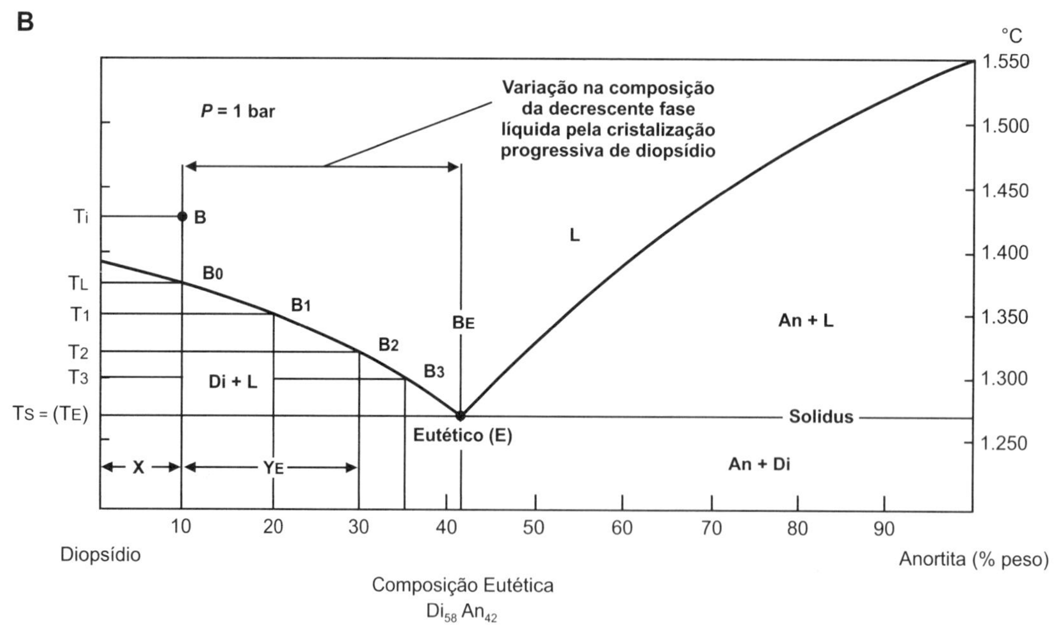

% peso da fração líquida eutética (LE) no sistema: $L_E = 100X/(X + Y_E)$

Figura 6.2 – Cristalização em sistemas binários com ponto eutético

A, B – Cristalização no sistema Diopsídio-Anortita (Bowen, 1915)

Consideremos no sistema Diopsídio-Anortita a cristalização em condições de equilíbrio do líquido A com composição $An_{70}Di_{30}$ e temperatura inicial Ti. Por queda da temperatura do sistema A atinge a curva liquidus em A0 na temperatura liquidus TL e inicia sua cristalização com a precipitação de anortita (anortita é mineral liquidus). Pela extração de anortita, o líquido A0 enriquece-se em diopsídio e muda sua composição para A1, cuja temperatura liquidus é T1. Simultaneamente, a fração líquida do sistema diminui para 100X/(X + Y1)% peso. A menor temperatura liquidus do líquido A1 permite o prosseguimento da cristalização da fração líquida nova e queda da temperatura do sistema pela precipitação de mais anortita. Consequentemente, a composição da fração líquida do sistema muda sua composição de A1 para A2, mais rica em diopsídio. O líquido A2 tem temperatura liquidus T2 < T1 e perfaz 100X/(X + Y2)% peso do sistema. Com nova queda na temperatura, o processo repete-se sucessivamente. Por motivos didáticos, as etapas evolutivas do sistema (A1, A2, A3, A4) são aqui representadas como sucessivas etapas estanques maiores. Em realidade, as mudanças na composição, temperatura liquidus e % peso da fração líquida no sistema ocorrem de modo contínuo, infinitesimal. Na temperatura TE, o líquido residual atinge no ponto eutético a composição eutética AE e a fração líquida perfaz agora 100 X/(X + YE)% peso do sistema. No ponto eutético E, invariante, a fase líquida é eliminada (exaurida, esgotada, consumida) totalmente pela cristalização conjunta de diopsídio e anortita na proporção eutética $Di_{58}An_{42}$ em condições isotérmicas (TE).

A cristalização do líquido A resulta em duas gerações de cristais de anortita. A primeira, pré-eutética, cristaliza entre TL e TE; a segunda, eutética, na TE simultaneamente com cristais de diopsídio. Na geração pré-eutética, os cristais inicialmente nucleados têm um maior intervalo térmico de crescimento e são fenocristais e, portanto, desenvolvem dimensões maiores. Os cristais nucleados subsequentemente, sob decrescentes temperaturas, têm intervalos térmicos de crescimento cada vez menores e, consequentemente, dimensões cada vez menores. Resulta uma textura serial. Já a cristalização eutética gera uma mistura de cristais muito diminutos de diopsídio e anortita. Se a mistura é muito volumosa, formando uma matriz na qual se inserem os cristais pré-eutéticos, resulta uma textura porfirítica serial. Uma mistura cristalina eutética pouco volumosa vai preencher os interstícios entre os cristais pré-eutéticos gerando uma textura intergranular. Rochas compostas de plagioclásio e piroxênio com fenocristais de diopsídio indicam líquidos iniciais com composição no intervalo entre a composição eutética e o diopsídio puro e os portadores de fenocristais de anortita indicam composições líquidas iniciais no intervalo entre a composição eutética e a da anortita pura.

O líquido B com composição $Di_{90}An_{10}$ e temperatura inicial Ti sofre inicialmente resfriamento entre Ti e TL que não altera o estado do sistema. O resfriamento aumenta a concentração de $CaMgSi_2O_6$ no líquido até ocorrer a saturação nesse componente em TL. Inicia-se, agora, a cristalização de diopsídio. Pela extração progressiva de Di, a decrescente fração líquida enriquece-se gradualmente em An e, consequentemente, apresenta temperatura liquidus cada vez menor. Atingido o ponto eutético, a composição da fração líquida residual é eutética, sua temperatura é TE e seu volume é de 100X/(X + YE)% peso do sistema. Por cristalização isotérmica bifásica o líquido eutético origina uma mistura de cristais de diopsídio e anortita na proporção eutética $Di_{58}An_{42}$ até sua exaustão (consumo) total.

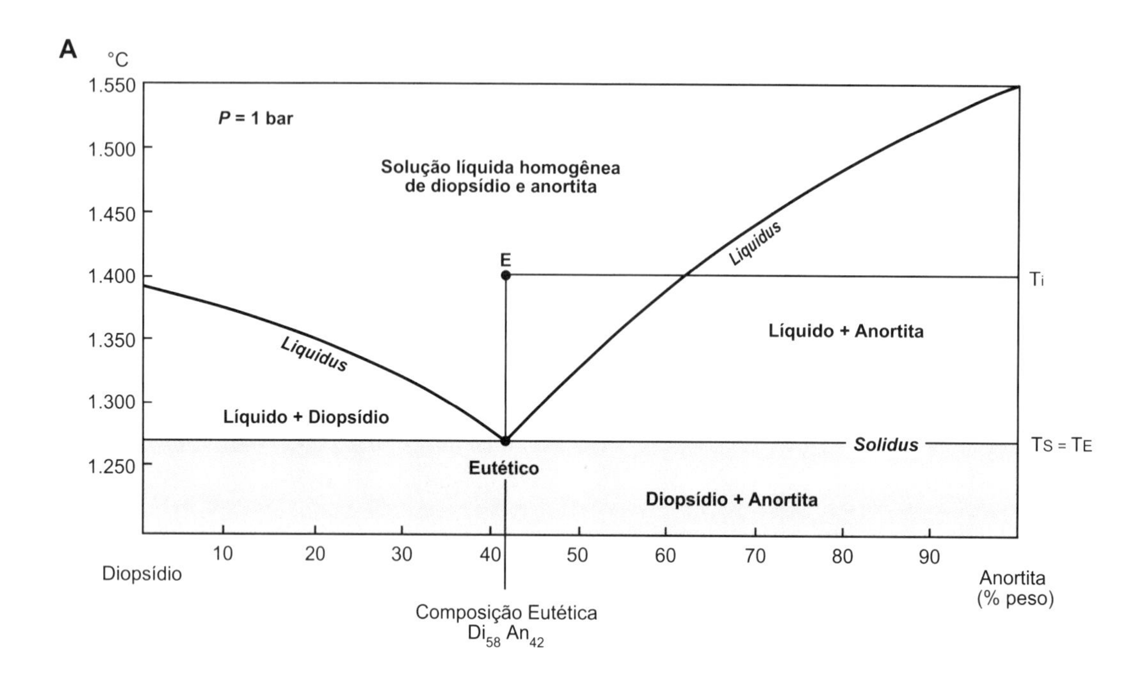

A
°C
1.550
1.500
1.450
1.400
1.350
1.300
1.250
P = 1 bar
Solução líquida homogênea de diopsídio e anortita
E
Liquidus
Liquidus
Ti
Líquido + Anortita
Líquido + Diopsídio
Solidus
TS = TE
Eutético
Diopsídio + Anortita
10 20 30 40 50 60 70 80 90
Diopsídio
Anortita (% peso)
Composição Eutética
Di58 An42

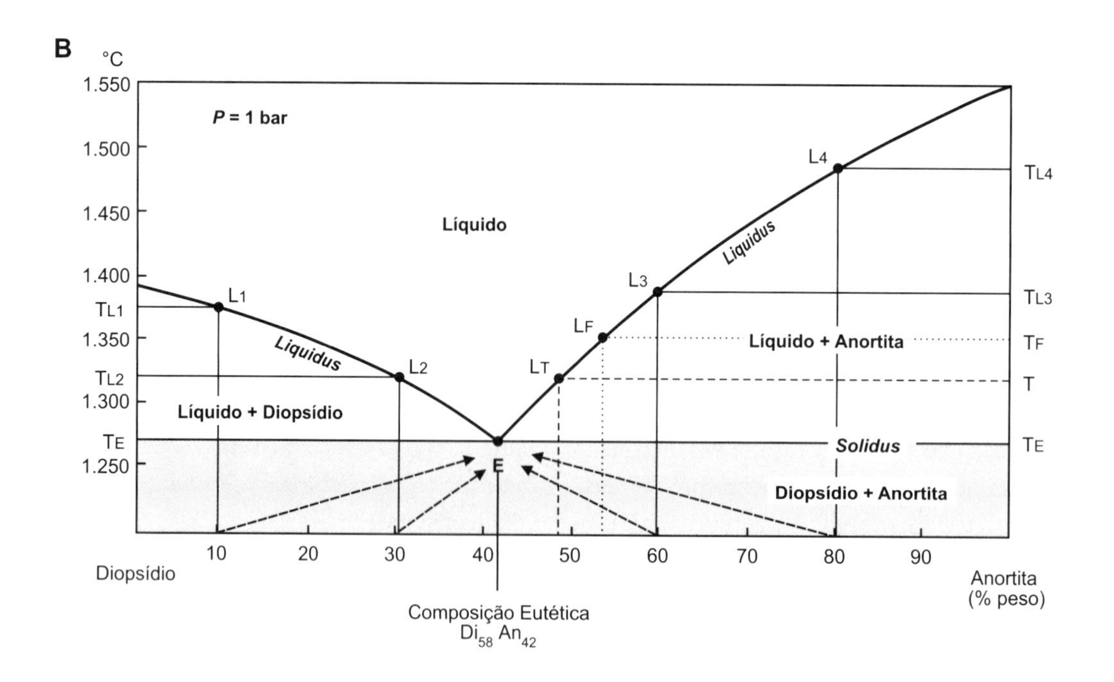

B
°C
1.550
1.500
1.450
1.400
TL1
1.350
TL2
1.300
TE
1.250
P = 1 bar
L4
TL4
Líquido
Liquidus
L3
TL3
L1
LF
Líquido + Anortita
TF
Liquidus
L2
LT
T
Líquido + Diopsídio
Solidus
TE
E
Diopsídio + Anortita
10 20 30 40 50 60 70 80 90
Diopsídio
Anortita (% peso)
Composição Eutética
Di58 An42

Figura 6.3 – Cristalização e fusão em sistemas binários com ponto eutético

A - Cristalização eutética no sistema Diopsídio-Anortita (Bowen, 1915)

O sistema Di-An representa a cristalização de um haplobasalto simplificado, isto é, um basalto sem olivina. É mostrada a cristalização da solução líquida E com composição eutética ($Di_{58}An_{42}$) e temperatura inicial Ti. Com a queda da temperatura, o sistema permanece totalmente líquido até atingir a temperatura eutética de 1.270 °C. Inicia-se, então, a cristalização conjunta de diopsídio e anortita na proporção eutética $Di_{58}An_{42}$ na temperatura fixa. A cristalização só cessa com o consumo total do líquido eutético. Portanto, no sistema Diopsídio-Anortita a solução líquida inicial com composição eutética é a única que não apresenta intervalo de cristalização. Da cristalização resulta uma rocha equigranular fina.

B - Fusão no sistema Diopsídio-Anortita (Bowen, 1915)

A fusão de qualquer mistura sólida de diopsídio e anortita (M1, M2, M3 e M4) inicia-se sempre na temperatura eutética TE com a produção de um líquido eutético com composição $Di_{58}An_{42}$ na temperatura fixa. Ou seja, diferentes rochas-fonte geram por fusão incipiente o mesmo magma. Para misturas situadas no intervalo composicional Di-E, caso de M1 e M2, a etapa de fusão inicial eutética encerra-se com a fusão total de toda anortita da mistura sólida inicial; para as situadas no intervalo E-An, caso de M3 e M4, após a liquefação de todo diopsídio da mistura sólida inicial. A fusão total é obtida pela liquefação (dissolução) progressiva de todo diopsídio residual entre TE e TL1 (para M1) e entre TE e TL2 (para M2) e/ou de toda anortita residual entre TE e TL3 (para M3) e entre TE e TL4 (para M4) no crescente volume de líquido coexistente. Durante o processo de fusão, a composição do crescente volume de líquido muda gradualmente sobre a curva liquidus entre a composição eutética e a composição do líquido final. Resultam, assim, líquidos finais (L1, L2, L3 e L4) com a mesma composição das misturas cristalinas iniciais (M1, M2, M3 e M4).

A fusão total em condições de equilíbrio de duas misturas cristalinas com composições distintas origina líquidos finais com diferentes composições e temperaturas. Isto não ocorre em condições de desequilíbrio que envolvem a extração de líquido do sistema durante a fusão progressiva. Em condições de desequilíbrio ideais, o líquido é retirado do sistema assim que formado; em condições de desequilíbrio reais, a temperatura de extração do líquido e o volume de líquido extraído variam. Resulta que, em condições de desequilíbrio real, podem ser extraídos líquidos com mesma composição de rochas-fonte distintas parcialmente fundidas. Assim, de dois sistemas onde ocorre, respectivamente, a fusão progressiva de M3 e M4, pode ser extraído na temperatura T o mesmo líquido LT. Dos sistemas M1, M2, M3 e M4 pode ser extraído na TE o mesmo líquido eutético LE.

A composição do líquido gerado por fusão progressiva depende da temperatura do sistema. Se esta não atingir a temperatura de fusão total da rocha-fonte, o líquido gerado não terá a mesma composição da mistura cristalina (rocha-fonte) original; será empobrecida no componente cristalino residual da etapa inicial de fusão eutética. Consideremos a mistura cristalina M3. Se a temperatura final do sistema for TF, será gerado o líquido LF, mais pobre em anortita que o líquido L3 que resulta da fusão total de M3 na TL3.

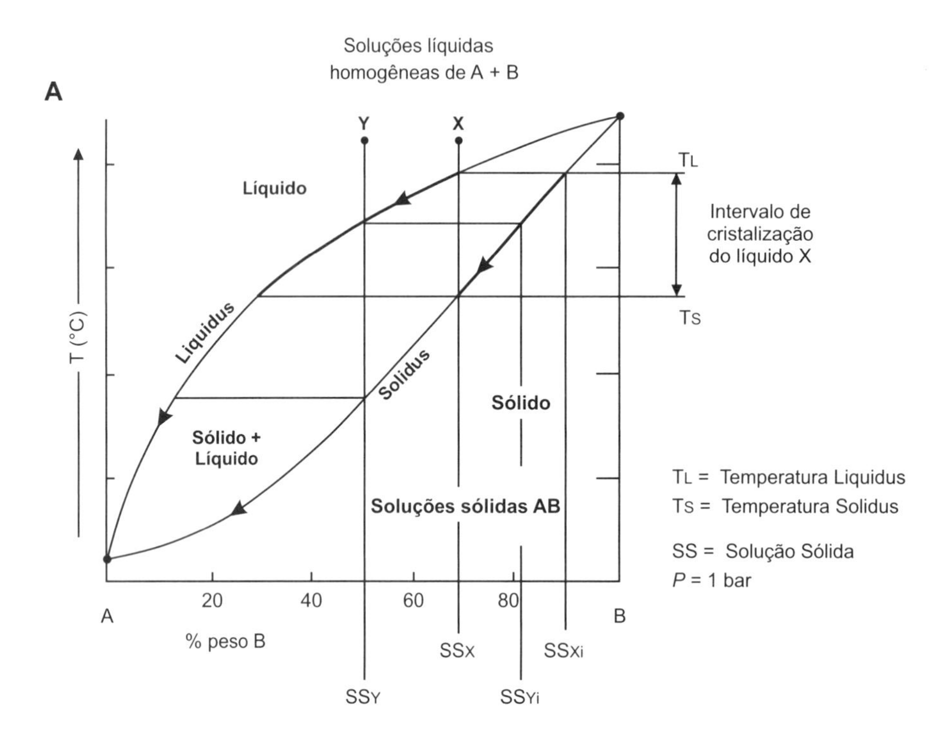
A
Soluções líquidas
homogêneas de A + B
Y
X
Líquido
TL
Intervalo de
cristalização
do líquido X
TS
Liquidus
Solidus
Sólido
Sólido +
Líquido
Soluções sólidas AB
T (°C)
TL = Temperatura Liquidus
TS = Temperatura Solidus
SS = Solução Sólida
P = 1 bar
20
40
60
80
A
B
% peso B
SSX
SSXi
SSY
SSYi

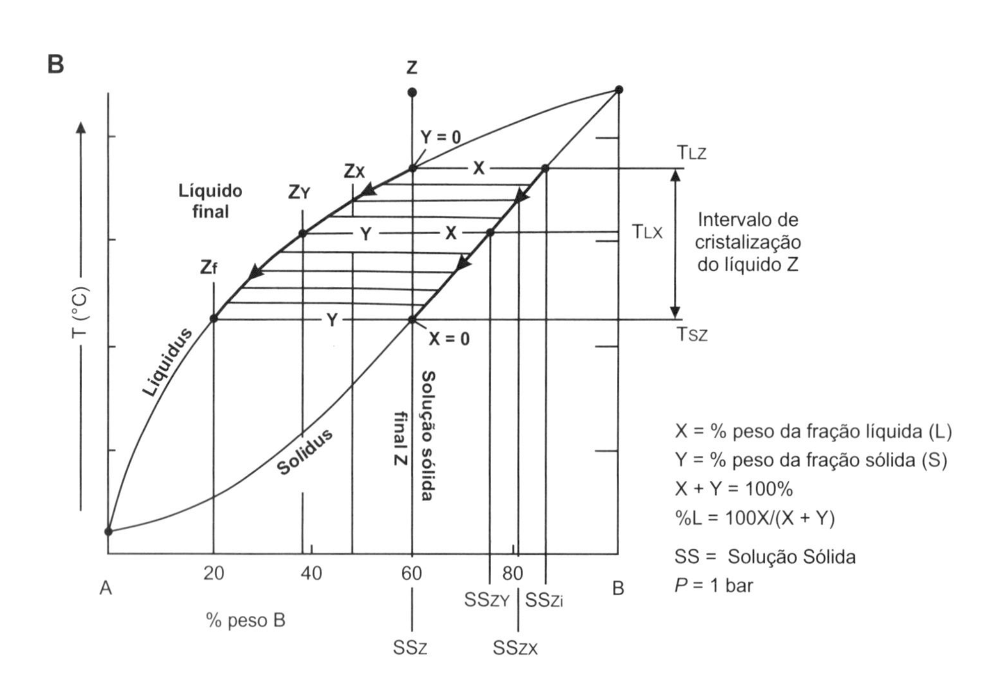
B
Z
Y = 0
ZX
X
TLZ
Líquido
final
ZY
Y
X
TLX
Intervalo de
cristalização
do líquido Z
Zf
Y
X = 0
TSZ
T (°C)
Liquidus
Solidus
Solução sólida
final Z
X = % peso da fração líquida (L)
Y = % peso da fração sólida (S)
X + Y = 100%
%L = 100X/(X + Y)
SS = Solução Sólida
P = 1 bar
20
40
60
80
A
B
% peso B
SSZY
SSZi
SSZ
SSZX

Figura 6.4 – Características de sistemas binários de soluções sólidas completas

A, B - Caracterização do sistema binário de solução sólida completa (Bowen, 1913)

O sistema binário de solução sólida completa A-B apresenta as seguintes características fundamentais (**A**): 1) de uma solução líquida inicial cristaliza uma solução sólida homogênea com a mesma composição da solução líquida inicial; 2) distintas soluções líquidas (caso de X e Y) cristalizam soluções sólidas com diferentes composições; 3) as curvas liquidus e solidus têm configuração respectivamente convexa e côncava que delimitam um campo líquido + sólido com forma amendoada; 4) todos os líquidos do sistema (caso de X e Y) têm temperaturas liquidus e solidus distintas; e 5) o intervalo de cristalização diminui gradualmente para líquidos cada vez mais ricos em um ou outro componente do sistema.

A cristalização da solução sólida SSz a partir do líquido inicial Z resulta da "geração" e "destruição" de sucessivas soluções sólidas intermediárias entre as temperaturas liquidus (TLZ) e solidus (TSZ) da solução líquida inicial Z (**B**). A "geração" de uma solução sólida intermediária ocorre quando o grau de liberdade do sistema é 1; e a sua "destruição", quando o grau de liberdade do sistema é 0.

Quanto à "geração": 1) cada solução sólida sucessivamente cristalizada tem decrescentes temperaturas liquidus e composição algo mais rica no componente de menor ponto de fusão (componente A) que a solução sólida precedente cristalizada numa temperatura algo mais elevada (comparar SSZX com SSZY); 2) cada solução sólida sucessivamente cristalizada é sempre mais rica no componente de maior temperatura de cristalização (componente B) que a solução líquida da qual cristaliza (comparar ZX com SSZX e ZY com SSZY).

Quanto a "destruição". Cada solução sólida intermediária (por exemplo SSZX) torna-se instável após sua cristalização pela mudança na composição (ZX → ZY) do líquido da qual cristaliza (ZX) por ser mais rica no componente de maior temperatura B que o líquido do qual cristaliza. O novo líquido ZY é mais rico em A e tem menor temperatura liquidus que ZX. O decorrente desequilíbrio termoquímico é superado: 1) pela cristalização de uma nova solução sólida estável (SSZY) mais rica no componente A que (SSZX); e 2) pela eliminação da solução sólida instável SSZX. A eliminação da solução sólida instável SSZX ocorre: 1) por dissolução/reabsorção no/pelo novo líquido coexistente ZY; e 2) por reação com o líquido ZY para a formação de mais SSZY, a solução sólida estável em equilíbrio com ZY. Resulta a coexistência de dois tipos genéticos de SSZY: um que cristaliza diretamente de ZY (SSZY é mineral liquidus) e outra que resulta da reação de SSZX com ZY. Numa temperatura algo mais baixa, o equilíbrio entre SSZY e ZY é novamente desfeito pela progressiva cristalização de SSZY. Resulta a repetição do processo acima descrito sucessivamente em todo intervalo de cristalização da solução sólida homogênea final.

A progressiva cristalização de Z reduz gradualmente o volume da fase líquida do sistema. A qualquer temperatura no intervalo de cristalização, a porcentagem (peso) da fração líquida e da fração cristalina no sistema pode ser determinada pela "regra da balança". As sucessivas isotermas entre as curvas liquidus e solidus de Z (intervalo TLZ-TSZ) são subdivididas pela vertical que passa pela composição ($A_{40}B_{60}$) de Z. A vertical divide as referidas isotermas nos segmentos X e Y. Na TLZ (sistema totalmente líquido), X = 1 e Y = 0; na TSZ (sistema totalmente sólido), Y = 1 e X = 0. Assim, a fração líquida no sistema em dada temperatura é expressa pela relação 100X/(X + Y) na isoterma considerada.

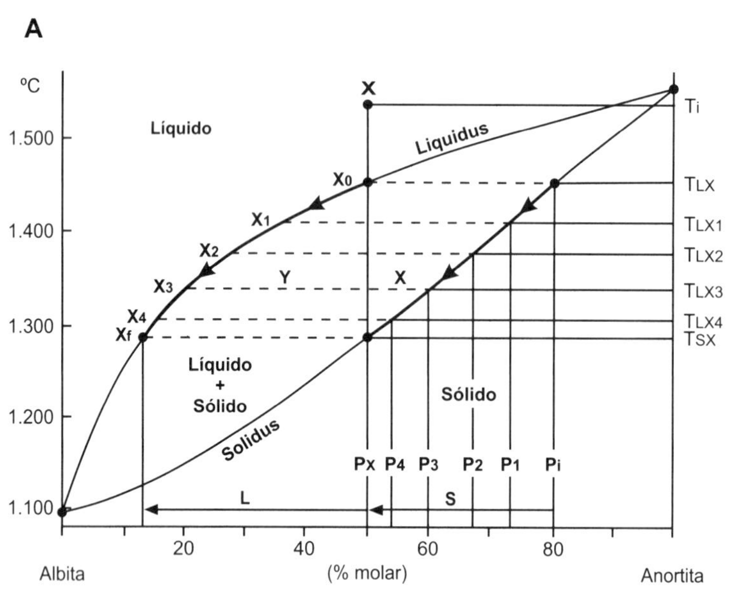

S = variação composicional da fração sólida do sistema durante a cristalização
L = variação composicional da fração líquida do sistema durante a cristalização

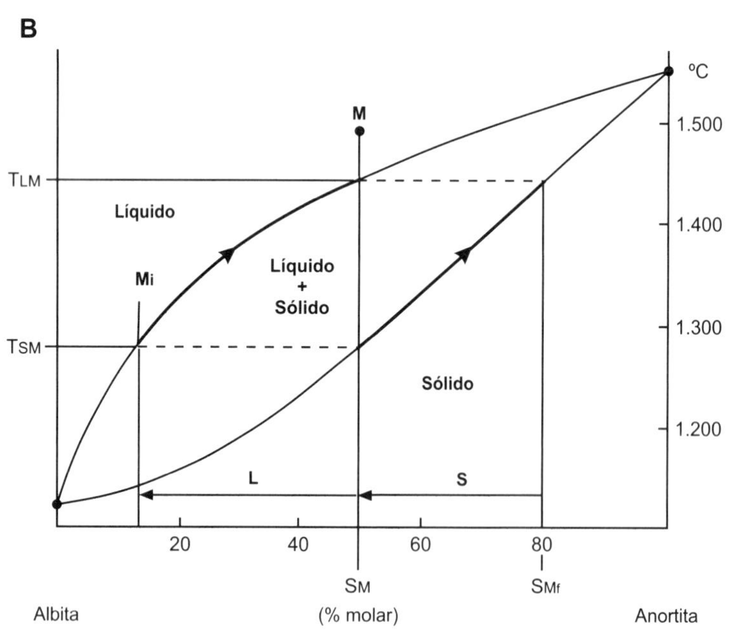

S = variação composicional da fração sólida do sistema durante a fusão
L = variação composicional da fração líquida do sistema durante a fusão

Figura 6.5 – Cristalização e fusão em sistemas de soluções sólidas completas

A – Cristalização no sistema Albita-Anortita (Bowen, 1913)

Consideremos a cristalização em condições de equilíbrio do líquido inicial X com composição $An_{50}Ab_{50}$ e temperatura inicial Ti. Por queda da temperatura do sistema, X atinge a curva liquidus na TLX e inicia-se a cristalização do plagioclásio Pi com composição $An_{80}Ab_{20}$, mais rica em An que X. Pela cristalização de Pi, o líquido X muda sua composição para X1, mais rica em Ab que X, diminui seu volume para 100X1/(X1 + Y1) em % peso e sua temperatura liquidus para TLX1. De X1 cristaliza o plagioclásio P1 mais rico em An que X1, mas mais pobre em An que Pi, agora instável. A maior parte de Pi reage com X1 mudando sua composição para P1 enquanto uma pequena parte é reabsorvida (dissolvida) pelo (no) líquido coexistente reagente e cristalizante X1. Portanto, ocorre simultaneamente a geração de dois tipos de plagioclásio P1: um plagioclásio secundário resultante da reação e um plagioclásio primário que cristaliza diretamente de X1. A soma dos processos de cristalização, reação e dissolução empobrecem X1 em An e muda sua composição para X2, mais rica em Ab que X1, diminui seu volume para 100X2/(X2 + Y2)% peso do sistema e sua temperatura liquidus para TLX2, mais baixa que TLX1. Repete-se, então, o processo previamente descrito: do líquido X2 cristaliza o plagioclásio P2 mais rico em An que X2, mas mais pobre em An que P1, agora instável. A maior parte de P1 reage com X2, mudando sua composição para P2 enquanto uma pequena porção é dissolvida no líquido reagente e cristalizante X2. Após o consumo de P1, a massa de plagioclásio P2 contém P2 de reação e P2 primário. Portanto, a massa total de P2 é maior que a de P1 previamente cristalizado. A combinação de formação de P2 com a eliminação de P1 empobrece X2 em An e muda sua composição para X3, mais rica em Ab que X2, diminui seu teor no sistema para 100X3/(X3 + Y3)% peso e sua temperatura liquidus para TLX3, mais baixa que TLX2. A cristalização progride através de sucessivas etapas infinitesimais com as mesmas características descritas para os líquidos X, X1 e X2. A cristalização encerra-se quando o líquido final Xf atinge a composição $An_{13}Ab_{87}$ a partir do qual cristaliza na TSX o plagioclásio PX com composição $An_{50}Ab_{50}$, ao mesmo tempo que o plagioclásio (PX + ΔAn) previamente cristalizado na (TSX + ΔT) reage com o líquido Xf para formar mais PX. Os dois processos promovem a exaustão total Xf e resulta na cristalização final de um plagioclásio homogêneo com a mesma composição $An_{50}Ab_{50}$ da solução líquida inicial.

B – Fusão do sistema Albita-Anortita (Bowen, 1915; Weill et al., 1980)

A solução sólida SM com composição $An_{50}Ab_{50}$ inicia sua fusão na temperatura TSM com a produção do líquido inicial Mi com composição $An_{13}Ab_{87}$ mais rica em Ab que SM. A fusão termina na TLM com a produção do líquido final M com a mesma composição da solução sólida inicial SM. TSM-TLM é o intervalo de fusão de SM. Com o aumento progressivo da temperatura do sistema, o crescente volume de líquido gerado varia continuamente sua composição entre Mi e M por meio de etapas infinitesimais. Simultaneamente, a decrescente fração cristalina residual muda de composição gradualmente de $An_{50}Ab_{50}$ (SM) para $An_{80}Ab_{20}$ (SMf), a composição da última fração cristalina infinitesimal do sistema.

7. Variantes do sistema binário eutético básico

1. Existem duas principais variantes do sistema binário eutético monoeutético clássico Diopsídio-Anortita:

- Sistemas com componente intermediário com fusão incongruente. Esse tipo de diagrama de fases é fundamental para a compreensão das reações de sílica-saturação e das diferenças entre a cristalização em condições de equilíbrio e de desequilíbrio. Exemplos clássicos são os sistemas Forsterita--Sílica e Leucita-Sílica.
- Sistemas com componente intermediário com fusão congruente. Esse tipo de diagrama de fases é de grande importância para a compreensão da separação física de magmas sílica-supersaturados, sílica-saturados e sílica-insaturados por meio de altos térmicos. Exemplo clássico é o sistema Nefelina-Sílica.

2. Minerais podem apresentar fusão e cristalização congruente ou incongruente. Na fusão congruente, o mineral funde totalmente numa temperatura fixa. Na fusão incongruente, a fusão ocorre por etapas, caso do Mg-piroxênio enstatita, o componente intermediário do sistema Forsterita-Sílica. Por aporte térmico, a enstatita sofre, sob uma atmosfera, fusão parcial em 1.557 °C com a geração de Mg-olivina forsterita e sílica líquida segundo a reação $Mg_2Si_2O_6$ (sólido) $\rightarrow$ Mg_2SiO_4 (sólido) + SiO_2 (líquido). Só quando a temperatura atinge o ponto de fusão da olivina em 1.890 °C todo o sistema funde segundo a reação Mg_2SiO_4 (sólido) + SiO_2 (líquido) $\rightarrow$ $Mg_2Si_2O_6$ (líquido). Vice-versa, a cristalização do líquido $Mg_2Si_2O_6$ também ocorre em duas etapas. Inicialmente, em 1.890 °C, cristaliza forsterita que coexiste com sílica líquida, e, em 1.557 °C, cristaliza enstatita por meio da reação de sílica-saturação Mg_2SiO_4 (sólido) + SiO_2 (líquido) $\rightarrow$ $Mg_2Si_2O_6$ (sólido).

3. O componente intermediário é a combinação química dos dois componentes de sistemas binários. Também existem sistemas ternários, quaternários e mais complexos com um ou mais componentes intermediários. No sistema Forsterita-Sílica, a enstatita (En, $Mg_2Si_2O_6$) é a soma dos componentes forsterita (Fo, Mg_2SiO_4) e sílica (Qz, SiO_2); no sistema Leucita-Sílica, a sanidina (Sa) e o ortoclásio (Or), polimorfos do feldspato potássico $KAlSi_3O_8$, são a soma dos componentes leucita (Lct, $KAlSi_2O_6$) e sílica (Qz, SiO_2), e, no sistema Nefelina-Sílica, a albita (Ab, $NaAlSi_3O_8$) é a soma dos componentes nefelina (Ne, $NaAlSiO_4$) e sílica (Qz, SiO_2). Os três componentes intermediários são o resultado de reações de sílica-saturação, pois os citados sistemas compreendem um componente sílica-insaturado (Fo, Lct, Ne), fases minerais sílica-saturadas (En, Sa/Or e Ab) e sílica livre (Qz). A coexistência num sistema de uma fase sílica-insaturada e sílica livre em condições de equilíbrio forçosamente origina a reação de sílica-saturação, no caso dos citados sistemas a reação Fo + Qz = En, Lct + Qz = Sa/Or e Ne + Qz = Ab. Consequentemente, todos os sistemas nos quais ocorre a reação de sílica-saturação contêm uma porção sílica-insaturada, uma sílica-saturada e uma porção sílica-supersatu-

rada; nesta se situa o ponto peritético onde ocorre a reação de sílica-saturação. Em sistemas binários, ternários e quaternários a porção sílica-saturada é representada, respectivamente, por um ponto, caso do ponto P no sistema Forsterita-Sílica (Figura 7.1.A), uma reta, caso da reta Enstatita-Anortita ou En-An no sistema Forsterita-Sílica-Anortita (Figura 7.1.B) e um plano, caso do plano Diopsídio-Albita-Enstatita ou Di-Ab-En no sistema Diopsídio-Sílica-Forsterita-Nefelina (Figura 7.1.C).

No sistema Forsterita-Sílica (Figura 7.2.A), parte do sistema MgO-SiO_2 ou Periclásio-Sílica (Figura 7.2.B) compreende, em termos composicionais: 1) o intervalo Mg_2SiO_4-$Mg_2Si_2O_6$, sílica-insaturado (ou sílica-deficiente); 2) o ponto $Mg_2Si_2O_6$ sílica-saturado (ou sílica-suficiente); e 3) o intervalo $Mg_2Si_2O_6$-SiO_2, sílica-supersaturado (ou sílica-excedente). Líquidos sílica-insaturados (mais pobres em sílica que $Mg_2Si_2O_6$), sílica-saturados (com composição $Mg_2Si_2O_6$) e sílica-supersaturados (mais ricos em sílica que $Mg_2Si_2O_6$) originam por cristalização em condições de equilíbrio respectivamente paragêneses sílica-insaturadas (forsterita + enstatita), sílica-saturadas (só enstatita) e sílica-supersaturadas (enstatita + cristobalita) (Figura 7.2.A). Do líquido Mg_2SiO_4 (58% peso de MgO e 42% de SiO_2 = MgO_{58}) cristaliza apenas forsterita em 1.890 °C; do líquido $Mg_2Si_2O_6$ (40% peso de MgO e 60% peso de SiO_2 = MgO_{40}) apenas enstatita em 1.557 °C.

4. Existem sistemas magmáticos sílica-insaturados, sílica-saturados e sílica-supersaturados:

- Sistemas sílica-insaturados são deficientes em sílica, caracterizados pela presença de minerais sílica-insaturados, caso da Mg-olivina forsterita, dos feldspatoides nefelina e leucita, das melilitas (gehlenita e akermanita), da kalsilita etc. Minerais sílica-insaturados reagem com sílica para a formação de minerais sílica-saturados, mais ricos em SiO_2. Rochas contendo minerais sílica-insaturados são ditas sílica-insaturadas. Nefelina sienitos são rochas sílica-insaturadas. Em condições de equilíbrio, minerais sílica-insaturados podem coexistir com minerais sílica-saturados, mas são incompatíveis com a presença de polimorfos de sílica (quartzo, tridimita, cristobalita) na rocha. Rochas sílica-insaturadas são as mais frequentes na Terra, pois o manto é composto essencialmente por lherzolitos, harzburgitos e dunitos, todas rochas portadoras de Mg-olivina.
- Sistemas sílica-saturados contêm apenas minerais sílica-saturados, caso da Fe-olivina faialita, dos piroxênios, anfibólios, micas e feldspatos, entre outros. Rochas contendo apenas minerais sílica-saturados são rochas sílica-saturadas. Dioritos, compostos essencialmente por hornblenda e andesina, são rochas sílica-saturadas. As rochas sílica-saturadas são as mais raras na Terra.
- Sistemas sílica-supersaturados contêm minerais sílica-saturados que coexistem com SiO_2 livre na forma de polimorfos de sílica. Quartzo dioritos, granodioritos, monzogranitos e granitos e seus equivalentes metamórficos (gnaisses) e anatéticos (migmatitos) são as rochas sílica-supersaturadas mais frequentes da crosta terrestre.

Basaltos, rochas com teores de sílica entre 45% e 52% peso, que compõem ou cobrem imensas áreas da crosta terrestre, podem ser tanto sílica-insaturadas (olivina basaltos), sílica-saturadas (haplobasaltos, isto é, basaltos sem olivina) e sílica-supersaturadas (quartzo basaltos). Na natureza dominam basaltos sílica-insaturados.

5. Em condições isobáricas, um ponto invariante representa um estado do sistema no qual o número de fases coexistentes é igual ao número de componentes do sistema +1. São três fases que coexistem no ponto invariante de um sistema binário, quatro no ponto invariante de um sistema ternário. O grau de liberdade 0 de um ponto invariante significa que, para manter o estado do sistema caracterizado pela coexistência de fases (número de componentes +1), não pode ser variado nenhum dos parâmetros intensivos do sistema dados pela temperatura (T), pressão (P) e, composição (X). Numa cristalização isobárica (P é constante) de um líquido com dada composição (X é constante), apenas o parâmetro temperatura (T) pode ser variado, o que implica o resfriamento/aquecimento do sistema. Essa condição representa um estado do sistema com grau de liberdade 1. Portanto, a invariabilidade dos parâmetros intensivos no ponto invariante representa o bloqueio térmico do sistema. Para readquirir a capacidade de resfriamento/aquecimento do sistema, uma ou mais fases coexistentes no ponto invariante tem que ser eliminada em condições de temperatu-

ra, pressão e composição constantes. Existem dois tipos principais de pontos invariantes:

- Ponto eutético (**E**) descrito no sistema Diopsídio--Anortita. No ponto eutético, o desbloqueio térmico do sistema ocorre pela eliminação da fase líquida pela cristalização dos dois componentes (fases) do sistema em proporção eutética. Após o consumo total da fase líquida, a massa cristalina resultante pode sofrer resfriamento subsolidus.
- Ponto peritético (**P**) ou de reação (**R**), onde o desbloqueio térmico do sistema ocorre pela eliminação de uma ou excepcionalmente duas fases por meio da reação de sílica-saturação. Decorre que o ponto peritético sempre se situa na porção sílica--supersaturada do sistema (Figura 7.1).

6. O sistema Forsterita-Sílica contém dois pontos invariantes, um peritético e um eutético. No ponto peritético se inicia a reação líquido peritético (P) + forsterita (Fo) = enstatita (En), cujo resultado depende das relações volumétricas entre os dois reagentes no ponto peritético (Figura 7.2):

- Fo domina sobre P (peritético). Após o consumo de todo líquido peritético para transformar parte da forsterita em enstatita, a cristalização encerra-se no ponto peritético na temperatura TP com a produção de uma mistura cristalina sílica-insaturada de En + Fo. Essa condição ocorre nos líquidos iniciais com composição situada no segmento Mg_2SiO_4-$Mg_2Si_2O_6$ ou entre Fo e En, caso do líquido sílica-insaturado X. Quanto mais próximo de Mg_2SiO_4 ou de $Mg_2Si_2O_6$ a composição do líquido inicial, tanto mais rica em forsterita ou enstatita a paragênese final pós-reação de sílica-saturação. Do líquido MgO_{49} situado na metade da distância entre Fo (MgO_{58}) e En (MgO_{40}) resulta Fo/En = 1 (Figura 7.2.A).
- P e Fo ocorrem em quantidades iguais. É uma condição muito rara. Ao fim da reação, tanto o líquido peritético quanto a Mg-olivina são totalmente consumidos pela reação. Assim, a cristalização termina no ponto peritético na temperatura TP com a produção final de uma massa monominerálica sílica-saturada de enstatita. Essa condição ocorre no líquido inicial sílica-saturado Y com composição $Mg_2Si_2O_6$ (MgO_{40}), que no ponto peritético gera um volume de líquido peritético P exatamente suficiente para transformar toda olivina previamente cristalizada entre TLY e TP em enstatita (Figura 7.2.A).
- P domina sobre Fo. O líquido complementar P gerado no ponto peritético tem um volume maior ao necessário para transformar, via reação peritética de sílica-saturação, toda olivina previamente cristalizada em enstatita. Essa condição ocorre para líquidos iniciais com composição situada entre $Mg_2Si_2O_6$ (líquido Y) e o ponto peritético (líquido Z), a porção sílica-supersaturada do campo de estabilidade da forsterita (Figura 7.2.A). A sobra de líquido peritético P obviamente situa-se no sistema eutético Enstatita-Sílica e, portanto, termina sua cristalização no ponto eutético sílica--supersaturado E(En,Crs). Entre TP (1.557 °C) e TE (1.543 °C), o líquido P evolui pela cristalização de enstatita primária entre P e E(En,Crs). No ponto eutético E(En,Crs) ocorre a exaustão total do líquido final eutético com composição MgO_{34} pela cristalização conjunta de enstatita e cristobalita na proporção eutética $En_{85}Crs_{15}$ sob temperatura constante (Figura 7.2.A).

7. Consideremos no sistema Forsterita-Sílica (Figura 7.2.A) a cristalização dos seguintes líquidos:

- O líquido sílica-insaturado X inicia sua cristalização na temperatura TLX com a precipitação de olivina. Pela progressiva cristalização desse mineral são gerados sucessivos líquidos complementares coexistentes cada vez mais ricos em SiO_2 (e mais pobres em MgO) e com temperaturas liquidus cada vez menores. Em outras palavras, a composição dos sucessivos líquidos complementares desloca-se ao longo da curva liquidus da olivina em direção ao componente SiO_2 do sistema. No ponto peritético, na temperatura TP, o líquido atinge a composição P e inicia-se a reação peritética na porção sílica-supersaturada do sistema. Como o líquido inicial X se situa entre Fo e En, o volume de P gerado no ponto eutético não é suficiente para dissolver/transformar em En toda olivina cristalizada entre TLX e TP. Portanto, o resultado final da cristalização é a paragênese forsterita + enstatita. A proporção entre forsterita e enstatita é a relação (Fo-X)/(X-En) na composição do líquido inicial X (Figura 7.2.A).
- O líquido inicial Y com composição inicial $Mg_2Si_2O_6$, sílica-saturada, inicia sua cristalização na TLY com a precipitação de olivina. Ao atingir

o ponto peritético, o volume de P gerado é exatamente suficiente para transformar toda forsterita cristalizada entre TLY e TP em enstatita. Portanto, a cristalização de Y encerra-se na TP com a produção de uma massa homogênea de enstatita.

- O líquido inicial Z, sílica-supersaturado, tem composição peritética P. Sua cristalização inicia-se na TP com a cristalização de forsterita e enstatita primária. A Mg-olivina é totalmente consumida pela reação peritética ao fim da qual ocorre uma sobra do líquido P no sistema, pois P é mais rico em SiO_2 que En. A sobra de líquido P cristaliza parcialmente entre P e E(En,Crs) com a precipitação de enstatita primária. Atingido o ponto eutético, a última fração líquida do sistema é exaurida na temperatura constante pela cristalização conjunta de enstatita e cristobalita em proporção fixa.
- O líquido sílica-supersaturado V. Em todos os líquidos iniciais com composição entre P e E(En,Crs), a enstatita é mineral liquidus; não mais ocorre a cristalização de olivina primária e, consequentemente, a reação de sílica-saturação. Pela progressiva cristalização de enstatita primária, mais pobre em sílica que o líquido inicial, o líquido complementar coexistente enriquece-se gradualmente em SiO_2 e atinge, na temperatura de 1.543 °C a composição eutética. Nessa temperatura, a última fração de líquido complementar coexistente é consumida pela cristalização conjunta de cristobalita e enstatita na proporção eutética $En_{86}Crs_{14}$. O produto final da cristalização é uma massa cristalina composta por enstatita pré-eutética + enstatita eutética + cristobalita eutética. Por resfriamento subsólido, toda cristobalita sofre inversão estrutural para tridimita sob 1.470 °C.
- O líquido E com composição sílica-supersaturada eutética (MgO_{34}) cristaliza totalmente na temperatura fixa eutética de 1.543 °C com a produção da paragênese enstatita + cristobalita na proporção $En_{86}Crs_{14}$. Dessa maneira, o líquido E não apresenta intervalo de cristalização que caracteriza todos os demais líquidos do sistema Forsterita-Sílica (Figura 7.2.A). Por resfriamento subsólido toda cristobalita sofre inversão estrutural para tridimita na temperatura de 1.470 °C.
- O líquido sílica-supersaturado W. Todos os líquidos iniciais com composição situada à direita do ponto eutético e E(En,Crs) situam-se no campo primário da cristobalita (Figura 7.2.A). Pela cristalização primária de cristobalita, o líquido complementar coexistente enriquece-se gradualmente em enstatita até atingir, na temperatura de 1.543 °C, o ponto eutético. Nessas condições, a última fração do líquido complementar, agora um líquido eutético, cristaliza a paragênese cristobalita + enstatita na proporção eutética $En_{86}Crs_{14}$. Resulta uma mistura final composta por cristobalita pré-eutética, cristobalita eutética e enstatita eutética. Por resfriamento subsólido, toda cristobalita sofre inversão estrutural para tridimita a 1.470 °C.

8. Da posição do ponto P no sistema Forsterita-Sílica sobre os limites dos campos de cristalização primária da olivina e da enstatita e do significado termodinâmico do ponto peritético resulta que durante a reação peritética ocorre: 1) cristalização simultânea de forsterita e enstatita sin-peritética; 2) dissolução/reabsorção de forsterita pré- e sin-peritética no/pelo líquido peritético; e 3) reação de sílica-saturação. Os três processos ocorrem de maneira balanceada para não alterar a composição fixa do líquido peritético e geram em olivina basaltos as seguintes feições texturais: 1) cristais euedrais de forsterita considerada primária sin-peritética; 2) cristais euedrais de enstatita considerada primária sin-peritética; 3) cristais de forsterita com bainhas de dissolução; 4) cristais de forsterita com ou sem bainhas de dissolução com capa "felpuda" de enstatita; e 5) cristais de forsterita com ou sem bainhas de dissolução com carapaça "felpuda" de Mg-olivina primária. Nesse caso, as capas "felpudas" de piroxênio e olivina que resultam da coalescência de pequenos cristais alongados, em parte irregulares e intercrescidos, com eixo perpendicular à superfície do cristal envolvido, são consideradas o resultado de uma cristalização induzida múltipla.

9. A cristalização em condições de desequilíbrio ideais (CCDI) ou cristalização fracionada ideal afeta todos os líquidos do sistema Forsterita-Sílica cuja consolidação inclui a reação peritética. A reabsorção parcial da olivina pelo líquido complementar coexistente peritético P e a simultânea reação peritética de sílica-saturação são processos lentos que ocorrem na temperatura fixa de 1.557 °C (TP). Uma reação peritética completa apenas ocorre no caso do resfriamento magmático muito lento que

implica a manutenção da temperatura TP por longo tempo. É o que ocorre na cristalização de algumas rochas plutônicas.

10. Existem três condições básicas que preservam partes da olivina e do líquido peritético durante a reação peritética incompleta:

- Resfriamento rápido, típico de lavas e magmas subvulcânicos. Nessa condição ocorre o *overrunning* ou *by pass* (atropelamento térmico) da temperatura peritética (TP) e, assim, a reação peritética não é completada. Decorre que parte da olivina e do líquido peritético que deveriam ser consumidos na reação de sílica-saturação são preservados. O líquido peritético preservado é um líquido fracionado que atua como novo líquido inicial. Seu volume depende da composição do líquido inicial e da quantidade de olivina preservada em P. Por queda da temperatura e pela cristalização de enstatita primária, o líquido fracionado evolui ao longo do liquidus da enstatita entre P e E(En,Crs), mudando sua composição de P para E. A 1.543 °C ocorre a cristalização total do líquido residual E pela precipitação de enstatita e cristobalita em proporção eutética. O produto final do líquido X na CCDI é uma massa cristalina composta por forsterita pré-peritética preservada, enstatita pré-eutética e cristobalita + enstatita eutética. A paragênese cristobalita + forsterita indica condições de desequilíbrio dada a incompatibilidade entre as duas fases minerais em condições de equilíbrio. A formação do líquido fracionado abaixa a temperatura final da cristalização de LX de TP (1.557 °C) para TE (1.543 °C), o que resulta no aumento do intervalo de cristalização de TLX-TP para TLX-TE, este 14 °C maior.
- Desenvolvimento de uma coroa de reação de piroxênio envolvendo olivina. A carapaça impede o contato do líquido complementar P com a olivina que deixa de ser coexistente, a condição de uma cristalização em condições de equilíbrio (CCEI). Assim, o líquido peritético não consumido e a olivina manteada "sobrevivem" à reação peritética e a cristalização do sistema é concluída no ponto eutético E(En,Crs).
- Precipitação da olivina pré-peritética no fundo da câmara magmática. A extração (fracionamento) da olivina do sistema suprime a reação peritética e transforma o líquido peritético P num líquido fracionado que atua como novo líquido inicial e evolui até o ponto eutético E(En,Crs). A quantidade de líquido peritético fracionado depende da composição do magma inicial. Numa cristalização em condições de desequilíbrio real (CCDR), caso de magmas naturais, a quantidade de líquido peritético fracionado gerado depende não só da composição do magma inicial, mas também da eficiência da segregação/decantação da olivina no fundo da câmara magmática. Quanto mais incompleto o processo, maior a quantidade de olivina que permanece no sistema e maior o consumo de P pela reação peritética.

Rochas porfiríticas formadas de líquidos mais pobres em SiO_2 que P e líquidos com composição entre P e E (Figura 7.2.A) apresentam, respectivamente, fenocristais de olivina e piroxênio. Basaltos toleíticos com fenocristais de olivina (Fo_{90-82}) ou de piroxênio (En_{93-74}) ocorrem nos fundos oceânicos; estes são mais raros que aqueles. Os fenocristais de olivina frequentemente apresentam sinais de dissolução, mas raramente bordas de reação.

11. O início da fusão de rochas-fonte no sistema Forsterita-Sílica varia com sua composição:

- Rochas com composições sílica-supersaturadas situadas entre $Mg_2Si_2O_6$ e SiO_2 iniciam sua fusão no ponto eutético com a formação de um líquido eutético $(SiO_2)_{66}$ MgO_{34} com 66% peso de SiO_2 e 34% MgO fruto da fusão de enstatita e cristobalita na proporção eutética $En_{85}Crs_{15}$ em peso (Figura 7.2.A). No caso do sólido W (situado entre E(En,Crs) e SiO_2), a fusão eutética encerra-se com o consumo de toda enstatita na temperatura constante; no caso do sólido V (situado entre E(En,Crs) e $Mg_2Si_2O_6$), pelo consumo de toda cristobalita. Por novo aumento da temperatura, o crescente volume de líquido enriquece-se gradualmente em SiO_2 ao longo do liquidus da cristobalita (para o sólido W) ou em MgO ao longo do liquidus da enstatita (para o sólido V), até a fusão total da rocha-fonte respectivamente na TLW e TLV. A fusão total do sólido Z ocorre na TP com a geração de um líquido com composição peritética (Figura 7.2.A).
- A fusão das rochas-fonte sílica-saturadas Y, composta apenas por Mg-piroxênio inicia-se na TP pela fusão incongruente da enstatita, que resulta

no líquido sílica-supersaturado peritético P e forsterita residual. Após a fusão de toda a enstatita, um gradual aumento da temperatura do sistema promove a progressiva dissolução da olivina no líquido coexistente; a dissolução termina na TLY com a fusão total do sistema, que contém apenas uma fase líquida com composição $Mg_2Si_2O_6$ (Figura 7.2.A).

- Para rochas-fonte sílica-insaturadas situadas entre En e Fo, caso do sólido X, a liquefação inicia-se pela fusão incongruente da enstatita em TP, com a formação do líquido inicial peritético P, sílica-supersaturado, e de forsterita residual. Após a exaustão de toda a enstatita na temperatura fixa TP, um aumento gradual na temperatura promove a fusão progressiva da olivina (olivina primária da rocha-fonte + olivina residual resultante da fusão incongruente da enstatita) ao longo do liquidus da olivina até a liquefação total da rocha-fonte na TLX.

12. Uma fusão fracionada permite a extração dos líquidos iniciais eutéticos (na fusão dos sólidos W, V e P) ou peritéticos (na fusão dos sólidos Y e X) do sistema. Os líquidos (fracionados) extraídos têm composições distintas das obtidas pela fusão total das rochas-fonte.

13. O processo da cristalização sofre modificações quando um sistema passa de fechado para aberto, caso de sua contaminação por material externo. Clássica é a consolidação de lavas basálticas em regiões desérticas, quando grãos de quartzo eólicos são tangidos pelo vento sobre o derrame líquido incandescente. Este foi o caso quando, no Jurássico, extravasaram as lavas basálticas da província Paraná-Etendeka no "deserto Botucatu" (Figura 7.3.A). A lava basáltica toleítica estava no estágio da reação peritética com a simultânea dissolução parcial de olivina pré-peritética e a cristalização de piroxênio peritético, quer por nucleação espontânea (piroxênios da matriz), quer por nucleação induzida múltipla em torno da olivina. Nesse instante, a lava foi contaminada por quartzo. Como o quartzo (à semelhança da olivina) representa, nesse instante, uma fase instável no sistema, o quartzo é tanto absorvido pelo líquido (bordas de dissolução) quanto se torna sítio de nucleação induzida múltipla de piroxênio com a formação de uma carapaça "felpuda". A dissolução de quantidades maiores de quartzo pode transformar um magma levemente sílica-insaturado num magma sílica-saturado ou mesmo algo sílica-supersaturado com a decorrente mudança do ponto de cristalização final de P para E(En,Crs) e a consequente substituição da paragênese olivina + piroxênio pelo par piroxênio + cristobalita (Figura 7.3.B). Lavas basálticas contaminadas por grãos de quartzo ocorrem no morro Bicudinho entre Itirapina e Brotas-SP.

14. A fusão incongruente da enstatita no sistema Forsterita-Sílica é característica típica em baixa pressão. Com o aumento progressivo desta, o ponto peritético desloca-se gradualmente em direção à composição $Mg_2Si_2O_6$ até desaparecer em cerca de 5 kb, quando ambos coincidem (figuras 7.4.A e B). Em pressões ainda maiores, o sistema passa a compreender dois eutéticos: forsterita com enstatita, E(Fo,En), e enstatita com tridimita, E(En,Trd). Nessa condição, a enstatita passa a exercer o papel de alto-térmico sílica-saturado que separa o sistema eutético sílica-insaturado do adjacente sistema sílica-supersaturado. A mudança das características do sistema Forsterita-Sílica com a pressão tem grandes implicações petrogenéticas, pois todos os magmas naturais são magmas fracionados.

Consideremos a fusão do peridotito X, uma rocha composta por forsterita e enstatita e, portanto, situada entre Fo e En no sistema Fo-Qz (figuras 7.4.A e B). Em baixas pressões, a fusão de X inicia-se na temperatura TP com a fusão incongruente da enstatita que resulta no líquido peritético P e olivina residual. Nesse instante coexistem no sistema um líquido sílica-supersaturado e um resíduo de dunito composto de olivina original do peridotito e da olivina que resultou da fusão incongruente ("quebra", decomposição) da enstatita. A extração de P do sistema numa fusão fracionada representa a separação de um magma sílica-supersaturado de uma rocha-fonte sílica-insaturada. A fusão da mesma rocha em altas pressões inicia-se no ponto E(Fo,En) com a geração do líquido eutético E1 com composição equivalente à mistura Fo + En em proporção eutética. A fusão eutética persiste até o consumo final de toda a enstatita do peridotito X. Nesse instante, E1 coexiste com um dunito composto pela olivina residual não consumida durante a fusão eutética. A extração de E1 do sistema numa fusão fracionada representa a separação de um magma sílica-insaturado da rocha-fonte também sílica-insaturada.

A mudança na composição do magma formado em baixas e altas pressões indica que a fusão parcial de peridotitos em crescentes profundidades (ou pressões) no manto gera magmas iniciais cada vez mais pobres em sílica. Vice-versa, a fusão parcial por descompressão adiabática das rochas-fonte de um diápiro (ou pluma) mantélica fértil (rica em álcalis e elementos incompatíveis) do manto inferior em ascensão gera sucessivos magmas iniciais cada vez mais silicosos em decrescentes profundidades que passam de sílica-insaturados, via sílica-saturados, para sílica-supersaturados. A sequenciação temporal de magmas sílica-insaturados, magmas sílica-saturados e magmas sílica-supersaturados é observada em muitos *rifts*. Simultaneamente, os magmas passam gradualmente de alcalinos via transalcalino para magmas finais subalcalinos. Essa mudança indica o deslocamento da fusão parcial de rochas-fonte ricas em elementos incompatíveis (manto fértil ou enriquecido) do manto inferior em ascensão para rochas-fonte pobres em elementos incompatíveis (manto exaurido ou empobrecido) que envolvem a pluma fértil quando esta atravessa o manto superior. O gradual decréscimo em álcalis pode resultar: 1) da exaustão gradual local da pluma mantélica fértil por sucessivas fusões parciais durante sua ascensão; 2) da fusão induzida do manto exaurido que envolve a pluma mantélica fértil quando esta atinge o manto superior; ou 3) misturas em diferentes proporções entre magmas ricos em álcalis gerados na pluma fértil e magmas pobres em álcalis gerados por indução no seu manto superior exaurido envolvente.

15. No sistema Forsterita-Sílica, a configuração da curva liquidus da olivina e, portanto, a composição do ponto peritético, é alterada por elementos menores e voláteis. A adição de TiO_2, P_2O_5 e CO_2 ao sistema desloca o ponto peritético para composições mais ricas em MgO enquanto a adição de K_2O, Na_2O e H_2O o desloca para composições algo mais ricas em sílica (Figura 7.4.C). Decorre que a fusão isobárica de peridotitos ricos em K e Na (manto fértil) gera líquidos peritéticos algo mais silicosos que a fusão parcial de peridotitos equivalentes em termos de mineralogia essencial, mas pobres em elementos incompatíveis (manto exaurido).

16. As feições básicas do sistema Forsterita-Sílica recorrem no sistema Leucita-Sílica, que tem como componente intermediário a sanidina, mineral de fusão incongruente (Figura 7.5). Sob pressão atmosférica, a sanidina sofre fusão parcial a 1.150 °C com a geração simultânea de leucita e sílica líquida. A fusão total ocorre em 1.686 °C segundo a reação $KAlSi_2O_6$ (sólido) + SiO_2 (líquido) = $KAlSi_3O_8$ (líquido). O sistema $KAlSi_2O_6$-SiO_2 é uma parte do sistema $KAlSiO_4$-SiO_2 (Kalsilita-Sílica) que, à semelhança do sistema MgO-SiO_2 (Periclásio-Sílica), contém três pontos invariantes: dois eutéticos (eutético kalsilita + leucita e eutético sanidina + tridimita) e um peritético onde ocorre a reação de sílica-saturação leucita (Lct) + líquido peritético (P) = sanidina (Sa).

17. No sistema Leucita-Sílica, as trilhas de cristalização, bem como os produtos cristalinos finais, variam com a composição dos líquidos iniciais (Figura 7.5):

- O líquido sílica-insaturado X termina sua cristalização na TP com a exaustão do líquido peritético P formado, cujo volume é insuficiente para transformar toda a leucita cristalizada entre TLX e TP em sanidina. Durante a cristalização, a composição do líquido complementar varia entre X e P. A paragênese final, leucita + sanidina, corresponde à composição química de X situada entre $KAlSi_2O_6$ e $KAlSi_3O_8$.
- O líquido sílica-saturado Y (com composição $KAlSi_3O_8$) produz no ponto peritético P na TP a quantidade de líquido peritético LP exata para transformar toda leucita cristalizada entre TLY e TP em sanidina, o único mineral cristalizado (sílica-saturado). Portanto, também a cristalização de Y termina na TP, mas a variação da composição do líquido complementar durante a cristalização é menor.
- O líquido sílica-supersaturado Z origina em TP um volume de P maior que o necessário para transformar toda leucita cristalizada entre TLZ e TP em sanidina. O excesso de P evolui em direção ao eutético E(Sa,Trd) pela cristalização de sanidina primária com o consequente enriquecimento progressivo da decrescente fração líquida em sílica. Sob 990 °C (TE) do líquido residual, agora com composição eutética, cristalizam sanidina e tridimita em proporção eutética até a exaustão total do líquido eutético em condições isotérmicas.

- O líquido sílica-supersaturado peritético V inicia a sua cristalização no ponto peritético P com a precipitação conjunta de leucita e sanidina. Após a reação peritética que elimina toda leucita do sistema, o excesso de P evolui (em termos de X e T) ao longo do liquidus da sanidina até atingir, sob 990 °C, no ponto eutético E(Sa,Trd), a composição E. Agora, sob T_E, todo líquido E é consumido pela cristalização conjunta de sanidina e tridimita na proporção eutética. Durante a cristalização, a composição do líquido complementar varia entre V e E.
- O líquido sílica-supersaturado W inicia sua cristalização na temperatura liquidus T_{LW} com a precipitação de sanidina primária. Não mais ocorre a cristalização de leucita nem a reação de sílica-saturação. A cristalização completa-se no ponto eutético E com a precipitação da paragênese sanidina + tridimita na proporção eutética.
- O líquido sílica-supersaturado eutético E cristaliza na temperatura T_E (990 °C) pela precipitação da paragênese sanidina + tridimita na proporção eutética. O líquido E não apresenta o intervalo de cristalização das demais soluções líquidas do sistema.
- O líquido sílica-supersaturado F situado no ramo E(Sa,Trd)-Qz do sistema eutético En-Qz, inicia sua cristalização na T_{LF} com a precipitação de tridimita e a encerra no ponto eutético com a cristalização conjunta de tridimita e sanidina em proporção eutética. Durante a cristalização, a composição do líquido complementar varia entre F e E.

Como no ponto peritético ocorre simultaneamente a cristalização de sanidina primária e de sanidina secundária por reação, fica claro que as rochas cristalizadas dos líquidos X, Y, Z e V contêm sanidina primária e secundária e as resultantes da cristalização dos líquidos W, E e F apenas sanidina primária. Esta pode ser pré-eutética e eutética ou apenas eutética como nas rochas E e F.

18. Sob altas pressões, a fusão incongruente do feldspato potássico é suprimida tanto em condições anidras quanto hidratadas. No sistema $KAlSi_3O_8$, a substituição da fusão incongruente pela fusão congruente ocorre sob cerca de 20 kb de pressão anidra (Figura 7.6.A); no sistema $KAlSi_3O_8$-H_2O, a mudança ocorre numa P_{H_2O} da ordem de 2,5 kb (Figura 7.6.B). As implicações petrogenéticas da mudança das características do sistema Leucita-Sílica com o aumento da pressão são as mesmas observadas no sistema Fo-Qz. A fusão do leucita sanidinito X (Figura 7.6.B e C) sob baixas pressões gera um líquido inicial peritético sílica-supersaturado enquanto a fusão da mesma rocha sob elevadas pressões origina um líquido inicial eutético sílica-insaturado.

19. O sistema Nefelina-Sílica, $NaAlSiO_4$-SiO_2 ou Ne-Qz, caracteriza-se pela presença de dois subsistemas eutéticos justapostos tendo em comum a fase albita ($NaAlSi_3O_8$) com composição intermediária, ponto de fusão congruente e papel de divisor (alto) térmico entre os dois subsistemas (Figura 7.7.A). O sistema compreende uma porção sílica-insaturada (o subsistema $NaAlSiO_4$-$NaAlSi_3O_8$), uma porção sílica-supersaturada (o subsistema $NaAlSi_3O_8$-SiO_2) e apenas uma composição sílica-saturada (o componente intermediário $NaAlSi_3O_8$).

20. Consideremos a cristalização dos seguintes líquidos:

- Líquidos situados à esquerda do divisor térmico albita (Ab) terminam sua cristalização no ponto eutético E(Ne,Ab) (E1) após a cristalização inicial de carnegieita (líquido A) ou albita (líquido B), o que implica um intervalo de cristalização. O líquido C, com composição eutética, cristaliza na temperatura fixa de 1.068 °C (T_{E1}) com a precipitação conjunta de nefelina primária e albita em proporção eutética. Em líquidos ricos em $NaAlSiO_4$, a nefelina resulta da inversão estrutural da carnegieita no intervalo entre 1.280 °C e 1.254 °C.
- Líquidos situados à direita do divisor térmico albita (Ab) terminam sua cristalização no ponto eutético E(Ab,Qz) (E2) após a cristalização inicial de albita (líquido D) ou de um polimorfo de sílica (tridimita no caso do líquido E). O líquido F cristaliza na temperatura fixa de 1.110 °C (T_{E2}), com a precipitação conjunta de albita e tridimita em proporção eutética.
- O líquido G com composição $NaAlSi_3O_8$ cristaliza sob 1.118 °C precipitando apenas albita. C, F, G são as únicas soluções líquidas do sistema que não apresentam intervalo de cristalização. As sínteses experimentais no sistema Nefelina-Sílica geraram cristais de carnegieita, nefelina e albita intercrescidos com tridimita e cristais de tridimita com algum intercrescimento com albita (Figura 7.7.A).

21. Sob baixas pressões, o sistema Nefelina-Sílica apresenta as mesmas características básicas dos sistemas Forsterita-Sílica e Leucita-Sílica sob altas pressões (figuras 7.7.A, B e C).

22. O papel de divisor térmico da albita no sistema Nefelina-Sílica é de grande importância petrogenética. O líquido D (Figura 7.7.A) termina forçosamente sua cristalização no eutético $E_{(Ab,Qz)}$ na T_{E2}, pois o alto térmico Albita impede sua cristalização final no eutético $E_{(Ne,Ab)}$ apesar de T_{E1} ser a temperatura liquidus mais baixa do sistema Nefelina-Sílica. O alto térmico separa a evolução de líquidos sílica-supersaturados (subsistema Ab-Qz) da de líquidos sílica-insaturados (subsistema Ne-Ab). O papel da albita no sistema Nefelina-Sílica é a base da classificação das rochas magmáticas no diagrama QAPF que assenta no conceito de sílica-saturação. Q, A, P e F são, respectivamente, os teores modais dos polimorfos de sílica, feldspatos alcalinos, plagioclásios e feldspatoides recalculados para 100 (Figura 7.8). Nesse diagrama, a reta sílica-saturada dos feldspatos (reta AP) separa as rochas sílica-supersaturadas (triângulo QAP) das rochas sílica-insaturadas (triângulo FAP). As subdivisões 1 a 20 do diagrama QAPF definem as composições mineralógicas siálicas das principais famílias de rochas plutônicas com índice de coloração < 90.

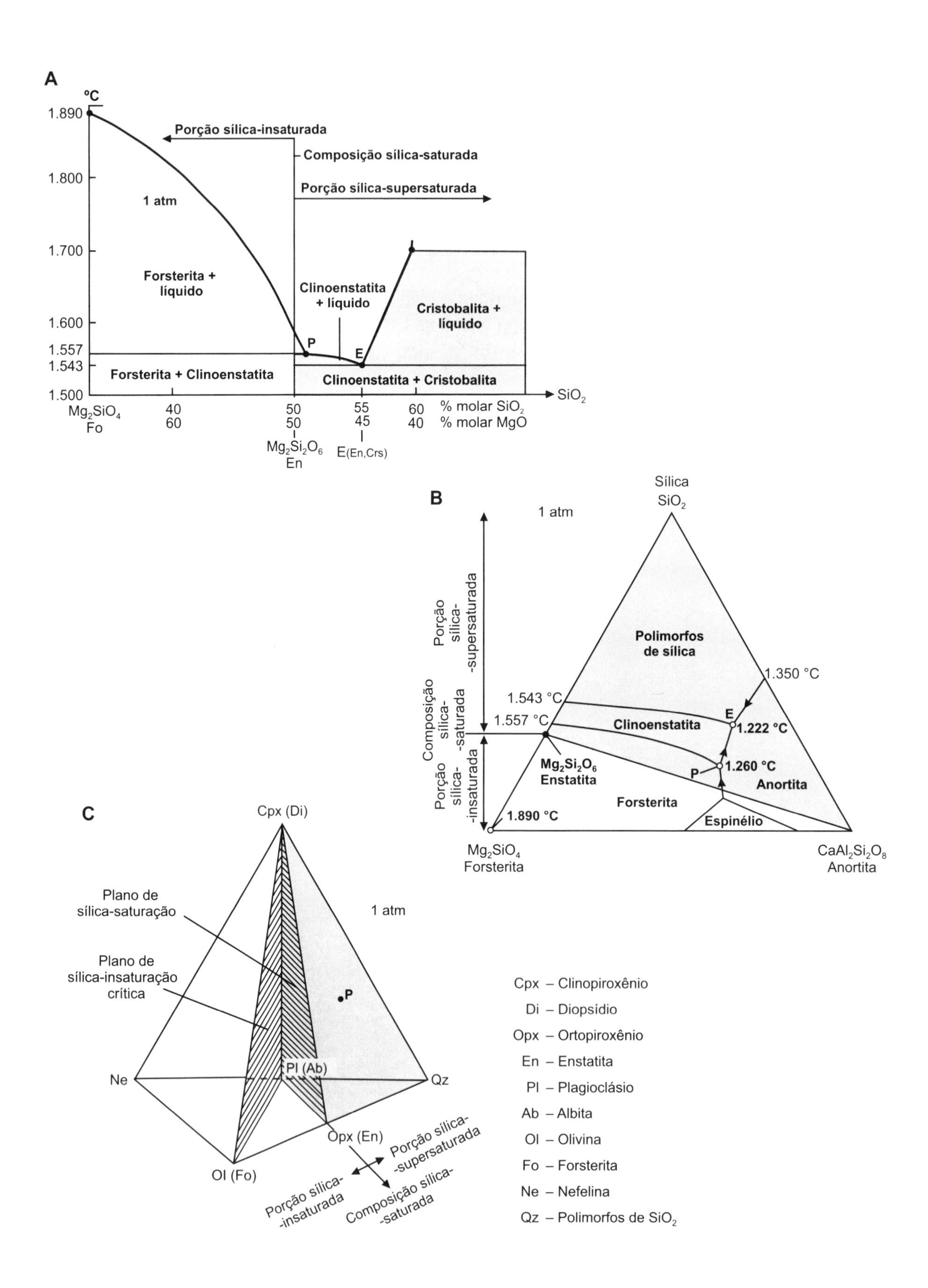
A
°C
1.890
1.800
1.700
1.600
1.557
1.543
1.500
Porção sílica-insaturada
Composição sílica-saturada
Porção sílica-supersaturada
1 atm
Forsterita + líquido
Clinoenstatita + líquido
Cristobalita + líquido
P
E
Forsterita + Clinoenstatita
Clinoenstatita + Cristobalita
SiO2
Mg2SiO4 Fo
40 60
50 50
55 45
60 40
% molar SiO2
% molar MgO
Mg2Si2O6 En
E(En,Crs)
B
1 atm
Sílica SiO2
Porção sílica- -supersaturada
Composição sílica- -saturada
Porção sílica- -insaturada
Polimorfos de sílica
1.350 °C
1.543 °C
1.557 °C
Clinoenstatita
E
1.222 °C
1.260 °C
P
Mg2Si2O6 Enstatita
Anortita
Forsterita
1.890 °C
Espinélio
Mg2SiO4 Forsterita
CaAl2Si2O8 Anortita
C
Cpx (Di)
Plano de sílica-saturação
Plano de sílica-insaturação crítica
1 atm
P
Pl (Ab)
Ne
Qz
Opx (En)
Ol (Fo)
Porção sílica- -supersaturada
Porção sílica- -insaturada
Composição sílica- -saturada
Cpx – Clinopiroxênio
Di – Diopsídio
Opx – Ortopiroxênio
En – Enstatita
Pl – Plagioclásio
Ab – Albita
Ol – Olivina
Fo – Forsterita
Ne – Nefelina
Qz – Polimorfos de SiO2

Figura 7.1 – Sistemas binários com componentes com ponto de fusão incongruente

A cristalização de um mineral sílica-saturado com ponto de fusão incongruente envolve duas etapas em certo intervalo fixo de temperatura. Numa primeira etapa, na temperatura mais elevada do intervalo térmico, cristaliza do líquido sílica-saturado, um mineral sílica-insaturado que coexiste com uma fração líquida de sílica. Numa segunda etapa, na temperatura mais baixa do intervalo térmico de cristalização, o mineral sílica-insaturado reage com o líquido de sílica coexistente para a formação do mineral sílica-saturado. Essa reação é denominada reação de sílica-saturação ou peritética. A reação de sílica-saturação ocorre durante a cristalização dos minerais enstatita ($Mg_2Si_2O_6$) pela reação de forsterita (Mg_2SiO_4) com SiO_2 líquida, feldspato potássico ($KAlSi_3O_8$) pela reação de leucita ($KAlSi_2O_6$) com SiO_2 líquida, albita ($NaAlSi_3O_8$) pela reação entre nefelina ($NaAlSiO_4$) com SiO_2 líquida etc.

Um sistema binário com um composto intermediário com ponto de fusão incongruente apresenta, em condições isobáricas, dois pontos invariantes (pontos com grau de liberdade 0): o ponto eutético e o ponto peritético. No ponto peritético coexistem o mineral sílica-insaturado, o líquido peritético sílica-supersaturado e um mineral sílica-saturado com ponto de fusão incongruente contendo os mesmos cátions metálicos do mineral sílica-insaturado. Para aumentar o grau de liberdade do sistema de 0 para 1 (ou excepcionalmente 2), situação que permite novo resfriamento/aquecimento do sistema, ou o mineral sílica-insaturado ou a fase líquida sílica-supersaturada peritética (ou excepcionalmente ambos) é eliminado no ponto peritético. A eliminação ocorre por meio da reação de sílica-saturação: mineral sílica-insaturado + líquido peritético sílica-supersaturado = mineral sílica-saturado, a fase estável no ponto peritético. A(s) fase(s) eliminada(s) depende(m) da relação (em % peso ou molar) entre os reagentes no ponto peritético. Da reação decorre que o ponto peritético situa-se na porção sílica-supersaturada do sistema que compreende uma porção sílica-insaturada, uma sílica-saturada e uma porção sílica-supersaturada. A porção sílica saturada pode ser um ponto, uma reta ou um plano de acordo com o número de componentes do sistema.

A – O sistema binário Forsterita-Sílica (Bowen; Andersen, 1914; Greig, 1927)

A porção sílica-saturada do sistema é o ponto com composição $Mg_2Si_2O_6$.

B – O sistema ternário Forsterita-Anortita-Sílica (Andersen, 1915)

A porção sílica-saturada do sistema é a reta $Mg_2Si_2O_6$-$CaAl_2Si_2O_8$, Enstatita-Anortita ou En-An.

C – O sistema quaternário Diopsídio-Enstatita-Nefelina-Quartzo (Yoder; Tilley, 1962)

A porção sílica-saturada do sistema é o plano $CaMgSi_2O_6$-$NaAlSi_3O_8$-$Mg_2Si_2O_6$, Diopsídio-Albita-Enstatita, Di-Ab-En, Clinopiroxênio-Plagioclásio-Ortopiroxênio ou Cpx-Pl-Opx.

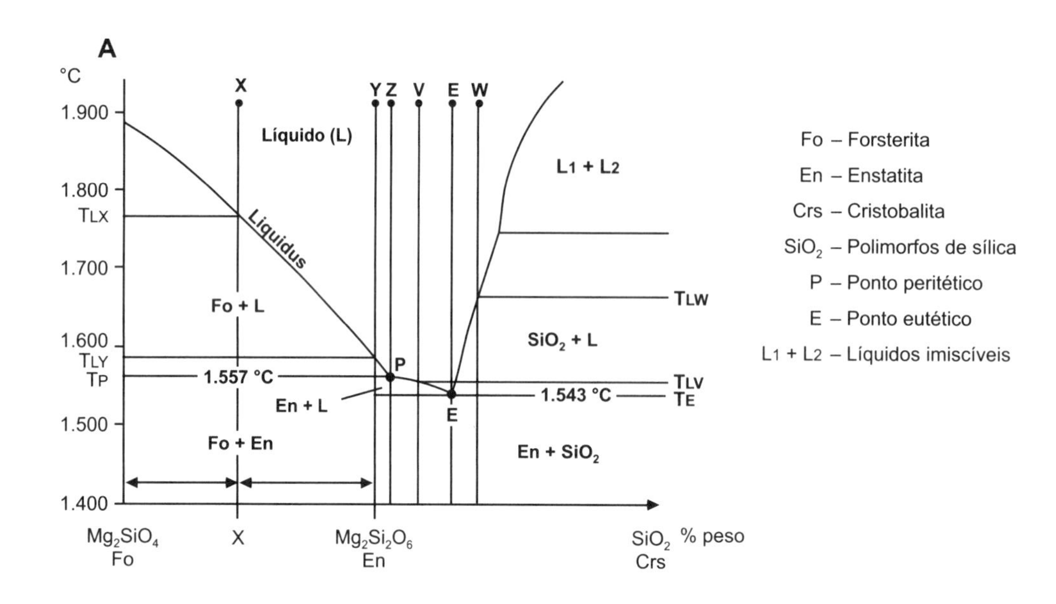
A
°C
1.900
1.800
TLX
1.700
1.600
TLY
TP
1.500
1.400
X
Y Z V E W
Líquido (L)
L1 + L2
Liquidus
Fo + L
SiO2 + L
TLW
P
1.557 °C
1.543 °C
TLV
TE
En + L
E
Fo + En
En + SiO2
Mg2SiO4
Fo
X
Mg2Si2O6
En
SiO2
Crs
% peso
Fo – Forsterita
En – Enstatita
Crs – Cristobalita
SiO2 – Polimorfos de sílica
P – Ponto peritético
E – Ponto eutético
L1 + L2 – Líquidos imiscíveis

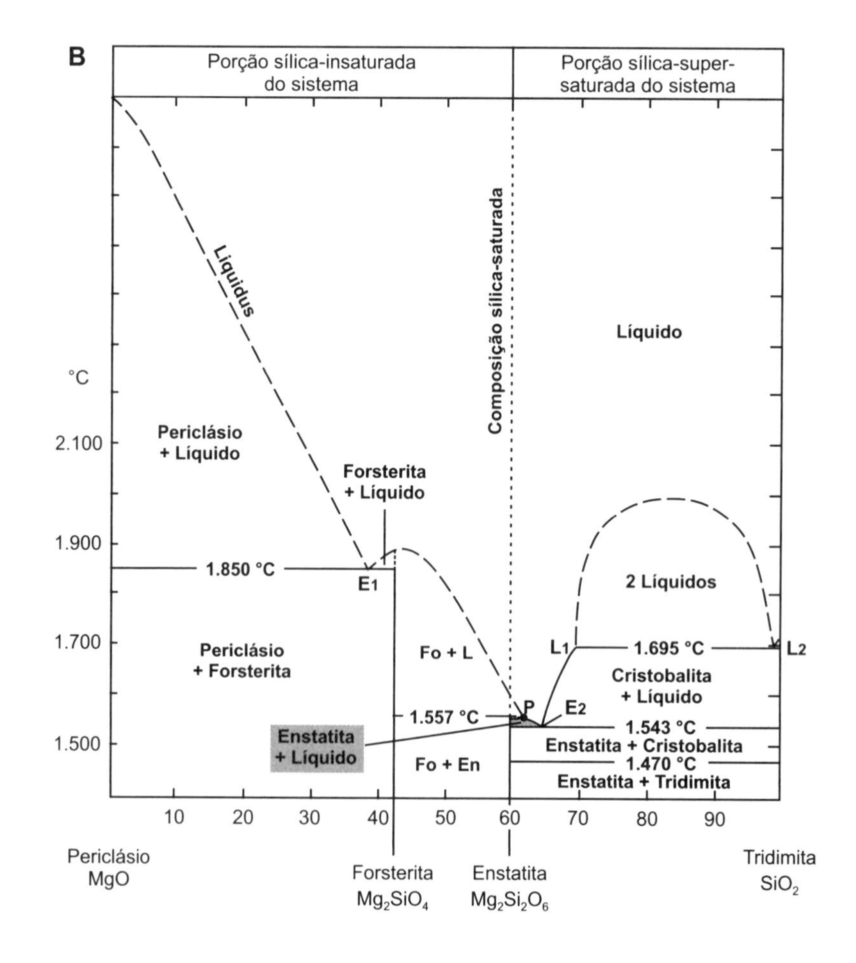
B
Porção sílica-insaturada do sistema
Porção sílica-super-saturada do sistema
Liquidus
Composição sílica-saturada
Líquido
°C
2.100
1.900
1.700
1.500
Periclásio + Líquido
Forsterita + Líquido
1.850 °C
E1
2 Líquidos
L1
1.695 °C
L2
Periclásio + Forsterita
Fo + L
Cristobalita + Líquido
1.557 °C
P
E2
Enstatita + Líquido
1.543 °C
Enstatita + Cristobalita
Fo + En
1.470 °C
Enstatita + Tridimita
10
20
30
40
50
60
70
80
90
Periclásio
MgO
Forsterita
Mg2SiO4
Enstatita
Mg2Si2O6
Tridimita
SiO2

Figura 7.2 – O sistema Forsterita-Sílica

A – O sistema Forsterita-Sílica sob pressão atmosférica (Bowen; Andersen, 1914; Greig, 1927)

O sistema Mg_2SiO_4-SiO_2 compreende uma parte sílica-insaturada (entre Mg_2SiO_4 e $Mg_2Si_2O_6$), uma composição sílica-saturada (a composição $Mg_2Si_2O_6$) e uma parte sílica-supersaturada (entre $Mg_2Si_2O_6$ e SiO_2). Na porção sílica-supersaturada situam-se os pontos peritético P e eutético E(En,Crs). O ponto P é a intersecção isotérmica dos campos de cristalização primária (campos de estabilidade) da enstatita e da olivina, pois parte deste recobre aquele.

Numa cristalização em condições de equilíbrio, o líquido X, sílica-insaturado, inicia sua consolidação na temperatura liquidus TLX com a cristalização de forsterita, cuja formação persiste até a temperatura peritética TP. Pela extração de crescentes quantidades de Mg_2SiO_4, os sucessivos líquidos complementares coexistentes tornam-se cada vez mais ricos em SiO_2 e apresentam decrescentes temperaturas liquidus. Essa variação é representada pela curva liquidus. Na TP, o líquido complementar adquire a composição peritética sílica-supersaturada P. No ponto peritético, invariante, simultaneamente 1) cristalizam forsterita e enstatita primária do líquido peritético, 2) forsterita é reabsorvida pelo líquido peritético, e 3) desenvolve-se a reação de sílica-saturação forsterita (mineral sílica-insaturado) + líquido peritético (sílica-supersaturado) = enstatita (mineral sílica-saturado). Os três processos visam eliminar o líquido peritético e/ou a forsterita do sistema. Dada a composição sílica-insaturada de X, o volume de líquido P gerado no ponto peritético é insuficiente para transformar toda olivina cristalizada entre TLX e TP em enstatita. Portanto, o resultado final da cristalização é a paragênese sílica-insaturada forsterita + enstatita, com composição química idêntica à do líquido inicial X, situado entre Mg_2SiO_4 e $Mg_2Si_2O_6$. A proporção entre forsterita e enstatita na massa cristalina final é Mg_2SiO_4-X:X-$MgSiO_3$. Para o líquido inicial Y com composição $Mg_2Si_2O_6$, a quantidade de líquido P gerado no ponto eutético é exatamente a necessária para transformar toda olivina pré-P e sin-P em enstatita. Do líquido Z (com composição P, mais rica em SiO_2 que En), na TP, cristalizam simultaneamente enstatita e forsterita primária que é imediatamente reabsorvida pelo líquido peritético. Após a eliminação de toda olivina do sistema, restam no ponto peritético a enstatita peritética primária e uma sobra de líquido P, cuja cristalização, após a precipitação de mais enstatita primária, termina no ponto eutético E(En,Crs) na TE (1.543 °C) pela cristalização conjunta de enstatita e cristobalita na proporção $En_{86}Crs_{14}$ em % peso. Portanto, a reação de sílica-saturação pode ocorrer em líquidos magmáticos sílica-insaturados (líquido entre Fo e En), sílica-saturados (líquido En) e sílica-supersaturados (líquidos entre En e P). Todo líquido sílica-supersaturado situado entre P e E(En,Crs) inicia sua consolidação pela cristalização de enstatita primária e a encerra no ponto eutético E(En,Crs).

B – O sistema Periclásio-Sílica sob uma atmosfera de pressão (Bowen; Andersen, 1914; Greig, 1927)

O sistema Mg_2SiO_4-SiO_2 (Forsterita-Sílica) é um subsistema do sistema MgO-SiO_2 (Periclásio-Sílica) que compreende dois pontos eutéticos e um ponto peritético P, este situado na porção sílica-supersaturada do subsistema Fo-Qz. No ponto eutético E1 ocorre a cristalização simultânea de periclásio e forsterita; no ponto eutético E2, situado no sistema Forsterita-Sílica, cristalizam conjuntamente enstatita e cristobalita.

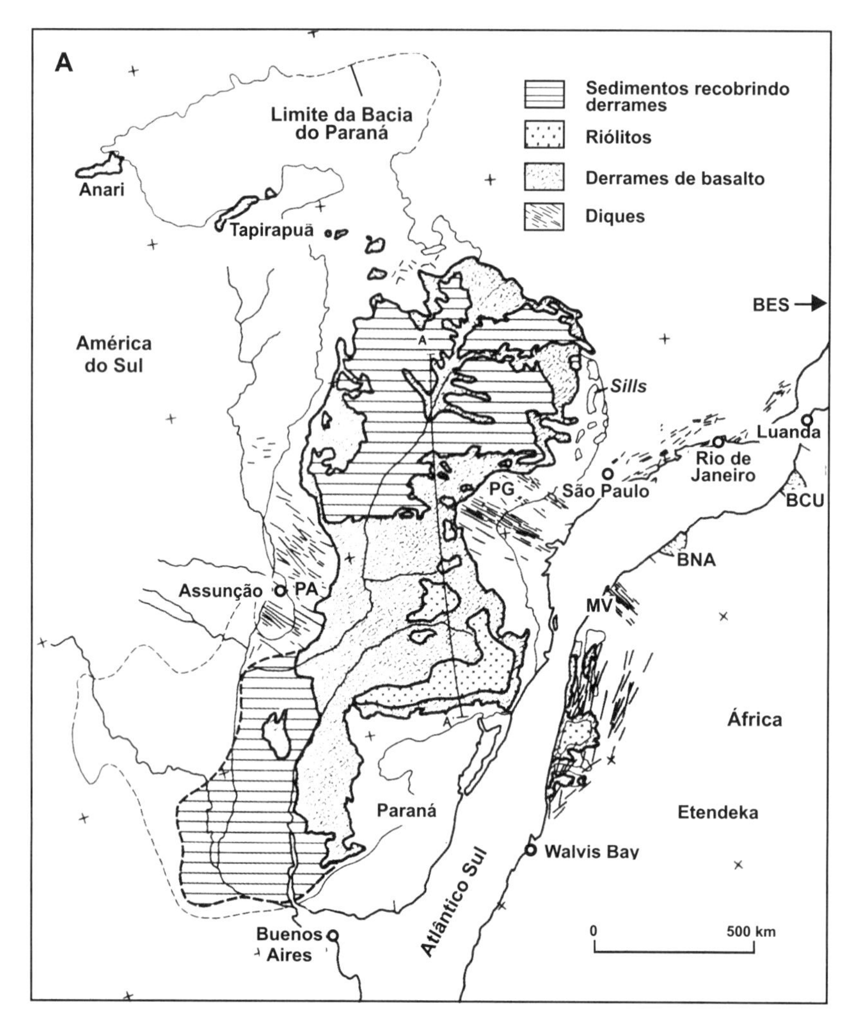

PG – Ponta Grossa
PA – Paraguai
BES – Bacia Espírito Santo
BCU – Bacia Cuanza
BNA – Bacia Namíbia
MV – Morro Vermelho

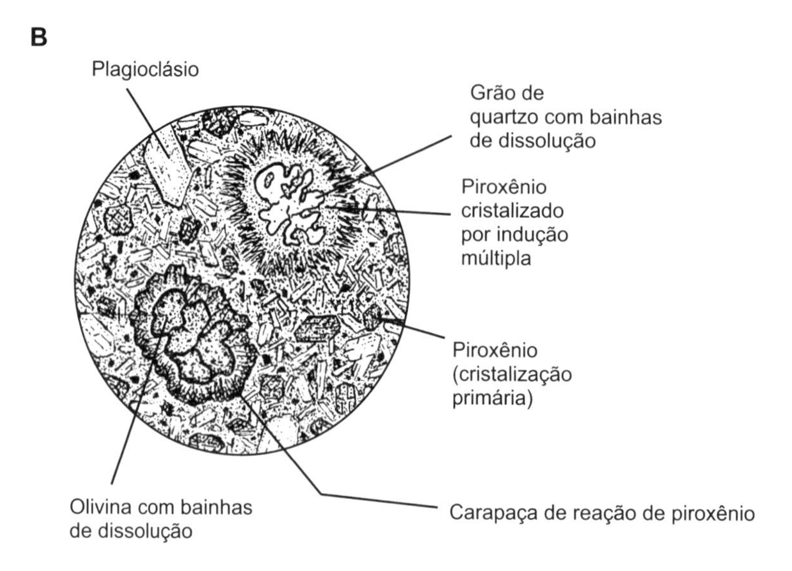

Figura 7.3 – Contaminação de lavas basálticas toleíticas por grãos de quartzo

Magmas podem modificar sua composição por meio de contaminação, que representa a assimilação (digestão, dissolução) pelo líquido magmático de material estranho ao sistema tornado aberto. O material assimilado pode ser tanto líquido, caso de mistura magmática, quanto sólido. Muito raramente é gasoso. A contaminação magmática mais frequente por material sólido é a assimilação de variáveis porções de rochas encaixantes da câmara magmática e das rochas atravessadas pelo magma durante sua ascensão para níveis crustais mais rasos ou mesmo até a superfície terrestre (extravasamento de lavas). As rochas encaixantes mais sensíveis à assimilação são rochas cálcio-magnesianas (calcários, mármores) e aluminosas (folhelhos, xistos aluminosos). A assimilação de mármores por magmas graníticos resulta na cristalização de grandes quantidades de hornblenda na zona de contato; a assimilação de rochas aluminosas por magmas basálticos frequentemente provoca a cristalização de augita em vez de Mg-ortopiroxênios. Um caso particular de assimilação é a digestão de grãos de quartzo por lavas basálticas que extravasam em ambiente desértico. O aporte de sílica, por meio de grãos de quartzo tangidos pelo vento sobre os derrames basálticos incandescentes pode modificar por assimilação lavas fracamente sílica-insaturadas ou sílica-saturadas e em lavas levemente sílica-supersaturadas.

A - A Província Basáltica Paraná-Etendeka (Hawkesworth et al., 1992; Peate, 1997)

É mostrada a distribuição dos derrames, *sills* e diques da Província Basáltica Paraná-Etendeka numa configuração geográfica pré-oceano Atlântico (supercontinente Gondwana). A província, de idade jurássica (a idade do pico do vulcanismo é ao redor de 110 M.a.), recobre mais de 1.200.000 km^2 pelo extravasamento (derrame) e intrusão subvulcânica (*sills*, diques) de aproximadamente 800.000 km^3 de lavas e magmas essencialmente basálticos. Os derrames ocorreram principalmente no "deserto Botucatu" e algumas lavas assimilaram quantidades variáveis de grãos de quartzo das areias desérticas tangidos sobre elas pelo vento durante sua cristalização. Após a fragmentação do supercontinente Gondwana e a implantação do oceano Atlântico, apenas uma pequena porção da província ficou na África (Província Etendeka) enquanto a maior parte (Província do Paraná) permaneceu na América do Sul, onde recobre partes do Uruguai, Argentina, Paraguai e, principalmente, do Brasil.

B - Contaminação de lavas por grãos de quartzo (Wernick, 1966; McBirney, 1979)

O desenho de uma lâmina petrográfica mostra um basalto contaminado por um grão de quartzo eólico. A lava estava no estágio evolutivo da reação peritética, caracterizado por: 1) dissolução de olivina gerando cristais com bainhas de dissolução, 2) formação de coroa de piroxênio "felpuda" em torno da olivina resultante da reação entre olivina e o líquido magmático coexistente ou da nucleação múltipla induzida de piroxênio em sua superfície, e 3) nucleação espontânea e crescimento de cristais de piroxênio primário na matriz. A coexistência numa mesma lâmina petrográfica de todas as três feições é rara. O quartzo no ponto peritético é uma fase mineral instável à semelhança da olivina. Nessas condições, o grão de quartzo mostra: 1) sinais de dissolução, e 2) capa "felpuda" de piroxênio resultante da nucleação múltipla induzida de piroxênio em sua superfície.

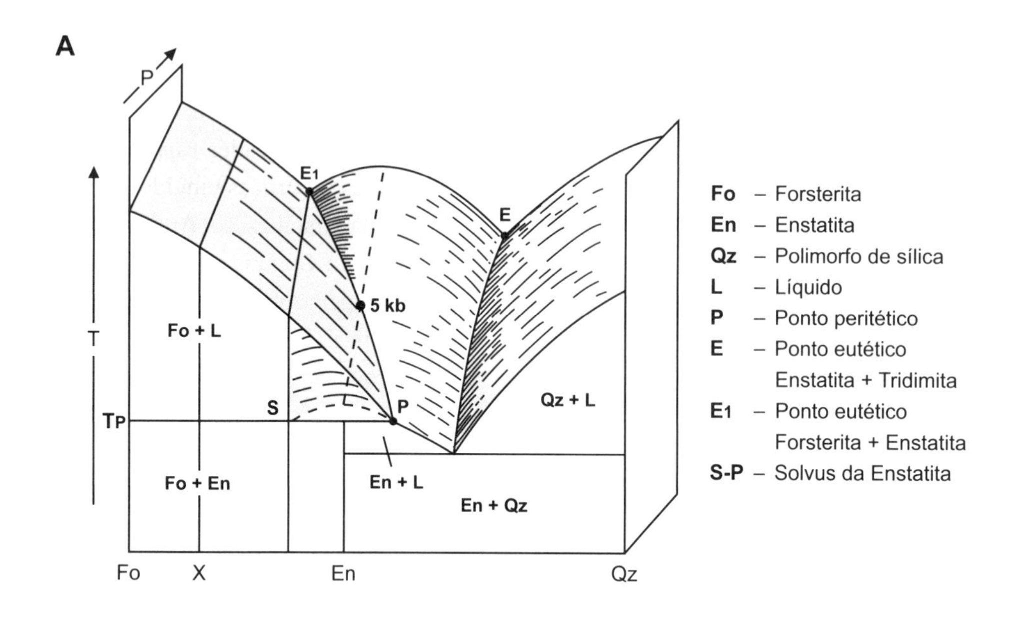
A
P
T
TP
E1
E
5 kb
S
P
Fo + L
Fo + En
En + L
En + Qz
Qz + L
Fo
X
En
Qz
Fo – Forsterita
En – Enstatita
Qz – Polimorfo de sílica
L – Líquido
P – Ponto peritético
E – Ponto eutético Enstatita + Tridimita
E1 – Ponto eutético Forsterita + Enstatita
S-P – Solvus da Enstatita

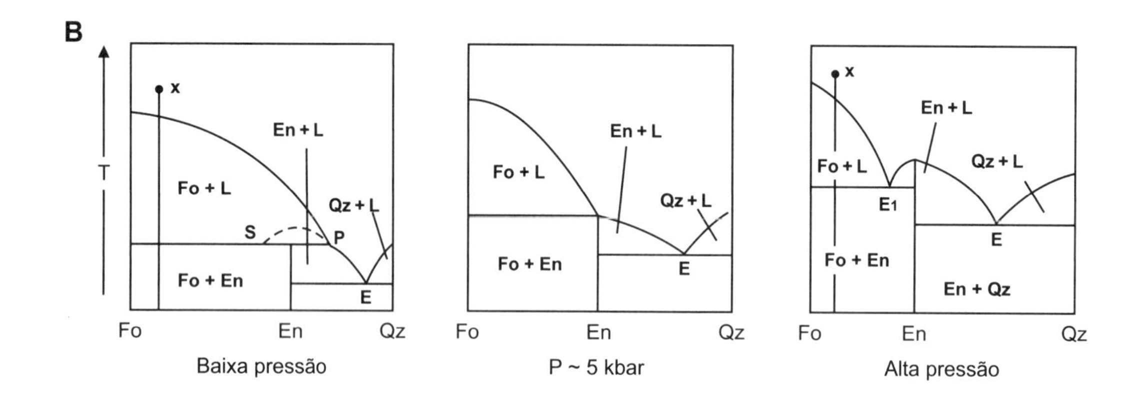
B
T
x
En + L
Fo + L
Qz + L
S
P
Fo + En
E
Fo
En
Qz
Baixa pressão
En + L
Fo + L
Qz + L
Fo + En
E
Fo
En
Qz
P ~ 5 kbar
x
En + L
Fo + L
Qz + L
E1
Fo + En
E
En + Qz
Fo
En
Qz
Alta pressão

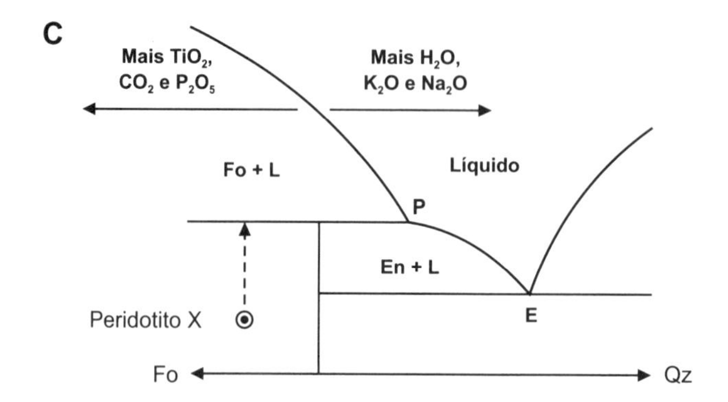
C
Mais TiO_2, CO_2 e P_2O_5
Mais H_2O, K_2O e Na_2O
Fo + L
Líquido
P
En + L
E
Peridotito X
Fo
Qz

Figura 7.4 – Supressão da fusão incongruente da enstatita

A, B – Mudança no sistema Forsterita-Sílica com o aumento da pressão anidra (Kushiro, 1968)

Um aumento da pressão de carga elimina a fusão incongruente da enstatita no sistema Forsterita-Sílica e da sanidina no sistema Leucita-Sílica. No sistema Fo-Qz, um aumento da pressão anidra eleva a temperatura da curva liquidus rica em enstatita mais que a da curva rica em forsterita (**A, B**). Resulta uma redução progressiva do campo de estabilidade da olivina e uma gradual migração do ponto peritético sílica-supersaturado rumo à composição sílica-saturada $Mg_2Si_2O_6$. Assim, o líquido peritético torna-se cada vez mais pobre em sílica. Sob pressão de aproximadamente 5 kb, o líquido peritético atinge a composição $Mg_2Si_2O_6$ e, em pressões ainda maiores, P torna-se sílica-insaturado e transforma-se num ponto eutético. Decorre que no sistema passam a existir dois eutéticos: E(Fo,En) e E(En,Qz). Essa mudança gradual indica que o ponto peritético é, em realidade, a intersecção isotérmica do solvus da enstatita (mostrada como curva tracejada entre P, com composição sílica-supersaturada e S, com composição sílica-insaturada) com a curva liquidus da olivina.

A mudança nas características do sistema Fo-Qz com o aumento da pressão tem importantes consequências petrogenéticas. Sob baixa pressão, um peridotito X (rocha composta por Mg-olivina e Mg-piroxênio) inicia sua fusão no ponto peritético com a formação do líquido peritético P sílica-supersaturado pela fusão incongruente da enstatita. Sob elevada pressão, o mesmo peridotito inicia a sua fusão no ponto eutético E(Fo,En) com a produção do líquido eutético E1 sílica-insaturado. Assim, uma mesma rocha-fonte gera sob diferentes pressões magmas iniciais com composições distintas (**B**). Também a trilha de cristalização de um dado líquido, por exemplo E1, varia em distintas condições báricas. Sob elevada pressão, E1 cristaliza na temperatura eutética a paragênese forsterita + enstatita. Em baixa pressão, o mesmo líquido E1 termina sua cristalização no ponto peritético onde a última fração líquida do sistema é exaurida pela reação do líquido peritético P com a olivina previamente cristalizada (**A**). Ocorrendo rápida queda da temperatura do sistema, partes da olivina e do líquido são preservadas pelo *overrunning* térmico da reação peritética; a fração do líquido peritético não consumida na reação conclui sua cristalização no eutético E(En,Qz). Resulta uma paragênese final sílica-supersaturada que denuncia sua cristalização em condições de desequilíbrio pela coexistência de olivina, mineral sílica-insaturado (não consumida na reação peritética incompleta) e tridimita (que resulta da cristalização do líquido não consumido na reação peritética incompleta no ponto eutético).

C – Variação na composição do ponto peritético no sistema Forsterita-Sílica (Barker, 1983)

A composição do ponto peritético no sistema Fo-Qz é influenciada pela presença de outros elementos no sistema. A adição de elementos tetravalentes e pentavalentes (TiO_2, P_2O_5) e de CO_2 desloca o ponto peritético para composições mais ricas em $Mg_2Si_2O_6$, ou seja, mais pobres em sílica. O resultado é o mesmo obtido pelo aumento da pressão anidra do sistema (**A**). A adição de elementos monovalentes (K_2O, Na_2O) e de H_2O desloca o ponto peritético para composições mais ricas em sílica. Decorre que magmas peritéticos fracionados gerados pela fusão inicial de rochas peridotíticas férteis e exauridas (respectivamente ricos e pobres em elementos incompatíveis) apresentam, respectivamente, teor de sílica algo maior e menor.

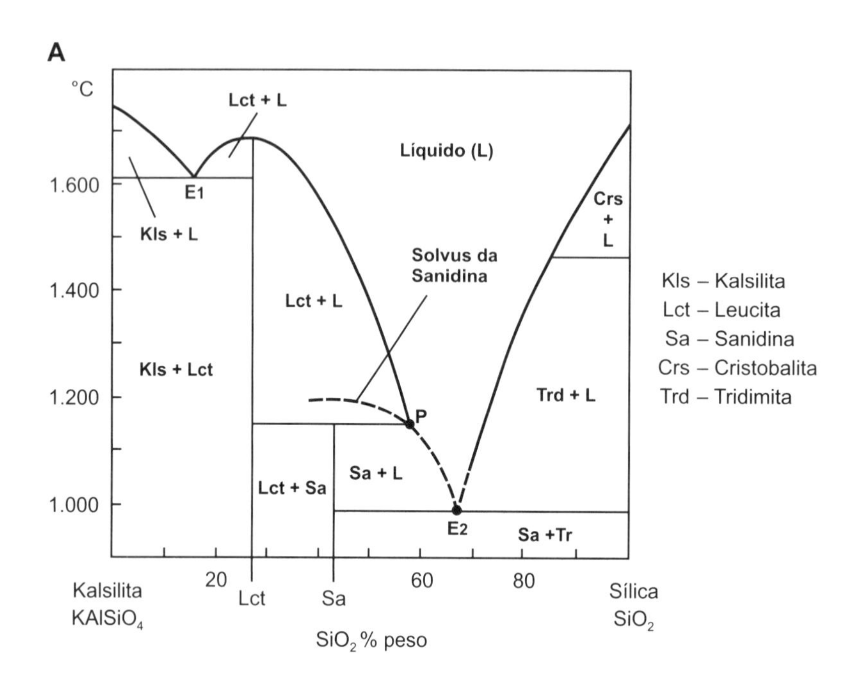
A
°C
1.600
1.400
1.200
1.000
Lct + L
Líquido (L)
E1
Kls + L
Crs
+
L
Solvus da
Sanidina
Lct + L
Kls + Lct
Trd + L
P
Sa + L
Lct + Sa
E2
Sa +Tr
20
Lct
Sa
60
80
Kalsilita
KAlSiO4
SiO2 % peso
Sílica
SiO2
Kls – Kalsilita
Lct – Leucita
Sa – Sanidina
Crs – Cristobalita
Trd – Tridimita

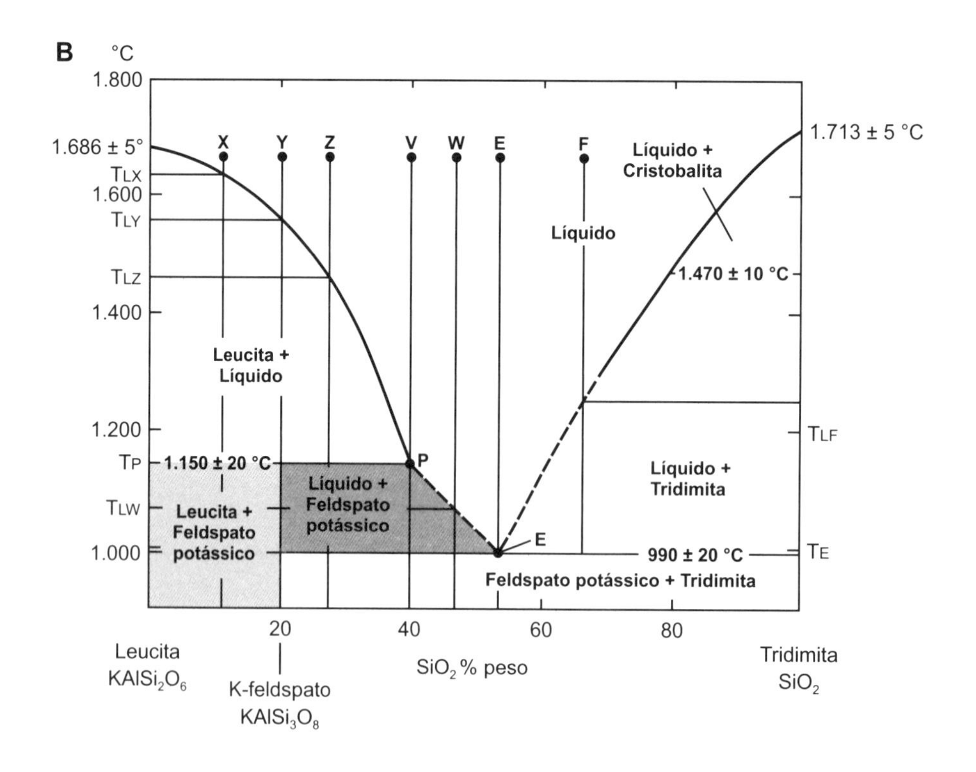
B
°C
1.800
1.686 ± 5°
TLX
1.600
TLY
TLZ
1.400
1.200
TP
TLW
1.000
X
Y
Z
V
W
E
F
Líquido +
Cristobalita
1.713 ± 5 °C
Líquido
1.470 ± 10 °C
Leucita +
Líquido
TLF
1.150 ± 20 °C
P
Líquido +
Feldspato
potássico
Líquido +
Tridimita
Leucita +
Feldspato
potássico
E
990 ± 20 °C
TE
Feldspato potássico + Tridimita
20
40
60
80
Leucita
KAlSi2O6
K-feldspato
KAlSi3O8
SiO2 % peso
Tridimita
SiO2

Figura 7.5 – O sistema Leucita-Sílica

A - O sistema Kalsilita-Sílica (Schairer; Bowen, 1955)

O sistema Leucita-Sílica ou $KAlSi_2O_6$-SiO_2 ou Lct-Qz é uma parte do sistema Kalsilita-Sílica ou $KAlSiO_4$-SiO_2 que, à semelhança do sistema Periclásio-Sílica ou MgO-SiO_2, contém dois pontos eutéticos (eutético kalsilita + leucita e eutético sanidina + tridimita) e o ponto peritético onde ocorre a reação de sílica-saturação leucita (Lct) + sílica livre (contido no líquido peritético sílica-supersaturado P) = Sanidina (Sa). Com a queda da temperatura, a sanidina sofre exsolução e inversão estrutural para ortoclásio e microclínio (Or e Mc).

B - O sistema Leucita-Sílica (Schairer; Bowen, 1955)

O sistema $KAlSi_2O_6$-SiO_2 é praticamente idêntico ao sistema Mg_2SiO_4-SiO_2. A sanidina, com ponto de fusão incongruente, cristaliza em duas etapas: na primeira, sob 1.686 °C do líquido $KAlSi_3O_8$, precipita leucita que coexiste com um líquido de sílica; na segunda, sob 1.150 °C, a leucita reage com a sílica líquida para a cristalização de sanidina. No sistema Lct-Qz, líquidos iniciais com diferentes composições apresentam distintas trilhas de cristalização:

- O líquido X, após a precipitação de leucita entre TLX e TP, termina sua cristalização em TP, em que o insuficiente volume de líquido peritético P transforma apenas parte da leucita pré-peritética e sin-peritética em sanidina. O líquido X e a massa cristalina final são sílica-insaturados.
- Do líquido Y com composição $KAlSi_2O_6$ cristaliza um crescente volume de leucita entre TLZ e TP; no ponto peritético, o volume de P gerado é exatamente o necessário para transformar toda leucita cristalizada em sanidina, o único mineral constituinte da massa cristalina final.
- O líquido Z (com composição situada entre Sa e P), após a cristalização de um crescente volume de leucita entre TLZ e TP, gera no ponto eutético um volume de líquido P maior que o necessário para transformar toda leucita pré-peritética e sin-peritética em sanidina. O excesso de P pós-reação evolui pela cristalização de sanidina primária entre os pontos peritético e eutético, onde atinge sob 990 °C a composição eutética da qual cristaliza no E(Sa,Trd) uma massa cristalina final de sanidina e tridimita em proporção eutética.
- O líquido V com composição P inicia a sua consolidação no ponto peritético com a cristalização cotética leucita + sanidina, mas toda leucita é prontamente eliminada do sistema. O excesso de P pós-reação evolui ao longo do liquidus da sanidina até atingir 990 °C a composição eutética da qual cristalizam no E(Sa,Trd) conjuntamente sanidina e tridimita em proporção eutética até a exaustão total da fração líquida isotérmica do sistema.
- O líquido W inicia sua consolidação na TLW com a cristalização de sanidina primária. A cristalização termina no ponto eutético E(Sa,Trd) sob 990 °C com a precipitação da paragênese sanidina + tridimita na proporção eutética.
- Do líquido E com composição eutética, a paragênese sanidina + tridimita cristaliza sem intervalo de cristalização diretamente, no ponto eutético E(Sa,Trd) sob 990 °C.
- O líquido F, com composição situada entre E(Sa,Trd) e SiO_2, após a cristalização de um crescente volume de tridimita entre TLF e TE, termina sua consolidação no ponto eutético com a precipitação conjunta de sanidina e tridimita até a exaustão total da fração líquida do sistema.

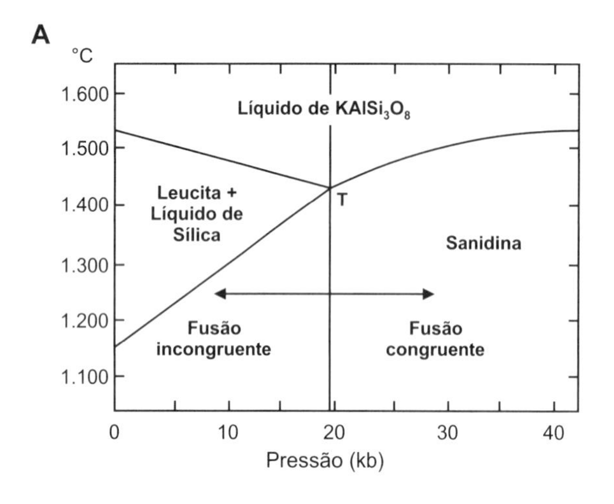

T – Ponto tríplice
Lct – Leucita
Sa – Sanidina
Qz – Polimorfos de sílica
E1 – Eutético (sanidina + leucita)
E – Eutético (sanidina + tridimita)

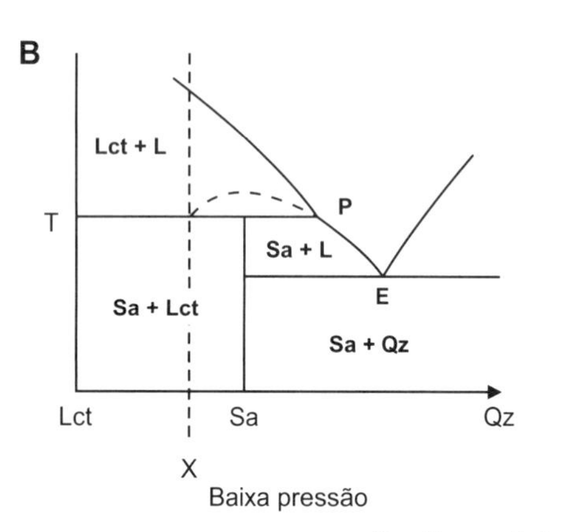

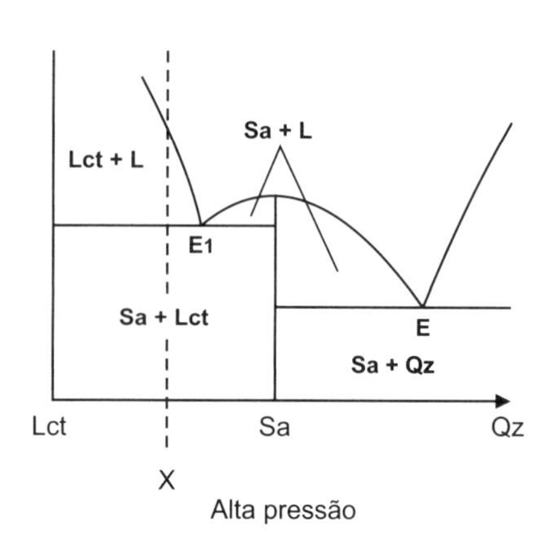

X – Composição de um leucita sanidinito

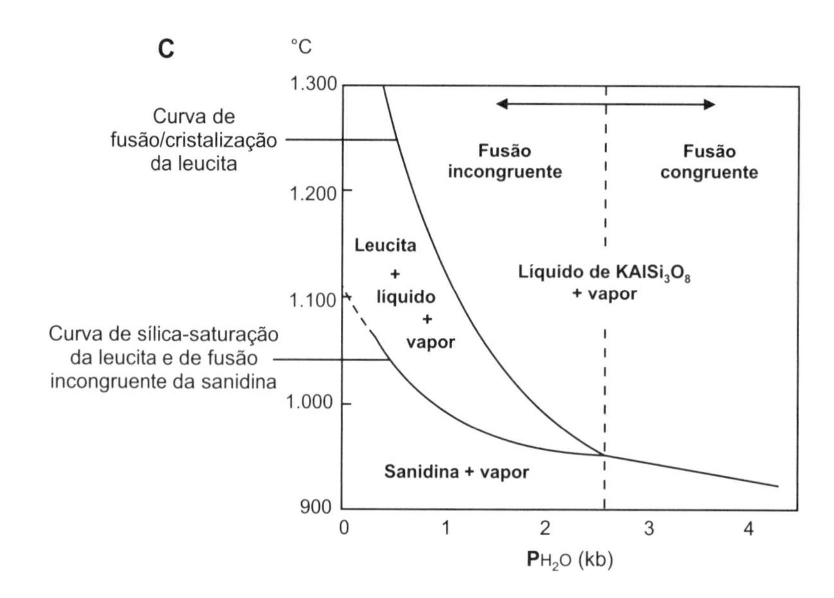

Figura 7.6 – Supressão da fusão incongruente do feldspato potássico

A, B – A estabilidade da sanidina no sistema Leucita-Sílica (Lindsley, 1966; Kushiro, 1968)

Com o aumento da pressão de carga, a fusão anidra da sanidina ($KAlSi_3O_8$) passa de incongruente para congruente (**A**). O diagrama de fases mostra que a mudança ocorre pelo decréscimo gradual do intervalo térmico de fusão incongruente (dado pela configuração triangular do campo leucita ($KAlSi_2O_6$) + sílica líquida (SiO_2)) com o aumento da pressão até desaparecer a cerca de 20 kb. Assim, a leucita é mineral instável sob altas pressões e, consequentemente, sua ocorrência natural é restrita a rochas vulcânicas e subvulcânicas, faltando em rochas plutônicas. A supressão da fusão incongruente da sanidina sob altas pressões tem importantes consequências no sistema Leucita-Sílica. A supressão da fusão incongruente implica supressão do ponto peritético e do solvus P-S da sanidina e o sistema passa a ter nova configuração, transformando-se em dois subsistemas eutéticos coalescentes (**B**). O subsistema sílica-insaturado Leucita-Sanidina contém o ponto eutético $E_{(Lct,Sa)}$ ou E_1, o subsistema sílica-supersaturado Sanidina-Sílica, o ponto eutético E ou $E_{(Sa,Trd)}$, que também ocorre no sistema Lct-Qz na baixa pressão. Os dois subsistemas têm em comum o componente sanidina (mineral sílica-saturado), que representa um alto térmico que separa a cristalização de líquidos sílica-insaturados da cristalização de líquidos sílica-supersaturados. A supressão do ponto de fusão incongruente tem evidentes implicações petrogenéticas. Sob baixas pressões, a fusão do leucita sanidinito X inicia-se no ponto peritético com a fusão incongruente da sanidina que resulta no líquido peritético P sílica-supersaturado. Em altas pressões, a mesma rocha-fonte inicia sua fusão no ponto eutético $E_{(Lct,Sa)}$ ou E_1 com a produção do líquido eutético E_1 sílica-insaturado (**B**). Resulta que a fusão fracionada de uma rocha-fonte sílica-insaturada no sistema Leucita-Sílica pode gerar magmas iniciais sílica-supersaturados e sílica-insaturados respectivamente em baixas e altas pressões. Tornado um magma inicial fracionado, P termina sua cristalização no ponto eutético $E_{(Sa,Trd)}$ em baixas e altas pressões, enquanto o magma inicial fracionado E_1 termina sua cristalização no ponto peritético em baixas pressões e no ponto eutético $E_{(Lct,Sa)}$ em altas pressões.

C – A estabilidade da sanidina no sistema Leucita-Sílica-H_2O (Goranson, 1938)

No sistema Leucita-Sílica hidratado (Leucita-Sílica-Água), a supressão da fusão incongruente da sanidina ocorre numa pressão de água (P_{H_2O}) ao redor de 2,5 kb, bem menor que a pressão anidra necessária para essa mudança. O mesmo ocorre com a temperatura do ponto tríplice invariante, respectivamente ao redor de 950 °C em condições hidratadas e de 1.459 °C em condições anidras. A comparação entre (**A**) e (**C**) evidencia a diferença entre o comportamento da curva liquidus com o aumento da pressão anidra ou da pressão hidratada. Num sistema anidro, um aumento da pressão de carga aumenta a temperatura de fusão/cristalização (gradiente positivo) e a curva liquidus tem formato convexo. Num sistema hidratado, um aumento da pressão de água diminui a temperatura de fusão/cristalização (gradiente negativo) e a curva liquidus tem forma côncava. Resulta a cristalização de leucita sob elevadas temperaturas em lavas anidras (o fluido aquoso supercrítico escapa da lava durante seu extravasamento) e sua ausência sob condições elevadas de P_{H_2O}, quimicamente equivalentes a magmas que permanecem hidratados durante sua cristalização.

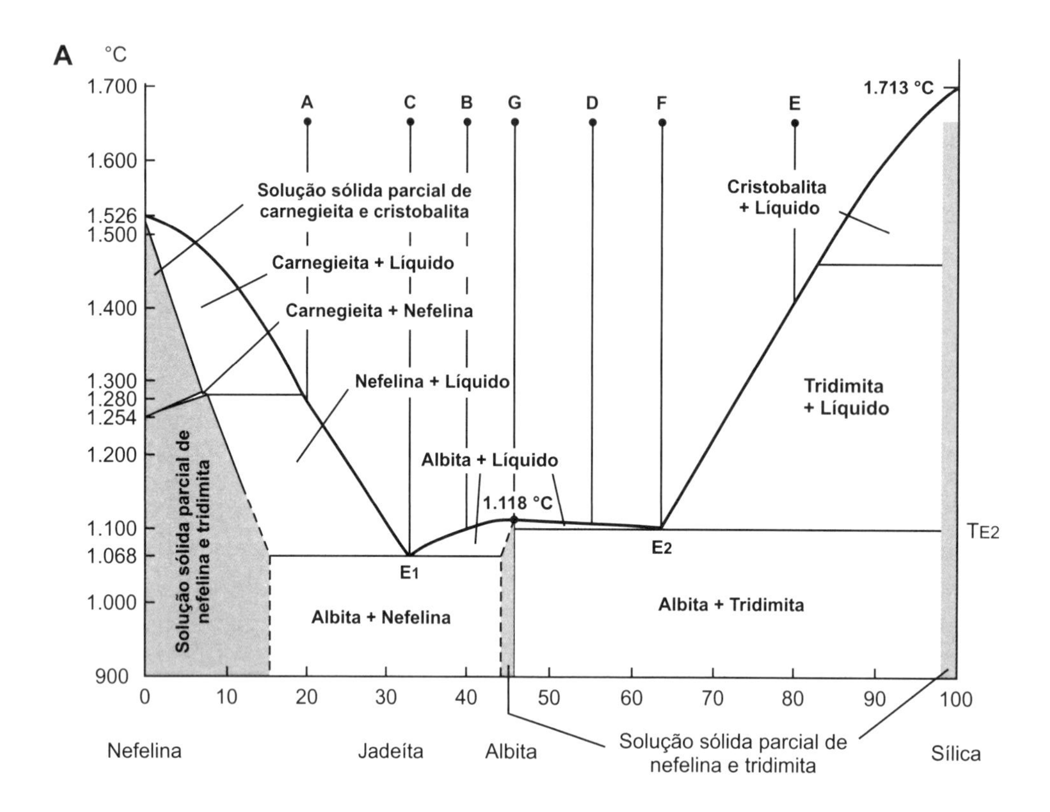

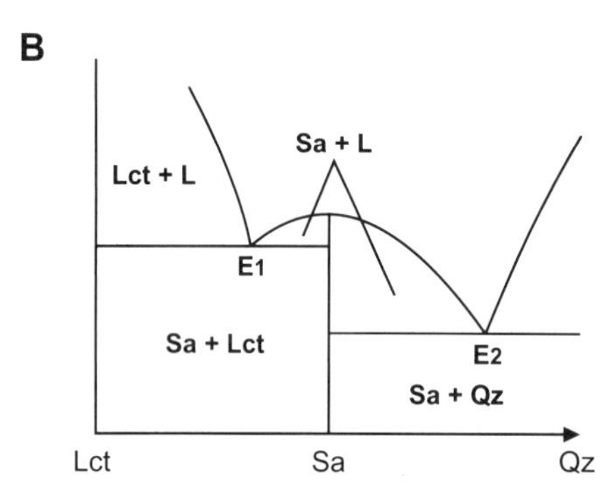

Lct – Leucita

Sa – Sanidina

Fo – Forsterita

En – Enstatita

Qz – Polimorfo de sílica

Alta pressão

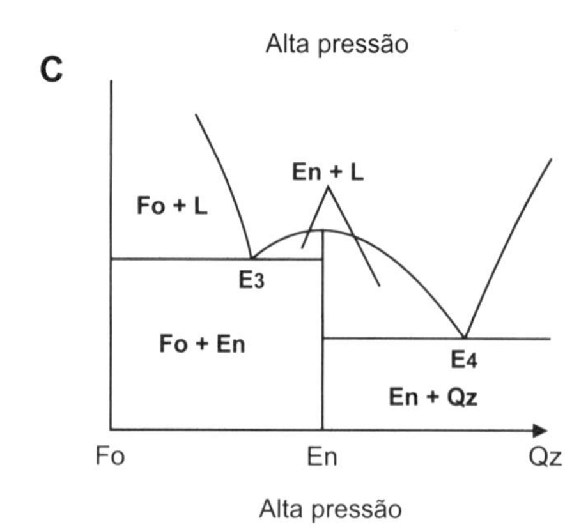

Alta pressão

E_1 – Eutético sanidina + leucita

E_2 – Eutético sanidina + tridimita

E_3 – Eutético forsterita + enstatita

E_4 – Eutético enstatita + cristobalita

Figura 7.7 – O sistema Nefelina-Sílica

A - Cristalização no sistema Nefelina-Sílica (Greig; Barth, 1938)

O sistema Nefelina-Sílica ou $NaAlSiO_4$-SiO_2 ou Ne-Qz é a justaposição de dois subsistemas eutéticos que têm em comum o componente intermediário albita ($NaAlSi_3O_8$), mineral sílica-saturado com ponto de fusão congruente e papel de alto térmico. O primeiro é o subsistema sílica-insaturado Nefelina-Albita com o eutético E(Ne,Ab) ou E1; o segundo é o subsistema sílica-supersaturado Albita-Tridimita com o eutético E(Ab,Trd) ou E2. O sistema Albita-Sílica tem as mesmas características básicas dos sistemas Forsterita-Sílica e Leucita-Sílica sob altas pressões. Líquidos situados à esquerda do divisor térmico albita terminam sua cristalização no ponto eutético E(Ne,Ab) após a cristalização inicial de carnegieita (líquido A) ou albita (líquido B). O líquido C com composição eutética cristaliza totalmente em 1.068 °C (TE1) com a precipitação conjunta de nefelina primária e albita na proporção eutética. O líquido C não tem intervalo de cristalização. Em líquidos ricos em $NaAlSiO_4$, a nefelina resulta da inversão estrutural da carnegieita no intervalo entre 1.280 °C e 1.254 °C. Líquidos situados à direita do divisor térmico albita terminam sua cristalização no ponto eutético E(Ab,Trd) após a cristalização inicial de albita (líquido D) ou tridimita (líquido E). O líquido F cristaliza na temperatura fixa de 1.110 °C (TE2) com a formação conjunta de albita e tridimita na proporção eutética. O líquido F não tem intervalo de cristalização. O mesmo vale para o líquido G com composição $NaAlSi_3O_8$ que cristaliza em 1.118 °C com a formação de albita.

Cristais sintéticos de carnegieita, nefelina e albita resultantes da cristalização de líquidos ricos em $NaAlSiO_4$ e $NaAlSi_3O_8$ podem apresentar cristais mistos com tridimita; também pseudoleucitas de tinguaitos e fonólitos podem apresentar essa feição. Cristais de tridimita resultantes da cristalização de líquidos ricos em SiO_2 podem apresentar cristais mistos com albita (áreas cinzas).

B, C - Os sistemas Leucita-Sílica e Forsterita-Sílica em alta pressão (Lindsley, 1966; Kushiro, 1968)

Sob alta pressão, os sistemas Leucita-Sílica (**B**) e Forsterita-Sílica (**C**) apresentam as mesmas características básicas do sistema Nefelina-Sílica sob baixa pressão (**A**). A principal diferença é que no sistema Nefelina-Sílica a temperatura eutética do subsistema sílica-supersaturado é maior que a do subsistema sílica-insaturado, enquanto nos sistemas Leucita-Sílica e Forsterita-Sílica ocorre o contrário. Pela extensão mínima de sua área sílica-saturada, restrita apenas a uma só composição química, os três sistemas indicam claramente que rochas contendo apenas sanidina, enstatita e albita na ausência de um polimorfo de sílica ou de, respectivamente, leucita, forsterita e nefelina são muito raras.

Sob elevadas pressões, albita decompõe-se em jadeíta, um piroxênio sódico aluminoso, e quartzo segundo a reação $NaAlSi_3O_8 \leftrightarrow NaAlSi_2O_6 + SiO_2$. Quartzo passa para coesita sob pressões maiores que 20 kb.

As mudanças dos sistemas binários Fo-Qz, Lct-Qz e Ne-Qz com o aumento da pressão deixam claro que: 1) magmas com mesma composição cristalizam sob diferentes pressões em rochas distintas, e 2) magmas iniciais fracionados gerados de rochas-fonte com mesma composição apresentam composições distintas na dependência de sua pressão genética.

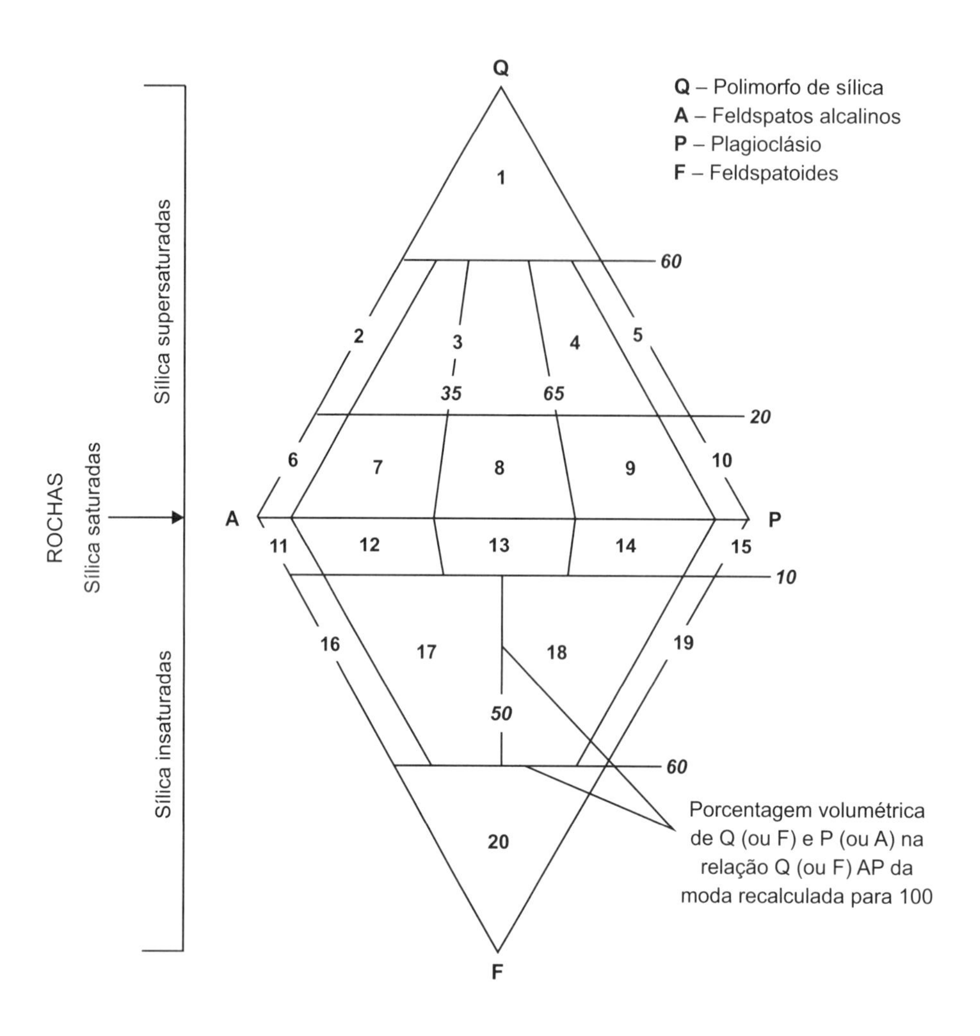

Famílias de rochas plutônicas (simplificado)

1 - Granitoides ricos em quartzo
2 - Álcali-feldspato granitos
3 - Granitos
4 - Granodioritos
5 - Tonalitos
6 e **11** - Álcali-feldspato sienitos
7 e **12** - Sienitos
8 e **13** - Monzonitos

9 e **14** - Monzodioritos e Monzogabros
10 e **15** - Dioritos e Gabros
16 - Foiaítos*
17 - Plagiofoiaítos
18 - Essexitos
19 - Theralitos
20 - Foiditos

*ou nefelina sienito

Figura 7.8 – Sílica-saturação e a classificação das rochas magmáticas

O diagrama QAPF (Le Maitre, 1989)

No sistema Nefelina-Sílica, o feldspato albita, mineral sílica-saturado, representa um alto térmico que separa o subsistema sílica-insaturado do subsistema sílica-supersaturado. Albita pode representar tanto os feldspatos alcalinos no sistema Ne-Qz e Lct-Qz quanto os plagioclásios no tetraedro basáltico Qz-Ol-Ne-Di. Extrapolando as características do sistema Ne-Qz para sistemas mais complexos pluriminerálicos, pode ser dito que rochas contendo apenas minerais sílica-saturados forçosamente separam rochas contendo variáveis teores de minerais sílica-insaturados de rochas contendo variáveis teores de polimorfos de sílica, pois a coexistência em condições de equilíbrio de minerais sílica-insaturados com polimorfos de sílica representa paragêneses incompatíveis. Esse fato é a base para a classificação das rochas magmáticas (nesse caso plutônicas) no diagrama **QAPF**, no qual os vértices **Q**, **A**, **P**, e **F** correspondem, respectivamente, aos polimorfos de sílica, feldspatos alcalinos, plagioclásios e feldspatoides. No diagrama, a reta sílica-saturada dos feldspatos (reta **AP**) separa as rochas sílica-supersaturadas (triângulo **QAP**) das rochas sílica-insaturadas (triângulo **APF**). No sistema **QAPF** são classificadas rochas com índice de coloração (IC) entre 0 e 90, em que o IC é o volume total (em %) dos demais minerais presentes na rocha além dos siálicos (os minerais **QAPF**). Numa rocha com IC 37, os minerais siálicos perfazem 63% do volume da rocha.

Os campos 1 a 20 representam as variações do teor mineralógico modal (em % volume) dos minerais siálicos dos grupos Q + A + P + F recalculado para 100 nas principais famílias de rochas magmáticas plutônicas. Os campos 11 a 20 (F + A + P = 100) representam as variações do teor mineralógico modal de rochas portadoras de feldspatoides. Nas rochas contendo polimorfos de sílica, sem feldspatoides, os campos 1 a 10 (Q + A + P = 100), representam as variações do teor mineralógico modal dessas rochas. Nas rochas desprovidas tanto de polimorfos de sílica quanto de feldspatoides, as variações mineralógicas modais são representadas ao longo da linha A + P = 100.

No diagrama **QAPF**, linhas paralelas à reta **AP** definem nos triângulos **QAP** e **APF** respectivamente os teores recalculados de polimorfos de sílica (Q) e feldspatoides (F) presentes na rocha. Os teores variam entre 0% sobre a reta **AP** e 100% nos vértices **Q** e **F**. Os valores de **Q** que definem os limites das diversas famílias de rochas plutônicas sílica-supersaturadas, diferem em parte dos valores de **F** que delimitam as várias famílias de rochas sílica-insaturadas.

As retas divergentes que partem dos vértices **Q** e **A** para a reta **AP**, em parte descontínuas, representam diferentes proporções fixas entre feldspatos alcalinos (ortoclásio, microclínio e albita) e plagioclásios (mais cálcicos que a albita) presentes na rocha. No vértice **A** faltam plagioclásios; em **P** faltam feldspatos alcalinos. No meio da reta **AP**, a relação entre os dois grupos de feldspatos é unitária (**A**= **P**= 50%). A proporção pode ser substituída apenas pelo teor (em % volume) de um tipo de feldspato (no presente caso **P**) no total dos feldspatos presentes nas rochas, já que **A** + **P** = 100%. Resultam, assim, as retas P_{10} ($A_{90}P_{10}$), P_{35} ($A_{65}P_{35}$), P_{50} ($A_{50}P_{50}$), P_{65} ($A_{35}P_{65}$) e P_{90} ($A_{10}P_{90}$) para delimitar as diferentes famílias de rochas magmáticas na classificação simplificada aqui apresentada. Também aqui, os valores dos limites das diversas famílias de rochas sílica-supersaturadas diferem em parte dos que definem as várias famílias de rochas sílica-insaturadas.

Rochas com IC > 90 são ditas ultramáficas e sua classificação é feita em diagramas específicos que combinam diferentes minerais fêmicos. Gabros (família 10 e 15) podem ser classificados mais detalhadamente em diagramas que combinam diferentes minerais fêmicos com plagioclásio na presença ou ausência de quartzo.

8. Variante do sistema binário de solução sólida completa

1. A principal variante do sistema binário de solução sólida completa é o sistema binário de solução sólida com ponto mínimo (Figura 8.1.A). Esse sistema combina algumas características do sistema eutético (Figura 8.1.E) com outras do sistema solução sólida completa (Figura 8.1.F). Exemplo clássico de sistema binário de solução sólida com ponto mínimo é o sistema Gehlenita-Akermanita ou $Ca_2Al(Al,Si)_2O_7$-$Ca_2MgSi_2O_7$, dois minerais sílica-insaturados do grupo das melilitas (Figura 8.1.A). Melilitas são uma solução sólida complexa entre os componentes akermanita, Fe-akermanita, $Ca_2Fe^{2+}Si_2O_7$, gehlenita, Fe-gehlenita, $Ca_2Fe^{3+}Si_2O_7$ e sodamelilita, $(Ca,Na)_2Al(Al,Si)_2O_7$. Melilita ocorre em raras rochas cristalizadas a partir de magmas/lavas ricos em Ca e Mg e muito pobres em sílica. Nessas rochas, a melilita substitui o (Ca,Mg)-piroxênio diopsídio, o Al-piroxênio augita tschermakítica (rica no componente teórico tschermakita, $CaAlAlSiO_6$) e o Ca-plagioclásio anortita. Melilita ocorre em melilita basaltos, melilita nefelinitos e melilitolitos; nestes é mineral muito abundante.

2. Entre as principais características semelhantes e distintas de sistemas eutéticos (caso do sistema Diopsídio-Anortita) e de soluções sólidas com ponto mínimo (caso do sistema Gehlenita-Akermanita), destacam- se:

- Uma temperatura liquidus mínima situada entre os dois componentes do sistema. É o ponto invariante mínimo (**m**) no sistema de solução sólida completa com ponto mínimo (SScPM) (Figura 8.1.B) e o ponto eutético (**E**) no sistema eutético (Figura 8.1.E).
- A existência de um líquido cuja composição representa uma relação específica entre os dois componentes do sistema com temperatura de cristalização fixa, sem intervalo de cristalização, à semelhança de líquidos de substâncias puras. É a composição mínima do sistema SScPM (Figura 8.1.A) e a composição eutética no sistema eutético que correspondem, respectivamente, às composições dos pontos **m** e **E** (Figura 8.1.B).
- Os líquidos G e A com composições situadas à esquerda e à direita do ponto mínimo **m** iniciam a sua cristalização com a precipitação de cristais solução sólida ricos em um ou outro componente. A solução sólida é rica em gehlenita no caso do líquido G e rica em akermanita no caso do líquido A (Figura 8.1.B). No sistema binário eutético, os líquidos D e P com composições situadas à esquerda e à direita do ponto eutético **E** iniciam a sua cristalização com a precipitação de cristais de um ou outro componente puro, diopsídio no caso do líquido D e anortita no caso do líquido P (Figura 8.1.E).
- No sistema SScPM, diferentes líquidos (caso de D e E) podem ter a mesma temperatura liquidus e diferentes líquidos (caso de F e H) podem ter a mesma temperatura solidus, mas cada líquido tem temperatura liquidus e solidus específica (Figura 8.1.C). No sistema eutético, diferentes líquidos (caso de D e P) podem ter a mesma temperatura liquidus, mas todos os líquidos têm a

mesma temperatura solidus, a temperatura eutética, TE (Figura 8.1.E).

- No sistema SScPM, o ponto mínimo só é atingido por cristalização em condições de desequilíbrio ideais (CCDI). Exceção é o líquido inicial M com composição mínima (Figura 8.1.B). No sistema eutético, a cristalização sempre termina no ponto eutético, quer por cristalização em condições de equilíbrio ideais (CCEI), quer por cristalização em condições de desequilíbrio ideais (CCDI) (Figura 8.1.E).

3. Entre as características, semelhantes e distintas nos sistemas de solução sólida com ponto mínimo (sistema Gehlenita-Akermanita) e de solução sólida completa (sistema Albita-Anortita), destacam-se:

- De uma solução líquida inicial, caso dos líquidos A e G no sistema de solução sólida com ponto mínimo (SScPM) (Figura 8.1.B) e do líquido A no sistema de solução sólida completa (SSC) (Figura 8.1.F), resulta por cristalização em condições de equilíbrio ideais (CCEI) uma só fase cristalina, uma solução sólida com a mesma composição da solução líquida homogênea inicial.
- A temperatura mínima dos dois tipos de sistema (Tm e TAb) só é alcançada por cristalização em condição de desequilíbrio ideal (CCDI). Exceção é o líquido M (Figura 8.1.B) com composição mínima no sistema SScPM, o líquido Ab de albita pura (extremo direito do diagrama, Figura 8.1.F) no sistema SSC. Por cristalização em condição de desequilíbrio real (CCDR), a cristalização termina sob temperaturas maiores que TAb no sistema SSC (Figura 8.1.F) e maior que Tm no sistema SScPM (Figura 8.1.C).
- No sistema SScPM das melilitas, cristalizam de um líquido rico em gehlenita (líquido G) sucessivas soluções sólidas sempre mais ricas em gehlenita que as soluções líquidas das quais cristalizam, mas cada sucessiva solução sólida é mais rica em akermanita que sua precedente. De um líquido rico em akermanita (líquido A) cristalizam sucessivas soluções sólidas sempre mais ricas em akermanita que as soluções líquidas das quais cristalizam, mas cada solução sólida é mais rica em gehlenita que sua precedente (Figura 8.1.B). Num sistema SSC, caso dos plagioclásios, de qualquer líquido inicial as sucessivas soluções sólidas cristalizadas são sempre mais ricas em anortita que as soluções líquidas das quais precipitam (Figura 8.1.F).
- No sistema SScPM, líquidos com diferentes composições podem ter mesma temperatura liquidus (caso de D e E) ou solidus (caso de F e H) (Figura 8.1.C). Essa feição falta em sistemas SSC onde cada líquido tem temperatura liquidus e solidus específica (Figura 8.1.F).
- No sistema SScPM existe uma solução sólida com temperatura de fusão fixa e um líquido com temperatura de cristalização fixa, ambos com composição única M (Figura 8.1.D). Portanto, a composição M, uma solução sólida, tem o comportamento físico de uma substância pura. Esse tipo de composição falta em sistemas SSC (Figura 8.1.F).

4. A cristalização em cada "gomo de linguiça" ou "orelha de coelho" do sistema das melilitas é idêntica à cristalização de um sistema de solução sólida completa, caso dos sistemas dos plagioclásios e das olivinas.

Consideremos no sistema Gehlenita-Akermanita a cristalização em condições de equilíbrio ideais (CCEI) do líquido inicial G com composição $Gh_{70}Ak_{30}$ e temperatura inicial TiG na pressão de uma atmosfera (Figura 8.2.A). Por resfriamento do sistema G, atinge a temperatura liquidus TLG e o líquido inicia sua cristalização com a precipitação da melilita Mi (Gh_{92}), mais rica em gehlenita que G (Gh_{70}). Pela extração da solução sólida rica em gehlenita (rica em alumínio) é gerado o líquido complementar coexistente G1, mais rico em akermanita (rica em Mg e Si) que G e com temperatura liquidus TL1 menor que TLG. De G1 cristaliza a melilita M1, mais rica em gehlenita que G1, mas mais pobre em gehlenita que Mi.

A coexistência entre Mi, M1 e G1 torna o sistema invariante, o que representa seu bloqueio térmico. Para readquirir um grau de liberdade 1, que permite a variação do parâmetro de estado intensivo Temperatura (os dois outros parâmetros, P e X, são constantes) para dar continuidade ao resfriamento e à cristalização do sistema, uma das fases do sistema tem que ser eliminada, nesse caso Mi, que não está em equilíbrio com G1. A eliminação da melilita instável Mi ocorre por dois processos:

- Dissolução/reabsorção de Mi por G1. Esse processo afeta apenas uma pequena parte de Mi. Resulta na ocorrência de raros cristais de Mi com bordas ou bainhas de dissolução ou reabsorção. A importância da dissolução/reabsorção torna-se cada vez menor com a queda da temperatura do sistema pelo decorrente aumento exponencial da viscosidade da fração líquida.

- Reação entre Mi e G1. Esse processo ocorre com a maior parte de Mi. Pela reação, Mi muda sua composição para M1, a melilita em equilíbrio com G1 na TL1. A reação representa a substituição acoplada de parte do ($2Al^{3+}$) de Mi por ($Mg^{2+} + Si^{4+}$) do líquido G1.

Assim, na TL1, coexistem no sistema dois tipos de melilita M1: uma primária ou liquidus que cristaliza diretamente do líquido LG1 e outra, secundária, que resulta da reação da melilita Mi com G1. Consequentemente, a massa cristalina M1 tem maior volume e é mais pobre em gehlenita que Mi e o volume da fase líquida do sistema agora é menor que sob TLG. As quantidades (em % peso) das duas fases no sistema são determinadas pela regra da balança.

Pela cristalização da melilita M1, mais rica em gehlenita (Mg e Si) que G1, a fase líquida do sistema muda a sua composição para G2, mais rica em akermanita e com menor temperatura liquidus (TL2) que G1. Repete-se, agora, o processo antes descrito: de G2 cristaliza a melilita M2, mais rica em gehlenita que G2, mas mais pobre em gehlenita que M1, a solução sólida instável que agora precisa ser eliminada para permitir a continuidade do seu resfriamento do sistema. A eliminação de M1 ocorre por dissolução, agora já menos expressiva, em G2 e por reação com G2; esta resulta em M2, a mesma composição da melilita primária M2 que cristaliza diretamente de G2. Assim, a massa cristalina total de M2 no sistema compreende M2 primária e M2 secundária ou de reação. Decorre que a massa cristalina M2 tem maior volume e é mais pobre em gehlenita que M1 e a fração líquida do sistema agora é menor que sob TL1.

Pela cristalização de M2, mais rica em gehlenita (Al) que G2, a fase líquida do sistema muda a sua composição para G3, mais rica em akermanita (Mg + Si) e com menor temperatura liquidus (TL3) que G2. Repete-se, agora, o mesmo processo: de G3 cristaliza a melilita M3, mais rica em gehlenita que G3, mas mais pobre em gehlenita que M2, agora instável e que precisa ser eliminada para permitir a continuidade do resfriamento do sistema. A eliminação de M2 ocorre pela reação com G3; esta resulta em M3 a composição da melilita primária que cristaliza diretamente de G3. A dissolução de M2 em G3 agora já é insignificante. Da cristalização de M3 e da reação de M2 resulta uma fase cristalina de solução sólida M3 mais pobre em gehlenita e com maior volume que a solução sólida M2. A massa cristalina é composta por M3 primária e M3 secundária ou de reação. Consequentemente, o volume da fase líquida do sistema agora é menor que na TL2.

Com a progressiva queda da temperatura do sistema repete-se sucessivamente o processo infinitesimal de cristalização e reação anteriormente descrito.

Em situação de equilíbrio, a cristalização do líquido G termina com a formação da melilita homogênea MG na temperatura solidus TSG quando o líquido complementar coexistente final Gf alcança a composição $Gh_{38}Ak_{62}$ e seu volume é quase nulo. Enquanto parte de Gf é consumida pela cristalização da melilita MG_{70}, outra parte é exaurida pela reação com a melilita instável preexistente ($MG_{70} + \Delta Gh$) cristalizada na ($TSG + \Delta T$) para a formação de mais MG_{70}. O resultado final da cristalização é uma solução sólida homogênea de melilita com a mesma composição $Gh_{70}Ak_{30}$ do líquido inicial G.

5. Fica claro que a cristalização da solução sólida final MG ocorre num dado intervalo térmico pela sucessiva cristalização e eliminação de diversas soluções sólidas intermediárias (M1, M2, M3, M4, ... $MG + \Delta G$) com crescente volume e cada vez mais ricas em akermanita entre a solução sólida inicial (Mi) na temperatura liquidus TLG e a solução sólida final (MG) na temperatura solidus TSG. A cristalização é concluída quando a última solução sólida parcial atinge a composição do líquido inicial e o sistema se torna totalmente sólido. A cristalização de cada sucessiva solução sólida ocorre num estado de sistema univariante, a sua eliminação num estado do sistema invariante. A mudança infinitesimal da composição das sucessivas soluções líquidas intermediárias resulta da soma das variações químicas parciais vinculadas a três processos simultâneos:

- Cristalização da solução sólida de melilita diretamente da solução líquida coexistente, isto é, gehlenita é mineral liquidus para líquidos situados entre o componente gehlenita e o ponto mínimo. A solução sólida cristalizada é a fase cristalina estável do sistema; sempre é mais rica em gehlenita (Al) que a solução líquida da qual cristaliza (Figura 8.2.A). Resulta que a cristalização primária enriquece a solução líquida coexistente em akermanita (Mg + Si) e esse enriquecimento rompe o equilíbrio entre a fase cristalina e o líquido coexistente.

- Reação da maior parte da melilita de cristalização precedente e agora uma solução sólida instável com o líquido coexistente (que já foi seu líquido complementar numa temperatura algo mais elevada) para a formação de uma nova melilita solução sólida com a mesma composição da solução sólida primária estável, algo mais rica em akermanita. A reação envolve, pois, a troca de dois íons Al^{3+} da solução sólida instável pelo par iônico (Mg^{2+} + Si^{4+}) da solução líquida. A extração do par iônico (Mg^{2+} + Si^{4+}) enriquece a solução líquida coexistente em gehlenita (Figura 8.2.A).
- Dissolução/reabsorção de uma pequena parte da solução sólida instável pelo líquido coexistente (que já foi seu líquido complementar numa temperatura algo mais elevada). Como a solução sólida instável é mais rica em gehlenita que o líquido coexistente, sua dissolução enriquece a solução líquida em gehlenita (Figura 8.2.A).

Ao fim da reação coexistem no sistema em equilíbrio uma fração líquida, melilita primária e melilita secundária (ou de reação), ambas com a mesma composição. Consequentemente, a massa total de melilita estável no sistema é maior que a da massa de melilita instável cristalizada numa temperatura algo maior. Decorre que um líquido inicial com composição entre gehlenita e o ponto mínimo sofre um contínuo empobrecimento em gehlenita (ou enriquecimento em akermanita) no decorrer da cristalização. Reação e dissolução apenas minoram o empobrecimento resultante da cristalização, mas sua atuação distingue basicamente a cristalização em condições de equilíbrio de uma cristalização em condições de desequilíbrio.

6. O líquido M com composição $Gh_{28}Ak_{72}$, a composição mínima do sistema, e temperatura inicial TiM, cristaliza, sem intervalo de cristalização, na temperatura fixa de 1.382 °C, a temperatura do ponto mínimo **m**, com a precipitação do cristal solução sólida com a composição mínima $Gh_{28}Ak_{72}$ (Figura 8.2.A).

7. O líquido A com composição $Gh_{10}Ak_{90}$ (situada no ramo m-Ak do sistema) e temperatura inicial TiA inicia sua consolidação na temperatura liquidus TLA com a cristalização da melilita Gh_5Ak_{95}, mais rica em akermanita que o líquido A. A cristalização termina na temperatura solidus TSA quando parte do líquido final Af com composição $Gh_{14}Ak_{86}$ cristaliza a melilita final Ak_{90} enquanto outra parte é consumida pela reação Af + (melilita Ak_{90} + ΔAk) = melilita Ak_{90} (Figura 8.2.A).

8. Fracionamento magmático é a divisão (separação) de uma suspensão magmática (uma mistura entre cristais e líquido) em duas partes com características físicas e químicas distintas: uma sólida e outra líquida. As duas partes fracionadas são quimicamente complementares. Numa cristalização em condições de desequilíbrio ideais (CCDI), a separação da suspensão em duas partes fracionadas contrastantes é perfeita; numa cristalização em condições de desequilíbrio reais (CCDR), a separação é imperfeita com a geração de uma massa hipocristalina (uma massa de cristais com pequenos, mas variáveis teores de líquido intersticial) e outra hipolíquida (uma massa líquida com pequenos, mas variáveis teores de cristais em suspensão). O fracionamento de um sistema totalmente líquido por imiscibilidade líquida em duas frações líquidas distintas e complementares é muito raro. Clássico é o fracionamento de um magma silicatado rico em enxofre num magma dominantemente silicático e outro dominantemente sulfetado. O fracionamento de uma suspensão decorre principalmente de dois processos:

- Extração da fração sólida da suspensão. A extração ocorre por segregação magmática, isto é, a concentração de minerais densos por decantação na base e dos minerais leves por flutuação no topo da câmara magmática. A fração dominantemente sólida origina rochas cumuláticas, frequentemente bandadas/acamadadas. Outros processos de concentração mineral na suspensão magmática incluem o arrasto mineral por correntes de convecção na câmara magmática, o fluxo marginal da suspensão magmática nas imediações do contato da câmara magmática (que concentra minerais e força a migração do líquido intersticial para o interior da câmara magmática), flotação mineral por ocasião do desenvolvimento da fase volátil etc.

A segregação mineral é mais efetiva na etapa inicial da cristalização magmática quando: 1) a fração líquida domina amplamente sobre a fração cristalina; 2) a temperatura mais elevada do sistema torna a fase líquida mais fluida (menos viscosa); e 3) cristalizam tanto minerais densos (óxidos, olivinas, piroxênios) quanto leves (plagioclásios). Resulta que as principais rochas cumuláticas são camadas e lentes de óxidos (magnetita, Ti-magnetita, cromita), dunitos (olivinas), peridotitos (olivinas e piroxênios), piroxenitos (piroxênios) e anortositos (plagioclásios), rochas ricas em elementos compatíveis, enquanto a fração líquida fracionada remanescente é rica em elementos incompatíveis.

- Bloqueio mais ou menos efetivo das reações entre minerais instáveis com o líquido coexistente para a formação de minerais estáveis em equilíbrio com a contínua mudança composicional da decrescente, e cada vez mais fria fração líquida no decorrer da cristalização do sistema. O bloqueio pode afetar tanto reações descontínuas (reações que envolvem a mudança composicional e estrutural do mineral tornado instável) quanto contínuas (reações que envolvem apenas a mudança composicional de dado mineral solução sólida tornado instável) e pode ser mais ou menos efetivo. Uma reação descontínua torna-se incompleta pelo envolvimento do mineral instável por uma "carapaça" de reação composta por mineral estável que impede o contato do mineral instável com o líquido circundante. No contato entre o mineral estável envolvente e o mineral instável envolvido, este pode apresentar bainhas de dissolução. Uma reação contínua torna-se incompleta pela cristalização de uma zona mineral isoestrutural estável envolvendo o mineral solução sólida instável. A repetição do processo gera cristais zonados. Também aqui podem ocorrer bainhas de dissolução no contato entre o mineral solução sólida instável e a solução sólida estável isosserial envolvente. A preservação parcial do mineral instável implica enriquecimento da fração líquida fracionada em elementos incompatíveis.

O fracionamento por extração é um fracionamento em sistema aberto e os minerais fracionados extraídos do sistema concentram-se preferencialmente nos limites (base e topo) do sistema pré-fracionamento (a câmara magmática original). Exemplos clássicos de fracionamento por decantação ocorrem nos complexos máficos-ultramáficos de Stillwater (Estados Unidos), Muskox (Canadá), Skaergaard (Groenlândia), Bushveld (África do Sul), Great Dyke (Zimbabue) etc. que resultam da cristalização fracionada de magma basáltico toleítico em espessas soleiras (*sills*), diques e lopólitos, quer individuais quer coalescentes.

Num fracionamento por bloqueio de reação, a fração instável isolada pelas coroas de reação ou zonas de soluções sólidas estáveis permanece dispersa no sistema pré-fracionamento e no seu produto final de cristalização, a rocha. Trata-se, pois, de fracionamento em sistema fechado. A frequência desse processo resulta em abundantes minerais zonados e manteados em rochas plutônicas e vulcânicas; nestas são mais frequentes que naquelas.

9. Consideremos a cristalização em condições de equilíbrio ideais (CCEI) do líquido inicial X com composição $Gh_{85}Ak_{15}$ e temperatura inicial TiX (Figura 8.2.B). A sua consolidação inicia-se na temperatura liquidus TLX com a cristalização de Mi e termina na temperatura solidus TSX com a cristalização da gehlenita homogênea MX com a mesma composição $Gh_{85}Ak_{15}$ do líquido inicial X.

A cristalização do mesmo líquido X em condições de desequilíbrio ideais (CCDI) também se inicia na temperatura liquidus TLX com a cristalização da melilita Mi. Como Mi é mais rica em Gh que X, o líquido coexistente torna-se mais rico em akermanita, atingindo a composição X1. Como a solução sólida de melilita Mi é extraída imediatamente após sua cristalização do sistema, este permanece totalmente líquido e o remanescente líquido X1, com menor volume que X, é um líquido fracionado que passa a atuar como novo líquido inicial. A cristalização de X1 inicia-se na TL1 com a precipitação da melilita M1, mais rica em Gh que X1, mas mais pobre em Gh que a Mi fracionada. Consequentemente, o líquido coexistente é enriquecido em Ak e atinge a composição X2, mais rica em akermanita que X1 e com temperatura liquidus TL2, menor que TL1. Como a solução sólida de melilita M1 é extraída imediatamente após sua cristalização do sistema, o remanescente líquido X2, com menor volume que X1, é um líquido fracionado que passa a atuar como novo líquido inicial. Do líquido X2 cristaliza a solução sólida de melilita M2, mais rica em gehlenita que X2, mas mais pobre em Gh que a M1 fracionada. Consequentemente, o líquido coexistente é enriquecido em Ak e atinge a composição X3, mais rica em akermanita que X2. Como a solução sólida de melilita M2 é extraída imediatamente após sua cristalização do sistema, o remanescente líquido X3, com menor volume que X2, é um líquido fracionado que passa a atuar como novo líquido inicial. De X3, cristaliza na temperatura liquidus TL3, mais baixa que TL2, a solução sólida M3, mais rica em gehlenita que X3. Consequentemente, X3 muda de composição para X4, mais rica em akermanita que X3. Como a solução sólida de melilita M3 é extraída imediatamente após sua cristalização, o remanescente líquido X4, com menor volume que X3, é um líquido fracionado que passa a atuar como novo líquido inicial num sistema totalmente líquido. Na TL4, mais baixa que a temperatura liquidus TL3, cristaliza de X4 a solução sólida de melilita M4 mais rica em gehlenita que o líquido X4. Pela cristalização de M4, o líquido X4 muda de composição para Xf, mais rica em akermanita que X4. Como a solução sólida de melilita M4 é extraída imediatamente após sua cristalização, o remanescente líquido Xf é um líquido fracionado que passa a atuar como novo líquido inicial. O líquido Xf tem a mesma composição do líquido final gerado do líquido inicial X por CCEI. Do líquido Xf cristaliza na TSX a melilita Mx mais rica em gehlenita que Xf. Consequentemente, o líquido coexistente é empobrecido em Gh e muda sua composição para X5, mais rica em akermanita que Xf. E assim sucessivamente são gerados os líquidos fracionados X6, X7, X8 e X9 que atuam como sucessivos novos líquidos iniciais. A cristalização final ocorre no ponto mínimo **m**, quando o líquido fracionado final Xm é totalmente consumido na Tm pela cristalização da melilita Mm.

Da acumulação de grandes quantidades de melilita no fundo da câmara magmática pela contínua precipitação das melilitas sucessivamente cristalizadas e fracionadas (Mi, M1, M2 etc.) resulta um melilitolito estratificado constituído por uma sucessão de estratos compostos, da base para o topo, por melilitas gradualmente mais pobres em gehlenita.

10. Entre as principais diferenças da cristalização do líquido X em condições de desequilíbrio e equilíbrio destacam-se (figuras 8.2.A e B):

- O aumento do intervalo de variação química da fase líquida de X-Xf para X-Xm. O último líquido fracionado tem a composição do ponto mínimo do sistema. O adicional Xf-Xm é a expansão da variação química da fase líquida por fracionamento ideal.
- O aumento do intervalo de variação química da fase sólida de Mi-MX para Mi-Mm. O adicional MX-Mm é a expansão da variação química da fase sólida por fracionamento ideal.
- O aumento do intervalo de cristalização de TLX-TSX para TSX-Tm. O último líquido fracionado cristaliza na menor temperatura solidus do sistema. O intervalo TSX-Tm é a depressão térmica do solidus do sistema por fracionamento ideal.

No caso de fracionamento real (imperfeito, natural), a cristalização de LX termina com a precipitação de uma melilita final com composição entre MX e Mm numa temperatura entre TSX e Tm. Quanto mais eficiente o fracionamento real, mais perto de Mm será a composição da melilita final e mais perto de Tm a temperatura de sua cristalização.

11. Outro sistema de solução sólida com ponto mínimo de grande importância petrológica é o sistema Sanidina-Albita ou $KAlSi_3O_8$-$NaAlSi_3O_8$ ou Sa-Ab ou sistema dos Feldspatos Alcalinos (FA), aqui considerado na sua forma simplificada (Figura 8.3). Sanidina (Sa) pode ser substituída por ortoclásio (Or) na nomenclatura do sistema.

Consideremos no sistema Sa-Ab (ou Or-Ab) a cristalização em condições de equilíbrio ideais do líquido X rico em Or e com temperatura inicial TiX. Por queda da temperatura do sistema X inicia sua cristalização na temperatura liquidus TLX com a precipitação de uma solução sólida de feldspato alcalino OrSSi, mais rica em Or que X. A cristalização termina quando a última fração líquida do sistema, na TSX, atinge a composição Xf. Uma parte de Xf é consumida pela cristalização da solução sólida de feldspato alcalino em OrSSX enquanto outra é consumida na reação que muda a composição do feldspato alcalino instável (OrSSX + ΔOr) cristalizado na TSX + ΔT também para OrSSX. O resultado final da cristalização é o feldspato alcalino OrSSX, uma solução sólida homogênea rica em $KAlSi_3O_8$ (Or) com a mesma composição da solução líquida homogênea inicial X. Durante a cristalização, a composição das sucessivas soluções sólidas intermediárias cristalizadas e eliminadas varia entre OrSSi e OrSSX; a dos sucessivos líquidos complementares varia entre X e Xf. A variação química das sucessivas soluções líquidas é maior que a das fases solução sólida que dela cristalizam, fato que reflete a configuração da porção sólido + líquido do subsistema solução sólida completa Or-**m**, aproximadamente uma elipse achatada com eixo inclinado (Figura 8.3.A).

12. Numa cristalização em condições de desequilíbrio ideais por rápida queda da temperatura do sistema, típica da consolidação de lavas e magmas subvulcânicos, a cristalização do líquido inicial O, rico em Or, termina no ponto mínimo **m** na Tm, a temperatura liquidus/solidus mais baixa do sistema e o resultado final da cristalização é um cristal zonado. A composição das soluções sólidas que compõem as sucessivas zonas composicionais do cristal zonado varia entre OrSSi e FASSm e a composição dos sucessivos líquidos fracionados dos quais cristalizaram varia entre O e M. O conjunto do núcleo e das capas mais internas e o conjunto das capas mais marginais é, respectivamente, mais rico e mais pobre em Or que o líquido inicial O. Portanto, uma das capas da porção mediana do cristal zonado tem a composição do líquido inicial O. Os intervalos TSO-Tm, OrSSO-FASSm e Of-M são, respectivamente, as ampliações do intervalo térmico de cristalização, da variação na composição da fase solução sólida e da fase solução líquida decorrente da cristalização do líquido O em condições de desequilíbrio ideais (CCDI) em relação a sua cristalização nas condições de equilíbrio ideais (CCEI). Numa CCDI, a variação da composição da fase sólida é maior que a da fase líquida (Figura 8.3.B). Numa CCDI, também o líquido A, rico em albita, termina sua cristalização no ponto mínimo **m** com a produção de um cristal zonado com núcleo de AbSSi precipitado na TLA e uma capa externa de FASSm cristalizado na Tm, a temperatura mínima do sistema. Resulta que o último feldspato alcalino que cristaliza em condições de desequilíbrio ideal tanto de líquidos ricos em $KAlSi_3O_8$ quanto de líquidos ricos em $NaAlSi_3O_8$ é o mesmo: um feldspato alcalino solução sólida com composição do ponto mínimo (FASSm).

13. Consideremos a cristalização em condições de desequilíbrio por resfriamento rápido de uma lava alcalina sódico-potássica. Da lava precipitam simultaneamente um feldspato potássico (sanidina) e um plagioclásio rico em sódio (albita ou oligoclásio). Nas altas temperaturas vulcânicas, parte do Na do plagioclásio é substituído por K e parte do K da sanidina por Na. Assim, os dois feldspatos apresentam as composições dos líquidos O (rico em Or) e A (rico em Ab) situadas respectivamente nos segmentos Or-**m** e **m**-Ab do sistema Ortoclásio-Albita (Figura 8.3.B). Durante a cristalização, as composições dos líquidos fracionados derivados de O e A e as soluções sólidas dos feldspatos potássico (OrSS) e sódico (AbSS) que delas cristalizam, convergem gradualmente para a composição do ponto mínimo **m**. As análises dos núcleos e das sucessivas capas de Na-plagioclásio e sanidina zonados da matriz de shoshonitos (dacitos/riólitos potássicos) lançadas na porção inferior (pobre em Ca) do diagrama ternário dos feldspatos (diagrama Anortita-Albita-Ortoclásio) confirmam a ocorrência natural do processo de convergência composicional de soluções líquidas fracionadas composicionalmente contrastantes (situados à direita e à esquerda do ponto mínimo) num sistema de solução sólida completa com ponto mínimo (Figura 8.3.C).

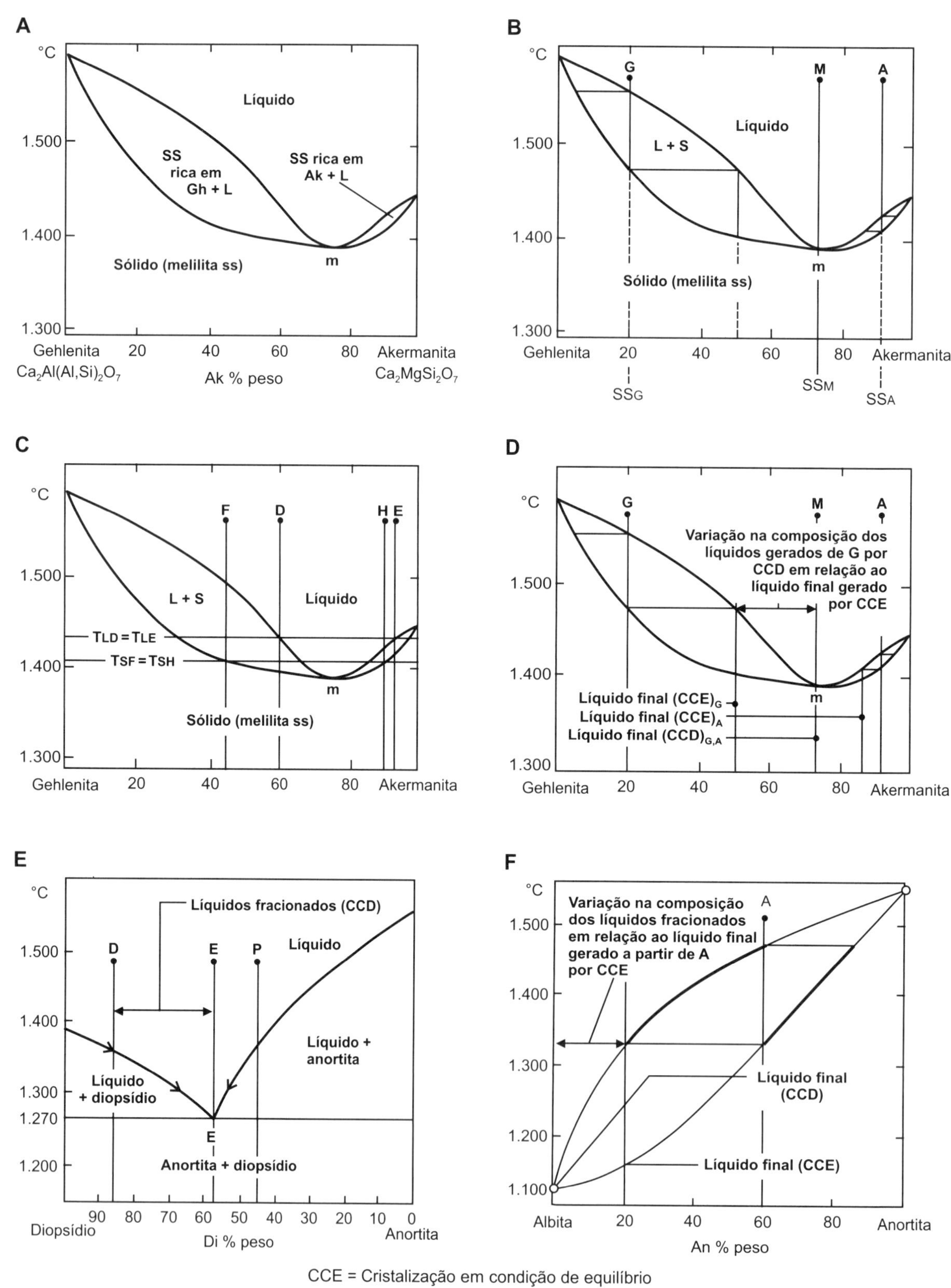

CCE = Cristalização em condição de equilíbrio

CCD = Cristalização em condição de desequilíbrio

Figura 8.1 – Diferentes tipos de sistemas binários

A a D – Sistema de solução sólida com ponto mínimo Gehlenita-Akermanita (Osborn; Schairer, 1941)

O sistema de solução sólida com ponto mínimo Gehlenita-Akermanita por sua configuração característica é também conhecido como "sistema orelhas de coelho" ou "sistema gomos de linguiça" (**A**) e nele recorrem várias características presentes nos sistemas binários eutético e de solução sólida completa. De toda solução líquida homogênea contendo os dois componentes cristaliza em condições de equilíbrio uma só fase cristalina, uma melilita solução sólida com a mesma composição da do líquido original (SS_G, SS_M e SS_A resultam da cristalização dos líquidos G, M e A). A composição da solução sólida cristalizada varia com a composição do líquido inicial. De G cristaliza uma solução sólida rica em gehlenita; de A uma solução sólida rica em akermanita (**B**). A menor temperatura do sistema é a temperatura do ponto mínimo **m** (**A** a **D**). A composição M tem comportamento físico de substância pura (ou eutética), isto é, apresenta ponto de fusão/cristalização (T_m) fixo (**B**). Diferentes líquidos podem ter temperaturas liquidus ou solidus iguais. É o caso, respectivamente, dos líquidos D e E e dos líquidos F e H (**C**). Para líquidos com composição distinta de M, a temperatura mínima do sistema só é alcançada numa cristalização em condições de desequilíbrio ideal (**D**).

E – Sistema eutético Anortita-Diopsídio (Bowen, 1915)

Num sistema eutético: 1) uma solução líquida homogênea de dois componentes (D, P) origina, por cristalização total, duas espécies cristalinas, diopsídio e anortita; 2) a temperatura mínima do sistema é a temperatura eutética (ponto **E**); 3) existe uma solução líquida (e uma mistura cristalina) com comportamento de substância pura: é a composição eutética com temperatura de cristalização/fusão fixa; 4) o primeiro componente a cristalizar (mineralogia liquidus) depende da composição do líquido inicial. De D cristaliza inicialmente diopsídio; de P, anortita; 5) diferentes líquidos podem ter a mesma temperatura liquidus, mas todos os líquidos têm a mesma temperatura solidus; e 6) o fracionamento não altera o local final da cristalização (ponto **E**).

F – Sistema de solução sólida completa Anortita-Albita (Bowen, 1913)

Num sistema de solução sólida completa, 1) a solução líquida homogênea de dois componentes X por cristalização em condições de equilíbrio origina uma só fase cristalina homogênea, uma solução sólida (um plagioclásio) com composição A; 2) a temperatura mínima do sistema é a temperatura de cristalização do componente com menor temperatura solidus do sistema, a albita; 3) não existe solução líquida sem intervalo de cristalização; 4) líquidos distintos originam, em condições de equilíbrio, fases cristalinas com composições distintas; 5) distintas composições líquidas têm diferentes temperaturas liquidus e solidus; e 6) soluções líquidas atingem a temperatura solidus mínima do sistema (a da albita) apenas por cristalização em condições de desequilíbrio ideal.

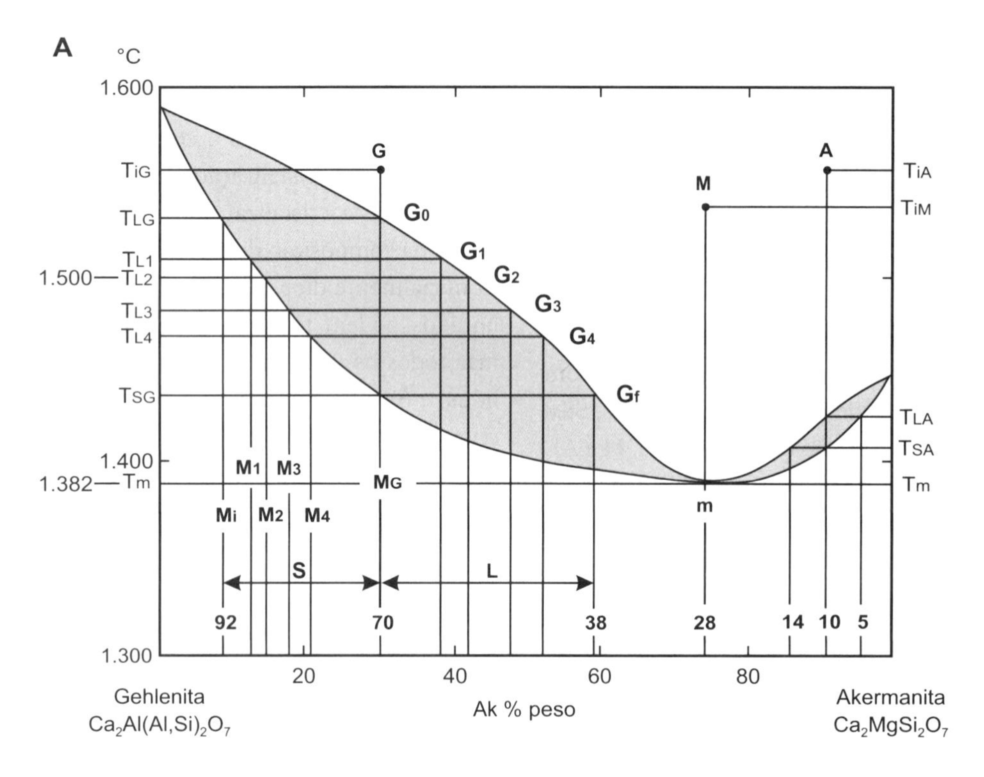

CCE – cristalização sob condições de equilíbrio
CCD – cristalização sob condições de desequilíbrio
S – variação da composição da fração sólida sob CCE
L – variação da composição da fração líquida sob CCE

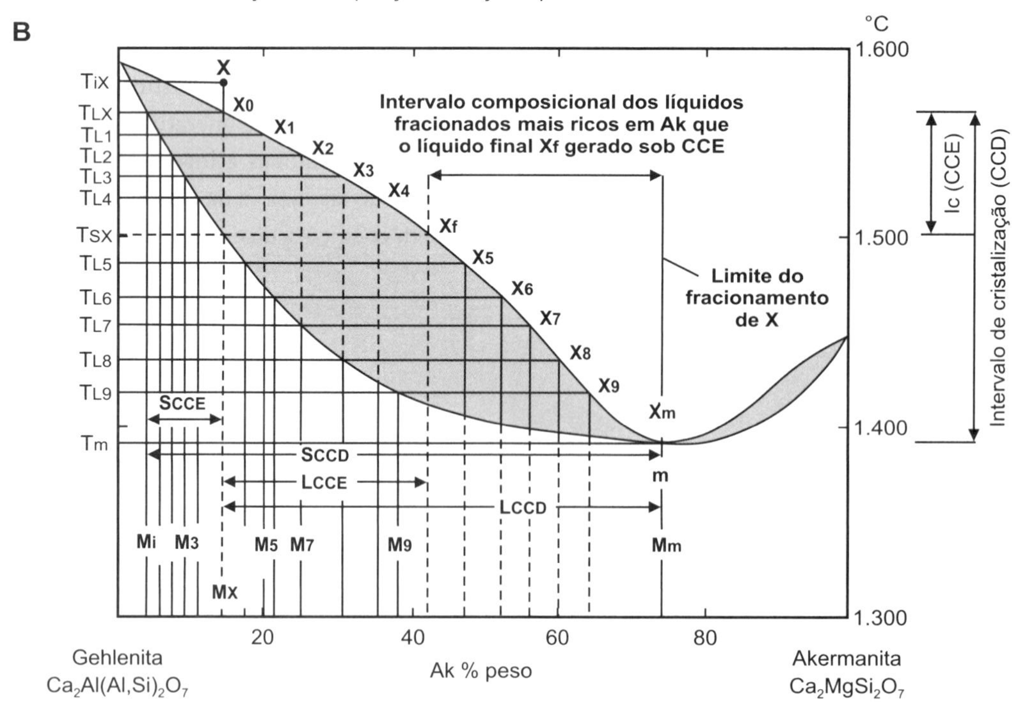

Figura 8.2 – Sistema Gehlenita-Akermanita

O sistema Gehlenita-Akermanita ($Ca_2Al(Al,Si)_2O_7$-$Ca_2MgSi_2O_7$), Gh-Ak ou sistema das melilitas, é o exemplo clássico de um sistema de solução sólida com ponto mínimo. Cada "orelha de coelho" ou "gomo de linguiça" do formato em "V" do sistema apresenta características de um sistema solução sólida completa.

A – Cristalização no sistema Gehlenita-Akermanita em condições de equilíbrio (Osborn; Schairer, 1941)

Qualquer líquido inicial gera por cristalização em condições de equilíbrio no intervalo térmico entre as temperaturas liquidus e solidus, uma melilita solução sólida homogênea com composição idêntica à da solução líquida inicial. De líquidos situados à esquerda do ponto mínimo cristalizam melilitas ricas em gehlenita; de líquidos iniciais situados à direita do ponto mínimo cristalizam melilitas ricas em akermanita. Do líquido inicial M com composição do ponto mínimo cristaliza, sem intervalo de cristalização na T_m, a melilita M_m. A cristalização do líquido G inicia-se na T_{LG} com a precipitação da melilita (M_i) mais rica em Gh que G e termina na solidus T_{SG} com a cristalização da melilita solução sólida M_G com a mesma composição da do líquido inicial G. No intervalo de cristalização, as sucessivas soluções sólidas precipitadas (e em seguida eliminadas) S e os sucessivos líquidos fracionados L dos quais cristalizam, enriquecem-se continuamente em akermanita respectivamente entre M_i e M_G e entre G e Gf. Sob qualquer temperatura T no intervalo de cristalização ocorrem simultaneamente: 1) a cristalização de uma melilita estável M mais rica em Gh que o líquido coexistente L do qual precipita; 2) a dissolução de pequena parte da melilita instável M + ΔGh cristalizada na temperatura T + ΔT do líquido L + ΔGh no líquido L algo mais frio e rico em akermanita; e 3) reação da maior parte da melilita M + ΔGh instável com o líquido L para a formação de mais gehlenita estável com composição M.

B – Cristalização fracionada no sistema Gehlenita-Akermanita (Osborn; Schairer, 1941)

Num fracionamento magmático ideal resultante de uma CCDI, cada fase sólida é imediatamente extraída do sistema após sua cristalização que, assim, muda de composição, mas permanece sempre totalmente líquido. Com a extração das melilitas, o líquido que era coexistente durante sua cristalização, passa a ser um líquido fracionado com menor volume e composição mais rica em akermanita que atua como novo líquido inicial. Decorre que a fração líquida inicial X é desmembrada numa sequência de líquidos fracionados cada vez mais ricos em akermanita. O desmembramento resulta da cristalização seguida de imediata extração de melilitas cada vez mais ricas em akermanita que cristalizam dos sucessivos líquidos fracionados. O limite do fracionamento é o ponto mínimo, a menor temperatura liquidus/solidus do sistema. Num resfriamento lento, do líquido fracionado M com composição mínima, cristaliza na T_m a melilita homogênea M_m até a exaustão total da fase líquida. No caso de um resfriamento rápido do sistema, resulta uma melilita zonada com núcleo de M_i cristalizada na T_{LX} e com capa externa de M_m cristalizada na T_m. Uma das capas ou zonas intermediárias tem a composição M_X do líquido inicial X. Um resfriamento lento caracteriza um fracionamento em sistema aberto; um resfriamento rápido caracteriza um fracionamento em sistema fechado.

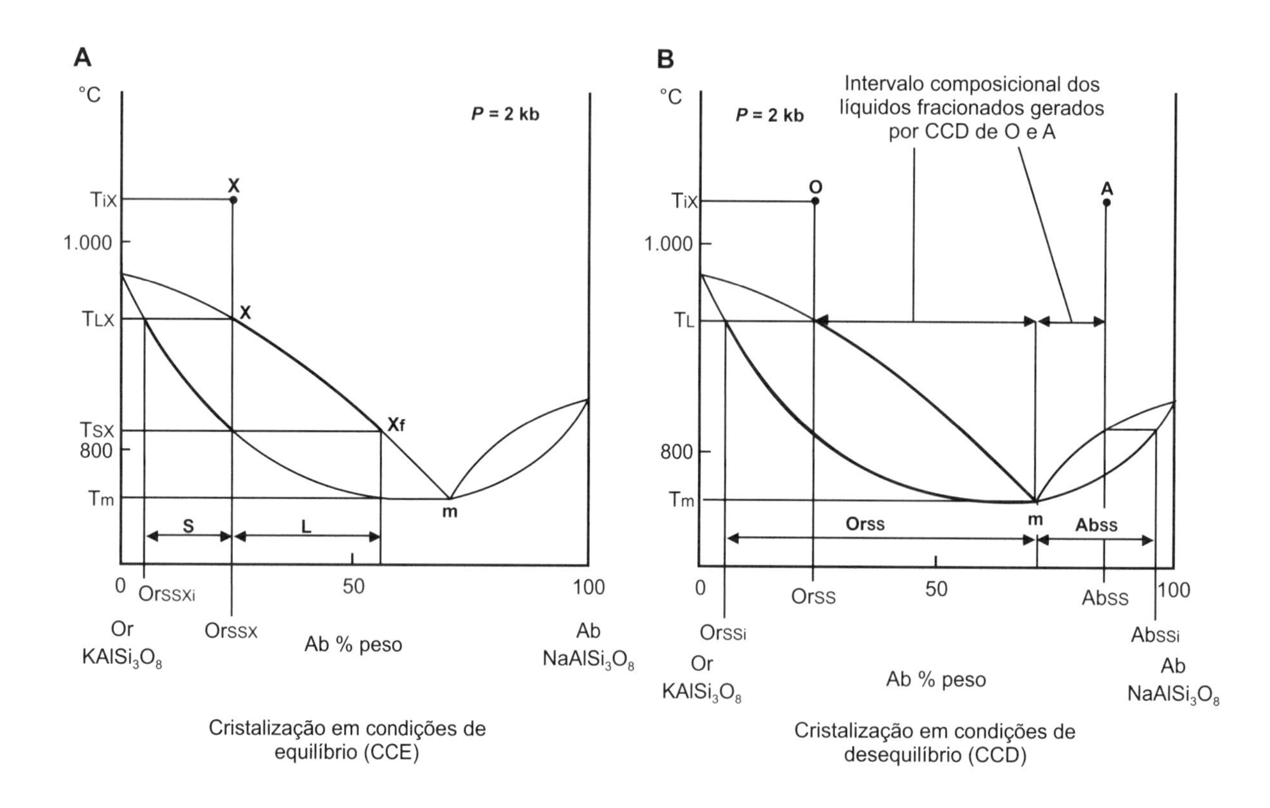

A
°C
P = 2 kb
X
TiX
1.000
TLX
X
TSX
800
Xf
Tm
m
S
L
0
OrssXi
50
100
Or
KAlSi3O8
OrssX
Ab % peso
Ab
NaAlSi3O8
Cristalização em condições de equilíbrio (CCE)
B
°C
P = 2 kb
Intervalo composicional dos líquidos fracionados gerados por CCD de O e A
O
A
TiX
1.000
TL
800
Tm
Orss
m
Abss
0
Orss
50
Abss
100
Orssi
Or
KAlSi3O8
Ab % peso
Abssi
Ab
NaAlSi3O8
Cristalização em condições de desequilíbrio (CCD)

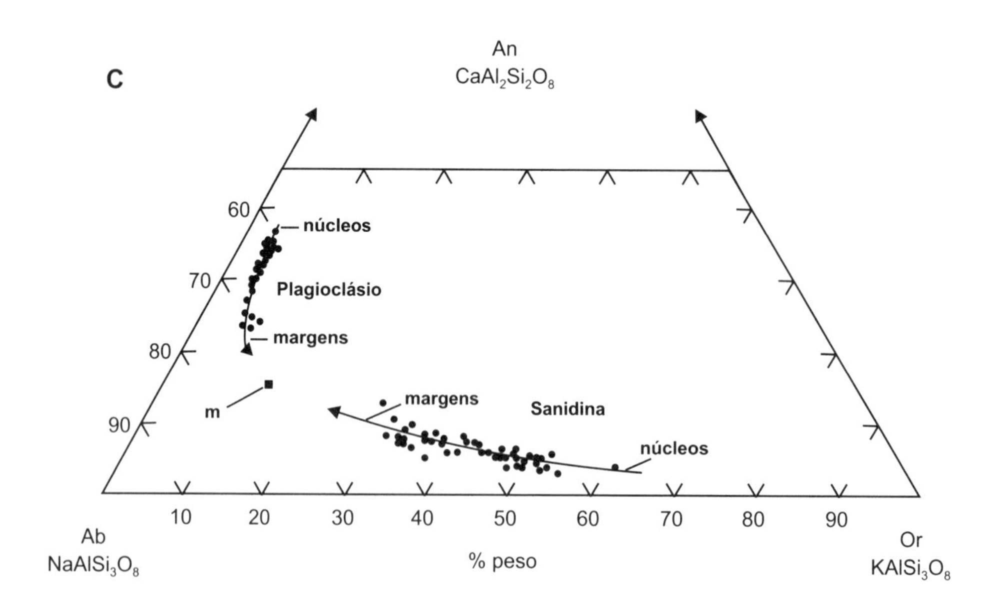

C
An
CaAl2Si2O8
60
70
80
90
núcleos
Plagioclásio
margens
m
margens
Sanidina
núcleos
10
20
30
40
50
60
70
80
90
Ab
NaAlSi3O8
% peso
Or
KAlSi3O8

Figura 8.3 – Sistema Sanidina-Albita ou Ortoclásio-Albita

A - Cristalização no Sistema Sanidina-Albita em Condições de Equilíbrio (Bowen; Tuttle, 1950; Yoder; Stewart; Smith, 1957; Morse, 1970)

Consideremos a cristalização do líquido X com temperatura inicial TiX. Por queda da temperatura do sistema X inicia sua cristalização na temperatura liquidus TLX com a precipitação de uma solução sólida de feldspato alcalino OrssXi mais rica em Or que X. A cristalização termina quando a última fração líquida do sistema, na TSX, atinge a composição LXf. Uma parte de LXf é consumida pela cristalização da solução sólida de feldspato alcalino OrssX enquanto a outra parte é exaurida na reação que muda a composição do feldspato alcalino (OrssX + ΔOr) cristalizado na TSX + ΔT para OrssX. O resultado final da cristalização é a solução sólida homogênea OrssX com a composição idêntica à da solução líquida homogênea inicial X. Entre TLX e TSX cristalizam e são eliminadas inúmeras sucessivas soluções sólidas progressivamente mais ricas em akermanita que cristalizam de sucessivas soluções líquidas também cada vez mais ricas em akermanita em temperaturas liquidus gradualmente decrescentes. Assim, durante a cristalização de OrssX, a composição da fase sólida (S) varia continuamente entre Orssi e OrssX e a da fase líquida (L) da qual cristalizam as sucessivas soluções sólidas entre X e Xf. O intervalo de cristalização é o intervalo térmico TLX-TSX.

B, C - Cristalização no Sistema Sanidina-Albita em Condições de Desequilíbrio (Bowen; Tuttle, 1950; Morse, 1970; Carmichael; Turner; Verhoogen, 1974)

Numa cristalização em condições de desequilíbrio ideais por queda rápida da temperatura no sistema Or-Ab, a cristalização encerra-se no ponto mínimo **m** na Tm com a formação de cristais zonados. No caso do líquido inicial O, o núcleo e as capas internas do cristal zonado são mais ricos em Or e suas capas marginais mais pobres em Or que o líquido inicial O. No caso do líquido inicial A, o núcleo e as capas internas do cristal zonado são mais ricos em Ab e suas capas marginais mais pobres em Ab que o líquido inicial A. Em outras palavras, as composições dos sucessivos líquidos fracionados derivados tanto do líquido inicial O (rico em Or) quanto do líquido inicial A (rico em Ab) convergem gradualmente para a mesma composição M do ponto mínimo **m** (**B**).

Consideremos o resfriamento rápido de lavas de dacitos e riólitos alcalinos sódico-potássicos (shoshonitos). Na fase final da cristalização fracionada dessas lavas são gerados simultaneamente cristais zonados de feldspato potássico (sanidina) e cristais zonados de plagioclásio rico em sódio (oligoclásio). Nas altas temperaturas vulcânicas, parte do Na do plagioclásio é substituída por K e parte do K da sanidina por Na. Assim, os dois tipos de feldspatos naturais zonados têm composições compatíveis com os segmentos Or-**m** (Orss) e **m**-Ab (Abss) do sistema Or-Ab (**B**). As composições normativas em termos de % peso de An, Ab e Or dos núcleos e das sucessivas capas de cristais zonados de oligoclásio e sanidina das matrizes das rochas foram lançadas na parte inferior (pobre em Ca) do diagrama ternário dos feldspatos (sistema Anortita-Albita-Ortoclásio ou $CaAl_2Si_2O_8$-$NaAlSi_3O_8$-$KAlSi_3O_8$) (**C**). Os dados confirmam em exemplos magmáticos reais a convergência composicional para o ponto mínimo do sistema Or-Ab dos feldspatos sódicos e potássicos resultantes do fracionamento de líquidos ricos em Or e Ab.

9. Sistemas binários solução sólida com solvus

1. Solidus é a temperatura final de cristalização de um magma. Abaixo da temperatura solidus só existem fases cristalinas ou uma mistura entre cristais e vidro. Vidros vulcânicos representam casos de *overrunning* ou *by pass* (ultrapassagem) da temperatura solidus, uma situação de desequilíbrio decorrente do resfriamento muito rápido de lavas e magmas subvulcânicos.

2. Os minerais que compõem as rochas magmáticas são soluções sólidas mais ou menos completas de dois ou mais componentes, caso dos plagioclásios, feldspatos alcalinos, olivinas, piroxênios, anfibólios, micas, óxidos de Fe e Ti etc. Resulta que a classificação dos minerais é feita tendo por base dois, três ou quatro membros constituintes, a exemplo da biotita, quimicamente classificada em quatro membros constituintes (Figura 9.1.A).

3. Em elevadas temperaturas (maior energia), a grande excitação cinética da estrutura cristalina implica um maior espaço interatômico. Nessas condições, a rede cristalina pode acomodar uma quantidade considerável de íons com dimensões ou carga variáveis. Em baixas temperaturas, a contração térmica da rede cristalina resulta na expulsão (exsolução, desmistura) de íons muito grandes que não podem mais ser acomodados na estrutura cristalina contraída. Excepcionalmente pode ocorrer também a expulsão de íons muito pequenos ou com carga anômala. A exsolução implica uma "purificação" composicional do mineral pela expulsão de íons incompatíveis com a estrutura mineral contraída. A exsolução é particularmente frequente em soluções sólidas. Caso clássico é a acentuada contração do campo composicional dos feldspatos, uma solução sólida parcial entre anortita ($CaAl_2$-Si_2O_8), ortoclásio ($KAlSi_3O_8$) e albita ($NaAlSi_3O_8$), ou sistema An-Or-Ab. A queda da temperatura diminui a solubilidade da anortita nos feldspatos alcalinos, ou seja, a acomodação do Ca^{2+} (raio iônico de 1,20 Å) e do Na^+ (raio iônico de 1,24 Å) na estrutura dos K-feldspatos (o K^+ tem raio iônico de 1,59 Å) em baixas temperaturas (Figura 9.1.B). Considerando-se apenas os feldspatos alcalinos, uma solução sólida entre K-feldspato ($KAlSi_3O_8$) e albita ($NaAlSi_3O_8$), a diminuição da miscibilidade dos componentes com a queda da temperatura desmembra a solução completa em duas soluções sólidas parciais, uma rica em feldspato potássico e outra em feldspato sódico separadas por uma lacuna de miscibilidade. Quanto mais distintos os íons dos membros finais da solução sólida, tanto maior a exsolução com a queda da temperatura. Na solução sólida completa das olivinas, o Mg da forsterita (Mg_2SiO_4) e o Fe da faialita (Fe_2SiO_4), os membros finais da solução, têm raios iônicos próximos (Mg^{2+} = 0,80 Å, Fe^{2+} = 0,86 Å). Resulta que, com a queda da temperatura, praticamente não ocorre exsolução. Essa feição caracteriza as soluções sólidas ideais ou perfeitas enquanto a exsolução é típica de soluções sólidas reais ou imperfeitas.

4. Em elevadas temperaturas, a distribuição de um íon de dada posição estrutural na rede cristalina é estatisticamente caótica, característica de estruturas desordenadas (estado estrutural "alto" ou

"H" de *high*) o que implica maior simetria cristalina. Com a queda da temperatura e a "purificação" (homogeneização química) da rede cristalina por exsolução, esta se torna mais ordenada, um estado estrutural com menor energia e simetria cristalina (estado estrutural "baixo" ou "L" de *low*). Decorre que a exsolução de um mineral de alta temperatura em temperaturas mais baixas geralmente é acompanhada de mudança estrutural (mudança do grupo espacial) da rede cristalina. A mudança estrutural geralmente é acompanhada de mudanças óticas, o que permite a distinção entre estruturas de alta e baixa temperatura via microscópio petrográfico.

Nos feldspatos alcalinos sob temperaturas muito altas, altas e médias/baixas, os componentes $KAlSi_3O_8$ e $NaAlSi_3O_8$ são representados respectivamente por sanidina H e albita H, sanidina L e albita H (ou anortoclásio, um feldspato alcalino rico em Na) e por ortoclásio/microclínio e albita L (Figura 9.2.A). Os processos de mudança estrutural são distintos em soluções sólidas ricas em Na ou K. Nos termos sódicos, a inversão estrutural ocorre por colapso estrutural em torno dos átomos de Na^+; nos termos mais ricos em K, por ordenamento do Si^{4+} e do Al^{3+} nos tetraedros $[(Si,Al)O_4]$ polimerizados da estrutura tectossilicática. É o caso da mudança estrutural gradual da sanidina H (sistema monoclínico, grupo espacial C2/m), via estrutura do ortoclásio (sistema monoclínico, grupo espacial C2/m) para a estrutura do microclínio (sistema triclínico, grupo espacial $C\bar{1}$) com a queda da temperatura (Figura 9.1.C). A diferença entre a simetria do microclínio (do grego "pouco inclinado") e dos K-feldspatos monoclínicos não é muito grande e os três polimorfos de K-feldspato têm muitas características em comum. O hábito mais frequente do ortoclásio e do microclínio é um prisma alongado paralelamente ao eixo **c** e domina a zona prismática formada por {010} e {110} (hábito Carlsbad). Outras vezes, os cristais são alongados segundo o eixo **a** e domina a zona prismática formada por {010} e {001} (hábito Baveno). Em contraste, a sanidina tem a zona prismática achatada ao longo do eixo **b** devido ao desenvolvimento preferencial da face (001) (hábito Finisterre). A adulária, um K-feldspato pegmatítico/hidrotermal de baixa temperatura tem aparência ortorrômbica, pois as faces (001) e (101) formam ângulos quase iguais com o eixo **c**. Os K-feldspatos têm clivagem {001} perfeita e {010} boa que se interceptam a 90° nos K-feldspatos monoclínicos (sanidina, ortoclásio) e a quase 90° nos feldspatos triclínicos (microclínio e plagioclásios).

5. O cristal que sofreu exsolução e, portanto, engloba a fração exsolvida é denominado hospedeiro ou exsolvente e a fração exsolvida de hóspede. O hóspede exsolvido de uma solução sólida também é uma solução sólida rica no componente incompatível com a estrutura cristalina de baixa temperatura do exsolvente. A exsolução é um processo contínuo que se intensifica com a queda da temperatura. Durante sua progressão, tanto a fase solução sólida exsolvente quanto a fase solução sólida exsolvida mudam continuamente de composição. A fase solução sólida exsolvente torna-se cada vez menos volumosa e mais pobre no componente incompatível com sua rede cristalina "baixa" e, simultaneamente, a fase solução sólida exsolvida fica cada vez mais volumosa e mais pobre no componente compatível com a estrutura "baixa" do hospedeiro.

6. Nos feldspatos alcalinos, a exsolução é intensa pois envolve apenas os cátions saturantes K e Na, mas não os cátions estruturais Si e Al. Nas soluções sólidas ricas em potássio, o hóspede exsolvido é uma solução sólida rica em albita; feldspatos alcalinos ricos em sódio exsolvem uma solução sólida rica em potássio (Figura 9.2.A). No primeiro caso, o conjunto formado pelo hospedeiro e o hóspede é denominado de pertita; no segundo, de antipertita (figuras 9.2.B e C). Pela exsolução, o hospedeiro da pertita torna-se mais pobre em sódio e o hospedeiro da antipertita mais pobre em potássio; o inverso ocorre com as frações exsolvidas. Antipertitas são mais raras que pertitas pois cátions de K^+ são mais compatíveis com a rede cristalina da albita/oligoclásio que cátions de Na^+ com a rede cristalina do ortoclásio e do microclínio.

A exsolução dos feldspatos gera uma grande variedade de pares hospedeiro-hóspede que, de acordo com a composição do hospedeiro no sistema dos feldspatos (sistema Albita-Anortita-Ortoclásio), são denominados antipertita, mesopertita, pertita e ortoclásio/microclínio pertítico (Figura 9.2.D). O aumento da exsolução nos K-feldspatos com o aumento do intervalo térmico subsolvus reflete-se na configuração da albita/Na-plagioclásios exsolvida, que apresenta sucessivamente forma de agulhas (início da exsolução), filamentos, cilindros, filmes, veios, rede de veios e rede de veios com manchas (fim da exsolução); as duas últimas podem atingir dimensões macroscópicas. São denominadas, respectivamente, de pertitas de agulhas, filamentos (*strings*), cilindros (*rods*), filmes, veios, rede e manchas. As exsoluções maiores apresentam geminação da albita ou do periclíneo; a presença simultânea de ambas é muito rara. Na pertita de mancha, estas podem ter formas dominantemente quadráticas a dominantemente irregulares; no primeiro caso definem a pertita tabuleiro de xadrez. Excepcionalmente, exsoluções com forma de agulhas são substituídas por exsoluções com formas mais ovaladas ou arredondadas que caracterizam a pertita de gotas ou barriletes.

Quanto às suas dimensões, as pertitas são classificadas em criptopertitas (< 0,5 μm) apenas detectáveis via raios X, micropertitas (entre 0,5 μm e 0,05 mm) detectáveis via microscópio, e macropertitas ou simplesmente pertitas (> 0,05 mm) detectáveis via microscópio, por meio de lupa ou mesmo a olho nu. Inserem-se no último caso as macropertitas de veios e manchas de megacristais de microclínio de granitos megaporfiríticos, que nos batólitos Morungaba-SP e Socorro-SP e MG alcançam até 16 cm de comprimento.

Consequentemente, o exame microscópico do formato das exsoluções de albita/Na-plagioclásios em cristais de ortoclásio/microclínio permite definir o grau de resfriamento subsolvus de uma rocha antes de sua "selagem", "congelamento" ou "bloqueio" térmico, em boa parte função da velocidade de resfriamento do sistema.

7. Numerosos outros minerais solução sólida, caso de anfibólios e piroxênios, também sofrem exsolução com a queda da temperatura. O Ca-clinopiroxênio augita exsolve o Mg-piroxênio ortorrômbico enstatita e o Ca-piroxênio aluminoso de alguns anortositos expulsa Ca-plagioclásios de sua estrutura cristalina com a queda da temperatura. A maioria dos minerais fêmicos exsolvem microcristais ou "poeira" de (Fe,Ti)-óxidos.

8. A exsolução tem fundamentação termodinâmica. Em elevadas temperaturas, a energia livre de Gibbs de uma solução sólida com estrutura desordenada (alta energia interna, alta entropia) é menor que a soma das energias de Gibbs dos seus dois componentes também com estruturas desordenadas; em baixas temperaturas em situação de estrutura cristalina mais ordenada (menor energia interna, menor entropia), a situação se inverte. Decorre a exsolução ou "desmistura". À semelhança de outros processos naturais em silicatos, a exsolução é um processo demorado, de tal modo que o solvus pode sofrer *overrunning* térmico por queda rápida na temperatura do sistema. É o caso de sanidinas, um (K,Na)-feldspato de alta temperatura, presente em riólitos, traquitos e fonólitos sem sinais de exsolução. Belíssimos exemplos de fenocristais centimétricos de sanidina transparente ocorrem em alguns tinguaitos (fonólitos subvulcânicos) do dique anelar que circunda a cratera do complexo vulcano-plutônico alcalino de Poços de Caldas-MG, e no complexo monzodiorítico de Piracaia-SP.

9. Também os plagioclásios sofrem exsolução em três intervalos composicionais específicos: An_5-An_{18} (exsolução Peristerita), An_{37}-An_{62} (exsolução Bøggild) e An_{62}-An_{90} (exsolução Huttenlocher) (Figura 9.3.A). Os intervalos de exsolução correlacionam-se com mudanças da estrutura da rede cristalina dos plagioclásios na dependência da sua composição (Figura 9.3.B). As variações das características óticas do mineral com mudança da estrutura cristalina permite a diferenciação entre Na-plagioclásios (albita, oligoclásio) de alta e baixa temperatura através do ângulo ótico 2V (Figura 9.3.C).

10. A temperatura de início da exsolução é denominada de solvus. A temperatura solvus de uma solução sólida binária varia com a composição da solução sólida; a temperatura solvus mais elevada frequentemente ocorre em composições com quantidades aproximadamente iguais dos dois membros finais, pois, nestas, a relação entre cátions compatíveis e incompatíveis com a estrutura cristalina ordenada é máxima. Decorre que, em condições isobáricas, o solvus descreve um arco convexo no diagrama Composição × Temperatura Solvus (Figura 9.4).

11. Consideremos no sistema X-Y de solução sólida com ponto mínimo a solução líquida homogênea A que, por cristalização em condições de equilíbrio ideais (CCEI), origina na temperatura solidus TSA a solução sólida XYSSA com estrutura desordenada (Figura 9.4.A). Por resfriamento subsólido (ou subsolidus), XYSSA atinge a curva solvus em TSi e inicia-se a exsolução. Na TS1, o hospedeiro exsolve a solução sólida Y1 (mais rica em Y que XYSSA) e muda sua composição para a solução sóli-

da X1 (mais rica em X que XYSSA). Na TS2, a solução exsolvida muda sua composição para Y2, mais rica em Y que Y1, enquanto a composição sólida do hospedeiro passa de X1 para X2, mais rica em X que X1. Na TS3, a solução sólida do cristal exsolvente e a das lamelas do crescente hospedeiro exsolvido têm respectivamente composição X3 (mais rica em X que X2) e Y3 (mais rica em Y que Y2). E assim sucessivamente. Na temperatura subsolidus TS6, o hospedeiro X6 já tem quase a composição do componente X puro e a fase exsolvida Y6 quase a composição do componente Y puro. A transformação da solução sólida original XYSSA em seus dois componentes puros constituintes ocorre na temperatura solvus final TSf. Entre TSi e TSf a solução sólida hóspede aumenta gradualmente de volume enquanto o volume do hospedeiro decresce e a lacuna ou intervalo (ou *gap*) de solubilidade (ou miscibilidade) entre a solução sólida rica em Y da fase exsolvida (fase hóspede) e a rica em X (fase hospedeira) aumenta sucessivamente. Em outras palavras, por queda gradual da temperatura subsolidus do sistema, uma solução sólida inicial homogênea de alta temperatura (XYSSA) transforma-se em duas soluções sólidas parciais cada vez mais ricas em um (X) e outro (Y) componentes e separadas por uma crescente lacuna de miscibilidade. O volume da solução sólida exsolvida aumenta com o progresso da exsolução enquanto o do hospedeiro diminui.

O intervalo térmico entre as temperaturas solidus e solvus define condições hipersolvus; temperaturas menores que a temperatura solvus caracterizam condições subsolvus (Figura 9.4).

12. A relação térmica entre solidus e solvus é afetada pela natureza da pressão agindo sobre o sistema:

- Um aumento da pressão anidra (de carga, litostática) alça simultaneamente as temperaturas solidus e solvus do sistema (Figura 9.4.B), estas mais que aquelas e a intensidade do alçamento térmico de ambos, geralmente pequeno, varia de sistema para sistema. Nessas condições, quase nunca ocorre superposição térmica entre solidus e solvus. Situação particular ocorre no sistema dos piroxênios subalcalinos (sistema Diopsídio-Hedenbergita-Enstatita-Ferrossilita), no qual a superposição entre solidus e solvus ocorre em temperaturas acima da temperatura liquidus de magmas e lavas basálticos/andesíticos normais dos quais piroxênios subalcalinos cristalizam. Resulta que, de um líquido de (Ca,Mg,Fe)-piroxênio não cristaliza um (Ca,Mg,Fe)-piroxênio hipersolvus (a augita subcálcica) e, sim, dois piroxênios subsolvus, um rico em Ca e Fe (da solução sólida diopsídio-hedenbergita) e outro rico em Mg e Fe (da solução sólida enstatita-ferrossilita).
- Num sistema ternário A-B-H_2O de solução sólida com ponto mínimo e componentes anidros, um aumento na P_{H_2O} diminui acentuadamente a temperatura solidus do sistema dado o decorrente aumento do teor de H_2O dissolvido na solução líquida hidratada (Figura 9.4.C). Entretanto, a crescente P_{H_2O} não afeta significativamente a temperatura solvus da solução sólida anidra resultante de cristalização da solução líquida hidratada. A contínua queda da temperatura solidus do sistema combinado com um solvus praticamente isotérmico resulta na superposição (intersecção) entre ambos em alta P_{H_2O} (Figura 9.4.B). Pela superposição térmica parcial entre solvus e solidus, o sistema solução sólida completa com ponto mínimo passa para um sistema com duas soluções sólidas parciais separadas por uma lacuna de miscibilidade que corresponde ao segmento composicional situado entre as intersecções entre solvus e solidus (intersecções C1 e C2). A lacuna de miscibilidade C1-C2 aumenta com a diminuição da curva solidus (Figura 9.5.A).

A lacuna de miscibilidade representa (define) um subsistema eutético binário C1-C2 com ponto eutético E no qual C1, uma solução sólida parcial rica em A, e C2, uma solução sólida parcial rica em B, cristalizam em proporção eutética na temperatura eutética TE. O sistema eutético é uma porção subsolvus situado entre duas partes hipersolvus do sistema (Figura 9.5.A). É importante ressaltar que, num sistema hidratado de soluções sólidas parciais anidras, a composição eutética é uma mistura entre duas soluções sólidas com ponto de fusão/cristalização fixo. As composições das soluções sólidas componentes do sistema eutético e a proporção de mistura entre ambas variam com a P_{H_2O} do sistema que controla a extensão da lacuna de miscibilidade e a temperatura eutética.

13. Consideremos a cristalização em condições de equilíbrio ideais no sistema A-B-H_2O, um siste-

ma binário de solução parcial. A consolidação do líquido X (Figura 9.5.B) situado na porção hipersolvus rica em A do sistema inicia na temperatura liquidus TLX e termina na temperatura solidus TSX com a cristalização final do cristal homogêneo solução sólida XSS (Figura 9.5.B). O mesmo ocorre com o líquido Y (Figura 9.5.B) situado na porção hipersolvus rica em B do sistema. O líquido Y inicia sua consolidação na temperatura liquidus TLY e a conclui na temperatura solidus TSY com a cristalização final de um cristal homogêneo solução sólida YSS. Decorre que num sistema binário de solução sólida parcial liquidus muito enriquecido num dos dois componentes do sistema, origina-se, por cristalização hipersolvus apenas uma solução sólida hipersolvus. Ao atingir o solvus por queda da temperatura subsolidus do sistema, a fase hipersolvus sofre exsolução.

O líquido com composição E (Figura 9.5.B) cristaliza na temperatura fixa TE com a formação conjunta, na proporção eutética, de cristais ABSS (C1), rica no componente A, e cristais BASS (C2), rica no componente B, ou seja, ocorre a precipitação conjunta de duas soluções sólidas em proporção fixa sob temperatura fixa.

O líquido com composição Z (Figura 9.5.B) situado no sistema eutético entre E e C2 inicia sua consolidação em TLZ com a cristalização do cristal ZiSS, mais rico em B que LZ. Com o progressivo resfriamento do sistema, a fase líquida e a fase cristalina solução sólida coexistente enriquecem-se gradualmente em A respectivamente ao longo do liquidus e do solidus pela combinação de cristalização, reação e dissolução. Atingida a temperatura eutética TE, a composição da fase sólida é BASS (C2) e o líquido residual tem composição eutética E. O líquido residual é totalmente exaurido na temperatura fixa TE pela cristalização simultânea de BASS (C2) e ABSS (C1) em proporção eutética. O produto final da cristalização é uma mistura de BASS pré-eutética cristalizada entre TLZ e TE e BASS + ABSS eutética cristalizada na TE.

14. Em condições de equilíbrio ideais, o líquido inicial com composição W (Figura 9.5.B) situado fora do sistema eutético entre C2 e B inicia sua consolidação na TLW com a cristalização da solução sólida WiSS e a completa na temperatura TSW com a cristalização da solução sólida homogênea final WSS. Em condições de desequilíbrio ideais, que implicam extração da fase cristalina do sistema imediatamente após a sua cristalização e o permanente estado totalmente líquido do sistema, o líquido W gera sucessivos líquidos fracionados cada vez mais ricos em A que atuam como novos líquidos iniciais. Quando a composição de um dos sucessivos líquidos fracionados atinge a composição BASS (C2), um dos componentes solução sólida do sistema eutético, a sua cristalização final ocorre no ponto eutético com a cristalização de C1 e C2 em proporção eutética. Decorre que o líquido fracionado mais rico em A que pode resultar do fracionamento ideal de W tem a composição C1 (ABSS). Ou seja, um líquido inicial situado fora do sistema eutético que em condições de equilíbrio ideais cristaliza apenas a solução sólida WSS gera em condições de desequilíbrio ideais um líquido fracionado final do qual cristalizam simultaneamente duas soluções sólidas distintas, C1 e C2.

15. O sistema Ortoclásio-Albita-Água ou Or-Ab-H_2O (Figura 9.6.A) é um caso clássico de intersecção entre solidus e solvus por diminuição da temperatura solidus com o aumento da pressão de água. Em condições isobáricas, o sistema contém um sistema eutético central cujos membros são duas soluções parciais com composições fixas, uma rica em Or e outra rica em Ab. A extensão composicional do sistema eutético é a lacuna de imiscibilidade que separa as duas soluções sólidas parciais hipersolvus. A intersecção entre solidus e solvus ocorre ao redor de 5 kbar de P_{H_2O}.

Em rochas vulcânicas (riólitos, traquitos, fonólitos) que resultam da cristalização de lavas anidras mais quentes sob baixa ou ausente P_{H_2O}, o (K,Na)-feldspato cristalizado é uma sanidina hipersolvus. Já em rochas plutônicas (granitos, sienitos), que resultam de magmas hidratados mais frios sob elevada P_{H_2O}, a cristalização dos feldspatos alcalinos é subsolvus, o que resulta na precipitação conjunta de um K-feldspato$_{SS}$ e de um Na-feldspato$_{SS}$ no ponto eutético. Assim, um simples exame macroscópico ou microscópico de uma rocha permite determinar de imediato se a cristalização foi hipersolvus (um só feldspato alcalino) ou subsolvus (dois feldspatos alcalinos). Granitos anorogênicos (granitos tipo A) frequentemente são rochas hipersolvus; como tais, são os resultados da cristalização de magmas sílica-supersaturados mais quentes e pobres em água que os magmas ácidos que cristalizam granitos subsolvus cálcio-alcalinos ou orogênicos, portadores de dois feldspatos alcalinos.

16. No sistema $KAlSi_3O_8$-H_2O, a fusão incongruente da sanidina é suprimida sob P_{H_2O} maiores que 2,5 kbar (Figura 9.6.B). Com o aumento da P_{H_2O}, o intervalo entre a temperatura de cristalização/fusão da leucita e a temperatura da reação de sílica-saturação da leucita/início da fusão incongruente da sanidina sofre contínua redução. Portanto, a configuração "em cunha" do campo Leucita + Sílica líquida + Vapor de água no sistema $KAlSi_3O_8$-H_2O explica no sistema Ortoclásio-Albita-Água: 1) a presença dos campos Leucita + Líquido e Leucita + Sanidina + Líquido (campo da reação peritética de sílica-saturação) em baixas P_{H_2O}; 2) a progressiva redução dos dois campos com o aumento da P_{H_2O}; e 3) a eliminação dos dois campos sob P_{H_2O} maiores que 3 kbar (Figura 9.6.A). Enquanto no sistema $KAlSi_3O_8$-H_2O a reação de sílica-saturação da leucita define uma curva univariante, no sistema Ortoclásio-Albita-Água a mesma reação tem expressão areal por ser a leucita uma solução sólida entre $KAlSiO_4$ e $NaAlSiO_4$.

Consideremos no sistema Or-Ab sob uma atmosfera (sistema binário anidro) a cristalização do líquido X ($Or_{60}Ab_{40}$) com temperatura inicial T_{Xi} (Figura 9.7.A). Por queda da temperatura do sistema, X inicia sua cristalização na T_{LX} (ao redor de 1.200 °C) com a formação de leucita. Pela progressiva cristalização de leucita, o líquido complementar muda de composição e temperatura ao longo da curva liquidus da leucita até adquirir a composição peritética no ponto invariante de sílica-saturação Y situado na intersecção dos campos da estabilidade leucita + líquido e leucita + feldspato Or_{SS} + líquido. No ponto peritético cristaliza o feldspato W_{SS} primário muito rico em Or enquanto mais feldspato W_{SS} resulta da eliminação total da leucita por reação com Y. Continuando o resfriamento do sistema, a sobra do líquido peritético desloca-se sobre o liquidus de Y para Z pela cristalização de mais feldspato alcalino cuja composição varia ao longo do solidus entre W e Z. Em Z (~1.078 °C), o líquido é totalmente exaurido e o K-feldspato atinge sua composição final Or_{SSX} ($Or_{60}Ab_{40}$), a mesma do líquido inicial X. Por nova queda da temperatura do sistema, Or_{SSX} atinge a curva solvus ao redor de 660 °C (T_{XS}) e inicia sua exsolução e mudança estrutural de sanidina via ortoclásio para microclínio, polimorfos hospedeiros progressivamente mais ricos em Or.

Consideremos agora, no sistema Or-Ab-H_2O em uma P_{H_2O} pouco maior que 5 kbar a cristalização do líquido S com temperatura inicial T_{Si} (Figura 9.7.B). Por queda da temperatura do sistema, S inicia sua cristalização na T_{LS} (ao redor de 800 °C) com a precipitação de feldspato Or_{SSi} com composição aproximada $Or_{95}Ab_5$. Continuando o resfriamento do sistema, a composição do decrescente volume de líquido varia sobre o liquidus W-E em direção a E, e a composição do crescente volume de feldspato dele cristalizado varia ao longo do solidus W-U. Atingido o ponto eutético E, cristalizam na temperatura eutética T_E (~800 °C) simultaneamente duas soluções sólidas: Or_{SSU} e Ab_{SSV}, esta rica em Ab e aquela em Or. A massa cristalina final contém Or_{SSU} pré-eutética, Or_{SSU} eutética e Ab_{SSV} eutética. Or_{SSU} pré-eutética cristalizou entre T_{LS} e T_E. Prosseguindo o resfriamento, Or_{SSU} e Ab_{SSV} sofrem crescente exsolução ao longo das duas curvas solvus; de Or_{SSU} resulta pertita, de Ab_{SSV} antipertita.

17. Os piroxênios subalcalinos, representados no sistema Diopsídio-Hedenbergita-Enstatita-Ferrossilita (figuras 9.8.A e B), compreendem a série dos Ca-piroxênios, uma solução sólida entre Diopsídio ($CaMgSi_2O_6$) e Hedenbergita ($CaFeSi_2O_6$), e a série dos Mg-piroxênios, uma solução sólida entre Enstatita ($Mg_2Si_2O_6$) e Ferrossilita ($Fe_2Si_2O_6$). As duas séries resultam da cristalização subsolvus de (Ca,Mg,Fe)-líquidos piroxênios subalcalinos potenciais (mas não reais) contidos em magmas e lavas basálticos. As duas soluções sólidas são separadas por uma lacuna de miscibilidade. A variação composicional das duas séries com a queda da temperatura e a extensão da lacuna de miscibilidade são determinadas pela análise química dos piroxênios das duas séries em espessos derrames e intrusões subvulcânicas fortemente fracionadas em sistema fechado. Padrão de referência mundial são as tendências (trilhas) evolutivas dos piroxênios do lopólito máfico-ultramáfico toleítico de Skaergaard, Groenlândia, cujo magma cristalizou sob pressão de carga ao redor de 600 atmosferas em condições de fracionamento quase ideais. As tendências evolutivas mostram para Ca- e Mg-piroxênios (Figura 9.8.A):

- um enriquecimento contínuo em ferro com o fracionamento (resfriamento) magmático. Resulta a utilização do teor de ferro num par coexistente de Ca- e Mg-piroxênios como índice de evolução/fracionamento do magma do qual cristalizaram;
- a lacuna de miscibilidade entre as duas séries permanece aproximadamente constante. A contração do *gap* entre a augita e a pigeonita é aparente, pois os dois piroxênios contêm razoáveis teores de Al (maiores na augita que na pigeonita), elemento ausente na composição dos quatro componentes do sistema dos piroxênios subalcalinos; e
- durante toda evolução magmática a cristalização dos Ca- e Mg-piroxênios é subsolvus.

Apenas em alguns raros basaltos resultantes do resfriamento muito rápido de lavas com temperaturas liquidus muito elevadas a cristalização do piroxênio é hipersolvus. Resulta uma augita subcálcica metaestável com composição situada no meio da lacuna de miscibilidade de Skaergaard (Figura 9.8.B). Mas já sob temperaturas um pouco abaixo do liquidus basáltico, a cristalização do piroxênio passa de hipersolvus para subsolvus com a consequente cristalização de pares de piroxênios progressivamente mais ricos em cálcio e magnésio, fato que assinala crescente ampliação da lacuna de miscibilidade com a queda da temperatura e o formato em arco do solvus (Figura 9.9.C). Ao fim da cristalização, a composição dos pares de piroxênios situa-se sobre as trilhas evolutivas dos Ca- e Mg-piroxênios de Skaergaard (figuras 9.8.B e C). A ampliação da lacuna de miscibilidade entre Ca- e Mg-piroxênios com a queda da temperatura não é acompanhada de um enriquecimento em ferro como observado nos piroxênios de Skaergaard. A diferença reflete distintas condições de resfriamento e fracionamento nos dois casos. Durante o resfriamento muito rápido da lava muito quente não ocorre fracionamento magmático significativo e, consequentemente, o teor de ferro da lava e dos piroxênios dela cristalizados permanece constante. Resulta que a soma das composições químicas dos sucessivos pares de piroxênios subsolvus cristalizados que migram progressivamente do centro para a borda da lacuna de miscibilidade sempre corresponde à composição química da augita subcálcica inicial hipersolvus. Já no lopólito de Skaergaard, a espessa câmara magmática sofreu um resfriamento lento, o que permitiu um fracionamento muito eficiente do magma basáltico toleítico parental com a geração de sucessivos líquidos fracionados cada vez mais ricos em ferro dos quais cristalizam Ca- e Mg-piroxênios também cada vez mais ferrosos (Figura 9.8.A).

O fracionamento do magma basáltico toleítico na câmara subvulcânica do vulcão Thingmuli, leste da Islândia, assemelha-se, embora com menor intensidade, ao ocorrido na câmara magmática do lopólito de Skaergaard. O progressivo enriquecimento em ferro indicando forte fracionamento magmático é confirmado pela ampla variação composicional das rochas que compõem o vulcão, de abundantes basaltos a raros islanditos/riólitos (Figura 9.8.A).

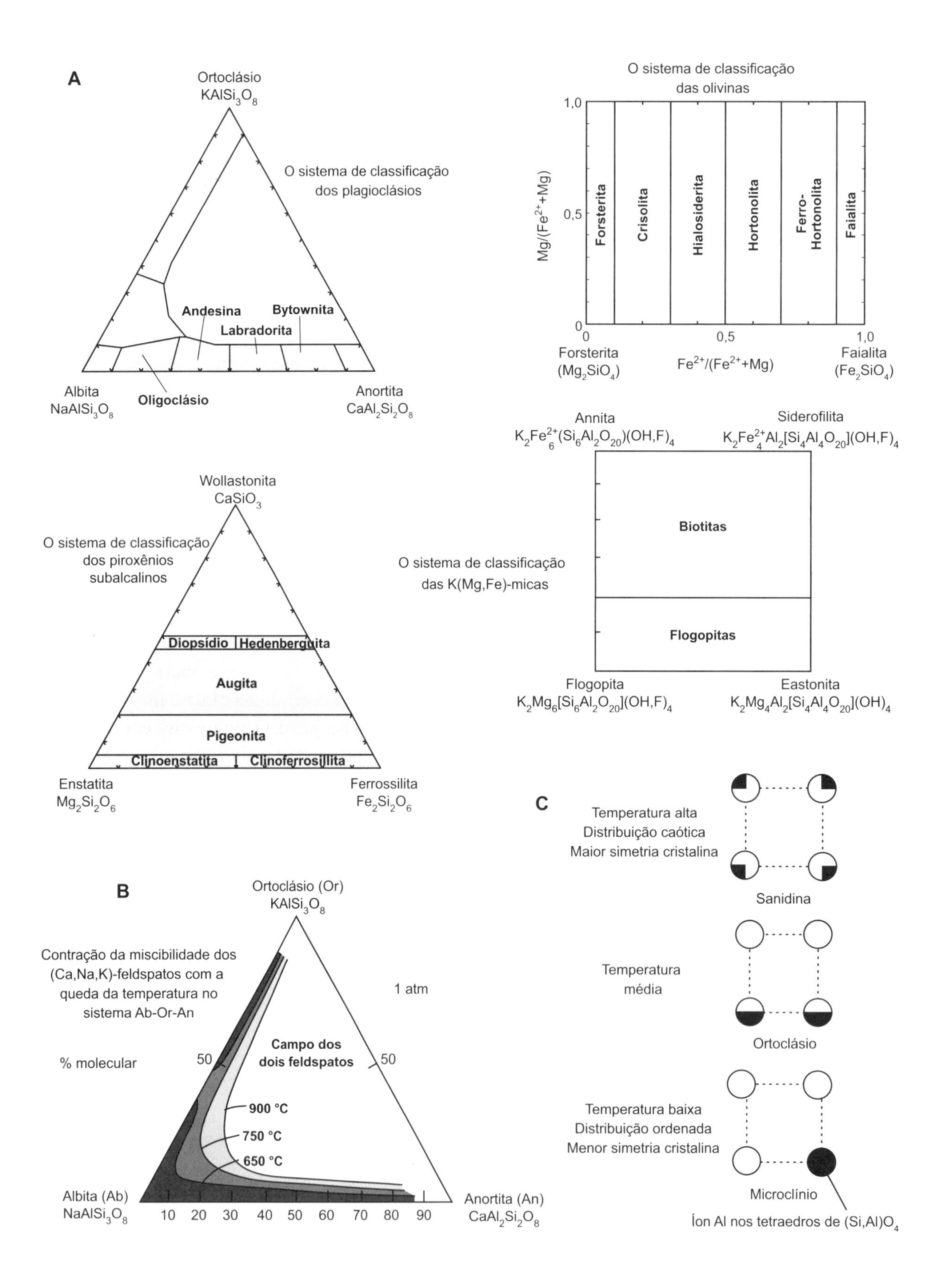
A
Ortoclásio
KAlSi3O8
O sistema de classificação dos plagioclásios
Andesina
Bytownita
Labradorita
Albita
NaAlSi3O8
Oligoclásio
Anortita
CaAl2Si2O8
O sistema de classificação das olivinas
1,0
0,5
0
Mg/(Fe2++Mg)
Forsterita
Crisolita
Hialosiderita
Hortonolita
Ferro-Hortonolita
Faialita
0
0,5
1,0
Forsterita
(Mg2SiO4)
Fe2+/(Fe2++Mg)
Faialita
(Fe2SiO4)
Annita
K2Fe2+6(Si6Al2O20)(OH,F)4
Siderofilita
K2Fe2+4Al2[Si4Al4O20](OH,F)4
Wollastonita
CaSiO3
O sistema de classificação dos piroxênios subalcalinos
Diopsídio
Hedenbergita
Augita
Pigeonita
Clinoenstatita
Clinoferrossilita
Enstatita
Mg2Si2O6
Ferrossilita
Fe2Si2O6
O sistema de classificação das K(Mg,Fe)-micas
Biotitas
Flogopitas
Flogopita
K2Mg6[Si6Al2O20](OH,F)4
Eastonita
K2Mg4Al2[Si4Al4O20](OH)4
C
Temperatura alta
Distribuição caótica
Maior simetria cristalina
Sanidina
Temperatura média
Ortoclásio
Temperatura baixa
Distribuição ordenada
Menor simetria cristalina
Microclínio
Íon Al nos tetraedros de (Si,Al)O4
B
Ortoclásio (Or)
KAlSi3O8
Contração da miscibilidade dos (Ca,Na,K)-feldspatos com a queda da temperatura no sistema Ab-Or-An
1 atm
% molecular
50
Campo dos dois feldspatos
50
900 °C
750 °C
650 °C
Albita (Ab)
NaAlSi3O8
10 20 30 40 50 60 70 80 90
Anortita (An)
CaAl2Si2O8

Figura 9.1 – Exsolução

A - Subdivisão de soluções sólidas (Deer et al., 1992)

Maiores temperaturas (mais energia) promovem um aumento nas distâncias interatômicas da rede e maior excitação de seus íons constituintes. Essa situação, além de aumentar a solubilidade entre os componentes de uma solução sólida, também permite a incorporação na rede cristalina de certa taxa de íons com dimensões e cargas anômalas. Altas temperaturas resultam, pois, na ampliação da variação da composição química de soluções sólidas. Normalmente, as soluções sólidas são subdivididas em função do maior ou menor teor de seus membros finais. Os plagioclásios são uma solução sólida entre dois componentes, anortita ($CaAl_2Si_2O_8$) e albita ($NaAlSi_3O_8$), sua subdivisão baseia-se no teor de um dos componentes. Olivinas são uma solução sólida binária entre forsterita (Mg_2SiO_4) e faialita (Fe_2SiO_4). Os piroxênios subalcalinos são subdivididos tendo por base seus três componentes básicos, wollastonita ($CaSiO_3$), enstatita ($Mg_2Si_2O_6$) e ferrossilita ($Fe_2Si_2O_6$). As micas trioctaédricas são subdivididas em termos dos quatro componentes annita [$K_2Fe^{2+}{}_6(Si_6Al_2O_{20})(OH,F)_4$], siderofilita [$K_2Fe^{2+}{}_4Al_2(Si_4Al_4O_{20})(OH,F)_4$], flogopita [$K_2Mg_6(Si_6Al_2O_{20})(OH,F)_4$] e eastonita, [$K_2Mg_4Al_2(Si_4Al_4O_{20})(OH)_4$], um nome em crescente desuso.

B - Contração da solubilidade dos feldspatos (Ribbe, 1975)

Os feldspatos são uma solução sólida parcial ou limitada entre anortita ($CaAl_2Si_2O_8$), albita ($NaAlSi_3O_8$) e K-feldspato ($KAlSi_3O_8$). A solubilidade entre albita e anortita é total (série dos plagioclásios), assim como entre albita e K-feldspato em condições anidras (série dos feldspatos alcalinos). A solubilidade entre plagioclásios e feldspatos alcalinos é limitada, particularmente entre os membros ricos em Ca e K e a solubilidade entre ambos diminui com a queda da temperatura. São mostrados os limites de solubilidade entre Ca-, Na-, e K-feldspatos em condições atmosféricas (1 atm) e 900 °C, 750 °C e 650 °C.

C - Estrutura desordenada e ordenada (Tuttle, 1952)

Nos feldspatos alcalinos [$(Na,K)AlSi_3O_8$], as quatro posições estruturais Z da unidade estrutural da rede cristalina são ocupadas por três íons de Si e um de Al. Em altas temperaturas, o Al pode ocupar fortuitamente qualquer uma das quatro posições Z. Essa situação caracteriza uma estrutura desordenada (maior ordem-desordem), que apresenta maior simetria. Com a diminuição da energia interna da rede cristalina, com a queda da temperatura do sistema, o alumínio passa a ocupar gradualmente uma posição estrutural mais fixa na rede cristalina, feição que caracteriza uma estrutura ordenada (menor ordem-desordem), com menor simetria. É o caso da transição da sanidina, via ortoclásio, para a estrutura do microclínio com a queda da temperatura. Sanidina e ortoclásio são minerais monoclínicos; o microclínio tem simetria triclínica.

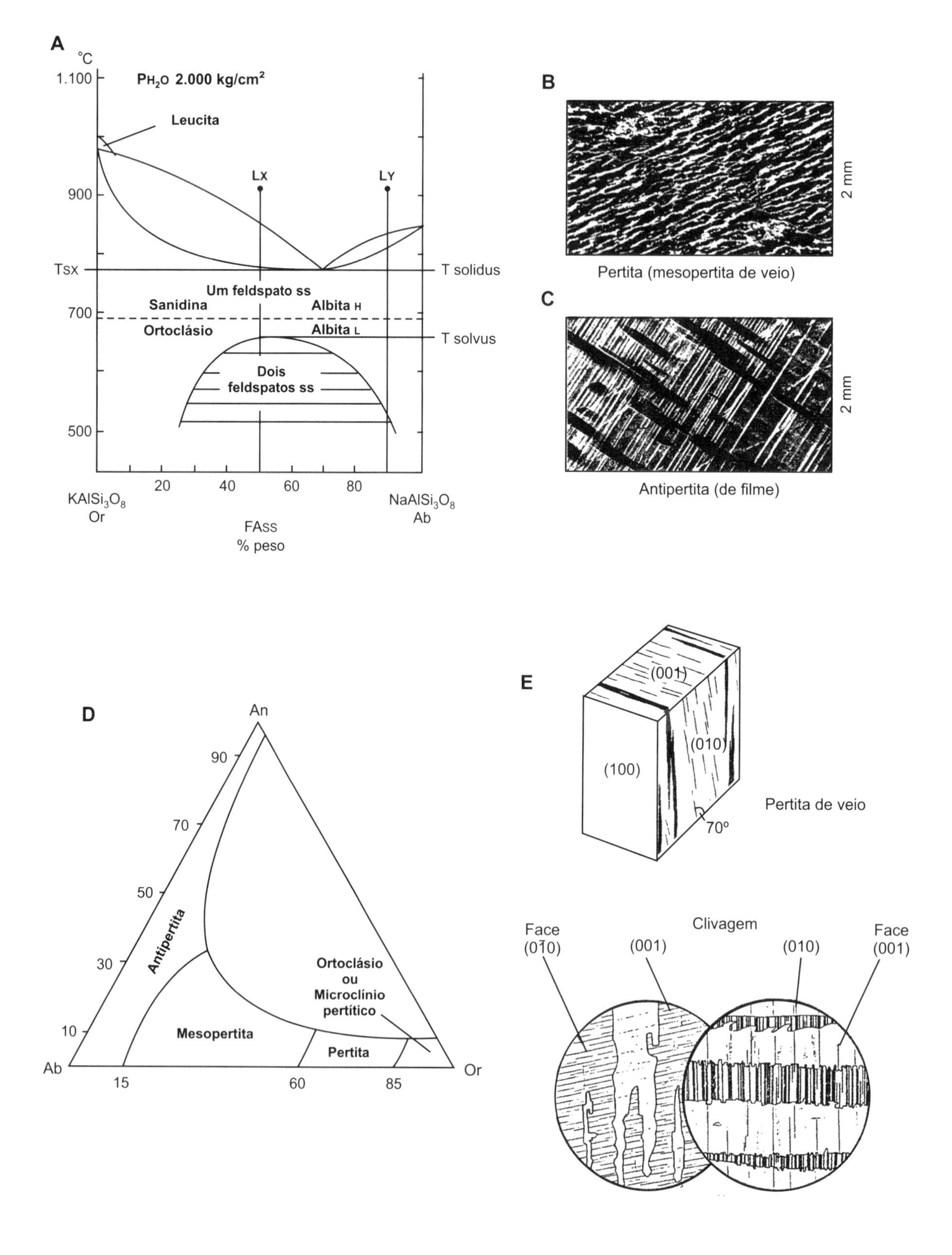
A
°C
1.100
PH₂O 2.000 kg/cm²
Leucita
900
LX
LY
TSX
T solidus
Um feldspato ss
Sanidina
Albita H
700
Ortoclásio
Albita L
T solvus
Dois
feldspatos ss
500
20
40
60
80
KAlSi₃O₈
Or
NaAlSi₃O₈
Ab
FAss
% peso
B
2 mm
Pertita (mesopertita de veio)
C
2 mm
Antipertita (de filme)
D
An
90
70
50
30
10
Antipertita
Ortoclásio
ou
Microclínio
pertítico
Mesopertita
Pertita
Ab
15
60
85
Or
E
(001)
(010)
(100)
70º
Pertita de veio
Face
(01̄0)
(001)
Clivagem
(010)
Face
(001)

Figura 9.2 – Exsolução de feldspatos alcalinos

A – O sistema dos feldspatos alcalinos (Bowen; Tuttle, 1950)

O sistema $KAlSi_3O_8$-$NaAlSi_3O_8$ ou o sistema dos feldspatos alcalinos é exemplo típico da cristalização hipersolvus num sistema de solução sólida completa com ponto mínimo. O líquido X com composição $Or_{50}Ab_{50}$ termina sua cristalização na temperatura solidus, Tsx pela precipitação final de um feldspato alcalino homogêneo solução sólida, FAss, com composição $Or_{50}Ab_{50}$. Ao atingir por resfriamento subsólido do sistema a curva solvus, inicia-se a exsolução ou desmistura dos cristais de FAss hipersolvus. A exsolução é um processo contínuo e progressivo no qual, com a queda da temperatura subsolvus, hospedeiro e hóspede mudam continuamente e de forma complementar o volume e a composição de suas soluções sólidas. A decrescente solução sólida X do hospedeiro torna-se progressivamente mais rica em Or; a da crescente fase exsolvida hóspede, em Ab. No feldspato alcalino cristalizado do líquido Y situado a direita do ponto mínimo do sistema, a evolução química é contrária.

B a D – Pertitas e antipertitas (Smith; Brown, 1988)

K-feldspato contendo albita exsolvida denomina-se de feldspato pertítico (**B**); cristais de albita/oligoclásio com K-feldspato exsolvido é um feldspato antipertítico (**C**). A quantidade de albita exsolvida numa pertita depende da composição da solução sólida original hipersolvus e da temperatura de bloqueio térmico do sistema após o início da exsolução. De acordo com a composição do hospedeiro no sistema Albita-Anortita-Ortoclásio, o feldspato alcalino exsolvido é denominado de antipertita, mesopertita, pertita e ortoclásio/microclínio pertítico (**D**). Na mesopertita, o hóspede albítico é abundante; nas pertitas e ortoclásio/microclínio pertítico, o material exsolvido é mais escasso. Com o progressivo resfriamento subsolvus, as exsoluções sódicas no hospedeiro potássico apresentam sequencialmente formas de agulhas (início da exsolução), filamentos, cilindros, filmes, veios e manchas (fim da exsolução). Em (**B**) mostra-se a fotografia de mesopertita de veio passando para pertita de mancha; o microclínio hospedeiro está oticamente extinto (preto). Na fotografia (**C**), o ortoclásio exsolvido da antipertita também está oticamente extinto (preto); a alternância entre finas faixas cinzas e brancas é a geminação polissintética do plagioclásio hospedeiro.

E – Orientação da albita em pertitas (Hatch; Wells; Wells, 1975)

Nas pertitas, o hóspede ocupa posição cristalográfica definida no hospedeiro. No caso de pertita de veio, os filetes mais ou menos espessos, regulares e contínuos de Na-plagioclásio têm posição aproximadamente paralelas ao plano (601) e ao eixo Y. Em cortes ‖ a (010), o plano (601) forma um ângulo ao redor de 70° com (001). Em seções ‖ a (010), os veios de albita cortam a clivagem {001} do hospedeiro. Em cortes ‖ a (001), os veios de albita cortam a clivagem {010} do hospedeiro que tem posição paralela ao plano da geminação polissintética do Na-plagioclásio exsolvido. De acordo com a orientação do corte mineral, a albita exsolvida apresenta maior ou menor continuidade física e contatos mais ou menos nítidos e regulares com o cristal hospedeiro.

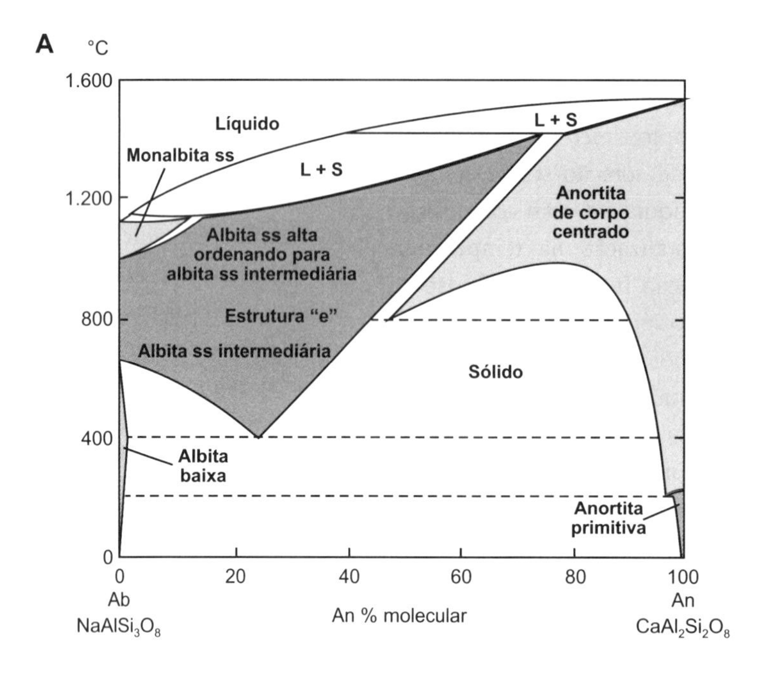
A
°C
1.600
1.200
800
400
0
Líquido
Monalbita ss
L + S
L + S
Albita ss alta ordenando para albita ss intermediária
Anortita de corpo centrado
Estrutura "e"
Albita ss intermediária
Sólido
Albita baixa
Anortita primitiva
0 20 40 60 80 100
Ab
NaAlSi3O8
An % molecular
An
CaAl2Si2O8

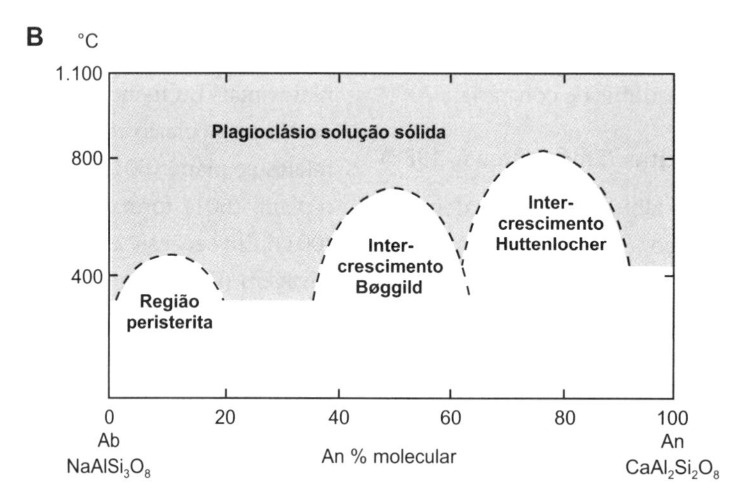
B
°C
1.100
800
400
Plagioclásio solução sólida
Inter-crescimento Huttenlocher
Inter-crescimento Bøggild
Região peristerita
0 20 40 60 80 100
Ab
NaAlSi3O8
An % molecular
An
CaAl2Si2O8

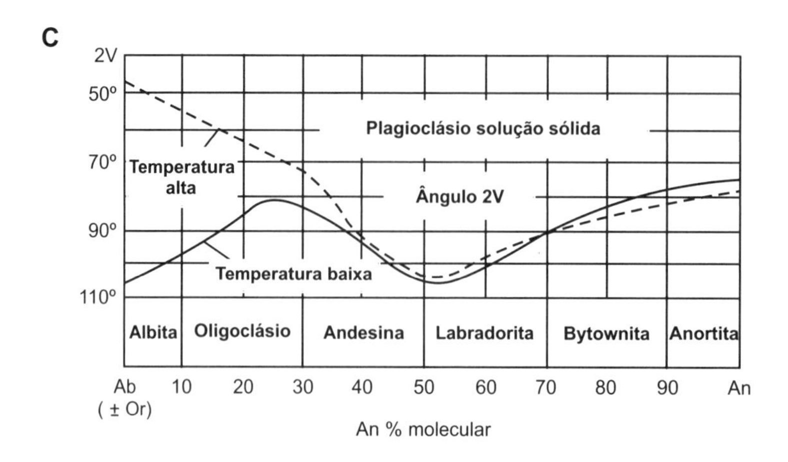
C
2V
50º
70º
90º
110º
Plagioclásio solução sólida
Temperatura alta
Ângulo 2V
Temperatura baixa
Albita
Oligoclásio
Andesina
Labradorita
Bytownita
Anortita
Ab (± Or) 10 20 30 40 50 60 70 80 90 An
An % molecular

Figura 9.3 – Mudança estrutural e exsolução

A a **C** – **Mudança estrutural e exsolução nos plagioclásios** (Tröger, 1959; Smith; Brown, 1988)

Em elevadas temperaturas, albita e anortita formam a solução sólida completa dos plagioclásios. Com a queda da temperatura, diferentes segmentos composicionais da solução sólida sofrem distintas mudanças estruturais.

Composições ricas em $NaAlSi_3O_8$ (mais de Ab_{95}) passam da estrutura monoclínica da monalbita (acima de 980 °C) sucessivamente para as estruturas triclínicas da albita "alta" ou albita H, albita "intermediária" ou albita M, e albita "baixa" ou albita L, todas com grupos espaciais distintos. Em difratogramas de raios X, a estrutura intermediária apresenta característica reflexão **e**, feição que resulta na corrente denominação "estrutura **e**" (**A**).

Composições ricas em anortita (mais de An_{97}) cristalizam em altas temperaturas com estrutura "anortita de corpo centrado" ou anortita H que muda em baixas temperaturas para estrutura "anortita primitiva" ou anortita "baixa" (AnL). A inversão estrutural ocorre ao redor de 240 °C e as duas estruturas são ordenadas (**A**).

A monalbita, sintetizada em laboratórios pelo aquecimento de albita "alta", não ocorre na natureza. A anortita só inicia a perda de sua estrutura ordenada a mais de 1.100 °C. Dessa maneira, a série dos plagioclásios de altas temperaturas pode ser considerada como uma solução sólida com estrutura da albita "alta". A estrutura intermediária, muito complexa, ocorre em plagioclásio entre An_{20} e An_{75}.

Nos feldspatos alcalinos, a mudança estrutural é acompanhada de exsolução (pertitas e antipertitas) em temperaturas inferiores às do amplo solvus com forma em arco. Nos plagioclásios, o amplo solvus em arco é substituído por três solvus menores denominados com o aumento do teor de anortita no plagioclásio exsolvente de peristerita, Bøggild e Huttenlocher. A temperatura solvus máxima dos três intervalos composicionais de exsolução aumenta com o aumento do teor de anortita no plagioclásio exsolvente (**B**).

A cripto-exsolução no intervalo composicional da peristerita confere ao plagioclásio branco brilho sedoso e leve iridiscência, feições típicas da "pedra da lua". A composição do hóspede com "estrutura **e**" varia entre An_0 e An_{16} e a disposição das criptolamelas de exsolução é paralela à subparalela ao plano (010).

Na exsolução Bøggild, a composição do hóspede com estrutura "**e**" se concentra entre $An_{48\text{-}49}$ e $An_{53\text{-}64}$ e frequentemente contém apreciável teor de potássio. As criptolamelas exsolvidas têm disposição paralela à subparalela ao plano (010).

Em labradoritas (intervalo Huttenlocher), a cripto-exsolução de albita confere ao plagioclásio uma intensa iridiscência (labradorescência), semelhante à das asas de algumas borboletas azuis. Resulta da interferência da luz refletida sobre planos cristalinos contendo criptolamelas de exsolução com espaçamento regular que atuam como rede de difração. Labradoritas exsolvidas são apreciadas pedras semipreciosas. Em rochas magmáticas, o hóspede tem estrutura "anortita primitiva", composição variável entre An_{65} e An_{95} e disposição paralela aos planos ($0\bar{3}1$) e ($\bar{3}01$) do hospedeiro.

A mudança estrutural dos plagioclásios de "estrutura alta" para "estrutura baixa" pode ser determinada por análises de raios X e por mudanças nas características óticas nos dois tipos estruturais em plagioclásios com mesma composição. Notável é a variação do ângulo ótico 2V entre albita e oligoclásio "estrutura alta" e seus equivalentes "estrutura baixa". A partir da andesina, essa diferença ótica deixa de ser significativa (**C**).

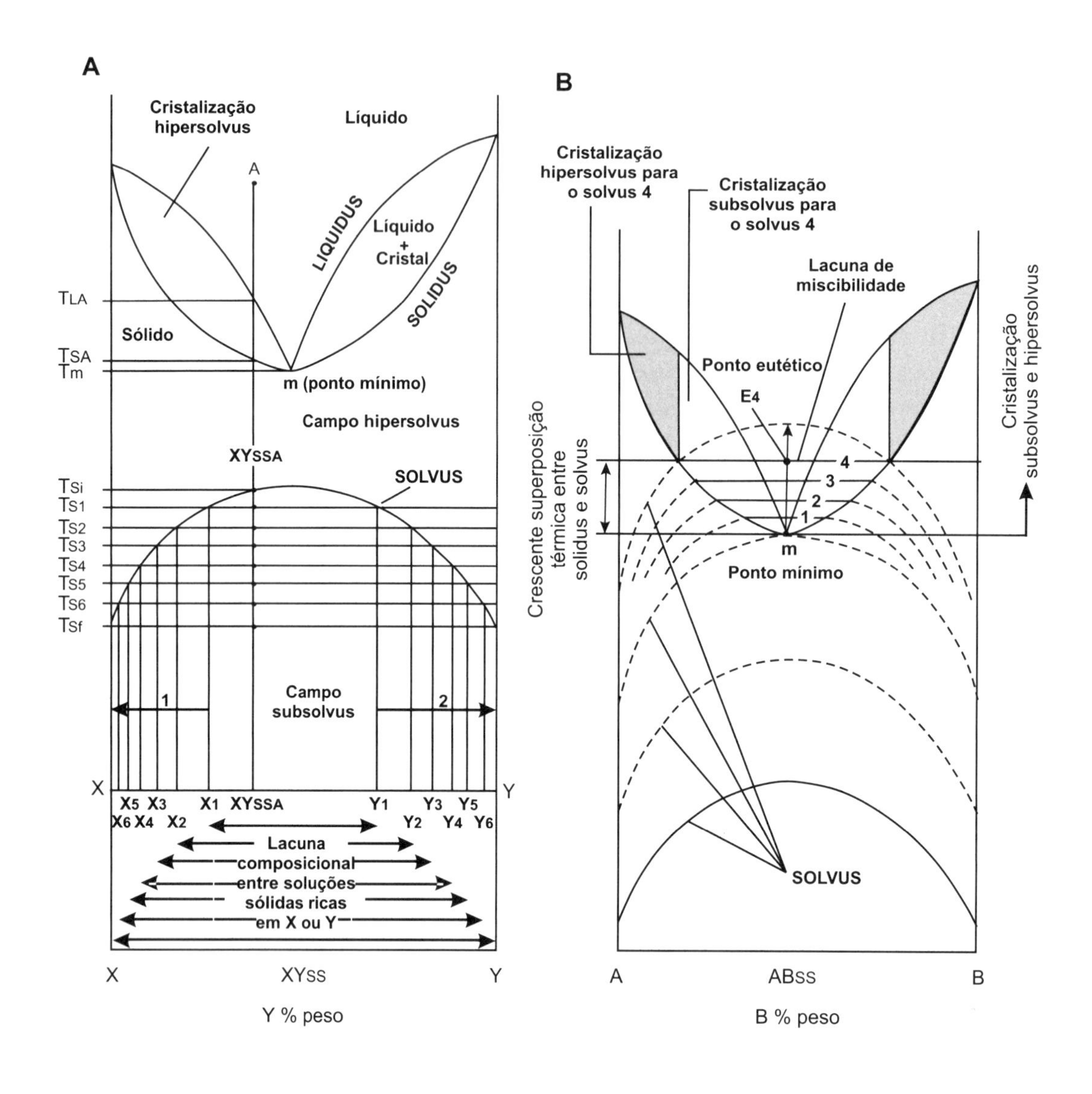
A
Cristalização hipersolvus
Líquido
LIQUIDUS
Líquido + Cristal
SOLIDUS
Sólido
m (ponto mínimo)
Campo hipersolvus
SOLVUS
Campo subsolvus
Lacuna composicional entre soluções sólidas ricas em X ou Y
X
XYss
Y
Y % peso
B
Cristalização hipersolvus para o solvus 4
Cristalização subsolvus para o solvus 4
Lacuna de miscibilidade
Ponto eutético
E4
m
Ponto mínimo
Crescente superposição térmica entre solidus e solvus
Cristalização subsolvus e hipersolvus
SOLVUS
A
ABss
B
B % peso

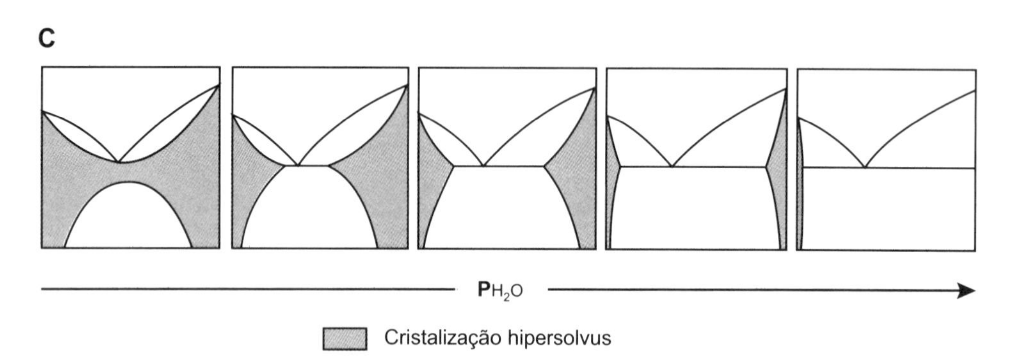
C
P_{H_2O}
Cristalização hipersolvus

Figura 9.4 – Solidus e solvus

A - Cristalização hipersolvus e exsolução subsolvus

Por resfriamento, soluções sólidas de altas temperaturas de cristalização sofrem exsoluções. Exsolução é a eliminação da solução sólida inicial hipersolvus de alta temperatura com estrutura desordenada de uma fase cristalina (também uma solução sólida) rica em íons incompatíveis com a estrutura ordenada de baixas temperaturas que a solução sólida inicial adquire por resfriamento. Num sistema de solução sólida completa com ponto mínimo (sistema X-Y), a exsolução representa a transformação de uma solução sólida completa (XY_{SSA}) em duas soluções sólidas parciais, uma rica em X e outra em Y, separadas por uma lacuna (intervalo) de miscibilidade. A temperatura do início da exsolução é a temperatura solvus. A temperatura solvus varia com a composição da solução sólida hipersolvus. No sistema X-Y, a temperatura máxima de exsolução coincide aproximadamente com a composição mínima do sistema. A temperatura solvus inicial da solução sólida XY_{SSA} que cristalizou como solução sólida hipersolvus em T_{SA} é T_{Si}. Em temperaturas subsolvus progressivamente mais baixas, o intervalo composicional das duas soluções sólidas parciais torna-se cada mais vez restrito, o que corresponde a um aumento progressivo da lacuna de miscibilidade (X_1-Y_1 na T_{S1} e X_5-Y_5 na T_{S5}). Simultaneamente, aumenta o volume da fase exsolvida e diminui o daquele da fase exsolvente. Teoricamente, a exsolução completa-se na temperatura solidus final T_{Sf} quando coexistem os dois componentes puros integrantes da outrora solução sólida completa hipersolvus. Na natureza, o fim da exsolução é a temperatura de "congelamento" do sistema.

B - Relações entre solvus e solidus

A relação entre solidus e solvus varia com a natureza do sistema e das condições báricas. Em sistemas anidros, a relação entre solidus e solvus varia com a alteração da pressão anidra; em sistemas hidratados, com a alteração da pressão de água, P_{H_2O}. Aumentos na P alçam as temperaturas solidus e solvus de um sistema, estas menos que aquelas; a intensidade do alçamento térmico de ambos geralmente é pequena. Aumentos da P_{H_2O} diminuem consideravelmente a temperatura solidus, mas alçam pouco a temperatura solvus. Resulta a superposição térmica entre solidus e solvus. Por questões didáticas, a figura mostra o processo inverso (alçamento do solidus). A intersecção entre solvus e solidus define um intervalo composicional que representa uma lacuna de miscibilidade entre os componentes do sistema e na qual, consequentemente, a cristalização é eutética subsolvus. Os componentes do sistema eutético são as soluções sólidas que delimitam a lacuna de miscibilidade. A lacuna de miscibilidade separa duas soluções sólidas parciais hipersolvus, cada uma enriquecida em um dos componentes do sistema. A amplitude composicional (1, 2, 3, 4) da lacuna de miscibilidade aumenta com o aumento da P_{H_2O} no sistema.

C - A transição sistema de solução sólida com ponto mínimo para sistema eutético (Philpotts, 1990)

A crescente superposição entre solvus e solidus transforma gradualmente um sistema de solução sólida completa com ponto mínimo hipersolvus via sistema de solução parcial com uma parte hipersolvus e outra subsolvus num sistema eutético totalmente subsolvus.

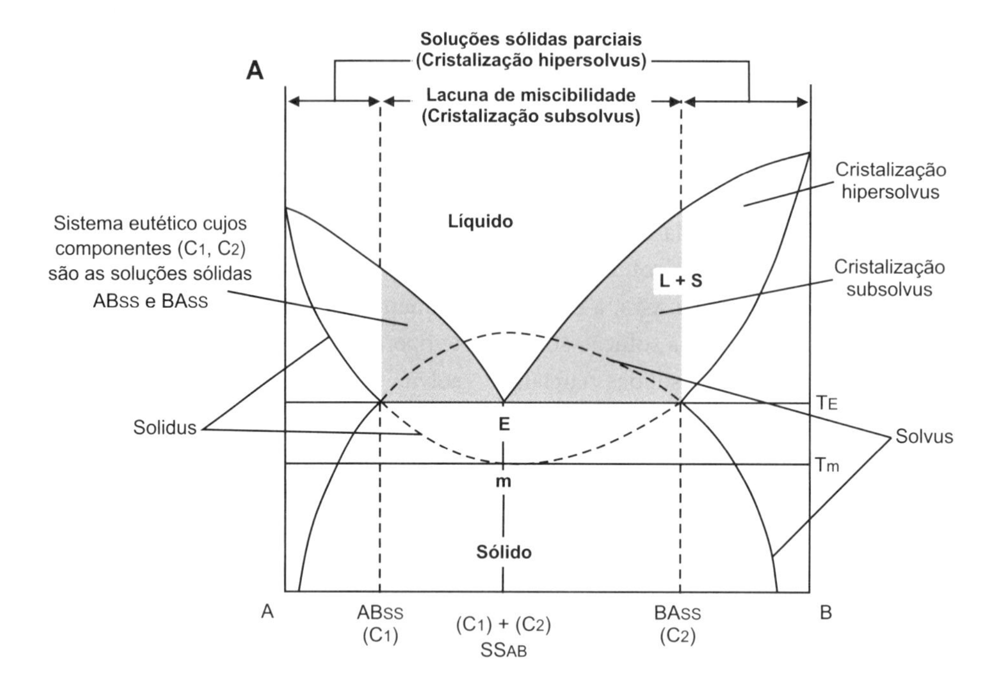

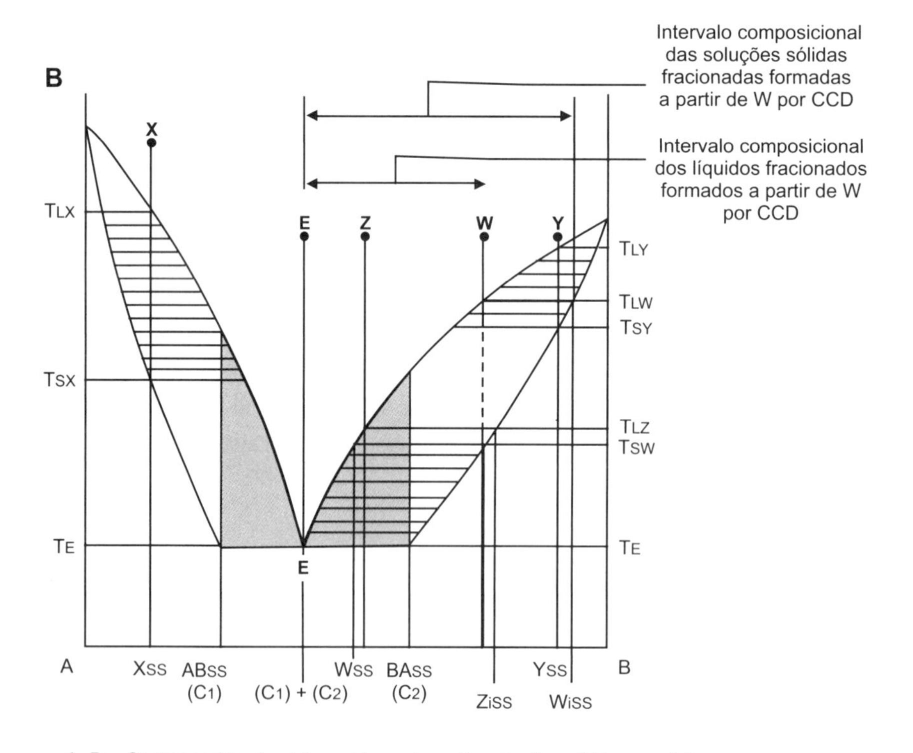

A, B – Componentes do sistema hipersolvus de soluções sólidas parciais

C_1, C_2 – Componentes do sistema eutético da lacuna de miscibilidade entre A e B

Figura 9.5 – Cristalização num sistema de solução sólida parcial

A - Características do sistema de solução sólida parcial

Pela superposição entre solidus e solvus sob dada P_{H_2O}, o sistema binário A-B de solução sólida completa com ponto mínimo é transformado em um sistema ternário A-B-H_2O de solução sólida parcial. A e B são soluções sólidas anidras. O sistema de solução sólida parcial compreende duas soluções parciais; uma (entre ABss e A) é rica no componente A, a outra (entre BAss e B) rica no componente B. As duas soluções sólidas parciais são separadas pela lacuna (intervalo, *gap*) de miscibilidade ABss-BAss. O intervalo de miscibilidade é um sistema eutético cujos componentes são as soluções sólidas parciais ABss (C1) e BAss (C2). Líquidos com composição entre ABss e A e entre BAss e B têm cristalização hipersolvus, os com composição entre ABss e BAss têm cristalização subsolvus que se encerra no ponto eutético E, extensão da lacuna de miscibilidade e, portanto, a temperatura eutética e a composição de ABss (C1) e BAss (C2) varia com a P_{H_2O} do sistema. Maiores P_{H_2O} aumentam a superposição térmica entre solidus e solvus e, consequentemente, ampliam a lacuna de miscibilidade e abaixam a temperatura eutética.

B - Cristalização no sistema de solução sólida parcial

Consideremos a cristalização em condições de equilíbrio do líquido X situado no subsistema hipersolvus ABss-A. A cristalização de X inicia na temperatura liquidus TLX e termina na temperatura solidus TSX com a formação de uma solução sólida homogênea com composição Xss. Xss resulta de uma sucessão de etapas infinitesimais de cristalização e eliminação por reação e dissolução de sucessivas soluções sólidas progressivamente mais ricas no componente B. O mesmo processo ocorre com o líquido Y com composição situado no subsistema hipersolvus BAss-B, mas aqui as sucessivas soluções sólidas são caracterizadas por progressivo enriquecimento no componente A.

O líquido E cristaliza, sem intervalo térmico, na temperatura eutética TE, com a precipitação conjunta das soluções sólidas de ABss (C1) e BAss (C2) na proporção eutética.

O líquido Z com composição situada no subsistema eutético inicia sua cristalização na temperatura TLZ com a precipitação da solução sólida Ziss, mais rica em B que Z. Com o progressivo resfriamento do sistema, a composição da decrescente fração líquida varia ao longo da curva liquidus em direção ao ponto eutético E tornando-se cada vez mais rica em A e com menor temperatura liquidus. Essa variação decorre da cristalização de sucessivas soluções sólidas também crescentemente mais ricas em A entre Ziss e BAss ao longo do solidus. Quando o líquido atinge a composição do ponto eutético E, a composição da solução sólida coexistente é BAss. Na temperatura eutética, o líquido residual é exaurido totalmente pela cristalização simultânea das soluções sólidas BAss e ABss na proporção eutética (C1-E):(E-C2).

A cristalização em condições de desequilíbrio ideais do líquido W com composição situada fora do subsistema eutético gera sucessivos líquidos fracionados cada vez mais ricos em A que atuam como novos líquidos iniciais num sistema sempre totalmente líquido. Quando a composição do líquido fracionado alcança a composição eutética E, ocorre sua exaustão total pela cristalização conjunta de ABss e BAss em proporção eutética. Ou seja, o líquido mais rico em A que pode ser obtido por fracionamento ideal de qualquer líquido inicial com composição situado entre BAss e B é o líquido com composição ABss (C1). Para qualquer líquido situado entre ABss e A, o líquido mais rico em B que pode ser obtido por fracionamento ideal tem a composição BAss (C2).

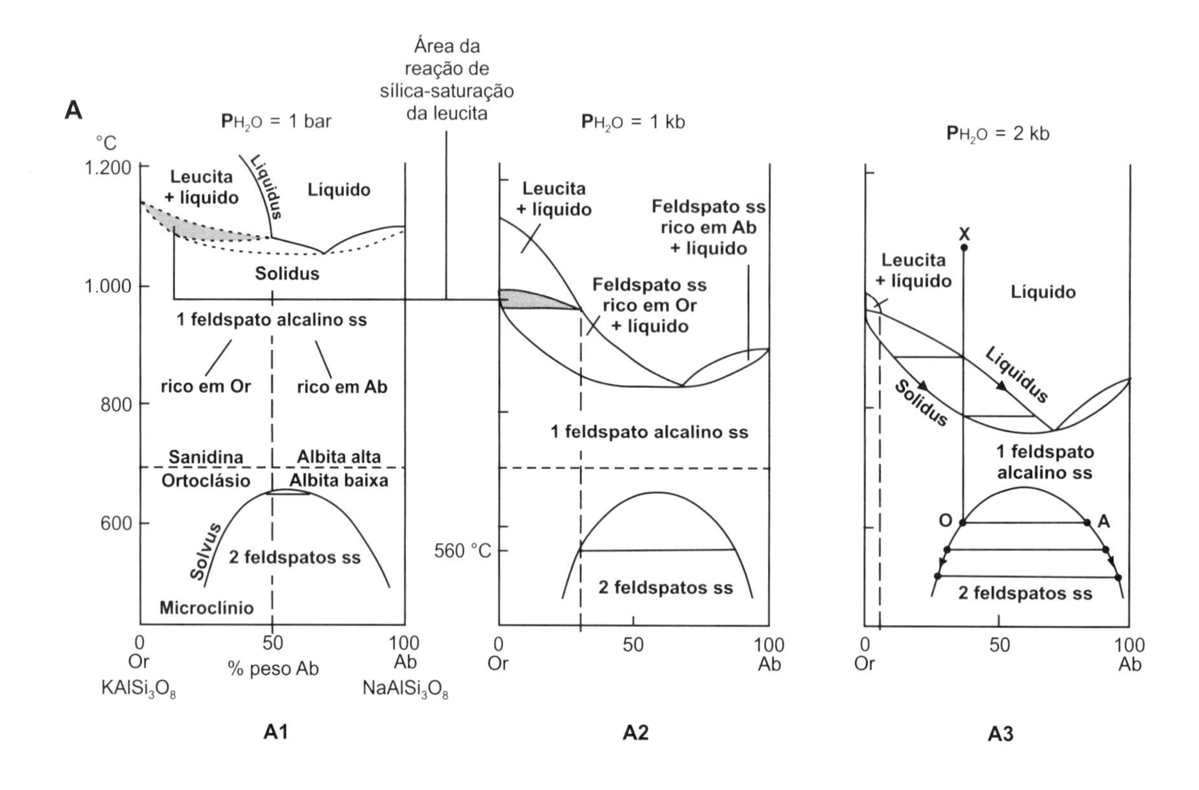
A
Área da
reação de
sílica-saturação
da leucita
PH₂O = 1 bar
PH₂O = 1 kb
PH₂O = 2 kb
°C
1.200
1.000
800
600
Leucita
+ líquido
Liquidus
Líquido
Solidus
1 feldspato alcalino ss
rico em Or
rico em Ab
Sanidina
Albita alta
Ortoclásio
Albita baixa
Solvus
2 feldspatos ss
Microclínio
0
Or
KAlSi₃O₈
50
% peso Ab
100
Ab
NaAlSi₃O₈
Feldspato ss
rico em Ab
+ líquido
Feldspato ss
rico em Or
+ líquido
560 °C
X
O
A
1 feldspato
alcalino ss
A1
A2
A3

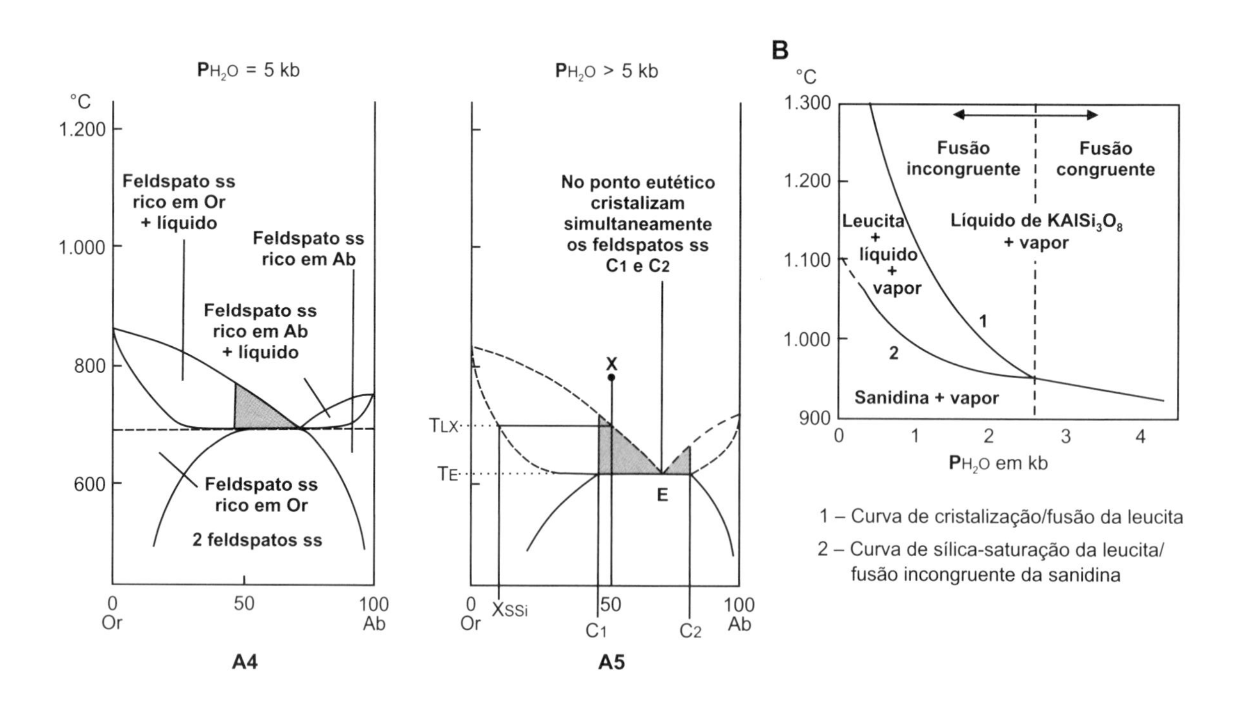
PH₂O = 5 kb
PH₂O > 5 kb
B
°C
1.200
1.000
800
600
Feldspato ss
rico em Or
+ líquido
Feldspato ss
rico em Ab
Feldspato ss
rico em Ab
+ líquido
Feldspato ss
rico em Or
2 feldspatos ss
No ponto eutético
cristalizam
simultaneamente
os feldspatos ss
C1 e C2
X
TLX
TE
E
0
Or
XSSi
50
C1
C2
100
Ab
A4
A5
1.300
1.100
900
Fusão
incongruente
Fusão
congruente
Leucita
+
líquido
+
vapor
Líquido de KAlSi₃O₈
+ vapor
1
2
Sanidina + vapor
PH₂O em kb
1 – Curva de cristalização/fusão da leucita
2 – Curva de sílica-saturação da leucita/
fusão incongruente da sanidina

Figura 9.6 – Sistemas hidratados com um ou dois feldspatos alcalinos

A - Cristalização no sistema $KAlSi_3O_8$-$NaAlSi_3O_8$-H_2O (Bowen; Tuttle, 1950)

O sistema dos feldspatos alcalinos hidratado é um exemplo clássico de intersecção entre solvus e solidus por aumento da pressão de água. Em baixas pressões de água, o sistema é totalmente hipersolvus (**A1**, **A2**, **A3**); sob altas P_{H_2O}, ao redor de 5 kbar, o sistema passa a ser parcialmente subsolvus pelo desenvolvimento gradual de um sistema eutético cujos componentes são duas soluções sólidas de feldspato alcalino, uma rica em Ab e outra em Or (**A4**). Com a progressiva ampliação do sistema eutético pela crescente superposição térmica entre solvus e solidus, os componentes do sistema eutético mudam continuamente de composição, tornando-se cada vez mais ricos em Or ou Ab (**A4**, **A5**).

Em condições hipersolvus (**A3**), o líquido X origina uma só fase cristalina, um feldspato alcalino solução sólida com composição X_{SS}. Por resfriamento subsólido, X_{SS} atinge o solvus e inicia sua exsolução pela expulsão de sua estrutura de lamelas ricas em Na-plagioclásio com composição A e, simultaneamente, muda de composição para a solução sólida O_{SS}, mais rica em Or que X_{SS}. Continuando o resfriamento do sistema, hóspede e hospedeiro mudam seguidamente sua composição ao longo do solvus tornando-se, respectivamente, cada vez mais ricos em Ab e Or.

Em condições subsolvus (**A5**), o mesmo líquido X inicia sua cristalização na temperatura liquidus T_{LX} com a formação de um feldspato alcalino X_{SSi} mais rico em Or que X. Persistindo o resfriamento contínuo do sistema, o líquido e o feldspato solução sólida coexistente tornam-se cada vez mais ricos em Ab, migrando respectivamente ao longo da curva liquidus em direção ao ponto eutético E e ao longo da curva solidus rumo à composição C1. Quando o líquido residual atinge o ponto eutético, o feldspato alcalino coexistente e em equilíbrio com o líquido tem a composição C1, mais rico em Or que a composição eutética. No ponto eutético, sob temperatura fixa T_E, o líquido eutético é totalmente exaurido pela cristalização simultânea das soluções sólidas C1 e C2 em proporção eutética (C1-E):(E-C2). C1 é solução sólida mais rica em Or que X e C2 uma solução mais rica em Ab que o líquido inicial.

B - O sistema Sanidina-Água (Goranson, 1938)

No sistema Sanidina-Água ou $KAlSi_3O_8$-H_2O, a fusão da sanidina passa de incongruente para congruente numa P_{H_2O} ao redor de 2,6 kbar. Com o aumento da P_{H_2O}, o campo Leucita + SiO_2 líquida + Vapor de água sofre progressiva redução do intervalo térmico entre a temperatura de fusão/cristalização da leucita e a temperatura da reação de sílica-saturação/início da fusão incongruente da sanidina. Essa mudança explica a existência dos campos leucita + líquido + vapor e leucita + Or_{SS} + líquido + vapor na porção rica em K do sistema Or-Ab-H_2O em baixa P_{H_2O} e seu desaparecimento gradual em pressões maiores. Enquanto no sistema binário Sanidina-H_2O os campos de estabilidade líquido de $KAlSi_3O_8$ + vapor de água, leucita + sílica líquida + vapor de água e sanidina + vapor de água são separados por linhas univariantes, no sistema ternário Or-Ab-H_2O a reação de sílica-saturação tem expressão areal, pois as condições da reação (sob P_{H_2O} fixa) variam com a temperatura e o teor de albita no sistema. O limite composicional do campo de estabilidade da leucita (uma solução sólida) em termos da relação Or:Ab do sistema sob crescentes P_{H_2O} é assinalada por linhas tracejadas.

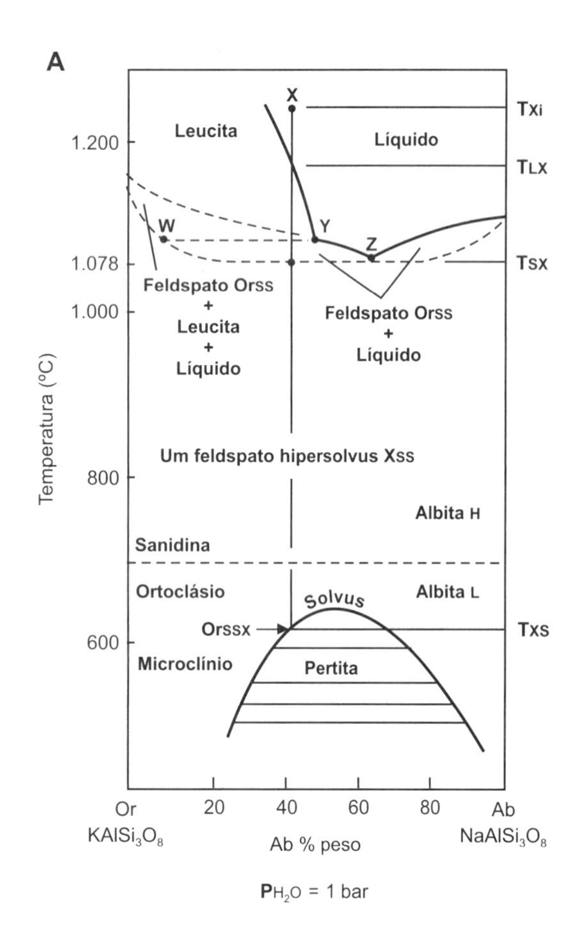
A
X
Leucita
Líquido
TXi
1.200
TLX
W
Y
Z
1.078
TSX
Feldspato Orss
+
Leucita
+
Líquido
1.000
Feldspato Orss
+
Líquido
Temperatura (°C)
Um feldspato hipersolvus Xss
800
Albita H
Sanidina
Ortoclásio
Solvus
Albita L
Orssx
TXS
600
Microclínio
Pertita
Or
KAlSi3O8
20
40
60
80
Ab
NaAlSi3O8
Ab % peso
PH2O = 1 bar

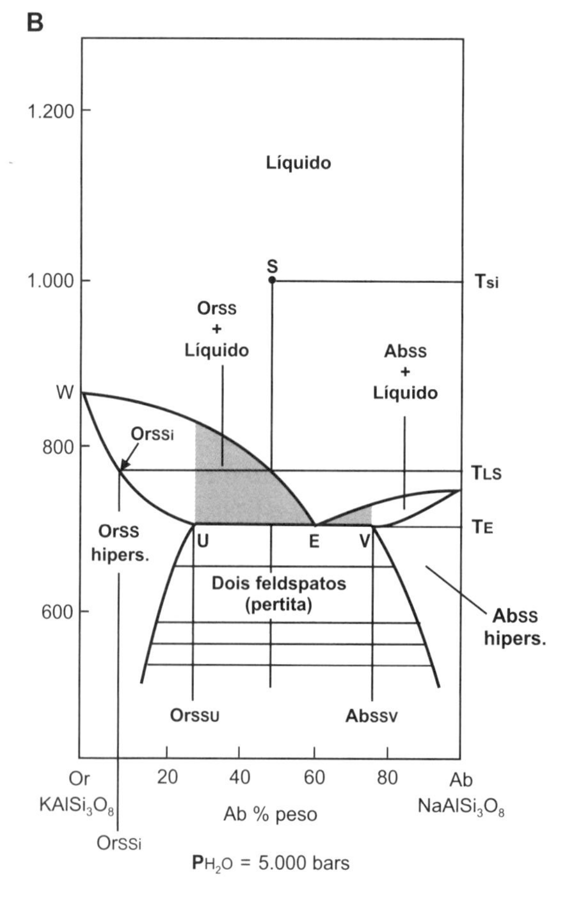
B
1.200
Líquido
S
1.000
Tsi
Orss
+
Líquido
Abss
+
Líquido
W
800
Orssi
TLS
TE
Orss
hipers.
U
E
V
Dois feldspatos
(pertita)
600
Abss
hipers.
Orssu
Abssv
Or
KAlSi3O8
20
40
60
80
Ab
NaAlSi3O8
Ab % peso
Orssi
PH2O = 5.000 bars

Figura 9.7 – Cristalização no sistema $KAlSi_3O_8$-$NaAlSi_3O_8$-H_2O

No sistema $KAlSi_3O_8$-$NaAlSi_3O_8$-H_2O, a cristalização em baixas P_{H_2O} é totalmente hipersolvus; sob altas P_{H_2O}, a cristalização é hipersolvus ou subsolvus na dependência da composição do líquido inicial. Em condições anidras e de baixa P_{H_2O}, também ocorre no sistema dos feldspatos alcalinos o campo de estabilidade da leucita e outro no qual se desenvolve a reação de sílica-saturação da leucita; ambos são suprimidos sob altas P_{H_2O}. O aumento da P_{H_2O} também diminui gradualmente a temperatura mínima do sistema, em condições anidras e em baixas P_{H_2O}, pelo ponto mínimo e, em altas P_{H_2O}, pelo ponto eutético.

A – Cristalização no sistema $KAlSi_3O_8$-$NaAlSi_3O_8$-H_2O anidro (Bowen; Tuttle, 1950; Brownlow, 1979)

Consideremos no sistema Or-Ab, numa pressão de uma atmosfera, a cristalização do líquido X com temperatura inicial T_{Xi}. Nessas condições, a cristalização é hipersolvus. Por queda da temperatura do sistema, X inicia sua cristalização na temperatura liquidus T_{LX} (ao redor de 1.200 °C) com a precipitação de leucita. Pela progressiva cristalização de leucita, o líquido complementar muda de composição e temperatura ao longo da curva liquidus da leucita até adquirir a composição peritética no ponto invariante de sílica saturação Y na intersecção dos campos da estabilidade leucita + líquido e leucita + feldspato Or_{SS} + líquido. No ponto peritético, cristaliza o feldspato W_{SS} muito rico em Or enquanto mais feldspato W_{SS} resulta da eliminação total da leucita por reação com o líquido Y. Continuando o resfriamento do sistema, a sobra do líquido peritético desloca-se sobre o liquidus entre Y e Z pela cristalização de mais feldspato, cuja composição varia ao longo do solidus entre W e Z. Em Z (1.078 °C), o líquido é totalmente exaurido e o K-feldspato atinge sua composição final Or_{SSX}, a mesma do líquido inicial X ($Or_{60}Ab_{40}$). Por nova queda da temperatura do sistema, Or_{SSX} atinge a curva solvus ao redor de 660 °C e inicia sua exsolução e mudança estrutural de sanidina via ortoclásio para microclínio, polimorfos hospedeiros progressivamente mais ricos em Or. A solução sólida rica em Na exsolvida sofre gradual enriquecimento em albita e aumento de volume com a contínua queda da temperatura subsolvus.

B – Cristalização no sistema $KAlSi_3O_8$-$NaAlSi_3O_8$-H_2O em altas P_{H_2O} (Bowen; Tuttle, 1950; Brownlow, 1979)

Consideremos, no sistema Or-Ab em P_{H_2O} pouco maior que 5 kbar, a cristalização do líquido S com temperatura inicial T_{Si} e com composição situada no intervalo do sistema eutético cuja cristalização é subsolvus. Por queda da temperatura do sistema, S inicia sua cristalização na temperatura liquidus T_{LS} (ao redor de 800 °C) sobre a curva liquidus dos feldspatos soluções sólidas ricas em Or. O feldspato inicialmente cristalizado é Or_{SSi} com composição aproximada $Or_{95}Ab_5$, mais rica em Or que S. Continuando o resfriamento do sistema, a composição do decrescente volume de líquido varia sobre o liquidus W-E em direção a E e a composição do crescente volume de feldspato ao longo do solidus W-U. Atingido o ponto eutético E, cristalizam na T_E (~800 °C) simultaneamente duas soluções sólidas: U e V, uma rica em Or e Ab e outra rica em Ab. Prosseguindo o resfriamento, U e V sofrem crescente exsolução ao longo das duas curvas solvus parciais originando, respectivamente pertita e antipertita.

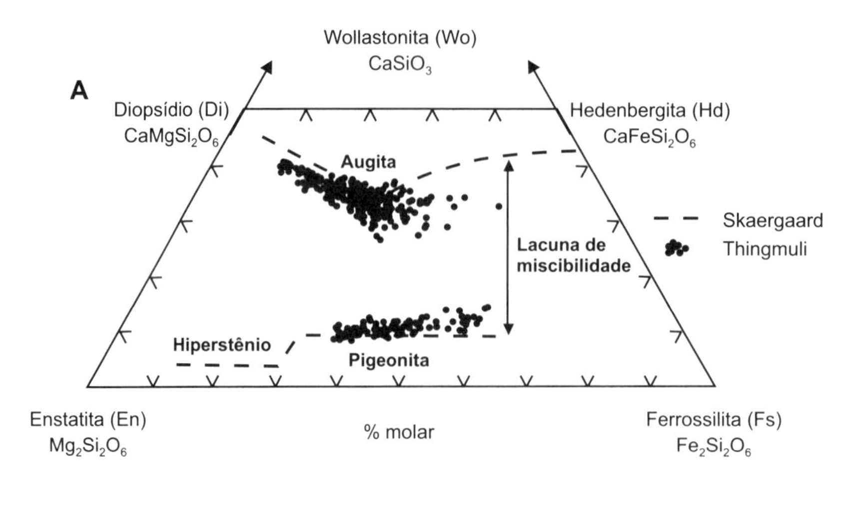
A
Wollastonita (Wo)
$CaSiO_3$
Diopsídio (Di)
$CaMgSi_2O_6$
Hedenbergita (Hd)
$CaFeSi_2O_6$
Augita
Lacuna de miscibilidade
Hiperstênio
Pigeonita
Skaergaard
Thingmuli
Enstatita (En)
$Mg_2Si_2O_6$
% molar
Ferrossilita (Fs)
$Fe_2Si_2O_6$

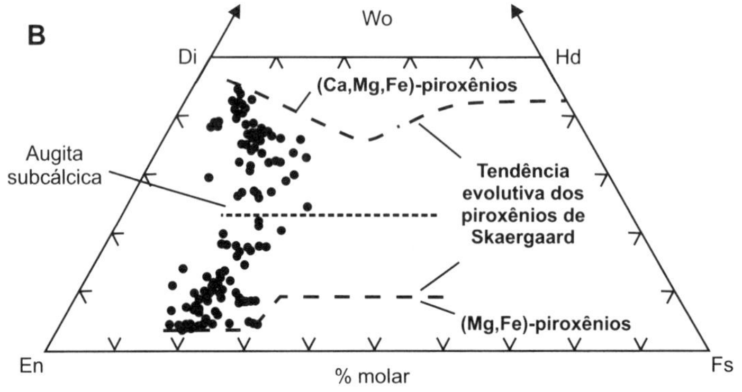
B
Wo
Di
Hd
(Ca,Mg,Fe)-piroxênios
Augita subcálcica
Tendência evolutiva dos piroxênios de Skaergaard
(Mg,Fe)-piroxênios
En
% molar
Fs

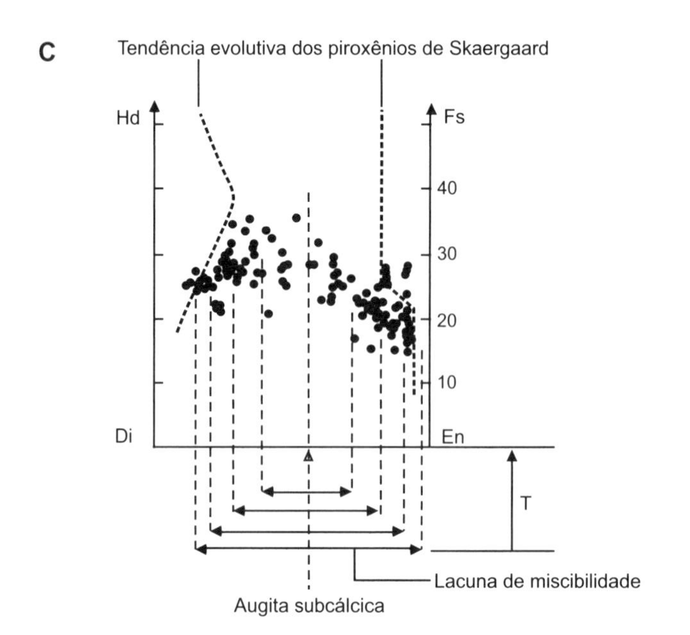
C
Tendência evolutiva dos piroxênios de Skaergaard
Hd
Fs
40
30
20
10
Di
En
T
Lacuna de miscibilidade
Augita subcálcica

Figura 9.8 – Lacuna de miscibilidade em (Ca,Mg,Fe)-piroxênios

A – Lacuna de miscibilidade em piroxênios de basaltos e diabásios (Carmichael, 1967)

Os piroxênios subalcalinos são representados pelo sistema Diopsídio-Hedenbergita-Enstatita-Ferrossilita ou ($CaMgSi_2O_6$)-($CaFeSi_2O_6$)-($Mg_2Si_2O_6$)-($Fe_2Si_2O_6$), um sistema isento de Al. Nesse sistema ocorrem duas séries de piroxênios: a série dos Ca-piroxênios, uma solução sólida entre diopsídio e hedenbergita, e a série dos Mg-piroxênios, uma solução sólida entre enstatita e ferrossilita. As duas séries resultam por cristalização subsolvus em magmas toleíticos basálticos, tipicamente ricos em Mg, Ca e Fe. A determinação da configuração da lacuna de miscibilidade entre as duas séries de piroxênios, bem como a variação composicional de cada série, é determinada pela análise química dos piroxênios ricos em Mg e em Ca em espessos derrames e intrusões subvulcânicas máficos-ultramáficos resultantes do forte fracionamento de magmas basálticos toleíticos que gera sucessivos líquidos derivados cada vez mais silicosos e ferrosos. Padrão de referência mundial é a evolução (linhas tracejadas) das duas séries de piroxênios no lopólito de Skaergaard, Groenlândia, no qual o fracionamento magmático é quase ideal. Os dados mostram regular aumento do teor de ferro nos Ca- e Mg-piroxênios com o progressivo fracionamento (resfriamento) magmático. Resulta que o teor de ferro em piroxênios coexistente das duas séries pode ser utilizado como índice de evolução magmática. A lacuna de miscibilidade entre as duas séries é bastante constante, pois sua redução entre o Ca-piroxênio augita e o Mg-piroxênio pigeonita é aparente e devido aos teores mais elevados de Al nos dois piroxênios (que falta nos componentes puros do sistema), fato que diminui seus teores absolutos de Ca, Mg e Fe. A cristalização subsolvus das duas séries de piroxênios persiste mesmo em magmas fracionados finais dos quais cristalizam granófiros.

B, C – Piroxênios de lavas basálticas com temperatura liquidus muito alta (Lowder, 1970)

Em algumas lavas basálticas com temperatura liquidus muito alta e resfriamento muito rápido, a composição dos piroxênios inicialmente cristalizados situa-se na lacuna de miscibilidade de Skaergaard (**B**). Tal fato indica que a temperatura máxima do solvus dos piroxênios subalcalinos pode, excepcionalmente, situar-se abaixo da temperatura liquidus de lavas basálticas. Nesse caso, a cristalização dos piroxênios subalcalinos passa de subsolvus para hipersolvus, isto é, a cristalização de duas soluções sólidas parciais, uma rica em Ca e outra em Mg, é substituída pela cristalização de um (Ca,Mg)-piroxênio hipersolvus representado pela augita subcálcica, piroxênio metaestável. Continuando o resfriamento da lava ocorre a implantação da cristalização subsolvus, que implica substituição da cristalização do piroxênio hipersolvus por pares de Ca- e Mg-piroxênios subsolvus. A queda da temperatura amplia progressivamente a lacuna de imiscibilidade entre Ca- e Mg-piroxênios. A cristalização se encerra com a formação de pares de piroxênios situados sobre as tendências evolutivas de Ca- e Mg-piroxênios de Skaergaard (**C**). A falta de enriquecimento em ferro observada nos sucessivos pares de piroxênios subsolvus cristalizados com a queda da temperatura resulta do resfriamento muito rápido da lava, o que impede o fracionamento desta. Decorre que os piroxênios que delimitam a crescente lacuna de miscibilidade com a queda da temperatura representam pares coexistentes cristalizados de um mesmo líquido sob decrescentes temperaturas.

10. Reações de minerais magmáticos

1. Um mineral inicia sua cristalização quando seus elementos constituintes atingem uma supersaturação crítica no magma. A cristalização do mineral, uma vez iniciada, só cessa em uma das seguintes condições:

- com o consumo total do líquido magmático;
- com a vitrificação do líquido magmático coexistente por resfriamento muito rápido; e
- quando o mineral se torna instável pela mudança da temperatura (T), pressão (P) e composição (X) do líquido magmático coexistente. Nessas condições, o mineral instável reage com o líquido coexistente para a formação de um novo mineral estável. Geralmente a cristalização magmática ocorre em condições isobáricas e as mudanças nas condições TX da fase líquida do sistema que resultam na instabilidade mineral decorrem da progressiva cristalização do sistema. Feições típicas que expressam a instabilidade do mineral em relação ao líquido coexistente são bainhas de dissolução, coroas de reação e zoneamento composicional.

Exemplo de cristalização até o esgotamento do líquido complementar coexistente é dado pelo líquido inicial A no sistema Anortita-Titanita-Wollastonita (ou An-Ttn-Wo ou $CaAl_2Si_2O_8$-$CaTiSiO_5$-$CaSiO_3$) em condições de equilíbrio (Figura 10.1.A). O líquido A inicia sua cristalização na temperatura liquidus T1 com a precipitação de anortita, cuja cristalização persiste até o esgotamento do líquido no eutético ternário E(An,Wo,Ttn), onde, na temperatura eutética TE = T3, precipitam conjuntamente anortita, wollastonita e titanita em proporção fixa. A evolução nesse sistema sob decrescentes temperaturas mostra que:

- os diferentes minerais da massa cristalina final iniciam sua cristalização em distintas temperaturas liquidus: anortita na T1, wollastonita na T2 e titanita na T3 = TE(An,Wo,Ttn), o que define a sequência de cristalização do sistema; e
- durante a cristalização, o número de espécies minerais da fração cristalina aumenta sucessivamente com a queda da temperatura (figuras 10.1.A e B): anortita entre T1 e T2, ocasião em que o líquido atinge a composição B, a partir daí anortita + wollastonita entre T2 e TE e, quando o líquido atingir a composição C, ponto eutético, cristaliza anortita + wollastonita + titanita na TE.

Em alguns casos, a eliminação do mineral instável pode não ser total. Consideremos magma basáltico toleítico sílica-insaturado com cerca de 50% peso de sílica, cujas bases conceituais foram discutidas no Capítulo 7. A cristalização inicia-se com a precipitação de forsterita (Mg_2SiO_4), uma Fo_{87} com 40% SiO_2 peso, menor que o teor de sílica no líquido do qual a olivina cristaliza. Resulta um aumento do teor de sílica no decrescente volume de líquido coexistente que em muitos casos passa de sílica-insaturada para sílica-supersaturada. A mudança composicional deflagra a reação de sílica-saturação da olivina com o líquido para a formação de Mg-piroxênio enstatita. Entretanto, dado o caráter original sílica-insaturado do magma, nem toda olivina cristalizada é eliminada pela reação de sílica-saturação. Resulta que basaltos toleíticos-sílica-insaturados (olivina toleíticos) são caracterizados pela paragênese mineral Mg-olivina e Mg-piroxênio. Em magmas basálticos sílica-saturados (toleíticos) e sílica-supersaturados (quartzo toleíticos) em condições de equilíbrio ocorre a eliminação de toda Mg-olivina cristalizada pela reação de sílica-saturação (Figura 10.1.C).

2. Existem basicamente dois tipos de reações entre o mineral instável e o líquido magmático coexistente:

- Reações descontínuas. Pela reação mudam tanto a composição quanto a estrutura do mineral reagente. São as reações que envolvem os minerais ferromagnesianos (ou fêmicos) da série de reação descontínua (Figura 10.2.A). Nesse tipo de reação, os minerais instáveis reagem com o líquido coexistente para a formação de novos minerais estáveis com estrutura mais complexa. Típicas são as reações Mg-olivinas (nesossilicato) + líquido = Mg-piroxênio (inossilicato de cadeia simples), piroxênio + líquido = anfibólio (inossilicato de cadeia dupla), anfibólio + líquido = mica (filossilicato). A comprovação das reações são restos preservados de minerais instáveis mais precoces envolvidos por capas de minerais estáveis mais tardios (figuras 10.2.B a D). Minerais manteados por coroas múltiplas pluriminerálicas que retratam todas sucessivas reações da série descontínua são raros (Figura 10.2.E).

  Tipo especial de reações descontínuas são as reações peritéticas de sílica saturação que afetam minerais fêmicos e siálicos sílica-insaturados, caso da Mg-olivina forsterita, dos feldspatoides nefelina e leucita, das melilitas, e também minerais não silicáticos como a perovskita, entre outros (Quadro 10.1). O sistema Forsterita-Sílica é exemplo clássico de alteração composicional e estrutural da Mg-olivina pela reação peritética de sílica-saturação (figuras 10.3 e 10.4).
- Reações contínuas. São típicas de minerais soluções sólidas. A reação muda apenas a composição, mas não a estrutura do mineral solução sólida. São sucessivas reações infinitesimais que adaptam a composição da solução sólida à contínua variação termocomposicional da fração líquida durante a cristalização magmática. A principal série de reação contínua é a série dos plagioclásios (Figura 10.2.A). Os plagioclásios são uma solução sólida completa entre Anortita ($CaAl_2Si_2O_8$) e Albita ($NaAlSi_3O_8$), respectivamente o componente com maior e menor temperatura de fusão/cristalização. Decorre que plagioclásios que cristalizam em altas temperaturas são ricos em anortita; os que cristalizam sob baixas temperaturas são ricos em albita.

Pela cristalização de sucessivos minerais ou paragêneses minerais distintos, a fração magmática líquida inicial diminui gradualmente de volume, torna-se cada vez mais fria e muda continuamente de composição. Geralmente essas mudanças ocorrem em condições isobáricas, pois a pressão que atua sobre o sistema magmático só varia significativamente em casos de ascensão magmática. De um líquido inicial pobre em Si, Na e K e rico em Fe, Mg e Ca é derivado um líquido final mais rico em Si, Na e K e mais pobre em Ca, Mg e Fe. Ou seja, ocorre um empobrecimento contínuo nos elementos compatíveis Mg e Ca e um crescente enriquecimento nos elementos incompatíveis K e Na. Como o teor de Al varia relativamente pouco durante a cristalização magmática, a contínua mudança química da fração líquida implica uma crescente relação Si/Al e Na/Ca na fração líquida magmática com a queda da temperatura. Decorre que no início da cristalização se formam plagioclásios ricos em anortita e com o avanço da cristalização precipitam da decrescente fração líquida magmática plagioclásios cada vez mais ricos em albita.

3. A cristalização da série de reação contínua ocorre no mesmo intervalo térmico da série de cristalização descontínua, o que resulta na cristalização simultânea de minerais das duas séries. Consequentemente, a cristalização sucessiva de olivinas, piroxênios, anfibólios e micas é acompanhada da precipitação de plagioclásios cada vez mais sódicos. Resulta da cristalização magmática sob decrescente temperatura as paragêneses olivina + Ca-plagioclásio, piroxênio + (Ca,Na)-plagioclásio, anfibólio + (Na,Ca)-plagioclásio e mica + Na-plagioclásio (Figura 10.2.A). Esses pares (ou paragêneses) de minerais coexistentes são a base da classificação das rochas magmáticas: olivina gabros, gabros e dioritos. As paragêneses dos granodioritos e granitos é rica em quartzo, K-feldspatos e mais raramente muscovita, minerais da série de cristalização resi-

dual. Quantidades variáveis de feldspatoides ocorrem em rochas sílica-insaturadas, caso de nefelina sienitos. A nefelina também é mineral da série de cristalização residual.

4. As reações de minerais instáveis com o líquido coexistente ocorrem em temperatura constante e são quase sempre morosas. Se a queda da temperatura do sistema for rápida, ocorre o *overrunning* térmico, resultando em reações parciais, incompletas (Figura 10.5). Sucessivas reações contínuas incompletas resultam em cristais zonados (figuras 10.5.A, B e C). Resulta que cristais zonados são mais frequentes em rochas vulcânicas. Cristais zonados comprovam as sucessivas modificações na composição mineral por reações contínuas no decorrer da cristalização (Figura 10.5). Preservação de reações descontínuas complexas incompletas também ocorre em rochas plutônicas.

5. Cada grupo mineral da série de reação descontínua é uma solução sólida. Consequentemente, enquanto estável, cada grupo da série de reação descontínua muda continuamente de composição por meio de sucessivas reações contínuas (Figura 10.6.A). Ou seja, também as composições das olivinas, piroxênios, anfibólios e micas se adaptam continuamente às mudanças termocomposicionais dos líquidos coexistentes. A reação contínua de um mineral solução sólida com o líquido coexistente é mais efetiva quando envolve apenas a substituição de um cátion saturante numa estrutura simples. É o caso da substituição de Mg por Fe nas (Mg,Fe)-olivinas. Reações que envolvem simultaneamente a substituição de cátions saturantes e estruturais de esqueletos complexos são muito lentas. É o caso, nos plagioclásios, da simultânea substituição do Ca saturante por Na e de Al por Si nos tetraedros ZO_4 estruturais do esqueleto tectossilicático. Decorre que plagioclásios zonados também ocorrem em rochas plutônicas e que são muito mais frequentes que olivinas zonadas. O limite das reações contínuas em cada mineral da série de reação descontínua é o limite de estabilidade da espécie mineral como um todo (figuras 10.6 e 10.7).

6. Do que foi exposto resulta que:

- todo mineral solução sólida modifica continuamente sua composição no decorrer da cristalização magmática nos limites de seu campo de estabilidade;
- a composição de um mineral solução sólida reflete com boa precisão a pressão, temperatura e composição do magma do qual cristaliza;
- as reações contínuas permitem a sucessiva adaptação composicional do mineral solução sólida à contínua mutação termoquímica da fração líquida do magma durante sua cristalização. Quanto mais complexa a composição e estrutura do mineral solução sólida, maior sua capacidade de adaptar-se à contínua variação termoquímica da fração líquida magmática, o que implica um maior campo de estabilidade da espécie mineral;
- numa cristalização em condições de resfriamento rápido, a variação composicional da solução sólida é congelada em cristais zonados;
- a contínua mudança termoquímica da fração líquida durante a cristalização magmática isobárica resulta em seguidas condições TPX favoráveis para o início e o encerramento da cristalização de sucessivos minerais; e
- o encerramento da cristalização de dado mineral da série de reação descontínua resulta de sua reação com o líquido coexistente. Numa cristalização em condições de desequilíbrio, partes do mineral tornado instável podem ser preservadas como inclusões no mineral resultante da reação ou em cristais zonados. Decorre que existe uma relação direta entre a composição mineralógica qualitativa e quantitativa e a composição química das rochas magmáticas e vice-versa. Consequentemente, o exame mineralógico-textural de uma rocha permite definir as condições físico-químicas de sua cristalização.

7. De lavas e magmas basálticos, anidros, pobres em sílica e ricos em Mg, Ca, Fe e Al, cristalizam basaltos e gabros, rochas com teores de SiO_2 entre 45% e 52% peso e entre 7% e 9% de MgO na dependência do seu teor de olivina. Gabros e basaltos são compostos basicamente por Mg-olivina, Ca-plagioclásio, Mg-piroxênios, Ca-piroxênios e minerais opacos. A presença de olivina assinala a natureza sílica-insaturada dos olivina toleítos. Um basalto típico contém ao redor de 49% peso de SiO_2, entre 15% e 16% de Al_2O_3, entre 11% e 12% de FeOT (0,9 Fe_2O_3 + FeO), entre 6% e 7% de MgO, cerca de 9% a 10% de CaO, em torno de 3% de Na_2O e cerca de 1% de K_2O (Tabela 10.1). Variações nos teores de sílica e magnésio em rochas básicas e ultrabási-

cas/ultramáficas frequentemente correlacionam com diferentes teores de Mg-olivinas (forsterita, Mg_2SiO_4), na rocha. Forsterita é mineral pobre em SiO_2 (40% peso) e rico em MgO (54% peso); assim, maiores quantidades de Mg-olivina aumentam o teor de MgO e diminuem o de SiO_2 da rocha.

Dunitos e peridotitos, rochas compostas quase totalmente e em boa parte por forsterita, contêm, respectivamente, em torno de 38% e 31% peso de MgO e 38% e 42% peso de SiO_2. Piroxênios são os principais constituintes dos piroxenitos, rochas com cerca de 46% peso de SiO_2, e são abundantes em peridotitos, rochas que frequentemente resultam da acumulação de olivinas e piroxênios fracionados de magmas basálticos toleíticos em complexos máficos-ultramáficos (Tabela 10.1).

A Mg-olivina (forsterita) é o primeiro mineral da série de reação descontínua a cristalizar e o principal agente de extração de MgO de magmas basálticos. Por seu baixo teor em sílica, a cristalização da Mg-olivina, mineral sílica-insaturado, promove um aumento do teor de sílica no líquido basáltico coexistente que, de sílica-insaturado, passa a sílica-supersaturado. Essa condição resulta na instabilidade da forsterita que reage com o líquido por meio da reação de sílica saturação olivina + líquido basáltico sílica-supersaturado = Mg-piroxênio (enstatita). Em basaltos sílica-saturados e sílica-supersaturados, após essa reação cessa a cristalização de olivina.

As altas relações Al/Si e Ca/Na de magmas basálticos implicam cristalização de Ca-plagioclásios (ou plagioclásios básicos) de alta temperatura ricos em anortita, caso da labradorita e bytownita, minerais iniciais da série de reação contínua. O plagioclásio An_{80} contém cerca de 48% peso de SiO_2, 16% de CaO, 33,5% de Al_2O_3 e 2% de Na_2O (Tabela 10.2). Assim, os Ca-plagioclásios, minerais pobres em sílica, são os principais agentes de extração de Al e Ca de magmas basálticos.

Devido à cristalização subsolvus dos piroxênios, precipitam conjuntamente de magmas basálticos Ca- e Mg-piroxênios. O Mg-piroxênio inicial é o ortopiroxênio enstatita/hiperstênio, isento de Al, substituído posteriormente pela cristalização do clinopiroxênio fracamente aluminoso pigeonita. O Ca-piroxênio é representado pela augita, um clinopiroxênio aluminoso de Ca, Na, Mg, Fe^{2+} e algum Fe^{3+} (Figura 10.8).

Pigeonita contém 52% peso de SiO_2, 23% de FeOT, 16% de MgO, 7% de CaO e entre 1% de 3% de Al_2O_3. Os teores de Na_2O e K_2O são muito baixos (Tabela 10.2).

Augita contém 50% peso de SiO_2, 21% de FeOT, 16% de MgO, 10% de CaO e menos de 1% de Al_2O_3; o hiperstênio 53% peso de SiO_2, 18% de FeOT, 23% de MgO e até 2% de CaO. Contrariando as análises específicas acima, normalmente augitas de basaltos contêm entre 2% e 4% peso de Al_2O_3, algo maior que o teor de Al do Mg-clinopiroxênio pigeonita.

Olivina, plagioclásio e piroxênio geralmente cristalizam simultaneamente de magmas e lavas basálticos sílica-insaturados toleíticos durante um bom intervalo térmico e qualquer um dos três pode ser o mineral liquidus inicial. Geralmente o Ca-piroxênio sucede à Mg-olivina; plagioclásio como mineral liquidus inicial é raro (Figura 10.8.C).

A evolução de magmas basálticos é profundamente influenciada pela fO_2:

- Magmas toleíticos (45% a 52% peso de SiO_2) cristalizam em baixa fO_2. Nessas condições, precipitam conjuntamente Mg-olivinas (40% de SiO_2), Mg- e (Ca,Mg)-piroxênios (50% a 53% de SiO_2) e Ca-plagioclásios (48% de SiO_2), minerais pobres ou sem Fe. A cristalização dessa paragênese: 1) empobrece o magma em Mg, Ca e Al; 2) aumenta o teor de Fe da fração líquida magmática coexistente; e 3) praticamente não altera o teor de sílica do magma. Essa evolução gera magmas derivados de ferrogabros e ferrodioritos e volumes insignificantes de magmas de granófiros e islanditos.
- Magmas cálcio-alcalinos cristalizam nas médias fO_2 e são algo mais ricos em água e álcalis. Nessas condições precipitam conjuntamente Mg-olivinas, (Ca,Mg)-piroxênios, Ca-plagioclásios e magnetita, um óxido de Fe. A cristalização dessa paragênese: 1) empobrece o magma em Mg, Fe e Al, mas o decréscimo de Al é menos acentuado; 2) não ocorre enriquecimento em ferro; e 3) aumenta o teor de sílica e álcalis no magma. Essa evolução gera abundantes magmas derivados andesíticos/dioríticos, dacíticos/granodioríticos e, em menor grau, riolíticos/graníticos.

A proporção entre Mg- e Ca-piroxênio depende da relação Mg/Ca e do grau de oxidação do magma basáltico (augita contém algum Fe^{3+}). Magmas basálticos toleíticos são mais ricos em Mg e menos oxidados que magmas basálticos cálcio-alcalinos, algo mais pobres em Mg, mas mais ricos em Al e álcalis e mais oxidados. Resulta que os Mg-piroxênios são mais frequentes em basaltos toleíticos que em basaltos cálcio-alcalinos, nos quais podem inclusive faltar.

Fica ressaltado que durante a cristalização de magmas basálticos é atingido o limite de estabilidade da forsterita do primeiro grupo mineral (olivinas) da série de reação descontínua. O fator limitante essencial da estabilidade da Mg-olivina é o teor de sílica do líquido coexistente. Tal fato indica que a cristalização de magmas cálcio-alcalinos mais evoluídos (silicosos) que magmas basálticos geralmente resulta em rochas desprovidas de Mg-olivinas.

8. De magmas e lavas cálcio-alcalinos intermediários pouco hidratados cristalizam dioritos e andesitos, rochas com teores de SiO_2 entre 52% e 63% peso. Um andesito típico contém ao redor de 58% peso de SiO_2, 17% de Al_2O_3, 7% de FeOT, em torno de 3% de MgO, aproximadamente 7% de CaO, entre 3% e 4% de Na_2O e entre 1% e 2% de K_2O (Tabela 10.1). Dioritos e andesitos são compostos basicamente por (Ca,Na)-plagioclásio, (Ca,Mg)-piroxênio, Ca-anfibólio e minerais opacos.

Magmas andesíticos contêm mais SiO_2 e Na_2O, menos CaO e apenas pouco mais de Al que magmas basálticos, o que resulta em menores relações Al/Si e Ca/Na (Figura 10.9). Essa mudança reflete-se na cristalização de plagioclásios intermediários de cálcico-sódicos a sódico-cálcicos e cujo principal representante é a andesina. Esse plagioclásio contém ao redor de 56% peso de SiO_2, 28% de Al_2O_3, 10% de CaO e 5,5% de Na_2O (Tabela 10.2).

Outro mineral que continua a cristalizar inicialmente é o Ca-piroxênio augita. Sua complexa fórmula $(Ca,Mg,Fe^{2+},Fe^{3+},Ti,Al)_2(Si,Al)_2O_6$ mostra a capacidade desse mineral de adaptar-se por meio de sucessivas reações contínuas à progressiva mudança termocomposicional da fase magmática líquida. Também continua a cristalização de magnetita. A cristalização inicial desse trio mineral se manifesta em frequentes andesitos porfiríticos portadores de fenocristais de (Ca,Na)-plagioclásio, Ca-piroxênio e magnetita. Olivina pode cristalizar de magmas andesíticos primitivos.

Pela cristalização inicial conjunta de andesina, augita e magnetita, minerais anidros e pobres em álcalis, a decrescente fração líquida coexistente é gradualmente enriquecida em elementos incompatíveis e água. Consequentemente, aumenta a atividade química da água no magma. A atividade química de um componente X (**a**X) no magma é a expressão termodinâmica de sua concentração no magma que não tem correlação direta com o teor em % peso de X no magma. A atividade química da sílica, $\mathbf{a}SiO_2$, torna-se 1 em magmas sílica-saturados e a $\mathbf{a}H_2O$ é unitária em magmas água-saturados. Teoricamente, um mineral hidratado só pode cristalizar na $\mathbf{a}H_2O = 1$. Entretanto, como o magma não é uma solução líquida ideal nem a estrutura e composição de um mineral natural, a cristalização de minerais hidratados já se inicia na natureza na $\mathbf{a}H_2O$ entre 0,65 e 0,7. Esse valor é atingido em magmas andesíticos.

Sob teores críticos de H_2O, a augita se torna instável, reage com o líquido coexistente e gera a hornblenda, um (Ca,Mg,Fe,Al)-anfibólio com fórmula teórica $Ca_2(Mg,Fe)_4Al(Si_7Al)O_{22}(OH)_2$. Entretanto, na natureza sua fórmula é mais complexa, $(Na,K)_{0-1}Ca_2(Mg,Fe^{2+},Fe^{3+},Al)_5(Si,Al)_8O_{22}(OH)_2$, que representa a composição da solução sólida entre os anfibólios tschermakita $[Ca_2(Mg,Fe)_3Al_2(Si_6Al_2O_{22})(OH)_2]$, edenita $[NaCa_2(Mg,Fe)_5(Si_7AlO_{22})(OH)_2]$, pargasita $[NaCa_2(Mg,Fe)_4Al(Si_6Al_2O_{22})(OH)_2]$ e hastingsita $[NaCa_2(Mg,Fe)_4Fe^{3+}(Si_6Al_2O_{22})(OH)_2]$ (Figura 10.10). A composição da hornblenda incorpora principalmente elementos compatíveis, poucos elementos incompatíveis (álcalis) e alumínio, além de oxidrila resultante da dissociação da água. A transição entre magmas basálticos e andesíticos é gradual. Assim, a concentração crítica de água para a cristalização de hornblenda já pode ser alcançada excepcionalmente em alguns magmas basálticos mais evoluídos com a consequente cristalização de hornblenda gabros.

Em termos químicos, a hornblenda de um diorito contém 45% peso de SiO_2, cerca de 12% de Al_2O_3, entre 11% e 12% de FeOT, 10% de MgO, 12% de CaO, pouco mais de 1% de Na_2O e pouco menos de 1% de K_2O (Tabela 10.1). É mineral menos silicoso que a augita, mas essa diferença entre o teor de sílica dos dois minerais máficos é compensada pela cristalização concomitante do plagioclásio mais sódico e silicoso.

A instabilidade da augita no decorrer da cristalização de magma andesítico é confirmada pela erupção sucessiva num mesmo vulcão de andesitos porfiríticos com fenocristais de augita, de augita e hornblenda e de apenas hornblenda. A importância da água como fator limitante da estabilidade da augita é confirmada pela ocorrência de piroxênios em rochas resultantes de magmas e lavas mais silicosos e mais ricos em álcalis, mas menos hidratados que magmas andesíticos, caso de riólitos e charnockitos. Em lavas riolíticas, o escape do vapor de água supercrítico inicia a cristalização de piroxênio que substitui o anfibólio, mineral típico de seus equivalentes plutônicos, os granitos, que cristalizam sob elevada pressão de água (P_{H_2O}). Já nos charnockitos, uma variedade de granito, a presença de piroxênio é atribuída à cristalização do magma sob elevadas pressões de CO_2.

Importante em magmas andesíticos é a extração do ferro por meio da cristalização de abundantes minerais opacos, principalmente magnetita. Andesitos com pequenos fenocristais de magnetita são frequentes. A magnetita ($FeFe_2O_4$), por sua elevada densidade, é acumulada na base das câmaras magmáticas. Quando os leitos basais cumuláticos sofrem erupção, ocorrem derrames de andesitos muito ricos ou constituídos predominantemente por magnetita ou mesmo magnetititos, rochas compostas quase totalmente por magnetita (muito raras). Também parte da hornblenda é acumulada em camadas basais e seu desmembramento pela ascensão magmática durante erupções vulcânica gera os autólitos de hornblenditos típicos de andesitos.

Fica ressaltado que durante a cristalização em condições normais de magmas andesíticos é atingido o limite de estabilidade da augita, o segundo grupo mineral (piroxênios) da série de reação descontínua. O principal fator limitante de sua estabilidade é o teor de água no líquido coexistente. Tal fato indica que a cristalização de magmas cálcio-alcalinos mais evoluídos que magmas andesíticos geralmente resulta em rochas desprovidas de augita.

9. De magmas e lavas cálcio-alcalinos ácidos e sódio-cálcicos hidratados cristalizam granodioritos e dacitos, rochas com mais de 63% peso de SiO_2. Um dacito típico contém cerca de 65% peso de SiO_2, 16% de Al_2O_3, entre 4% e 5% de FeOT, entre 1% e 2% de MgO, aproximadamente 4% de CaO e Na_2O e ao redor de 2% de K_2O (Tabela 10.1). Granodioritos e dacitos são compostos basicamente por (Na,Ca)-plagioclásio e quartzo. Os baixos teores de Ca e Fe tornam Ca-anfibólio e minerais opacos mais raros, o que torna as rochas mais félsicas. O teor de FeOT de magmas dacíticos é cerca de 4,5% peso, em magmas andesíticos ao redor de 7% e em magmas basálticos ao redor de 9,5% peso.

Magmas dacíticos são mais ricos em Na_2O e SiO_2 e mais pobres em CaO que magmas andesíticos. Resultam altas razões Si/Al e Na/Ca que implicam a cristalização de plagioclásios sódicos-cálcicos a sódicos do fim da série de cristalização contínua (Figura 10.9). Representante típico é o oligoclásio. Um plagioclásio An_{20} contém 63% peso de SiO_2, 23% de Al_2O_3, 4% de CaO e 9% de Na_2O.

Em magmas dacíticos persiste a cristalização da hornblenda, iniciada em magmas andesíticos, pois esse mineral tem um amplo campo de estabilidade (Figura 10.10.C). Em magmas pobres em água e mais ricos em Ca, uma excepcional cristalização de augita pode preceder a da hornblenda em augita-hornblenda granodioritos. Polimorfos de sílica são minerais essenciais em granodioritos e dacitos. Sua presença indica que nos correspondentes magmas e lavas, a atividade química, a_{SiO_2} atingiu valor unitário. Quartzo α cristaliza em granodioritos; quartzo β ou tridimita em dacitos (Figura 10.11). Excepcionalmente, a cristalização de quartzo já se inicia em magmas dacíticos. Resultam quartzo dioritos ou tonalitos. Também a concentração de K_2O torna-se crítica e resulta na cristalização dos polimorfos de K-feldspatos. Entretanto, seu montante cristalizado é pouco expressivo, sempre inferior ao do Na-plagioclásio.

10. De magmas e lavas cálcio-alcalinos ácidos, sódio-potássicos e potássio-sódicos hidratados cristalizam respectivamente monzogranitos e riodacitos e granitos e riólitos. Estes contêm entre 69% e 77% peso de SiO_2. O teor de sílica em riólitos varia com a concentração de álcalis na rocha: quanto maior este, que pode excepcionalmente atingir 8% peso, menor o teor de sílica. Um riólito típico contém 73% peso de SiO_2, 13% de Al_2O_3, entre 2% e 3% de FeOT, muito pouco de MgO, aproximadamente 1% de CaO, entre 3% e 4% de Na_2O e ao redor de 4% de K_2O (Tabela 10.1).

Granitos e riólitos são compostos basicamente por K-feldspato, quartzo e (Na,Ca)-plagioclásio; Ca-anfibólio e biotita geralmente são minerais acessórios e minerais opacos são raros. Os elevados teores de K_2O propiciam a cristalização dos polimorfos de K-feldspato; ortoclásio em granitos e sanidina em riólitos. Ortoclásio contém ao redor de 64% peso de SiO_2, 20% de Al_2O_3, entre 3% e 4% de Na_2O e redor de 12% de K_2O. Sua cristalização é o principal fator de extração de potássio e alumínio do líquido magmático. Enquanto a sanidina representa uma cristalização hipersolvus em condições anidras, o típico par ortoclásio + oligoclásio em granitos indica sua cristalização subsolvus sob alta P_{H_2O}. Na- e K-feldspatos cristalizam simultaneamente ou sequencialmente. Rochas plutônicas nas quais o ortoclásio/microclínio domina sobre o oligoclásio são denominadas granitos; nos monzogranitos, os dois feldspatos alcalinos ocorrem em quantidades aproximadamente iguais. As correspondentes rochas vulcânicas são riólitos e riodacitos. Os elevados teores de SiO_2 de magma/lavas graníticos/riolíticos implicam em cristalização de grandes quantidades de polimorfos de sílica, quartzo β, tridimita ou, excepcionalmente, cristobalita em rochas vulcânicas e quartzo α em rochas plutônicas (Figura 10.11).

Durante a cristalização de magmas graníticos aumenta gradualmente o índice de alumina-saturação dado pela relação molar (% em peso do óxido/ peso molecular do óxido) $Al_2O_3/(CaO + Na_2O + K_2O)$, expresso pela simbologia A/CNK, na decrescente fração líquida (Figura 10.12.A). Valores de A/CNK > 1 e < 1 definem respectivamente magmas, rochas e minerais peraluminosos e metaluminosos. De magmas peraluminosos cristalizam minerais máficos ricos em alumínio; de magmas metaluminosos precipitam minerais máficos pobres ou sem alumínio. Fica claro que a cristalização de minerais máficos ricos em cálcio e pobres em alumina, caso de augita e hornblenda, aumentam o índice de alumina-saturação do líquido coexistente. A hornblenda é mineral estável até um índice de alumina-saturação 1,1 (Figura 10.12.B). Para valores maiores, sua composição é incapaz de manter-se em equilíbrio com a fração magmática líquida rica em álcalis e alumina por meio de reações contínuas. Consequentemente, reage com o líquido coexistente para a formação de biotita. Teoricamente, esse mineral com fórmula $K(Fe,Mg)_3(Si_3Al)O_{10}(OH)_2$ é alumina-saturado, mas a substituição parcial de $[(Fe,Mg)Si]^{6+}$ por $[2Al]^{6+}$ torna a biotita peraluminosa. Pela incorporação de outros elementos, a biotita adquire a complexa composição $K_2(Mg,Fe^{2+})_{6\text{-}4}(Fe^{3+},Al,Ti)_{0\text{-}2}(Si,Al)_8O_{20}(OH,F)_4$, contendo em média 37% peso de SiO_2, 17% de Al_2O_3, 9% de MgO, 9% de K_2O e cerca de 22% de FeO_T. Sua composição variável permite a ocorrência do mineral em uma grande variedade de rochas (Figura 10.13). Muscovita $[KAl_4(Si_6Al_3O_{20})(OH,F)_4]$, uma mica sem magnésio e ferro, só cristaliza de magmas com alumina-saturação entre 2 e 3.

Fica, assim, claro que durante a cristalização em condições normais de magmas graníticos é atingido o limite de estabilidade da hornblenda do terceiro grupo mineral (anfibólios) da série de reação descontínua. O principal fator limitante de sua estabilidade é a alumina-saturação do líquido coexistente. Tal fato indica que a cristalização de magmas mais evoluídos que magmas graníticos, caso de magmas residuais pegmatíticos muito enriquecidos em água, sílica e álcalis, geralmente resultam em rochas (pegmatitos) desprovidas de hornblenda.

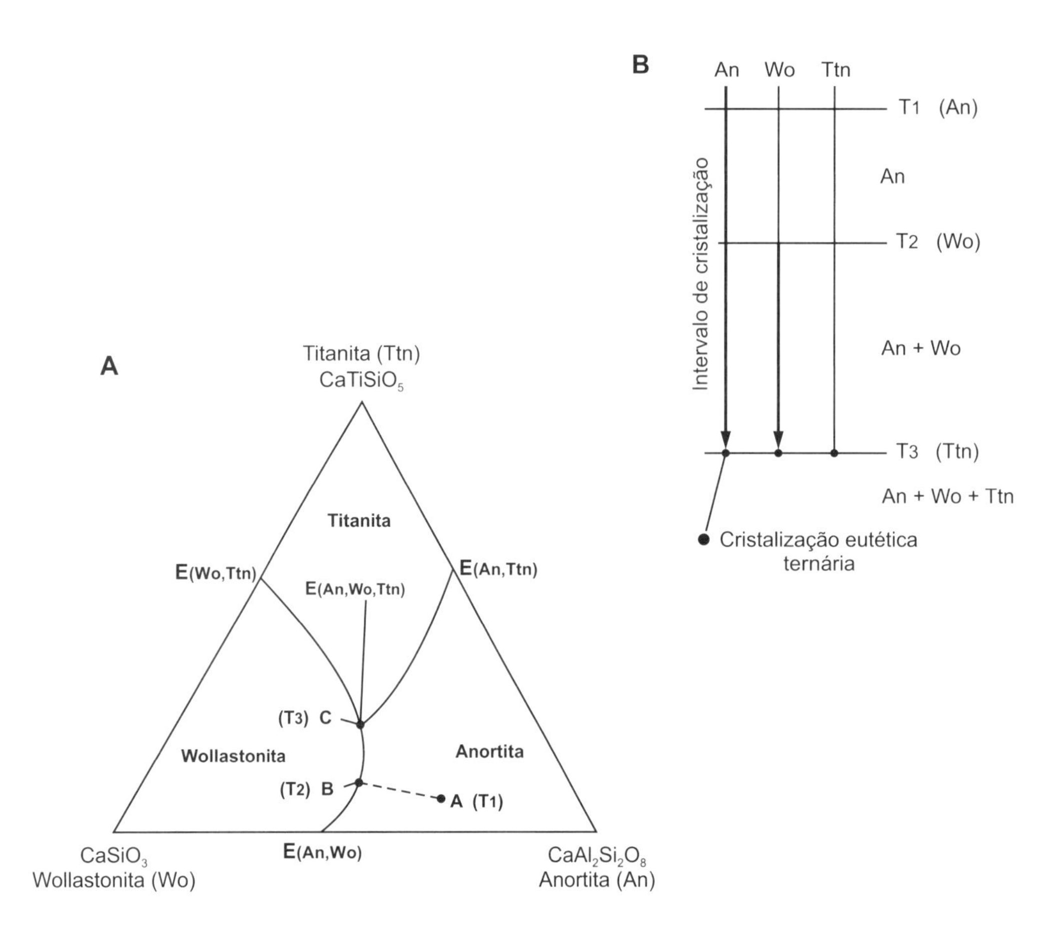
B
An Wo Ttn
T1 (An)
An
T2 (Wo)
Intervalo de cristalização
An + Wo
T3 (Ttn)
An + Wo + Ttn
Cristalização eutética ternária
A
Titanita (Ttn)
$CaTiSiO_5$
Titanita
E(Wo,Ttn)
E(An,Wo,Ttn)
E(An,Ttn)
(T3) C
Wollastonita
Anortita
(T2) B
A (T1)
$CaSiO_3$
Wollastonita (Wo)
E(An,Wo)
$CaAl_2Si_2O_8$
Anortita (An)

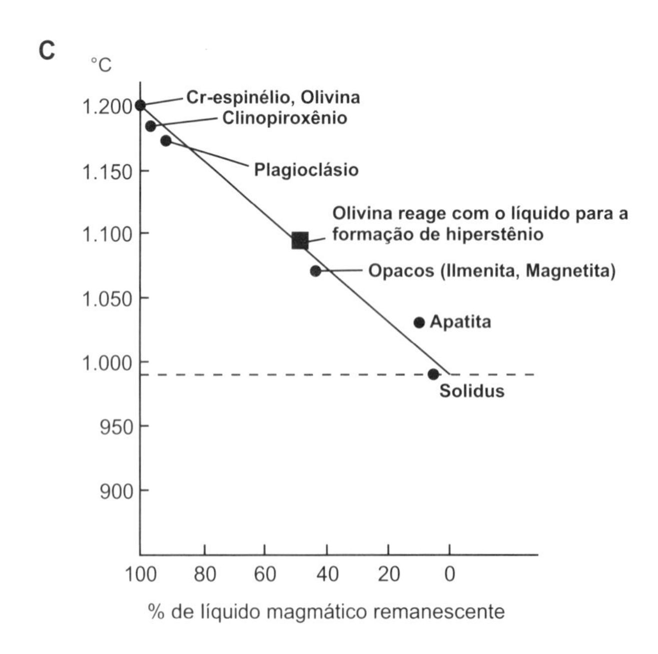
C
°C
1.200
1.150
1.100
1.050
1.000
950
900
Cr-espinélio, Olivina
Clinopiroxênio
Plagioclásio
Olivina reage com o líquido para a formação de hiperstênio
Opacos (Ilmenita, Magnetita)
Apatita
Solidus
100 80 60 40 20 0
% de líquido magmático remanescente

Figura 10.1 – Início e encerramento da cristalização mineral

Uma vez iniciada, a cristalização de um mineral só cessa 1) com o esgotamento total do líquido coexistente; 2) pela vitrificação do líquido coexistente (resfriamento rápido); ou 3) com a desestabilização do mineral. A desestabilização resulta da contínua mudança composicional e térmica da decrescente fração líquida do sistema magmático durante sua cristalização. Nesse caso, o mineral tornado instável reage com o líquido coexistente formando um novo mineral estável. Na reação, o mineral muda sua composição e pode ou não manter sua estrutura cristalina. Manutenção da estrutura cristalina ampla (que pode incluir mais de um grupo espacial) ocorre na série de reação contínua; mudança estrutural ocorre na série de reação descontínua.

A, B – O sistema Wollastonita-Titanita-Anortita (Nishioka, 1935, modificado)

O diagrama eutético ternário Wollastonita-Titanita-Anortita, Wo-Ttn-An ou $CaSiO_3$-$CaTiSiO_5$-$CaAl_2Si_2O_8$, ilustra a continuidade da cristalização mineral até o esgotamento do líquido coexistente. Um líquido com composição A situado no campo da anortita que, portanto, é mineral liquidus, inicia sua cristalização com a precipitação de anortita na temperatura liquidus T1. Pela extração de An o líquido coexistente muda de composição ao longo da reta A-B e atinge a curva cotética Anortita + Wollastonita no ponto B sob T2. A curva cotética é o limite entre dois campos adjacentes de estabilidade mineral; nesse caso, os da anortita e da wollastonita. De um líquido situado sobre a curva limítrofe (a curva cotética) cristalizam simultaneamente os dois minerais dos campos de estabilidade justapostos. Portanto, em B sob T2, inicia-se a cristalização de wollastonita e continua a cristalização de anortita. Pela cristalização conjunta de An e Wo, o decrescente volume de líquido coexistente muda de composição ao longo da curva cotética até atingir em C, sob T3, o ponto eutético ternário E(Wo,Ttn,An), o encontro dos três campos de estabilidade do sistema. No eutético (ternário E), um ponto invariante, anortita, wollastonita e titanita cristalizam conjuntamente em proporção fixa e temperatura constante até a exaustão total do líquido. A cristalização da anortita iniciada na T1 persiste até o esgotamento total do líquido no ponto eutético.

C – Cristalização de lavas basálticas (Barker, 1983)

É mostrada a sequência de cristalização mineral para uma lava basáltica toleítica da cratera Makaopuhi, Kilauea, Havaí, no diagrama Taxa de Cristalização (% de líquido magmático remanescente no sistema) × Temperatura (do sistema magmático). A cristalização inicia-se em 1.200 °C com a precipitação de Cr-espinélio e olivina e encerra-se no solidus da rocha sob 990 °C pela cristalização conjunta de clinopiroxênio (augita), Ca-plagioclásio, ilmenita, magnetita e apatita. Fica claro que: 1) com a queda da temperatura, os minerais da rocha cristalizam segundo uma sucessão definida que define a sequência de cristalização mineral da lava; 2) lavas e magmas não cristalizam numa temperatura fixa, mas, sim, num intervalo de cristalização, a diferença entre as temperaturas liquidus e solidus do sistema; 3) após o início da cristalização de cada mineral, o seu fim só ocorre na temperatura solidus do sistema, após um intervalo de cristalização. Apenas a cristalização da Mg-olivina forsterita, mineral sílica-insaturado, é interrompida antes, no ponto peritético, pela reação de sílica-saturação que gera o Mg-piroxênio hiperstênio, o novo mineral sílica-saturado estável.

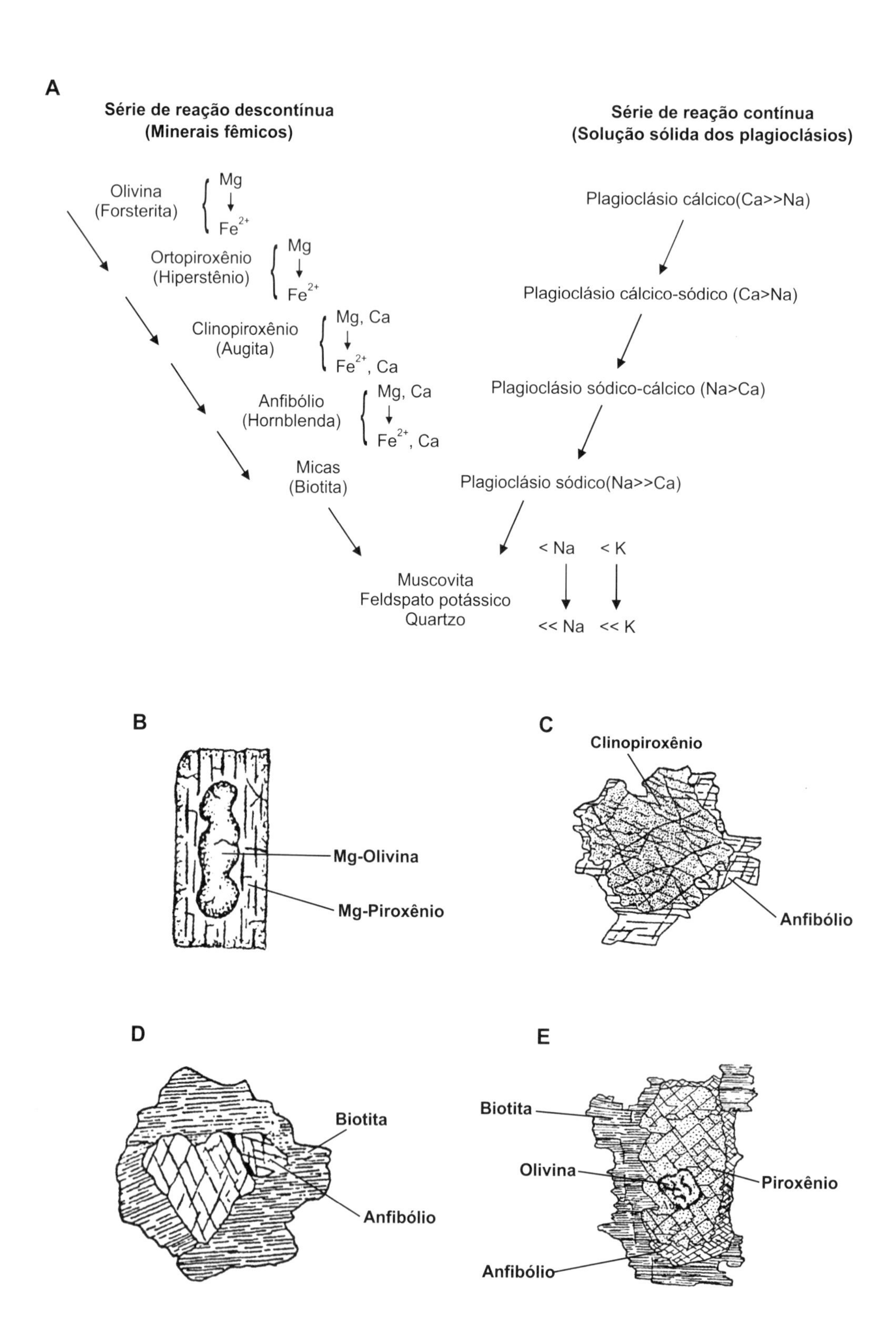
A
Série de reação descontínua
(Minerais fêmicos)
Olivina
(Forsterita)
Mg
Fe2+
Ortopiroxênio
(Hiperstênio)
Mg
Fe2+
Clinopiroxênio
(Augita)
Mg, Ca
Fe2+, Ca
Anfibólio
(Hornblenda)
Mg, Ca
Fe2+, Ca
Micas
(Biotita)
Série de reação contínua
(Solução sólida dos plagioclásios)
Plagioclásio cálcico(Ca>>Na)
Plagioclásio cálcico-sódico (Ca>Na)
Plagioclásio sódico-cálcico (Na>Ca)
Plagioclásio sódico(Na>>Ca)
< Na
< K
Muscovita
Feldspato potássico
Quartzo
<< Na
<< K
B
Mg-Olivina
Mg-Piroxênio
C
Clinopiroxênio
Anfibólio
D
Biotita
Anfibólio
E
Biotita
Olivina
Piroxênio
Anfibólio

Figura 10.2 – Séries de reação ou cristalização

A a **E** – **As séries de reação ou cristalização** (Bowen, 1928)

A contínua mudança da composição química da decrescente fração líquida de um magma subalcalino no decorrer de sua cristalização se caracteriza por um gradual enriquecimento em Si, Na e K e água acompanhado de um progressivo empobrecimento em Ca, Mg e Fe. O teor de Al_2O_3 (alumina) não varia significativamente. Essa evolução representa um empobrecimento gradual em elementos compatíveis e um enriquecimento progressivo em elementos incompatíveis. A contínua variação termocomposicional da fração magmática líquida gera sucessivas condições físico-químicas que controlam o início e o encerramento da cristalização de diferentes minerais siálicos e máficos. A sequência de cristalização dos minerais com a queda da temperatura magmática é denominada de série de cristalização, série de reação ou série de Bowen. São definidas três séries de reação ou de cristalização (**A**):

- Série de reação descontínua. Compreende os grupos minerais ferromagnesianos ou fêmicos dados pelas olivinas, piroxênios, anfibólios e micas sob decrescentes temperaturas magmáticas. O fim da estabilidade de cada mineral integrante dos quatro grupos, isto é, o fim de sua cristalização, é assinalado por sua reação com o líquido coexistente para a formação de um novo mineral estável com composição e estrutura mais complexa. Daí o nome série de reação descontínua. A reação se inicia no contato entre o mineral instável e o líquido circundante. Decorre que frequentemente o novo mineral estável forma uma carapaça ou anel envolvendo o mineral instável, que impede o contato do mineral instável envolvido com o líquido. Consequentemente, a reação não é completada. São mostradas as reações descontínuas incompletas Mg-olivina → Mg-piroxênio (**B**), augita → hornblenda (**C**), hornblenda → biotita (**D**) e uma carapaça mineral múltipla que retrata todas as reações sequenciais da série descontínua (**E**). As mudanças composicionais ao longo da série de reação descontínua compreendem a cristalização inicial de minerais anidros compostos exclusivamente por elementos compatíveis (olivinas e piroxênios) seguida da cristalização de minerais hidratados compostos por elementos compatíveis e incompatíveis (anfibólios e micas). A mudança estrutural consiste na cristalização de minerais com estruturas cada vez mais complexas e ricas em alumina (olivinas, nesossilicatos → piroxênios, inossilicatos de cadeia simples → anfibólios, inossilicatos de cadeia dupla → micas, filossilicatos).
- Série de reação contínua. É representada pelos plagioclásios. As reações de mudança composicionais não são acompanhadas de mudanças estruturais. Daí o nome série de reação contínua. Com o progresso da cristalização, as relações Na/Ca e Si/Al da fração líquida magmática aumentam gradualmente com a consequente cristalização sequencial de plagioclásios cálcicos (anortita), cálcio-sódicos (bytownita, labradorita), sódio-cálcicos (andesina, oligoclásio) e sódicos (albita), que implica progressiva substituição acoplada de Ca + Al da anortita por Si + Na da albita, o componente com menor temperatura de fusão.
- Série de cristalização residual. Não existem relações de reação entre os minerais desta série. Compreende os feldspatos alcalinos, polimorfos de sílica ou feldspatoides, muscovita e zeólitas, estes produtos de cristalização subsólida hidrotermal. Polimorfos de sílica cristalizam de magmas sílica-supersaturados; feldspatoides, de magmas sílica-insaturados. Muscovita cristaliza de magmas com alumina-saturação entre 2 e 3, K-feldspatos, de magmas ricos em potassa (K_2O). Essas condições químicas frequentemente só são alcançadas em magmas residuais altamente fracionados formados no estágio final da cristalização magmática.

Reações de sílica-saturação de minerais sílica-insaturados e de diminuição da sílica-insaturação

	Mineral sílica-insaturado			+ Sílica	=	Mineral sílica-saturado		
1	Forsterita Mg_2SiO_4			+ SiO_2	=	Enstatita $Mg_2Si_2O_6$		
	Nefelina $NaAlSiO_4$			+ SiO_2	=	Albita $NaAlSi_3O_8$		
	Perovskita $CaTiO_3$			+ SiO_2	=	Titanita $CaTiSiO_5$		
	Leucita $KAlSi_2O_6$			+ SiO_2	=	Ortoclásio $KAlSi_3O_8$		
	Coríndon Al_2O_3			+ SiO_2	=	Sillimanita Al_2SiO_5		
2	Gehlenita $Ca_2Al(Al,Si)_2O_7$			+ SiO_2	=	Anortita $CaAl_2Si_2O_8$	+	Wollastonita $CaSiO_3$
	Akermanita $Ca_2MgSi_2O_7$			+ SiO_2	=	Enstatita $Mg_2Si_2O_6$	+	Wollastonita $CaSiO_3$
3	Gehlenita $Ca_2Al(Al,Si)_2O_7$	+	Forsterita Mg_2SiO_4	+ SiO_2	=	Diopsídio $CaMgSi_2O_6$	+	Tschermakita $CaAlAlSiO_6$
	Akermanita $Ca_2MgSi_2O_7$	+	Forsterita Mg_2SiO_4	+ SiO_2	=	Diopsídio $CaMgSi_2O_6$		
4	Kalsilita $KAlSiO_4$			+ SiO_2	=	Leucita $KAlSi_2O_6$		

1 – 1 mineral sílica-insaturado + sílica → 1 mineral sílica-saturado
2 – 1 mineral sílica-insaturado + sílica → 2 minerais sílica-saturados
3 – 2 minerais sílica-insaturados + sílica → 1 ou 2 minerais sílica-saturados
4 – 1 mineral mais sílica-insaturado + sílica → 1 mineral menos sílica-insaturado

Quadro 10.1 – Sílica-saturação

A unidade estrutural básica dos silicatos é o íon complexo ZO_4 no qual Z é representado principalmente por Si^{4+}, subordinadamente por Al^{3+} e excepcionalmente por Fe^{3+} e Ti^{4+}. Por polimerização mais ou menos intensa, os tetraedros estruturais (ZO^{4-}) formam esqueletos silicáticos iônicos mais ou menos complexos que são saturados (neutralizados) por cátion tipo X, Y e W. Quanto mais complexa a estrutura do silicato, maior a sua relação Z/(X + Y + W). Na olivina Mg_2SiO_4, um nesossilicato, a relação Z/(X + Y + W) é 1:2, no K-feldspato ($KAlSi_3O_8$), um tectossilicato, a relação é 4:1. Magmas básicos e ácidos têm, respectivamente, relação Z/(X + Y + W) menor e maior.

Em termos da relação Z/(X + Y + W) existem três tipos de magmas, rochas e minerais:

- Magmas sílica-supersaturados. Após a cristalização de todos os minerais com teor máximo possível de SiO_2 (minerais sílica-saturados), ainda há sobra de sílica para a cristalização de um polimorfo de SiO_2. Rochas sílica-supersaturadas são caracterizadas pela paragênese de polimorfos de sílica (quartzo α e β, tridimita e excepcionalmente cristobalita) e minerais sílica-saturados. Estes são representados pela Fe-olivina faialita, piroxênios, anfibólios, micas e feldspatos.
- Magmas sílica-saturados. Após a cristalização de todos os minerais com teor máximo possível de SiO_2 (minerais sílica-saturados) não há sobra de sílica para a cristalização de um polimorfo de sílica. Esse balanceamento exato entre sílica e cátions metálicos é muito raro; decorre que magmas sílica-saturados são escassos. Rochas sílica-saturadas contêm apenas minerais sílica-saturados.
- Magmas sílica-insaturados. O teor de sílica é insuficiente para gerar apenas minerais sílica-saturados. Consequentemente, a cristalização de parte dos minerais sílica-saturados é substituída pela cristalização de minerais sílica-insaturados. Estes contêm os mesmos cátions metálicos, mas um conteúdo menor de sílica que o de seu equivalente sílica-saturado. Decorre que a paragênese mineral sílica-insaturado + polimorfo de sílica é incompatível e que rochas sílica-insaturadas são compostas por uma mistura de minerais sílica-saturados e sílica-insaturados; os primeiros geralmente dominam sobre os últimos.

A cristalização dos minerais sílica-insaturados segue uma sequência que expressa a crescente sílica-insaturação (ou decrescente atividade química da sílica, a_{SiO_2}) do magma. Em magmas toleíticos, a sílica-insaturação afeta inicialmente o Mg (com a cristalização de olivina, Mg_2SiO_4, no lugar da enstatita, $Mg_2Si_2O_6$) seguido pelo sódio (nefelina, $NaAlSiO_4$, em vez da albita, $KAlSi_3O_8$), e misturas de Ca, Mg e Al (melilitas e tschermakita em lugar de diopsídio e anortita). Em magmas alcalinos potássicos, a sílica-insaturação afeta inicialmente o Ti (cristaliza perovskita, $CaTiO_3$, no lugar da titanita, $CaTiSiO_5$) e depois o K (leucita, $KAlSi_2O_6$, em vez do K-feldspato, $KAlSi_3O_8$). Numa sílica-insaturação muito severa cristaliza kalsilita ($KAlSiO_4$) substituindo leucita ($KAlSi_2O_6$). Em magmas sílica-insaturados muito aluminosos cristaliza o coríndon, Al_2O_3, em vez da sillimanita, Al_2SiO_5. Resulta que o mineral sílica-insaturado presente no magma permite estimar o grau de sílica-insaturação e a composição do magma do qual cristalizou. Um olivina basalto é menos sílica-insaturado que um nefelina basalto, que por sua vez é menos sílica-insaturado que um melilita basalto. Uma rocha contendo kalsilita é mais sílica-insaturada que uma rocha portadora de leucita.

As reações de dessilicificação de minerais sílica-saturados podem ser simples ou complexas. Reação simples é a geração do piroxênio sílica-insaturado Ca-tschermakita, componente da augita, a partir da dessilicificação da anortita segundo a reação $CaAl_2Si_2O_8 - SiO_2 = CaAlAlSiO_6$. Complexa é a reação de dessilicificação $2CaMgSi_2O_6$ (diopsídio) $- \frac{2}{3}\, SiO_2 = Ca_2MgSi_2O_7$ (akermanita, a melilita de Ca e Mg) $+ \frac{1}{2}\, Mg_2SiO_4$ (forsterita).

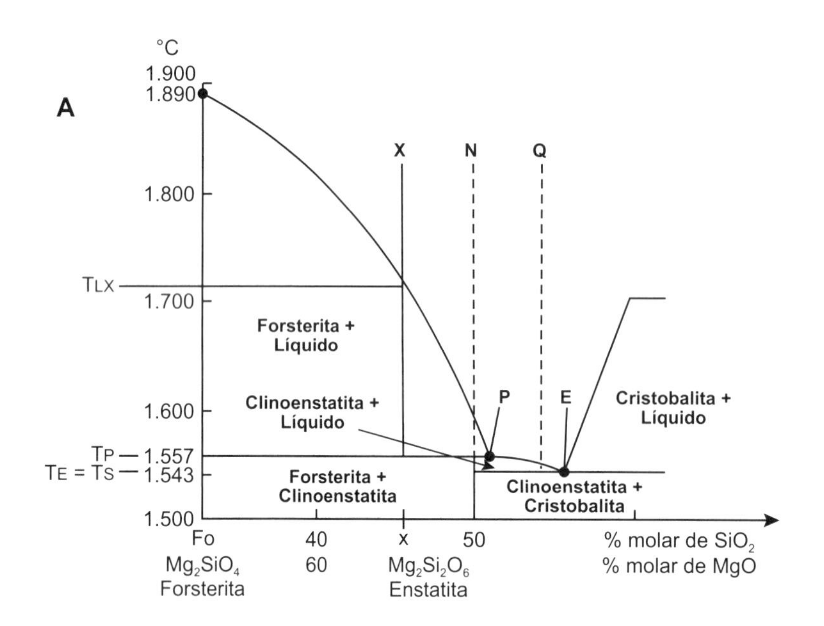
A
°C
1.900
1.890
1.800
TLX
1.700
1.600
TP — 1.557
TE = TS — 1.543
1.500
X
N
Q
Forsterita + Líquido
Clinoenstatita + Líquido
P
E
Cristobalita + Líquido
Forsterita + Clinoenstatita
Clinoenstatita + Cristobalita
Fo
40
x
50
% molar de SiO_2
Mg_2SiO_4
60
$Mg_2Si_2O_6$
% molar de MgO
Forsterita
Enstatita

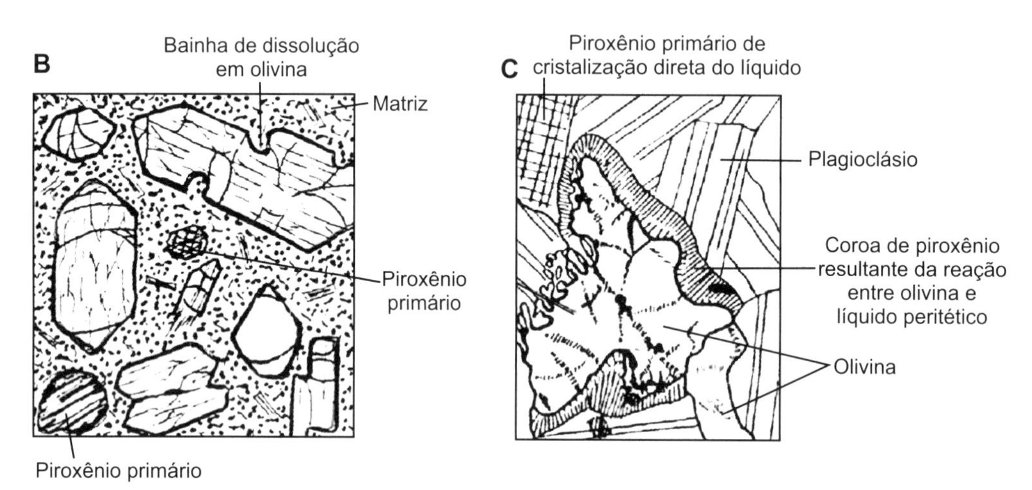
B
Bainha de dissolução em olivina
Matriz
Piroxênio primário
Piroxênio primário
C
Piroxênio primário de cristalização direta do líquido
Plagioclásio
Coroa de piroxênio resultante da reação entre olivina e líquido peritético
Olivina

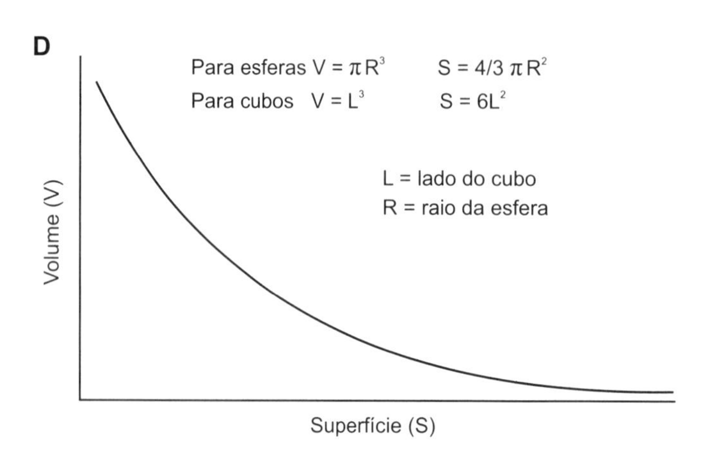
D
Para esferas $V = \pi R^3$
$S = 4/3\ \pi R^2$
Para cubos $V = L^3$
$S = 6L^2$
L = lado do cubo
R = raio da esfera
Volume (V)
Superfície (S)

Figura 10.3 – Reações peritéticas

A a D – O sistema Forsterita-Sílica (Bowen; Andersen, 1914; Greig, 1927)

O sistema Forsterita-Sílica, Fo-Qz ou Mg_2SiO_4-SiO_2, contém como componente intermediário o Mg-ortopiroxênio enstatita (En, $Mg_2Si_2O_6$), mineral com ponto de fusão incongruente. Sob baixas pressões, a enstatita funde em duas etapas sob temperaturas distintas: 1) Enstatita = Forsterita + Líquido de SiO_2 na temperatura mais baixa; e 2) Forsterita + Líquido de SiO_2 = Líquido de $Mg_2Si_2O_6$ na temperatura mais alta. Durante a cristalização de um líquido de En ocorre o inverso: 1) na temperatura mais elevada cristaliza a forsterita que coexiste com sílica líquida; e 2) na temperatura mais baixa cristaliza a enstatita como resultado da reação de sílica-saturação (ou reação peritética) Forsterita + Líquido de SiO_2 = Enstatita. No sistema Forsterita--Sílica, essa reação ocorre no ponto peritético P, situado na porção sílica-supersaturada do sistema. A fusão incongruente da enstatita resulta da superposição parcial dos campos de estabilidade da forsterita e da enstatita; o ponto peritético é a intersecção entre ambos.

Consideremos a cristalização em condições de equilíbrio (CCE) do líquido sílica-insaturado X com composição entre Fo e En. Sua cristalização inicia-se na temperatura liquidus TLX com a precipitação de forsterita. A cristalização de Mg-olivina empobrece o decrescente volume de líquido complementar coexistente (LCC) em magnésio mudando sua composição ao longo da curva liquidus em direção ao ponto peritético P. Mesmo quando o LCC atinge a composição da enstatita continua a cristalização de forsterita. Atingido o ponto peritético P sob 1.557 °C inicia-se a reação forsterita previamente cristalizada (Fo) + líquido peritético sílica-supersaturado (LP) = enstatita (En). Como o ponto P representa um ponto invariante com composição constante, a reação envolve: 1) a cristalização conjunta de olivina e enstatita primária; e 2) eliminação da olivina pré-P e sin-P por: 2.1) dissolução parcial em LP (líquido com composição equivalente ao peritético), processo atestado por bainhas de dissolução em olivinas (**B**); e 2.2) reação com LP para a formação de En, processo atestado por capas ou carapaça de enstatita "felpuda" envolvendo a olivina (**C**). Essa enstatita é dita de reação para diferenciá-la da En primária cristalizada diretamente de LP. No caso do líquido X, todo líquido peritético é consumido durante a reação, ao fim da qual ainda sobra alguma olivina. O produto final da cristalização é a paragênese sílica--insaturada forsterita + enstatita que corresponde à composição do líquido inicial X situada entre Fo e En.

A eficiência da reação peritética depende da superfície da olivina em contato com o líquido peritético, que por sua vez é função do volume do cristal (**D**). Quanto maior o cristal, menor a superfície cristalina relativa em contato com o líquido. Decorre que cristais maiores de olivina não sofrem reabsorção/dissolução total pelo líquido peritético; apenas exibem bainhas de dissolução. Igualmente, nos cristais maiores de olivina, a reação com o líquido peritético resulta numa carapaça ou capa (anel ou coroa em corte) de enstatita que circunda o núcleo de olivina e impede seu contato com o líquido reagente. Essa feição preserva parcialmente a condição invariante que deflagrou a reação peritética. Em cristais pequenos, de grande superfície relativa, reação e dissolução consomem totalmente os cristais de olivina.

A relação volume/superfície é importante para numerosos processos geológicos, incluindo a nucleação mineral, a velocidade de intemperismo de rochas diaclasadas etc.

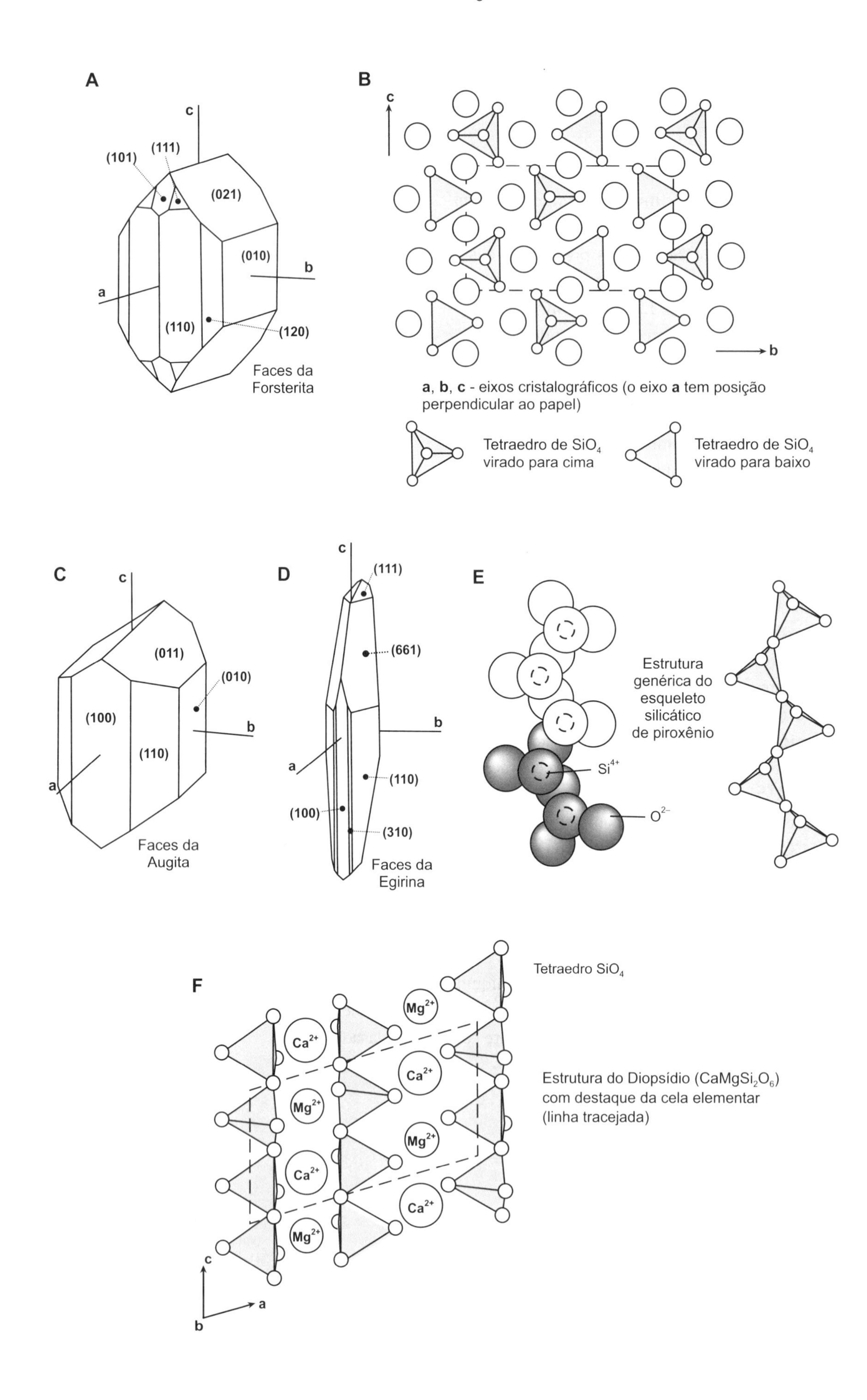
A
c
(101)
(111)
(021)
(010)
b
a
(110)
(120)
Faces da Forsterita
B
c
b
a, b, c - eixos cristalográficos (o eixo a tem posição perpendicular ao papel)
Tetraedro de SiO4 virado para cima
Tetraedro de SiO4 virado para baixo
C
c
(011)
(010)
(100)
b
(110)
a
Faces da Augita
D
c
(111)
(661)
b
a
(110)
(100)
(310)
Faces da Egirina
E
Estrutura genérica do esqueleto silicático de piroxênio
Si4+
O2–
F
Tetraedro SiO4
Mg2+
Ca2+
Estrutura do Diopsídio (CaMgSi2O6) com destaque da cela elementar (linha tracejada)
c
a
b

Figura 10.4 – Mudança estrutural pela reação peritética

Os minerais sucessivamente precipitados durante a cristalização magmática são reunidos em duas séries de reações: a série contínua e a série descontínua. Em dado intervalo de temperatura, representantes isotérmicos específicos das duas séries cristalizam simultaneamente em grandes quantidades originando rocha com particular composição e nomenclatura. Na série contínua, representada pelos plagioclásios, os sucessivos minerais siálicos formados mudam apenas de composição (entre anortita e albita) sem modificação de sua estrutura cristalina genérica triclínica, embora ocorram mudanças nos grupos estruturais. Na série de reação descontínua, os minerais máficos sucessivamente formados (olivinas, piroxênios, anfibólios, micas) diferem tanto na composição quanto na estrutura. Com a queda da temperatura, a estrutura dos esqueletos silicáticos sucessivamente cristalizados torna-se cada vez mais complexa (polimerizada): olivinas são nesossilicatos, piroxênios inossilicatos de cadeia simples, anfibólios são inossilicatos de cadeia dupla e micas filossilicatos. Reações descontínuas incluem reações de sílica-saturação. Na reação peritética Forsterita + Líquido Peritético = Enstatita, o reagente cristalino é um nesossilicato e o produto um inossilicato de cadeia simples. Dessa maneira, a reação $Mg_2SiO_4 + SiO_2 = 2Mg_2Si_2O_6$ implica na mudança composicional e estrutural.

A a **F** – **Estrutura de olivinas e piroxênios** (Evans, 1964)

Em (**A**) é mostrada a morfologia típica de um cristal de forsterita com as faces indexadas; em (**B**), a sua estrutura vista ao longo do eixo **a** com posição perpendicular à folha de papel. Nessa representação, os pequenos íons de Si^{4+} dos tetraedros de $(SiO_4)^{4-}$ são recobertos pelos grandes íons de oxigênio. Nos "vazios" entre as "ilhas" de tetraedros isolados situa-se o Mg^{VI}, ou seja, cada íon de Mg^{2+} coordena (é rodeado por) 6 átomos de oxigênio.

Em (**C**) e (**D**) são mostrados cristais com faces indexadas do piroxênio subalcalino augita e do piroxênio alcalino egirina.

A estrutura dos piroxênios é dada pela união eletrônica de sucessivas cadeias simples de tetraedros de $(SiO_4)^{4-}$ polimerizados com unidade estrutural $(SiO_3)^{2-}$, pois cada tetraedro compartilha um oxigênio com o tetraedro precedente e o subsequente. A disposição espacial de cada cadeia é em ziguezague, pois o oxigênio apical dos sucessivos tetraedros polimerizados é dirigido alternadamente para "fora" (tetraedros externos) e para "dentro" (tetraedros internos) (**E**). A união entre as cadeias simples é feita por cátions que se ligam aos oxigênios apicais de dois tetraedros internos ou externos de sucessivas cadeias simples justapostas. Em (**F**) é mostrada a estrutura da célula elementar simplificada do diopsídio contendo três cadeias sucessivas projetadas sobre o plano (010). A cela elementar do mineral com seus limites tracejados corresponde à fórmula $Ca_2Mg_2Si_4O_{12}$ ou, simplificadamente, $CaMgSi_2O_6$.

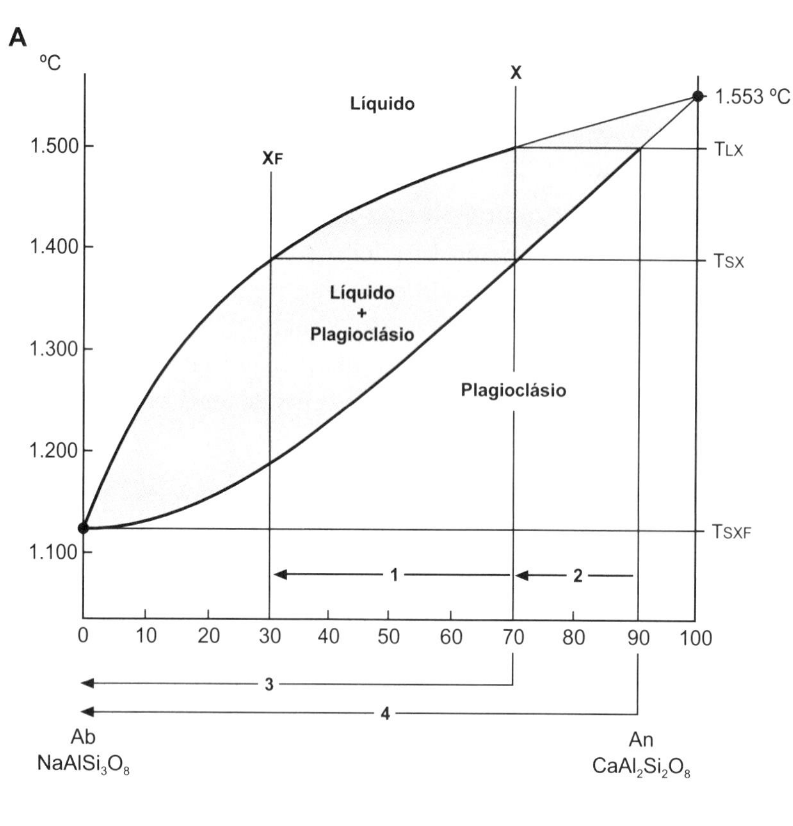

1 Variação da composição da fração líquida numa CCEI

2 Variação da composição da fração sólida numa CCEI

3 Variação da composição da fração líquida numa CCDI

4 Variação da composição da fração sólida numa CCDI

CCEI – Cristalização em condições de equilíbrio ideais

CCDI – Cristalização em condições de desequilíbrio ideais

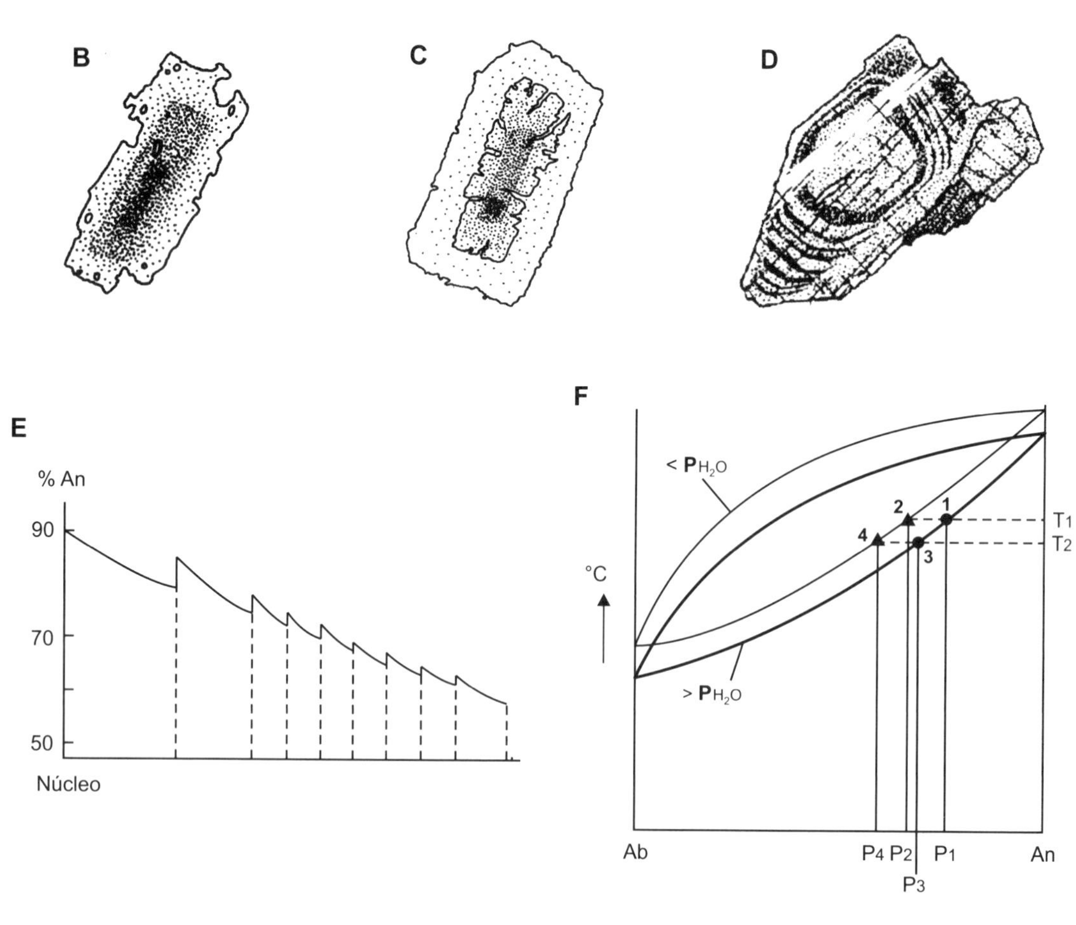

Figura 10.5 – Zoneamento em plagioclásios

A – Fracionamento no sistema Anortita-Albita (Bowen, 1912)

A cristalização do líquido X no sistema Anortita--Albita em condições de desequilíbrio ideais (CCDI) gera um plagioclásio zonado cujos núcleo e capas internas são mais cálcicos que X e cujas sucessivas capas são cada vez mais albíticas em direção à borda do cristal. A última capa é de albita. Existe, portanto, uma capa intermediária com a composição do líquido inicial X. O líquido fracionado final de albita líquida cristaliza na menor temperatura solidus do sistema e os líquidos fracionados imediatamente precedentes são mais sódicos que o líquido final X_F gerado a partir de X por cristalização em condições de equilíbrio ideais (CCEI).

B a E – Tipos de zoneamento em plagioclásios (Bard, 1986)

São mostrados diferentes tipos de zoneamentos em plagioclásios:

- Zoneamento normal e contínuo (**B**). As diversas capas (zonas ou anéis em cortes) com contatos gradacionais pouco marcantes são cada vez mais sódicas em direção à periferia do cristal. A composição varia pouco de uma zona para a adjacente.
- Zoneamento normal descontínuo (**C**). O zoneamento é normal, mas a variação na composição das sucessivas zonas é descontínua, separadas por expressivos hiatos composicionais. Nesse caso, o contato entre as zonas é geralmente nítido e algumas zonas podem mostrar bordas de corrosão/dissolução passíveis de ocorrer tanto na zona externa quanto nas zonas internas.
- Zoneamento oscilatório (**D**, **E**). Cada zona mostra microzoneamento normal contínuo, mas cada microzona interna de dada zona é mais cálcica que a microzona externa da zona precedente e sua microzona externa é mais sódica que a microzona interna da zona subsequente. Entretanto, a composição média das sucessivas zonas é cada vez mais ácida (sódica, albítica) do centro para a borda do cristal zonado (**E**).

F – A origem do zoneamento oscilatório em plagioclásios (Loomis, 1982; Shelley, 1993)

O zoneamento oscilatório pode resultar de variações cíclicas da P_{H_2O} no magma em condições isotérmicas. Um aumento na P_{H_2O} deprime a temperatura liquidus e solidus do sistema Anortita-Albita. Decorre que, numa mesma temperatura liquidus, cristaliza um plagioclásio inicial mais ou menos rico em anortita respectivamente de um sistema com maior (plagioclásio P_1) ou menor (plagioclásio P_2) pressão de água (P_{H_2O}). Um gradual aumento da P_{H_2O} durante a cristalização de um plagioclásio gera um zoneamento inverso, no qual a nova zona externa é mais rica em An que a zona anterior (mudanças $P_2 \rightarrow P_1$ sob T_1 e $P_4 \rightarrow P_3$ sob T_2). Se a cristalização do plagioclásio for acompanhada de uma queda da P_{H_2O} no sistema em condições isotérmicas, é gerado um zoneamento normal no qual a nova zona externa é mais rica em Ab que a zona anterior (mudanças $P_1 \rightarrow P_2$ na T_1 e $P_3 \rightarrow P_4$ na T_2). Decorre que repetidos e seguidos aumentos e quedas da P_{H_2O} durante a cristalização do magma em sucessivos intervalos isotérmicos mais ou menos amplos e sucessivamente mais frios podem resultar em plagioclásios com zoneamento oscilatório.

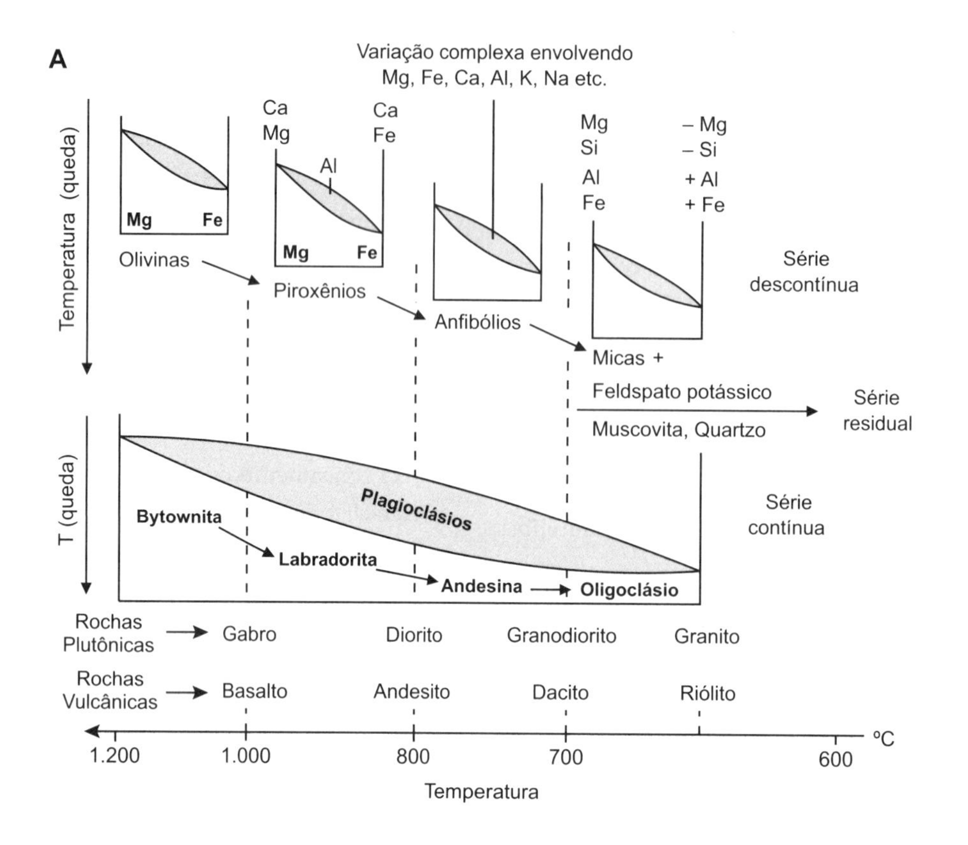
A
Variação complexa envolvendo
Mg, Fe, Ca, Al, K, Na etc.
Temperatura (queda)
Mg
Fe
Olivinas
Ca
Mg
Ca
Fe
Al
Mg
Fe
Piroxênios
Anfibólios
Mg
Si
Al
Fe
– Mg
– Si
+ Al
+ Fe
Série
descontínua
Micas +
Feldspato potássico
Muscovita, Quartzo
Série
residual
T (queda)
Plagioclásios
Bytownita
Labradorita
Andesina
Oligoclásio
Série
contínua
Rochas
Plutônicas
Gabro
Diorito
Granodiorito
Granito
Rochas
Vulcânicas
Basalto
Andesito
Dacito
Riólito
1.200
1.000
800
700
600
°C
Temperatura

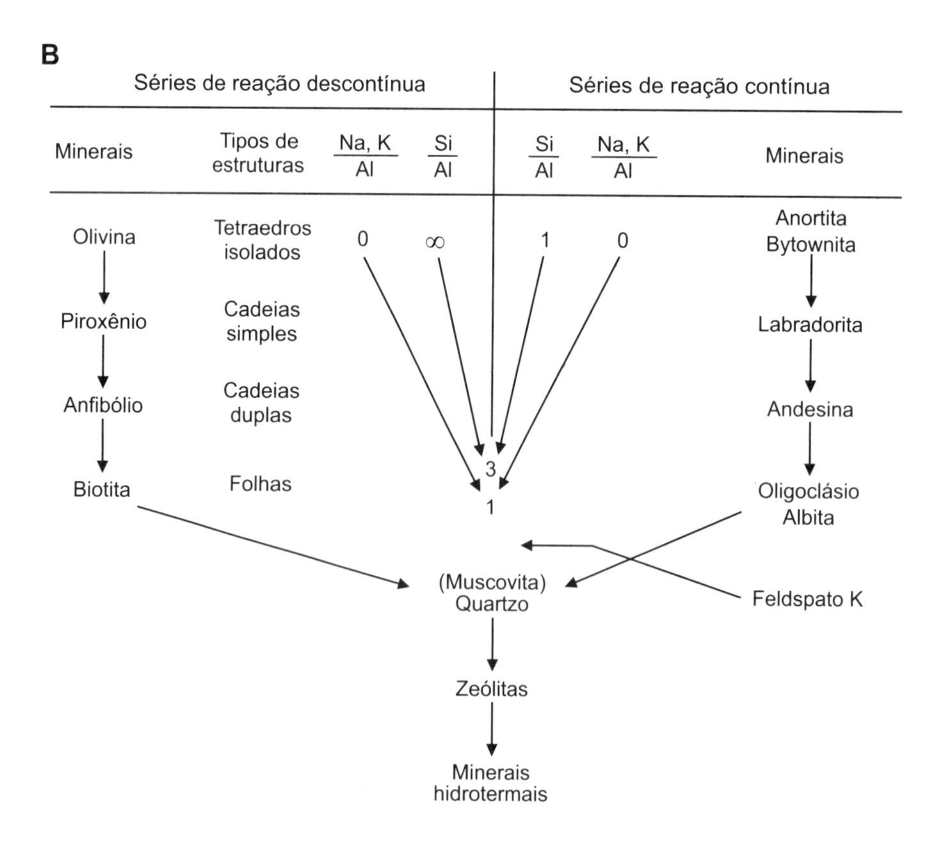
B
Séries de reação descontínua
Séries de reação contínua
Minerais
Tipos de
estruturas
Na, K / Al
Si / Al
Si / Al
Na, K / Al
Minerais
Olivina
Tetraedros
isolados
0
∞
1
0
Anortita
Bytownita
Piroxênio
Cadeias
simples
Labradorita
Anfibólio
Cadeias
duplas
Andesina
Biotita
Folhas
3
1
Oligoclásio
Albita
(Muscovita)
Quartzo
Feldspato K
Zeólitas
Minerais
hidrotermais

Figura 10.6 – As soluções sólidas da série de reação descontínua

A – As soluções sólidas da série de reação descontínua (Wernick, 2004, modificado)

Cada grupo mineral da série de reação descontínua é uma solução sólida entre dois ou mais componentes ou membros finais isoestruturais com composição e temperatura de cristalização distintas. Olivinas são uma solução sólida entre forsterita (Mg_2SiO_4) e faialita (Fe_2SiO_4), sendo o componente magnesiano o de maior temperatura de cristalização. Piroxênios subalcalinos são uma solução sólida entre diopsídio ($CaMgSi_2O_6$), hedenbergita ($CaFeSi_2O_6$), enstatita ($Mg_2Si_2O_6$) e ferrossilita ($Fe_2Si_2O_6$). Numa cristalização hipersolvus, os quatro membros integram a augita subcálcica. Numa cristalização subsolvus, caso normal nos piroxênios, precipitam concomitantemente Ca-piroxênios, uma solução sólida entre diopsídio e hedenbergita e Mg-piroxênios, uma solução sólida entre enstatita e ferrossilita. As duas soluções sólidas podem incorporar algum Al e outros elementos e as mais ricas em Mg têm a maior temperatura liquidus. A hornblenda é o (Ca,Mg,Fe,Al)-anfibólio subalcalino mais comum. Trata-se de complexa solução sólida entre os componentes magnesiohornblenda-ferrohornblenda [$Ca_2(Mg,Fe)_4Al(Si_7Al)O_{22}(OH)_2$], tschermakita-ferrotschermakita [$Ca_2(Mg,Fe)_3Al_2(Si_6Al_2)O_{22}(OH)_2$], pargasita-ferropargasita [$NaCa_2(Mg,Fe)_4Al(Si_6Al_2)O_{22}(OH)_2$], edenita-ferroedinita [$NaCa_2(Mg,Fe)_5(Si_7Al)O_{22}(OH)_2$] e magnesiohastingsita-hastingsita [$NaCa_2(Mg,Fe)_4Fe^{3+}(Si_6Al_2)O_{22}(OH)_2$]. Pela incorporação de outros elementos resulta a fórmula geral $(Na,K)_{0\text{-}1}Ca_2(Mg,Fe^{2+},Fe^{3+},Al)_5Si_{6\text{-}7,5}Al_{2\text{-}0,5}O_{22}(OH)_2$. Finalmente, as principais micas trioctaédricas são uma solução sólida entre eastonita [$K_2Mg_4Al_2(Si_4Al_4O_{20})(OH)_4$], siderofilita [$K_2Fe^{2+}{}_4Al_2(Si_4Al_4O_{20})(OH,F)_4$], flogopita [$K_2Mg_6(Si_6Al_2O_{20})(OH,F)_4$] e annita [$K_2Fe^{2+}{}_6(Si_6Al_2O_{20})(OH,F)_4$]. Eastonita é nome em crescente desuso. Os principais minerais dessa solução sólida são as flogopitas ou Mg-micas e as biotitas ou Fe-micas.

O fato de a maioria dos minerais fêmicos ser solução sólida complexa permite sua adaptação às contínuas variações termocomposicionais do líquido coexistente por meio de sucessivas reações contínuas com a decorrente ampliação do campo de estabilidade. O limite da variação composicional de cada mineral solução sólida é o seu limite de estabilidade no âmbito da série de reação descontínua.

B – Modificações ao longo das séries de reação contínua e descontínua (Eckermann, 1944, modificado)

Com o desenvolvimento progressivo da série de reação descontínua com a queda da temperatura, cristalizam minerais estruturalmente cada vez mais complexos e cada vez mais ricos em elementos incompatíveis e Al estrutural. Na série de reação contínua, os plagioclásios sucessivamente cristalizados são cada vez mais ricos em elementos incompatíveis e sílica e mais pobres em Al estrutural. Essas variações químicas fundamentais nas duas séries de reação são expressas pelas relações (Na,K)/Al e Si/Al. A primeira varia nas duas séries de reação entre **0** (forsterita, Mg_2SiO_4, e anortita, $CaAl_2Si_2O_8$), dois minerais sem álcalis, e **1** (flogopita, $\mathbf{K_2}Mg_6(Si_6\mathbf{Al_2})O_{20}(OH)_4$, representando o grupo das micas, e albita, $\mathbf{NaAl}Si_3O_8$). Já a relação Si/Al varia entre ∞ e **3** na série de reação descontínua (forsterita, Mg_2SiO_4, mineral sem Al estrutural, e flogopita, $K_2Mg_6(\mathbf{Si_6Al_2})O_{20}(OH)_4$) e entre **1** e **3** na série de reação contínua (anortita, $Ca\mathbf{Al_2Si_2}O_8$ e albita, $Na\mathbf{AlSi_3}O_8$).

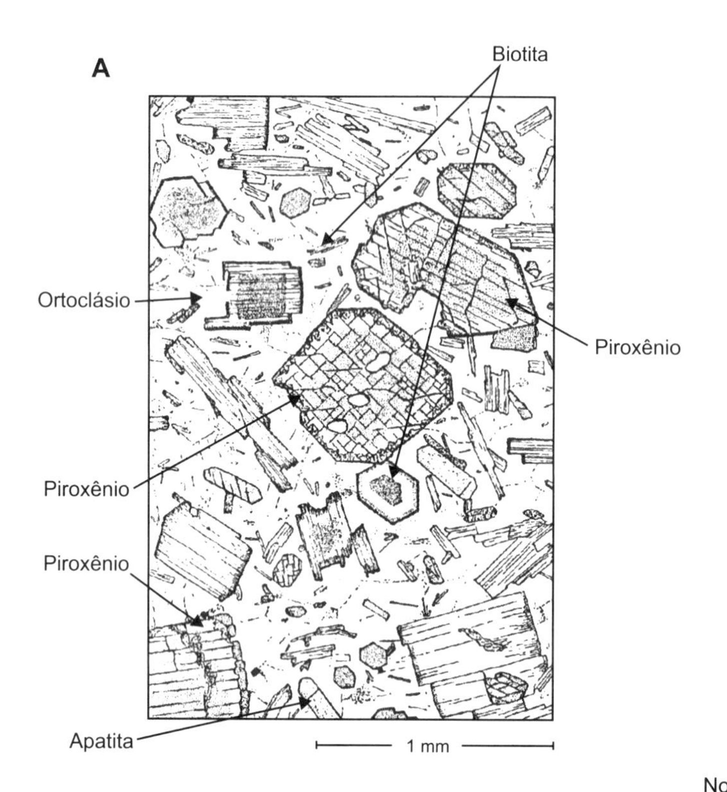
A
Biotita
Ortoclásio
Piroxênio
Piroxênio
Piroxênio
Apatita
1 mm

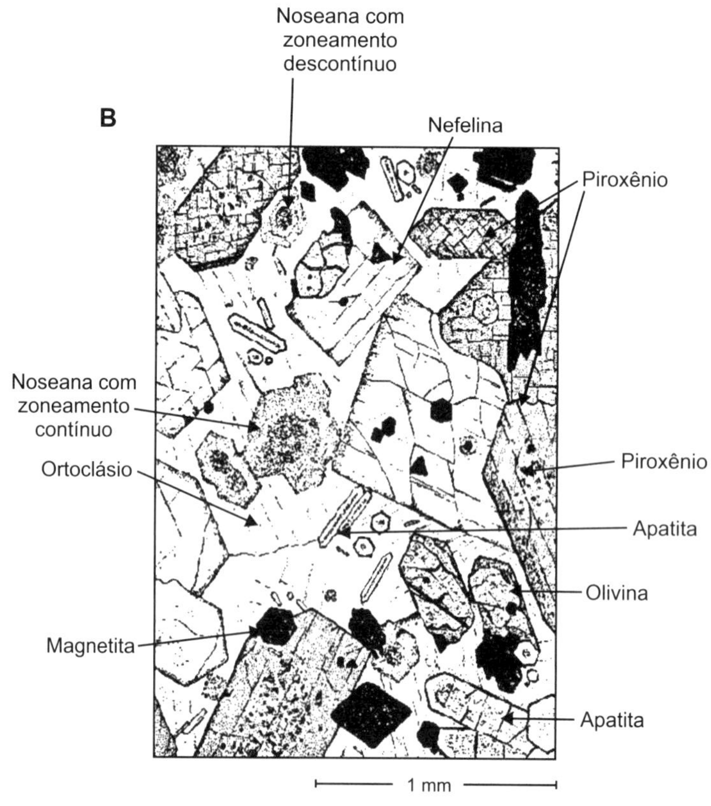
Noseana com zoneamento descontínuo
B
Nefelina
Piroxênio
Noseana com zoneamento contínuo
Ortoclásio
Piroxênio
Apatita
Olivina
Magnetita
Apatita
1 mm

Figura 10.7 – Zoneamento em minerais

A, B – Lâminas petrográficas com minerais zonados (Hatch; Wells; Wells, 1975)

Zoneamento mineral, bainhas de dissolução e "carapaças" ou capas de reação são os principais indicadores de condições de desequilíbrio durante a cristalização de dado mineral. O zoneamento mineral em minerais fêmicos indica que cada grupo mineral da série de reação descontínua é uma série de solução sólida entre dois ou mais componentes finais de composição fixa. E o caso das olivinas (solução sólida entre forsterita, Mg_2SiO_4, e faialita, Fe_2SiO_4), Ca-clinopiroxênios (solução sólida entre diopsídio, $CaMgSi_2O_6$, e hedenbergita, $CaFeSi_2O_6$), Mg-clino- e ortopiroxênios (solução sólida entre enstatita, $Mg_2Si_2O_6$, e ferrossilita, $Fe_2Si_2O_6$), dos (Ca,Al)-anfibólios (solução sólida entre hornblenda $[Ca_2(Mg,Fe)_4Al(Si_7Al)O_{22}(OH)_2]$, tschermakita $[Ca_2(Mg,Fe)_3Al_2(Si_6Al_2)O_{22}(OH)_2]$, pargasita $[NaCa_2(Mg,Fe)_4Al(Si_6Al_2)O_{22}(OH)_2]$, edenita $[NaCa_2(Mg,Fe)_5(Si_7Al)O_{22}(OH)_2]$, e hastingsita $[NaCa_2(Mg,Fe)_4Fe^{3+}(Si_6Al_2)O_{22}(OH)_2]$), e micas (solução sólida entre eastonita $[K_2Mg_4Al_2(Si_4Al_4O_{20})(OH)_4]$, siderofilita $[K_2Fe^{2+}{}_4Al_2(Si_4Al_4O_{20})(OH,F)_4]$, flogopita $[K_2Mg_6(Si_6Al_2O_{20})(OH,F)_4]$, e annita $[K_2Fe^{2+}{}_6(Si_6Al_2O_{20})(OH,F)_4]$). Geralmente, um dos componentes é rico em magnésio e apresenta temperatura liquidus mais elevada enquanto outro é mais rico em ferro e apresenta temperatura liquidus mais baixa. O componente mais magnesiano é concentrado no núcleo e nas zonas internas do cristal, enquanto o componente mais ferroso domina nas zonas marginais do cristal e que normalmente devido ao seu elevado teor em ferro apresentam cores mais vivas. Exceções são os casos em que as zonas mais magnesianas incorporam "poeira" de magnetita ou outros tipos de inclusões. As sucessivas zonas composicionais resultam do crescimento isoestrutural de sucessivos líquidos fracionados em torno de cristais solução sólida previamente cristalizados instáveis (e mais ricos no componente de maior temperatura liquidus) impedindo, assim, a reação entre as soluções sólidas instáveis com a fração líquida do sistema. A supressão das sucessivas reações de eliminação das composições minerais instáveis resulta do *overrunning* térmico resultante do resfriamento rápido do sistema magmático.

São mostrados desenhos de lâminas petrográficas de sienitos mesocráticos. Em (**A**) destacam-se fenocristais de piroxênio egirina-augita com nítido zoneamento ressaltado por delgadas zonas marginais escuras enriquecidas em ferro. Já as biotitas apresentam núcleos mais escurecidos por "poeira" de óxidos. Ocorrem duas gerações de apatita; a primeira é representada por grandes cristais euedrais, a segunda por pequenas agulhas ou delgados prismas. Os grãos anedrais de ortoclásio incolor, com contatos pouco nítidos englobam numerosos diminutos cristais das outras espécies minerais. Em (**B**) são mostrados cristais zonados de noseana/hauynita $[Na_8(Si_6Al_6)O_{24}(SO_4)/(Na,Ca)_{4\text{-}8}(Si_6Al_6)O_{24}(SO_4,S,Cl)_{1\text{-}2}]$, minerais do grupo da sodalita, com zoneamento contínuo e descontínuo. As porções centrais dos cristais, escurecida por "poeira" de minerais opacos, são enriquecidas em Ca (hauynita), as porções marginais claras em Na (noseana). Os cristais de magnetita são euedrais a anedrais, em parte inclusos em outros minerais. Grandes cristais de nefelina euedral mostram incipiente alteração marginal. Os cristais de olivina apresentam alteração parcial para serpentina. Os cristais anedrais de ortoclásio incolor mostram em relação ao mesmo mineral em (**A**) contatos mais nítidos ressaltados por "poeira" de minerais opacos e ausência de quantidades maiores de inclusões das demais espécies minerais. Também aqui ocorrem duas gerações de apatita; a primeira forma grandes cristais euedrais e, a segunda, pequenas agulhas ou delgados prismas.

	Dunito	Peridotito	Piroxenito	Gabro	Basalto	Diorito
SiO_2	38,29	42,26	46,27	50,14	49,20	57,48
TiO_2	0,09	0,63	1,47	1,49	1,84	0,95
Al_2O_3	1,82	4,23	7,16	15,02	15,74	16,67
Fe_2O_3	3,59	3,61	4,27	3,45	3,79	2,50
FeO	9,38	6,58	7,18	8,16	7,13	4,92
MnO	0,71	0,41	0,16	0,16	0,20	0,12
MgO	37,94	31,24	16,04	6,40	6,73	3,71
CaO	1,01	5,05	14,08	8,90	9,47	6,58
Na_2O	0,20	0,49	0,92	2,91	2,91	3,54
K_2O	0,08	0,34	0,64	0,99	1,10	1,76
H_2O^+	4,59	3,91	0,99	1,71	0,95	1,15
H_2O^-	0,25	0,31	0,14	0,40	0,43	0,21
P_2O_5	0,20	0,10	0,38	0,25	0,35	0,29
CO_2	0,43	0,30	0,13	0,16	0,11	0,10
Total	98,58	99,46	99,83	100,14	99,95	99,98

	Tonalito	Andesito	Granodiorito	Dacito	Monzogranito	Riodacito
SiO_2	61,52	57,94	66,09	65,01	68,65	65,55
TiO_2	0,73	0,87	0,54	0,58	0,54	0,60
Al_2O_3	16,48	17,02	15,73	15,91	14,55	15,04
Fe_2O_3	1,83	3,27	1,38	2,43	1,23	2,13
FeO	3,82	4,04	2,73	2,30	2,70	2,03
MnO	0,08	0,14	0,08	0,09	0,08	0,09
MgO	2,80	3,33	1,74	1,78	1,14	2,09
CaO	5,42	6,79	3,83	4,32	2,68	3,62
Na_2O	3,63	3,48	3,75	3,79	3,47	3,67
K_2O	2,07	1,62	2,73	2,17	4,00	3,00
H_2O^+	1,04	0,83	0,85	0,91	0,59	1,09
H_2O^-	0,20	0,34	0,19	0,28	0,14	0,42
P_2O_5	0,25	0,21	0,18	0,15	0,19	0,25
CO_2	0,14	0,05	0,08	0,06	0,09	0,21
Total	100,01	99,93	99,90	99,78	100,05	99,79

	Granito	Riólito	Sienito	Traquito	Nefelina sienito	Fonolito
SiO_2	71,30	72,82	58,58	61,21	54,99	56,19
TiO_2	0,31	0,28	0,84	0,70	0,60	0,62
Al_2O_3	14,32	13,27	16,64	16,96	20,96	19,04
Fe_2O_3	1,21	1,48	3,04	2,99	2,25	2,79
FeO	1,64	1,11	3,13	2,29	2,05	2,03
MnO	0,05	0,06	0,13	0,15	0,15	0,17
MgO	0,71	0,39	1,87	0,93	0,77	1,07
CaO	1,84	1,14	3,53	2,34	2,31	2,72
Na_2O	3,68	3,55	5,24	5,47	8,23	7,79
K_2O	4,07	4,30	4,95	4,98	5,58	5,24
H_2O^+	0,64	1,10	0,99	1,15	1,30	1,57
H_2O^-	0,13	0,31	0,23	0,47	0,17	0,37
P_2O_5	0,12	0,07	0,29	0,21	0,13	0,18
CO_2	0,05	0,08	0,28	0,09	0,20	0,08
Total	100,07	99,96	99,74	99,94	99,69	99,86

Tabela 10.1 – Composições químicas de algumas rochas ígneas

Composições químicas de algumas rochas ígneas (Le Maitre, 1976a; McBirney, 1993)

São apresentadas as composições químicas de algumas rochas magmáticas. As análises são apresentadas na forma de óxidos e sua sequência, padronizada, lista os óxidos segundo a decrescente valência dos seus cátions: Si^{4+}, Ti^{4+}, Al^{3+}, Fe^{3+}, Fe^{2+}, Mn^{2+}, Mg^{2+}, Ca^{2+}, Na^{+}, K^{+} e P^{5+}. Este último foi deslocado para o fim da lista por ser o SiO_2 o mais importante óxido das rochas magmáticas, quase sempre compostas dominantemente por minerais silicatados. H_2O^- e H_2O^+ representam respectivamente o teor de água absorvida pela rocha e o teor de água contido nos minerais hidratados da rocha. CO_2, F, Cl, S e outros voláteis só são listados em análises com finalidades específicas. As rochas analisadas listadas podem ser reunidas em três grupos:

- O primeiro grupo engloba rochas ultrabásicas e/ou ultramáficas aqui representadas por dunito, peridotito e piroxenito compostos principalmente por Mg-olivinas, Mg-olivinas + Mg- e/ou Ca-piroxênios e Mg- e/ou Ca-piroxênios. Frequentemente são rochas cumuláticas. A riqueza em Mg-olivinas e Mg-piroxênios implica baixos teores de SiO_2 e elevados teores de MgO. O piroxenito composto principalmente pelo piroxênio augita apresenta teores um pouco maiores de SiO_2 e elevados, e aproximadamente equivalentes, teores de CaO e MgO. A ausência de feldspatos nas três rochas é resultado dos baixos teores de Al_2O_3. Dunitos frequentemente se mostram parcial ou totalmente alterados para serpentinitos. Nesse caso, o teor de H_2O^+ das análises é muito elevado.
- O segundo grupo engloba os pares rochosos plutônicos/vulcânicos gabro/basalto, diorito e tonalito/andesito, granodiorito/dacito, monzogranito/riodacito e granito/riólito. A sequência de rochas, da série magmática cálcio-alcalina, é caracterizada por crescentes teores de SiO_2, Na_2O e K_2O e decrescentes teores de CaO, MgO e FeO que indicam crescente fracionamento. Os teores de Al_2O_3 variam entre 15% e 16% peso; apenas no diorito, tonalito e andesito situam-se ao redor de 17%. Os dados analíticos mostram que, com a evolução magmática, aumentam as relações Si/Al, Na/Ca e Fe/Mg nos magmas sucessivamente fracionados. O aumento de sílica torna-se crítico nos magmas granodioríticos, monzograníticos e graníticos e deflagra a cristalização de quantidades maiores de polimorfos de sílica nas correspondentes rochas, mas o processo já se inicia discretamente nos tonalitos. O mesmo vale para o crescente teor de K_2O que inicia a cristalização de K- ou (K,Na)-feldspato que aumenta de granodioritos via monzogranitos para granitos e seus equivalentes vulcânicos. A crescente relação Na/Ca resulta na cristalização de plagioclásios cada vez mais ricos em Na e Si. A diminuição global dos teores de Mg, Ca e Fe resulta numa decrescente cristalização de minerais fêmicos e consequentemente de rochas cada vez mais félsicas. O decrescente teor de Mg acarreta a substituição gradativa da cristalização da Mg-olivina e Mg-piroxênio pelo (Mg,Ca)-piroxênio augita e do (Ca,Mg,Fe,Al)-anfibólio hornblenda com o decorrer da evolução magmática.
- O terceiro grupo engloba os pares petrográficos sienito/traquito e nefelina sienito/fonólito. Essas rochas apresentam teores intermediários de SiO_2, teores de até quase 21% peso de Al_2O_3 e os mais elevados teores em álcalis. A composição química implica a cristalização de abundantes feldspatos alcalinos e em muito poucos minerais máficos, parcialmente alcalinos. Geralmente, a cristalização de polimorfos de sílica é incipiente ou ausente e nas rochas mais pobres em sílica, parte do Na-feldspato é substituído por nefelina. O feldspatoide inicia sua cristalização quando a relação molar $SiO_2/(Na_2O + K_2O)$ do magma for menor que 6, caso do nefelina sienito e do fonólito.

Composição química de alguns minerais silicáticos

	Olivinas			Piroxênios		
	Fo pura	Fo_{86}	Fa pura	Augita	Hiperstênio	Pigeonita
SiO_2	42,71	41,07	29,49	49,68	53,18	51,53
TiO_2	–	0,05	–	0,56	0,21	0,58
Al_2O_3	–	0,56	–	0,78	3,08	1,41
Fe_2O_3	–	0,65	–	3,29	0,25	0,12
FeO	–	3,78	70,51	18,15	18,05	23,17
MnO	–	0,23	–	–	–	–
MgO	57,29	54,06	–	16,19	23,26	16,10
CaO	–	–	–	9,90	2,09	7,05
Na_2O	–	–	–	0,65	–	0,26
K_2O	–	–	–	0,15	–	0,23

	Anfibólios		Micas	
	Hornblenda (Gabro)	Hornblenda (Tonalito)	Muscovita	Biotita
SiO_2	48,71	44,99	46,77	36,67
TiO_2	0,32	1,46	0,21	3,39
Al_2O_3	9,48	11,21	34,75	17,10
Fe_2O_3	2,33	3,33	0,71	4,58
FeO	9,12	13,17	0,77	16,36
MnO	0,23	0,31	–	0,04
MgO	14,43	10,41	0,92	9,20
CaO	11,93	12,11	0,13	0,38
Na_2O	1,16	0,97	0,47	0,20
K_2O	0,15	0,76	10,61	9,17
H_2O	1,83	1,52	4,48	1,98
F	0,23	–	0,16	1,37

	Plagioclásios					Feldspatos alcalinos			
	Albita	An_{20}	An_{50}	An_{80}	Anortita	Sanidina	Ortoclásio	Microclínio	Anortoclásio
SiO_2	68,74	63,35	55,20	47,67	43,20	67,27	64,66	64,20	66,97
TiO_2	–	–	–	–	–	–	–	–	0,04
Al_2O_3	19,44	22,89	27,76	33,46	36,65	18,35	19,72	19,10	18,75
Fe_2O_3*	–	0,09	0,43	0,46	–	0,92	0,08	0,40	0,88
CaO	–	4,02	9,93	16,23	20,16	0,15	0,34	0,34	0,36
Na_2O	11,82	8,90	5,45	2,19	–	6,45	3,42	2,60	7,88
K_2O	0,15	0,65	0,32	0,07	–	7,05	11,72	12,76	5,39
H_2O	–	–	–	–	–	0,08	0,18	0,72	0,04

Fe_2O_3* – Ferro total igual Fe_2O_3 + 1,1 FeO

Tabela 10.2 – Composições químicas de alguns minerais silicáticos

Composição de alguns minerais silicáticos (Le Maitre, 1976a; Deer; Howie; Zussman, 1992; McBirney, 1993)

São apresentadas análises químicas de alguns minerais fêmicos (olivinas, piroxênios, anfibólios e micas) e siálicos (plagioclásios e feldspatos alcalinos). Óxidos em % peso. O mineral máfico mais pobre em sílica é a Fe-olivina faialita (ao redor de 30% de SiO_2), mineral que ocorre em granófiros, as rochas mais evoluídas resultantes do fracionamento de magmas basálticos toleíticos subvulcânicos. O teor de sílica da Mg-olivina forsterita é algo maior (ao redor de 43%) e na olivina Fo_{86}, mineral comum em basaltos, é de 40%, teor abaixo dos limites de sílica para basaltos (45% a 52% peso de SiO_2) e picrobasaltos (entre 41% a 45% de SiO_2). Picrobasaltos são basaltos ricos em olivina e, consequentemente, em MgO. Decorre que a cristalização de Mg-olivinas aumenta o teor de sílica do líquido basáltico coexistente. Na Fo_{86}, o teor de MgO é cerca de três vezes maior que o de FeOT (FeOT = FeO + 0,9 Fe_2O_3). O teor de sílica nos Mg-piroxênios hiperstênio e pigeonita (entre 51% a 53% de SiO_2) é ligeiramente maior que o do Ca-piroxênio augita (50% de SiO_2). No hiperstênio, o teor de MgO supera o de FeOT (23% de MgO para 18% de FeOT); o contrário ocorre na pigeonita (23% de FeOT para 16% de MgO) e na augita (22% de FeOT para 16% de MgO). O teor de CaO (10%) é elevado na augita quando comparado com o dos Mg-piroxênios. Ressalte-se que uma augita com composição relativa $Di_{50}Hd_{50}$ no sistema Diopsídio-Hedenbergita-Enstatita-Ferrossilita corresponde a uma composição $Wo_{50}En_{25}Fs_{25}$ no sistema Wollastonita-Enstatita-Ferrossilita. Hornblenda, mineral típico de dioritos, tonalitos e granitos cálcio-alcalinos, é algo mais pobre em sílica (45% a 49%) que augitas (50%), mas nitidamente mais ricas em Al_2O_3 (9% a 11%); água estrutural perfaz entre 1% e 2%. Os teores de CaO (12%) podem superar ou não os de MgO (entre 10% e 14%). Dessa maneira, a sequência Mg-olivina → Ca- e Mg-piroxênios → hornblenda marca uma progressiva queda no teor de MgO nos líquidos magmáticos dos quais os minerais cristalizam. A biotita, presente em rochas ultrabásicas a ácidas, é mineral nitidamente mais rico em Al_2O_3 (17% peso), K_2O (9%) e FeOT (20%) que a hornblenda, mas é significativamente mais pobre em SiO_2 (36%), CaO (< 1%) e MgO (9%). A muscovita, típica de muscovita granitos e pegmatitos, é o mineral mais rico em Al_2O_3 (35%) e K_2O (11%) e seu teor de sílica (47%) é cerca de 10% maior que o da biotita. É mineral rico em água estrutural (4%) e praticamente desprovido de ferro.

Os plagioclásios da série de reação contínua apresentam variação composicional regular entre os dois membros finais da solução sólida completa, anortita e albita. Anortita tem 43% peso de SiO_2, 36% de Al_2O_3 e 20% de CaO; albita 68% de SiO_2, 19% de Al_2O_3 e 12% de Na_2O. Um plagioclásio An_{50} contém 55% peso de SiO_2, 28% de Al_2O_3, 10% de CaO e 5% de Na_2O. O teor de SiO_2 dos K-feldspatos (64%) é menor que o da albita (69%), mas o valor aumenta no anortoclásio (67%), mineral solução sólida entre ortoclásio e albita. Os valores de Al_2O_3 (18% e 20%) são comparáveis aos da biotita (17%). Anortoclásio e sanidina, feldspatos vulcânicos, são os feldspatos alcalinos mais ricos em sódio, respectivamente com teores ao redor de 8% e 6% peso de Na_2O, que no ortoclásio e microclínio decrescem para 3% e 2% de Na_2O. Os valores de K_2O são elevados no microclínio (13%) e no ortoclásio (12%); no microclínio "baixo" podem alcançar mais de 16%. São maiores que os teores de K_2O na biotita (9%) e na muscovita (11%). Na sanidina e no anortoclásio, os valores são mais baixos, entre 5% e 7% de K_2O. Resultam teores de álcalis entre 13% e 15% nos feldspatos alcalinos, significativamente maiores que os da biotita (9%) e muscovita (11%).

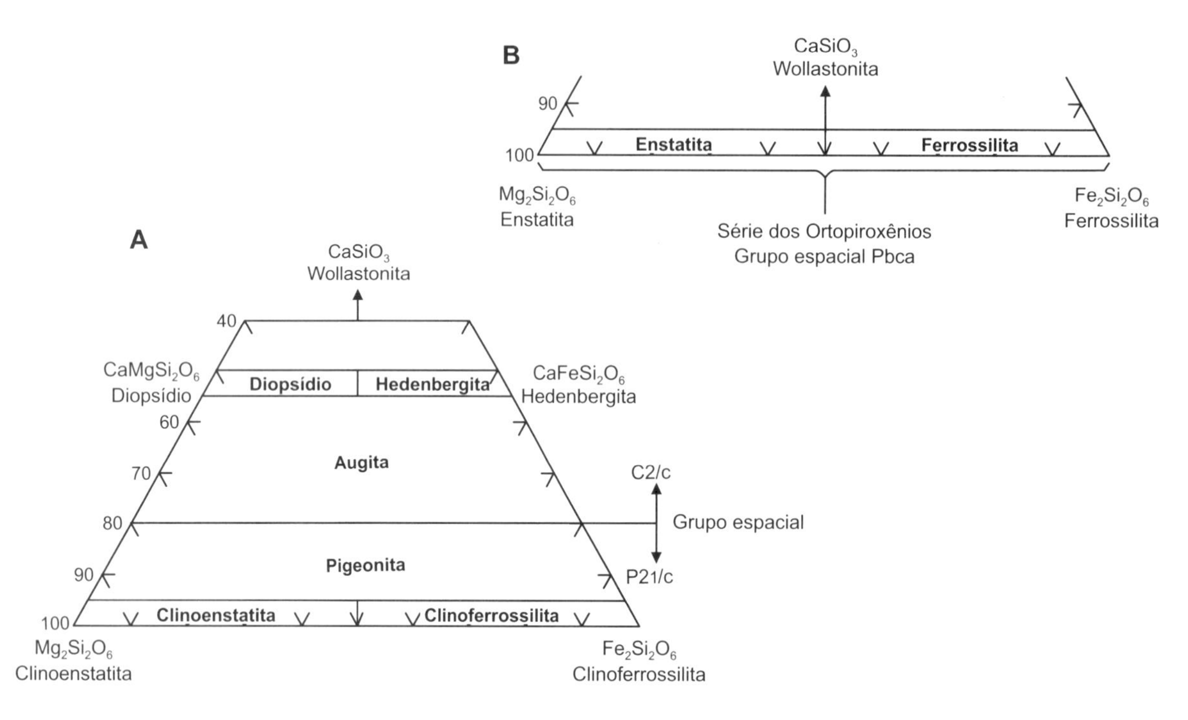
B
CaSiO3
Wollastonita
90
100
Enstatita
Ferrossilita
Mg2Si2O6
Enstatita
Série dos Ortopiroxênios
Grupo espacial Pbca
Fe2Si2O6
Ferrossilita
A
CaSiO3
Wollastonita
40
CaMgSi2O6
Diopsídio
Diopsídio
Hedenbergita
CaFeSi2O6
Hedenbergita
60
70
Augita
C2/c
80
Grupo espacial
90
Pigeonita
P21/c
100
Clinoenstatita
Clinoferrossilita
Mg2Si2O6
Clinoenstatita
Fe2Si2O6
Clinoferrossilita

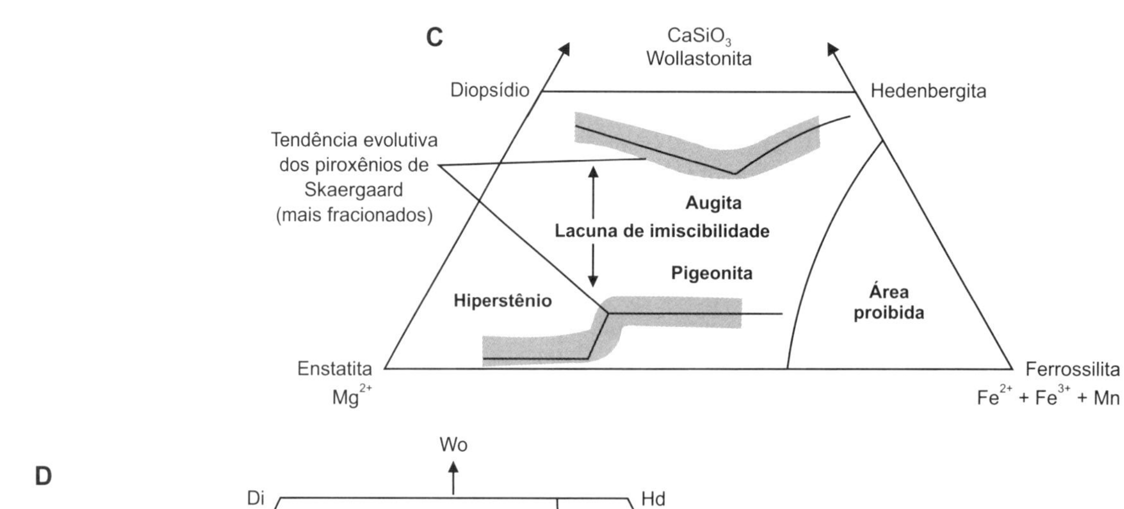
C
CaSiO3
Wollastonita
Diopsídio
Hedenbergita
Tendência evolutiva
dos piroxênios de
Skaergaard
(mais fracionados)
Augita
Lacuna de imiscibilidade
Pigeonita
Hiperstênio
Área
proibida
Enstatita
Mg2+
Ferrossilita
Fe2+ + Fe3+ + Mn

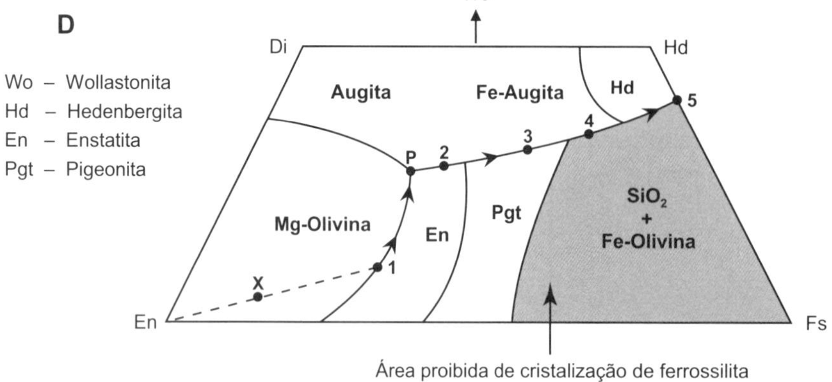
D
Wo
Di
Hd
Wo – Wollastonita
Hd – Hedenbergita
En – Enstatita
Pgt – Pigeonita
Augita
Fe-Augita
Hd
5
4
3
P
2
Mg-Olivina
En
Pgt
SiO2
+
Fe-Olivina
X
1
En
Fs
Área proibida de cristalização de ferrossilita

Figura 10.8 – Piroxênios subalcalinos

A a C – Classificação e cristalização dos piroxênios subalcalinos (Wager; Brown, 1968; Huebner; Turnock, 1980; Morimoto, 1988)

Os piroxênios são classificados no sistema Diopsídio-Hedenbergita-Enstatita-Ferrossilita ou $CaMgSi_2O_6$-$CaFeSi_2O_6$-$Mg_2Si_2O_6$-$Fe_2Si_2O_6$, um subsistema do sistema Wollastonita-Enstatita-Ferrossilita ou $CaSiO_3$-$Mg_2Si_2O_6$-$Fe_2Si_2O_6$. Os clinopiroxênios são divididos em Ca-piroxênios, que compreendem diopsídio, hedenbergita e augita, e Mg-piroxênios, que englobam pigeonita, clinoenstatita e clinoferrossilita. O limite entre os dois grupos situa-se a 20% da base Enstatita-Ferrossilita e representa a mudança da rede cristalina do grupo espacial de P2ı/c para C2/c (**A**). Os Mg-ortopiroxênios, uma solução sólida entre enstatita e ferrossilita, têm rede cristalina do grupo espacial Pbca (**B**). Com a queda da temperatura, o piroxênio $Mg_2Si_2O_6$ cristaliza sucessivamente como protoenstatita, clinoenstatita "alta", clinoenstatita "baixa" e enstatita. O piroxênio $Fe_2Si_2O_6$ cristaliza como clinoferrossilita em altas temperaturas e como ortoferrossilita em temperaturas mais baixas. Não existem Ca-piroxênios ortorrômbicos. Sob elevadas temperaturas, Ca- e Mg-piroxênios formam uma solução sólida completa com a cristalização hipersolvus da augita subcálcica. Sob temperaturas mais baixas, a cristalização passa para subsolvus com a cristalização das soluções sólidas dos Ca- e Mg-piroxênios separados por uma lacuna de miscibilidade que aumenta com a queda da temperatura. Em (**C**) é mostrada a lacuna de miscibilidade para os Ca- e Mg-piroxênios do lopólito de Skaergaard, Groenlândia, resultante da cristalização de um magma basáltico toleítico muito fracionado que gerou Ca- e Mg-piroxênios com ampla variação no teor de Mg, Ca e Fe. Os Ca-piroxênios são uma solução sólida completa entre diopsídio e hedenbergita; os Mg-piroxênios são uma solução sólida parcial entre enstatita e ferrossilita pois piroxênios muito ricos em ferrossilita são menos estáveis que a paragênese polimorfos de sílica + faialita, a Fe-olivina. A área composicional no sistema dos piroxênios subalcalinos, onde ocorre a inversão de estabilidade, é denominada de "Área Proibida" (**C**).

Consideremos no sistema dos piroxênios subalcalinos a cristalização fracionada do líquido X situado no campo da Mg-olivina (**D**). Consequentemente, do líquido X precipita inicialmente forsterita. O gradual aumento do volume de forsterita cristalizada é acompanhado da progressiva migração da composição do líquido coexistente ao longo da reta En-X em direção ao ponto 1 situado sobre a linha cotética. Atingido o ponto 1 inicia-se a cristalização conjunta de forsterita e enstatita. A cristalização de um crescente volume dos dois minerais ricos em Mg é acompanhado da progressiva migração da composição do líquido coexistente ao longo da curva cotética em direção ao ponto peritético P. Atingido este, deveria iniciar-se a reação de sílica-saturação com a eliminação da forsterita. Entretanto, a reação sofre *overrunning* térmico devido à rápida queda da temperatura do sistema. Assim, nas temperaturas mais baixas que a do ponto peritético, passam a cristalizar conjuntamente dois piroxênios, o Ca-piroxênio augita e o Mg-piroxênio enstatita como no ponto 2. Nas temperaturas ainda mais baixas cristaliza no ponto 3 o par augita e pigeonita. Entre 2 e 3, a fração líquida torna-se mais rica em Fe e Ca e mais pobre em Mg, variação que prossegue entre os pontos 3 e 4. Do líquido 4, já situado na área proibida, cristaliza a paragênese Fe-augita, faialita e tridimita, os dois últimos minerais em substituição à ferrossilita instável. Finalmente, da última fração líquida altamente fracionada e fortemente ferro-cálcica cristaliza no ponto 5 a paragênese hedenbergita, faialita e tridimita. As composições dos piroxênios sucessivamente cristalizados situam-se sobre as tendências evolutivas para os pares de Ca- e Mg-piroxênios mostrados em (**C**).

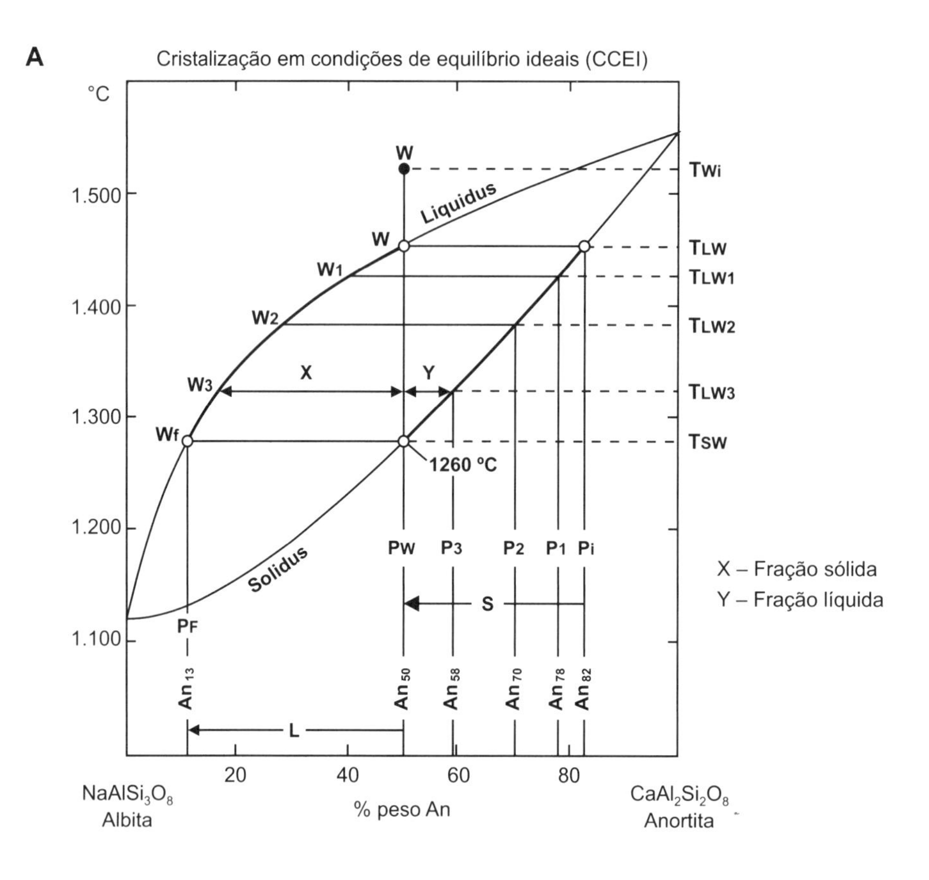

A
Cristalização em condições de equilíbrio ideais (CCEI)
°C
1.500
1.400
1.300
1.200
1.100
W
TWi
Liquidus
W
TLW
W1
TLW1
W2
TLW2
W3
X
Y
TLW3
Wf
TSW
1260 °C
Solidus
PW
P3
P2
P1
Pi
S
PF
An13
An50
An58
An70
An78
An82
L
20
40
60
80
NaAlSi3O8
Albita
% peso An
CaAl2Si2O8
Anortita
X – Fração sólida
Y – Fração líquida

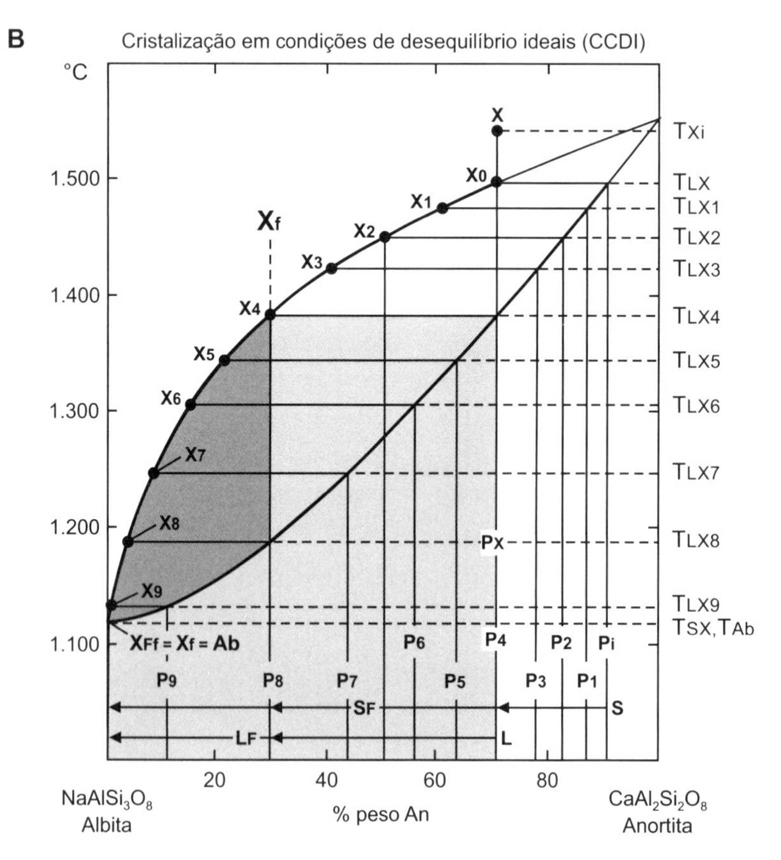

B
Cristalização em condições de desequilíbrio ideais (CCDI)
°C
1.500
1.400
1.300
1.200
1.100
X
TXi
X0
TLX
X1
TLX1
Xf
X2
TLX2
X3
TLX3
X4
TLX4
X5
TLX5
X6
TLX6
X7
TLX7
X8
PX
TLX8
X9
TLX9
TSX,TAb
XFf = Xf = Ab
P6
P4
P2
Pi
P9
P8
P7
P5
P3
P1
SF
S
LF
L
20
40
60
80
NaAlSi3O8
Albita
% peso An
CaAl2Si2O8
Anortita

Figura 10.9 – Cristalização no sistema Anortita-Albita

A – Cristalização no sistema Anortita-Albita na condição de equilíbrio (Bowen, 1912, 1928)

A cristalização dos plagioclásios em condições isobáricas e de equilíbrio ideais é um complexo e contínuo processo repetitivo infinitesimal de cristalização, dissolução e reação mineral com a queda da temperatura do sistema. Consideremos a cristalização da solução líquida homogênea inicial W com composição $An_{50}Ab_{50}$. O líquido W inicia sua cristalização na temperatura liquidus TLW com a formação do plagioclásio inicial Pi, mais rico em An que o líquido W. Pela cristalização de Pi (An_{82}), o líquido complementar coexistente (LCC) é enriquecido em Ab e passa a ter a composição W1 com temperatura liquidus TLW1, menor que TLW. Do líquido W1 cristaliza o plagioclásio P1 (An_{78}). Coexistem, agora, no sistema três fases: Pi, cristalizado de W sob TLW; P1, formado de W1 sob TLW1; e o líquido W1. Essa condição torna o sistema invariante. Para que possa ocorrer nova queda no sistema, (isto é, o sistema adquirir um grau de liberdade: 1) uma das fases coexistente tem que ser eliminada, nesse caso o plagioclásio Pi. A eliminação ocorre (i) pela dissolução/reabsorção parcial de Pi pelo líquido W1, e (ii) pela reação do plagioclásio Pi com o líquido W1. A reação Pi + W1 = P1 envolve a troca de parte do (Ca^{2+} + Al^{3+}) de Pi por (Na^{+} + Si^{4+}) extraído de W1. A cristalização de P1 e a reação/dissolução de Pi mudam a composição do líquido W1 para W2, mais rica em Na e Si que W1 e com temperatura liquidus TLW2 menor que TLW1. O processo repete-se por meio de etapas de reação/dissolução infinitesimais com a queda da temperatura do sistema entre TLW2 e TSW. Com a queda da temperatura, a dissolução perde progressivamente importância como processo de eliminação do plagioclásio instável. Atingida a temperatura solidus TSW, o líquido final Wf com composição An_{13} é exaurido pela cristalização do plagioclásio PW (An_{50}) e pela reação com o plagioclásio instável PW + ΔAn cristalizado na TSW + ΔT para produzir mais PW. Em **(A)** é assinalada a variação composicional da fração líquida e da fração sólida durante uma CCEI.

B – Cristalização fracionada no sistema Anortita-Albita (Bowen, 1912, 1928)

Numa cristalização em condições de desequilíbrio ideais (CCDI), o sistema permanece sempre líquido, pois cada fase cristalina é extraída do sistema imediatamente após a sua cristalização. Isto resulta na transformação de um líquido complementar coexistente pré-fracionamento num líquido fracionado inicial. A extração pode ocorrer por precipitação e flutuação mineral ou por isolamento através de “carapaça” de reação ou zoneamento mineral. Pela extração da fase cristalina é suprimida a dissolução/reação de um plagioclásio instável no/com o líquido coexistente nos sucessivos estados invariantes do sistema como numa CCEI. Decorre que a variação da composição da decrescente fração líquida é mais intensa numa CCDI (apenas cristalização) que numa CCEI (cristalização, dissolução e reação). Consequentemente, o último líquido fracionado no sistema An-Ab atinge a composição albita pura e cristaliza na menor temperatura solidus do sistema. Portanto, uma CCDI amplia: 1) a variação composicional da fração líquida; 2) a variação composicional da fração sólida; e 3) o intervalo de cristalização do líquido inicial. Em **(B)** são mostradas as ampliações dos três parâmetros considerados em relação aos equivalentes numa CCEI para um líquido inicial X com composição An_{70}. A composição do LXf numa CCEI é igual à composição do líquido fracionado X4 numa CCDI. Uma evolução magmática menos drástica ocorre num fracionamento real.

A

Hornblenda *sensu lato*	$(Na,K)_{0\text{-}1}Ca_2(Mg,Fe^{2+},Fe^{3+},Al)_5(Si_{6\text{-}7,5}Al_{2\text{-}0,5})O_{22}(OH)_2$
Magnesiohornblenda-Ferrohornblenda (Hornblenda *sensu stricto*)	$Ca_2(Mg,Fe)_4Al(Si_7Al)O_{22}(OH)_2$
Tschermakita-Ferrotschermakita	$Ca_2(Mg,Fe)_3Al_2(Si_6Al_2)O_{22}(OH)_2$
Edenita-Ferro-Edenita	$NaCa_2(Mg,Fe)_5(Si_7Al)O_{22}(OH)_2$
Pargasita-Ferropargasita	$NaCa_2(Mg,Fe)_4Al(Si_6Al_2)O_{22}(OH)_2$
Magnesiohastingsita-Hastingsita	$NaCa_2(Mg,Fe)_4Fe^{3+}(Si_6Al_2)O_{22}(OH)_2$

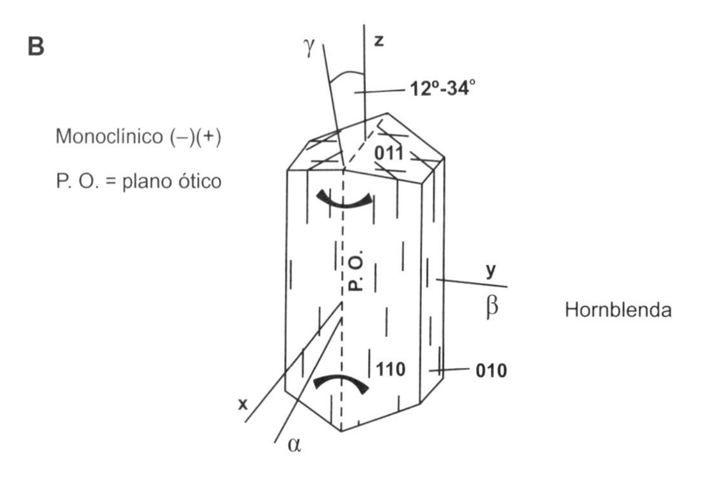

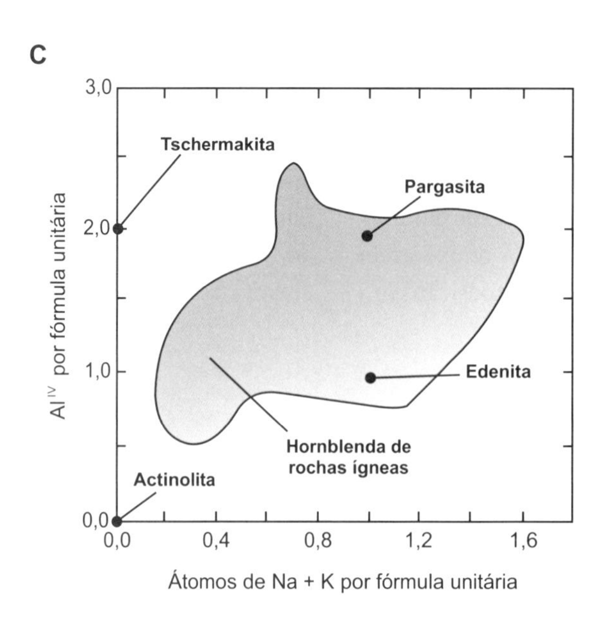

Figura 10.10 – Composição e estabilidade da hornblenda

A – As soluções sólidas integrantes da hornblenda (Deer; Howie; Zussman, 1992)

A solução sólida da hornblenda *sensu stricto* $[Ca_2(Mg,Fe)_4Al(Si_7Al)O_{22}(OH)_2]$, o (Ca,Mg,Fe,Al)-anfibólio mais comum em rochas magmáticas, pode ser derivada da tremolita $[Ca_2(Mg,Fe)_5(Si_8O_{22})(OH,F)_2]$, o anfibólio desprovido de Al e típico de rochas metamórficas, pela substituição de um agrupamento $[Si(Fe,Mg)]^{6+}$ por um de $[2Al]^{6+}$. Quando a substituição envolve dois desses agrupamentos resulta a solução sólida da série da tschermakita $[Ca_2(Mg,Fe)_3Al_2(Si_6Al_2)O_{22}(OH)_2]$. Outra substituição corrente é a de $[Si]^{4+}$ pelo agrupamento $[NaAl]^{4+}$. Nesse caso, o Al ocupa a posição estrutural do Si e o Na a posição estrutural A na estrutura do anfibólio. Resulta a solução sólida da série da edenita $[NaCa_2(Mg,Fe)_5(Si_7Al)O_{22}(OH)_2]$. Ocorrendo simultaneamente os dois tipos de substituição resultam as soluções sólidas da série da pargasita $[NaCa_2(Mg,Fe)_4Al(Si_6Al_2)O_{22}(OH)_2]$. Finalmente, em ambientes ricos em ferro e muito oxidados ocorre a substituição do Al da série da pargasita por Fe^{3+}, que resulta na solução sólida da série da hastingsita $[NaCa_2(Mg,Fe)_4Fe^{3+}(Si_6Al_2)O_{22}(OH)_2]$. A hornblenda *sensu lato* transiciona entre todas as soluções sólidas citadas que se refletem em sua fórmula geral $[(Na,K)_{0\text{-}1}Ca_2(Mg,Fe^{2+},Fe^{3+},Al)_5(Si_{6\text{-}7,5}Al_{2\text{-}0,5})O_{22}(OH)_2]$.

B – Feições cristalográficas e óticas da hornblenda (Tröger, 1959; Deer; Howie; Zussman, 1992)

Hornblenda ocorre como em prismas monoclínicos mais ou menos alongados, mais ou menos perfeitos ou em cristais irregulares. O plano ótico tem posição paralela à (010) e ângulo 2Vα varia entre 44° a 90°. β = y e o ângulo γ com z varia entre 12° e 34°. A rede cristalina é do grupo espacial C2/m. Clivagem prismática {110} boa, o ângulo entre as clivagens (110) e $(1\bar{1}0)$ é de quase 124°. Partição segundo {100} e {001}. Geminação lamelar simples segundo {100} é comum.

C – Variabilidade composicional e ocorrência da hornblenda (Deer; Howie; Zussman, 1992; Frost; Frost, 2014)

É mostrada a variabilidade composicional da hornblenda de rochas ígneas no gráfico (Na + K) × Al^{IV}, valores da fórmula estrutural na base de 23 átomos de oxigênio. O gráfico confirma que a composição da hornblenda resulta da interação entre várias soluções sólidas. Hornblenda ocorre em rochas ultrabásicas/ultramáficas até ácidas e alcalinas. Hornblenda (geralmente Mg-hastingsita) com razoáveis teores de Fe^{3+} é relativamente frequente em basaltos e andesitos cálcio-alcalinos e alcalinos, mas é mineral raro em basaltos toleíticos devido à baixa fH_2O e fO_2 das lavas. Hornblenda é um mineral típico de andesitos e dioritos/tonalitos, rochas nas quais pode ocorrer associada com olivina e/ou augita. Em troctolitos e olivina gabros, hornblenda ocorre em intercrescimento vermicular com espinélio nas coroas simplectíticas entre olivina e plagioclásio. A relação Mg/(Mg + Fe) da hornblenda é de cerca de 0,75 em Mg-hornblendas de gabros, 0,5 em hornblendas de dioritos cálcio-alcalinos e de 0,05 nas ferrohastingsitas de nefelina sienitos e granitos. Embora a cristalização de anfibólio preceda a da biotita, essa sequência pode ser inversa na cristalização de magmas potássicos sob baixas fH_2O.

A

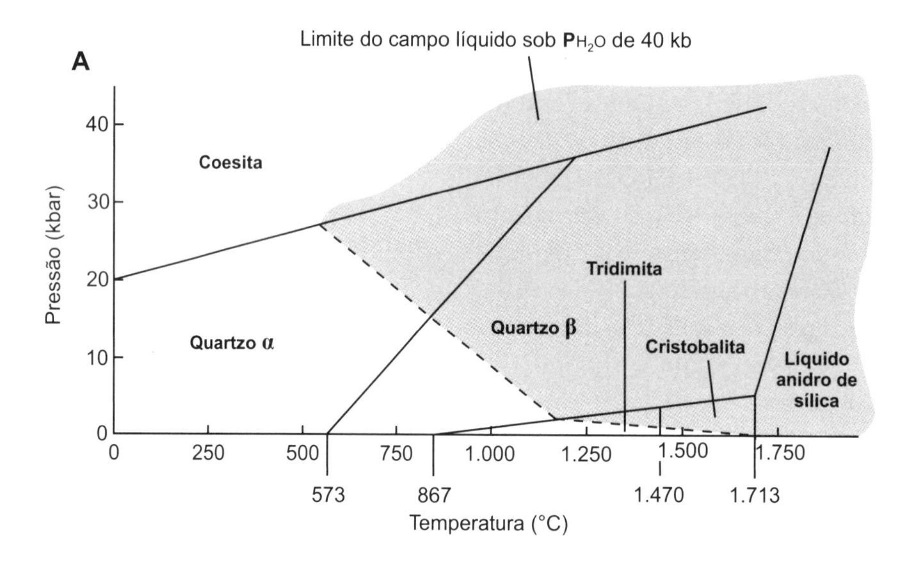

B

Hábito dos principais polimorfos de sílica

Polimorfos	Hábito
Quartzo α	Cristais com faces prismáticas e estrias horizontais
Quartzo β	Cristais sem faces prismáticas
Tridimita	Pequenos cristais placoides hexagonais (< 1 mm de diâmetro)
Cristobalita	Pequenos cristais octaédricos (< 1 mm) ou pequenos agregados globulares

Temperatura

C

Polimorfos de sílica: tipos, densidade e índice de refração médio

Polimorfos	Densidade	Índice de refração médio
Quartzo α	2,65	1,55
Cristobalita	2,32	1,49
Tridimita	2,26	1,47

Figura 10.11 – O sistema monário SiO_2

Os polimorfos de sílica são fases cristalinas típicas de sistemas magmáticos sílica-supersaturados cristalizados em condições de equilíbrio ou de sistemas sílica-saturados e sílica-insaturados cristalizados em condições de desequilíbrio. Exemplo clássico do último caso é a cristalização em condições de desequilíbrio de líquidos sílica-insaturados no sistema Forsterita-Sílica.

A – Os sistemas SiO_2 e SiO_2-H_2O (Boyd; England, 1959, 1960)

O sistema monário anidro SiO_2 num diagrama Temperatura × Pressão mostra os campos de estabilidade das fases quartzo α, quartzo β, tridimita, cristobalita, coesita e sílica líquida sob baixas a médias pressões. Todos os contatos (retas de equilíbrio) entre os campos de estabilidade das diversas fases do sistema (retas cheias) têm inclinação positiva. As retas de equilíbrio podem ser calculadas via dados termodinâmicos pela fórmula de Clausius-Clapeyron: $dP/dT = \Delta S/\Delta V = H/T\Delta V$. Desse modo, a inclinação da reta limítrofe (reta de equilíbrio) entre os campos de estabilidade do quartzo α e do quartzo β é igual à mudança da entropia (ΔS) dividida pela mudança (diferença) de volume (ΔV) ou dividindo-se o calor de reação (ΔH) pela temperatura absoluta da mudança de fase (sob pressão constante) multiplicada pela mudança (diferença) de volume (ΔV) das duas fases. A área cinza é o campo da sílica líquida sob pressão de P_{H_2O} de 40 kbar, o que mostra a enorme queda da temperatura liquidus dos polimorfos de sílica no sistema SiO_2-H_2O com o aumento da pressão de água. Além disso, a reta do equilíbrio entre SiO_2 líquido e SiO_2 cristalino (retas tracejadas) passa a ter uma inclinação negativa.

B – Hábito dos polimorfos de sílica (Barker, 1983)

Os polimorfos de alta temperatura têm maior entropia (estrutura mais desordenada) que implica maior simetria. Esta é hexagonal (grupo espacial $P6_3/mmc$) na tridimita α e ortorrômbica (grupo espacial C2221) na tridimita β, tetragonal (grupo espacial $P4_12_12$ ou $P4_32_12$) na cristobalita α e cúbica (grupo espacial Fd3m) na cristobalita β. Nos polimorfos de menor temperatura, a menor entropia resulta numa estrutura mais ordenada e de menor simetria. Decorre que quartzo β apresenta simetria hexagonal (grupo espacial $P6_222$ ou $P6_422$) e quartzo α simetria trigonal (grupo espacial $P3_121$). São mostrados os hábitos dos principais polimorfos de SiO_2 (quartzo α, quartzo β, tridimita e cristobalita) de rochas magmáticas ordenados segundo temperatura crescente.

C – Características físicas de alguns polimorfos de sílica (Klein; Dutrow, 2012)

São listadas a densidade e o índice de refração médio do quartzo α, cristobalita e tridimita. Os dados mostram claramente que cada polimorfo de sílica é uma fase cristalina distinta com propriedades físicas específicas, o que permite o seu isolamento, separação e identificação por meio de diversas metodologias.

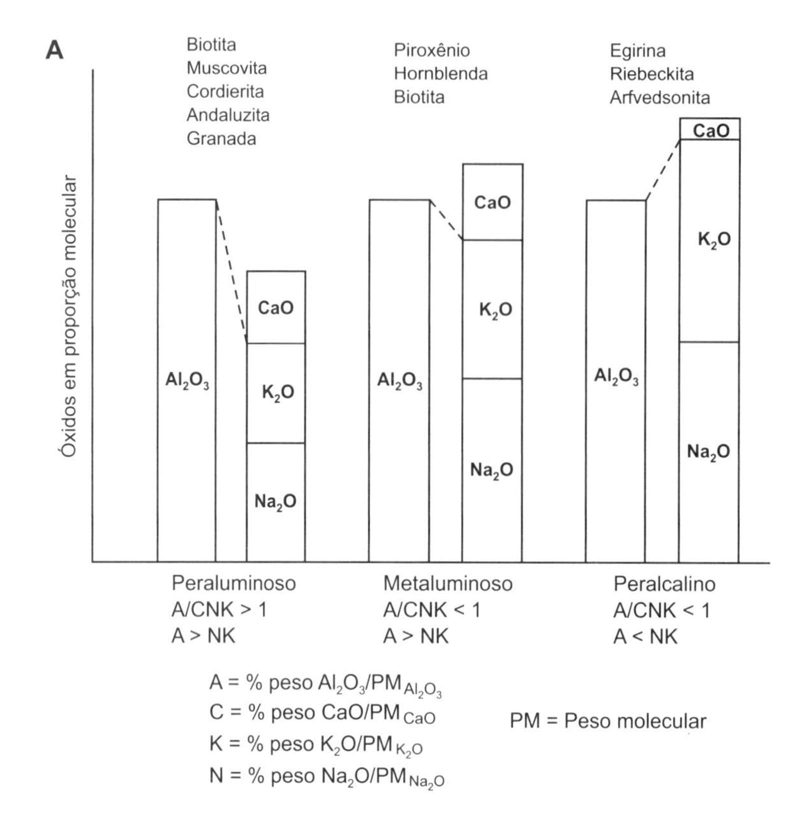
A
Biotita
Muscovita
Cordierita
Andaluzita
Granada
Piroxênio
Hornblenda
Biotita
Egirina
Riebeckita
Arfvedsonita
Óxidos em proporção molecular
Al_2O_3
CaO
K_2O
Na_2O
Peraluminoso
A/CNK > 1
A > NK
Metaluminoso
A/CNK < 1
A > NK
Peralcalino
A/CNK < 1
A < NK
A = % peso $Al_2O_3/PM_{Al_2O_3}$
C = % peso CaO/PM_{CaO}
K = % peso K_2O/PM_{K_2O}
N = % peso Na_2O/PM_{Na_2O}
PM = Peso molecular

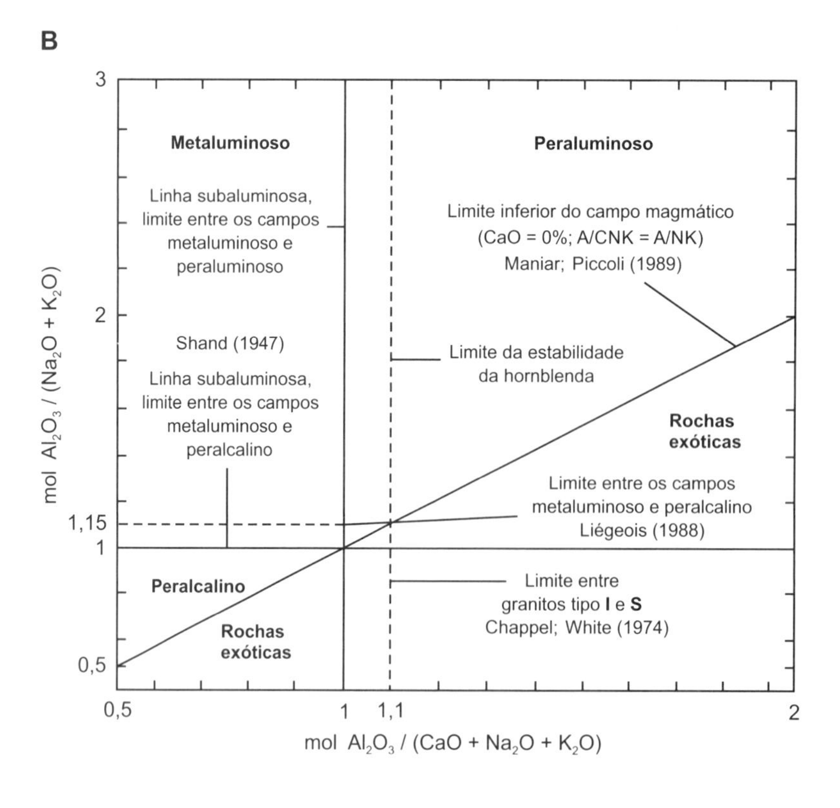
B
Metaluminoso
Peraluminoso
Linha subaluminosa, limite entre os campos metaluminoso e peraluminoso
Limite inferior do campo magmático (CaO = 0%; A/CNK = A/NK) Maniar; Piccoli (1989)
Shand (1947)
Linha subaluminosa, limite entre os campos metaluminoso e peralcalino
Limite da estabilidade da hornblenda
Rochas exóticas
Limite entre os campos metaluminoso e peralcalino Liégeois (1988)
Peralcalino
Rochas exóticas
Limite entre granitos tipo **I** e **S** Chappel; White (1974)
3
2
1,15
1
0,5
0,5
1
1,1
2
mol Al_2O_3 / $(Na_2O + K_2O)$
mol Al_2O_3 / $(CaO + Na_2O + K_2O)$

Figura 10.12 – Alumina-saturação e índice de alcalinidade

A - Diagrama de Shand (Shand, 1947)

A relação entre álcalis, cálcio e alumínio em minerais e rochas é quantificada pelas relações (em proporções molar, isto é, % peso do óxido/peso molecular do óxido) $Al_2O_3/(CaO + Na_2O + K_2O)$ ou A/CNK, a alumina-saturação, e $Al_2O_3/(Na_2O + K_2O)$ ou A/NK, o índice de alcalinidade. As % peso dos óxidos são as constantes nas análises químicas de minerais e rochas. As duas relações são combinadas no diagrama A/CNK × A/NK ou Diagrama de Shand. A referência para a interpretação da alumina-saturação são os feldspatos nos quais a relação A/CNK é unitária:

- No K-feldspato (ortoclásio, sanidina): $2KAlSi_3O_8 = K_2O + Al_2O_3 + 6SiO_2$; $Al_2O_3: K_2O = 1$
- No Na-feldspato (albita): $2NaAlSi_3O_8 = Na_2O + Al_2O_3 + 6SiO_2$; $Al_2O_3: Na_2O = 1$
- No Ca-feldspato (anortita): $CaAl_2Si_2O_8 = CaO + Al_2O_3 + 2SiO_2$; $Al_2O_3: CaO = 1$.
- Nos feldspatos alcalinos, a relação A/NK também é unitária (1); nos plagioclásios, varia entre um (1) para $Ab_{100}An_0$ e infinito (∞) para Ab_0An_{100}.

Rochas com A/CNK superior, igual e inferior a 1 são denominadas, respectivamente, de peraluminosas (ou alumina-supersaturadas), subaluminosas e metaluminosas. Nas rochas peraluminosas, o excesso de alumina após a formação dos feldspatos entra na estrutura de minerais máficos aluminosos, principalmente muscovita, biotita, granadas, sillimanita, cordierita, turmalina, topázio, espodumênio etc.

A relação $Al_2O_3/(Na_2O + K_2O)$ divide as rochas com (A/CNK < 1) em metaluminosas (A/NK > 1), subaluminosas (A/NK = 1) e peralcalinas (A/NK < 1). Portanto, nas rochas metaluminosas A/CNK < 1 e A/NK > 1. As rochas subaluminosas representam apenas uma reta no diagrama de Shand. Nas rochas metaluminosas, a alumina-insaturação afeta o cálcio. O excesso de Ca após a formação dos Ca-plagioclásios entra na composição de minerais máficos cálcicos-magnesianos pobres em ou isentos de alumínio, principalmente piroxênios (augita) e, subordinadamente, anfibólios (hornblenda) que coexistem com (Mg,Fe)-silicatos também pobres em ou isentos de alumínio (olivina, enstatita, hiperstênio, pigeonita). Apenas em rochas um pouco mais ricas em álcalis ocorre a biotita, que, junto com a hornblenda, são a paragênese típica de rochas metaluminosas cálcio-alcalinas mais evoluídas. Nas rochas peralcalinas, a alumina-insaturação afeta principalmente o Na e apenas raramente o K. O excesso de sódio após a cristalização da albita integra a estrutura de piroxênios (egirina, egirina-augita) e anfibólios (arfvedsonita, riebeckita, pargasita) alcalinos sódicos. Em magmas ricos em K cristaliza o anfibólio alcalino kaersutita.

A reta com A/CNK = 1,1 assinala o limite de estabilidade da hornblenda em magmas graníticos. Representa o limite entre os granitos tipos **I** e **S**. Nos granitos tipo I, a hornblenda é mineral diagnóstico ausente ou raro em granitos tipo S. Granitos I são rochas metaluminosas cálcio-alcalinas de origem híbrida mantélica/crustal. Granitos S são peraluminosos e seus magmas resultam essencialmente da fusão parcial de rochas crustais.

O limite composicional das rochas magmáticas é a reta diagonal A/CNK = A/NK que assinala a condição CaO = 0. Rochas situadas abaixo dessa linha são ditas exóticas. São principalmente rochas magmáticas modificadas por processos metassomáticos pneumatolíticos/hidrotermais, caso de greseinização, turmalinização, feldspatização, cloritização etc.

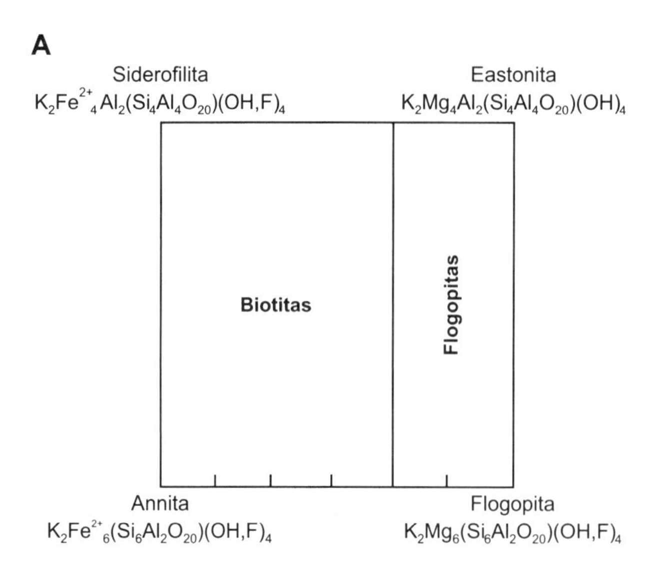
A
Siderofilita
$K_2Fe^{2+}_4Al_2(Si_4Al_4O_{20})(OH,F)_4$
Eastonita
$K_2Mg_4Al_2(Si_4Al_4O_{20})(OH)_4$
Biotitas
Flogopitas
Annita
$K_2Fe^{2+}_6(Si_6Al_2O_{20})(OH,F)_4$
Flogopita
$K_2Mg_6(Si_6Al_2O_{20})(OH,F)_4$

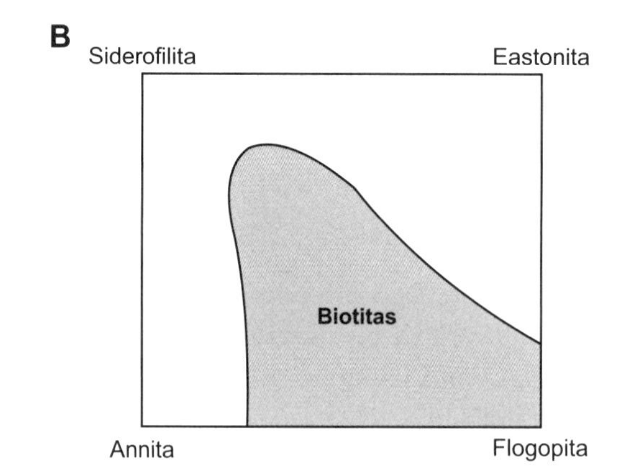
B
Siderofilita
Eastonita
Biotitas
Annita
Flogopita

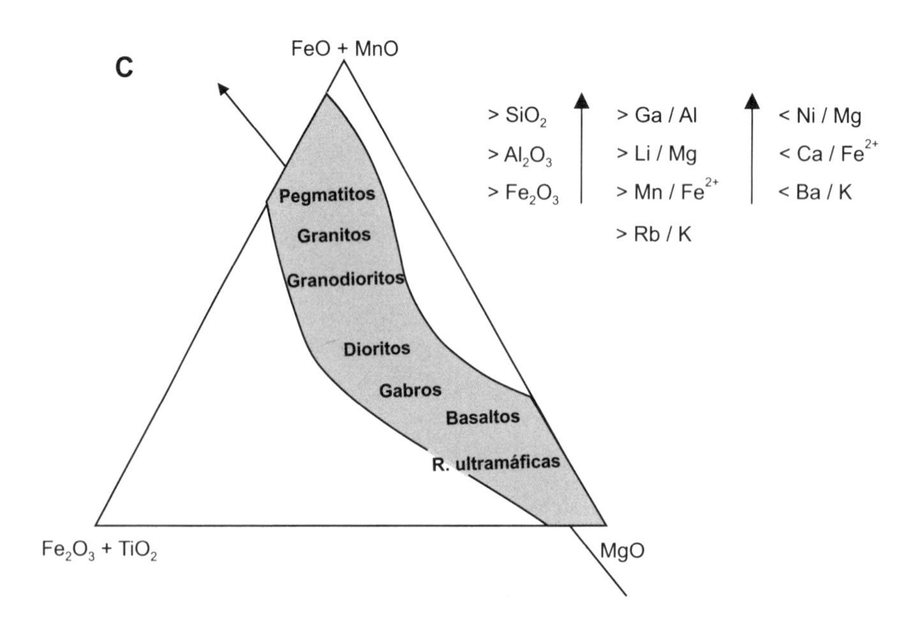
C
FeO + MnO
> SiO_2
> Al_2O_3
> Fe_2O_3
> Ga / Al
> Li / Mg
> Mn / Fe^{2+}
> Rb / K
< Ni / Mg
< Ca / Fe^{2+}
< Ba / K
Pegmatitos
Granitos
Granodioritos
Dioritos
Gabros
Basaltos
R. ultramáficas
Fe_2O_3 + TiO_2
MgO

Figura 10.13 – Classificação das micas e estabilidade da biotita

A – Classificação e composição das micas (Deer; Howie; Zussman, 1992)

A estrutura básica das micas são sucessivas folhas silicáticas tetraédricas com fórmula geral $(Si,Al)_2O_5$ unidas por cátions octaédricos na posição estrutural Y. A fórmula geral das micas é $X_2Y_6Z_8O_{20}(OH,F)_4$. Os cátions X são principalmente K, Na ou Ca, mas também Ba, Rb, Cs etc.; os íons Y principalmente Al, Mg e Fe, mas também Mn, Cr, Ti, Li etc. e os cátions Z são Si e Al e raramente Ti e Fe^{3+}. De acordo com o número de cátions Y, as micas são subdivididas em dioctaédricas (dois cátions Y) e trioctaédricas (três cátions Y). Outra subdivisão assenta na natureza dos cátions X que é Na ou K nas micas "comuns" e Ca nas micas "quebradiças". Entre as micas trioctaédricas comuns destaca-se a solução sólida flogopita-biotita e as micas litiníferas zinnwaldita $[K_2(Fe,Li,Al)_6(Si_{6-7}Al_{2-1})O_{20}(OH,F)_4]$, e lepidolita $[K_2(Fe,Li,Al)_{5-6}(Si_{6-5}Al_{2-3})O_{20}(OH,F)_4]$, típicas de pegmatitos. A série flogopita-biotita é uma solução sólida entre eastonita $[K_2Mg_4Al_2(Si_4Al_4O_{20})(OH)_4]$, siderofilita $[K_2Fe^{2+}{}_4Al_2(Si_4Al_4O_{20})(OH,F)_4]$, flogopita $[K_2Mg_6(Si_6Al_2O_{20})(OH,F)_4]$ e annita $[K_2Fe^{2+}{}_6(Si_6Al_2O_{20})(OH,F)_4]$. Flogopita e annita não contêm alumínio. A separação entre flogopitas ou Mg-micas e as biotitas ou Fe-micas é formal (**A**). Biotita ocorre em gabros, noritos, dioritos, quartzo e nefelina sienitos, granitos e pegmatitos. Flogopita é a mica característica de peridotitos e kimberlitos, rochas fortemente magnesianas.

B – Variação composicional da biotita (Deer; Howie; Zussman, 1992)

A complexa fórmula da biotita $[K_2(Mg,Fe)_{6-4}(Fe^{3+},Al,Ti)_{0-2}(Si_{6-5}Al_{2-3})O_{20}(OH)_4]$ garante um grande campo de estabilidade ao mineral. A composição de biotitas naturais no diagrama Eastonita-Siderofilita-Flogopita-Annita (**B**) transgridem a subdivisão formal entre flogopitas e biotitas mostrada em (**A**).

C – Ocorrência da biotita (Heinrich, 1956; Deer; Howie; Zussman, 1992)

O campo de estabilidade da biotita é maior que o de qualquer outra mica. A composição favorável propicia a ocorrência da biotita numa ampla gama de rochas, de ultramáficas/ultrabásicas a ácidas, incluindo pegmatitos, mas é particularmente característica de rochas cálcio-alcalinas intermediárias. De modo geral, em rochas com crescente acidez, as biotitas tornam-se gradualmente mais pobres em Mg e mais ricas em Fe^{3+}. Em magmas com alta alumina-saturação e teores muito baixos de cálcio, magnésio e ferro, a biotita é substituída pela muscovita, $K_2Al_4(Si_6Al_2O_{20})(OH,F)_4$, mineral isento de Mg e Fe e muito aluminoso. A evolução das micas de magnesianas em rochas ultramáficas para ferríferas em pegmatitos é assinalada por uma flecha em (**C**). Além da variação dos teores de MgO e (FeO + MnO) estão assinaladas outras variações composicionais, caso dos óxidos de SiO_2, Al_2O_3 e Fe_2O_3, e das relações Ga/Al, Li/Mg, Mn/Fe^{2+}, Rb/K, Ni/Mg, Ca/Fe^{2+} e Ba/K. O conjunto das variações mostra a complexidade das reações contínuas para adaptar a composição mineral às composições das diferentes rochas hospedeiras. O exame cuidadoso das diferentes relações químicas em biotitas de associações litológicas pode revelar variações específicas indicadoras de mineralizações.

11. Tipos e processos de fracionamento magmático

1. O estado de um sistema magmático é definido por suas fases cristalinas, líquidas e gasosas em dadas condições definidas pelos parâmetros intensivos temperatura, pressão e composição (TPX). No caso de um vitrófiro (Figura 11.1.A), o estado do sistema é dado por duas fases: uma cristalina, os fenocristais de quartzo corroídos, e uma líquida, a matriz (vítrea) da rocha. As bainhas de dissolução dos cristais de quartzo indicam instabilidade da fase cristalina devido à rápida ascensão magmática (transformação do magma subvulcânico em lava) que implica rápida mudança da pressão. As fases podem ser contínuas (caso da matriz) ou descontínuas (caso dos fenocristais). Não importa se existem 1, 2, 5, 100 ou 1.000 fenocristais na rocha; eles representam apenas uma fase cristalina, o quartzo. O número de cristais de uma fase descontínua depende da dimensão do sistema examinado: um afloramento grande, um afloramento pequeno, uma amostra de rocha grande, uma amostra de rocha pequena ou uma lâmina delgada. Como sistemas magmáticos naturais podem ter dimensões planares de milhares de km^2, caso de batólitos, é de extrema importância que as amostras coletadas em trabalhos de campo sejam representativas do sistema. A caderneta de campo, a máquina fotográfica e os sacos de amostras de um geólogo atuando no campo servem para descrever, registrar e amostrar as variações (estados) do sistema petrológico examinado. As dimensões das amostras devem ser proporcionais à granulação e aos aspectos texturais e estruturais da rocha e seu número deve refletir corpos mais ou menos heterogêneos.

No caso de um andesito pórfiro (Figura 11.1.B), o sistema compreende três fases cristalinas: fenocristais de plagioclásio, fenocristais de piroxênio e microfenocristais de titanomagnetita em contato com a fase líquida (sub-resfriada) do sistema representado pelo vidro vulcânico da matriz, uma mistura de vidro e micrólitos ou cristalitos (cristais incipientes) de plagioclásio. Apesar das diferenças entre fenocristais e micrólitos de plagioclásio em termos de dimensões, hábitos, contatos etc., os dois são apenas diferentes manifestações da mesma fase cristalina "plagioclásio". O mesmo critério aplica-se à fase líquida que ocorre tanto dispersa na matriz como formando inclusões nos fenocristais de plagioclásio.

2. Entre os estados do sistema durante a progressiva cristalização de um magma destacam-se:

- Estado hiperliquidus. O estado do sistema é caracterizado por apenas uma fase líquida. Quando essa fase, de composição muito complexa no caso de magmas, atinge por resfriamento do sistema sua temperatura liquidus, inicia-se a sua cristalização e o líquido passa para uma suspensão magmática, uma mistura entre a fase líquida e uma ou mais fases cristalinas (minerais). Com a lenta queda da temperatura do sistema, a suspensão fica cada vez mais rica em cristais e espécies minerais transformando-a num *mush*. Num *mush* a reduzida fração líquida intercristalina perde parte de sua continuidade física à semelhança da água numa esponja. Por resfriamento muito rápido, a fase líquida pode ser "congelada" na forma de vidro vulcânico. Um vidro vulcânico sem cristais representa um líquido magmático hiperliquidus "congelado".

- Suspensão magmática com fase líquida anidra. De magmas anidros ou incipientemente hidratados, caso da maioria dos magmas basálticos, precipitam no estágio inicial da cristalização apenas minerais anidros (minerais opacos, olivinas, piroxênios, plagioclásios). O estado do sistema é caracterizado pela coexistência de minerais anidros e líquido anidro ou incipientemente hidratado.
- Suspensão magmática com fase líquida água-insaturada. A precipitação inicial de minerais anidros aumenta progressivamente o teor de água no decrescente volume de líquido magmático. Quando a decrescente água-insaturação atinge um valor crítico (aH_2O entre 0,6 e 0,7) inicia-se a cristalização dos minerais hidratados (anfibólios e micas). O estado do sistema é caracterizado pela coexistência entre minerais anidros, minerais hidratados e um líquido água-insaturado.
- Suspensão ou *mush* magmático com fase líquida água-saturada. Quando o teor de água do sistema magmático se torna maior que a quantidade que pode ser dissolvida na fase líquida água-saturada, surge uma fase fluida independente supercrítica (fase pneumatolítica) em equilíbrio físico-químico com a suspensão magmática água-saturada. Esse estado do sistema, dito água-supersaturado ou pegmatítico, é caracterizado pela coexistência de minerais anidros, minerais hidratados, líquido magmático água-saturado e uma fase fluida supercrítica. Em pegmatitos, corpos rochosos com cristais até métricos mutuamente intercrescidos que cristalizam no estágio magmático água-supersaturados, coexistem cristais precipitados tanto da fase magmática residual água-saturada extremamente fluida e móvel quanto da fase fluida coexistente.
- Estado pneumatolítico/hidrotermal. Após a cristalização total do sistema magmático, a fase fluida supercrítica coexiste com a massa rochosa quente subsólida. O estado do sistema é dado pela associação de fases de minerais anidros, minerais hidratados e a fase fluida. Por resfriamento, a fase fluida supercrítica origina soluções aquosas subcríticas (fase hidrotermal).

3. Fracionamento é a divisão de um sistema magmático em subsistemas distintos independentes e quimicamente complementares. Representa uma cristalização em condições de desequilíbrio. Fracionamento magmático é um processo demorado e, portanto, mais efetivo em magmas que em lavas. Existem três processos principais de fracionamento sob baixas pressões:

- Fracionamento do sistema em condições hiperliquidus. É o fracionamento por difusão termogravitacional que gera na câmara magmática uma sucessão de estratos de líquidos magmáticos com composição variável e contatos gradacionais a partir de um líquido magmático homogêneo inicial. Fracionamento por imiscibilidade magmática é rara.
- Extração ou isolamento da fração cristalina da suspensão magmática. É a cristalização fracionada. Numa cristalização em condições de desequilíbrio ideais, as fases cristalinas são retiradas do sistema imediatamente após a sua cristalização. Pela extração (isolamento) das fases cristalinas da suspensão magmática, o outrora líquido complementar coexistente torna-se um líquido fracionado que atua como novo líquido inicial.
- Extração da fase volátil do sistema. Simplificadamente, pode ser comparado com o escape do vapor de uma panela de pressão que contém a suspensão "sopa". O vapor que escapa da panela de pressão nunca é H_2O puro. Durante sua extração, a fase volátil percola o sistema rochoso fracionado e posteriormente suas rochas encaixantes e pode gerar expressivas jazidas pneumatolíticas intracorpo, pericorpo e extracorpo magmático.

4. Numa cristalização em condições de desequilíbrio ideais, o fracionamento da suspensão magmática é total; em condições de desequilíbrio reais, o fracionamento é incompleto. Nesse caso, o intervalo temporal entre a cristalização e a extração mineral é variável, a extração das fases sólidas pode ser mais ou menos completa e acompanhada de variáveis volumes de líquido coexistente e após o fracionamento permanece no sistema uma suspensão com quantidades variáveis de cristais não fracionados.

5. O posicionamento espacial relativo da cristalização do líquido fracionado em relação ao sistema

magmático no qual foi gerado pode ser de dois tipos (Figura 11.2):

- Cristalização intrassistema. O líquido fracionado cristaliza no limite físico do sistema inicial. É o caso de rochas cumuláticas situadas na base ou no topo da câmara magmática, diques, veios e bolsões de pegmatitos e aplitos no interior de granitos ou fácies magmáticas gradacionais em corpos magmáticos maiores (Figura 11.2). No maciço alcalino Itatiaia-RJ, nefelina sienitos marginais gradacionam, via sienitos, para quartzo sienitos e raros granitos alcalinos na porção central do pluton (zoneamento composicional concêntrico).
- Cristalização extrassistema. O líquido fracionado cristaliza fora do limite físico do sistema inicial, isto é, o líquido fracionado tem maior mobilidade. Exemplos são corpos, bolsões e diques de turmalina granitos que circundam o granito Cantareira nos arredores da cidade de São Paulo-SP, ao qual estão geneticamente ligados por fracionamento. É também o caso de plutons dos quais partem diques radiais e diques anelares e em cone circundando complexos plutonovulcânicos colapsados. Impressionante dique anelar de tinguaítos circunda o complexo alcalino de Poços de Caldas-MG, um dos maiores do mundo, composto essencialmente por nefelina sienitos, sienitos, tinguaítos e fonólitos.

6. O fracionamento pode resultar na geração ou não de novas rochas por concentração da fase cristalina fracionada.

- Concentração mineral ocorre em fracionamentos por decantação e flutuação. Nesse caso, milhões de cristais fracionados formam camadas de rochas cumuláticas na base ou no topo da câmara magmática.
- Fracionamento sem formação de nova rocha por concentração mineral é típico de sistemas submetidos a rápidos resfriamentos, caso de lavas e magmas subvulcânicos. Nesses sistemas, o fracionamento decorre principalmente pelo impedimento parcial ou total das reações entre minerais instáveis com o líquido coexistente para a formação de novos minerais estáveis em equilíbrio temporário com a sempre mutante composição da decrescente fração líquida do magma durante a cristalização do sistema magmático. Reações incompletas resultam do envolvimento do mineral instável por uma carapaça ou capa de reação composta pelo mineral estável que resulta da reação entre o mineral instável com o líquido coexistente. A rocha resultante da cristalização do líquido fracionado incorpora os minerais manteados ou zonados. O mineral estável envolvente evita o contato do mineral instável envolvido com o líquido coexistente.

  A reação mineral instável + líquido coexistente = mineral estável é um processo demorado que envolve: 1) concentração por difusão dos elementos cedidos pelo líquido durante a reação para a interface líquido/cristal instável; 2) troca entre elementos do cristal instável e do líquido durante a reação e a reorganização da estrutura cristalina instável para a nova estrutura cristalina estável; e 3) dispersão por difusão dos elementos cedidos pelo cristal instável durante a reação e agora concentrados na interface cristal estável/líquido. A velocidade de difusão iônica em líquidos magmáticos diminui exponencialmente com o aumento linear da viscosidade (figuras 11.3 e 11.4).

7. As reações minerais que ocorrem durante a cristalização magmática são de dois tipos:

- Reações contínuas entre composições instáveis de soluções sólidas com o líquido coexistente para a obtenção de composições de soluções sólidas estáveis algo mais ricas no componente com menor temperatura solidus. Ocorre em plagioclásios, feldspatos alcalinos, olivinas, piroxênios, anfibólios e micas etc.
- Reações da série descontínua. São as reações nas quais minerais com estrutura mais simples reagem com o líquido coexistente mais hidratado e rico em álcalis, alumina e sílica para a formação de minerais estruturalmente mais complexos, mais hidratados, mais ricos em K_2O, Na_2O e Al_2O_3 e mais pobres em MgO e CaO. É o caso das reações piroxênio → anfibólio → micas. Reações de sílica-saturação de minerais sílica-insaturados são um caso particular de reações descontínuas. Envolvem Mg-olivinas, feldspatoides, melilitas, perovskita etc.

8. De reações incompletas decorrem:

- Cristais zonados de soluções sólidas compostas por sucessivas capas de composições estáveis tornadas instáveis com o avanço da cristalização. Cada sucessiva capa mineral estável cristalizada em condições de T e X (P é constante) específicas impede o contato entre o líquido e a zona subjacente instável. Zoneamento marcante ocorre em plagioclásios, mas o zoneamento também pode ocorrer em todas soluções sólidas siálicas e fêmicas.

- Minerais manteados que retratam o antigo contato do líquido mais silicoso, alcalino, aluminoso, hidratado e frio com o núcleo mineral instável cristalizado em temperaturas mais elevadas e condições químicas distintas. Casos clássicos são Mg-olivinas (forsterita) com coroa de reação de Mg-piroxênios (geralmente hiperstênio), piroxênios manteados por anfibólios e anfibólios manteados por biotita.

9. Entre os processos que promovem o fracionamento da fração sólida de uma suspensão magmática destacam-se:

- Ação da gravidade. Resulta na separação das fases cristalinas da suspensão magmática por decantação ou precipitação (para minerais mais densos que o líquido coexistente) ou flutuação (para minerais mais leves que o líquido coexistente). Os minerais iniciais das séries de cristalização são os mais propícios à decantação, pois o magma periliquidus, uma suspensão magmática de elevada temperatura pobre em cristais, é mais fluido. Os minerais de cristalização precoce são tanto mais densos (olivina, piroxênios, minerais opacos e acessórios) quanto mais leves (plagioclásios) que o magma basáltico do qual cristalizam. Como precipitação e flutuação mineral são processos morosos, a extração mineral é mais efetiva em grandes volumes de magmas fluidos que cristalizam lentamente em condições de quietude dinâmica na ausência de correntes de convecção que podem perturbar significativamente a eficiência dos processos (Figura 11.5). Decorre que precipitação e flutuação mineral são mais efetivos em espessas intrusões subvulcânicas (soleiras e lopólitos) de magma basáltico (mais fluido) anorogênico.

  As fases minerais decantadas originam rochas com texturas cumuláticas, com ênfase para dunitos, peridotitos, piroxenitos, anortositos e melagabros (rochas compostas essencialmente por muito piroxênio e pouco Ca-plagioclásio). Rochas cumuláticas frequentemente contêm leitos e lentes de óxidos de Fe (magnetita, $FeFe_2O_4$), Fe e Ti (ilmenita, $FeTiO_3$) e Fe e Cr (cromita, $FeCr_2O_4$) que podem constituir importantes jazidas minerais.

  A decantação mineral gera complexos máficos-ultramáficos estratificados, bandados, acamados e laminados, nos quais as rochas cumuláticas ultramáficas são sobrepostas por sequências rochosas dominantemente máficas de gabros a granófiros que resultam da cristalização de frações líquidas mais ou menos fracionadas pela extração dos minerais cumuláticos. Exemplos clássicos de complexos máficos-ultramáficos são o lopólito de Skaergaard, Groenlândia, os lopólitos coalescente de Bushveld, África do Sul, a soleira Palisade *sill*-NY, Estados Unidos etc. (figuras 11.6 e 11.7.A). Expressivo fracionamento de magmas basálticos toleíticos oceânicos (MORB) ocorre abaixo dos eixos das cadeias meso-oceânicas que resulta na estruturação acamadada máfica-ultramáfica da crosta oceânica (Figura 11.7.B).

  Exemplos em complexos magmáticos fracionados mais evoluídos são os leitos de turmalinitos no granito bandado pegmatítico turmalinífero Perus, localizado nos arredores da cidade de São Paulo-SP e as rochas cumuláticas, ricas em plagioclásio do monzodiorito Piracaia-SP.

- Fluxo diferencial em câmaras magmáticas tabulares. É um processo de fracionamento intrassistema. As diferentes lâminas de uma camada de fluxo têm distintas velocidades. No caso do fluxo de água de um rio, a velocidade da lâmina de fluxo do fundo é menor devido ao atrito com o leito do rio subjacente e a lâmina mais rápida situa-se no centro do corpo aquoso. O mesmo ocorre junto aos contatos e no centro em câmaras magmáticas tabulares (diques, *sills*). A diferença entre as velocidades das lâminas de fluxo marginais e centrais da camada de fluxo magmática promove a concentração de fenocristais na porção central do corpo e, consequentemente, o fracionamento parcial da suspensão magmática (Figura 11.8).
- Correntes de convecção. A diferença de temperatura entre a base e o topo e entre as bordas e o centro de câmaras magmáticas maiores leva ao desenvolvimento de poderosas correntes de convecção ascendentes e descendentes que promovem a concentração local dos minerais da

suspensão magmática (figuras 11.9.A e B) que forma *schlieren* e massas maiores de rochas que se diferenciam das rochas circundantes principalmente por variações na moda, mas não na mineralogia. Importante, também, é o fluxo marginal do magma que força a migração da fração líquida da suspensão para áreas mais centrais de câmaras magmáticas. Comuns são quartzo sienitos de granulação grossa com contatos difusos no interior de granitos megaporfiríticos cálcio-alcalinos de alto-K resultantes do arrasto e concentração de megacristais K-feldspato por correntes de convecção. Nessas rochas, variáveis teores de minerais máficos (principalmente anfibólio) e raro quartzo ocorrem aprisionados nos interstícios da rede compactados de megacristais de microclínio, algumas vezes alinhados pelo fluxo. O líquido magmático espremido da suspensão magmática frequentemente cristaliza granitos leucocráticos ricos em quartzo. Magnífica associação de sienitos porfiríticos leucocráticos a mesocráticos gerados por correntes de convecção associados com granitos leucocráticos quartzosos de granulação média a fina ocorre no batólito Santa Quitéria nas imediações da cidade de Tauá, Ceará, e rochas cumuláticas ricas em piroxênio formando grandes autólitos maciços a schliericos ocorrem no granito rapakivi Itu-SP, e no sienito Pedra Branca-MG.

- Vibração sísmica. Em áreas orogênicas ativas, os terremotos podem causar decantação de fases cristalinas de suspensões magmáticas. O efeito da vibração sísmica é detectado pela comparação das "tomografias sísmicas" de detalhe de câmaras magmáticas rasas pré e pós-terremotos.

10. O fracionamento (extração, separação) da fase líquida água-insaturada ou água-saturada de uma suspensão ou *mush* magmático pode ser mais ou menos efetivo. Entre os diversos processos de separação da fase líquida de um sistema magmático destacam-se:

- Filtragem por compressão. É a separação da fase líquida de suspensões magmáticas por esforços compressivos; o fracionamento é geralmente intrassistema magmático inicial (Figura 11.10). Os esforços compressivos resultam geralmente da:
  - movimentação de falhas durante o alojamento magmático no plano de falha. Filtragem por compressão ocorre no pluton monzonítico Piracaia-SP, associado com uma possante falha transcorrente seguidamente reativada. A intrusão compreende três fases magmáticas alojadas sob crescente compressão tectônica. Na terceira fase magmática, submetida à maior compressão tectônica, o líquido residual espremido do *mush* forma bolsões, lentes e veios irregulares pegmatíticos formando uma rede esbranquiçada irregular descontínua com feições pegmatoides na massa rochosa escura tectonicamente comprimida;
  - intrusão forçada de suspensões e *mushs* magmáticos. Exemplo de filtragem por intrusão forçada é o pluton sienítico de Pedra Branca-MG. A intrusão forçada manifesta-se por meio de espesso anel marginal, no qual os cristais tabulares de feldspatos alcalinos estão fortemente iso-orientados (estrutura de fluxo) pela compressão da suspensão/*mush* magmático contra as rochas encaixantes. A simultânea segregação (expulsão) do líquido magmático intersticial se reflete na escassa matriz intersticial na malha de cristais da estrutura de fluxo e no zoneamento composicional do pluton da borda para o centro representado por um zoneamento muito discreto de nefelina sienitos, sienitos e quartzo sienitos, os primeiros e últimos respectivamente com teores muito pequenos de nefelina e quartzo (Figura 11.10.B);
  - progressão de um dobramento. Com o aumento dos esforços compressivos, uma dobra aberta passa gradualmente para uma dobra fechada. Nesse processo, uma suspensão/*mush* magmático com posição intradobra é submetida a uma progressiva compressão que resulta na separação e expulsão da fração líquida da suspensão geralmente ao longo de falhas que cortam a câmara magmática e com origem e desenvolvimento vinculados aos crescentes esforços compressivos.
- Alívio de pressão. A existência de falhas, fraturas, juntas de contração (diaclases) num *mush* magmático promove seu fracionamento pela separação e migração da fase líquida água-saturada intersticial para os locais de menor pressão na câmara magmática que incluem seu topo e a zona de contato. A cristalização da fase fluida fracionada ao longo de falhas, fraturas e diaclases origina diques situados no interior (na massa ro-

chosa ígnea), na periferia (junto aos contatos) e fora (nas rochas encaixantes) dos limites físicos do sistema magmático inicial.

- Compactação magmática ou cristalina. A massa de cristais decantados no fundo da câmara magmática é um *mush* com pouco líquido intersticial. Este pode ser expulso do *mush* como resultado de sua progressiva compactação pela contínua deposição de novas massas de minerais decantados. O líquido intersticial expulso origina bolsões, veios e lentes com dimensões variáveis, que permeiam a massa cristalina decantada. A intensidade de expulsão do líquido intersticial reflete-se em diferentes texturas cumuláticas, que variam de ortocumuláticas (grande quantidade de líquido intersticial preservado), via mesocumuláticas, até adcumuláticas (pequeno volume de líquido intersticial preservado). A cristalização do líquido intersticial não extraído origina a fração intercumulus das texturas cumuláticas. Sua cristalização pode gerar um zoneamento pós-decantação em algumas espécies minerais da massa decantada, principalmente no plagioclásio de melagabros (Figura 11.11).
- Propulsão gasosa. Em sistemas magmáticos água-supersaturados, líquidos residuais água-saturados coexistem com uma fase fluida. A pressão da fase fluida força a migração dos líquidos residuais para fraturas ou zonas de menor pressão no próprio corpo magmático (fracionamento intrassistema) ou nas rochas encaixantes (fracionamento extrassistema). Da cristalização de magmas residuais água-saturados em elevadas P_{H_2O} resultam veios, diques ou bolsões de pegmatitos compostos por grandes cristais intercrescidos com dimensões, contatos e estruturas internas extremamente variáveis e mineralogia frequentemente exótica. Com o alçamento final já em estado plástico subsolidus, o corpo magmático passa gradualmente de rochas encaixantes dúcteis para rochas encaixantes quebradiças e a consequente implantação progressiva de fraturas e falhas que conectam o corpo ígneo com áreas de menor pressão da subsuperfície. Durante a injeção por propulsão gasosa ao longo de fraturas e falhas de baixa pressão, o líquido água-saturado exsolve parte importante da água dissolvida e parte da fase fluida coexistente escapa do sistema. O escape de água dissolvida no magma eleva substancialmente a temperatura solidus do sistema que implica cristalização imediata do magma residual em baixas P_{H_2O}. Resultam veios ou diques de aplitos, rochas graníticas leucocráticas com textura sacaroide, uma variante da textura equigranular fina. A ocorrência de dique de pegmatitos e aplitos num corpo granítico indica, pois, um período inicial de cristalização de magma residual pegmatítico em elevadas pressões de P_{H_2O} em sistema fechado em maiores profundidades seguido de um período final de cristalização de magma residual aplítico em baixas P_{H_2O} em sistema aberto mais raso. Decorre que a cristalização de aplitos geralmente sucede no tempo à cristalização de pegmatitos.

11. Fracionamento da fase fluida. Os minerais inicialmente cristalizados são anidros. Consequentemente, o decrescente volume de líquido magmático água-insaturado coexistente torna-se gradualmente menos água-insaturado, isto é, aumenta seu teor de água dissolvida. Dessa maneira, no fim da cristalização, o reduzido volume de líquido final torna-se água-saturado e o sistema atinge o estado de água-supersaturação, com a individualização de uma fase fluida em equilíbrio físico-químico com a suspensão magmática água-saturada. O fracionamento da fase fluida ocorre basicamente por dois processos:

- Aumento da pressão interna do sistema. A pressão da fase fluida pode ser menor, igual ou maior que a pressão litostática (anidra, de carga ou de profundidade) que age sobre o sistema magmático. A pressão (densidade da rocha × altura da coluna rochosa acima da câmara magmática × aceleração da gravidade) na base da crosta terrestre (35 km de profundidade) é da ordem de 1 GPa ou 10 kbar (2.800 kg/m^3 × 35.000 m × 9,8 m/s^2). Quando a pressão da fase fluida do sistema magmático água-saturado plutônico superar a pressão litostática que age sobre a câmara magmática, os fluidos supercríticos, muito salinos e densos, escapam do sistema migrando para locais de menor pressão. O processo lembra o escape do vapor de uma panela de pressão contendo sopa, quando a pressão de vapor na panela é maior que a pressão de carga que a válvula exerce sobre o sistema "sopa". A fase fluida fracionada frequentemente gera jazidas pneumatolíticas/hidrotermais por percolação de rochas dúcteis e quebradiças, respectivamente, em maiores e menores profundidades.

- Queda na pressão externa do sistema. O teor de água em magma água-saturado diminui com a queda da pressão. Resulta que líquidos água-insaturados em rápida ascensão se tornam água-saturados e, posteriormente, passam a exsolver a água que ultrapassa o teor da água-saturação como fase fluida independente. A enorme expansão da fase fluida numa rápida ascensão magmática pode provocar explosões vulcânicas que representam o fracionamento repentino do sistema magmático. Um escape mais lento de lavas resulta em rochas com estrutura celular (pedra pomes), escoriácea e vesicular (ou amigdaloidal quando as vesículas são mais ou menos preenchidas por minerais secundários). Caso espetacular de grandes moldes de bolhas gasosas forradas por cristais secundários são os geodos de ametistas de derrames e *sills* de basaltos e diabásios toleíticos da província Paraná-Etendeka do sul do Brasil. Em Ametista do Sul-RS, geodos aproximadamente tubulares com forma simples ou ramificadas alcançam mais de quatro metros de altura e geodos subesféricos atingem mais de dois metros de diâmetro. Em rochas graníticas subvulcânicas com estrutura miarolítica, os moldes das grandes bolhas gasosas são forrados tanto por cristais da fase magmática residual presentes na rocha envolvente do miárolo quanto por minerais exóticos pegmatíticos, pneumatolíticos e hidrotermais. Bonitos miárolos ocorrem nos granitos Itu nos arredores da cidade de Salto-SP e São Sepé-RS, onde atingem mais de 50 cm de diâmetro. Miárolos com formas variadas são comuns em muitos pegmatitos.

12. Fracionamento de magmas hiperliquidus. Geralmente é um fracionamento em sistema fechado por meio de dois processos que operam em câmaras magmáticas subvulcânicas:

- Fracionamento por difusão termogravitacional. Consiste numa separação dos íons simples e complexos do líquido magmático hiperliquidus por difusão ao longo de gradientes termobáricos entre o topo e a base da câmara magmática. Por difusão, as partículas magmáticas se posicionam em sítios de energia mínima ao longo do gradiente, sítios que variam de íon para íon. Resulta um corpo magmático líquido fracionado composicionalmente estratificado com os magmas mais primitivos, máficos ou básicos (magmas mais densos, quentes e ricos em elementos compatíveis) situados na base e os mais evoluídos, félsicos ou ácidos (mais leves, frios e ricos em elementos incompatíveis) no topo da câmara. Os distintos estratos magmáticos são gerados simultaneamente sem a conotação temporal sequencial dos sucessivos magmas derivados formados por cristalização fracionada. Durante uma erupção, a lava inicialmente expelida pode ser qualquer estrato composicional da câmara magmática estratificada. Frequentemente, as sucessivas drenagens da câmara magmática são aleatórias, resultando no extravasamento de lavas, sedimentação de depósitos piroclásticos e colocação de diques nos quais a sucessão temporal dos corpos ígneos não tem correlação com seu grau de evolução magmática (Figura 11.12.A). Em muitas sequências vulcânicas, derrames mais evoluídos podem ser recobertos por derrames mais primitivos (Figura 11.12.B).
- Fracionamento por imiscibilidade líquida. Algumas soluções líquidas homogêneas em elevadas temperaturas tornam-se imiscíveis em temperaturas menores. São soluções com composições específicas, caso da emulsão homogênea aquaoleosa formado pelo par imiscível água e óleo e de líquidos silicáticos ricos em CO_2, S, P e Ti. Imiscibilidade magmática é invocada para explicar a formação de magmas de carbonatitos, de rochas alcalinas extremamente ricas em titanita, ilmenita, rutilo e apatita e de algumas jazidas de sulfetos maciços. Famoso é o horizonte Merensky do complexo máfico-ultramáfico de Bushveld, África do Sul, rico em sulfetos contendo platinoides, e do complexo máfico-ultramáfico de Sudbury, Canadá, rico em pentlandita [$(Fe,Ni)_9S_8$].

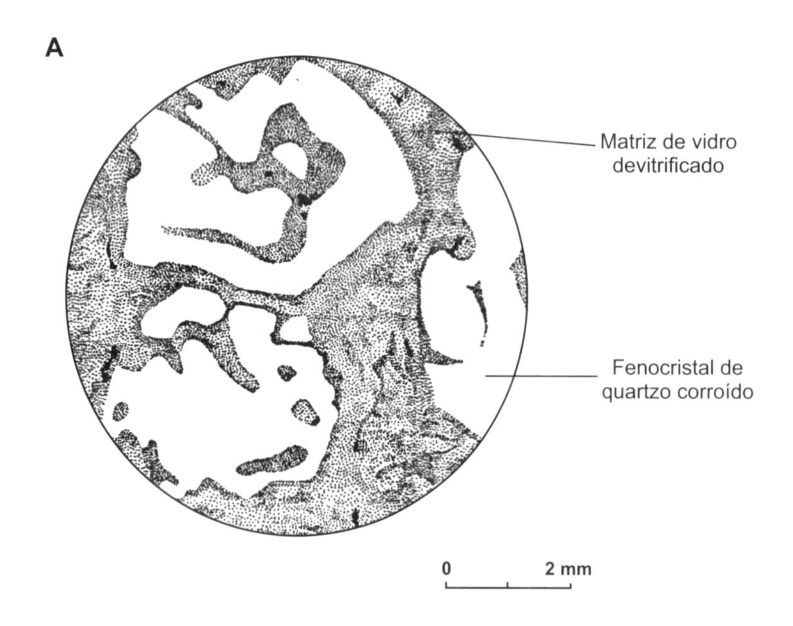
A
Matriz de vidro devitrificado
Fenocristal de quartzo corroído
0
2 mm

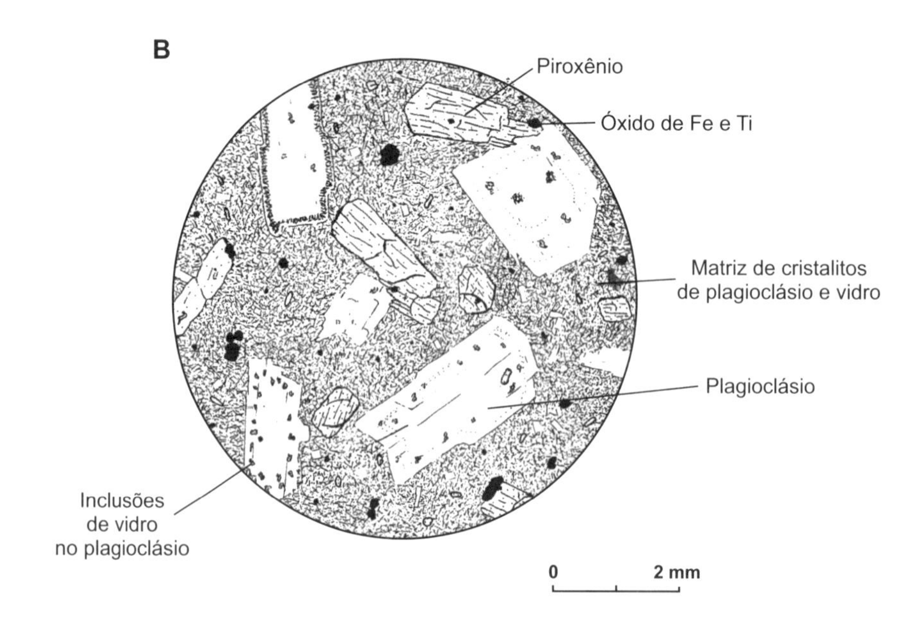
B
Piroxênio
Óxido de Fe e Ti
Matriz de cristalitos de plagioclásio e vidro
Plagioclásio
Inclusões de vidro no plagioclásio
0
2 mm

Figura 11.1 – Fases de sistemas magmáticos

O estado de um sistema magmático é definido por suas fases cristalinas, líquidas e gasosas sob dadas condições expressas pelos parâmetros intensivos temperatura (T), pressão (P) e composição (X). Uma fase pode ser contínua, caso da matriz vítrea de um *pitchstone* (vitrófiro preto com brilho resinoso), ou descontínua, caso dos fenocristais de uma espécie mineral inseridos na matriz. O número de fragmentos de uma fase descontínua varia com as dimensões da amostra. Rochas magmáticas plutônicas são compostas apenas por fases cristalinas; rochas vulcânicas podem conter variáveis teores de líquido magmático vitrificado. Vidros vulcânicos (obsidianas) holovítreos permitem determinar a composição de líquidos magmáticos naturais, pois representam líquidos hiperliquidus; a análise da matriz vítrea de vitrófiros com fenocristais de uma só espécie mineral determina a variação composicional do líquido coexistente pela cristalização dos fenocristais.

A – ***Pitchstone* porfirítico ou quartzo vitrófiro** (Hatch; Wells; Wells, 1975)

É mostrado o desenho de uma lâmina petrográfica de um quartzo vitrófiro ou *pitchstone* porfirítico, rochas muito ricas em sílica com fratura conchoidal e brilho de asfalto "pétreo" natural (*pitchstone*). O sistema magmático compreende duas fases: uma cristalina, dada pelos fenocristais de quartzo, e outra, líquida, dada pela matriz vítrea, neste caso devitrificada. Todo vidro vulcânico sofre devitrificação no decorrer do tempo geológico. A intensa corrosão (dissolução) dos fenocristais de quartzo indica desequilíbrio em relação ao líquido coexistente por ocasião do congelamento da suspensão magmática. O desequilíbrio provavelmente decorre da abrupta queda na pressão (descompressão) do sistema ou do aquecimento da fração líquida por fricção com as rochas encaixantes durante a rápida ascensão magmática. Nesse caso, a temperatura do sistema por ocasião do seu congelamento era de poucos graus acima da temperatura liquidus do quartzo sob altas pressões. A fase cristalina é descontínua; a fase líquida da matriz é contínua.

B – **Andesito pórfiro** (Best, 1982)

O estado do sistema magmático representado pela rocha é caracterizado pela coexistência entre três fases minerais: os fenocristais e cristalitos de plagioclásio, os fenocristais de piroxênio e os microfenocristais de titanomagnetita, e uma fase líquida dada pelo vidro devitrificado. Apesar das diferenças entre os cristalitos da matriz e os fenocristais de plagioclásio em termos de dimensões, hábito, inclusões etc., ambos representam apenas distintas manifestações da mesma fase cristalina "plagioclásio". Em relação ao quartzo vitrófiro (**A**), o andesito pórfiro tem uma fase líquida descontínua que ocorre tanto dispersa na matriz quanto em inclusões nos fenocristais de plagioclásio e um maior número de fases cristalinas. Essa feição pode ter duas interpretações: 1) o andesito representa um estágio mais avançado de cristalização, pois o número de fases cristalinas aumenta com sua progressão; ou 2) a cristalização inicial da lava é plurimineral (vários minerais cristalizam num intervalo de resfriamento magmático muito pequeno), à semelhança de magmas toleíticos basálticos.

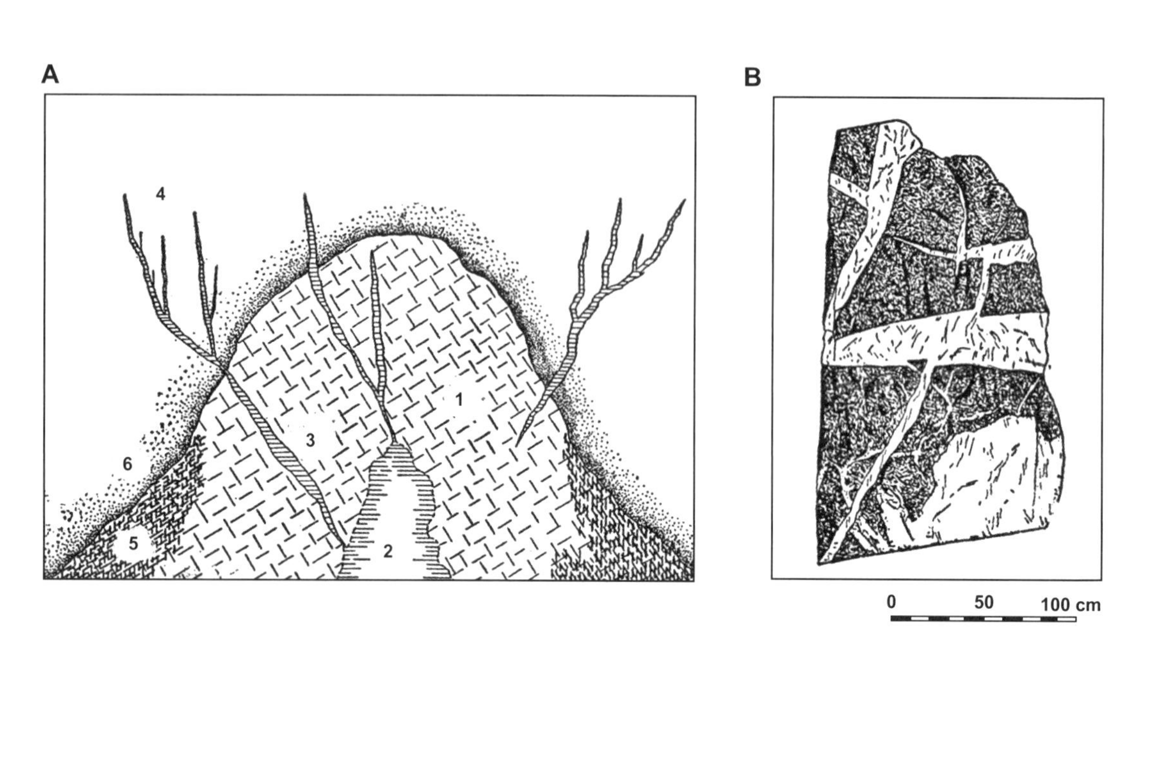
A
B
4
1
3
6
5
2
0
50
100 cm

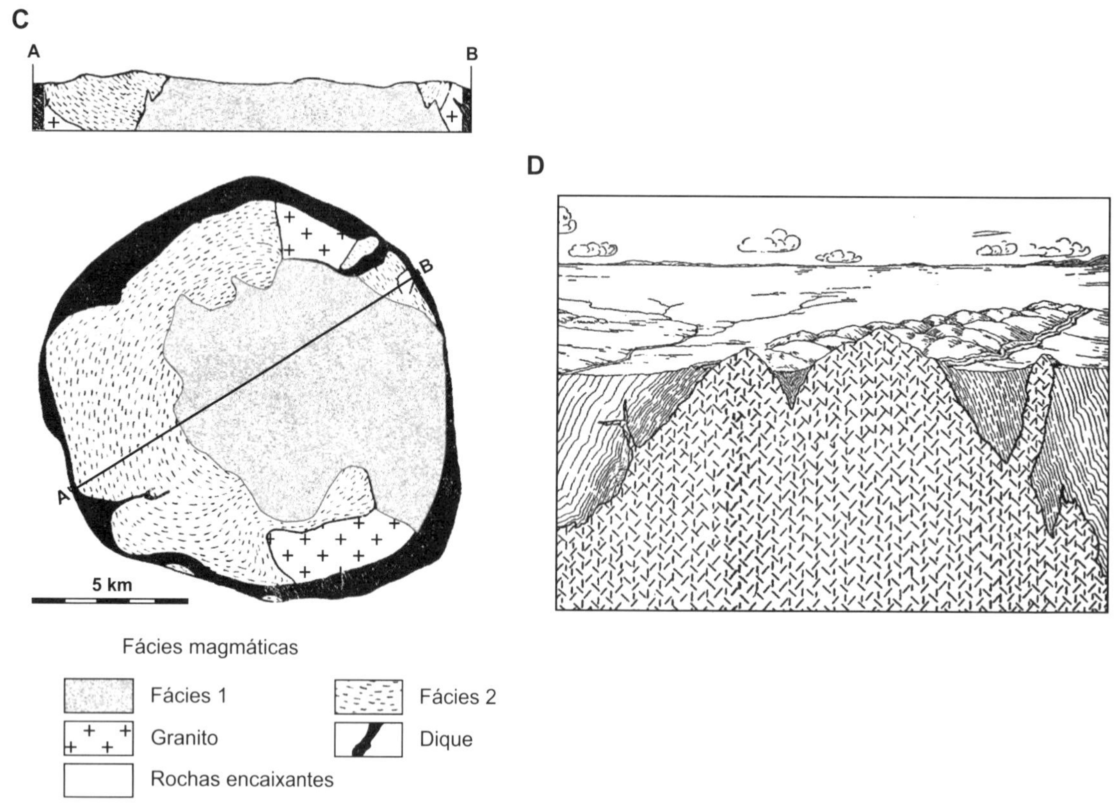
C
A
B
5 km
D
Fácies magmáticas
Fácies 1
Fácies 2
Granito
Dique
Rochas encaixantes

Figura 11.2 – Fracionamento intra e extrassistema magmático inicial

A a D – Fracionamento de magma água-insaturado (Kingsley, 1931)

A cristalização do líquido fracionado pode ocorrer tanto no interior ou nas bordas quanto fora dos limites físicos do sistema magmático inicial no qual o líquido fracionado foi gerado caracterizando, respectivamente, cristalização intrassistema e cristalização extrassistema.

Um magma água-insaturado inicia sua cristalização com a precipitação de uma crescente massa mineral anidra (**A1**). Consequentemente, a decrescente fração magmática líquida torna-se progressivamente mais rica em água podendo atingir a água-saturação. Durante a cristalização (diminuição da temperatura do sistema), o líquido fracionado água-saturado transforma-se num sistema água-supersaturado no qual coexistem em equilíbrio uma fração líquida água-saturada e uma fração volátil supercrítica. O fracionamento do sistema água-saturado da massa rochosa já cristalizada, com a qual coexiste em equilíbrio resulta da migração do sistema água-saturado, muito fluido e móvel, para locais mais frios e de menor pressão situados tanto dentro quanto nos arredores do sistema magmático pré-fracionamento. Os locais de menor pressão e mais frios resultam tanto da configuração do sistema magmático (cujo topo é local de menor pressão), do seu gradiente térmico interno (o sistema cristaliza das bordas para o centro do corpo magmático) e de sua progressiva contração (que resulta em fraturas e juntas de contração). Locais de baixa pressão adicionais ocorrem em planos de falhas que cortam o sistema. Decorre que o sistema água-supersaturado pode cristalizar tanto no interior da massa rochosa anidra da fase água-insaturada do sistema formando núcleos (**A2**), dique, veios e bolsões (**A3**) de granulação grossa a pegmatítica ou cristalizar fora do sistema inicial constituindo diques e veios nas rochas encaixantes proximais que irradiam do sistema magmático (**A4**). Resultam diferentes tipos de pegmatitos compostos por minerais cristalizados tanto da fração magmática-água-saturada quanto da fase fluida supercrítica.

A ocorrência de um sistema residual fracionado água-supersaturado é comum em sistemas graníticos geralmente portadores de alguns % peso de água. Entretanto, com frequência, o sistema água-saturado sofre novo fracionamento pela separação da fase fluida da fase líquida água-saturada coexistente. A fase fluida fracionada geralmente reage com a rocha já cristalizada e as rochas encaixantes modificando-as. O conjunto das reações é denominado de alteração pneumatolítica quando o reagente é uma fase fluida supercrítica e de alteração hidrotermal quando o reagente é uma fase fluida subcrítica. A alteração pneumatolítica de rochas plutônicas é denominada de autometassomatismo (**A5**); a das rochas encaixantes de pirometassomatismo (**A6**). Nos dois casos, o processo metassomático pode ser acompanhado da formação de importantes jazidas minerais.

Em (**B**) é mostrado um granito cortado por um conjunto de diques, veios e bolsões pegmatíticos formados a partir de um magma residual fracionado água-saturado com cristalização intrassistema. Em complexos plutonovulcânicos colapsados, magmas fracionados podem ter cristalização extrassistema junto com o contato do sistema magmático em diques anelares ou em cone. Em (**C**), um dique anelar envolve um corpo magmático composto por várias fácies magmáticas (diferentes rochas ou associações de rochas) que indicam que o magma original sofreu várias etapas de fracionamento. Nem sempre a ocorrência de pequenos corpos rodeando massas rochosas maiores (corpos satélites) indica um fracionamento extrassistema. Algumas vezes, correspondem apenas a expansões irregulares, denominadas de *stocks*, "bossas" ou *plugs*, da câmara magmática original (**D**).

A

Coeficientes de Difusão do Sódio (D_{Na})

Substância	**Temperatura (°C)**	**D (cm²/seg)**
Obsidiana	357	$4{,}9 \times 10^{-10}$
	458	$6{,}2 \times 10^{-9}$
Analcita	357	$1{,}3 \times 10^{-9}$
Sodalita	580	$8{,}7 \times 10^{-11}$
	617	$2{,}5 \times 10^{-10}$
	675	$1{,}0 \times 10^{-9}$
Nefelina	576	$3{,}8 \times 10^{-11}$
	617	$4{,}5 \times 10^{-11}$
	700	$2{,}7 \times 10^{-10}$
	800	$1{,}4 \times 10^{-9}$
Microclínio	850	$2{,}0 \times 10^{-10}$
Ortoclásio	850	$5{,}0 \times 10^{-11}$
Albita	850	$8{,}0 \times 10^{-11}$
	940	$2{,}8 \times 10^{-10}$
Acmita (Egirina)	940	$<10^{-11}$

B

Albita
Sodalita
Nefelina
Obsidiana
$-\log D$
10,0
9,0
8,0
1,6
1,3
1,0
0,7
$\frac{10^3}{T\,(K)}$
K = graus Kelvin

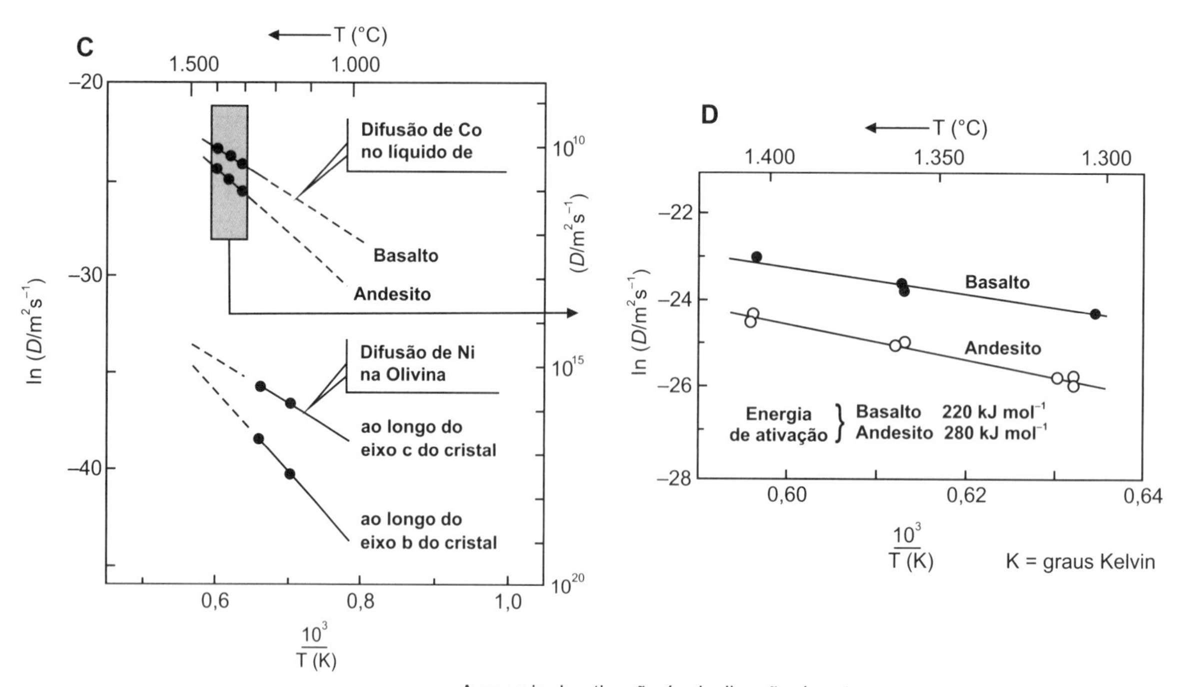

A energia de ativação é a inclinação da reta

Figura 11.3 – Difusão iônica

A difusão iônica em magmas e cristais é de fundamental importância no restabelecimento das condições de equilíbrio entre uma fase cristalina instável por meio da reação da fase cristalina com o líquido magmático coexistente. Consideremos a cristalização de um líquido de plagioclásio solução sólida no sistema Albita-Anortita. A qualquer temperatura do intervalo de cristalização, o plagioclásio precipitado é sempre mais cálcico e aluminoso que o líquido do qual cristaliza em condições de equilíbrio. Decorre que, com a cristalização, o líquido muda de composição tornando-se mais sódico e silicoso. A mudança composicional rompe o equilíbrio entre as fases cristalina e líquida e torna o plagioclásio instável. Para restabelecer o equilíbrio ocorre a reação entre o novo líquido e o cristal instável para a formação de uma nova solução sólida, também mais rica em Na e Si. A reação envolve a substituição de parte do (Ca^{2+} + Al^{3+}) do cristal instável por (Na^{+} + Si^{4+}) do líquido coexistente. Para que a reação ocorra: 1) íons de Na e Si devem difundir (migrar) no líquido até a interface líquido/cristal instável; 2) os íons de Na e Si têm que difundir pelo plagioclásio para a substituição acoplada do $Ca^{2+} + Al^{3+} \rightarrow Na^{+} + Si^{4+}$ na estrutura cristalina; 3) os íons de Ca e Al substituídos têm que difundir pela rede cristalina do plagioclásio até a interface cristal/líquido; e 4) os íons de Ca e Al concentrados na interface cristal/líquido têm que difundir pelo líquido para eliminar o expressivo gradiente composicional local em torno do cristal. A difusão intracristalina é muito mais lenta que a migração intralíquido e a velocidade desta diminui exponencialmente com a queda da temperatura pelo decorrente aumento da viscosidade do líquido. Resulta que resfriamentos rápidos impedem as reações dos cristais instáveis com o líquido magmático coexistente.

A, B – Coeficientes de difusão do sódio em vidro vulcânico e diferentes minerais (Sippel, 1963)

A difusão iônica expressa a quantidade (dada pelo coeficiente de difusão *D*) de átomos, íons e moléculas que transpassa uma unidade de superfície por unidade de tempo (cm^2/s) de dado meio. Em (**A**) são listados os coeficientes de difusão do Na em vidro vulcânico e diferentes minerais em diferentes temperaturas; (**B**) mostra o gráfico de Arrhenius -log $D_{Na} \times 10^3/T$, temperatura em graus Kelvin. O coeficiente de difusão do Na numa mesma substância diminui com a queda da temperatura e sob condições isotérmicas com o aumento da densidade estrutural do meio pelo qual o sódio difunde. Assim, o D_{Na} é maior na obsidiana, um líquido silicoso "congelado" do que em minerais.

C, D – Coeficiente de difusão do cobalto e do níquel (Henderson, 1982)

O coeficiente de difusão do cobalto (D_{Co}) em condições isotérmicas é maior em líquidos basálticos (menos silicosos, menos viscosos) que em líquidos andesíticos (mais silicosos, mais viscosos). Nos dois líquidos, o coeficiente diminui com a queda da temperatura, que aumenta exponencialmente a viscosidade das lavas. A relação entre D e T define uma reta cuja inclinação é a expressão da energia de ativação da difusão, expressa em kJ/mol.

Em cristais não isométricos, o coeficiente de difusão varia ao longo dos diferentes eixos cristalográficos da rede cristalina. Assim, o coeficiente de difusão do níquel (D_{Ni}) na olivina, mineral ortorrômbico, em condições isotérmicas, é menor ao longo do eixo **b** do que ao longo do eixo **c** a direção de alongamento do cristal.

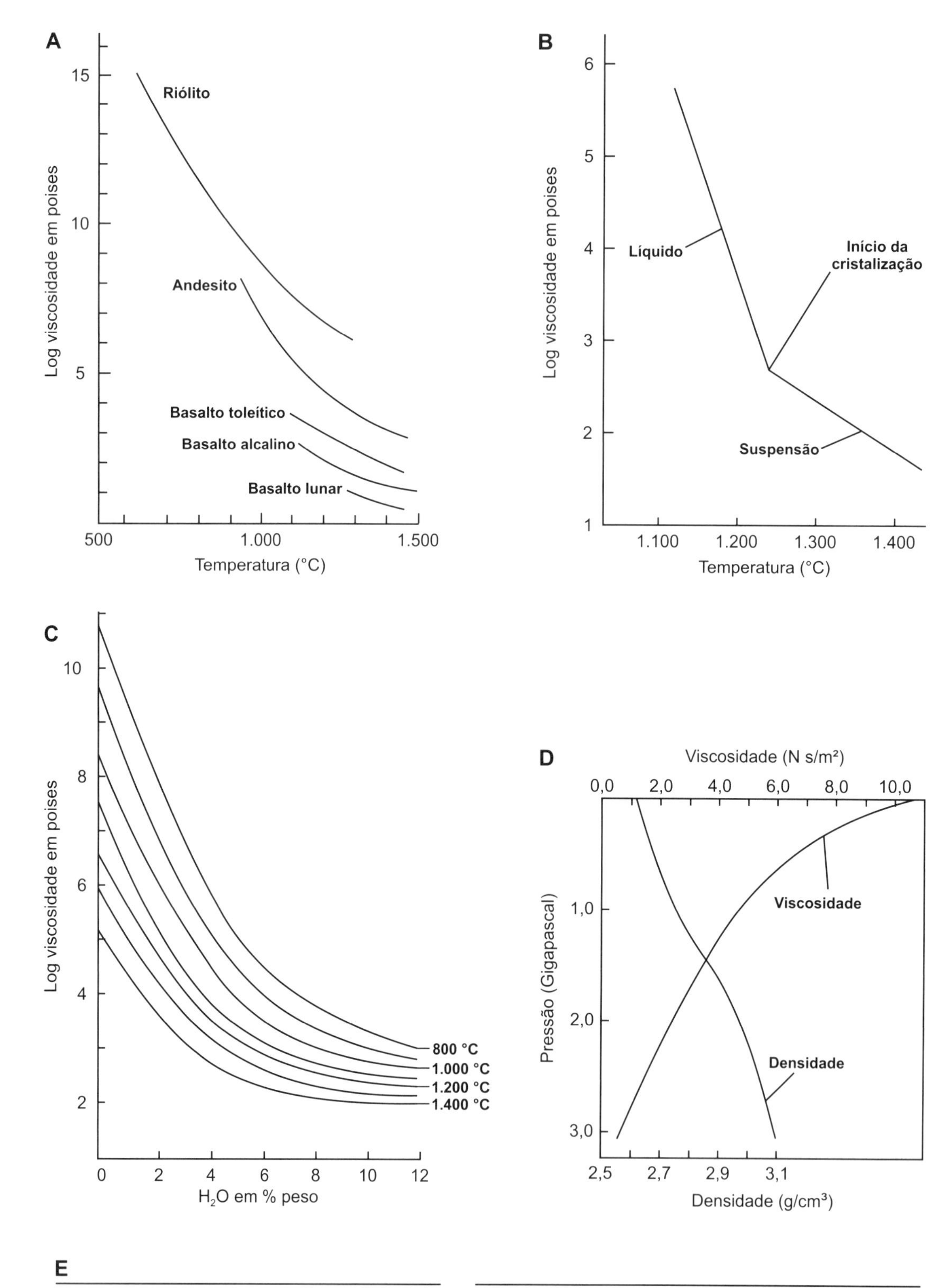

E

Material	Viscosidade (Pa.s)
Magma basáltico a 1.200 °C	$10\text{-}10^2$
Magma andesítico a 1.200 °C	$10^3\text{-}10^4$
Magma riolítico a 1.200 °C	$10^5\text{-}10^6$

Material	Viscosidade (Pa.s)
Granito a 800 °C, anidro	$\sim10^{11}$
Granito a 800 °C sob $\mathbf{P}_{H_2O}$ de 0,5 kb	$2{,}6 \times 10^5$
Granito a 1.200 °C sob $\mathbf{P}_{H_2O}$ de 2 kb	$0{,}5 \times 10^2$

Figura 11.4 – Viscosidade magmática

A a D – Viscosidade de magmas (Shaw, 1963a; Macdonald, 1972; Murase; McBirney, 1973; Kushiro, 1980)

Magmas hiperliquidus são totalmente líquidos e, quando básicos, geralmente apresentam elevada fluidez; os com temperaturas subliquidus são suspensões e *mushs*, estes sempre muito viscosos. A viscosidade de um magma é fator importante: 1) no fracionamento por decantação mineral; 2) no crescimento mineral; 3) nas reações de cristais instáveis com o líquido coexistente; 4) na extensão de derrames de lavas etc. A densidade cinemática de um fluido (v) é a relação entre sua viscosidade (η) e densidade (ρ)$\cdot$v = η/ρ. No sistema SI, a unidade de viscosidade é expressa em Pascal × segundo = Pa.s = (N/m^2).s, onde N/m^2 é a pressão em Newton/m^2. No sistema CGS, a unidade de viscosidade é o poise (P). 1P = 0,01 Pa.s.

A – Em condições isotérmicas, a viscosidade aumenta com o teor de sílica do líquido magmático; a viscosidade de um mesmo líquido magmático aumenta com a queda da temperatura. Decorre que derrames de lavas basálticas (mais quentes e pobres em sílica) são substancialmente mais extensos e maiores que os de lavas riolíticas (mais frias e ricas em sílica). Lavas riolíticas, mais viscosas, obstruem frequentemente os condutos vulcânicos. A repentina liberação da fase fluida nos magmas subjacentes água-supersaturados resulta em violentas explosões vulcânicas.

B – A viscosidade de suspensões magmáticas é maior que a de líquidos magmáticos hiperliquidus e aumenta significativamente com a taxa de cristalização devido ao aumento da relação cristais/líquido na suspensão e ao progressivo resfriamento do sistema no decorrer da cristalização.

C – Para magmas com mesma composição e temperatura, o mais rico em água apresenta menor viscosidade. Magmas residuais graníticos água-saturados (magmas pegmatíticos) são extremamente fluidos como mostram delgados veios pegmatíticos preenchendo estreitas fraturas, diaclases, juntas e planos de falhas em rochas encaixantes.

D – Um aumento na pressão abaixa a viscosidade de líquidos silicáticos. Esse fato se manifesta na característica intrínseca das rochas que controla seu tipo de deformação. Rochas sob baixas pressões (baixas profundidades que também são sítios de temperaturas menores) são quebradiças e sofrem deformações elásticas, caso de falhas; rochas sob altas pressões (grandes profundidades que também são locais de temperaturas mais elevadas) são dúcteis e sofrem deformações plásticas, caso de dobras. Migmatitos são rochas dúcteis típicas.

Resulta que a viscosidade de magmas e lavas varia com a pressão (profundidade) de sua cristalização, do estágio de cristalização (relação entre as frações cristalina e líquida), da temperatura, da composição e do grau de água-saturação ou teor em voláteis.

E – Valores numéricos da viscosidade (Shaw, 1963a, 1963b, 1965, 1980; Simkin, 1967)

São apresentadas as viscosidades de lavas mais e menos silicosas com diferentes temperaturas obtidas: 1) em laboratório sob pressão atmosférica; e 2) medidas durante erupções vulcânicas. Também estão tabeladas as viscosidades de magmas graníticos com diferentes temperaturas e sob distintas pressões de água, também medidas em laboratório. Lavas e magmas cuja viscosidade é medida em laboratórios podem ser tanto sintéticos, simplificados, quanto naturais, produto da fusão de rochas, preferencialmente obsidianas.

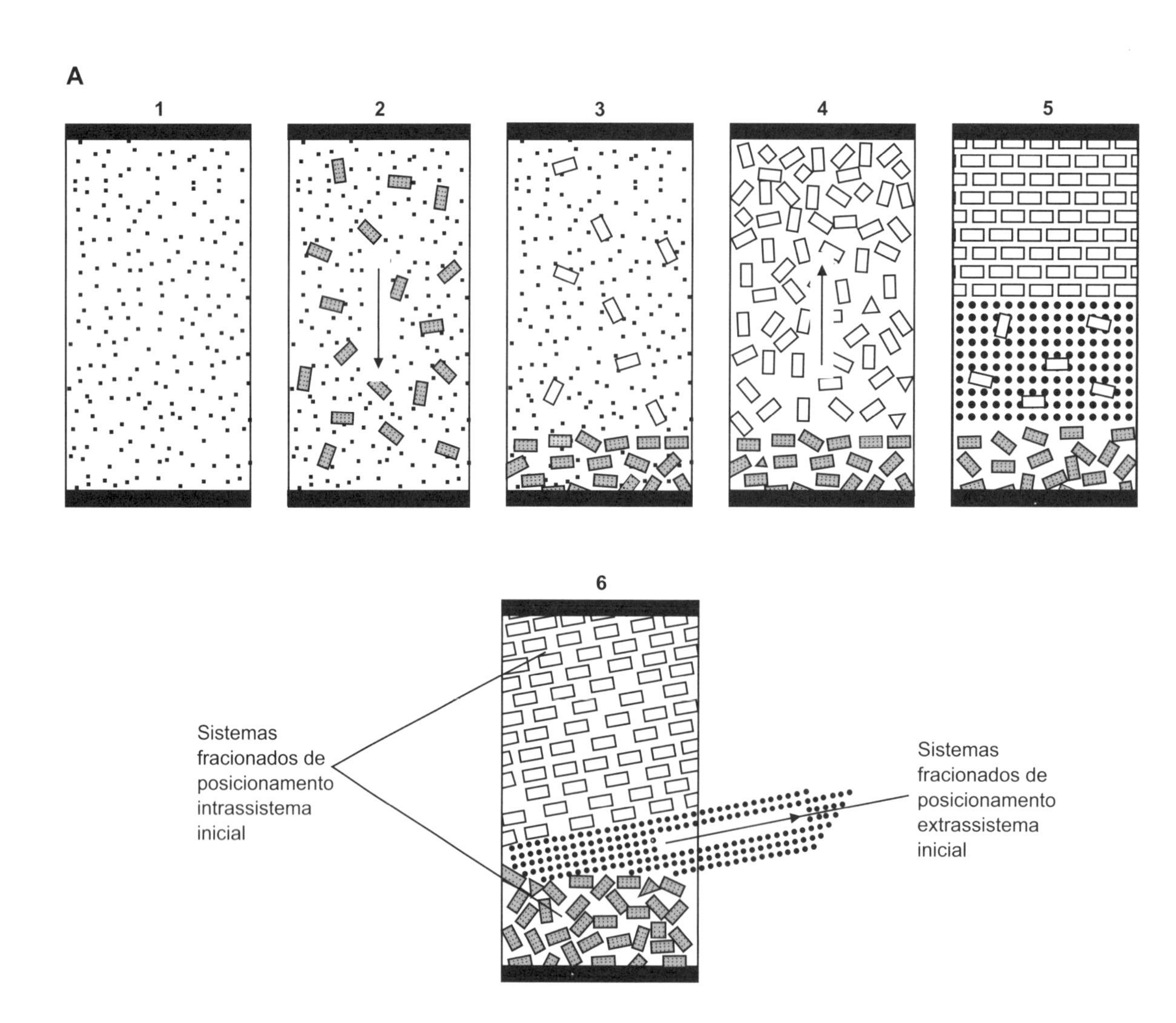
A
1
2
3
4
5
6
Sistemas fracionados de posicionamento intrassistema inicial
Sistemas fracionados de posicionamento extrassistema inicial

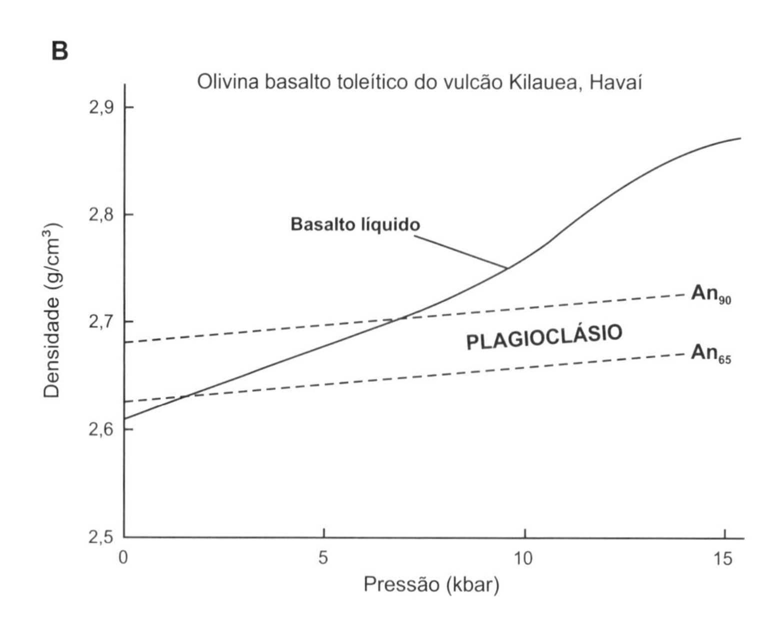
B
Olivina basalto toleítico do vulcão Kilauea, Havaí
Densidade (g/cm³)
2,9
2,8
2,7
2,6
2,5
Basalto líquido
An_{90}
PLAGIOCLÁSIO
An_{65}
0
5
10
15
Pressão (kbar)

Figura 11.5 – Fracionamento por gravidade

Um dos processos mais importantes de fracionamento de suspensões magmáticas "ralas" (suspensões com poucos cristais e muito líquido) é a extração dos minerais do líquido por ação gravitacional que resulta na decantação ou flutuação dos minerais da suspensão. Esse processo é muito efetivo quando ocorre: 1) substancial diferença entre as densidades do mineral e do líquido do qual cristalizam; 2) baixa viscosidade (grande fluidez) do líquido magmático; 3) lento resfriamento magmático; 4) baixa dinâmica do magma (ausência de fluxo magmático e correntes de convecção); e 5) cristalização em condições atectônicas ou anorogênicas.

A – Esquema ideal de fracionamento gravitacional (Philpotts, 1981)

Imediatamente após sua intrusão, o corpo subvulcânico de magma basáltico (pontilhado) é envolto por uma borda de resfriamento holovítrea a holocristalina de granulação fina (**A1**). A porção magmática central, termicamente isolada pela borda de resfriamento, inicia sua cristalização com a precipitação de minerais ferro-magnesianos precoces (olivina e piroxênio) representados por retângulos cinzas em (**A2**). A sua decantação na base da câmara magmática origina um *mush* cumulático que descansa sobre a borda de resfriamento da base da câmara magmática (**A3**). O líquido fracionado sobrejacente inicia sua cristalização com a precipitação de cristais de plagioclásio (retângulos brancos) que por flutuação concentram-se no teto da câmara magmática formando um *mush* cumulático sobrenadante (**A4**). Do líquido restante entre as rochas cumuláticas da base e do topo cristalizam, agora, minerais opacos (magnetita) que, devido ao aumento da viscosidade do magma com o resfriamento progressivo do sistema, não mais sofrem decantação ou flutuação (**A5**).

Em casos excepcionais, compressões tectônicas podem espremer a massa rica em magnetita e lubrificada pelo líquido residual intergranular para fora da câmara magmática, originando diques e veios nas rochas encaixantes da intrusão (**A6**) enquanto outra parte é injetada nas rochas cumuláticas da base e do topo da intrusão na forma de veios, bolsões e diques. A injeção de veios e diques de (Fe,Ti)-óxidos ricos em apatita é comum em leuconoritos (gabros félsicos portadores de ortopiroxênio) de corpos maiores de anortositos. Esses maciços apresentam uma estratigrafia magmática dada (da base para o topo) por uma sucessão de anortositos (rochas compostas essencialmente por plagioclásio), leuconoritos, jotunitos (gabros portadores de ortoclásio e ortopiroxênio) e quartzo mangeritos (quartzo monzonitos portadores de ortopiroxênio) e que retrata as sucessivas paragêneses minerais cristalizadas e fracionadas por flutuação.

B – Variação na densidade magmática e mineral (Kushiro, 1980)

A densidade de minerais e magmas varia com a pressão. Por aumento da pressão, um mesmo mineral pode passar de mais para menos denso que o líquido magmático do qual cristaliza. Resulta que, sob diferentes pressões, dado mineral pode ser separado da suspensão magmática tanto por decantação (sob baixas pressões) quanto por flutuação (sob altas pressões). A figura mostra a mudança do processo de fracionamento por gravidade para os plagioclásios anortita (An_{90}) e labradorita (An_{65}) num magma de olivina basalto toleítico do vulcão Kilauea, Havaí, submetido, em laboratório, a pressões entre 1 atm e 15 kbar.

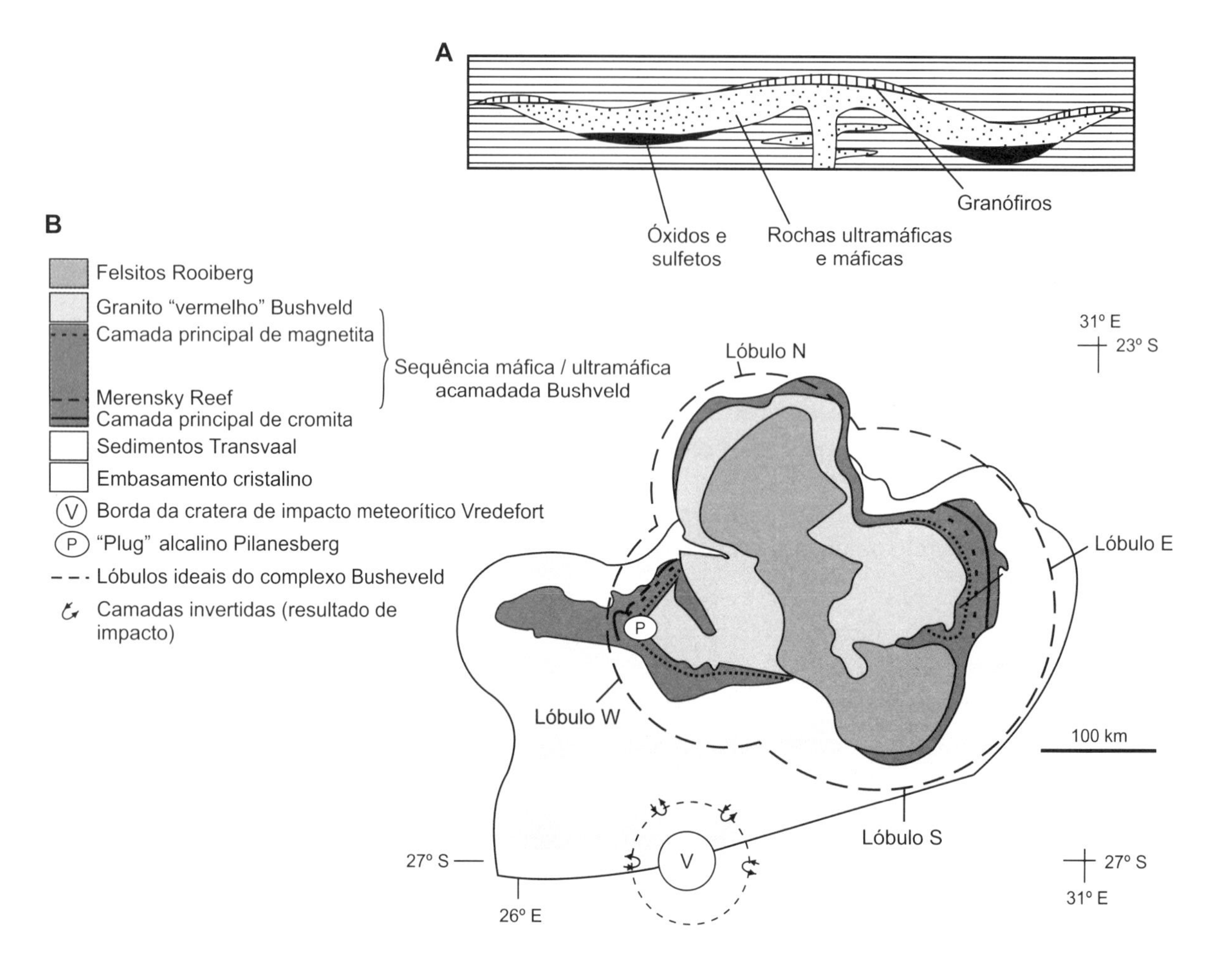
A
Óxidos e sulfetos
Rochas ultramáficas e máficas
Granófiros
B
Felsitos Rooiberg
Granito "vermelho" Bushveld
Camada principal de magnetita
Merensky Reef
Camada principal de cromita
Sequência máfica / ultramáfica acamadada Bushveld
Sedimentos Transvaal
Embasamento cristalino
V Borda da cratera de impacto meteorítico Vredefort
P "Plug" alcalino Pilanesberg
Lóbulos ideais do complexo Busheveld
Camadas invertidas (resultado de impacto)
Lóbulo N
Lóbulo E
Lóbulo W
Lóbulo S
31° E
23° S
27° S
26° E
100 km

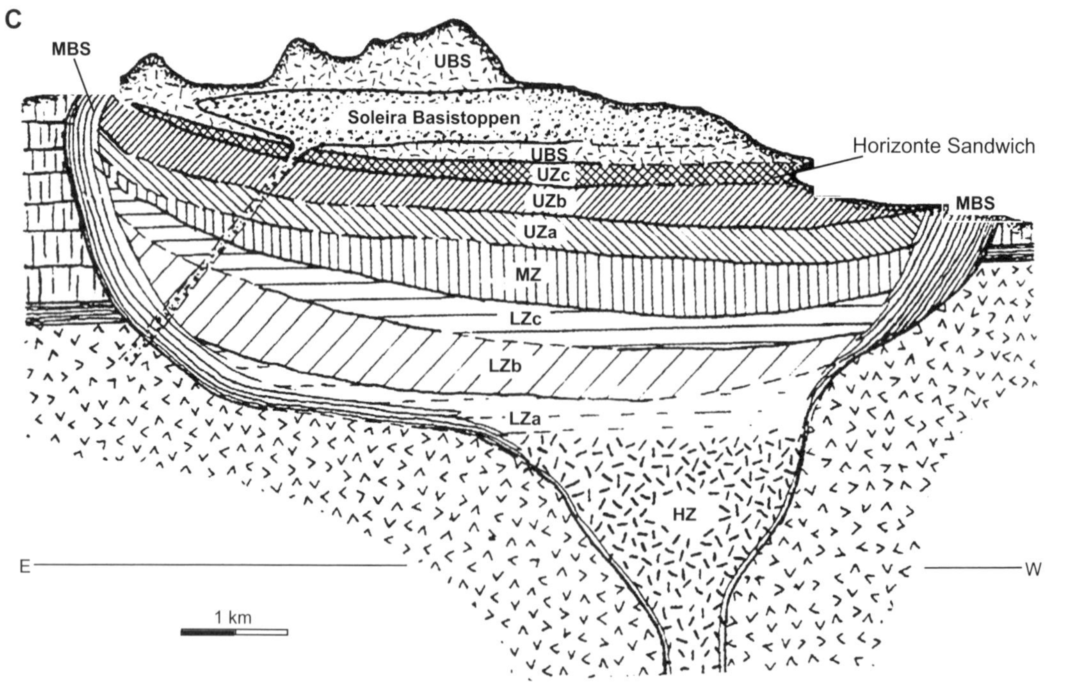
C
MBS
UBS
Soleira Basistoppen
UBS
UZc
UZb
UZa
MZ
LZc
LZb
LZa
HZ
Horizonte Sandwich
MBS
E
W
1 km

Figura 11.6 – Implicações geológicas e econômicas do fracionamento por gravidade

Do fracionamento por gravidade de magmas basálticos subvulcânicos resultam corpos máficos-ultramáficos estratificados nos quais coexistem abundantes camadas, estratos, leitos e lâminas de rochas cumuláticas (dunitos, peridotitos, piroxenitos e melagabros) associados com rochas fracionadas, pouco (gabros) a muito (granófiros) evoluídas. Excepcionalmente, podem ser geradas rochas cumuláticas de grande importância econômica compostas essencialmente por minerais opacos (magnetita, ilmenita, cromita).

A - Segregação mineral em lacólito duplo (Scholtz, 1936)

A figura mostra a acumulação de minerais densos (olivinas, piroxênios, óxidos, sulfetos) na base de um lacólito duplo, em realidade um lopólito simples deformado por subsidência lateral.

B - O complexo máfico-ultramáfico de Bushveld, África do Sul (Wager; Brown, 1968; Irvine et al., 1983)

O complexo de Bushveld com espessura da ordem de 8 km cobre uma área ao redor de 66.000 km^2. Compreende quatro lóbulos (possíveis lopólitos) compostos por sequências rochosas semelhantes, mas não idênticas, de rochas estratificadas e progressivamente fracionadas da base para o topo do complexo. Seu contato inferior é com sedimentos do Sistema Transvaal. As litologias são divididas na: 1) Sequência Basal de dunitos e peridotitos; 2) a Sequência Crítica de gabros com intercalações de noritos e piroxenitos onde se situa a camada principal de cromita (*Main Chromite Layer*) e o horizonte enriquecido em sulfetos que concentram platinoides (Merensky Reef); 3) a Sequência Principal de gabros; 4) a Sequência Superior de ferrodioritos e granófiros; e 5) a Sequência de Topo composta pelo felsito Rooiberg. A Sequência Crítica ocorre nos lóbulos Leste e Oeste (LE, LW), mas falta nos lóbulos Norte e Sul (LN, LS). A continuidade ou não de camadas guias com composição e texturas características (camadas guias estratigráficas) indicam que durante sua evolução os quatro lóbulos eram ora unidos, ora separados, por causa da considerável flutuação diferencial do nível magmático superior nos quatro lopólitos durante as sucessivas injeções de novos pulsos magmáticos.

C - O lopólito de Skaergaard, Groenlândia (Wager; Brown, 1967)

O lopólito de Skaergaard, Groenlândia, é uma intrusão com forma de lopólito de magma basáltico toleítico que sofreu fracionamento quase ideal. É composto por dunitos, peridotitos, piroxenitos, melagabros, gabros e raros granófiros, rochas subvulcânicas com intercrescimento entre plagioclásio e quartzo. Com espessura exposta de mais de 3 km, compreende: 1) uma zona não exposta, a Zona Oculta (HZ); 2) a Zona Inferior (LZ) com três camadas (a, b, c); 3) a Zona Intermediária (MZ); 4) a Zona Superior (UZ) com três camadas (a, b, c); e 5) a Zona de Resfriamento de Topo (UBS) cortada pela Soleira Basistoppen. Adicionalmente ocorrem uma Zona de Resfriamento Marginal (MBS). Alguns níveis magmáticos recebem nomes específicos, caso do Horizonte Sandwich, a porção mais evoluída da intrusão situada entre a UZc e a UBS. Skaergaard: o corte mostra a posição original do lopólito, atualmente adernado.

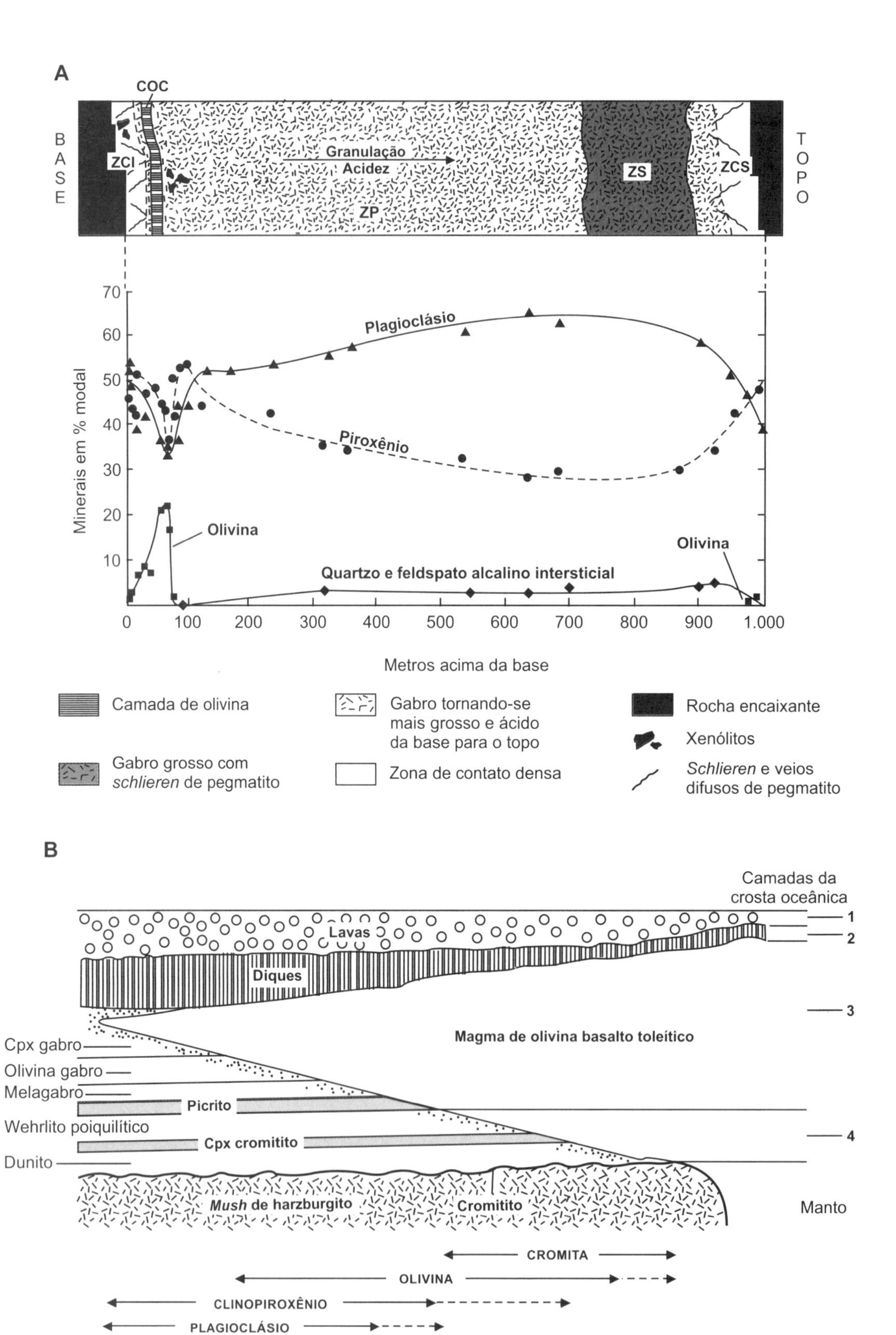
A
COC
BASE
ZCI
Granulação
Acidez
ZP
ZS
ZCS
TOPO
Minerais em % modal
Plagioclásio
Piroxênio
Olivina
Olivina
Quartzo e feldspato alcalino intersticial
Metros acima da base
Camada de olivina
Gabro grosso com schlieren de pegmatito
Gabro tornando-se mais grosso e ácido da base para o topo
Zona de contato densa
Rocha encaixante
Xenólitos
Schlieren e veios difusos de pegmatito
B
Camadas da crosta oceânica
Lavas
Diques
Magma de olivina basalto toleítico
Cpx gabro
Olivina gabro
Melagabro
Picrito
Wehrlito poiquilítico
Cpx cromitito
Dunito
Mush de harzburgito
Cromitito
Manto
CROMITA
OLIVINA
CLINOPIROXÊNIO
PLAGIOCLÁSIO

Figura 11.7 – Fracionamento em Corpos Intrusivos Basálticos

A – Fracionamento em corpos basálticos toleíticos subvulcânicos (Walker, 1940)

É mostrada a estruturação do *sill* (soleira) Palisade, Nova York, Estados Unidos, uma intrusão basáltica toleítica tabular horizontal fracionada. A estrutura do corpo, com espessura da ordem de 380 m, compreende da base para o topo: 1) a Zona de Contato Inferior (ZCI), hipocristalina, contendo xenólitos dos sedimentos encaixantes e delgados veios brancos pegmatoides que irradiam de um delgado leito de gabros de granulação grossa sobrejacente; 2) a Camada de Olivina Cumulática (COC); 3) a Zona Principal (ZP) com uma zona basal enriquecida em piroxênio e com alguns xenólitos e seguida de gabros cada vez mais grosseiros e ricos em plagioclásio da base para o topo; 4) a Zona Schlierica (ZS) composta por uma subzona inferior de gabros grosseiros ricos em veios, lentes, bolsões e schlieren pegmatíticos e uma subzona superior de recorrência dos gabros grosseiros da Zona Principal; e 5) a Zona de Contato Superior (ZCS), semelhante à ZCI, com veios pegmatoides que irradiam da subzona de gabros grosseiros da Zona Schlierica subjacente.

O gráfico Metros Acima da Base (altura acima do contato inferior) × minerais em % modal (frequência dos minerais modais) mostra a variação (em % volume) do plagioclásio, piroxênio, olivina e da soma quartzo mais feldspato alcalino intersticial da base para o topo da intrusão. O gráfico ressalta a concentração de olivina na COC e de piroxênio na base da ZP, dados indicativos da segregação gravitacional dos dois minerais na fase inicial da cristalização magmática. Da base da ZP até a subzona superior da ZS, de onde retorna alguma olivina, ocorre um contínuo aumento de quartzo e feldspato alcalino intersticial e o desenvolvimento local de textura granofírica. A concentração progressiva dos voláteis no topo da intrusão resulta num magma residual hidratado do qual cristalizam as schlieren, veios e bolsões e lentes pegmatíticos na ZS e na ZCS.

B – Cristalização fracionada de magmas basálticos nas cadeias meso-oceânicas (Greenbaum, 1972)

É mostrada a estruturação esquemática de uma câmara de magma basáltico toleítico no eixo de uma cadeia meso-oceânica como resultado da cristalização sequencial e fracionamento ou não de cromita, olivina, clinopiroxênio e plagioclásio. Os intervalos de cristalização dos minerais, parcialmente superpostos, são delimitados por setas duplas. O fracionamento gravitacional dos minerais mais densos gera cromititos, dunitos, clinopiroxênio cromititos, wehrlitos poiquilíticos, picritos, melagabros, olivina gabros e piroxênio gabros. O fracionamento gera a estrutura da crosta basáltica oceânica composta por uma camada inferior (camada 4) de rochas plutônicas cumuláticas ultramáficas, uma camada plutônica máfica (camada 3) com uma porção inferior de gabros laminados (estratificados) e uma porção superior de gabros maciços, uma camada subvulcânica (camada 2), o "complexo diquiforme", formada por uma miríade de diques coalescentes e uma camada vulcânica (camada 1) de lavas almofadadas. Os diques conectam a câmara magmática (progressivamente preenchida da base para o topo pelas camadas 4 e 3) com os derrames subaquáticos frequentemente interdigitados com sedimentos de fundo oceânico. A crosta oceânica assenta sobre harzburgitos (rochas com olivina e ortopiroxênio) do manto superior que são os resíduos da fusão parcial de lherzolitos (rochas com olivina, ortopiroxênio e clinopiroxênio que gera os magmas basálticos toleíticos).

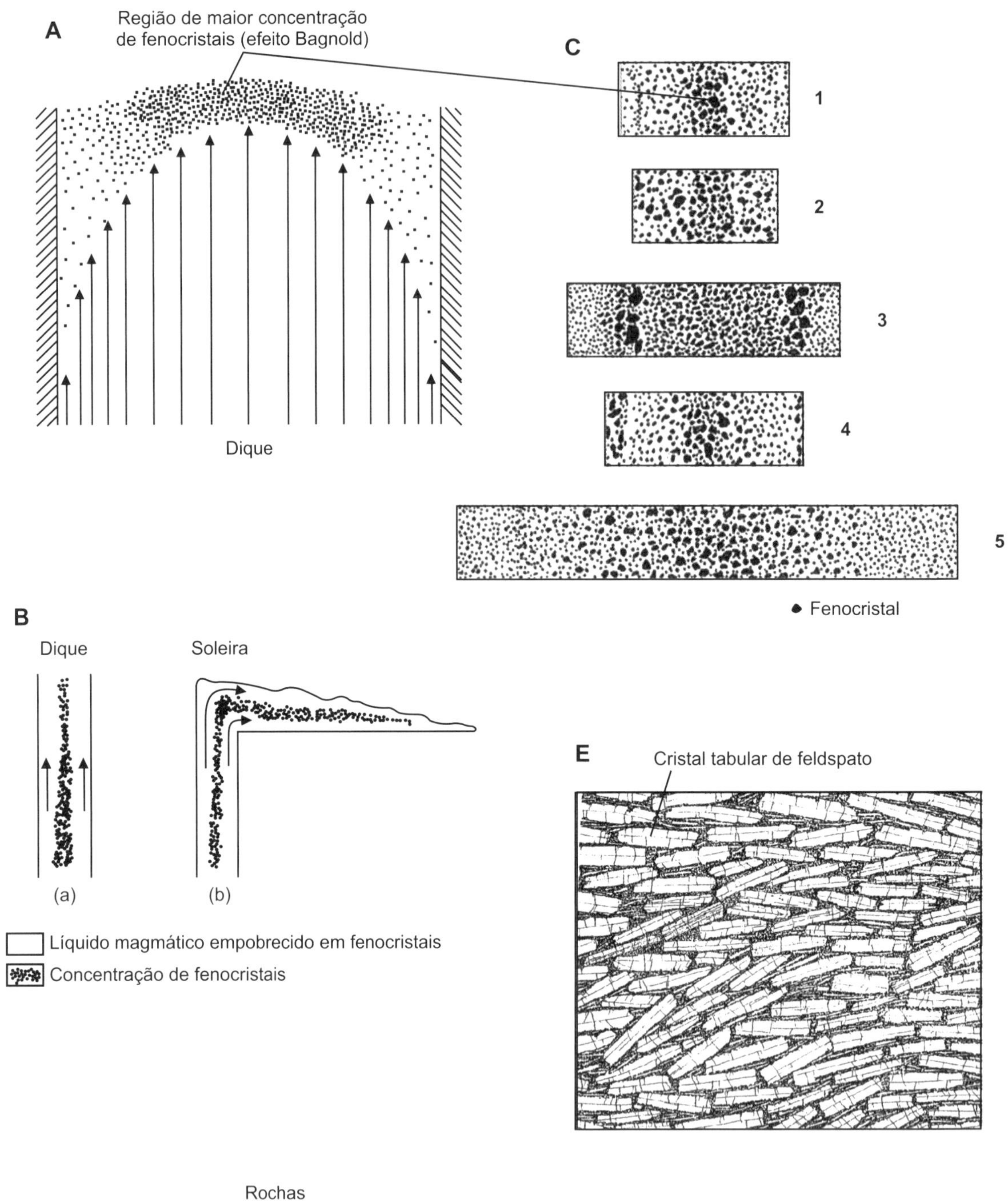
A
Região de maior concentração de fenocristais (efeito Bagnold)
Dique
C
1
2
3
4
5
Fenocristal
B
Dique
Soleira
(a)
(b)
Líquido magmático empobrecido em fenocristais
Concentração de fenocristais
E
Cristal tabular de feldspato

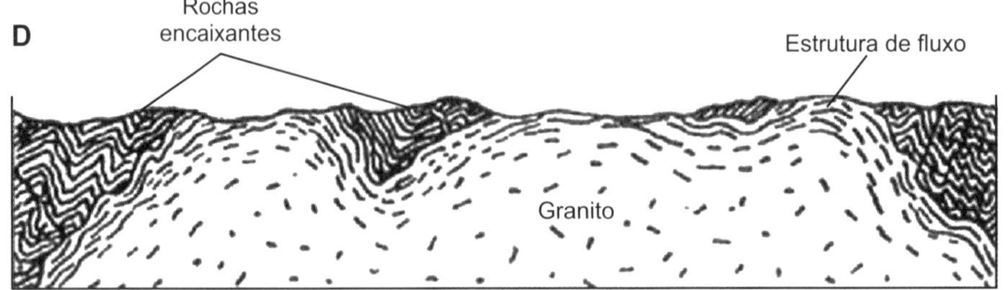
D
Rochas encaixantes
Estrutura de fluxo
Granito

Figura 11.8 – Fracionamento por fluxo magmático

A a E – Estruturas e texturas resultantes do fluxo magmático (Bard, 1986; Barker, 1983; Simkin, 1967)

Corpos líquidos, quando fluem, geram uma ou mais camadas de fluxo compostas por numerosas lâminas de fluxo com diferentes velocidades. Em corpos magmáticos tabulares, a velocidade das lâminas de fluxo é mínima nas porções marginais devido ao atrito com as rochas encaixantes e a maior viscosidade do magma que sofre resfriamento mais rápido nas imediações dos contatos.

Em **(A)** é mostrada a variação da velocidade de fluxo magmático (representada por vetores) num corpo magmático tabular em corte transversal. A variação na velocidade das lâminas de fluxo gera uma pressão grão-dispersiva associada ao cisalhamento de fluxo (efeito Bagnold) que promove em suspensões magmáticas "ralas" a concentração dos cristais da suspensão magmática na porção central do corpo. A concentração dos minerais persiste quando um dique evolui para uma soleira ou *sill* **(B)**. O efeito Bagnold é particularmente efetivo em diques com espessura de até 100 m. Da migração dos cristais resulta o fracionamento intrassistema da suspensão inicial e um ordenamento sequencial dos fenocristais segundo seu tamanho retratado num aumento gradual das dimensões dos fenocristais em direção ao centro do corpo **(C1)**. Em diques ainda mais espessos, a movimentação magmática gera várias camadas de fluxo, cada uma com perfil de variação de velocidade específico. Resultam variados e complexos padrões de concentração de cristais geralmente simétricos em relação ao centro do corpo **(C2 a C5)**. Exemplos clássicos são os diques de diabásio porfirítico associados aos granitos rapakivi da Finlândia e dos diabásios terciários da ilha de Skye, Escócia.

Em lavas silicosas e vidros vulcânicos, as sucessivas lâminas de fluxo, frequentemente com espessuras (sub)milimétricas e mais ou menos contorcidas, geram estruturas de fluxo que sugerem rochas sedimentares laminadas. No interior da caldeira de Poços de Caldas-MG, ocorrem belíssimos exemplos de fonólitos com estrutura de fluxo finamente laminada. O fluxo vulcânico promove a expulsão dos voláteis das zonas de maior cisalhamento e sua concentração nas associadas zonas de baixa pressão. Resultam vidros vulcânicos com lâminas alternadamente vermelhas (níveis oxidados onde se concentram os gases fracionados) e pretas (a cor original do vidro não oxidado). Mais raras são alternâncias entre lâminas brancas e pretas. De vidros laminados bicolores, principalmente dos brancos e negros, eram feitos (principalmente no fim do século XIX e início do século XX) broches e pingentes (camafeus) nos quais as figuras em alto-relevo (frequentemente um rosto de mulher em perfil) têm uma cor (uma lâmina branca) e seu entorno rebaixado outra (a lâmina subjacente negra). A alternância de cores em sucessivas lâminas de fluxo também ocorre em muitos riólitos e traquitos.

Em intrusões de sienitos e granitos, o fluxo magmático marginal pode promover não só a orientação dos fenocristais de feldspato paralelamente ao contato, mas também a deformação e iso-orientação de outros minerais constituintes das rochas, caso de quartzo, biotita e hornblenda **(D)**. Estruturas de fluxo são particularmente comuns em *mushs* magmáticos com mais de 50% de cristais e são comuns em numerosos tonalitos e granodioritos porfiríticos terciários dos Andes peruanos. Exemplo clássico brasileiro é a impressionante estrutura de fluxo da borda do sienito Pedra Branca-MG **(E)**. Localmente, a compressão do *mush* magmático com grandes cristais tabulares de feldspato alcalino foi tão intensa que a quase totalidade do líquido intersticial do *mush* foi espremido, restando apenas grãos intersticiais de anfibólio de cristalização precoce.

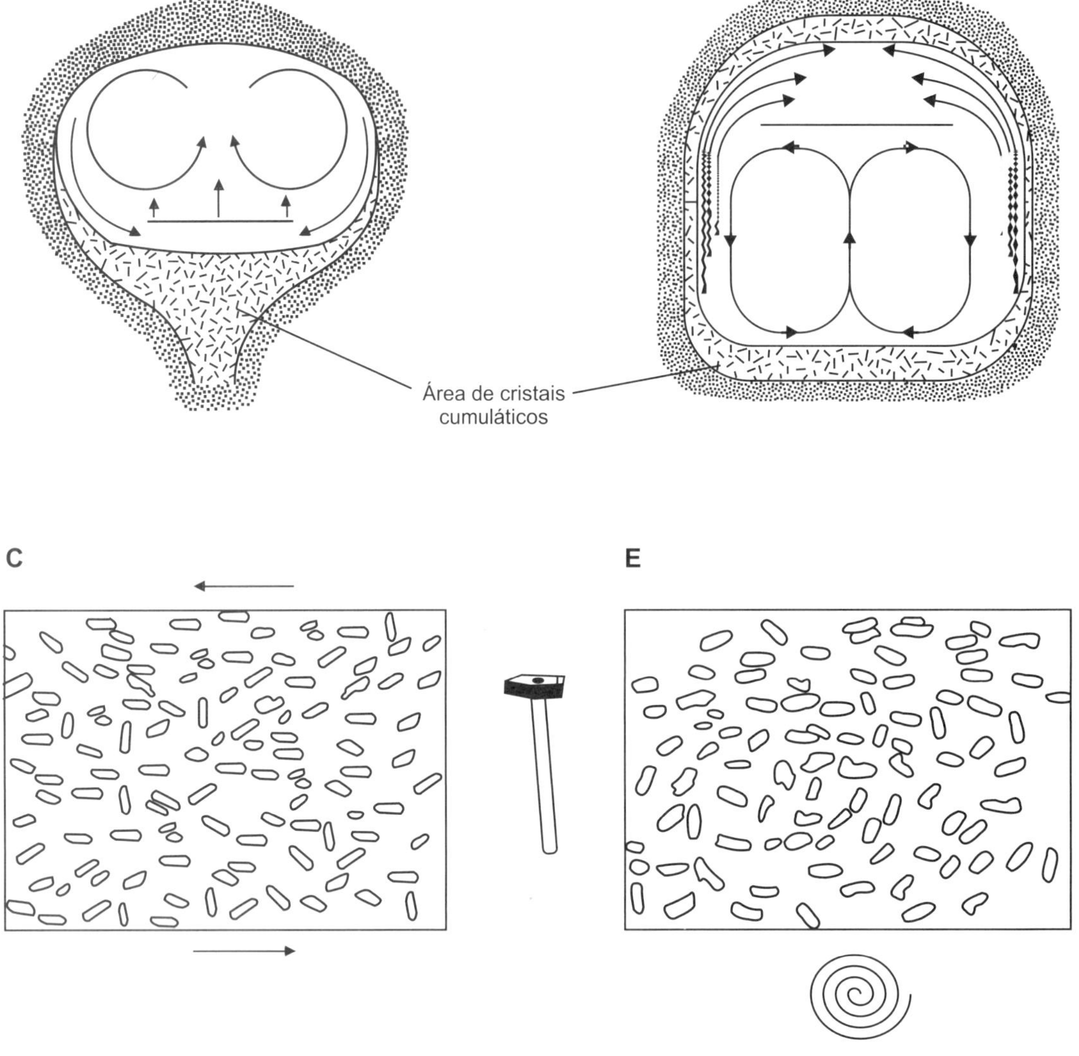
A
B
Área de cristais
cumuláticos
C
E

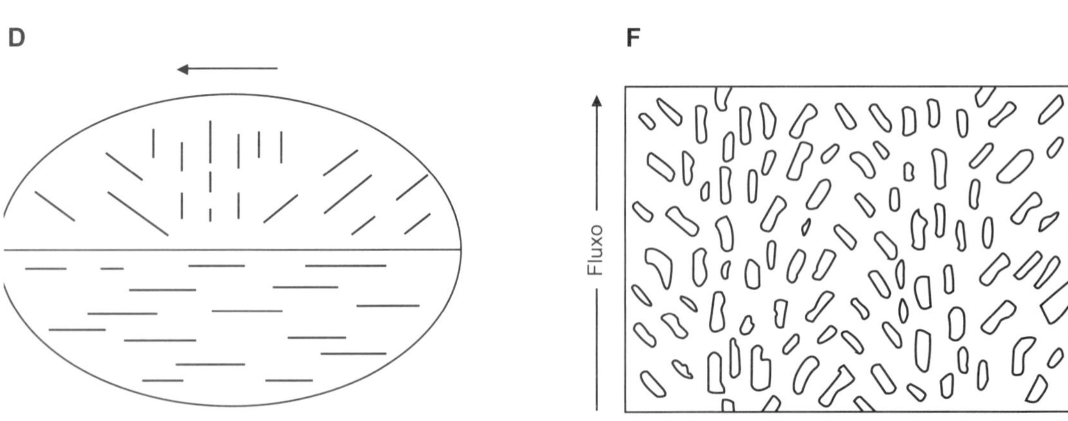
D
F
Fluxo

Figura 11.9 – Correntes de convecção magmáticas

A e **B** – **Padrões de correntes de convecção em câmaras magmáticas** (McBirney, 1993)

A diferença entre as temperaturas na base e no topo de câmaras magmáticas leva ao desenvolvimento de poderosas correntes de convecção ascendentes e descendentes. Essas correntes com fluxo laminar ou turbulento são capazes de:

- concentrar, orientar e deformar cristais de suspensões magmáticas, isto é, promover seu fracionamento intrassistema mais ou menos efetivo;
- dilacerar camadas cumuláticas e transportar fragmentos maiores ou menores dos leitos mais ou menos consolidados através da câmara magmática. Esses fragmentos são denominados autólitos;
- gerar estruturas rochosas "bizarras" principalmente em complexos máficos-ultramáficos. É o caso de uma série de estruturas que se assemelham com estruturas de rochas sedimentares, caso de estratificação cruzada, estruturas de corte e preenchimento, escorregamento, dobramentos atectônicos etc.

Os padrões de correntes de convecção numa câmara magmática dependem de numerosos fatores, que incluem:

- a dimensão da câmara; quanto maior, mais complexo o sistema de correntes de convecção;
- a forma da câmara magmática. Fundamentais são as formas tabular (diques, soleiras) e diapírica (forma de gota invertida), ambas com numerosas variantes;
- a diferença da temperatura entre a base e o topo da câmara; quanto maior a diferença, mais intenso o desenvolvimento das correntes de convecção e mais irregular sua movimentação;
- a viscosidade do magma; determina a velocidade do poder de arrasto da corrente de convecção;
- a natureza aberta ou fechada da câmara. O recarregamento da câmara por sucessivos pulsos magmáticos que perturba o quadro dinâmico pré-recarregamento. Caso comum de câmaras abertas são as de magma basáltico toleítico subjacentes às cadeias meso-oceânicas e cuja cristalização gera a crosta oceânica.

São apresentados dois padrões teóricos de correntes de convecção que resultam, respectivamente, na acumulação dos cristais precoces na base da câmara magmática (**A**) ou sua concentração em uma capa marginal que reveste quase toda a câmara magmática (**B**).

C a **F** – **Correntes de convecção e orientação mineral** (Marre, 1982, modificado)

Correntes de convecção em magmas graníticos porfiríticos muito viscosos originam orientações dos fenocristais de K-feldspato concordantes com as direções de achatamento, dilatação e cisalhamento de um elipsoide de deformação por fluxo (**C** e **D**). Não devem ser confundidos com a orientação similar resultante da deformação tectônica regional retratada em granitos sintectônicos. Outras vezes, os fenocristais têm disposição espiralada, refletindo movimentos magmáticos equivalentes locais (**E**). Camadas de fluxo paralelas de espessas correntes de convecção levam ao desenvolvimento da estrutura "espinha de peixe" ou "pé de milho" (**F**). Exemplos de (**C** e **E**) ocorrem nos granitos Morungaba-SP, Cantareira-SP e Socorro-SP/MG. Exemplos magníficos de estruturas "espinha de peixe" ocorrem no granito Pedra Branca-MG.

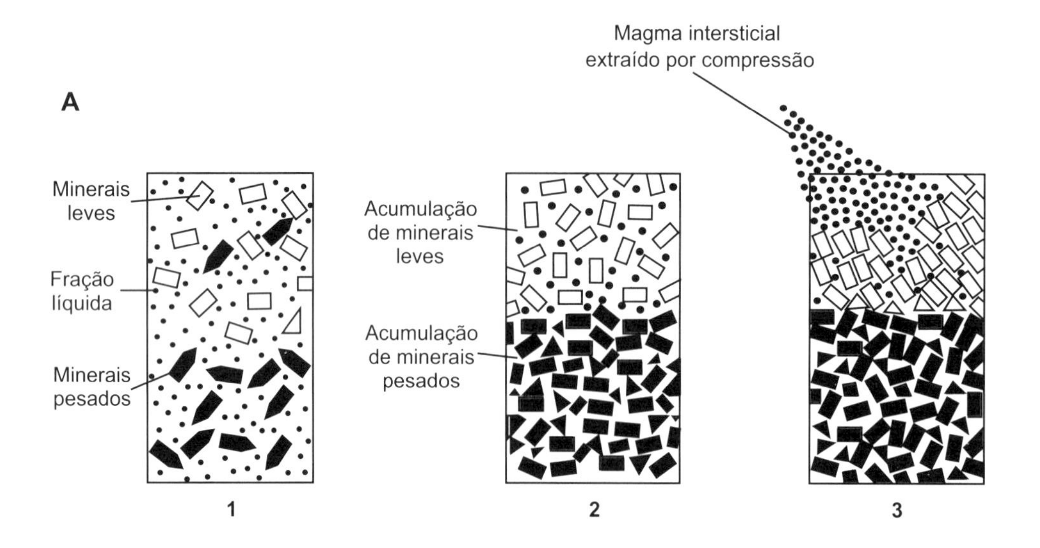
A
Magma intersticial
extraído por compressão
Minerais
leves
Fração
líquida
Minerais
pesados
Acumulação
de minerais
leves
Acumulação
de minerais
pesados
1
2
3

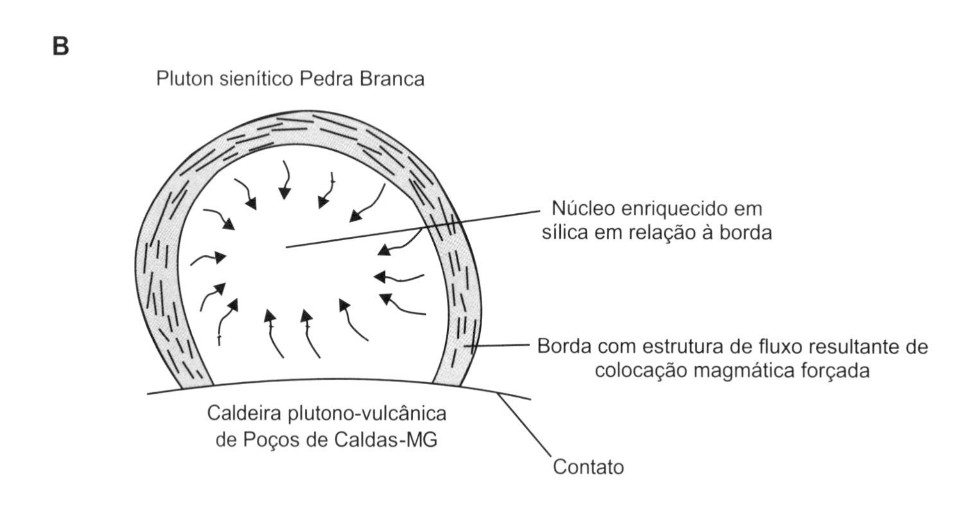
B
Pluton sienítico Pedra Branca
Núcleo enriquecido em
sílica em relação à borda
Borda com estrutura de fluxo resultante de
colocação magmática forçada
Caldeira plutono-vulcânica
de Poços de Caldas-MG
Contato

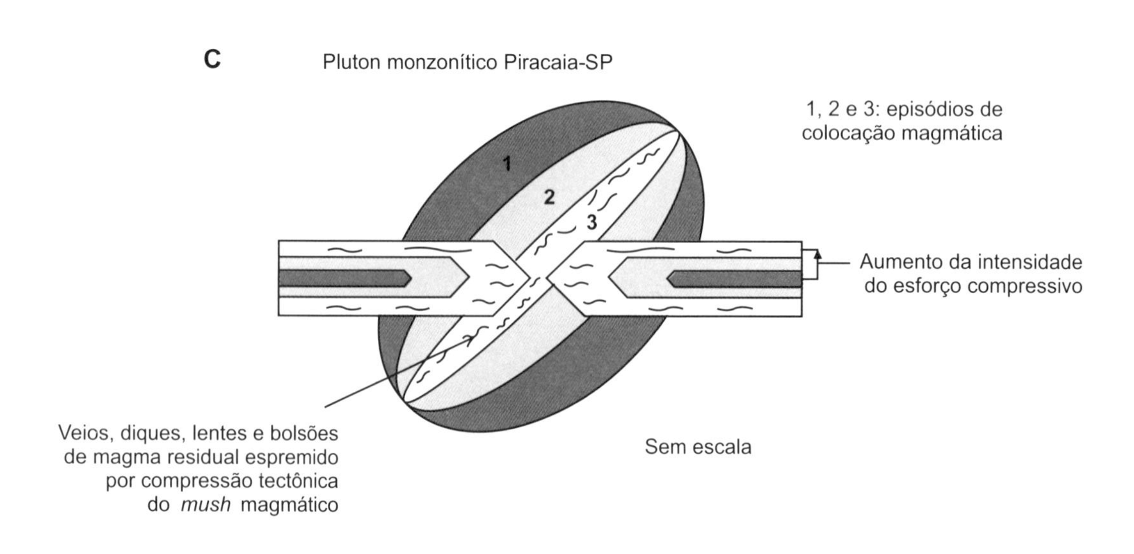
C
Pluton monzonítico Piracaia-SP
1, 2 e 3: episódios de
colocação magmática
1
2
3
Aumento da intensidade
do esforço compressivo
Veios, diques, lentes e bolsões
de magma residual espremido
por compressão tectônica
do mush magmático
Sem escala

Figura 11.10 – Filtragem por compressão

A separação de um líquido de uma suspensão magmática ocorre em diferentes situações:

- compactação progressiva da massa cristalina cumulática precipitada no fundo da câmara magmática;
- compressão associada a um alojamento magmático forçado;
- compressão tectônica de câmaras magmáticas alojadas em planos de falhas seguidamente reativadas; e
- compressão tectônica de câmaras magmáticas situadas em núcleos de amplas dobras em processo de progressivo fechamento.

A - Filtragem por compressão

O esquema mostra as duas fases de um processo de filtragem por compressão. Na fase inicial do magma cristalizam minerais mais densos ou menos densos (**A1**). Enquanto os minerais pesados são precipitados na base da câmara magmática formando rochas cumuláticas, os minerais mais leves permanecem em suspensão no líquido (**A2**). Numa fase final, a câmara sofre compressão tectônica que espreme a suspensão/*mush* residual separando o líquido intersticial da fração cristalina coexistente. A separação entre líquido e cristais pode ser mais ou menos efetiva e o líquido separado pode permanecer na câmara magmática formando bolsões, veios e diques isolados ou interligados (fracionamento intrassistema por injeção tectônica forçada) ou deixar os limites físicos do sistema magmático inicial (fracionamento extrassistema) (**A3**).

B - Intrusão (alojamento magmático) forçada

O alojamento de massas diapíricas de *mushs* magmáticos envolve elevados esforços compressivos marginais. Resulta uma estrutura de fluxo marginal dada pela iso-orientação de minerais prismáticos (anfibólios) e tabulares (feldspatos) paralelamente ao contato da intrusão. A compressão força, simultaneamente, a expulsão de parte do líquido intersticial do *mush* para áreas mais centrais da câmara magmática. Resulta a cristalização de um pluton zonado como no caso do sienito Pedra Branca-MG, cuja porção central é mais silicosa (um quartzo sienito muito pobre em quartzo) que sua área marginal fortemente deformada constituída por um nefelina sienito muito pobre em nefelina.

C - Compressão em falha transcorrente

O pluton monzodiorítico Piracaia-SP localiza-se numa falha transcorrente de longa "vivência" que implica sucessivas reativações. Sua história evolutiva compreende três ciclos magmáticos alojados sob crescentes esforços compressivos que resultaram em três complexos corpos rochosos progressivamente mais alongados. No alojamento do magma do terceiro ciclo, os esforços compressivos foram suficientemente elevados para extrair parte do líquido residual intersticial do *mush* magmático. O líquido fracionado espremido percola a massa cristalina rumo a locais de menor pressão. Da migração resultou uma rede irregular de bolsões, veios, diques e schlieren mais ou menos pegmatoides interconectados ou não e de espaçamento centimétrico a decamétrico. Nesses corpos residuais fracionados abundam grandes cristais euedrais de hornblenda. A existência de uma fase fluida independente exsolvida do magma residual é comprovada por miárolos com diâmetros até decimétricos.

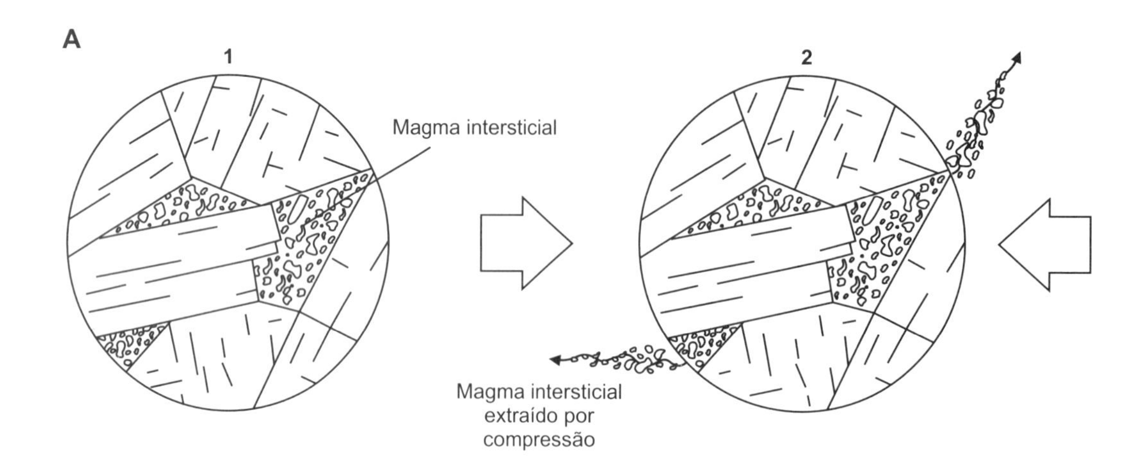
A
1
2
Magma intersticial
Magma intersticial
extraído por
compressão

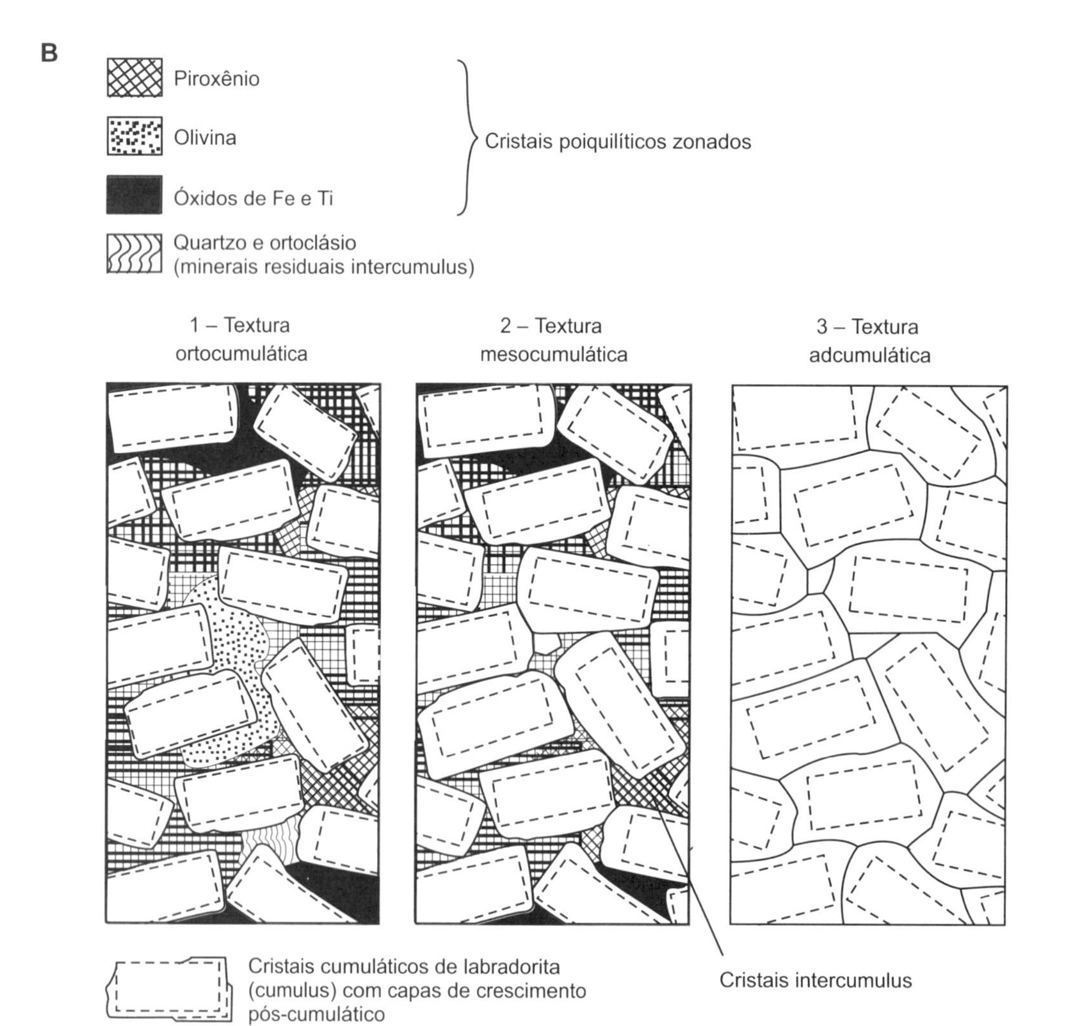
B
Piroxênio
Olivina
Óxidos de Fe e Ti
Cristais poiquilíticos zonados
Quartzo e ortoclásio
(minerais residuais intercumulus)
1 – Textura
ortocumulática
2 – Textura
mesocumulática
3 – Textura
adcumulática
Cristais cumuláticos de labradorita
(cumulus) com capas de crescimento
pós-cumulático
Cristais intercumulus

Figura 11.11 – Compactação de *mush* magmático cumulático

A compactação progressiva de um *mush* acumulado na base da câmara magmática é um processo eficiente de separação dos cristais precipitados do líquido intersticial coexistente. Quanto mais espessa a camada decantada, maior a compactação e eficiente a expulsão do líquido intergranular. Na natureza ocorre uma gradação completa entre uma decantação incipiente com abundante líquido intersticial que mantém contato físico e químico com o líquido fracionado sobrejacente e uma decantação volumosa cuja compactação resulta na expulsão da maior parte do líquido intersticial (ou intercumulus) que fica retido apenas em alguns pequenos interstícios intercristalinos e perde contato com o líquido fracionado sobrejacente.

A – Expulsão do líquido intercristalino

A compactação progressiva de uma espessa camada de cristais acumulados no fundo da câmara magmática diminui gradualmente os espaços intercristalinos e força a progressiva expulsão de parte do líquido intersticial ou intercumulus.

B – Texturas de rochas cumuláticas (Wager; Brown, 1968)

A decantação de olivina, piroxênio, minerais opacos e plagioclásios que resulta em gabros cumuláticos é feição comum em muitos magmas basálticos toleíticos subvulcânicos. De acordo com o grau de compactação dos minerais decantados que resulta em variáveis quantidades de líquido intersticial ou intercumulus, são reconhecidos três tipos básicos de texturas em gabros cumuláticos:

- Textura ortocumulática (**B1**). O líquido entre os cristais euedrais acumulados de plagioclásio é abundante e mantém conexão física e química parcial com a camada líquida fracionada sobrejacente. Do líquido intercumulus cristalizam minerais opacos, olivinas e piroxênios, que ocupam os espaços na rede de plagioclásios cumuláticos aberta (os cristais de plagioclásio dominantemente não se tocam). Podem ocorrer algum quartzo e ortoclásio, minerais residuais da cristalização fracionada do líquido intercumulus. Alguns minerais intercumulus, ditos poiquilíticos, ocupam vários interstícios da rede. Essa feição indica em muitos magmas o estágio final da cristalização. Os plagioclásios cumuláticos euedrais mostram capas de crescimento pós-cumulus cada vez mais sódicas em direção às bordas dos cristais zonados.
- Textura mesocumulática (**B2**). A quantidade de líquido intercumulus é restrita e falta sua conexão física e química com o líquido magmático fracionado sobrejacente. Resulta a cristalização de pequenos cristais de minerais opacos, olivina e piroxênio, cada um ocupando um espaço na rede formada pelos plagioclásios cumuláticos dominantemente euedrais que quase sempre se tocam numa rede fechada. Faltam minerais intercumulus fracionados residuais. A composição das capas externas dos poucos plagioclásios com zoneamento incipiente pós-cumulus é quase sempre a mesma da dos cristais cumuláticos que envolvem.
- Textura adcumulática (**B3**). O volume de líquido intersticial é muito pequeno. Não ocorre mais a cristalização de minerais opacos, olivinas e piroxênios intercumulus. Os espaços intergranulares são ocupados por capas de crescimento pós-cumulus dos plagioclásios com a mesma composição da dos cristais cumuláticos que envolvem. A capa externa irregular pós-cumulus transforma os cristais euedrais de plagioclásios cumulus em cristais dominantemente subedrais.

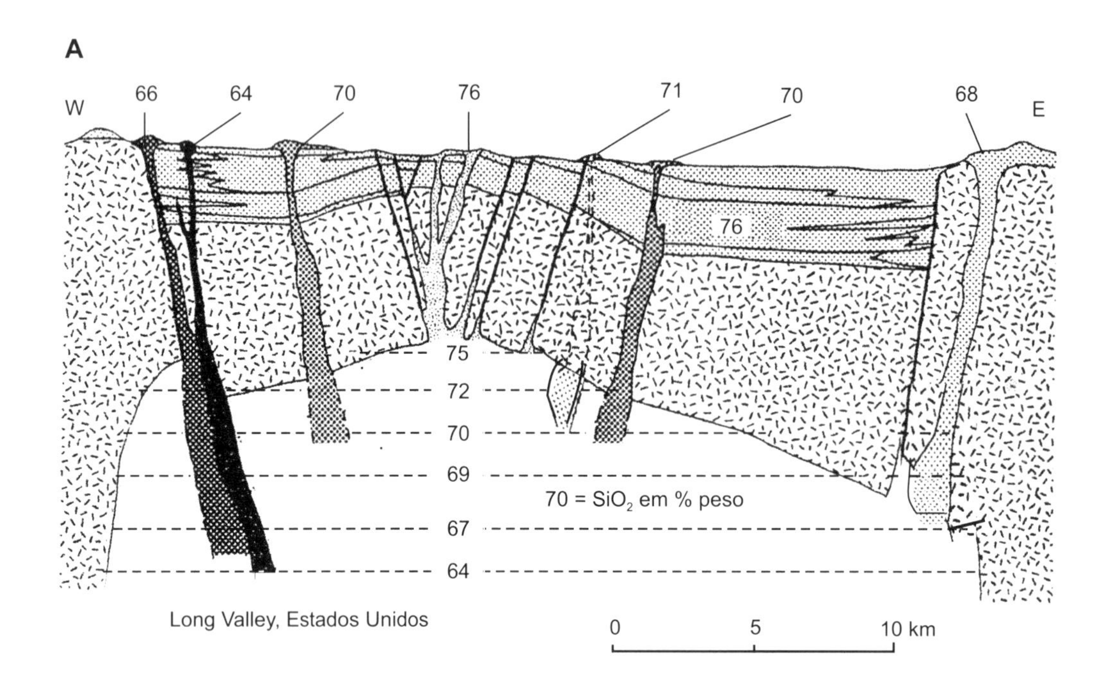
A
W
66
64
70
76
71
70
68
E
76
75
72
70
69
70 = SiO2 em % peso
67
64
Long Valley, Estados Unidos
0
5
10 km

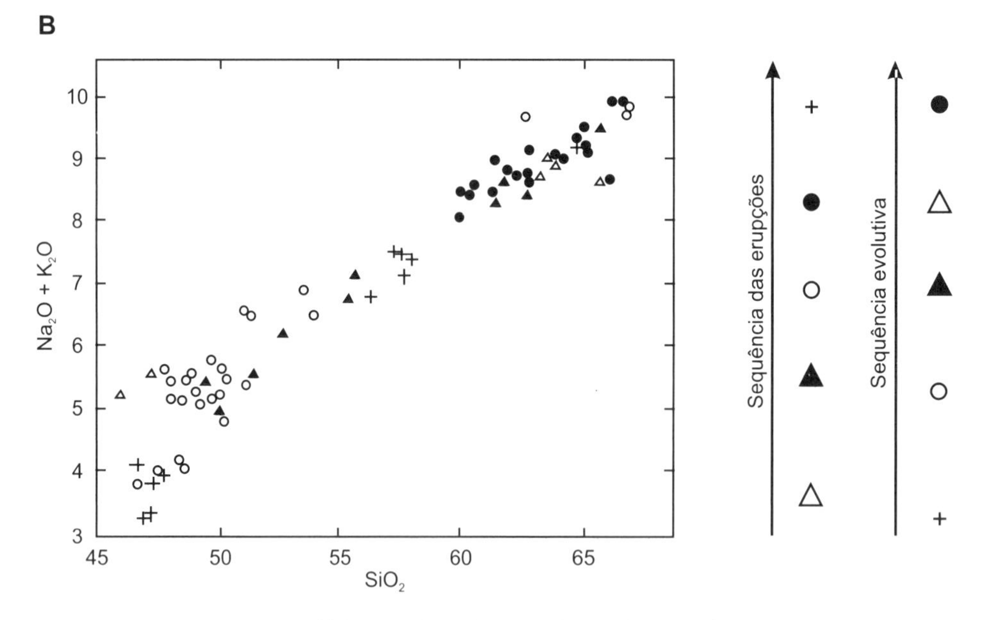
B
Na2O + K2O
SiO2
Sequência das erupções
Sequência evolutiva
Ciclos eruptivos do vulcão Aden, Iêmen do Sul
Ciclo vulcânico Amen Khal
Ciclo vulcânico Shamsan
Ciclo vulcânico Main Cone
Ciclo vulcânico Ma'alla
Ciclo vulcânico Tawahi

Figura 11.12 – Fracionamento termogravitacional

A – Fracionamento por difusão termogravitacional (Bailey et al., 1976; Hildreth, 1979, Jaupart; Tait, 1995)

Magmas subvulcânicos frequentemente sofrem fracionamento por difusão termogravitacional em estado hiperliquidus. O processo consiste na difusão de átomos, íons e moléculas ao longo do gradiente térmico e gravitacional entre o topo e a base da câmara magmática até um posicionamento térmico-gravitacional de energia mínima que varia para as diversas partículas do magma. Resultam corpos magmáticos fracionados estratificados com estratos basais composicionalmente mais primitivos (mais ricos em elementos compatíveis) e estratos apicais mais evoluídos (mais ricos em elementos incompatíveis). Elementos compatíveis e incompatíveis distinguem-se quanto ao potencial iônico, peso atômico, coeficiente de difusão, afinidade geoquímica etc. Num fracionamento por difusão termogravitacional, a obtenção dos diversos magmas fracionados é concomitante, enquanto numa cristalização fracionada os diversos magmas derivados resultam de um processo sequencial no qual cada magma fracionado age como magma parental na geração de um magma fracionado ainda mais evoluído. É a sequência de fracionamento magma basáltico → magma basalto-andesítico → magma andesítico → magma dacítico, um processo moroso operando num amplo intervalo térmico e que pode ser interrompido em qualquer de suas etapas sequenciais.

Num ambiente de pequena profundidade onde as rochas são quebradiças (sofrem deformações elásticas), as câmaras magmáticas normalmente são drenadas ao longo de fraturas e falhas que atingem aleatoriamente estratos mais ou menos evoluídos do corpo magmático fracionado. Resultam sucessivos derrames, depósitos piroclásticos e diques quase isotemporais com feições mineralógicas e químicas muitas vezes contrastantes. Exemplos são os complexos vulcânicos Long Valley, Estados Unidos, e Laacher See, na região Eifel do vale do Reno, Alemanha.

B – Erupções do vulcão Aden, Iêmen do Sul (Hill, 1974)

É apresentado o diagrama TAS (de Total de Álcalis × Sílica) para os cinco ciclos eruptivos do vulcão Aden, Iêmen do Sul. Cada ciclo compreende rochas com variação composicional mais ou menos ampla e o conjunto dos cinco ciclos define um fracionamento magmático contínuo. Os ciclos magmáticos são considerados como diferentes estratos composicionais de uma câmara magmática subvulcânica fracionada por difusão termogravitacional e cujos contatos transicionais se refletem na superposição parcial das composições químicas das rochas dos diferentes ciclos magmáticos. A sequenciação temporal do vulcanismo é dada pelos ciclos Tawahi (triângulos abertos), Ma'alla (triângulos cheios), Main Cone, o ciclo principal (círculos abertos), Shamsan, concomitante à formação da caldeira do vulcão (círculos cheios), e Amen Khal (cruzes). A sequenciação temporal da erupção dos cinco ciclos não retrata o extravasamento de estratos magmáticos cada vez mais evoluídos da câmara como sugerido pelo diagrama de Harker, e sim que os sucessivos níveis de drenagens da câmara magmática foram aleatórios. As feições químicas do fracionamento termogravitacional que incluem pequena diminuição da relação Mg/(Mg + Fe) e grande aumento da relação Ca/(Ca + Na) com a queda da temperatura tem sido estabelecidas principalmente pelo estudo de espessos depósitos de tufos do Long Valley, Estados Unidos. Na cristalização fracionada, as duas relações são fortemente negativas, isto é, os teores de Fe e Na aumentam significativamente nos sucessivos magmas derivados.

12. Aspectos químicos da cristalização e fracionamento mineral

1. Rochas ígneas resultam da mudança do estado de sistemas magmáticos hiperliquidus resultantes da variação dos parâmetros intensivos temperatura e pressão. Magmas profundos cristalizam em condições isobáricas. Já a cristalização de lavas geralmente compreende duas etapas, uma inicial, intraterrestre, sob pressão mais ou menos elevada e uma final em pressão baixa (frequentemente atmosférica). A queda brusca na pressão resulta na cristalização de minerais de baixa pressão, caso da leucita, e em texturas vesiculares a escoriáceas, frutos da descompressão (expansão) da fase fluida cujo escape da lava também inibe a cristalização de minerais hidratados. A queda brusca na temperatura do sistema resulta na cristalização de vidros vulcânicos ou de rochas com matriz densa a fina; uma queda lenta resulta em rochas com granulação grossa. O dualismo termobárico decorrente da rápida ascensão magmática e seu extravasamento como lavas resulta no domínio de rochas vulcânicas porfiríticas. Estas indicam um estágio inicial em condições de lenta queda da temperatura e pressões mais elevadas no qual cristalizam fenocristais e um estágio final em condições de brusca queda da temperatura e baixa pressão quando ocorre a consolidação da matriz rochosa.

2. Da cristalização parcial de qualquer líquido magmático inicial hiperliquidus Li em condições de equilíbrio resulta no intervalo de cristalização uma suspensão (nas proximidades do liquidus) ou *mush* (nas proximidades do solidus) magmático composto por uma fração cristalina (FCrs) e um líquido complementar (LCom). O adjetivo complementar indica que a soma (massa × composição) do LCom + (massa × composição) da FCrs = (massa × composição) do Li. O LCom fica claro em rochas porfiríticas com matrizes vítreas, microlíticas ou densas. Num vitrófiro, os fenocristais são a fração cristalina (FCrs); a matriz vítrea é o (LCom). A soma matriz mais fenocristais corresponde ao Li, a lava original hiperliquidus.

Numa área de vidros e vitrófiros basálticos foram encontrados: 1) obsidianas holovítreas; 2) vitrófiros com fenocristais de Mg-olivina (crisolita); 3) vitrófiros com fenocristais de crisolita e Ca-plagioclásio (labradorita); e 4) vitrófiros com fenocristais de crisolita, labradorita e (Ca,Mg,Fe,Al)-clinopiroxênio (augita) num decrescente volume de matriz vítrea a densa. As rochas permitem descrever as mudanças do estado do sistema "magma basáltico inicial hiperliquidus", Li, com a queda da temperatura através das seguintes etapas: 1) cristalização de olivina e mudança composicional e volumétrica do Li para o líquido complementar coexistente LCO1 mais pobre em Mg e com menor volume que Li; 2) cristalização de olivina + plagioclásio e mudança composicional e volumétrica do LCO1 para o líquido complementar coexistente LCO2, mais pobre em Mg, Ca e Al e com menor volume que LCO1; 3) cristalização de olivina + plagioclásio + piroxênio e mudança composicional e volumétrica do LCO2 para o líquido complementar coexistente LCO3, mais pobre em Mg, Ca, Al e Fe, mais rico em Si e álcalis e com menor volume que LCO2. Nas três rochas, a cristalização de olivina, olivina + plagioclásio e olivina + plagioclásio + piroxênio é interrompida por um resfriamento rápido do líquido coexistente que gera a matriz fina das rochas.

3. Consideremos os sucessivos derrames associados a um vulcão representados por obsidianas, rochas hipovítreas (vitrófiros), rochas hipocristalinas porfiríticas e afíricas de granulação densa, e rochas holocristalinas porfiríticas e afíricas de granulação fina a média. O exame dos fenocristais das rochas porfiríticas, representados quer por apenas uma espécie mineral quer por paragêneses de dois ou três minerais entre minerais opacos, olivina, piroxênios, anfibólios e micas, feldspatos e quartzo e das cores das rochas, variando entre escuras e claras, desperta a hipótese de que o conjunto de rochas examinadas resulta da cristalização de distintas lavas formadas por fracionamento na câmara magmática situada abaixo do vulcão. São, portanto, rochas cogenéticas. O processo de fracionamento mais comum de um magma parental para a formação de sucessivos magmas derivados é a cristalização fracionada. Além disso, a existência de rochas porfiríticas com fenocristais de uma ou mais espécies minerais numa matriz de vítrea a densa indica que estamos perante um processo de cristalização interrompido em diferentes estágios de seu desenvolvimento por um resfriamento muito rápido do sistema.

Uma associação de rochas cogenéticas resultantes da cristalização de magmas formados por progressivo fracionamento de um magma parental com características químicas específicas constitui uma série magmática. Como o magma parental tem características químicas particulares e o fracionamento progressivo implica a geração de magmas derivados crescentemente mais ricos em elementos incompatíveis, sílica e água, o conteúdo mineral da rocha mais primitiva bem como a variação da mineralogia entre a rocha mais primitiva e a rocha mais evoluída da série magmática também é característica. Um granito é prontamente reconhecido como pertencente à série cálcio-alcalina se for portador da paragênese máfica hornblenda + biotita.

4. Após uma coleta representativa das rochas dos diversos derrames do vulcão supramencionado, as rochas foram submetidas a detalhados estudos petrográficos com a determinação das espécies minerais presentes nas diferentes rochas, seu volume e o volume das diferentes matrizes (vítrea, densa e fina) das rochas porfiríticas. Os teores são expressos em % volume. Baseado na mineralogia (que varia no decorrer da cristalização de acordo com as séries de reação), na complexidade das paragêneses minerais (que aumenta com o progresso da cristalização) e no teor da matriz (que diminui com o avanço da cristalização), as rochas holovítreas, hipovítreas, hipocristalinas e holocristalinas coletadas são classificadas em termos de sua evolução magmática e seu grau de cristalinidade. Obsidianas representam o líquido inicial hiperliquidus, rochas porfiríticas com matrizes vítreas a densas representam suspensões magmáticas, rochas porfiríticas hipocristalinas representam *mushs* magmáticos e as rochas holocristalinas o resultado final da cristalização.

Para cada amostra são feitas diversas análises químicas que incluem uma análise da rocha total (que fornece a composição do sistema e do líquido inicial hiperliquidus), análises das diferentes espécies minerais presentes em cada rocha (que multiplicados por seu volume na rocha fornece a composição da fase cristalina do sistema em diferentes temperaturas do intervalo de cristalização) e a análise da matriz (que multiplicado por seu volume na rocha fornece a composição da fração líquida complementar da fração cristalina em diferentes temperaturas do intervalo de cristalização).

As análises de rocha total são lançadas num diagrama geoquímico Teores de Sílica (abcissa) × Teores de Óxido (ou elemento) das análises (ordenada). Normalmente os óxidos são expressos em % peso e os elementos em ppm. É o diagrama de Harker. Num diagrama simples é representado apenas um óxido (ou elemento) na ordenada; num diagrama composto, dois ou mais óxidos. Para rochas basálticas é comum o emprego do MgO na abcissa. É o diagrama de Fenner. Um diagrama de Harker composto para um conjunto de rochas cogenéticas variando entre basaltos e riólitos mostra (Figura 12.1):

- grande variação de SiO_2 que reflete a grande intensidade do fracionamento progressivo;
- decrescentes teores dos elementos compatíveis MgO, CaO e Fe_2O_3T que mostram que os minerais ou paragêneses sucessivamente fracionados são sempre mais ricos em elementos compatíveis que o magma do qual cristalizam;
- crescentes teores dos elementos incompatíveis Na_2O e K_2O que indicam que o riólito, a rocha

mais evoluída da série magmática, é rico em feldspato alcalino (sanidina);

- a variação do Al_2O_3 descreve um arco convexo com máximo de concentração no andesito, indicando que essa rocha, bem como seu correspondente plutônico, o diorito, é a rocha mais rica em feldspatos da série magmática examinada; e
- curvas de variação em arcos convexos e côncavos mais ou menos abertos que refletem a variação na composição dos minerais ou paragêneses minerais sucessivamente cristalizados e fracionados. Rochas cogenéticas apresentam variações químicas que indicam o processo genético que gerou os sucessivos magmas derivados dos quais cristalizam e, portanto, a evolução magmática como um todo. Um conjunto de curvas de variação retilínea é indicativo de um processo evolutivo por mistura magmática.

5. O detalhamento do processo da evolução magmática por cristalização fracionada pode ser feito por meio das análises químicas de rocha total e da matriz vítrea ou densa de lavas de uma associação vulcânica expandida, caso das lavas do vulcão cálcio-alcalino Crater Lake, Óregon, Estados Unidos (Figura 12.2.A), que variam entre basaltos e riólitos. O conjunto das análises apresenta grande variação de sílica que indica fracionamento muito efetivo que gerou sucessivos líquidos com decrescentes teores de Ca e Sr (elementos compatíveis) e crescentes teores de Rb (elemento incompatível). O Sr é elemento traço que substitui o Ca preferencialmente nos plagioclásios. Decorre que os dois elementos mostram variação sintética e que o teor de Sr é indicativo da quantidade e basicidade do plagioclásio potencialmente contido na matriz, assim como o Rb indica o seu teor potencial de feldspato alcalino. A representação simultânea da fração cristalina e do líquido complementar coexistente (a matriz) mostra que a cristalização sempre gera paragêneses mais cálcicas que o magma do qual cristalizam, fato que empobrece o líquido coexistente nesse elemento.

Nem sempre a variação na composição da rocha total e da matriz de uma associação vulcânica cogenética gerada por fracionamento é a mesma observada nas lavas cálcio-alcalinas de Crater Lake. A associação vulcânica levemente alcalina de Aden, na região do Triângulo de Afar, extremidade NE da África, compreende havaiítos, traquiandesitos mesocráticos (ou traquiandesitos básicos), traquiandesitos leucocráticos (ou simplesmente traquiandesitos) e traquitos. Todas as rochas são porfiríticas portadoras de fenocristais de plagioclásio cujo teor diminui dos havaiítos para os traquitos (Figura 12.2.B). As análises das rochas da associação definem uma faixa de variação química em forma de arco no diagrama $SiO_2 \times Al_2O_3$ com um máximo de concentração para rochas com teores de sílica ao redor de 50% peso (os havaiítos mais evoluídos). De onze rochas selecionadas representando as diferentes litologias também foram analisadas as matrizes. As matrizes dos quatro havaiítos são mais pobres em sílica e alumina que a rocha total; nos dois traquiandesitos básicos, as matrizes são mais ricas em SiO_2 e mais pobres em Al_2O_3 que a rocha total e as matrizes dos dois traquiandesitos e do traquito apresentam teores de sílica maiores e teores de alumina aproximadamente iguais aos da rocha total. A comparação das duas associações vulcânicas deixa claro que magmas parentais de diferentes séries magmáticas (cálcio-alcalina e alcalina) geram por fracionamento distintos conjuntos de magmas fracionados ou derivados. A associação de Aden mostra, também, que os sucessivos magmas fracionados a partir de um mesmo magma parental podem apresentar evolução particular da fração líquida durante sua cristalização.

6. O fracionamento magmático progressivo produz sucessivos magmas derivados cada vez mais ricos em elementos incompatíveis e pobres em elementos compatíveis. Decorre que diferentes relações entre os dois grupos de elementos, assim como entre Fe e Mg (Fe é mais incompatível que Mg nos minerais máficos), permitem quantificar o estágio evolutivo de dada rocha de uma série magmática. Índices de evolução magmática ou índices de fracionamento de uso corrente são o:

- índice de Solidificação (IS) = $[100\ MgO/(MgO + FeO + Fe_2O_3 + Na_2O + K_2O)]$;
- índice Máfico (IM) = $[FeO_T/(FeO_T + MgO)]$;
- número Mg = $[FeO_T/(FeO_T + MgO)]$ molar ou $Mg^* = [Mg/(Mg + Fe^{2+})]$ em proporção catiônica;
- índice de Diferenciação Normativo (ID), dado pela expressão Qtz + Or + Ab + Ne + Lct + Kp;
- índice de Larsen = $[(SiO_2/3 + K_2O) - (FeO + MgO + CaO)]$;

- índice Plagioclásio (IP) = [$Na_2O/(Na_2O + CaO)$];
- índice Plagioclásio Normativo (IPN), dado pela expressão Ab/(Ab + Na); e
- índice Félsico (IF) = [$(K_2O + Na_2O)/(K_2O + Na_2O + CaO)$].

Os três primeiros índices podem substituir o MgO nos diagramas de Fenner; os demais, o SiO_2 nos diagramas de Harker. Excepcionalmente, índices de evolução magmática podem ser empregados simultaneamente na abcissa e na ordenada de diagramas geoquímicos.

7. A cristalização de qualquer mineral a partir de uma solução líquida (magma, lava) muda a composição do líquido em equilíbrio com o cristal. A mudança na composição e a variação na concentração relativa dos seus elementos constituintes decorre principalmente da: 1) extração dos elementos constituintes do mineral do líquido coexistente; 2) diminuição do volume do líquido com a progressão da cristalização. A contração do volume líquido aumenta a concentração dos elementos não utilizados na construção do mineral que está cristalizando. Assim, o líquido passa de insaturado via saturado para supersaturado nos elementos não extraídos pela cristalização. Atingida a supersaturação inicia-se a nucleação de novo mineral. É a cristalização sequencial dos minerais das séries de reação. Em magmas basálticos, a cristalização inicial de olivina (Mg_2SiO_4) aumenta os teores de Ca, Al e Si no líquido coexistente, o que propicia o início da cristalização quase conjunta de Ca-plagioclásio ($CaAl_2Si_2O_8$) e do clinopiroxênio augita [$(Ca,Mg,Fe,Al)_2Si_2O_6$] para constituir a paragênese Ol + Pl + Cpx.

As análises de rocha total, dos minerais integrantes da fração cristalina e da matriz permitem a construção de gráficos que visualizam a variação química da fração magmática líquida durante a cristalização de dado mineral ou paragênese. Consideremos o volume e as análises químicas das matrizes de uma sequência cogenética de picritos e basaltos holovítreos a hipocristalinos, todas vítreas. Os dados permitem construir um diagrama composto tendo como abcissa a fração líquida do sistema e como ordenada os óxidos das análises (Figura 12.3.A). A fração líquida (**f**), dada pelo volume de vidro das rochas estudadas, varia entre 100% (**f** 1) nas obsidianas e 45% (**f** 0,45) nos basaltos hipocristalinos. A análise química da obsidiana fornece a composição do líquido inicial hiperliquidus; a das matrizes vítreas das rochas hipovítreas a hipocristalinas, a composição do líquido complementar no decorrer da cristalização. As frações cristalinas das rochas contêm variáveis volumes de Mg-olivina ou Mg-olivina + Ca-plagioclásio + (Ca,Mg)-clinopiroxênio. Os elevados teores de MgO (mais de 15%) e os baixos teores de SiO_2 (ao redor de 48%) definem a obsidiana holovítrea como magma picrítico congelado (olivina basalto toleítico muito rico em magnésio). O diagrama compreende duas partes distintas. A inicial entre **f** 1 e **f** 0,75 caracteriza-se por aumentos nos teores de SiO_2, Al_2O_3 e CaO e forte queda no teor de MgO; o teor de FeO permanece praticamente constante. Tal variação reflete a cristalização de crescentes teores de Mg-olivina (forsterita, Mg_2SiO_4), mineral desprovido de cálcio e alumínio e com teor de SiO_2 e MgO respectivamente menor e maior que os do magma do qual cristaliza. A segunda parte do gráfico, entre **f** 0,75 e **f** 0,45, é caracterizada por teor de SiO_2 praticamente constante, um aumento marcante no teor de FeO acompanhado de forte queda nos teores de Al_2O_3 e CaO e uma queda do teor do MgO menos intensa do que na fase inicial da cristalização. Essa parte do gráfico reflete a cristalização conjunta de Mg-olivina, Ca-plagioclásio, $CaAl_2Si_2O_8$ e (Ca,Mg,Fe)-clinopiroxênio, $Ca(Mg,Fe)Si_2O_6$. O plagioclásio é desprovido de Fe e rico em Ca e Al, o piroxênio é mais pobre em Mg e mais rico em Si que a olivina e praticamente desprovido de Fe. O gráfico mostra:

- que o número de fases cristalizadas aumenta no decorrer da cristalização;
- que a mudança das fases cristalizadas tem nítido reflexo no diagrama através de "quebras" nas linhas de variação da concentração dos diferentes óxidos considerados;
- se ocorresse uma extração das fases cristalizadas, seria gerado um líquido residual fracionado com 45% do volume do magma inicial e com composição andesítica (a soma dos teores dos óxidos no fim do diagrama composto de variação) muito distinta da do líquido inicial picrítico (a soma dos teores dos óxidos no início do diagrama composto de variação); e
- existe uma forte relação entre a composição química da fase líquida e a mineralogia que dela cristaliza e entre esta e a composição do líquido complementar coexistente.

A variação da composição do líquido entre **f** 1 e **f** 0,75 é controlada apenas pela cristalização da Mg-olivina. Por isso a variação é dita olivina-controlada e escrito Ol-controle. Após **f** 0,75, a variação na composição do líquido é controlada pela cristalização conjunta de Mg-olivina, (Ca,Mg,Fe,Al)-clinopiroxênio (augita) e Ca-plagioclásio (labradorita/bytownita), ou seja, um Ol + Cpx + Pl-controle. Pelo Ol-controle o magma inicial picrítico passa para um magma olivina basáltico e pelo Ol + Cpx + Pl-controle, o magma passa de olivina-basáltico para basáltico, basalto-andesítico, andesito-basáltico e andesítico.

A utilização de outra abcissa, por exemplo o IM [$(FeO + Fe_2O_3)/(FeO + Fe_2O_3 + MgO)$], caso comum no estudo da evolução de magmas basálticos, muda a configuração do diagrama composto f × Óxidos, mas mantém parte das "quebras" decorrentes da mudança da paragênese cristalizada (Figura 12.3.B). As "quebras" nas curvas do Al_2O_3 e CaO ocorrem para um IM ao redor de 62 que, portanto, equivale ao índice **f** 0,75 em basaltos. Faltam as inflexões nas curvas do SiO_2 e dos álcalis ($Na_2O + K_2O$). A curva ($Na_2O + K_2O$) revela baixos teores de álcalis e uma variação pouco expressiva; a falta de uma "quebra" indica a ausência de uma fase mineral precoce enriquecida em álcalis. Já a curva da sílica, quase uma reta sub-horizontal, indica que a variação do teor de sílica na fase líquida é muito pequena em relação à ampla variação do IM que reflete a crescente relação Fe/Mg. A constância do teor de SiO_2 decorre do teor de sílica dos três minerais da paragênese Ol + Pl+ Cpx ser próximo ao do magma basáltico. Nos dois primeiros minerais, o teor é algo menor; no piroxênio ocorre o contrário. O acentuado enriquecimento em ferro caracteriza a evolução de magmas toleíticos, assim como o baixo teor em álcalis. A comparação dos diagramas com SiO_2 e IM na abcissa mostra que diferentes parâmetros de referência ressaltam distintas facetas da evolução magmática.

8. A cristalização inicial de Mg-olivinas de magmas basálticos toleíticos fluidos abre a perspectiva do fracionamento do magma pela concentração desse mineral na base da câmara magmática e a formação de dunitos cumuláticos. O mesmo vale para a flutuação de plagioclásio com a formação de anortositos. O emprego de elementos traços das análises de rochas cogenéticas holovítreas, hipovítreas e hipocristalinas afíricas permite rastrear a extração por concentração, flutuação ou convecção de fenocristais da suspensão magmática periliquidus porfirítica original. Sr e Eu substituem o Ca de plagioclásios; o fracionamento de plagioclásios foi particularmente intenso em basaltos lunares (Figura 12.4.A). Rb substitui Na e o K de feldspatos alcalinos, zircão é enriquecido em U e Th e monazita em Ce. Cr e Sc são concentrados em piroxênios de rochas basálticas, o Ni substitui o Mg de olivinas. Particularmente, a relação MgO/Ni é parâmetro sensível para rastrear o fracionamento de olivina. A cristalização de 10% da olivina retira cerca de 77% do Ni da fase líquida (o coeficiente de distribuição do Ni entre olivina e o líquido basáltico coexistente é ~15). Decorre que o fracionamento de olivina diminui acentuadamente o teor de Ni no magma fracionado e, consequentemente, nas rochas que resultam de sua cristalização. O fracionamento de olivina foi confirmado numa associação de basaltos cogenéticos fracionados holovítreos a hipocristalinos da Cadeia Meso-Oceânica Atlântica (basaltos toleíticos tipo MORB – Mid Ocean Ridge Basalts). O diagrama MgO × Ni mostra que o teor de Ni nas rochas é claramente controlado pelo teor de Mg-olivina (expresso pelo teor de MgO da rocha). Por outro lado, a variação do teor de MgO nas análises confirma o progressivo processo de fracionamento por extração gravitacional de olivina (Figura 12.4.B). Dunitos cumuláticos compostos por olivinas enriquecidas em Ni formam por intemperismo e alteração hidrotermal espessos depósitos de filossilicatos niquelíferos, denominados garnierita [$(Mg,Ni)_3.Si_2O_5(OH)_4$], alguns de grande importância econômica, como os do complexo máfico-ultramáfico de Niquelândia-GO.

9. Európio não só foi empregado para caracterizar a origem dos anortositos terrestres por fracionamento de magmas basálticos (o coeficiente de distribuição do Eu entre Ca-plagioclásio e o líquido basáltico coexistente é ~0,5; mas também no estudo da origem e evolução dos diferentes tipos de basaltos lunares que ostentam uma série de características que os distinguem de seus congêneres terrestres:

- uma parte dos chamados "basaltos lunares" apresenta teores muito baixos de SiO_2 (até 38% peso); o diagrama TAS da União Internacional de Ciências Geológicas (IUGS, na sigla em inglês) não classifica essas rochas como basaltos;
- os basaltos mais pobres em SiO_2 apresentam teores muito elevados de TiO_2 (até 13% peso), óxido usado para subdividir os basaltos lunares em várias categorias incluindo basaltos de alto-Ti de baixo-Ti;
- de vários basaltos, o piroxênio é uma solução sólida hipersolvus com composição em torno da augita subcálcica, fato que indica temperaturas de cristalização muito elevadas;
- basaltos lunares são totalmente anidros e reduzidos. A ausente oxidação resulta na presença de variáveis teores (traços até frações de % peso) de ferro metálico; e
- o fracionamento de plagioclásio é muito mais intenso em basaltos lunares que em basaltos terrestres, pois a estabilidade de plagioclásios em magmas basálticos lunares estende-se até cerca de 180 km de profundidade (a gravidade da Lua é cerca de 38% a da Terra). Decorre que a proporção anortosito/basalto é maior na Lua que na Terra. Anortositos lunares são os principais componentes das "terras altas".

10. A mudança composicional num gráfico binário X × Y da fase líquida decorrente da cristalização de um ou mais minerais no magma pode ser obtida graficamente baseada no "princípio da oposição" (Figura 12.5.A). Segundo esse princípio, dadas as composições do magma inicial e do mineral (com composição fixa) que dele cristaliza (e que pode ser extraído ou não do sistema), a variação da composição do líquido fracionado ocorre ao longo de uma reta passando pela composição do mineral e pela composição do magma. A variação ocorre no sentido oposto (de afastamento) da composição do mineral e do magma inicial. Variação inversa ocorre em rochas cumuláticas. Portanto, a reta que liga o mineral extraído com a composição magmática inicial é uma reta de extração-acumulação (Figura 12.5.A.a).

A evolução magmática decorrente da extração simultânea de dois minerais (A e B com composições fixas) é obtida em três etapas: 1) ligam-se composições dos dois minerais A e B; 2) sobre esse segmento composicional mineral é lançado um ponto que representa a proporção, em peso, entre os dois minerais na paragênese E cristalizante. Se a relação for de 1:1, a posição do ponto será no meio do segmento de reta composicional; 3) a evolução química da fase líquida por cristalização progressiva da paragênese binária (posteriormente extraída ou não do sistema) ocorre ao longo da reta E-P que une o ponto da composição do líquido inicial com o ponto que representa a proporção entre os dois minerais cristalizantes (Figura 12.5.A.b). Vice-versa, conhecida a composição dos minerais e a do líquido fracionado D, é possível determinar a proporção entre os dois minerais cristalizantes ou fracionados.

No caso da extração simultânea de três minerais (A, B e C com composições fixas), a proporção entre os minerais cristalizantes se situa no interior do triângulo definido pela composição dos três minerais (Figura 12.5.A.c). A reta E-P que liga essa proporção com a composição do magma define a variação química do líquido por cristalização progressiva da paragênese ternária (posteriormente extraídos ou não do sistema). Também aqui a metodologia inversa permite estabelecer a proporção entre as três fases cristalinas cristalizantes uma vez conhecidas as composições dos minerais da paragênese ternária e a do líquido após a sua cristalização.

A determinação da variação composicional de um magma pela cristalização inicial de um mineral B seguido da cristalização do mineral A (ambos com composição fixa) constituindo a partir de sua cristalização a paragênese AB, é uma combinação gráfica sequencial da extração de um mineral (Figura 12.5.A.a) e de dois minerais (Figura 12.5.A.b). Típica nessa evolução é o surgimento de uma "quebra" na curva de variação química da fase líquida por ocasião do início da cristalização da fase mineral A no ponto F (Figura 12.5.A.d).

Um pouco mais complexa é a determinação da variação da composição de um líquido magmático pela cristalização de uma solução sólida binária AB, pois a progressiva mudança composicional do líquido é acompanhada simultaneamente de uma contínua mudança na composição da solução sólida cristalizante cada vez mais rica no componente de menor ponto de fusão, nesse caso o componente A. O componente A é a albita nos plagioclásios e a hedenbergita nos (Ca,Mg,Fe)-clinopiroxênios (Figura 12.5.A.e). As variáveis composições da solução sólida binária sucessivamente cristalizadas (e posteriormente extraídas ou não do sistema) são lançadas sobre uma reta que liga as composições dos componentes A e B que são anortita e albita nos plagioclásios ou diopsídio e hedenbergita nos clinopiroxênios. Em seguida, aplica-se para cada composição da solução sólida cristalizante a metodologia gráfica padrão para a determinação da mudança da composição química da fase líquida decorrente da cristalização de um mineral com composição fixa (Figura 12.5.A.a). A cristalização sequencial de soluções sólidas cada vez mais ricas no componente A determina para a decrescente fase líquida uma curva de variação composicional tipicamente em arco (Figura 12.5.A.e).

11. Conhecida a composição das rochas de uma associação cogenética, bem como a dos minerais que cristalizam sucessivamente a partir do magma inicial, é possível determinar graficamente não só a composição dos líquidos fracionados, mas também distinguir rochas cumuláticas de rochas resultantes da cristalização de magmas fracionados. Exemplo foi o estudo da associação vulcânica considerada cogenética do vulcão Kilauea, Havaí, composta por picritos, olivina basaltos, basaltos, basaltos andesíticos, andesitos basálticos e andesitos toleíticos. Além das rochas também foi analisada a olivina, presente em todas litologias (Figura 12.5.B). Todas as análises foram lançadas num diagrama composto de Fenner (MgO × óxidos), os óxidos constituintes da olivina foram conectados com seus equivalentes da rocha considerada como representando o magma parental, uma obsidiana com 49% peso de SiO_2 e 10% de MgO. Essas retas de conexão são retas de extração-acumulação para os diferentes óxidos. Todas as demais análises de rochas situam-se precisamente sobre as retas de acumulação-extração, fato que confirma a natureza cogenética da associação vulcânica e caracteriza o fracionamento de olivina (olivina-controle) como responsável pela variação da composição química das diferentes litologias da associação vulcânica. Também permitiu separar as rochas resultantes da cristalização de magmas dos níveis inferiores da câmara magmática mais ou menos enriquecidos em olivina fracionada em progressiva decantação (situadas à esquerda do magma parental) das rochas resultantes da cristalização de magmas progressivamente empobrecidos em olivina (situadas à direita do magma parental) e avaliar a variação química em magmas pela extração-acumulação progressiva de apenas um mineral do sistema, a olivina.

12. O método gráfico encontra aplicação no estudo do fracionamento de magmas basálticos por meio de gráfico MgO × CaO, óxidos em % peso, pois nesse gráfico é possível representar simultaneamente as composições químicas da Mg-olivina, do Ca-plagioclásio e do (Ca,Mg)-piroxênio. Nesse diagrama é possível determinar o mineral ou a paragênese fracionada, a sequenciação temporal dos minerais fracionados, bem como a variação na proporção entre os minerais de uma paragênese fracionada (Figura 12.6).

13. O formato em arco convexo ou côncavo mais ou menos aberto das curvas de variação numa evolução magmática por cristalização fracionada decorre: 1) da cristalização sucessiva de minerais distintos; 2) da mudança progressiva nas proporções entre os minerais cristalizados; e 3) da cristalização de soluções sólidas cujas composições mudam continuamente durante a cristalização. O desenvolvimento de uma curva de variação em arco no diagrama SiO_2 × Al_2O_3 pode ser exemplificada pela mudança química de um magma basáltico pela cristalização de uma crescente relação Ca-plagioclásio (An_{75}): Mg-olivina (Fo_{80}), dois minerais mais pobres em sílica que o magma basáltico do qual cristalizam e com composição contrastante: a olivina rica em Mg e desprovida de Al e o plagioclásio, rico em Al na ausência de Mg (Figura 12.7).

14. Séries magmáticas são conjuntos de rochas com variáveis teores de sílica caracterizados por um conteúdo mineral global específico e variações mineralógicas e químicas sistemáticas entre as litologias mais primitivas e as mais evoluídas da série (Figura 12.8.A). Como existe uma correlação direta entre o conteúdo mineral e a composição química de uma rocha magmática, as séries magmáticas são passíveis de caracterização mineralógica e química, esta por meio de numerosos diagramas (Figura 12.8.B). Existem numerosas séries magmáticas com destaque para a série toleítica, a série cálcio-alcalina e a série alcalina caracterizadas por crescentes teores de álcalis. Toda série magmática tem características e variações químicas específicas. A série alcalina contém anfibólios e piroxênios alcalinos e os anfibólios frequentemente cristalizam antes do piroxênio. Seus magmas primitivos são gerados no manto fértil ou enriquecido. A série to-

leítica é a mais pobre em álcalis, sua evolução se caracteriza por enriquecimento em ferro e o volume de magmas dacíticos, riodacíticos e riolíticos obtidos por fracionamento é muito pequeno. Seus magmas primitivos são gerados no manto empobrecido ou depletado. A série cálcio-alcalina é mais hidratada e um pouco mais rica em álcalis que a série toleítica; por fracionamento, origina grandes volumes de granodioritos e uma menor quantidade de granitos. Mineralogicamente, é caracterizada pela paragênese fêmica hornblenda e biotita. Nos magmas mais primitivos, magnetita é mineral liquidus mais ou menos precoce. As rochas dessa série são tipicamente orogênicas, ou seja, de áreas onde ocorre a geração das grandes cadeias de montanhas, caso dos Andes, Montanhas Rochosas, Urais, Himalaia, Alpes etc. A série komatiítica compreende rochas ricas em magnésio, algumas com textura *spinifex*; a série shoshonítica é rica em potássio, a série leucitítica ainda mais. O conceito de série magmática encerra aspectos mais amplos que os mencionados em sua definição. Assim, além do conteúdo mineralógico, da sequência de cristalização mineral e de características químicas típicas, o conceito de série magmática envolve também aspectos da gênese do magma, a natureza da rocha-fonte, grau de oxidação, grau de hidratação, ambiente tectônico de ocorrência, recursos minerais associados etc.

15. Outros processos importantes de evolução magmática são a assimilação de rochas encaixantes e mistura magmática. A efetividade da assimilação depende de muitos fatores, entre eles a composição do magma, sua temperatura, riqueza em voláteis e grau de cristalinidade, a natureza da rocha encaixante, sua temperatura e grau de hidratação e o tempo de contato entre o magma e a rocha encaixante (Figura 12.9). De modo geral, a assimilação tem importância restrita, local, mas pode ser fator importante na evolução de câmaras magmáticas subvulcânicas.

A mistura magmática tem papel importante principalmente na evolução de magmas granitoides cálcio-alcalinos cujas câmaras magmáticas sofrem seguidas injeções de magma básico (Figura 12.10). Os comprovantes das injeções são os enclaves máficos microgranulares, característica comum em granitos cálcio-alcalinos, mas os sinais de uma ampla mistura entre os dois magmas contrastantes não são evidentes no nível crustal de intrusão dos corpos e batólitos; a comprovação da efetividade do processo baseia-se principalmente em dados isotópicos.

Igualmente importante é a mistura entre magmas basálticos gerados pela fusão parcial de peridotitos férteis (magmas P ou E) e empobrecidos (magmas N) nas proximidades de ilhas oceânicas e que resulta na formação dos magmas dos basaltos T (transicionais).

16. A petrologia experimental é importante fonte de obtenção de dados qualitativos e quantitativos sobre a origem, evolução e cristalização de magmas. Suas áreas de atuação principais são:

- a elaboração de diagramas de fases visando à caracterização da evolução de sistemas magmáticos cada vez mais complexos, definir os campos de estabilidade dos diferentes minerais magmáticos, pneumatolíticos e hidrotermais, esclarecer e quantificar as reações de minerais instáveis com o líquido coexistente, determinar o papel da pressão de água, oxigênio e gás carbônico em sistemas magmáticos, executar fusões parciais controladas de protólitos (rochas-fonte) etc. (Figura 12.11.A);
- quantificar os processos de cristalização magmática pela fusão progressiva de rochas. A fusão progressiva de uma rocha é um processo inverso de sua cristalização. Experimentalmente, a fusão permite a obtenção de resultados mais rápidos e precisos que a cristalização de líquidos magmáticos, pois o fornecimento da energia de ativação para as sucessivas mudanças de fases é mais fácil num sistema em aquecimento (adição de energia) que num sistema em resfriamento (extração de energia). Particularmente importantes foram as fusões de olivina basaltos e picritos do vulcão Kilauea, Havaí. O gráfico Temperatura × Índice Máfico resultante (Figura 12.11.B) mostra claramente uma inflexão na curva liquidus que separa as rochas afíricas de olivina basaltos das rochas afíricas picríticas ricas em olivina cumulática (com liquidus acima de 1.220 °C) e correlaciona os resultados da fusão progressiva dos picritos com o sistema Forsterita-Sílica (Figura 12.11.A). Do magma de olivina basalto cristalizam sucessivamente olivina, clinopiroxênio e plagioclásio num intervalo térmico muito pequeno que define o magma como multissaturado. A pequena diferença térmica entre o liquidus do Cpx e do Pl explica a ocorrência de basaltos nos quais a

cristalização do clinopiroxênio precede a do plagioclásio, basaltos nos quais a cristalização do plagioclásio precede a do clinopiroxênio e basaltos nos quais os dois minerais iniciam sua cristalização simultaneamente. A baixa temperatura liquidus da magnetita em relação aos outros minerais indica sua cristalização tardia em magmas toleíticos. Os experimentos de fusão de basaltos não só confirmam a sequência de cristalização determinadas nessas rochas estabelecidas por estudos petrográficos, mas também quantificam as temperaturas liquidus para diferentes minerais em líquidos com variável composição expressa pelo Índice Máfico;

- fusão parcial sob variadas pressões de rochas-fonte de magmas graníticos e basálticos. Atualmente, o avanço tecnológico dos equipamentos experimentais permite gerar temperaturas e pressões que ocorrem no manto inferior. Fundamental nos experimentos foi a constatação de que a sequência de cristalização mineral de magmas basálticos muda sistematicamente com a profundidade e em grandes profundidades envolve minerais de alta pressão, caso das granadas, que não cristalizam de lavas vulcânicas (Figura 12.11.C).

17. Finalmente, é preciso ressaltar que a evolução magmática por fracionamento nem sempre é progressiva, unidirecional. Podemos visualizar o fracionamento como uma "árvore" com diversos galhos. Embora exista a tendência evolutiva geral no sentido do pé da árvore (magmas mais primitivos) para o ápice do tronco (magmas mais evoluídos), várias vezes um magma de determinado estágio evolutivo (no meio do tronco) não continua sua evolução ao longo do tronco e sim ao longo de um galho. Esse comportamento "anômalo" é mais frequente em magmas alcalinos, principalmente no seu estágio evolutivo final (Figura 12.12) e pode em alguns casos ser atribuído à ação de soluções pneumatolíticas no estágio magmático água-supersaturado.

A

Óxido	B	BA	A	D	RD	R
SiO_2	50,2	54,3	60,1	64,9	66,2	71,5
TiO_2	1,1	0,8	0,7	0,6	0,5	0,3
Al_2O_3	14,9	15,7	16,1	16,4	15,3	14,1
Fe_2O_3	10,4	9,2	6,9	5,1	5,1	2,8
MgO	7,4	3,7	2,8	1,7	0,9	0,5
CaO	10,0	8,2	5,9	3,6	3,5	1,1
Na_2O	2,6	3,2	3,8	3,6	3,9	3,4
K_2O	1,0	2,1	2,5	2,5	3,1	4,1
LOI	1,9	2,0	1,8	1,6	1,2	1,4
Total	99,5	99,2	100,6	100,0	99,7	99,2
IM	0,58	0,71	0,71	0,75	0,85	0,85
IS	34,6	20,3	17,5	13,1	6,9	4,6
IF	0,26	0,39	0,52	0,63	0,67	0,87

Todos os valores das análises em % peso

B – Basalto BA – Basalto andesítico A – Andesito

D – Dacito RD – Riodacito R – Riólito

IM – Índice Máfico = FeO* / (FeO* + MgO), onde:

FeO* é o total de ferro da rocha sob forma de FeO

FeO* = FeO + 0,9 Fe_2O_3 ou 0,9 Fe_2O_3*

IS – Índice de Solidificação = 100MgO / (MgO + FeO* + Na_2O + K_2O)

IF – Índice Félsico = (Na_2O + K_2O) / (Na_2O + K_2O + CaO)

B

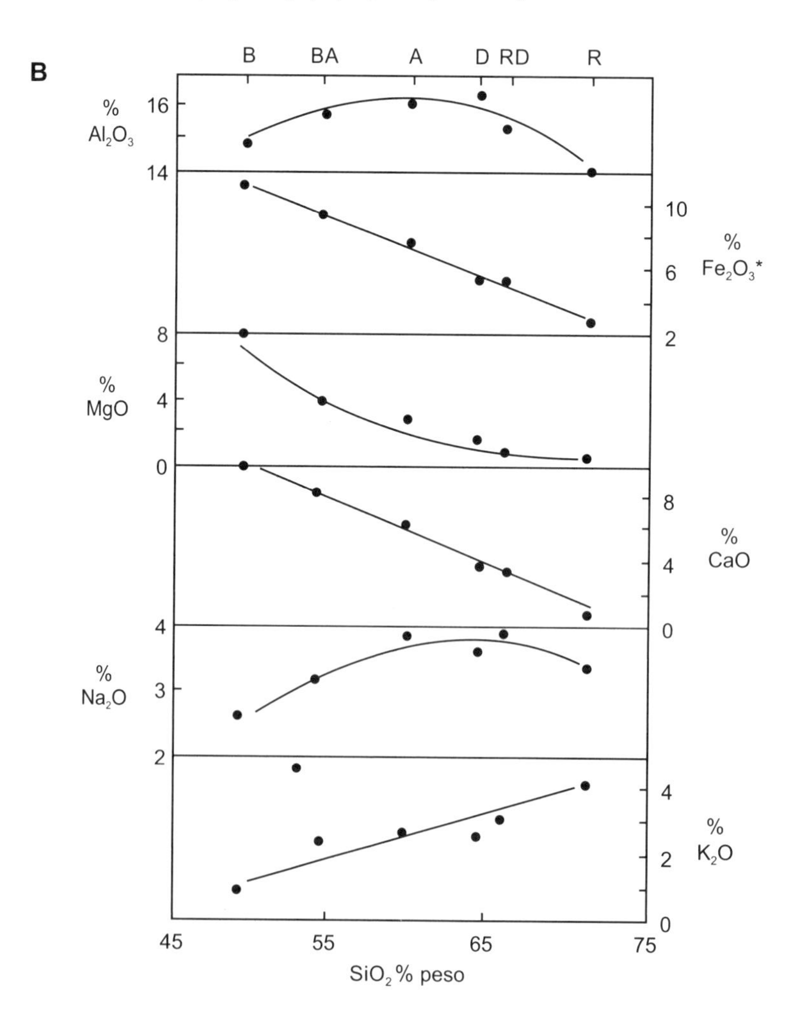

Figura 12.1 – Fracionamento magmático nos diagramas de Harker compostos

A caracterização da tendência evolutiva química geral decorrente do fracionamento magmático resulta das análises químicas dos magmas sucessivamente fracionados gerados a partir de um magma parental, quase sempre básico/ultrabásico. As rochas resultantes da cristalização de sucessivos magmas derivados de um mesmo magma parental por cristalização fracionada ou outro processo (assimilação, mistura magmática) são ditas cogenéticas. As análises de uma associação de rochas cogenéticas geralmente são representadas em diagramas binários e ternários. Nos diagramas binários, a abcissa expressa os teores de SiO_2 (diagramas de Harker), MgO (diagramas de Fenner) ou o valor de um índice de evolução magmática e a ordenada expressa o teor de um (diagrama simples) ou mais (diagrama composto) óxidos ou elementos da análise.

A – Composição química das rochas vulcânicas da série cálcio-alcalina (Ragland, 1989)

São apresentadas as composições químicas médias de basaltos, basaltos andesíticos, andesitos, dacitos, riodacitos e riólitos cálcio-alcalinos. As análises são apresentadas em óxidos. A listagem é encabeçada pelo SiO_2, o principal componente das rochas magmáticas. Seguem o óxido de elemento tetravalente (TiO_2), trivalentes (Al_2O_3 e Fe_2O_3), bivalentes (MgO e CaO) e finalmente os óxidos dos elementos monovalentes (Na_2O e K_2O). Antigamente, o FeO era listado separadamente, atualmente está incluído, recalculado, no Fe_2O_3, pois a relação entre FeO e Fe_2O_3 é bem conhecida nas diversas rochas magmáticas. LOI (*loss on ignition*) é a perda de água da rocha quando pulverizada e aquecida durante horas a pelo menos 500 °C. Representa a água dispersa na rocha (umidade) e a água estrutural dos silicatos hidratados (biotita, clorita, anfibólios, serpentina etc.). Para cada tipo litológico são listados os valores de índices que expressam quantitativamente a evolução (magmática) da rocha, caso dos índices Máfico (IM), de Solidificação (IS) e Félsico (IF). IS e IF relacionam o aumento dos elementos incompatíveis e a diminuição dos elementos compatíveis com a progressão do fracionamento, o IM o caráter mais incompatível do Fe em relação ao Mg nos minerais máficos.

B – Diagrama de Harker Composto (Ragland, 1989)

É apresentado um diagrama de Harker composto das análises químicas de (**A**) para mostrar as variações químicas decorrentes do fracionamento progressivo na série cálcio-alcalina. A variação dos óxidos define curvas mais arqueadas convexas positivas (Al_2O_3 e Na_2O) quanto côncavas negativas (MgO) e curvas abertas, quase retilíneas, positivas (K_2O) e negativas (CaO e Fe_2O_3*). Variações positivas de teores representam elementos incompatíveis; as negativas os elementos compatíveis. O potássio é mais incompatível que o sódio. Quedas de valores já principiando em baixos teores de sílica indicam a cristalização precoce e fracionamento de minerais ricos nos elementos listados na ordenada (Fe_2O_3, MgO e CaO). A reta positiva do K_2O indica que apenas nos riólitos ocorre a cristalização de quantidades maiores de minerais ricos em potássio. Os ápices das curvas convexas indicam início da cristalização e um ou mais minerais ricos no óxido assinalado (Al_2O_3 e Na_2O). A curva côncava do MgO indica que durante a evolução magmática cristalizaram e foram fracionados diferentes minerais ou paragêneses minerais com variáveis teores de magnésio.

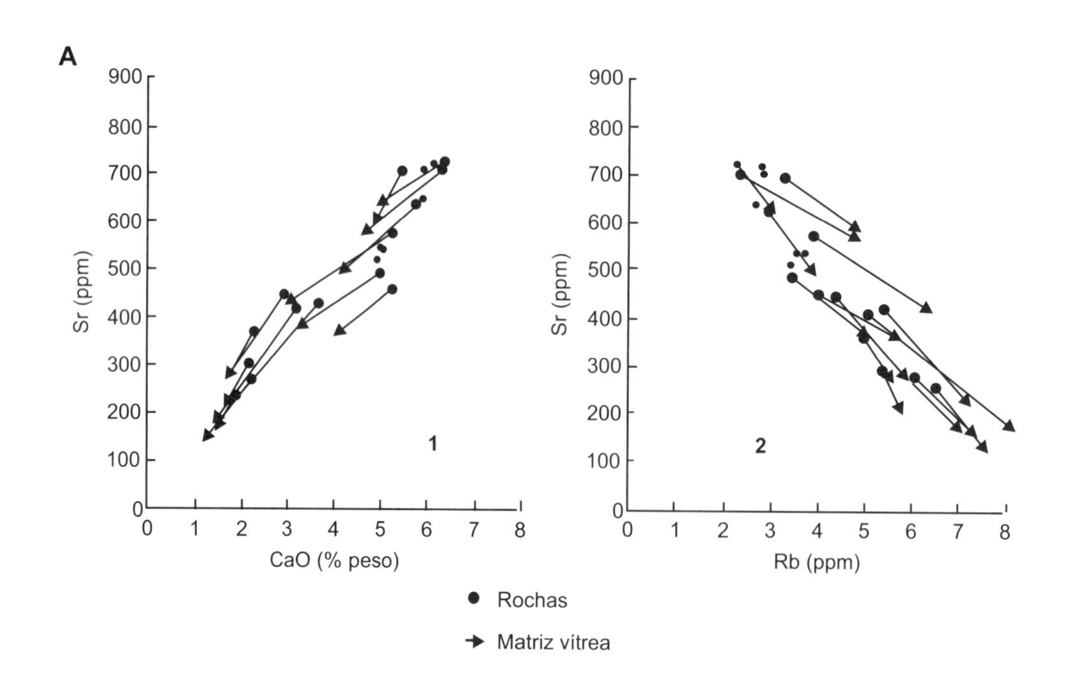
A
900
800
700
600
500
400
300
200
100
0
Sr (ppm)
0 1 2 3 4 5 6 7 8
CaO (% peso)
1
Rb (ppm)
2
Rochas
Matriz vítrea

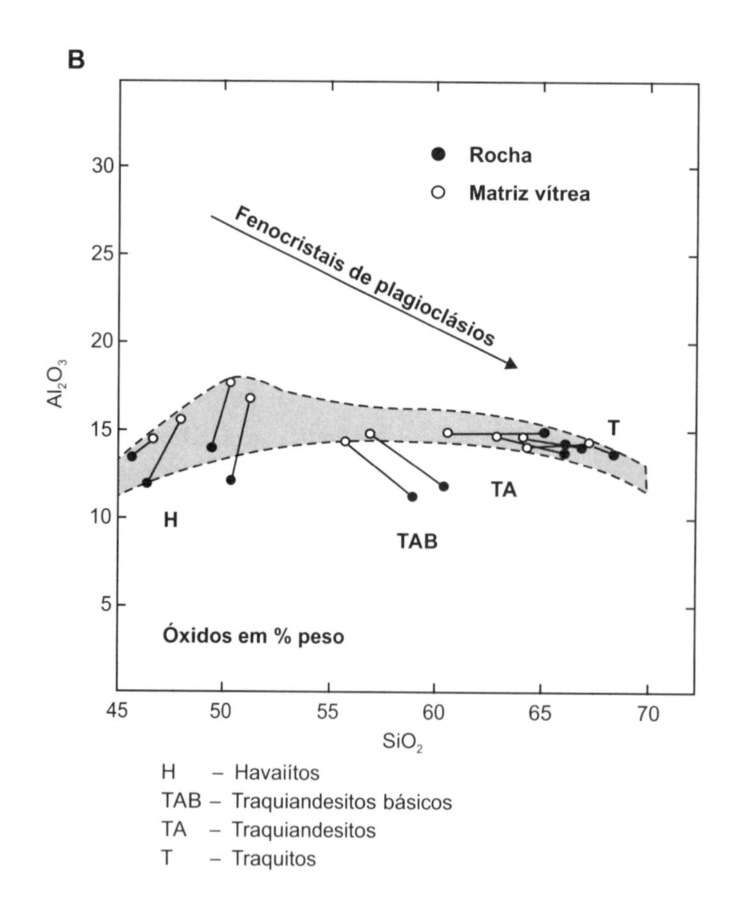
B
Rocha
Matriz vítrea
Fenocristais de plagioclásios
Al_2O_3
30
25
20
15
10
5
T
TA
H
TAB
Óxidos em % peso
45 50 55 60 65 70
SiO_2
H – Havaiítos
TAB – Traquiandesitos básicos
TA – Traquiandesitos
T – Traquitos

Figura 12.2 – Fracionamento em associações vulcânicas cálcio-alcalinas e alcalinas

A – Composição de rocha total e matriz de rochas vulcânicas cálcio-alcalinas (Noble; Korringa, 1974)

São apresentados nos diagramas CaO × Sr e Rb × Sr dois conjuntos de dados químicos para lavas cálcio-alcalinas hipocristalinas porfiríticas do vulcão Crater Lake, Óregon, Estados Unidos, variando entre basaltos e riólitos. O primeiro conjunto (pontos) são os teores de CaO, Sr e Rb das análises de rocha total; o segundo (ponta das flechas) são os teores do mesmo óxido e elementos traços nas matrizes vítreas ou densas. Sr substitui o Ca de plagioclásios; Rb o K de feldspatos alcalinos. Decorre uma correlação direta entre o volume de plagioclásio (e seu teor de anortita) de uma rocha e seu conteúdo de Sr. O diagrama confirma o elevado grau de fracionamento da associação vulcânica pela ampla variação nos teores de CaO (entre 7% e 1% peso) e indica que a variação composicional nos vulcanitos é devido ao fracionamento progressivo de plagioclásio, mineral que perfaz a grande maioria dos fenocristais das rochas porfiríticas. O fracionamento de plagioclásio empobrece os sucessivos magmas (rochas) fracionados em Ca e Sr. O diagrama também mostra que a cristalização de plagioclásio (presente como fenocristais nas rochas) empobrece o líquido complementar coexistente (as matrizes das rochas) em Ca e Sr. A extração progressiva de Ca da fração líquida e do sistema enriquece ambos (matrizes e rochas) em K e, consequentemente, em Rb. O diagrama Rb × Sr espelha claramente essa evolução e indica que líquidos progressivamente fracionados apresentam concomitante e progressivo enriquecimento em elementos incompatíveis (Rb) e empobrecimento em elementos compatíveis (Ca, Sr).

B – Composição de rocha total e matriz de rochas vulcânicas alcalinas (Hill, 1974)

São apresentadas as análises químicas de púmices porfiríticos da associação vulcânica cogenética alcalina da caldeira Shamsan, Aden, norte da África, no diagrama SiO_2 × Al_2O_3. A associação compreende havaiítos (H), traquiandesitos básicos (TAB), traquiandesitos (TA) e traquitos (T), rochas com teores sucessivamente decrescentes de fenocristais de plagioclásio (variação indicada pela flecha). A grande variação dos teores de sílica (entre 46% e 68%) indica intenso fracionamento do magma inicial. As análises de rocha total definem uma faixa (cinza) arqueada cujo teor máximo de Al_2O_3 ocorre sob cerca de 50% de SiO_2. Também estão representadas as análises de rocha total (círculos cheios) e da matriz (círculos vazios) de quatro havaiítos, dois traquiandesitos básicos, quatro traquiandesitos e um traquito. Nos havaiítos as matrizes são mais pobres em SiO_2 e Al_2O_3 que as análises de rocha total; nos traquiandesitos básicos são mais pobres em alumina e mais ricas em sílica que as análises de rocha total. Nos traquiandesitos as matrizes são mais ricas em SiO_2 que a rocha total, mas os teores de Al_2O_3 são aproximadamente iguais; no traquito as composições da matriz e da rocha total pouco diferem. Comparando-se as evoluções das associações vulcânicas Shamsan e Crater Lake fica claro que diferentes séries magmáticas (nesse caso alcalina e cálcio-alcalina) por cristalização fracionada progressiva geram sequências de magmas fracionados que definem em conjunto uma evolução química específica e que a cristalização de cada magma fracionado também é específica, como mostra a variável relação entre a composição da rocha total (o sistema) e da matriz (a fração líquida) durante a cristalização dos diferentes magmas fracionados.

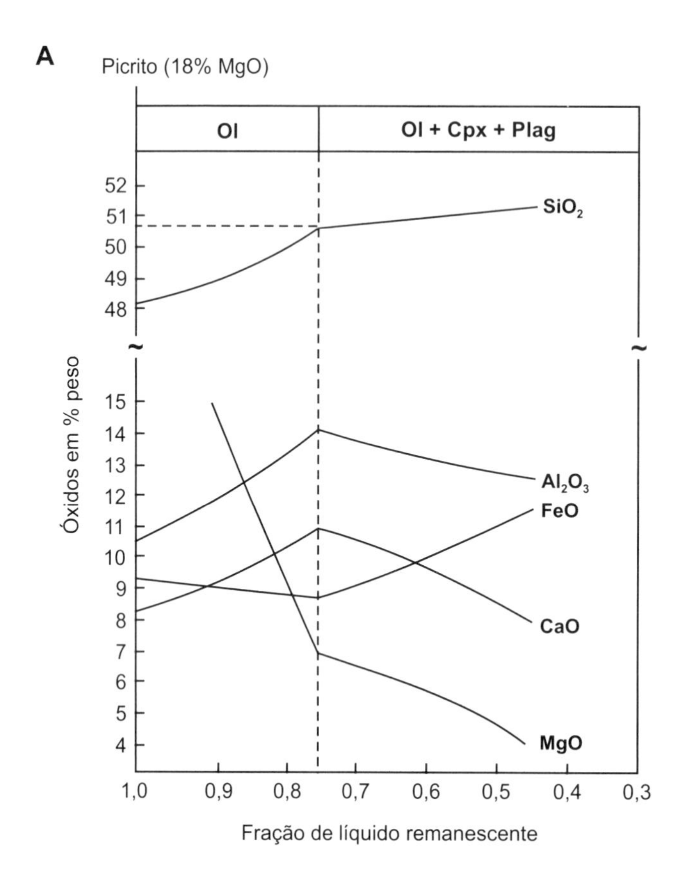
A
Picrito (18% MgO)
Ol
Ol + Cpx + Plag
52
51
50
49
48
15
14
13
12
11
10
9
8
7
6
5
4
Óxidos em % peso
SiO$_2$
Al$_2$O$_3$
FeO
CaO
MgO
1,0
0,9
0,8
0,7
0,6
0,5
0,4
0,3
Fração de líquido remanescente

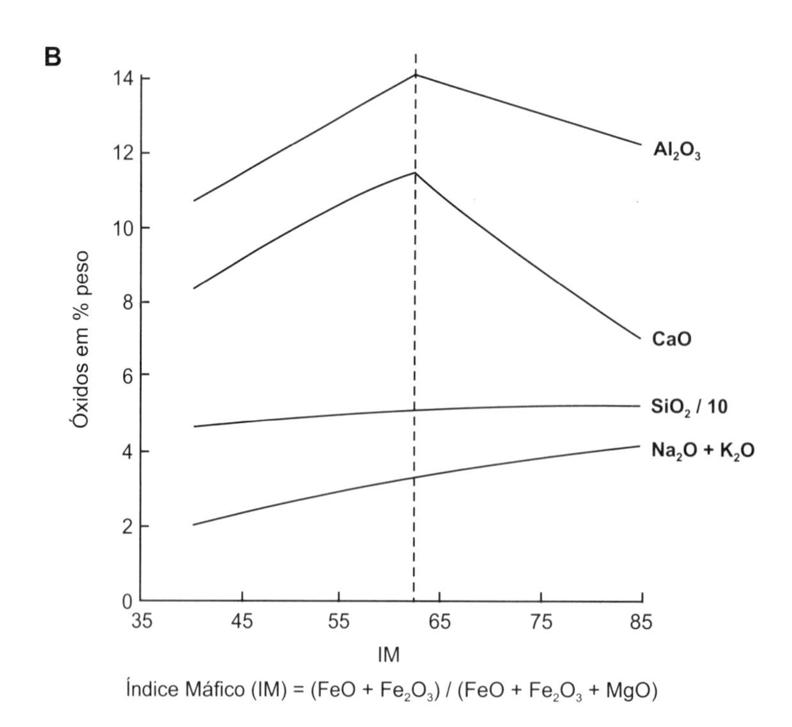
B
14
12
10
8
6
4
2
0
Óxidos em % peso
Al$_2$O$_3$
CaO
SiO$_2$ / 10
Na$_2$O + K$_2$O
35
45
55
65
75
85
IM
Índice Máfico (IM) = (FeO + Fe$_2$O$_3$) / (FeO + Fe$_2$O$_3$ + MgO)

Figura 12.3 – Diagramas de evolução magmática

A – Diagrama Óxidos × Fração Líquida Remanescente para olivina basaltos (Cox, 1980)

A cristalização de qualquer mineral a partir de uma solução líquida (magma, lava) muda a composição do líquido em equilíbrio com o cristal. A mudança na composição e a variação na concentração relativa dos seus elementos constituintes resultam 1) da retirada dos elementos que compõem o mineral cristalizado do líquido coexistente; e 2) da diminuição do volume do líquido com a progressão da cristalização. A contração do volume líquido aumenta a concentração dos elementos não utilizados na construção do mineral que está cristalizando, que, assim, passa de insaturado via saturado para supersaturado. Atingida a supersaturação inicia-se a nucleação de novo mineral. É a cristalização sequencial dos minerais das séries de reação. Em magmas basálticos, a cristalização inicial de Mg-olivina (Mg_2SiO_4) é seguida pela cristalização da paragênese Mg-olivina + Ca-plagioclásio ($CaAl_2Si_2O_8$) e clinopiroxênio augita [$(Ca,Mg,Fe,Al)_2Si_2O_6$].

A variação composicional da fração líquida coexistente nessas duas etapas de cristalização pode ser rastreada e quantificada num diagrama de Harker composto por meio de análises de olivina basaltos holovítreos (obsidiana), hipovítreos a hipocristalinos nos quais a variável matriz vítrea corresponde a diferentes volumes de fração líquida coexistente "congelada". Numa obsidiana holovítrea, a fração líquida é unitária (f = 1, **f** 1); numa rocha holocristalina, é nula (f = 0, **f** 0). No presente caso foram utilizadas análises de basaltos toleíticos de lavas do vulcão Kilauea, Havaí, com f variando entre **f** 1 e **f** 0,45, indicando a cristalização máxima de pouco mais da metade do volume inicial do líquido hiperliquidus. No gráfico é importante observar a "quebra" nas curvas de variação de todos os óxidos por ocasião da substituição da cristalização individual da forsterita pela paragênese Ol + Pl + Cpx que se inicia em rochas com **f** 0,75 e persiste, aqui, até rochas com **f** 0,45. Portanto, "quebras" em curvas de variação representam mudança na mineralogia cristalizante. Ressalta a variação oposta de FeO e MgO que resulta em crescente relação Fe/Mg.

B – Diagrama Óxidos × Índice Máfico [Fe_2O_3*/(Fe_2O_3* + MgO)] para olivina basaltos (Thompson; Tilley, 1969)

Esse diagrama que emprega as mesmas análises utilizadas em (**A**) mostra três características químicas típicas da série toleítica: 1) o baixo teor de álcalis; 2) o lento aumento do teor de sílica durante boa parte da cristalização magmática (aqui entre **f** 0,75 e **f** 0,45); e 3) o rápido crescimento da relação Fe_2O_3*/MgO no mesmo intervalo de cristalização. São mantidas as "quebras" nas curvas de variação do Al_2O_3 e CaO para um IM ao redor de 62 [= **f** 0,75 em (**A**)] que assinalam o início da cristalização da paragênese Ol + Pl + Cpx. A utilização do IM quantifica o grande aumento da relação Fe/Mg evidente em (**A**). A comparação entre (**A**) e (**B**) mostra que o emprego de distintas abcissas em diagramas de variação ressalta distintas características da cristalização. Reparar que enquanto a simples relação Fe_2O_3*/MgO varia entre 0 e ∞, a relação Fe_2O_3*/(Fe_2O_3* + MgO), o IM, varia entre 0 (para Fe_2O_3* = 0) e 1 (para MgO = 0), uma amplitude de variação de fácil representação em diagramas geoquímicos ao contrário da variação da simples relação Fe_2O_3*/MgO. A incorporação do óxido do numerador também no denominador para limitar a variação numérica da relação é comum em vários índices de evolução magmática.

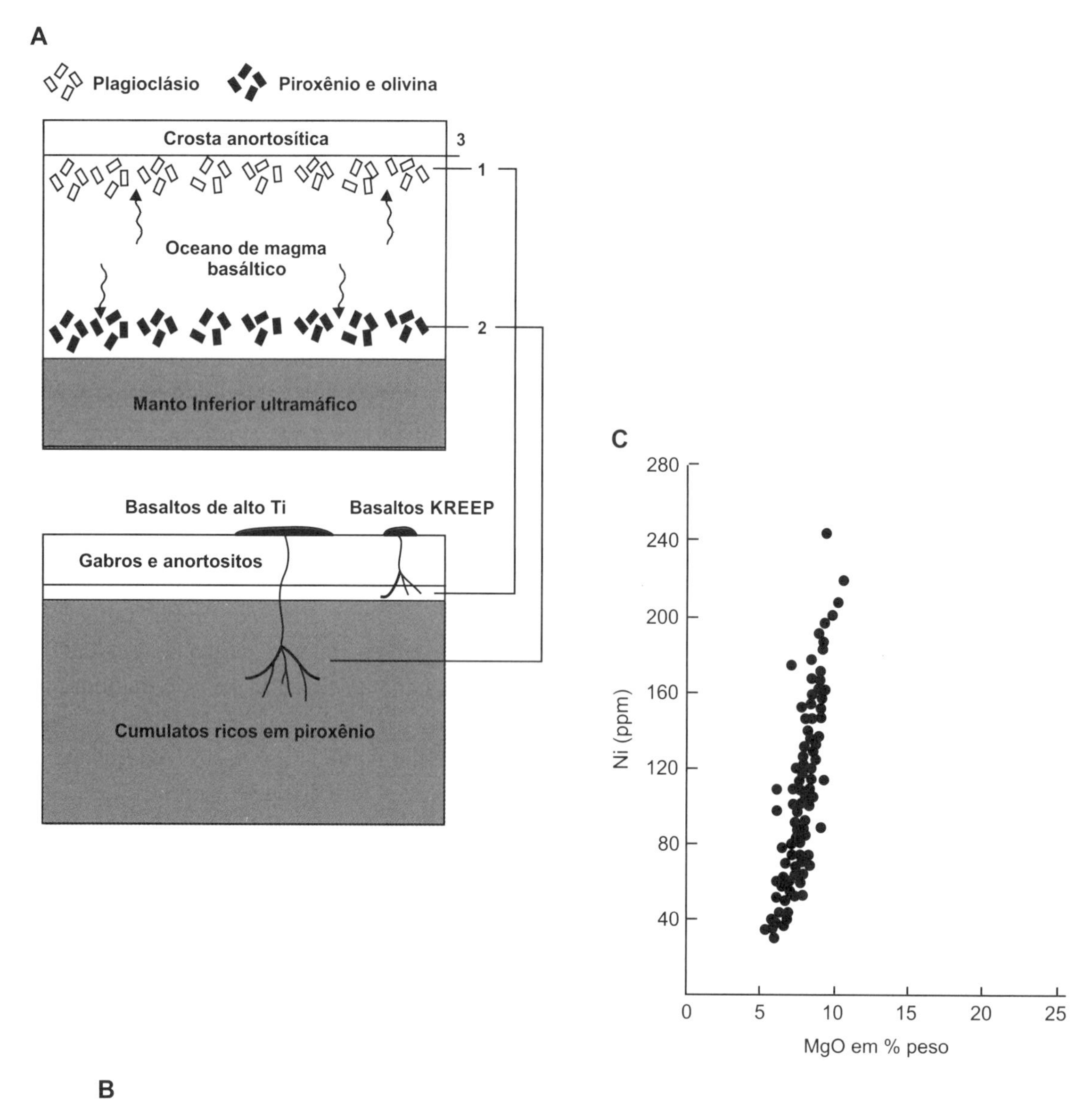
A
Plagioclásio
Piroxênio e olivina
Crosta anortosítica
3
1
Oceano de magma basáltico
2
Manto Inferior ultramáfico
Basaltos de alto Ti
Basaltos KREEP
Gabros e anortositos
Cumulatos ricos em piroxênio
C
Ni (ppm)
MgO em % peso

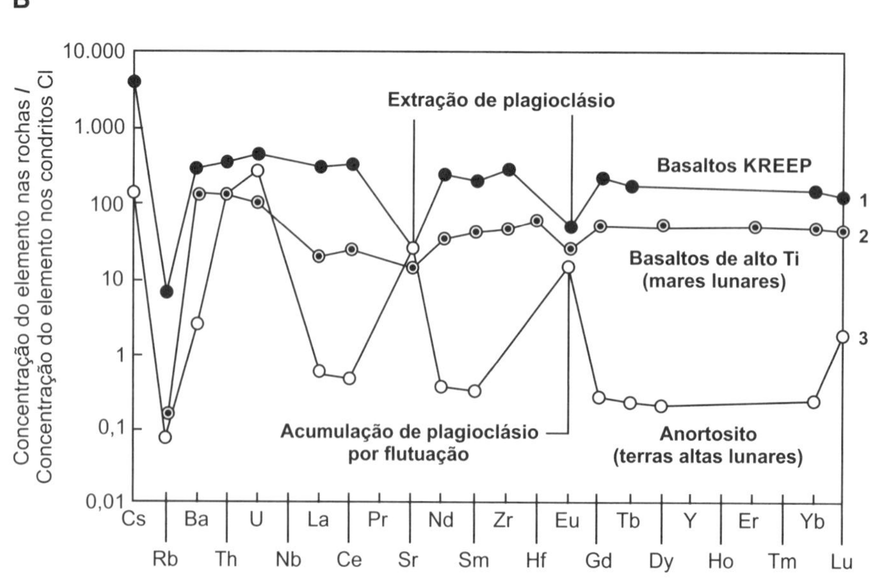
B
Concentração do elemento nas rochas / Concentração do elemento nos condritos CI
Extração de plagioclásio
Basaltos KREEP
Basaltos de alto Ti (mares lunares)
Acumulação de plagioclásio por flutuação
Anortosito (terras altas lunares)
Cs Rb Ba Th U Nb La Ce Pr Sr Nd Sm Zr Hf Eu Gd Tb Dy Y Ho Er Tm Yb Lu

Figura 12.4 – Rastreamento de fracionamento por elementos traços

Certos elementos traços ocupam o lugar de dados elementos maiores na estrutura cristalina de minerais específicos. O Ni substitui o Mg nas olivinas, o Cr substitui o Mg principalmente nos ortopiroxênios de magmas basálticos e o Sr substitui o Ca nos plagioclásios. Zircão é mineral enriquecido em U e Th, monazita em Ce. Particularmente os teores de Eu e Ni são úteis no rastreamento de extração e acumulação de plagioclásios e olivinas.

A, B – Rastreamento de fracionamento de plagioclásio em basaltos lunares (BVSP, 1981; Taylor, 1982, 2001; Head; Coffin, 1997; Albarède, 2011)

O fracionamento e acumulação de plagioclásio tem como exemplo marcante a evolução dos basaltos lunares onde o fracionamento do plagioclásio é mais eficiente, pois sua cristalização persiste em magmas com até 180 km de profundidade em oposição aos 30 km na Terra (a gravidade da Lua é 38% da gravidade da Terra). A separação da Lua resultou da colisão da Terra com um corpo celeste provavelmente com as dimensões de Marte. O impacto "liquefez" a Lua transformando-a num corpo magmático cuja cristalização gerou: 1) uma camada anortosítica (enriquecida em plagioclásio e Eu) que perfaz a parte superior ("terras altas" lunares) da crosta lunar cuja espessura é da ordem de 30 km; 2) uma camada subjacente de gabros residuais enriquecidos em K, ETR, P e Ti; 3) o manto ultramáfico resultado da concentração de olivina e piroxênio que preencheu o oceano de magma de baixo para cima; e 4) a parte da crosta entre o topo do manto inferior e a camada de basaltos residuais cuja composição passa de baixo para cima gradualmente de melagabros ricos em olivina e piroxênio cumuláticos e pobres em plagioclásio para gabros normais (**A**). A posterior fusão parcial da camada dos gabros residuais gerou os magmas dos basaltos KREEP, de K, REE (ETR, em inglês) e P; a dos melagabros gerou os magmas dos basaltos de alto Ti (dos "mares" lunares). Ambos apresentam anomalias negativas de Eu. Nos basaltos KREEP, a anomalia negativa resulta da evolução do magma que inclui fracionamento de plagioclásio; no caso dos Ti-basaltos, a anomalia negativa é primária, resultado da escassez de plagioclásio na rocha-fonte (**B**).

C – Rastreamento do fracionamento de olivina por elementos traços (Schilling et al., 1983)

São mostradas no diagrama MgO (% peso) × Ni (ppm) as análises de cerca de 50 basaltos afíricos MORB da Cadeia Meso-Oceânica Atlântica. As rochas apresentam variáveis teores de Mg-olivina na moda e de MgO nas análises químicas. O objetivo da pesquisa era demonstrar: 1) que existe relação direta entre o teor de olivina e o de MgO; e 2) que a diminuição progressiva do teor de MgO nas rochas resulta do progressivo fracionamento de olivina, fato que confere cogeneticidade às rochas estudadas. As duas teses foram confirmadas pela variação do teor de MgO e da relação MgO × Ni, o elemento traço que substitui preferencialmente o Mg de olivinas. A variação acoplada entre Mg e Ni demonstra que a variação no teor de MgO nas rochas pode ser devido essencialmente aos teores de forsterita presentes na moda (e norma) das rochas e que, portanto, a progressiva queda dos teores de MgO nas rochas resulta do crescente fracionamento de olivina. Os resultados sugerem que as rochas afíricas estudadas eram originalmente porfiríticas, característica comum em olivina basaltos oceânicos, mas que perderam esta característica textural pelo fracionamento dos fenocristais de olivina.

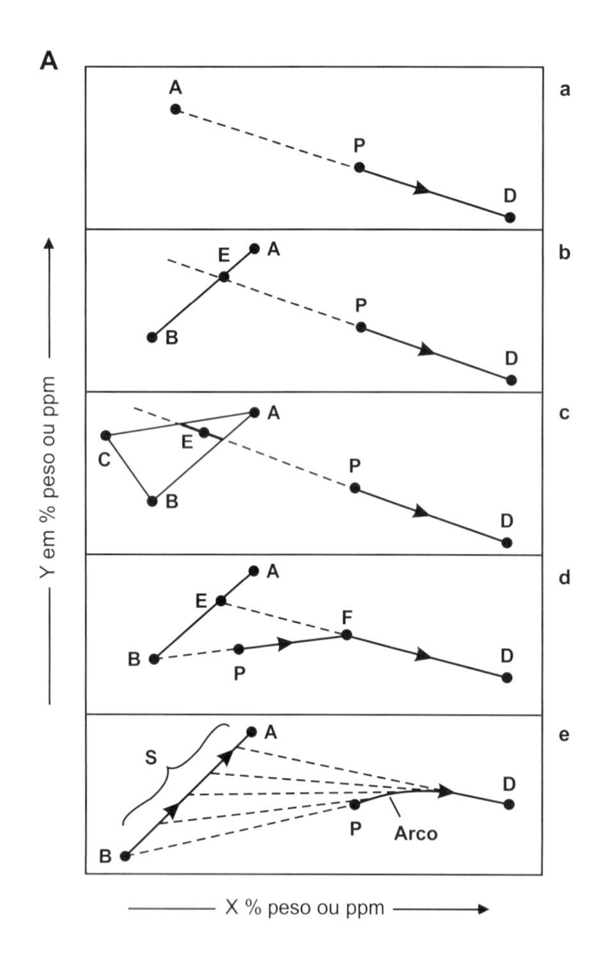
A
a
b
c
d
e
A
P
D
E
B
C
F
S
Arco
Y em % peso ou ppm
X % peso ou ppm
A, B, C – Minerais extraídos
E – Paragênese mineral extraída
S – Solução sólida extraída
P – Magma parental
F – Magma fracionado inicial
D – Magma derivado ou fracionado final

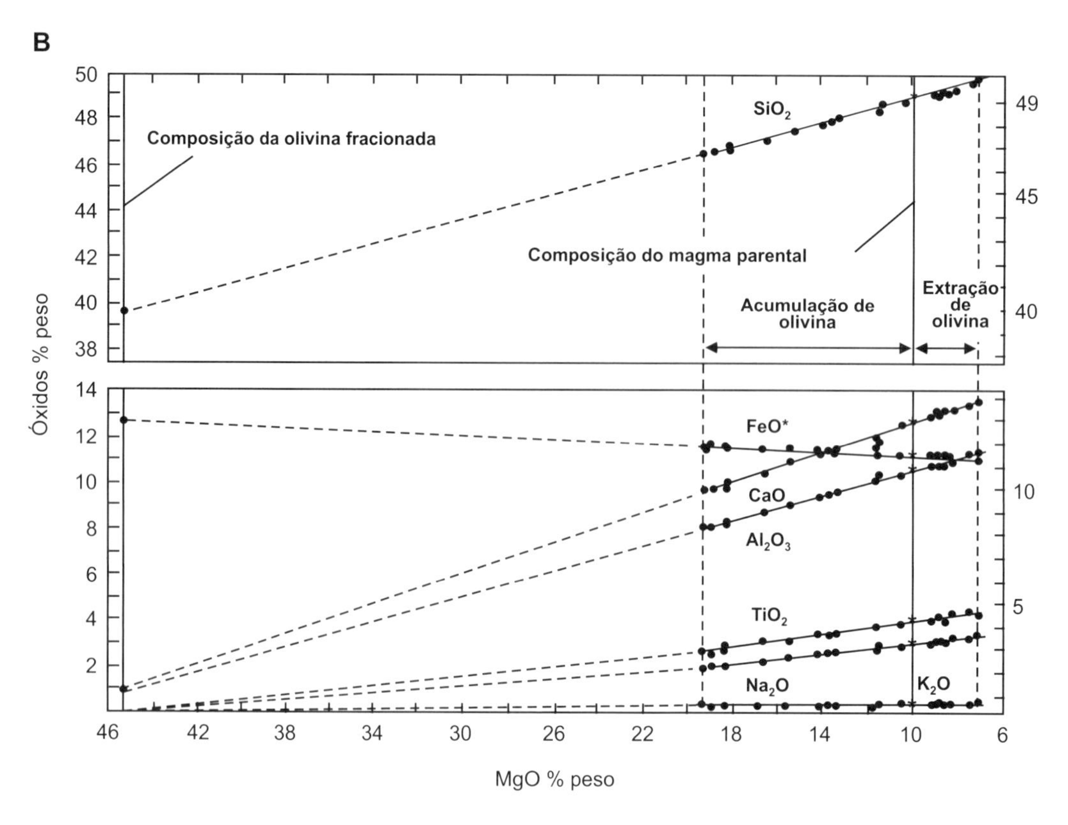
B
Composição da olivina fracionada
Composição do magma parental
Acumulação de olivina
Extração de olivina
SiO_2
FeO*
CaO
Al_2O_3
TiO_2
Na_2O
K_2O
Óxidos % peso
MgO % peso

Figura 12.5 – Rastreamento do fracionamento por método gráfico

A – O princípio da oposição (Ragland, 1989)

O princípio da oposição é a base para a determinação gráfica da variação da composição da fração líquida da qual cristaliza um ou mais minerais com composição fixa quer concomitantemente quer sequencialmente, bem como soluções sólidas. A variação composicional é visualizada em dado sistema de referência, aqui o sistema binário X × Y. Segundo o princípio da oposição, a variação composicional de um líquido P do qual cristaliza dada fase sólida A ocorre sobre a reta de conexão que liga a composição do mineral A com a do líquido P e o sentido da variação composicional do líquido é a de um progressivo distanciamento do líquido inicial P. A operação do princípio da oposição fica clara em (**a**) onde P → D é o sentido da variação da composição do líquido inicial P pela cristalização (seguida ou não de fracionamento) do mineral A enquanto D é a composição do líquido derivado resultante da cristalização de A. Essa situação é típica no início da cristalização magmática. Em (**b**) e (**c**) é mostrada a variação composicional da fase líquida pela cristalização de dois e três minerais (paragêneses E) que cristalizam simultaneamente. Representam a progressão da cristalização caracterizada pela formação de um crescente número de fases minerais. Os pontos de onde partem as retas de variação composicional representam as proporções entre os minerais da paragênese E cristalizante. O efeito da cristalização sequencial dos minerais B e A é mostrada em (**d**). É caso comum em basaltos toleíticos nos quais a cristalização da Mg-olivina é seguida pela cristalização da paragênese Mg-olivina e (Ca,Mg,Fe)-clinopiroxênio. Resulta uma reta de variação composicional com uma característica "quebra" (em F) que assinala o início da cristalização de um novo mineral, nesse caso o mineral A. No caso da solução sólida S, formada pelos componentes A e B, os sucessivos cristais solução sólida cristalizados, e cada vez mais ricos no componente de menor temperatura de fusão (aqui o componente A), são tratados como minerais de composição fixa como em (**a**). Resulta uma variação composicional do líquido em forma de arco (**e**).

B – Rastreamento do fracionamento de olivina por método gráfico (Murata; Richter, 1966; Best, 1982)

Foi estudada uma associação de rochas vulcânicas afíricas coexistentes expelidas durante a erupção de 1959 do vulcão Kilauea, Havaí. As rochas variam entre picritos e andesitos. Além das análises de rocha total também foi analisada a olivina que ocorre em quantidades variáveis em todas as rochas da associação pétrea. Rochas afíricas finas ou densas e com variáveis teores de vidro representam líquidos magmáticos de resfriamento rápido. As análises de rochas e olivina foram lançadas num diagrama composto MgO × Óxidos (diagrama de Fenner). Em seguida, os valores dos óxidos (SiO_2, FeO*, CaO e Al_2O_3) da rocha considerada mais primitiva (uma obsidiana holovítrea com 49% SiO_2 e 10% MgO) foram conectados com os correspondentes da olivina por meio de retas definindo retas de subtração-adição de olivina para os diferentes óxidos. Todos os óxidos (inclusive TiO_2, Na_2O e K_2O, ausentes na olivina) das análises das demais rochas da associação situam-se sobre as retas de subtração-adição de olivina. Fica, assim, comprovado que rochas fracionadas e cumuláticas resultam somente da extração e incorporação de variáveis teores de olivina e, portanto, sua natureza cogenética. Também foi possível separar as rochas cumuláticas no conjunto das rochas.

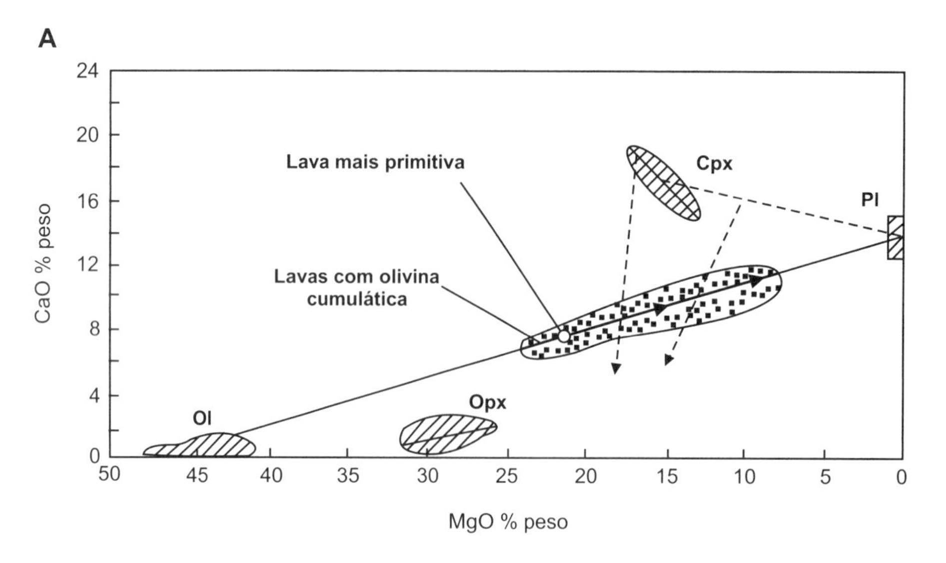

Ol – Olivina
Opx – Ortopiroxênio
Cpx – Clinopiroxênio
Pl – Plagioclásio

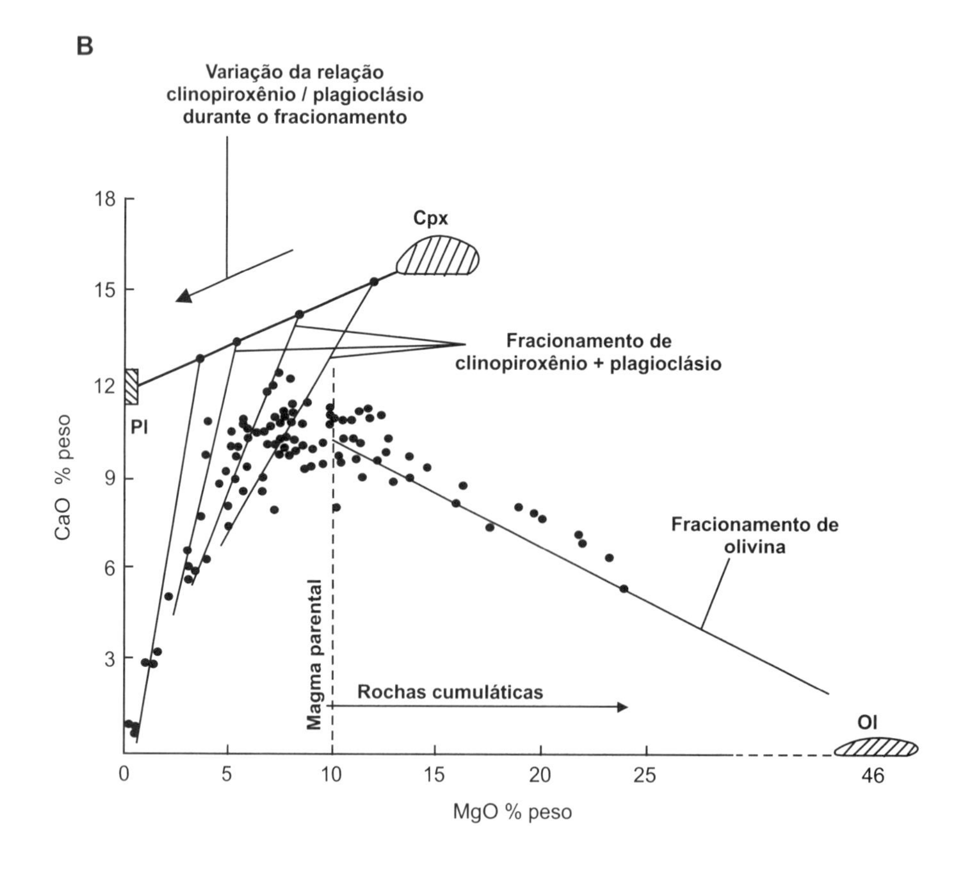

Figura 12.6 – Diagramas MgO × CaO de olivina basaltos toleíticos

A, B – Diagramas MgO × CaO de olivina basalto fracionados do Havaí (Wright, 1971; Peterson; Moore, 1987)

Os principais minerais que cristalizam de basaltos toleíticos são Mg-olivina (Ol), (Mg,Fe)-ortopiroxênio (Opx), (Ca,Mg,Fe)-clinopiroxênio (Cpx) e Ca-plagioclásio (Pl). Os citados minerais contêm Mg, Ca ou Mg e Ca e são pobres em Fe, pois este comporta-se como elemento incompatível em silicatos durante a cristalização de magmas básicos. Segue que o diagrama MgO × CaO é particularmente útil para rastrear a cristalização progressiva e o fracionamento de magmas basálticos toleíticos dos quais cristalizam Ol, Opx, Cpx e Pl. Em (**A**) são mostradas as análises de picritos, olivina basaltos e basaltos de lavas da erupção de 1959 do vulcão Kilauea, Havaí. As rochas contêm olivina, orto- e clinopiroxênio, plagioclásio e variáveis teores de vidro. As análises dos minerais e de rocha total foram lançadas no diagrama de Fenner MgO × CaO. Apesar da mineralogia diversificada das rochas, a delgada lente composicional formada pelas rochas sugere que a evolução magmática resulta essencialmente do fracionamento de olivina. O diagrama não distingue entre rochas fracionadas e rochas cumuláticas ricas em olivina; também não foi discriminada a rocha considerada representativa do magma parental cuja composição pode ser assumida como posicionada na metade mais rica em MgO da lente composicional das rochas.

Examinemos o possível fracionamento simultâneo da paragênese olivina e plagioclásio. A lente composicional das rochas situa-se sobre a reta que une os dois minerais. O fracionamento da olivina enriquece o líquido magmático em CaO enquanto a cristalização do plagioclásio o enriquece em MgO. Entretanto, o delgado campo composicional das rochas exclui tanto a cristalização individual de clinopiroxênio quanto da paragênese clinopiroxênio e plagioclásio, comum em basaltos. Essas características sugerem que a variação composicional das rochas se deve exclusivamente ao fracionamento de olivina. A ausência do fracionamento da paragênese plagioclásio e clinopiroxênio pode resultar do rápido resfriamento das lavas, como atestam os variáveis teores de vidro nas rochas.

Em (**B**) foram lançados no diagrama de Fenner MgO × CaO amostras de picritos, olivina basaltos, basaltos, basaltos andesíticos, andesitos e rochas mais evoluídas de derrames do Havaí, bem como a composição das olivinas, plagioclásio e clinopiroxênios das rochas afíricas mais básicas. O conjunto de rochas estudado é mais fracionado que o representado em (**A**), pois as rochas mais evoluídas apresentam teores significativamente menores de MgO e CaO. A evolução ocorreu pelo fracionamento inicial de olivina que reduz o teor de MgO e aumenta o de CaO no líquido fracionado. Em seguida, ocorre fracionamento conjunto de plagioclásio (Pl) e clinopiroxênio (Cpx) com crescente relação Pl/Cpx e cuja consequência é o rápido empobrecimento dos líquidos fracionados em MgO e CaO até valores típicos de magmas félsicos cuja representação rochosa é pequena. O magma parental é considerado representado por uma rocha com 10% peso de MgO. Rochas mais ricas em MgO que o magma parental são picritos que resultam da cristalização dos estratos magmáticos inferiores da câmara magmática mais ou menos enriquecidos em olivina fracionada capturada.

A maior ou menor possibilidade de fracionamento de fenocristais de suspensões magmática e a captura dos cristais fracionados por estratos magmáticos subjacentes (no caso de concentração) ou sobrejacentes (no caso de flutuação) faz que os estudos geoquímicos de associações rochosas utilizem apenas rochas afíricas.

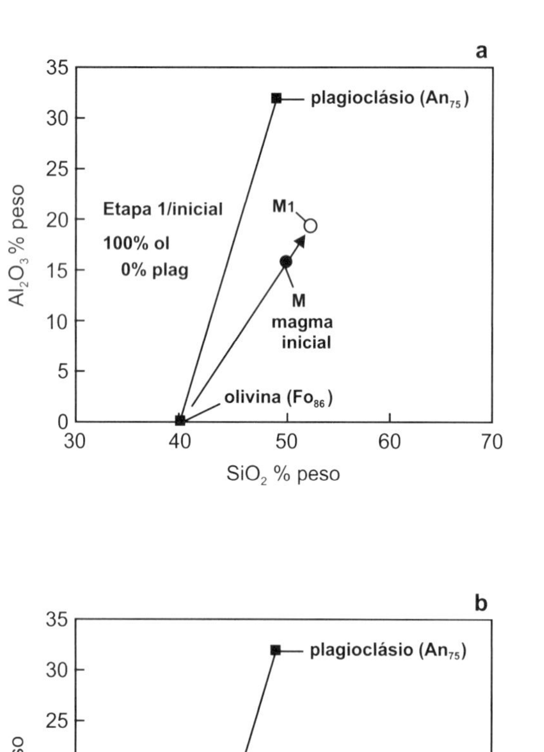
a
plagioclásio (An_{75})
Etapa 1/inicial
100% ol
0% plag
M1
M
magma
inicial
olivina (Fo_{86})
Al_2O_3 % peso
SiO_2 % peso

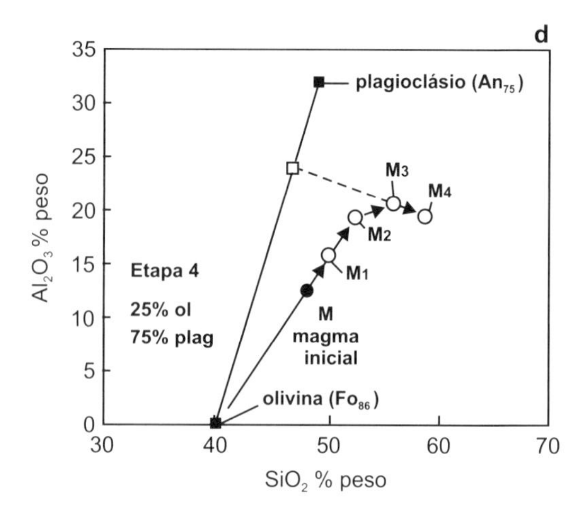
d
plagioclásio (An_{75})
M3
M4
M2
M1
Etapa 4
25% ol
75% plag
M
magma
inicial
olivina (Fo_{86})
Al_2O_3 % peso
SiO_2 % peso

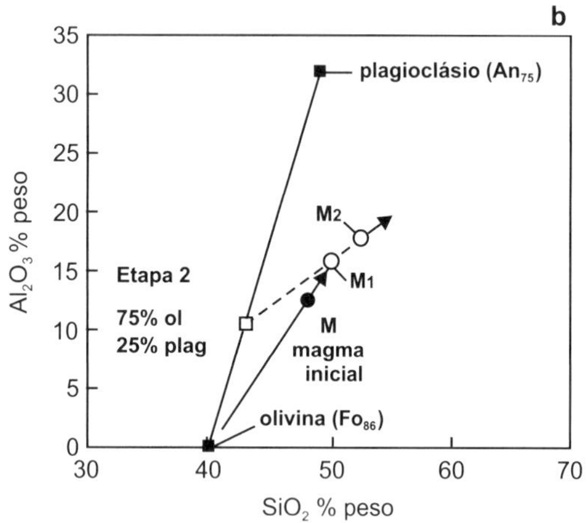
b
plagioclásio (An_{75})
M2
M1
Etapa 2
75% ol
25% plag
M
magma
inicial
olivina (Fo_{86})
Al_2O_3 % peso
SiO_2 % peso

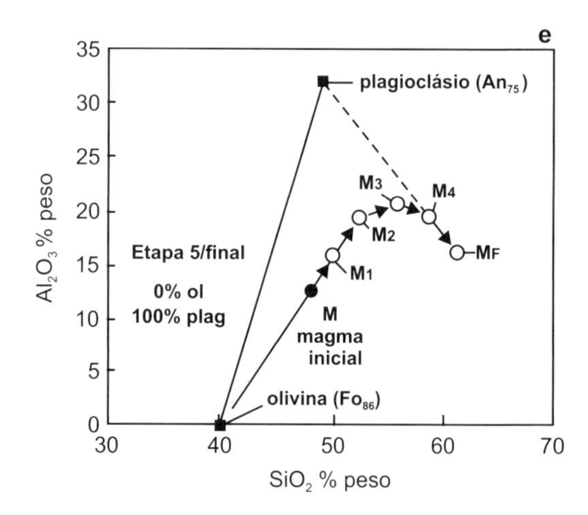
e
plagioclásio (An_{75})
M3
M4
M2
MF
M1
Etapa 5/final
0% ol
100% plag
M
magma
inicial
olivina (Fo_{86})
Al_2O_3 % peso
SiO_2 % peso

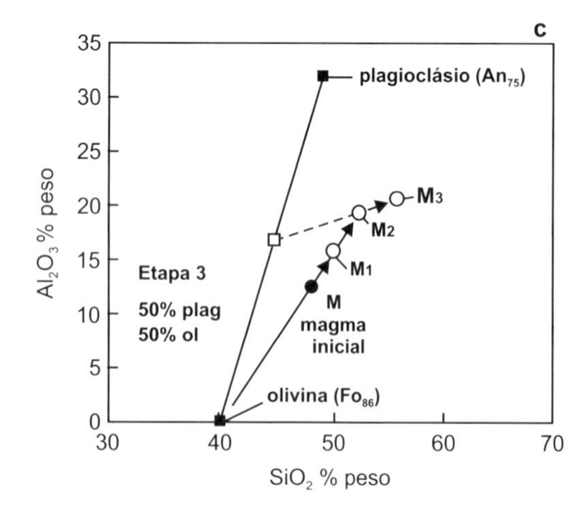
c
plagioclásio (An_{75})
M3
M2
M1
Etapa 3
50% plag
50% ol
M
magma
inicial
olivina (Fo_{86})
Al_2O_3 % peso
SiO_2 % peso

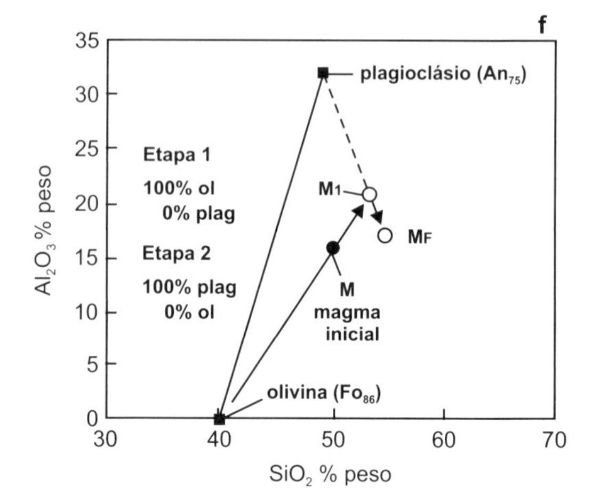
f
plagioclásio (An_{75})
Etapa 1
100% ol
0% plag
M1
MF
Etapa 2
100% plag
0% ol
M
magma
inicial
olivina (Fo_{86})
Al_2O_3 % peso
SiO_2 % peso

Figura 12.7 – A feição arqueada dos diagramas de variação (Gill, 2010)

Curvas de variação arqueadas convexas e côncavas de óxidos e elementos em diagramas geoquímicos simples e compostos tipo Harker e Fenner são características importantes para caracterizar a cristalização fracionada como processo de evolução magmática que vincula as litologias máficas a félsicas de dada associação rochosa. Mistura magmática, assimilação, assimilação com simultânea cristalização fracionada, e outros processos de evolução magmática, resultam em feições petrográficas e diagramas de variação com características distintas. No caso de mistura magmática, a variação de óxido e elementos em diagramas geoquímicos definem retas e as rochas são ricas em paragêneses de desequilíbrio, feições de dissolução mineral, zoneamento mineral anômalo frequentemente inverso etc.

O arqueamento das curvas de variação de óxidos e elementos em diagramas geoquímicos resulta: 1) da cristalização de soluções sólidas, pois suas composições variam sistematicamente no intervalo de cristalização; 2) da cristalização sequencial de minerais ou paragêneses minerais com distintas composições; e 3) da mudança nas proporções entre minerais de cristalização simultânea em dado intervalo térmico.

É mostrada a origem de uma linha de variação em forma de arco no diagrama $SiO_2 \times Al_2O_3$ considerando-se apenas a mudança na proporção entre a Mg-olivina (Fo_{86}, 45% peso de MgO) e Ca-plagioclásio (An_{78}, 33% peso de Al_2O_3) minerais que cristalizam de um magma basáltico com composição M progressivamente fracionado. Os dois minerais são mais pobres em SiO_2 que o magma do qual cristalizam; a olivina (Mg_2SiO_4) contém magnésio e sílica na ausência de alumínio (resulta sua posição no valor 0 da ordenada), enquanto o plagioclásio ($CaAl_2Si_2O_8$) contém alumínio e sílica e não contém magnésio.

A evolução química de M se inicia pela cristalização e fracionamento de olivina. Pela progressiva cristalização (sistema fechado) ou extração (sistema aberto), a composição do decrescente volume de líquido magmático varia ao longo da reta de extração-adição Ol-M enriquecendo-se em Si e Al e empobrecendo-se em Mg até atingir a composição M1 (**a**). Inicia-se, agora, a cristalização simultânea de olivina e plagioclásio na proporção $Ol_{75}Pl_{25}$ e a composição de M1 modifica-se ao longo da reta de subtração-adição Ol_{75}-M1 até atingir a composição M2, mais rica em Si e Al que M1, pois a cristalização de olivina aumenta mais o teor de Al no líquido que a diminuição decorrente da cristalização do plagioclásio (**b**). De M2 continua a cristalização da paragênese olivina e plagioclásio, agora na proporção Ol_{50}-Pl_{50} (uma proporção situada na metade da reta de conexão mineral Fo_{86}-An_{75}) e a composição M2 modifica-se ao longo da reta de extração-adição Ol_{50}-M2 até atingir a composição M3 mais rica em Al e Si que M2 pelo motivo acima exposto (**c**). De M3 continua a cristalizar a mesma paragênese, mas a proporção entre os minerais cristalizados/extraídos passa a ser $Ol_{25}Pl_{75}$. A composição M3 modifica-se ao longo da reta de extração-adição Ol_{25}-M3 até atingir a composição M4 mais rica em Al e Si que M3 e agora já com todo Mg exaurido pela cristalização da olivina (**d**). Consequentemente, de M4 cristaliza apenas o plagioclásio An_{75} e a composição do líquido varia ao longo da reta de extração-adição Ol_0-M4 até atingir a composição final MF, agora mais pobre em Al_2O_3 que M4 (**e**). E, assim, a curva de variação química integrada dos líquidos fracionados gerados a partir de M descreve um arco típico de uma evolução magmática por cristalização fracionada. Fica evidente a diferença entre essa evolução que considera a progressiva mudança da proporção dos minerais cristalizados decorrente da variação composicional dos sucessivos líquidos fracionados e a resultante da simples cristalização sequencial individual de Fo_{86} e An_{75} (**f**).

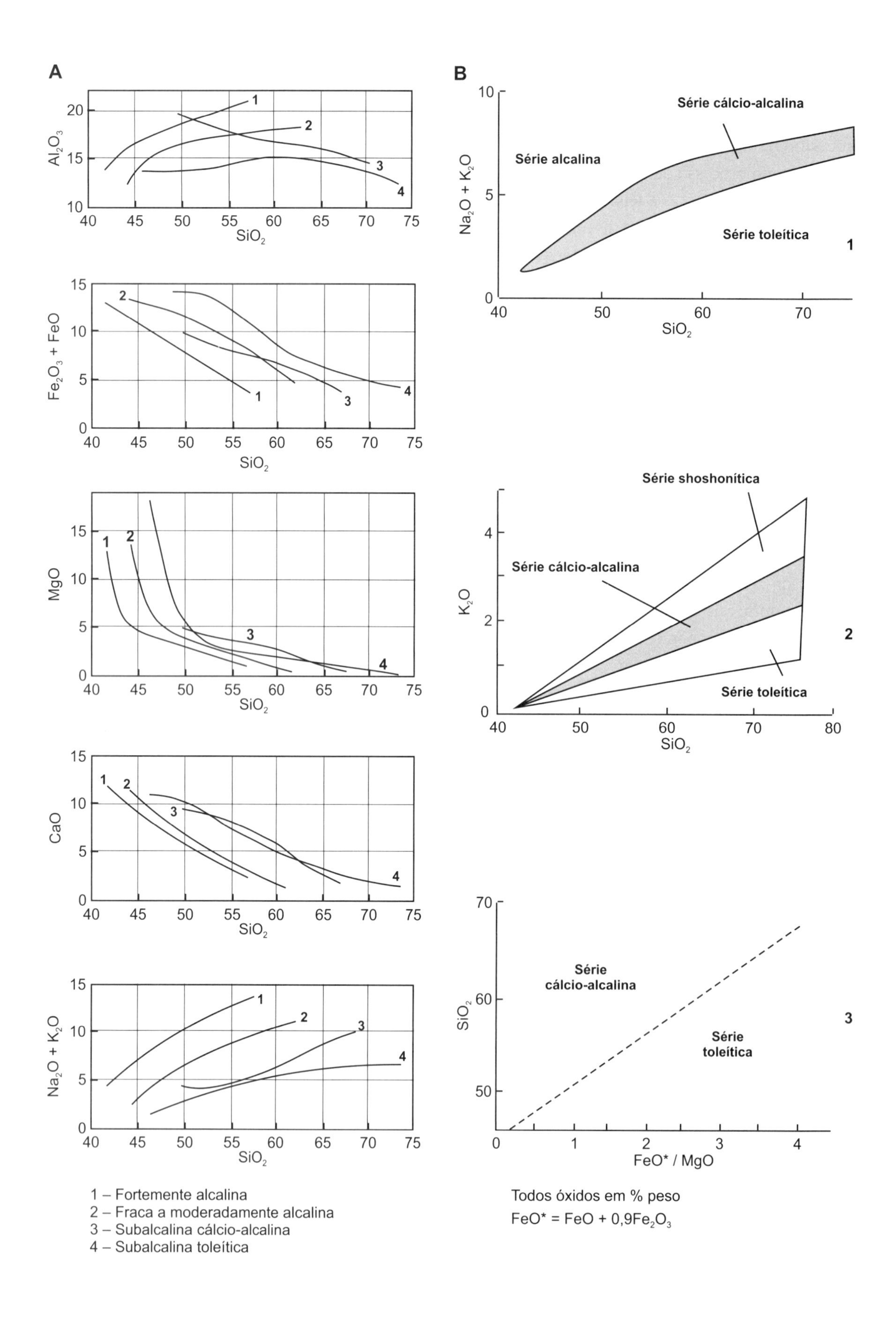

1 – Fortemente alcalina
2 – Fraca a moderadamente alcalina
3 – Subalcalina cálcio-alcalina
4 – Subalcalina toleítica

Todos óxidos em % peso
$FeO^* = FeO + 0{,}9Fe_2O_3$

Figura 12.8 – Séries magmáticas

Série magmática é um conjunto de rochas resultantes da cristalização de sucessivos magmas derivados por cristalização fracionada de um magma parental gerado pela fusão parcial mais ou menos intensa de rochas-fonte mineralogicamente diversas e quimicamente mais ou menos férteis ou empobrecidas. Portanto, cada série magmática apresenta composição química e mineralógica específicas; ambas variam sistematicamente entre a rocha mais primitiva e a mais evoluída da série magmática. Dada a correlação entre conteúdo mineral e composição química em rochas magmáticas, as séries magmáticas são passíveis de separação tanto em bases mineralógicas quanto em diagramas químicos. A série alcalina contém anfibólios e piroxênios alcalinos. Os basaltos e basaltos andesíticos da série toleítica contêm piroxênios pobres em cálcio (hiperstênio ou pigeonita). As rochas intermediárias e ácidas da série cálcio-alcalina são caracterizadas pela paragênese fêmica hornblenda e biotita.

A – Variação química de séries magmáticas (Middlemost, 1985)

São mostrados os diagramas de Harker para Al_2O_3, Fe_2O_3 + FeO, MgO, CaO e Na_2O + K_2O para análises de séries magmáticas quimicamente mais ou menos expandidas variando em termos do teor de álcalis desde fortemente alcalinas (ilha Ross, Antártica), alcalinas (ilhas Havaí, Estados Unidos) e cálcio-alcalinas (arco das Aleutas, Alasca, Estados Unidos) até toleítica (Islândia), a série magmática mais pobre em álcalis. As rochas mais primitivas das duas séries alcalinas são as mais pobres em sílica; as mais evoluídas das duas séries subalcalinas são as mais silicosas. Típica é a queda regular do teor de Al_2O_3 na série cálcio-alcalina das Aleutas, composta essencialmente por andesitos; as demais apresentam acentuada queda no teor de MgO no início do fracionamento. As variações diferenciais das quatro séries nos vários diagramas de Harker representam a cristalização de minerais e/ou paragêneses distintos.

B – Diagramas discriminantes de séries magmáticas (Kuno, 1968; Gill, 1970; Miyashiro, 1974)

Os diagramas SiO_2 × (Na_2O + K_2O) ou diagrama Total de Álcalis *versus* Sílica (TAS) (**B1**), SiO_2 × K_2O (**B2**) e SiO_2 × FeO*/MgO (**B3**) são os de utilização mais corrente para discriminar as principais séries magmáticas.

No diagrama SiO_2 × (Na_2O + K_2O) são mostrados os limites das séries toleítica, cálcio-alcalina e alcalina, esta a mais rica em álcalis; o teor de álcalis converge nas rochas básicas.

O potássio é mais incompatível que o sódio, pois teores variáveis desse elemento já integram os plagioclásios mais cálcicos de rochas básicas. Por isso alguns autores preferem o diagrama SiO_2 × K_2O para a caracterização das diferentes séries magmáticas. O diagrama TAS não diferencia entre rochas mais potássicas e mais sódicas e, assim, não discrimina a série shoshonítica.

Na série toleítica, a relação FeO*/MgO caracteristicamente aumenta significativamente no decorrer do fracionamento progressivo enquanto na série cálcio-alcalina a relação FeO*/MgO permanece praticamente constante. Essa diferença permite a discriminação das duas séries no diagrama SiO_2 × (FeO*/MgO). A diferença na característica da evolução magmática resulta da maior oxidação do magma parental cálcio-alcalino que promove a cristalização mais precoce da magnetita que retira ferro do magma e aumenta seu teor de sílica.

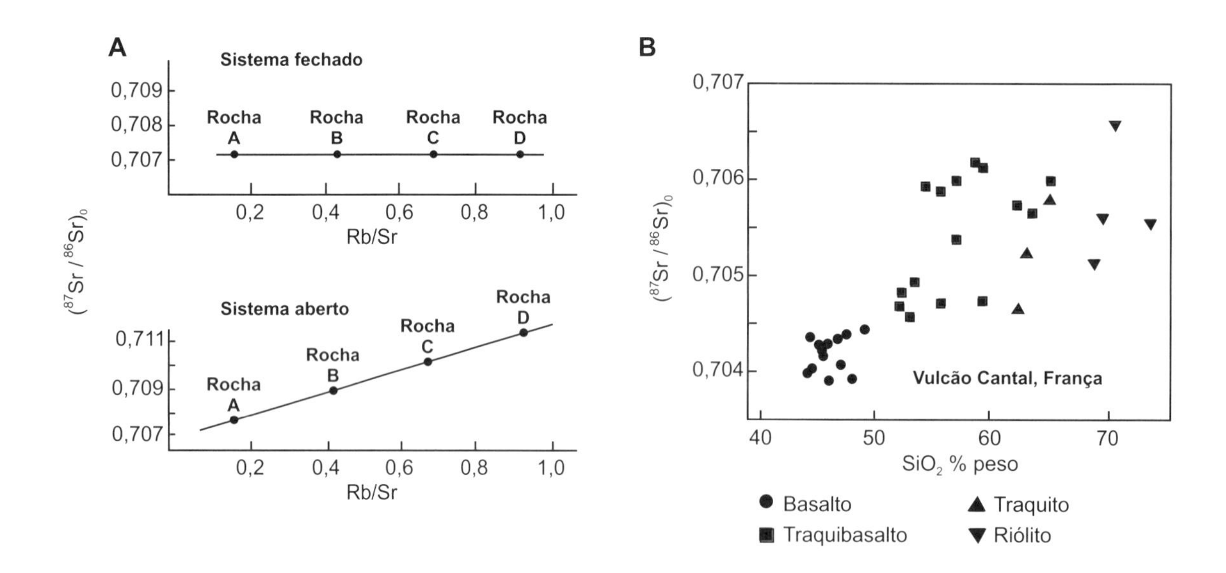
A
Sistema fechado
Rocha A
Rocha B
Rocha C
Rocha D
0,709
0,708
0,707
0,2
0,4
0,6
0,8
1,0
Rb/Sr
($^{87}Sr/^{86}Sr)_0$
Sistema aberto
0,711
0,709
0,707
Rb/Sr
B
0,707
0,706
0,705
0,704
Vulcão Cantal, França
40
50
60
70
SiO_2 % peso
Basalto
Traquibasalto
Traquito
Riólito

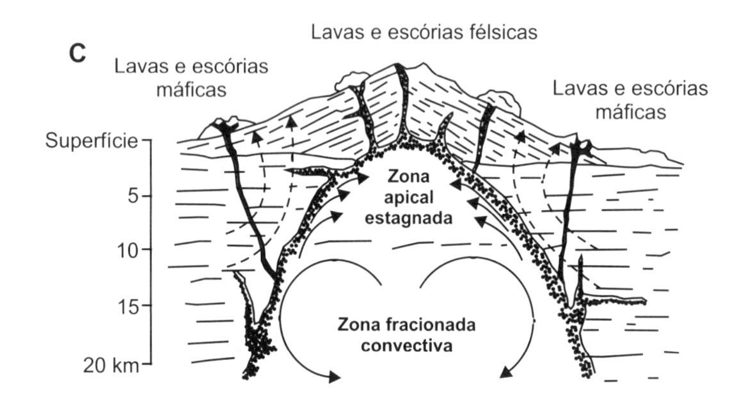
C
Lavas e escórias félsicas
Lavas e escórias máficas
Lavas e escórias máficas
Superfície
5
10
15
20 km
Zona apical estagnada
Zona fracionada convectiva

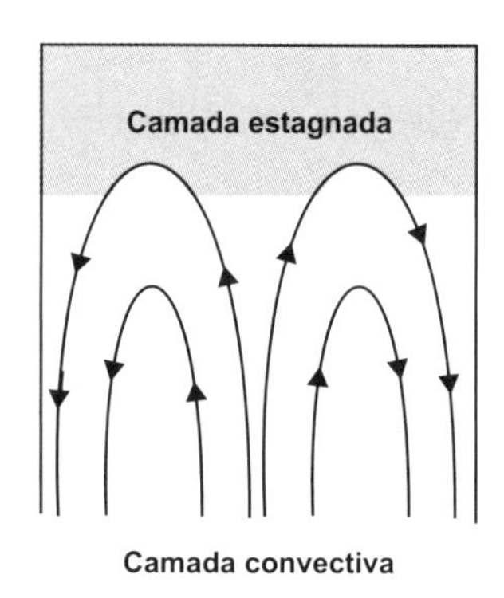
Camada estagnada
Camada convectiva

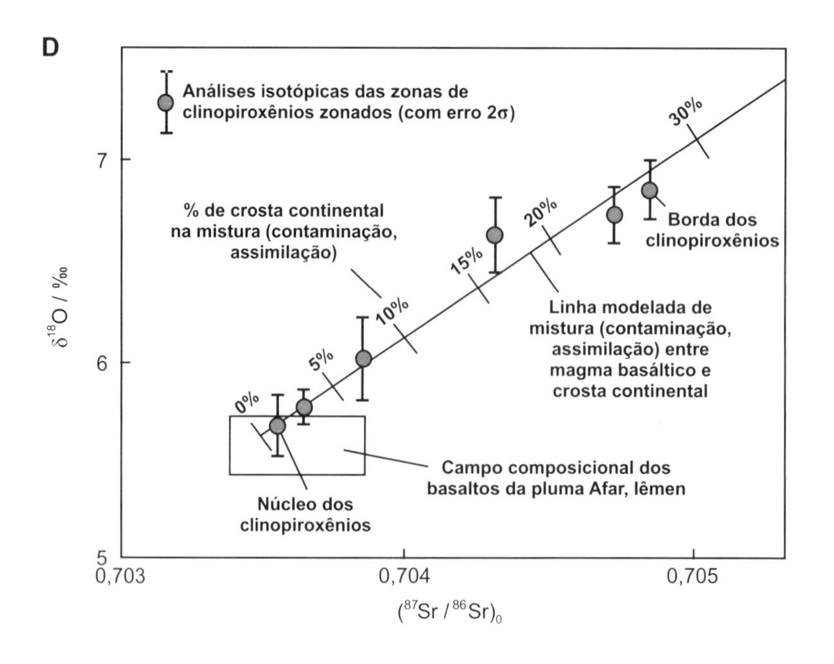
D
Análises isotópicas das zonas de clinopiroxênios zonados (com erro 2σ)
% de crosta continental na mistura (contaminação, assimilação)
0%
5%
10%
15%
20%
30%
Borda dos clinopiroxênios
Linha modelada de mistura (contaminação, assimilação) entre magma basáltico e crosta continental
Campo composicional dos basaltos da pluma Afar, Iêmen
Núcleo dos clinopiroxênios
$\delta^{18}O$ / ‰
7
6
5
0,703
0,704
0,705
($^{87}Sr/^{86}Sr)_0$

Figura 12.9 – Assimilação

A – Processos evolutivos de magmas e variação isotópica (Brownlow, 1979)

A evolução de um reservatório isotópico fechado, caso de uma câmara magmática com contatos impermeáveis, gera magmas (rochas) derivados com razão isotópica constante, independentemente do seu grau evolutivo. Em (**A**) a relação isotópica considerada é a relação $^{87}Sr/^{86}Sr$. No caso de um reservatório isotópico aberto, como o de uma câmara magmática com contatos permeáveis ou penetráveis, seu conteúdo material (o magma) é em maior ou menor grau contaminado por um reservatório circundante (rochas encaixantes) ou invasor (um outro magma). Portanto, os processos mais comuns de contaminação são a assimilação de rochas encaixantes e a mistura magmática. Quanto maior a contaminação, maior a mudança da relação isotópica do magma contaminado e quanto maior a diferença entre as relações isotópicas dos reservatórios envolvidos, mais clara a caracterização isotópica do processo de contaminação.

B, C – Evolução magmática por assimilação de rochas encaixantes (Shaw, 1965; McBirney, 1993; Downes, 1984)

O edifício do vulcão Cantal, França central, é composto por basaltos, traquibasaltos, traquitos e riólitos. Todas as rochas apresentam diferentes relações $^{87}Sr/^{86}Sr$ e a relação aumenta com o teor de sílica das rochas (que varia entre 44% e 74% peso de SiO_2), embora não de modo estritamente linear. Principalmente nas rochas mais ricas em sílica (cujos magmas ocupam a porção superior de uma câmara magmática composicionalmente estratificada), a variação do valor da relação $^{87}Sr/^{86}Sr$ é maior. O valor mínimo da relação $^{87}Sr/^{86}Sr$ nos basaltos é 0,7037, o valor isotópico de uma rocha de origem mantélica; a relação máxima nos riólitos é 0,7067, o valor isotópico de uma rocha de origem crustal (**B**). Os dados caracterizam um sistema aberto e sugerem uma evolução magmática por assimilação de rochas encaixantes crustais que é mais intensa no topo da câmara magmática pela ação solvente de voláteis concentrados nos locais de menor pressão. A preservação da camada apical de magma muito rico no componente "rochas encaixantes" (alta relação $^{87}Sr/^{86}Sr$) em relação aos estratos magmáticos subjacentes menos contaminados, resulta da limitação vertical de circulação das correntes de convecção da câmara magmática com a consequente geração de uma "camada estagnada" ou *stagnant layer* dinamicamente imóvel no seu topo (**C**).

D – Assimilação e variação isotópica em fenocristais de augita zonados (Baker et al., 2000)

O avanço tecnológico permite atualmente determinar as relações isotópicas em fenocristais zonados, neste caso as relações $\delta^{18}O$ e $^{87}Sr/^{86}Sr$ de sucessivas zonas composicionais de augitas de derrames basálticos do Iêmen. Quanto mais externas as zonas composicionais, maiores as duas relações isotópicas, variação que sugere uma crescente contaminação crustal durante a cristalização magmática. A composição dos núcleos dos fenocristais é a de magmas basálticos de origem mantélica não contaminados. Baseado nos elementos traços e nas variações das razões isotópicas nos basaltos estudados e os da composição média da crosta atravessada pelo magma em sua ascensão, é possível calcular a porcentagem de material crustal progressivamente assimilado pelo magma basáltico.

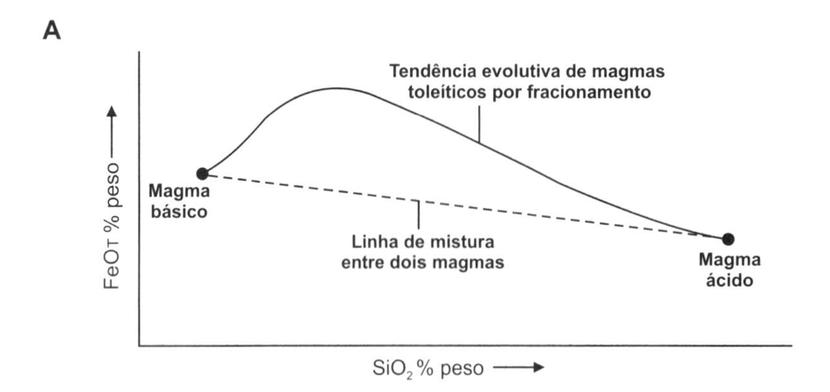
A
Tendência evolutiva de magmas toleíticos por fracionamento
Magma básico
Linha de mistura entre dois magmas
Magma ácido
FeOT % peso
SiO2 % peso

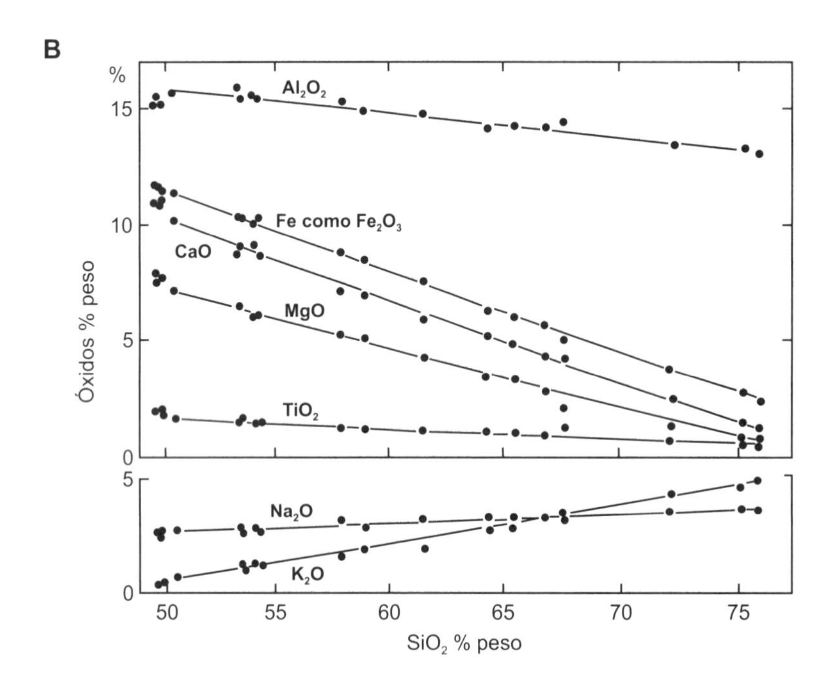
B
%
15
10
5
0
Al2O2
Fe como Fe2O3
CaO
MgO
TiO2
Óxidos % peso
5
0
Na2O
K2O
50
55
60
65
70
75
SiO2 % peso

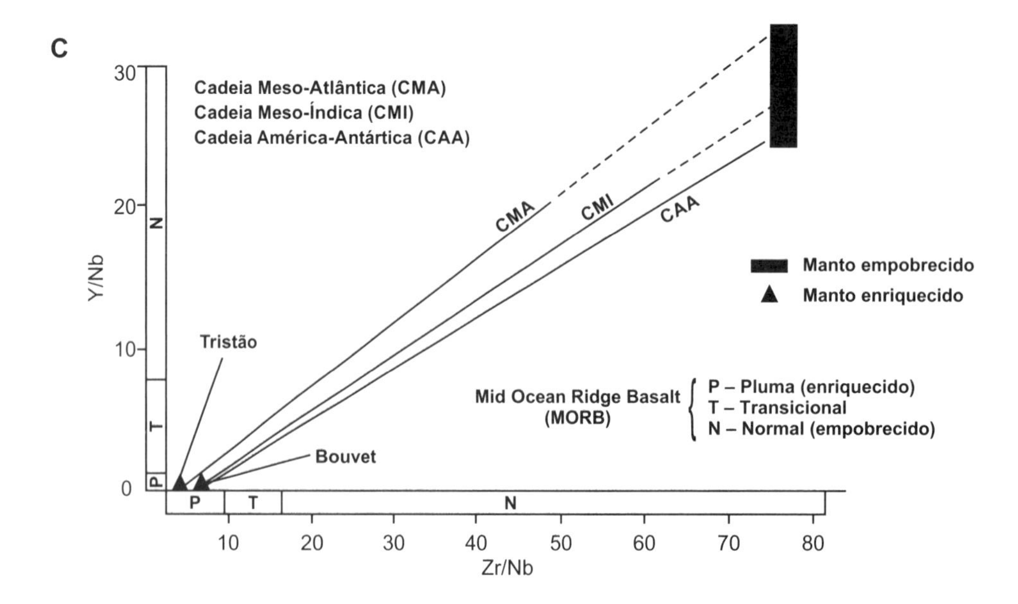
C
Cadeia Meso-Atlântica (CMA)
Cadeia Meso-Índica (CMI)
Cadeia América-Antártica (CAA)
CMA
CMI
CAA
Manto empobrecido
Manto enriquecido
Tristão
Bouvet
Mid Ocean Ridge Basalt (MORB)
P – Pluma (enriquecido)
T – Transicional
N – Normal (empobrecido)
Y/Nb
30
20
10
0
N
T
P
P
T
N
10
20
30
40
50
60
70
80
Zr/Nb

Figura 12.10 – Mistura magmática

A – Processo evolutivo de magmas e curvas de variação em diagramas geoquímicos (Wilson, 1989)

Evolução magmática por cristalização fracionada gera com frequência, em diagramas geoquímicos tipo Harker, curvas de variação mais ou menos convexas (para elementos incompatíveis) ou côncavas (para elementos compatíveis). Evolução magmática resultante da mistura de magmas contrastantes em diversas proporções gera diagramas de variação lineares. São comparadas no diagrama SiO_2 × FeOT as curvas de variação de uma suíte magmática quimicamente expandida resultante da cristalização fracionada de um magma basáltico toleítico típico com a resultante da mistura entre magmas ácido e básico equivalentes aos magmas inicial e final do processo de fracionamento magmático.

B – Mistura magmática no complexo Rio Gardiner, Parque Yellowstone, Wyoming, Estados Unidos (Fenner, 1938)

Fenner e Bowen travaram acirradas controvérsias sobre a importância relativa da cristalização fracionada e da mistura magmática como processos de geração de suítes magmáticas quimicamente expandidas. A caracterização dos dois processos exige as análises de rochas afíricas, pois em rochas porfiríticas o número de fenocristais nas rochas estudadas pode estar diminuído por fracionamento parcial ou aumentado por captura de fenocristais fracionados por decantação de estratos magmáticos sobrejacentes por estratos magmáticos subjacentes. Fracionamento mineral é indicado por corpos rochosos máficos-ultramáficos estratificados e rochas com texturas cumuláticas, mistura magmática por estruturas tipo *vein net complex* e *vein in vein* entre rochas ácidas e básicas e texturas de reação e desequilíbrio. Estruturas *vein in vein* espetaculares ocorrem no batólito Santa Quitéria nos arredores da cidade homônima (Distrito de Lisieux), Ceará. O complexo basáltico-riolítico Rio Gardiner, Parque Yellowstone, Estados Unidos, é considerado caso clássico de mistura magmática.

C – Mistura de magmas basálticos empobrecidos e enriquecidos em áreas oceânicas (Le Roex, 1983, 1985; Humphris et al., 1985)

Nos arredores de ilhas oceânicas, compostas em parte por basaltos alcalinos sódicos e potássicos, ocorrem misturas entre os magmas formadores dessas rochas [basaltos P (Pluma) ou E (Enriquecidos)] e magmas basálticos empobrecidos dos quais cristalizam os basaltos N (Normais) que compõem a grande maioria das cadeias meso-oceânicas e fundos oceânicos. A mistura magmática foi detectada tanto na cadeia Meso-Atlântica (nas imediações da ilha Tristão da Cunha) quanto nas cadeias Índica (nos arredores da ilha Bouvet) e América-Antártica (também no domínio da pluma mantélica Bouvet). A mistura magmática determina retas no diagrama Y/Nb × Zr/Nb. Zr, Th, U, Ce, Hf, Ta e Ti (*large-high-valency cations* – LHVC ou cátions grandes de alta carga) e Cs, Rb, K, Ba, Pb e Sr e Y (*large-low-valency cations* – LLVC ou cátions grandes de pequena carga) são enriquecidos nos basaltos P e empobrecidos nos basaltos N. Nos basaltos P, a razão Zr/Nb flutua em torno de 10; nos basaltos N, normalmente é $\gg$ 30. A razão Y/Nb × Zr/Nb também serve para definir os basaltos T (Transicionais) com composição química intermediária entre basaltos P e N.

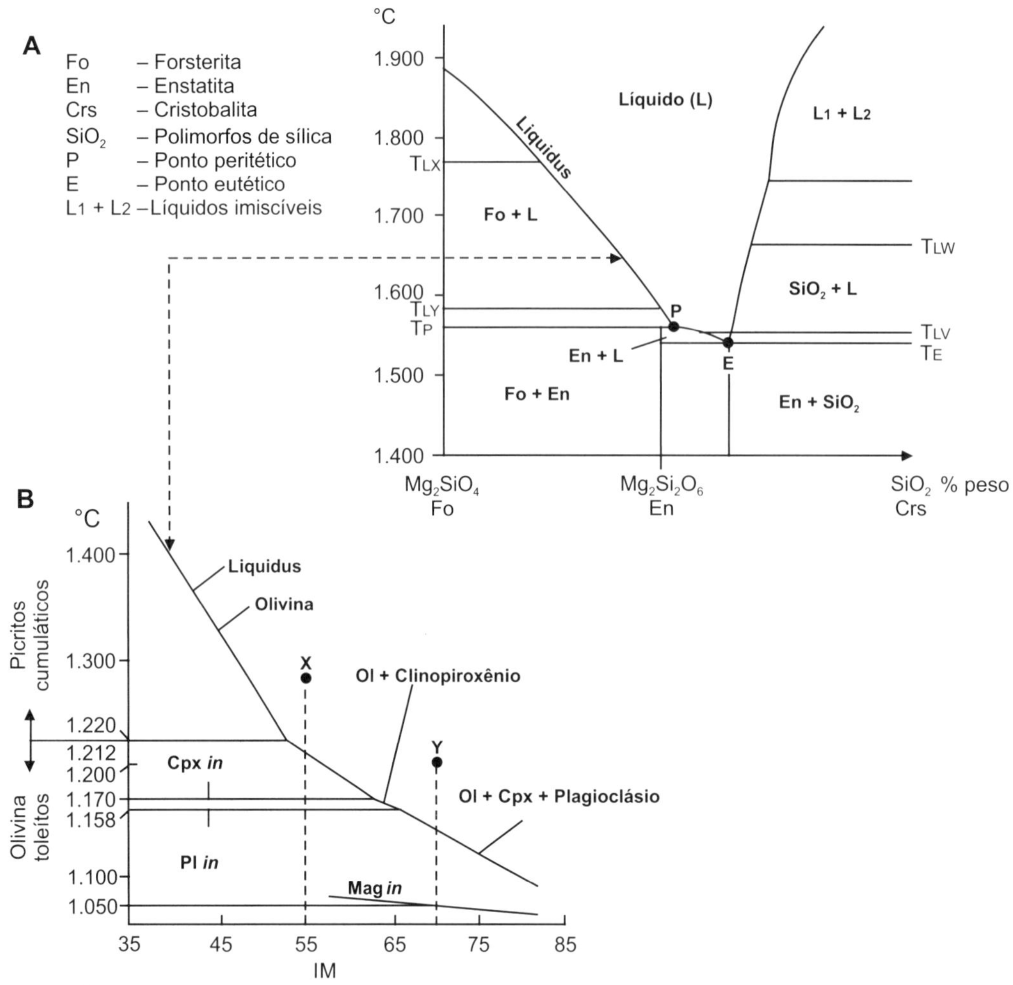
A
Fo – Forsterita
En – Enstatita
Crs – Cristobalita
SiO2 – Polimorfos de sílica
P – Ponto peritético
E – Ponto eutético
L1 + L2 – Líquidos imiscíveis
°C
Líquido (L)
L1 + L2
Liquidus
Fo + L
SiO2 + L
En + L
Fo + En
En + SiO2
TLX
TLW
TLY
TP
TLV
TE
P
E
Mg2SiO4 Fo
Mg2Si2O6 En
SiO2 % peso Crs
B
°C
Picritos cumuláticos
Olivina toleítos
Liquidus
Olivina
Ol + Clinopiroxênio
Ol + Cpx + Plagioclásio
Cpx in
Pl in
Mag in
X
Y
IM
Índice Máfico (IM) = 100 FeO* / (FeO* + MgO); FeO* = FeO + 0,9Fe2O3

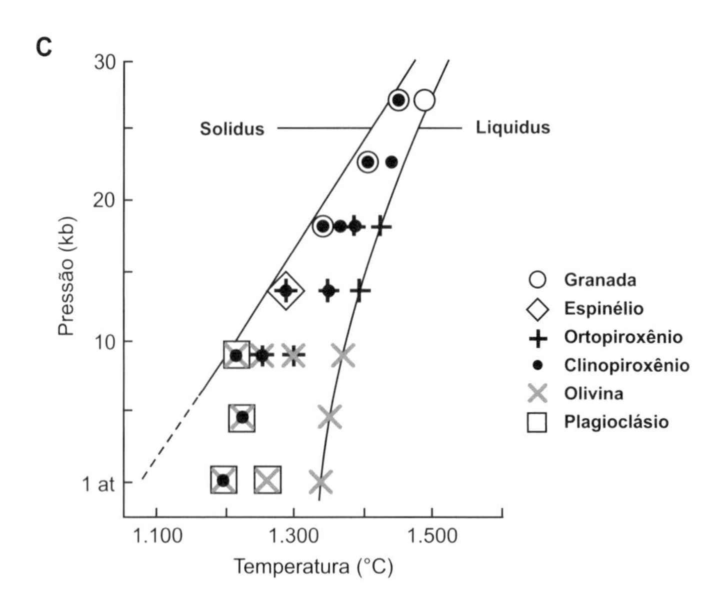
C
Solidus
Liquidus
Pressão (kb)
Temperatura (°C)
1 at
Granada
Espinélio
Ortopiroxênio
Clinopiroxênio
Olivina
Plagioclásio

Figura 12.11 – Petrologia experimental: fusão de olivina basaltos toleíticos

A – O sistema Forsterita-Sílica (Bowen; Andersen, 1914; Greig, 1927)

O sistema Forsterita-Sílica é fundamental para a compreensão das reações de sílica-saturação e da crescente temperatura liquidus de líquidos progressivamente mais magnesianos e sílica-insaturados (picríticos).

B – Fusão progressiva de olivina basaltos e picritos toleíticos sob uma atmosfera (Thompson; Tilley, 1969)

É mostrada a curva liquidus resultante da fusão progressiva sob uma atmosfera das rochas de uma associação litológica cogenética afírica de picritos cumuláticos e olivina basaltos toleíticos do vulcão Kilauea, Havaí, com Índice Máfico variando entre 35 e 82. O IM_{53} no qual ocorre a "quebra" na curva liquidus marca o limite entre picritos e basaltos e as crescentes temperaturas liquidus para picritos progressivamente mais ricos em olivina correlacionam com o liquidus do sistema Forsterita-Sílica entre P e Mg_2SiO_4 em (**A**). A cristalização sequencial de olivina, clinopiroxênio e plagioclásio num pequeno intervalo térmico suprime maiores "quebras" no liquidus. A magnetita tem baixas temperaturas liquidus e o mineral só cristaliza quando o magma atinge o IM_{57}, onde IM = FeO*/ (FeO* + MgO). A palavra *in* denota o início da cristalização de um mineral ou uma paragênese mineral; a palavra *out* o fim de sua cristalização. O magma de olivina basalto X com composição IM_{55} inicia sua cristalização sob 1.212 °C com a formação de Ol seguida da formação de Ol + Cpx sob 1.170 °C e de Ol + Cpx + Pl sob 1.158 °C. Não ocorre cristalização de magnetita (Mag). Um líquido de olivina basalto toleítico com MI_{70} inicia sua cristalização sob 1.150 °C com a formação da paragênese Ol + Cpx + Pl; a cristalização de magnetita inicia-se apenas em 1.050 °C.

C – Fusão progressiva de olivina basaltos toleíticos sob baixas, médias e altas pressões (Green; Ringwood, 1967)

O principal resultado da fusão progressiva de olivina basaltos sob até 30 kbar foi a quantificação da estabilidade bárica do plagioclásio, espinélio e granada, minerais aluminosos que ocorrem sucessivamente em lherzolitos mantélicos crescentemente mais profundos. Clinopiroxênio ocorre sob qualquer pressão e ortopiroxênio é estável no mesmo intervalo bárico do espinélio. Olivina é mineral liquidus sob baixas, ortopiroxênio sob médias e clinopiroxênio ou granada sob elevadas pressões. A variação da mineralogia solidus de basaltos sob crescentes temperaturas e pressões indica a existência de distintas rochas-fonte em diferentes profundidades mantélicas. A variação na mineralogia liquidus com a pressão tem grande influência na evolução dos magmas parentais por fracionamento. O fracionamento de olivina, mineral sem alumínio, de um magma parental sob baixas pressões origina magmas derivados mais ricos em Al que os resultantes do fracionamento da granada, mineral aluminoso, sob altas pressões. O fracionamento de diferentes minerais em distintas profundidades e/ou a geração de distintos magmas pela fusão parcial de lherzolitos com diferentes minerais aluminosos e mais ou menos férteis vêm sendo entendidos como principais causas para explicar a sucessão magmática basaltos toleíticos → basaltos cálcio-alcalinos → basaltos alcalinos ao longo de zonas de subducção a partir da fossa.

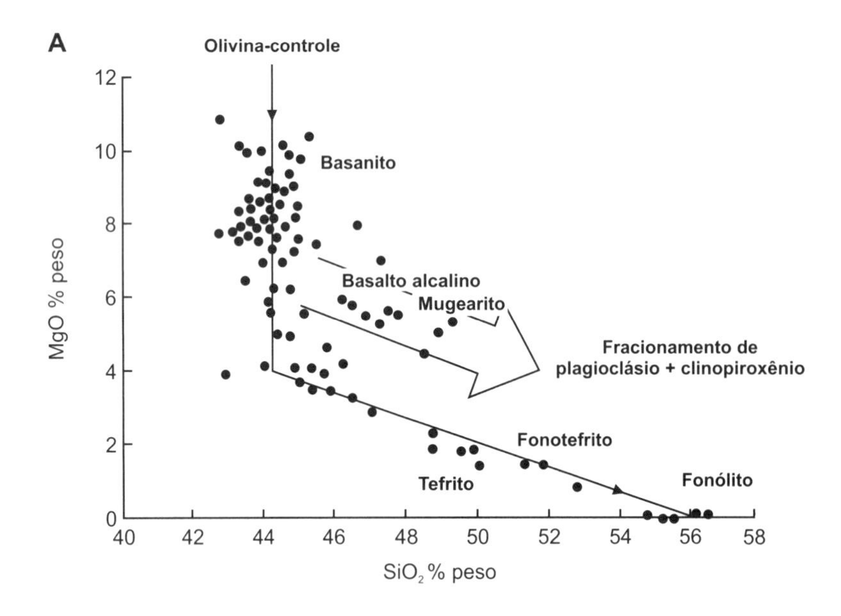
A
Olivina-controle
Basanito
Basalto alcalino
Mugearito
Fracionamento de
plagioclásio + clinopiroxênio
Fonotefrito
Tefrito
Fonólito
MgO % peso
SiO2 % peso
12
10
8
6
4
2
0
40
42
44
46
48
50
52
54
56
58

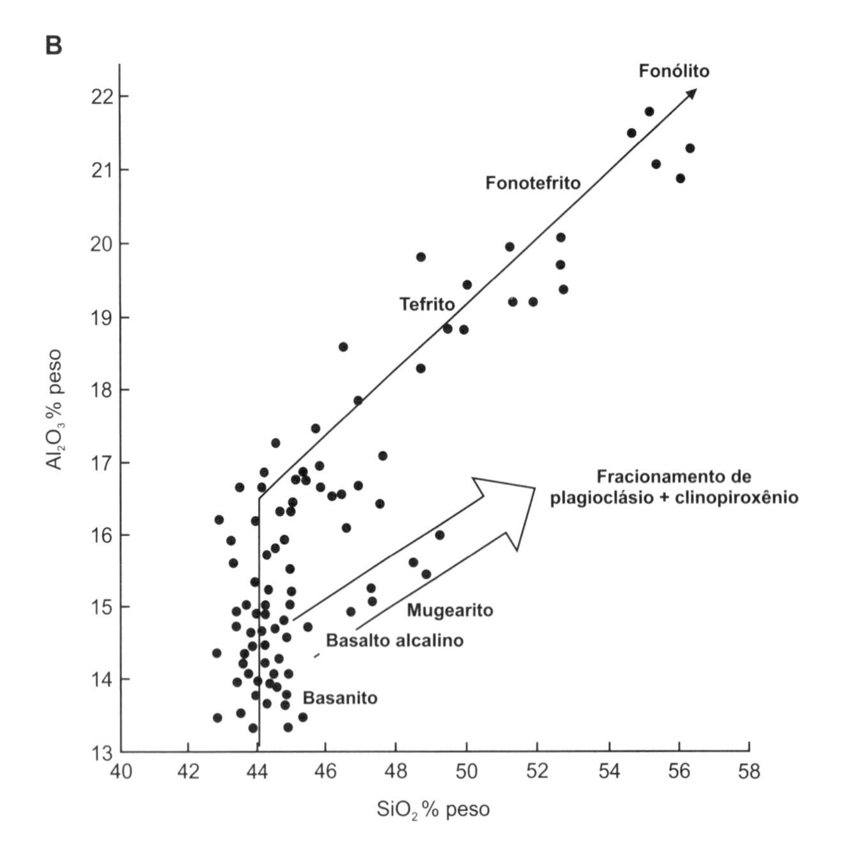
B
Fonólito
Fonotefrito
Tefrito
Fracionamento de
plagioclásio + clinopiroxênio
Mugearito
Basalto alcalino
Basanito
Al2O3 % peso
SiO2 % peso
22
21
20
19
18
17
16
15
14
13
40
42
44
46
48
50
52
54
56
58

Figura 12.12 – Evolução magmática divergente final e precoce lateral

A evolução magmática por fracionamento tende a seguir uma variação química bem estabelecida caracterizada por enriquecimento progressivo em sílica, água e elementos incompatíveis e simultâneo empobrecimento em elementos compatíveis. Essa evolução é particularmente típica para a série cálcio-alcalina. Em outras séries magmáticas, a evolução química/mineralógica não é tão regular e persistente, principalmente na série alcalina, que pode apresentar como litologias mais evoluídas tanto rochas sílica-supersaturadas (caso de granitos alcalinos ou quartzo sienitos alcalinos), sílica-saturadas (caso de sienitos) ou mesmo sílica-insaturadas (caso de nefelina sienitos). As diferentes tendências evolutivas resultam de pequenas variações da relação $SiO_2/(Na_2O + K_2O)$ nos sucessivos pulsos magmáticos que compõem uma intrusão maior ou uma província magmática. Também pequenas flutuações na relação $Al_2O_3/(Na_2O + K_2O)$ resultam na presença ou ausência de minerais máficos alcalinos. Decorre que a evolução magmática não é retilínea como ao longo do tronco de uma árvore desgalhada, da base (magma parental) para o ápice (magma fracionado mais evoluído), e sim ao longo de uma árvore com copa cujos galhos representam rochas sílica-supersaturadas, sílica-saturadas e sílica-insaturadas e rochas com ou sem minerais máficos alcalinos. Em outros casos, a evolução divergente já se inicia em magmas derivados bastante primitivos. É a evolução magmática paralela ou lateral.

A, B - Evolução magmática da suíte basanito-fonólito de Nyambeni, Quênia Oriental, África (Brotzu et al., 1983)

Exemplo clássico do vulcanismo alcalino associado com *rifts* continentais é a África Oriental, onde ocorre o Sistema (de *rifts*) Oriental que se estende do Mar Vermelho ao sul do Quênia, e o Sistema (de *rifts*) Ocidental, situado lateralmente a cerca de 500 km do primeiro e grosseiramente contornando o Lago Vitória em Uganda, Tanzânia e Zâmbia. O Sistema Ocidental compreende, ao lado de rochas alcalinas sódicas também rochas alcalinas fortemente potássicas, incluindo mafuritos e kamafugitos enquanto no segmento sul do Sistema Oriental domina magmatismo alcalino sódico. No E de Quênia, borda oriental do Sistema Oriental, aproximadamente na latitude da borda norte do Lago Vitória, situam-se a Montanha Quênia e a Serra de Nyambeni. Na serra ocorre em amplas áreas uma associação (suítes) de rochas alcalinas variando de basanito a fonólito. Todas as rochas da suíte são portadoras de olivinas que nos basaltos e fonólitos têm composição média de Fo_{80} e Fo_{60}.

A evolução magmática principal da suíte vai de basanitos passando por tefritos e fonotrefitos até fonólitos. A evolução é inicialmente controlada pelo fracionamento de olivina seguido pelo fracionamento de plagioclásio e clinopiroxênio, este mais intenso que aquele. A mudança na mineralogia fracionada gera uma nítida "quebra" nas curvas de variação nos diagramas $SiO_2 \times MgO$ e $SiO_2 \times Al_2O_3$. Pelo olivina-controle, o magma parental basanítico é empobrecido em MgO e enriquecido em Al_2O_3 sob teores constantes de SiO_2. Pelo subsequente (Cpx + Pl)-controle o magma basanítico passa para tefrítico, fonotefrítico e finalmente fonolítico por aumento do teor de Al_2O_3 e SiO_2 e redução do teor de MgO.

Entretanto, quando o magma basanítico atinge pelo olivina-controle uma composição ao redor de 7% peso de MgO e 14,5% peso de Al_2O_3 inicia-se precocemente em parte do magma o (Cpx + Pl)-controle, que na maior parte do líquido magmático só se inicia sob 4% peso de MgO e 16,5% peso de Al_2O_3. Resulta uma segunda linha evolutiva do basanito via basalto alcalino até mugearito, caracterizando uma evolução magmática lateral ou paralela.

13. Características químicas de magmas e rochas

1. A caracterização química de magmas e rochas ígneas se baseia em parâmetros fundamentais envolvendo os principais elementos maiores constituintes das rochas ígneas: SiO_2, Na_2O, K_2O, Al_2O_3, CaO, FeO, Fe_2O_3 e MgO.

2. Teor de sílica (SiO_2 em % peso) ou acidez das rochas magmáticas. Rochas ígneas com raras exceções são compostas essencialmente por silicatos. Nos silicatos de estrutura mais simples, caso dos nesossilicatos exemplificados pelas olivinas, $[(Mg,Fe)_2SiO_4]$, a relação entre cátions saturantes e o número de (Si,Al) por unidade estrutural do esqueleto silicático é 2:1; nos silicatos com estruturas complexas, caso dos tectossilicatos que incluem os feldspatos alcalinos, $[(Na,K)(AlSi_3)O_8]$, a relação é de 1:4. Decorre que o teor de sílica de magmas e rochas fornece informações sobre a estrutura mais ou menos complexa (polimerizada) dos seus protoesqueletos e minerais constituintes. Estruturas silicáticas simples são saturadas por cátions compatíveis; as mais complexas por cátions incompatíveis. Estruturas silicáticas mais simples cristalizam em temperaturas mais elevadas que as estruturas mais complexas e protoesqueletos mais simples conferem maior fluidez a magmas e lavas, uma característica importante em muitos processos geológicos (facilidade de fracionamento por decantação ou flutuação mineral, velocidade de fluxo de lavas, extensão de derrames de lavas etc.). Minerais magmáticos de estrutura simples são minerais fêmicos e sua abundância implica elevado índice de coloração (rochas máficas); minerais magmáticos de estrutura mais complexa são minerais siálicos e sua abundância é expressa por um baixo índice de coloração (rochas félsicas). Minerais com esqueletos simples não contêm água estrutural. Portanto, o teor de sílica de magmas (obsidianas) e rochas, além da informação numérica compreende uma série de características químicas complementares, aspectos mineralógicos, feições físicas e aspectos geológicos. Em termos do teor de sílica, rochas e magmas são classificados em:

Rochas e magmas	Teor de SiO_2 (em % peso)
Ultrabásicas	< 45
Básicas	entre 45 e 52
Intermediárias	entre 52 e 65
Ácidas	> 65

Noventa e nove por cento de todas as rochas magmáticas têm teor de SiO_2 variando entre 30% (rochas fortemente sílica-insaturadas) e 80% peso (granitos silicosos). Informalmente, a acidez aplica-se também aos minerais que são ditos básicos (pobres em sílica e ricos em elementos compatíveis, caso das olivinas), ácidos (com esqueletos ricos em sílica e saturados essencialmente por elementos incompatíveis, caso dos feldspatos alcalinos) etc. Quartzo é mineral composto apenas por sílica.

3. Teor de álcalis ou alcalinidade. É a soma (K_2O + Na_2O) em % peso de rochas e magmas. Sob esse aspecto, as rochas são classificadas no diagrama Total de Álcalis × Sílica (TAS) em subalcalinas transicionais e alcalinas. Outros autores preferem a simples classificação dual em subalcalinas e alcalinas (Figura 13.1). As rochas subalcalinas são

divididas em toleíticas, as mais pobres em álcalis, e cálcio-alcalinas. As rochas transicionais são divididas em sódicas e potássicas. Noventa e nove por cento de todas as rochas magmáticas têm valores de (Na_2O + K_2O) entre praticamente 0% (rochas ultramáficas) e 20% peso (rochas fortemente alcalinas).

4. O diagrama Total de Álcalis × Sílica (TAS) também é o diagrama básico da classificação química das rochas magmáticas (Figura 13.2). O diagrama compreende três ramos que convergem em baixos teores de sílica e que reúne rochas com crescentes teores de álcalis para dado valor de sílica. As rochas mais frequentes, subalcalinas, formam uma estreita faixa no diagrama TAS (Figura 13.2). Também os principais silicatos formadores das rochas magmáticas podem ser representados no diagrama TAS (Figura 13.3). A variação dos teores de álcalis e sílica nas rochas magmáticas resulta de dois fatores:

- A composição do magma primitivo. A variação do teor de álcalis em magmas primitivos (iniciais, parentais) é função da composição e da taxa de fusão da rocha-fonte durante a magmagênese. Fusão fracionada é a extração do sistema de magma resultante de diferentes taxas de fusão da rocha-fonte (Figura 13.4). Uma fusão incipiente extrai da rocha-fonte magmas enriquecidos em elementos "fusíveis" (Si, Al, Ca, K, Na, Ti), com ênfase nos álcalis, e elementos traços incompatíveis (Rb, Zr, Ba, ETR, Th, U). Com o aumento da taxa de fusão, o magma enriquece-se progressivamente em elementos "refratários", principalmente Mg e elementos traços compatíveis (Cr, Ni, Sr, Sc). Ou seja, com o aumento da taxa de fusão, o alto teor de álcalis do pequeno volume de magma inicial é progressivamente diluído num líquido crescentemente mais volumoso e rico em elementos compatíveis. Essa regra aplica-se a qualquer rocha-fonte independentemente de seu teor em álcalis; apenas varia o teor de álcalis no magma inicial de baixa taxa de fusão. Quanto mais rica em álcalis a rocha-fonte, tanto mais rico em álcalis o magma resultante de sua fusão incipiente. Resulta que a fusão incipiente de uma rocha-fonte relativamente pobre em álcalis pode gerar um magma inicial mais rico em álcalis que o magma gerado pela fusão substancial de uma rocha-fonte mais rica em álcalis.
- A intensidade dos processos modificadores do magma parental. O principal processo modificador do magma parental é a cristalização fracionada. A cristalização fracionada agindo sobre magmas parentais mais ou menos ricos em álcalis gera um conjunto de magmas fracionados (ou derivados) também mais ou menos ricos em álcalis (Figura 13.4). Os minerais inicialmente fracionados, os primeiros das séries de reação contínua e descontínua, são ricos em elementos compatíveis e pobres em sílica. A sua extração do sistema gera sucessivos magmas fracionados cada vez mais ricos em sílica, álcalis e outros elementos incompatíveis. Os diferentes magmas gerados por cristalização fracionada de um magma parental são ditos cogenéticos e de cada magma fracionado cristaliza uma rocha específica. Magmas parentais com características químicas distintas geram magmas fracionados cogenéticos distintos que por cristalização geram associações de rochas cogenéticas específicas denominadas de séries magmáticas. Cada série magmática tem características mineralógicas e químicas específicas e que variam de maneira sistemática nas diferentes rochas cogenéticas que a compõem. As séries magmáticas toleítica, cálcio-alcalina, alcalina sódica e alcalina potássica são as mais frequentes, mas existem numerosas outras.

5. Sílica-saturação. É característica mineralógica que resulta da atividade química da sílica, a_{SiO_2}, no magma. A atividade da sílica é a expressão termodinâmica de sua concentração no magma, mas a a_{SiO_2} não tem correlação direta com o teor de SiO_2 num magma expresso em % peso. A a_{SiO_2} varia com a temperatura magmática (Figura 13.5). Baixas a_{SiO_2} se manifestam pela cristalização de minerais sílica-insaturados, minerais deficientes em sílica em relação aos seus equivalentes (quanto aos cátions saturantes) sílica-saturados que cristalizam em a_{SiO_2} maiores. Portanto, minerais sílica-insaturados e sílica livre não podem coexistir numa rocha, pois ambos reagem para a formação de minerais sílica-saturados. Uma a_{SiO_2} muito elevada indica excesso de sílica no magma que implica na cristalização de polimorfos de sílica (quartzo, tridimita, cristobalita).

Em magmas subalcalinos e alcalinos sódicos, o primeiro elemento afetado pela baixa a_{SiO_2} é o Mg, o que resulta na cristalização do mineral sílica-insaturado forsterita (Mg_2SiO_4), em lugar do mineral sílica-saturado enstatita ($Mg_2Si_2O_6$). O segundo elemento afetado é o Na com a consequente cristalização do mineral sílica-insaturado nefelina

($NaAlSiO_4$), em vez do mineral sílica-saturado albita ($NaAlSi_3O_8$). E assim sucessivamente (Figura 13.5). Em lavas alcalinas potássicas, a baixa a_{SiO_2} leva inicialmente à cristalização do mineral sílica--insaturado leucita ($KAlSi_2O_6$), em lugar do mineral sílica-saturado sanidina ($KAlSi_3O_8$), um feldspato de alta temperatura e baixa pressão. Em condições de sílica-insaturação ainda mais severas cristaliza a kalsilita, ($KAlSiO_4$), um feldspatoide ainda mais sílica-insaturado que a leucita. Em função da presença de polimorfos de sílica (excesso de sílica), minerais sílica-saturados e minerais sílica-insaturados (deficiência em sílica), as rochas são classificadas em:

Rochas	**Mineralogia**
Sílica-supersaturadas	Polimorfo de sílica + minerais sílica-saturados
Sílica-saturadas	Apenas minerais sílica-saturados
Sílica-insaturadas	Minerais sílica-saturados + minerais sílica-insaturados

O manto é constituído essencialmente por peridotitos, variáveis misturas entre Mg-olivina, Mg-ortopiroxênio e Ca-clinopiroxênio. Essa mineralogia indica que o manto é essencialmente sílica-insaturado.

Os minerais sílica-saturados mais frequentes da crosta terrestre são os feldspatos. Nos feldspatos alcalinos, a relação molar (% peso/peso molecular) entre sílica e soda ou potassa é de 6:1.

Albita	$NaAlSi_3O_8$	$= Na_2Al_2Si_6O_{16}$	$= Na_2O + Al_2O_3 + 6SiO_2$
Ortoclásio	$KAlSi_3O_8$	$= K_2Al_2Si_6O_{16}$	$= K_2O + Al_2O_3 + 6SiO_2$

Resulta que de magmas ricos em álcalis cristalizam nefelina e/ou leucita quando a relação molar $SiO_2/(Na_2O + K_2O) < 6$.

6. Sílica (SiO_2) e potássio (K_2O). Entre os álcalis, o K é mais incompatível que o Na. Sódio já entra na composição, mesmo que subordinadamente, dos Ca-plagioclásios; é componente importante nos (Ca,Na)-plagioclásios e componente dominante nos (Na,Ca)-plagioclásios. O principal mineral de potássio é o K-feldspato, que se forma na série de cristalização residual. Decorre que para muitos autores a caracterização de diferentes tipos litológicos é mais precisa no diagrama $K_2O \times SiO_2$ que no diagrama $(Na_2O + K_2O) \times SiO_2$ que define a alcalinidade das rochas. Num diagrama $K_2O \times SiO_2$ as rochas são classificadas em baixo-K, médio-K e alto-K, shoshoníticas e leucitíticas (Figura 13.6).

7. Relação Na_2O/K_2O. Por definição, rochas potássicas são aquelas com $K_2O > Na_2O$, óxidos expressos em % peso ou moles. Segundo a IUGS, rochas sódicas são aquelas com $(Na_2O - 2) > K_2O$, óxidos em % peso (Figura 13.6). As rochas potássicas são divididas em potássicas propriamente ditas e ultrapotássicas, estas com relação molar $K_2O/Na_2O > 3$ ($K/N > 3$). Como a razão K/N de dada série magmática aumenta com o grau de fracionamento, rochas máficas com alta relação molar K/N são em realidade mais potássicas que rochas félsicas com mesma relação. Decorre que rochas máficas ultrapotássicas são definidas como aquelas com $K_2O > 3\%$ peso, relação $K_2O/Na_2O > 2$ e $MgO > 3\%$ peso; o valor deste óxido define a natureza máfica da rocha. Rochas potássicas e ultrapotássicas são mineralogicamente muito variáveis e ocorrem em diversos ambientes geológicos. Grupo importante de rochas ultrapotássicas são os kimberlitos (fontes de diamantes), as rochas vulcânicas da Província Romana, Itália (que inclui o vulcão Vesúvio), as rochas vulcânicas portadoras de kalsilita, leucita e melilita do ramo ocidental do sistema de *rifts* da África Oriental (que incluem rochas exóticas, caso dos kamafugitos) e os leucititos e leucita basaltos da porção central de New South Wales, Austrália.

8. Índice de alumina-saturação. É dado pela relação molar $Al_2O_3/(CaO + Na_2O + K_2O)$. Nos feldspatos, a relação molar entre alumínio e sódio, potássio ou cálcio é de 1:1.

Albita	$NaAlSi_3O_8$	=	$Na_2O + Al_2O_3 + 6SiO_2$
Ortoclásio	$KAlSi_3O_8$	=	$K_2O + Al_2O_3 + 6SiO_2$
Anortita	$CaAl_2Si_2O_8$	=	$CaO + Al_2O_3 + 2SiO_2$

Em termos da relação molar $Al_2O_3/(CaO + Na_2O + K_2O)$ ou A/CNK, magmas, rochas e minerais são classificados em peraluminosos ($A/CNK > 1$), subaluminosos ($A/CNK = 1$) e metaluminosos ($A/CNK < 1$). Em rochas peraluminosas, o excesso de Al_2O_3 após a cristalização dos feldspatos é incorporado por minerais peraluminosos, caso da biotita $[K_2(Mg,Fe^{2+})_6(Al_2Si_6O_{20})(OH,F)_4]$, da muscovita $[K_2Al_4(Si_6Al_2O_{20})(OH,F)_4]$, da cordierita $[(Mg,Fe)_2(Si_5Al_4O_{18})]$, da sillimanita ($Al_2SiO_5$), da granada $[(Ca,Mg,Fe^{2+},Mn)_3(Al,Fe^{3+},Mn,Cr)_2(SiO_4)_3]$, da turmalina $[(Na,Ca)(Fe,Mg,Al)_3(Al,Fe^{3+})_6(BO_3)_3Si_6O_{18}(OH,F)_4]$ e do topázio $[Al_2(SiO_4)(OH,F)]$. Nas rochas metaluminosas, alumínio é suficiente para saturar todos os álcalis sob forma de feldspatos alcalinos, mas não todo Ca-plagioclásio. Resulta a cristalização de minerais fêmicos de Ca e Mg relativamente pobres em alumínio, caso de biotita, hornblenda $[(Na,K)_{0\text{-}1}Ca_2(Mg,Fe^{2+},Fe^{3+},Al)_5(Si,Al)_8O_{22}(OH)_2]$ e do Ca-piroxênio augita $[(Ca,Mg,Fe,Al)_2Si_2O_6)]$.

9. Índice de peralcalinidade. É dado pela relação molar $Al_2O_3/(Na_2O + K_2O)$ ou A/NK. Pelo índice de peralcalinidade, magmas, rochas e minerais são classificados em metaluminosos (A/NK > 1 para rochas com A/CNK < 1) e peralcalinos (A/NK < 1). Nessas rochas, o excedente de álcalis, que não pode ser acomodado em feldspatos alcalinos pela falta de alumínio, ocupa as redes cristalinas de minerais máficos constituindo minerais máficos alcalinos. É o caso do piroxênio egirina $[NaFe^{3+}(Si_2O_6)]$ e dos anfibólios riebeckita $[Na_2(Fe^{+2}{}_3Fe^{+3}{}_2)(Si_8O_{22})(OH,F)_2]$ e arfvedsonita $[Na_3(Fe^{+2},Mg)_4(Fe^{+3},Al)(Si_8O_{22})(OH,F)_2]$.

Geralmente, os índices de alumina-saturação e de peralcalinidade são apresentados sinoticamente num diagrama denominado de diagrama de Shand (Figura 13.7). A combinação entre os dois índices caracteriza três grupos de rochas:

Rochas	A/CNK	A/NK
Peraluminosas	> 1	> 1
Metaluminosas	< 1	> 1
Peralcalinas	< 1	< 1

A alumina-saturação e peralcalinidade permitem avaliar a mineralogia de uma rocha magmática baseado na sua análise química via o cálculo dos índices A/CNK e A/NK. A combinação de sílica-saturação com peralcalinidade define três categorias de rochas:

Rocha	Sílica--saturação	Peralcalinidade	Mineralogia típica
Equerítica	supersaturada	peralcalina	quartzo + mineral fêmico alcalino
Miasquítica	insaturada	metaluminosa	feldspatoide + mineral fêmico subalcalino
Agpaítica	insaturada	peralcalina	feldspatoide + mineral fêmico alcalino

10. Índice de Peacock. Relaciona $(Na_2O + K_2O)$, CaO e SiO_2, óxidos em % peso. Trata-se da combinação dos diagramas $(Na_2O + K_2O) \times SiO_2$ e CaO $\times SiO_2$, óxidos em % peso. A determinação do índice de Peacock requer um conjunto de rochas cogenéticas quimicamente expandido, isto é, com ampla variação química. O teor de álcalis, elementos incompatíveis aumenta com a progressão do fracionamento, expresso pelo teor de sílica da rocha. O oposto ocorre com o cálcio. Decorre que os dois diagramas de variação se cruzam quando representados com a mesma abcissa de SiO_2. O ponto de cruzamento corresponde à condição $Na_2O + K_2O =$ CaO. O teor de SiO_2 no qual ocorre a equivalência é o índice de Peacock (Figura 13.8). Quanto mais rico em álcalis o conjunto de rochas cogenéticas, menor o índice de Peacock, quanto mais rico em cálcio, maior o índice. Pelo índice de Peacock são definidas quatro séries de rochas magmáticas:

Série magmática	Índice de Peacock
Cálcicas	> 61
Cálcio-alcalinas	entre 61 e 56
Álcali-cálcicas	entre 56 e 51
Alcalinas	< 51

11. Séries magmáticas são conjuntos de rochas cogenéticas com características químicas e paragêneses minerais específicas que variam sistematicamente entre as litologias mais primitivas (mais pobres em sílica) e as mais evoluídas (mais ricas em sílica) da série. Dada a relação direta entre conteúdo mineral e a composição química de uma rocha magmática, as séries magmáticas são passíveis de caracterização e diferenciação por meio de variados diagramas de parâmetros. Existem numerosas séries magmáticas com destaque para a série toleítica, a série cálcio-alcalina e a série alcalina caracterizadas por crescentes teores de álcalis no diagrama $SiO_2 \times (Na_2O + K_2O)$. A série toleítica (ou cálcica) e a série cálcio-alcalina contêm piroxênios e anfibólios subalcalinos e piroxênios cristalizam antes de anfibólios. Na série alcalina, pelo menos parte dos piroxênios e anfibólios são alcalinos e os anfibólios frequentemente cristalizam antes do piroxênio. Seus magmas primitivos são gerados no manto fértil ou enriquecido. A série toleítica é mais pobre em álcalis que a série cálcio-alcalina, sua evolução se caracteriza por enriquecimento em ferro e o volume de magmas dacíticos, riodacíticos e riolíticos (ou islandíticos) gerados por fracionamento é muito

pequeno. Seus magmas primitivos são gerados no manto empobrecido ou depletado. A série cálcio-alcalina é mais hidratada e um pouco mais rica em álcalis que a série toleítica; não apresenta enriquecimento em ferro e por fracionamento gera grandes volumes de tonalitos e granodioritos caracterizados pela paragênese fêmica hornblenda + biotita. Ocorre tipicamente em ambientes orogênicos que correspondem às grandes cadeias de montanhas (Andes, Alpes, Himalaia, Urais, Apalaches etc.) e aos arcos de ilhas intraoceânicos (Japão, Indonésia, Aleutas etc.). As séries toleíticas e cálcio-alcalinas são nitidamente distinguíveis no diagrama AFM [diagrama ($Na_2O + K_2O$) – FeOT – MgO] (Figura 13.9). A série komatítica compreende rochas ricas em magnésio, algumas com textura *spinifex*; a série shoshonítica é rica em potássio. O conceito de série magmática encerra aspectos mais amplos que os mencionados em sua definição. Assim, além do conteúdo mineralógico, da sequência de cristalização mineral e de características químicas típicas, o conceito envolve também aspectos da gênese do magma, a natureza da rocha-fonte, grau de oxidação, grau de hidratação, ambiente tectônico, recursos minerais associados etc.

12. O conteúdo mineralógico qualitativo e quantitativo das rochas ígneas pode ser expresso de duas maneiras:

- Moda. É a composição mineralógica natural da rocha, base de sua classificação no diagrama QAPF.
- Norma. É a composição mineralógica teórica da rocha calculada de sua composição química. É composta por um conjunto de minerais (mais restritos que o dos minerais naturais) de referência, com composição fixa, denominados de minerais normativos. Para distingui-los dos minerais reais, a sua escrita é feita por siglas. Anortita é mineral real, An é a anortita normativa; ortoclásio é mineral real, Or é um mineral normativo que representa todos os polimorfos de K-feldspatos. Existem várias normas; a mais empregada é a norma CIPW (iniciais dos petrólogos Cross, Iddings, Pirsson, e Washington, seus autores). A norma CIPW só contém minerais anidros; faltam anfibólios e micas.

A norma permite obter a composição mineralógica de rochas holovítreas (obsidianas), hipovítreas (vitrófiros) e hipocristalinas (rochas com vidro intersticial); comparar rochas holocristalinas com rochas com variáveis teores de vidro, rochas cristalizadas em distintas condições de temperatura e pressão (rochas plutônicas e vulcânicas), rochas com mineralogia exclusivamente anidra e rochas com mineralogia parcialmente hidratada etc. (Figura 13.10). Muitas vezes, a mineralogia normativa é combinada com dados químicos (Figura 13.11).

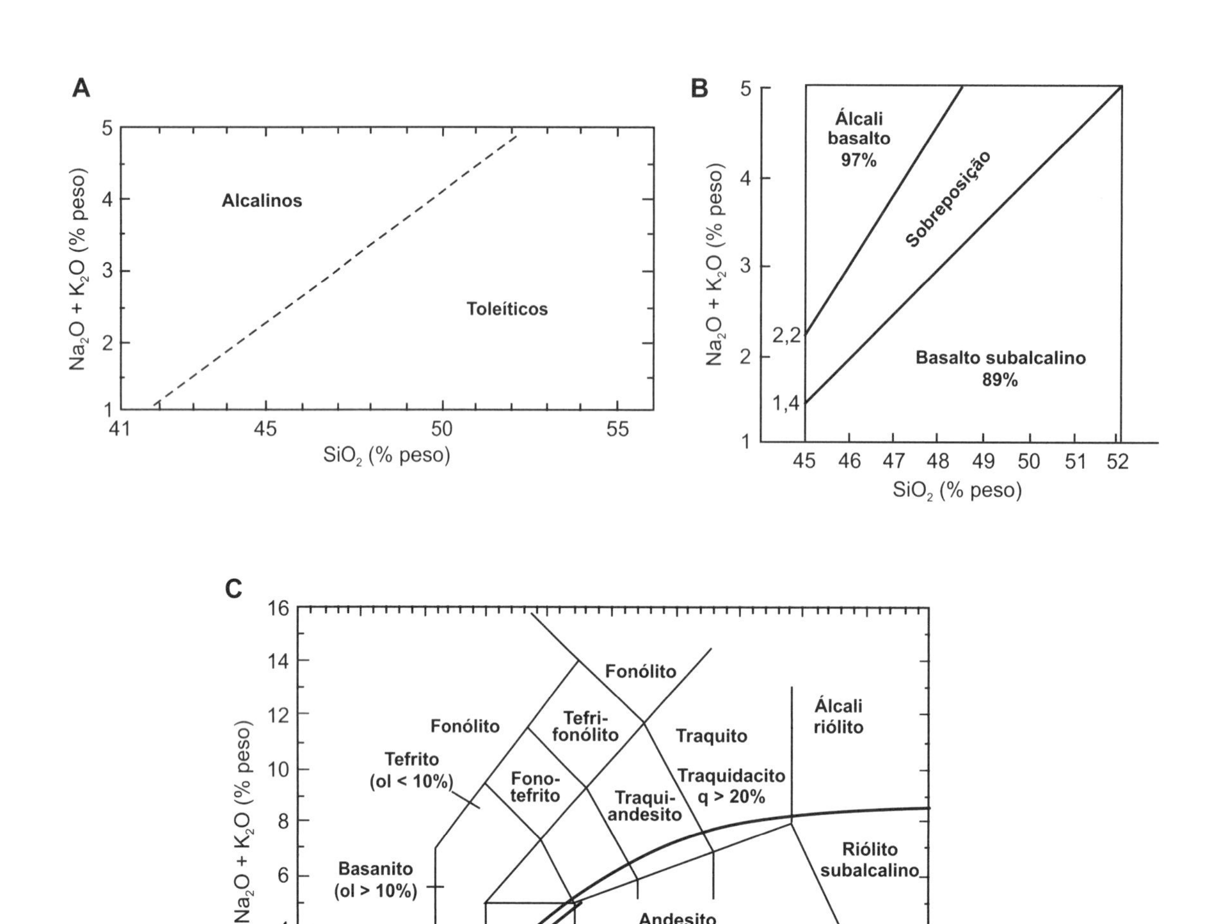
A
Alcalinos
Toleíticos
$Na_2O + K_2O$ (% peso)
SiO_2 (% peso)
B
Álcali basalto 97%
Sobreposição
Basalto subalcalino 89%
2,2
1,4
C
Fonólito
Tefri-fonólito
Fonólito
Tefrito (ol < 10%)
Fono-tefrito
Traquito
Álcali riólito
Traquidacito q > 20%
Traqui-andesito
Basanito (ol > 10%)
Riólito subalcalino
Andesito
Dacito
Basalto andesito
Picro-basalto
Basalto subalcalino
X

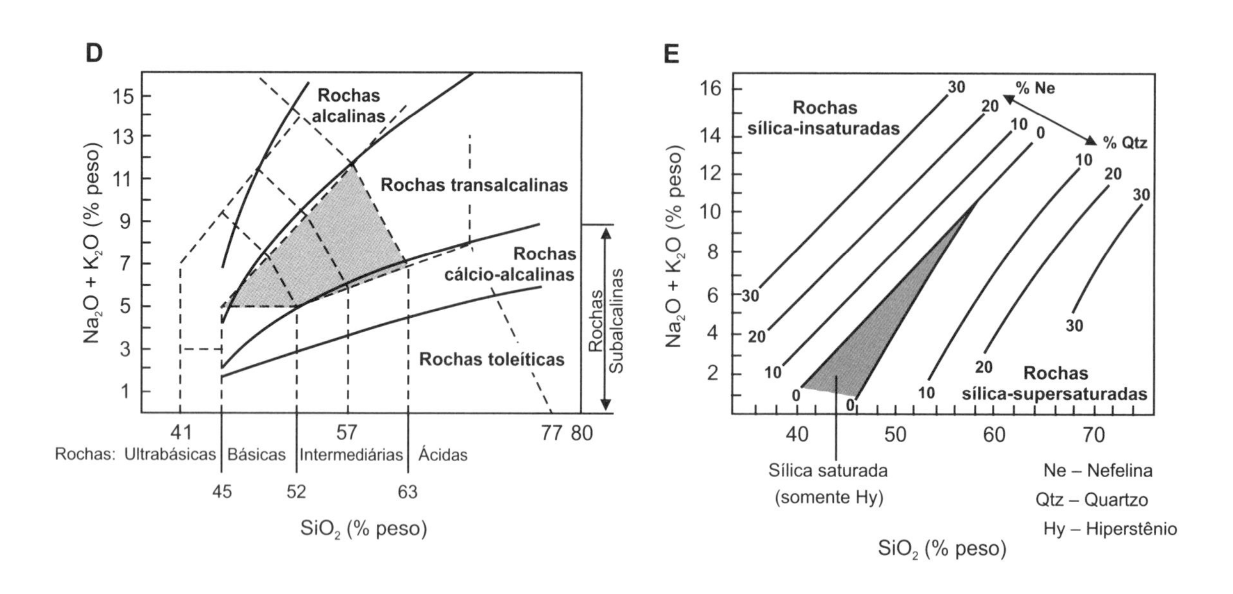
D
Rochas alcalinas
Rochas transalcalinas
Rochas cálcio-alcalinas
Rochas toleíticas
Rochas Subalcalinas
Rochas: Ultrabásicas | Básicas | Intermediárias | Ácidas
SiO_2 (% peso)
E
Rochas sílica-insaturadas
% Ne
% Qtz
Rochas sílica-supersaturadas
Sílica saturada (somente Hy)
Ne – Nefelina
Qtz – Quartzo
Hy – Hiperstênio
$Na_2O + K_2O$ (% peso)
SiO_2 (% peso)

Figura 13.1 – Alcalinidade de rochas magmáticas

O diagrama SiO_2 × (Na_2O + K_2O) tem tripla finalidade:

- determinar a alcalinidade de rochas;
- determinar o conteúdo de quartzo ou nefelina (normativos) na rocha;
- classificar as rochas magmáticas.

A a E – Alcalinidade das rochas no diagrama TAS (Macdonald; Katsura, 1964; Kuno, 1966, 1968; Middlemost, 1972, 1980; Bellieni et al., 1983)

SiO_2 e (Na_2O + K_2O), óxidos em % peso, são combinados no diagrama Total de Alcális × Sílica (TAS). Em termos dessa relação, as rochas são classificadas em subalcalinas e alcalinas. Características mineralógicas típicas de rochas alcalinas são a presença de feldspatoides e/ou minerais fêmicos alcalinos. A presença de feldspatoides depende da relação (Na_2O + K_2O)/SiO_2, a dos minerais fêmicos alcalinos da relação Al_2O_3/(Na_2O + K_2O), uma relação não expressa diretamente pelo diagrama TAS. Decorre que os limites para rochas alcalinas miasquíticas (rochas com feldspatoides), equeríticas (rochas com minerais fêmicos alcalinos) e agpaíticas (rochas com feldspatoides e minerais fêmicos alcalinos) não coincidem. A discrepância resultou na proposição de vários limites entre rochas alcalinas e rochas subalcalinas no diagrama TAS, todos com posicionamento próximo. Nas rochas alcalinas miasquíticas, normalmente cristaliza a nefelina substituindo parte do Na-plagioclásio (albita). Leucita só ocorre em rochas alcalinas potássicas, mas leucita e nefelina ocorrem em alguns traquitos.

O limite entre rochas subalcalinas e alcalinas foi inicialmente estabelecido num estudo dos basaltos do Havaí. O limite "assenta" na sílica-saturação; as rochas subalcalinas são representadas por basaltos toleíticos e as alcalinas por dois ramos distintos: um, fracamente alcalino, evolui segundo a sequência nefelina-olivina basaltos → havaiítos → mugearitos → benmoreítos → traquitos, e outro, fortemente alcalino, representado pela sequência nefelina-olivina basalto → basanito → nefelinito → melilita nefelinito (**A**). Posteriormente, o limite subalcalino/alcalino para rochas basálticas foi modificado por meio da integração de milhares de modas e suas correspondentes análises químicas de basaltos do mundo inteiro; resultou a caracterização de uma área de superposição e a decorrente proposição de dois limites, um para basaltos alcalinos e outro para basaltos subalcalinos. A precisão dos dois limites foi testada estatisticamente; o limite dos basaltos alcalinos é algo mais preciso que o das rochas subalcalinas (**B**).

Posteriormente, o limite alcalino/subalcalino dos basaltos foi extrapolado para outros tipos litológicos no diagrama de classificação das rochas magmáticas. O limite praticamente coincide com o limite entre o primeiro e o segundo ramo litológico no diagrama TAS de classificação das rochas ígneas, mas corta o campo dos basaltos (**C**).

O campo de superposição entre rochas subalcalinas e alcalinas delineado em (**B**) corresponde aproximadamente ao campo transalcalino proposto por alguns autores e situado entre os campos alcalino e subalcalino. O campo subalcalino compreende as rochas toleíticas e cálcio-alcalinas; estas algo mais ricas em álcalis que aquelas. Os limites do campo transalcalino coincidem aproximadamente com os do segundo ramo litológico do diagrama TAS de classificação das rochas magmáticas (**D**).

O diagrama TAS permite estimar com boa precisão o teor de quartzo ou nefelina normativo em rochas subalcalinas sílica-supersaturadas e rochas sílica-insaturadas (rochas alcalinas miasquíticas). O gráfico não se aplica às rochas agpaíticas (**E**).

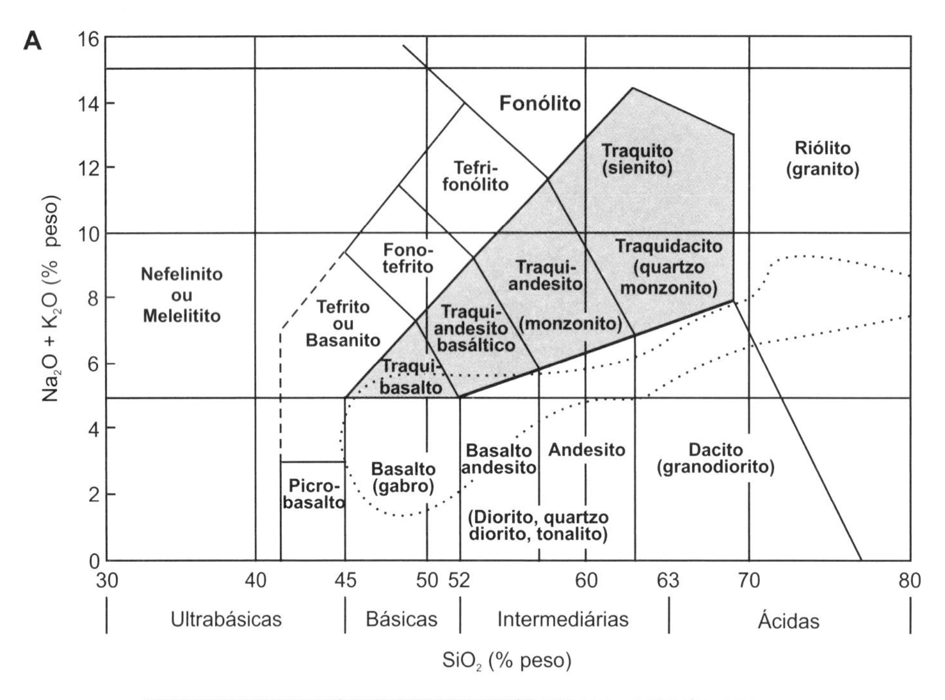

Subdivisões dos campos sombreados	Traquibasalto	Traquiandesito basáltico	Traquiandesito
$Na_2O - 2,0 \geq K_2O$	Havaiíto	Mugearito	Benmoreito
$Na_2O - 2,0 \leq K_2O$	Traquibasalto potássico	Shoshonito	Latito

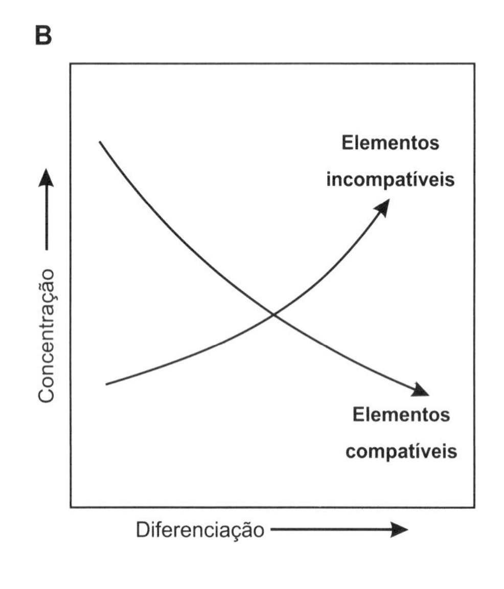

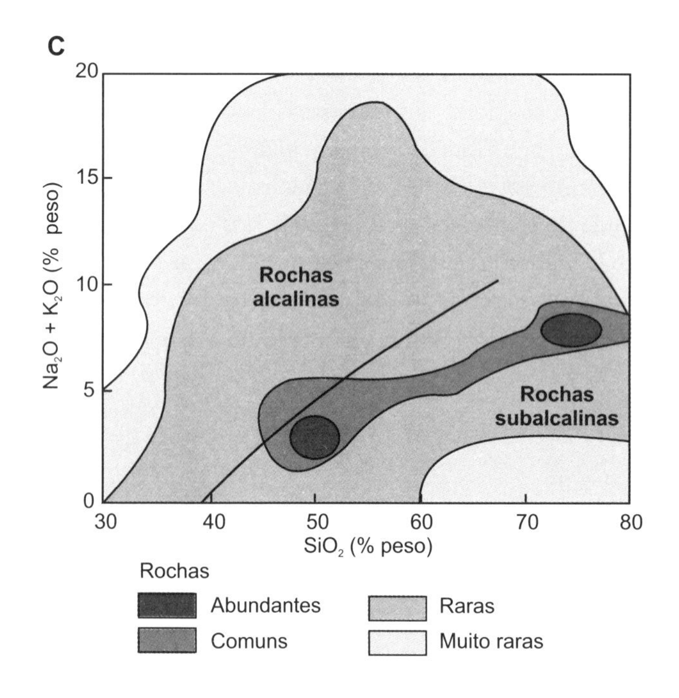

Figura 13.2 – Classificação das rochas magmáticas no diagrama TAS

A, B – Classificação das rochas magmáticas no diagrama TAS (Streckeisen, 1976; Streckeisen; Le Maitre, 1979; Le Maitre, 1989)

O teor de sílica nas rochas magmáticas varia entre 30% a 40% peso em nefelinitos/melilititos/leucititos e até 80% em riólitos quartzosos. Os altos valores absolutos e sua expressiva variabilidade fazem da sílica o parâmetro químico mais importante das rochas ígneas. O teor de sílica é expresso pela acidez da rocha. Sob esse aspecto, as rochas magmáticas são classificadas em ultrabásicas (< 45% peso de SiO_2), básicas (entre 45% e 52%), intermediárias (entre 52% e 65%) e ácidas (> 65% peso de SiO_2). O diagrama Total de Álcalis × Sílica (TAS) foi inicialmente desenvolvido pela IUGS para as rochas vulcânicas, cuja classificação em bases mineralógicas modais é limitada pela frequente presença de matrizes densas, hipovítreas a hipocristalinas. Entretanto, é também largamente utilizado na classificação de rochas subvulcânicas e plutônicas holocristalinas, apesar da falta de coincidência total entre a classificação mineralógica (QAPF) e química (TAS). A grade de classificação compreende três ramos ou faixas em forma de cunha que convergem para as rochas mais pobres em sílica. Definem três agrupamentos rochosos com crescentes teores de álcalis. A subdivisão dos ramos baseadas no teor de sílica não é persistente no sentido vertical. O primeiro ramo vai dos picrobasaltos aos riólitos, o segundo dos traquibasaltos ao traquito/riólito e o terceiro dos basanitos/tefritos aos fonólitos. O aumento dos campos dos diferentes tipos litológicos com o aumento do teor de sílica demonstra maior variação da relação sílica/álcalis nas rochas ricas em SiO_2. O baixo teor de álcalis do primeiro ramo indica que plagioclásios cálcio-sódicos e minerais máficos ricos em elementos compatíveis dominam amplamente nas rochas mais pobres em sílica enquanto feldspatos alcalinos, na ausência de maiores volumes de minerais máficos, dominam nas rochas mais silicosas (**B**). Indica, também, que a relação sílica/álcalis é mais variável nas rochas mais ricas em sílica. Por isso, o campo dos riólitos/granitos abrange o primeiro e o segundo ramos. O segundo e o terceiro ramos contêm rochas mais ricas em feldspatos alcalinos que o primeiro. Rochas situadas à esquerda dos ramos delineados são genericamente denominadas de foiditos (nefelinitos, leucititos e melilititos), rochas muito ricas em feldspatoides; rochas com menores volumes de feldspatoides também ocorrem no segundo e terceiro ramo. O ramo intermediário tem nomenclatura diferenciada para rochas ricas em sódio e rochas ricas em potássio.

C – Frequência das rochas magmáticas no diagrama TAS (Irvine; Baragar, 1971; Best, 1982)

A frequência das diversas rochas magmáticas foi estabelecida por meio de 41 mil análises provenientes do arquivo do petrólogo Le Maitre. As rochas mais frequentes concentram-se numa estreita faixa subparalela ao limite entre as rochas subalcalinas e alcalinas. Os máximos de concentração das rochas ígneas correspondem a basaltos e granitos subalcalinos. A disposição da faixa das rochas abundantes e frequentes com posição ENE-WSW pouco inclinada ressalta uma correlação entre o aumento do teor de álcalis e de sílica nas rochas magmáticas. O limite alcalino/subalcalino corta a faixa de maior concentração rochosa na altura dos 50% peso de SiO_2 indicando que as rochas alcalinas mais frequentes são traquibasaltos e monzogabros. A figura ressalta a ausência de rochas muito ricas em álcalis e pobres em sílica e a raridade das rochas com mais de 15% de álcalis independentemente do seu teor de sílica.

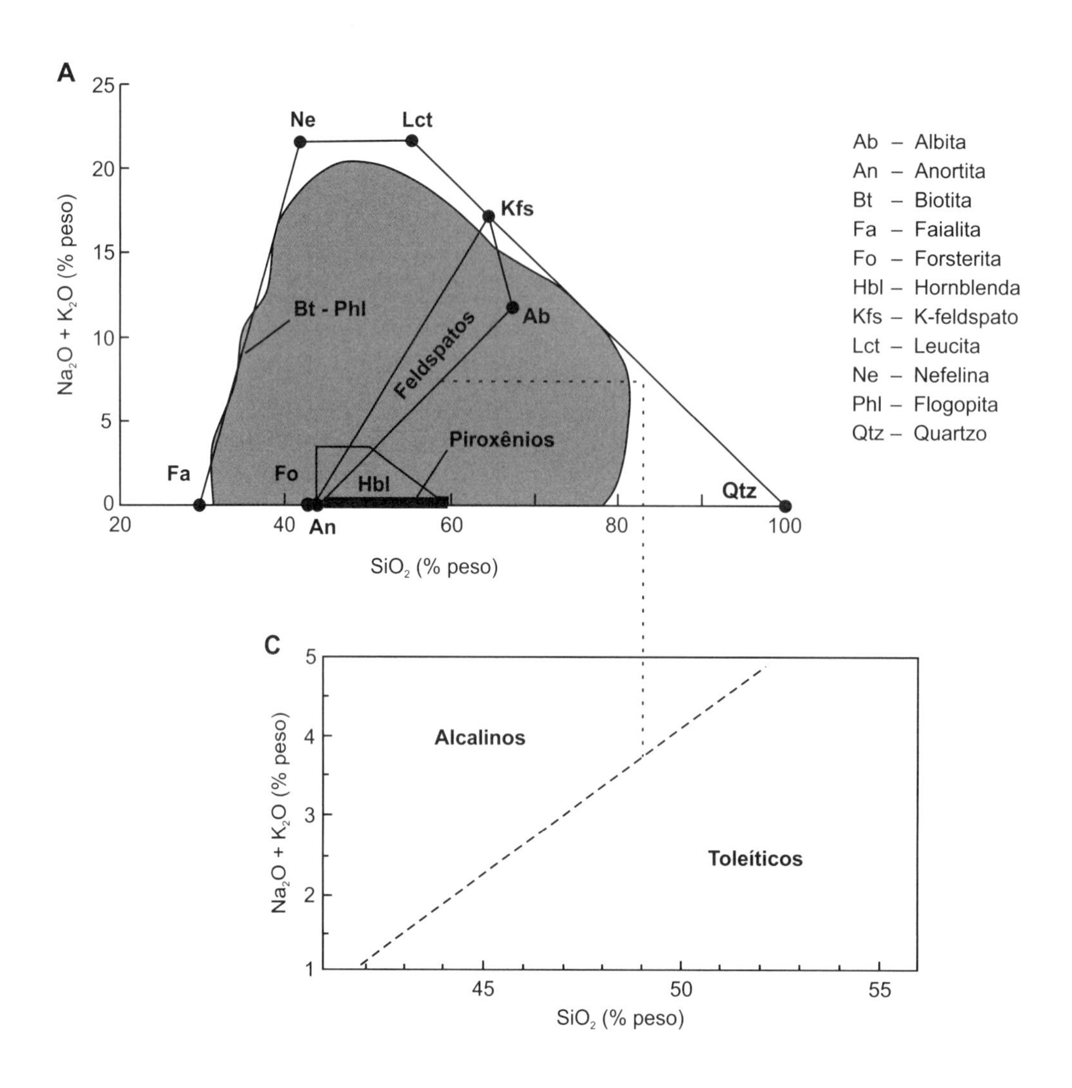

B

Composição química média simplificada dos principais silicatos formadores de rochas magmáticas. Óxidos em % peso.

	SiO_2	Al_2O_3	FeO + Fe_2O_3	MgO	CaO	Na_2O	K_2O	H_2O
Minerais félsicos								
Quartzo	100	—	—	—	—	—	—	—
Ortoclásio	65	18	—	—	—	—	17	—
Albita	69	19	—	—	—	12	—	—
Anortita	43	37	—	—	20	—	—	—
Muscovita	45	38	—	—	—	—	12	5
Nefelina	42	36	—	—	—	22	—	—
Minerais máficos								
Olivina	40	—	15	45	—	—	—	—
Piroxênio (augita)	52	3	10	16	19	—	—	—
Anfibólio (hornblenda)	42	10	21	12	11	1	1	2
Biotita	40	11	16	18	—	—	11	4

Figura 13.3 – Composição dos silicatos formadores de rochas magmáticas

A a C – Os silicatos no diagrama TAS (Macdonald; Katsura, 1964; Best, 1982)

Boa parte dos silicatos formadores das rochas magmáticas tem representação plena no diagrama TAS, pois sua composição compreende tanto sílica quanto álcalis.

Entre os feldspatos, o feldspato potássico ($KAlSi_3O_8$) representa ortoclásio, sanidina e microclínio, e também albita ($NaAlSi_3O_8$), quer individualmente quer integrando junto com o K-feldspato os feldspatos alcalinos [$(K,Na)Si_3O_8$], caso da sanidina e do anortoclásio. Teores variáveis de albita também ocorrem nos plagioclásios.

Entre os feldspatoides destacam-se nefelina ($NaAlSiO_4$), leucita ($KAlSi_2O_6$) e kalsilita ($KAlSiO_4$).

Entre as micas, tanto a muscovita [$K_2Al_4(Si_6Al_2O_{20})(OH,F)_4$] quanto a biotita, uma solução sólida complexa de quatro componentes portadores de potássio, a siderofilita [$K_2Fe^{2+}{}_4Al_2(Si_4Al_4O_{20})(OH,F)_4$], a eastonita [$K_2Mg_4Al_2(Si_4Al_4O_{20})(OH)_4$], a annita [$K_2Fe^{2+}{}_6(Si_6Al_2O_{20})(OH,F)_4$] e a flogopita [$K_2Mg_6(Si_6Al_2O_{20})(OH,F)_4$] são passíveis de representação plena no diagrama TAS.

O mesmo ocorre com a hornblenda, uma solução sólida complexa da qual participam alguns componentes portadores de álcalis, caso da edenita ($NaCa_2(Mg,Fe)_5(Si_7AlO_{22})(OH)_2$], da pargasita ($NaCa_2(Mg,Fe)_5Al(Si_6Al_2O_{22})(OH)_2$], e da hastingsita [$NaCa_2(Mg,Fe)_4Fe^{3+}(Si_6Al_2O_{22})(OH)_2$. Também devem ser lembrados os anfibólios alcalinos que compreendem um grupo de anfibólios cálcico-sódicos, caso da richterita [$Na_2Ca(Mg,Fe)_5(Si_8O_{22}(OH)_2$] e kataforita [$Na_2Ca(Mg,Fe)_4(Fe^{3+},Al)(Si_7AlO_{22})(OH)_2$] e dos anfibólios sódicos puros, caso da arfvedsonita [$Na_3(Mg,Fe)_4(Fe^{3+},Al)Si_8O_{22}(OH,F)_2$] e da riebeckita [$Na_2(Fe^{2+}{}_3Fe^{3+}{}_2)Si_8O_{22}(OH)_2$].

Os piroxênios portadores de álcalis compreendem piroxênios cálcio-sódicos e sódicos. O primeiro grupo reúne onfacita [$(Ca,Na)((Mg,Fe^{2+},Fe^{3+},Al)Si_2O_6$] e egirina-augita [$(Ca,Na)(Mg,Fe^{2+},Fe^{3+})Si_2O_6$]; o segundo, a egirina ($NaFe^{3+}Si_2O_6$). Egirina e egirina-augita são piroxênios desprovidos de alumínio.

Os silicatos desprovidos de álcalis têm representação apenas sobre o eixo da sílica no diagrama TAS. Entre os silicatos formadores das rochas magmáticas destacam-se os polimorfos de sílica (SiO_2), caso do quartzo, tridimita e cristobalita, da anortita ($CaAl_2Si_2O_8$), dos Ca-piroxênios, cujo principal representante nas rochas magmáticas é a augita [$(Ca,Mg,Fe,Al)_2Si_2O_6$] e das melilitas, uma solução sólida entre gehlenita ($Ca_2Al(Al,Si)_2O_7$) e akermanita ($Ca_2MgSi_2O_7$).

Alguns dos minerais citados estão representados em (**A**) e suas composições químicas simplificadas tabeladas em (**B**).

A reta albita (69% peso de SiO_2 e 12% peso de Na_2O) – anortita (43, 0) corresponde à solução sólida dos plagioclásios e define rochas basálticas sódicas sílica-saturadas. Portanto, basaltos sílica-insaturados hololeucocráticos com variáveis teores de nefelina situam-se à esquerda (menos SiO_2) da reta mineral dos plagioclásios. Entretanto, em basaltos, a posição da reta dos plagioclásios varia com o teor e a natureza dos minerais máficos presentes. Minerais mais pobres em sílica que a anortita, caso da Mg-olivina (40, 0) e da magnetita (0, 0), deslocam a reta para a esquerda enquanto os mais silicosos, caso dos (Ca,Mg,Fe)-piroxênios (> 43, 0), a deslocam para a direita. Como resultado do comportamento mineral antagônico, a reta dos plagioclásios em basaltos está apenas ligeiramente deslocada em relação à sua equivalente mineral. Assim, o limite retilíneo entre basaltos alcalinos e subalcalinos observado no diagrama TAS para os basaltos do Havaí é a reta sílica-saturada dos plagioclásios (**C**).

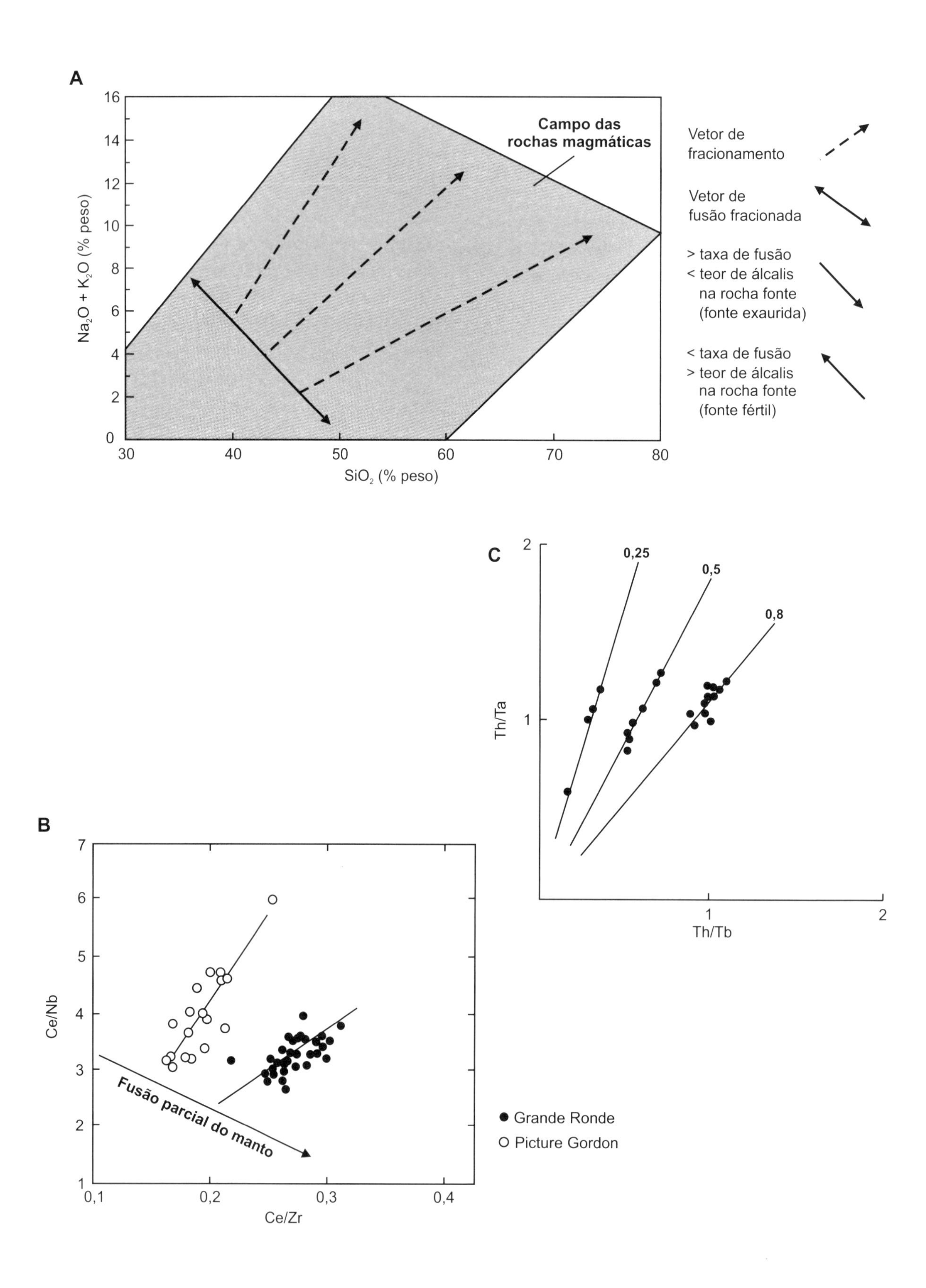
A
16
14
12
10
8
6
4
2
0
30
40
50
60
70
80
Na2O + K2O (% peso)
SiO2 (% peso)
Campo das
rochas magmáticas
Vetor de
fracionamento
Vetor de
fusão fracionada
> taxa de fusão
< teor de álcalis
na rocha fonte
(fonte exaurida)
< taxa de fusão
> teor de álcalis
na rocha fonte
(fonte fértil)
C
2
1
0,25
0,5
0,8
Th/Ta
Th/Tb
B
7
6
5
4
3
2
1
0,1
0,2
0,3
0,4
Ce/Nb
Ce/Zr
Fusão parcial do manto
Grande Ronde
Picture Gordon

Figura 13.4 – Causas da variabilidade das rochas magmáticas no diagrama TAS

A variabilidade das rochas ígneas no diagrama TAS decorre principalmente de dois processos: a fusão fracionada que gera distintos magmas a partir de uma mesma rocha-fonte e a cristalização fracionada que gera sucessivos magmas fracionados de um magma parental básico inicial. Os dois processos modelam a relação sílica/álcalis na origem e evolução de magmas.

A a **C** – **Fusão fracionada** (Eissen et al., 1989; Hooper; Hawkesworth, 1993; Gill, 2010)

Uma fusão incipiente extrai da rocha-fonte preferencialmente elementos incompatíveis, gerando um pequeno volume de magma rico em Na, K, Rb, Zr, Ba, ETR, Th, U e Ti ao lado de Si, Al e Ca. Com o aumento da taxa de fusão, os álcalis são progressivamente diluídos num crescente volume de magma cada vez mais rico em elementos compatíveis (Mg, Cr). Essa regra se aplica à fusão de qualquer rocha-fonte. Decorre que um magma de baixa taxa de fusão pobre em álcalis provém da fusão de uma rocha-fonte também pobre em álcalis (rochas-fonte depletadas ou empobrecidas). É o caso dos magmas de basaltos das cadeias meso-oceânicas e fundos oceânicos. Já magmas alcalinos resultam da fusão incipiente de rochas-fontes férteis (**A**). Decorre que a fusão mais intensa de uma rocha-fonte rica em álcalis pode gerar magmas mais ricos em álcalis que a fusão incipiente de uma rocha-fonte pobre em álcalis. Na natureza ocorrem magmas parentais mais e menos ricos em álcalis. A extração de magmas que representam diferentes estágios de fusão de uma mesma rocha-fonte é sugerida pela variação na relação (Ce/Nb)/(Ce/Zr) nos magmas parentais de sucessivos derrames de basaltos (Picture Gordon e Grande Ronde) da Província Basáltica Columbia River (**B**) e pela variação da relação (Th/Tb)/(Th/Ta) em magmas parentais da Província Basáltica do Mar Vermelho, limite África-Arábia (**C**).

A – Cristalização fracionada (Yoder Jr., 1979)

A cristalização fracionada de um magma parental básico inicia-se com a cristalização e extração do sistema de: 1) minerais ricos em elementos compatíveis e pobres em sílica, caso da Mg-olivina, (Ca,Mg,Fe)-piroxênios e Ca-plagioclásios; e 2) óxidos e sulfetos. A extração dos silicatos de elementos compatíveis e óxidos e sulfetos ricos em ferro do sistema empobrece a remanescente fração magmática líquida em elementos compatíveis (Mg, Fe, Ca) e a enriquece em silício (Si) e elementos incompatíveis, principalmente em álcalis (Na, K). O teor de alumínio não sofre alteração substancial. Pelo fracionamento de um magma basáltico é gerado um magma intermediário, andesítico. Este, pelo fracionamento de mais piroxênio, olivina, anfibólio (hornblenda) e magnetita (fracionamento POAM), evolui para magmas residuais granodioríticos/graníticos. Nesse processo evolutivo diminuem gradualmente os teores absolutos de Ca, Fe e Mg e aumentam os teores absolutos de Si, Na e K e as relações Si/Al, Na/Ca, (Na + K)/Al, Fe/Mg e Si/(Na + K) nos sucessivos magmas fracionados. As contínuas variações químicas implicam a cristalização dos sucessivos minerais das séries de reação contínua e descontínua. O aumento da concentração de SiO_2, Na_2O e K_2O e da relação $SiO_2/(Na_2O + K_2O)$ com o progressivo fracionamento é a base da classificação das rochas no diagrama TAS no qual crescentes teores de sílica e álcalis correlacionam com uma maior evolução magmática e, consequentemente, com uma menor temperatura de cristalização.

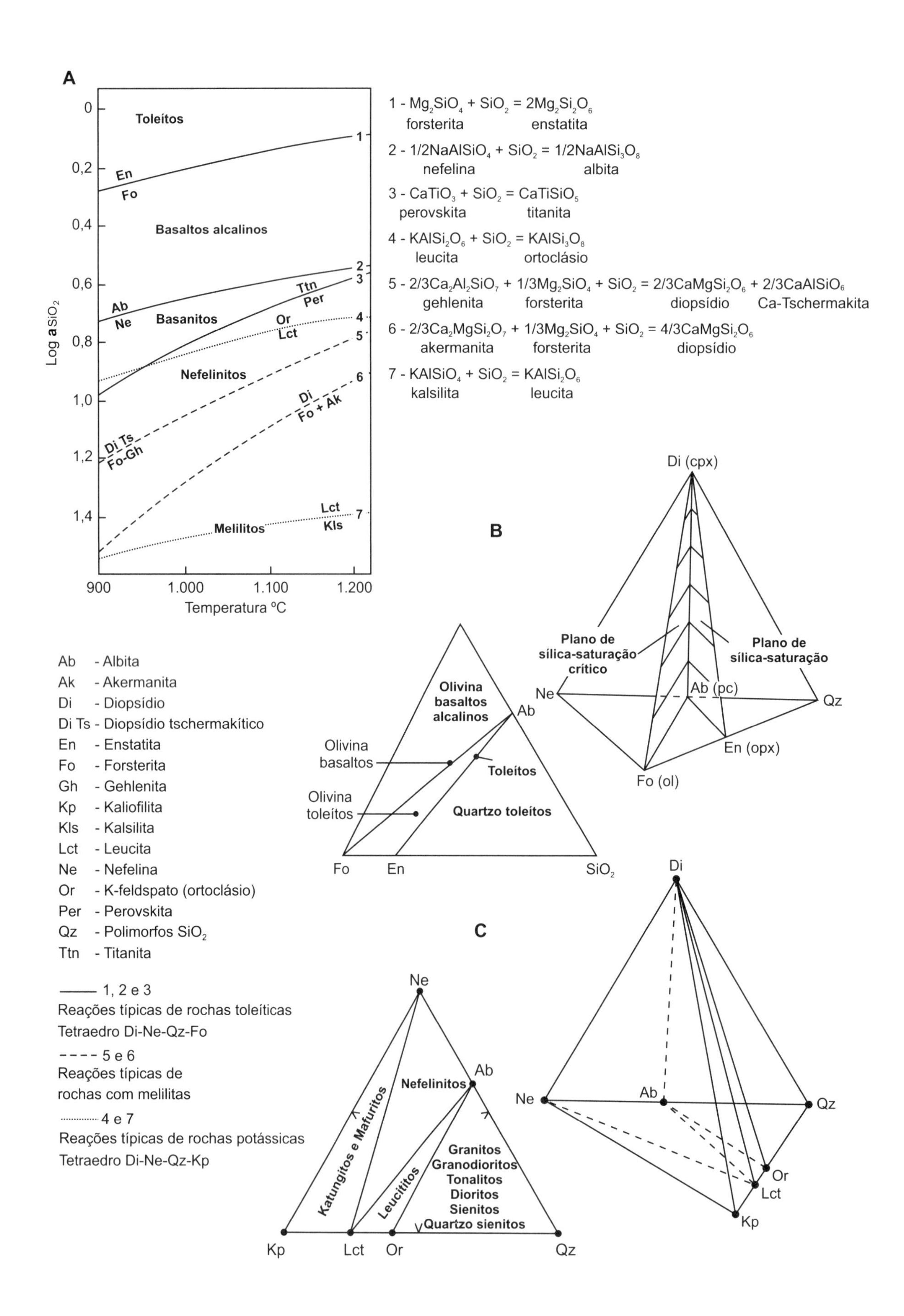
A
Toleítos
En
Fo
Basaltos alcalinos
Ab
Ne
Basanitos
Ttn
Per
Or
Lct
Nefelinitos
Di
Fo + Ak
Di Ts
Fo-Gh
Lct
Kls
Melilitos
Log a SiO2
Temperatura °C
900 1.000 1.100 1.200
1 - Mg2SiO4 + SiO2 = 2Mg2Si2O6
forsterita enstatita
2 - 1/2NaAlSiO4 + SiO2 = 1/2NaAlSi3O8
nefelina albita
3 - CaTiO3 + SiO2 = CaTiSiO5
perovskita titanita
4 - KAlSi2O6 + SiO2 = KAlSi3O8
leucita ortoclásio
5 - 2/3Ca2Al2SiO7 + 1/3Mg2SiO4 + SiO2 = 2/3CaMgSi2O6 + 2/3CaAlSiO6
gehlenita forsterita diopsídio Ca-Tschermakita
6 - 2/3Ca2MgSi2O7 + 1/3Mg2SiO4 + SiO2 = 4/3CaMgSi2O6
akermanita forsterita diopsídio
7 - KAlSiO4 + SiO2 = KAlSi2O6
kalsilita leucita
B
Di (cpx)
Plano de sílica-saturação crítico
Plano de sílica-saturação
Ne
Ab (pc)
Qz
En (opx)
Fo (ol)
Olivina basaltos alcalinos
Ab
Olivina basaltos
Toleítos
Olivina toleítos
Quartzo toleítos
Fo
En
SiO2
Ab - Albita
Ak - Akermanita
Di - Diopsídio
Di Ts - Diopsídio tschermakítico
En - Enstatita
Fo - Forsterita
Gh - Gehlenita
Kp - Kaliofilita
Kls - Kalsilita
Lct - Leucita
Ne - Nefelina
Or - K-feldspato (ortoclásio)
Per - Perovskita
Qz - Polimorfos SiO2
Ttn - Titanita
1, 2 e 3
Reações típicas de rochas toleíticas
Tetraedro Di-Ne-Qz-Fo
5 e 6
Reações típicas de rochas com melilitas
4 e 7
Reações típicas de rochas potássicas
Tetraedro Di-Ne-Qz-Kp
C
Ne
Ab
Nefelinitos
Katungitos e Mafuritos
Leucititos
Granitos
Granodioritos
Tonalitos
Dioritos
Sienitos
Quartzo sienitos
Kp
Lct
Or
Qz
Di
Ne
Ab
Qz
Or
Lct
Kp

Figura 13.5 – Sílica-saturação

A – Reações de sílica-saturação e classificação das rochas magmáticas (Yoder; Tilley, 1962; Hughes, 1982; Sood, 1981)

A cristalização dos silicatos compreende essencialmente a construção de um esqueleto silicático mais ou menos complexo e polimerizado cuja valência negativa é neutralizada por cátions metálicos. A relação (Si, Al) estrutural/cátions saturantes aumenta com a complexidade da estrutura silicática. Decorre que a atividade química da sílica (a_{SiO_2}) no magma, a expressão termodinâmica de sua concentração, controla o teor de Si na estrutura silicática dos minerais que cristalizam. A a_{SiO_2} não tem relação direta com a concentração de SiO_2 no magma expressa em % peso. Em condições de alta a_{SiO_2} cristalizam minerais com elevado conteúdo de sílica em sua estrutura. São os minerais sílica-saturados. Em condições de baixa a_{SiO_2} cristalizam minerais com estruturas mais pobres em sílica que seus equivalentes minerais sílica-saturados. São os minerais sílica insaturados. Em elevada a_{SiO_2} cristaliza o mineral sílica-saturado albita ($NaAlSi_3O_8$), um tectossilicato do grupo espacial C com relação (Si,Al)/Na = 4, mas em baixa a_{SiO_2} cristaliza seu equivalente sílica-insaturado, a nefelina ($NaAlSiO_4$), um tectossilicato do grupo espacial P63 com relação (Si,Al)/Na = 2. Uma $a_{SiO_2} \geq 1$ implica cristalização de um polimorfo de sílica. A condição da substituição da cristalização de um mineral sílica-saturado por um mineral sílica-insaturado pode ser estimada a partir da análise química da rocha. Os feldspatos, os minerais mais frequentes da crosta terrestre, são minerais sílica-saturados. No K-feldspato, $KAlSi_3O_8$, e na albita, $NaAlSi_3O_8$, a proporção molecular (SiO_2):(Na_2O + K_2O) = 6:1. Quando essa relação se torna menor que seis durante a cristalização magmática, a cristalização da albita é substituída pela cristalização de nefelina, isto é, a cristalização da nefelina sucede a cristalização inicial de albita. Quanto maior a sílica-insaturação do magma, maior o teor de nefelina na rocha.

De acordo com a presença de polimorfos de sílica, minerais sílica-saturados e minerais sílica-insaturados nas paragêneses minerais, as rochas são classificadas em sílica-supersaturadas (polimorfos de sílica e minerais sílica-saturados), sílica-saturadas (apenas minerais sílica-saturados) e sílica-insaturadas (minerais sílica saturados e sílica-insaturados).

A a_{SiO_2} crítica que promove a substituição da cristalização de um mineral sílica-saturado por seu equivalente sílica-insaturado varia de mineral para mineral e para cada mineral com a temperatura. A composição dos diferentes minerais sílica-insaturados que cristalizam com a progressiva queda da a_{SiO_2} depende da composição magmática (**A**). Em magmas toleíticos e cálcio-alcalinos, a queda da a_{SiO_2} afeta inicialmente o Mg com a cristalização de forsterita substituindo a enstatita. Em seguida é afetado o sódio com a cristalização de nefelina substituindo albita. Portanto, um nefelina-olivina basalto cristaliza numa a_{SiO_2} menor que um olivina basalto. Em magmas alcalinos sódio-potássicos, após a cristalização da nefelina, a sílica-insaturação afeta o titânio e o cálcio com a cristalização de perovskita (óxido) substituindo a titanita (silicato). Em rochas potássicas cristaliza inicialmente a leucita e, em condições de a_{SiO_2} muito baixas, a kalsilita. De magmas basálticos com a_{SiO_2} muito baixa cristaliza gehlenita e forsterita substituindo augita aluminosa (a soma química de diopsídio e anortita ou de diopsídio e Ca-tschermakita) e akermanita e forsterita substituem o diopsídio.

Quartzo, enstatita, albita, forsterita e nefelina são minerais-chave para a classificação dos basaltos na base do tetraedro basáltico (**B**); quartzo, ortoclásio, albita, nefelina, leucita e kalsilita são minerais-chave para a classificação das rochas na base do tetraedro alcalino (**C**). Os dois tetraedros têm o vértice oposto à base ocupado por diopsídio.

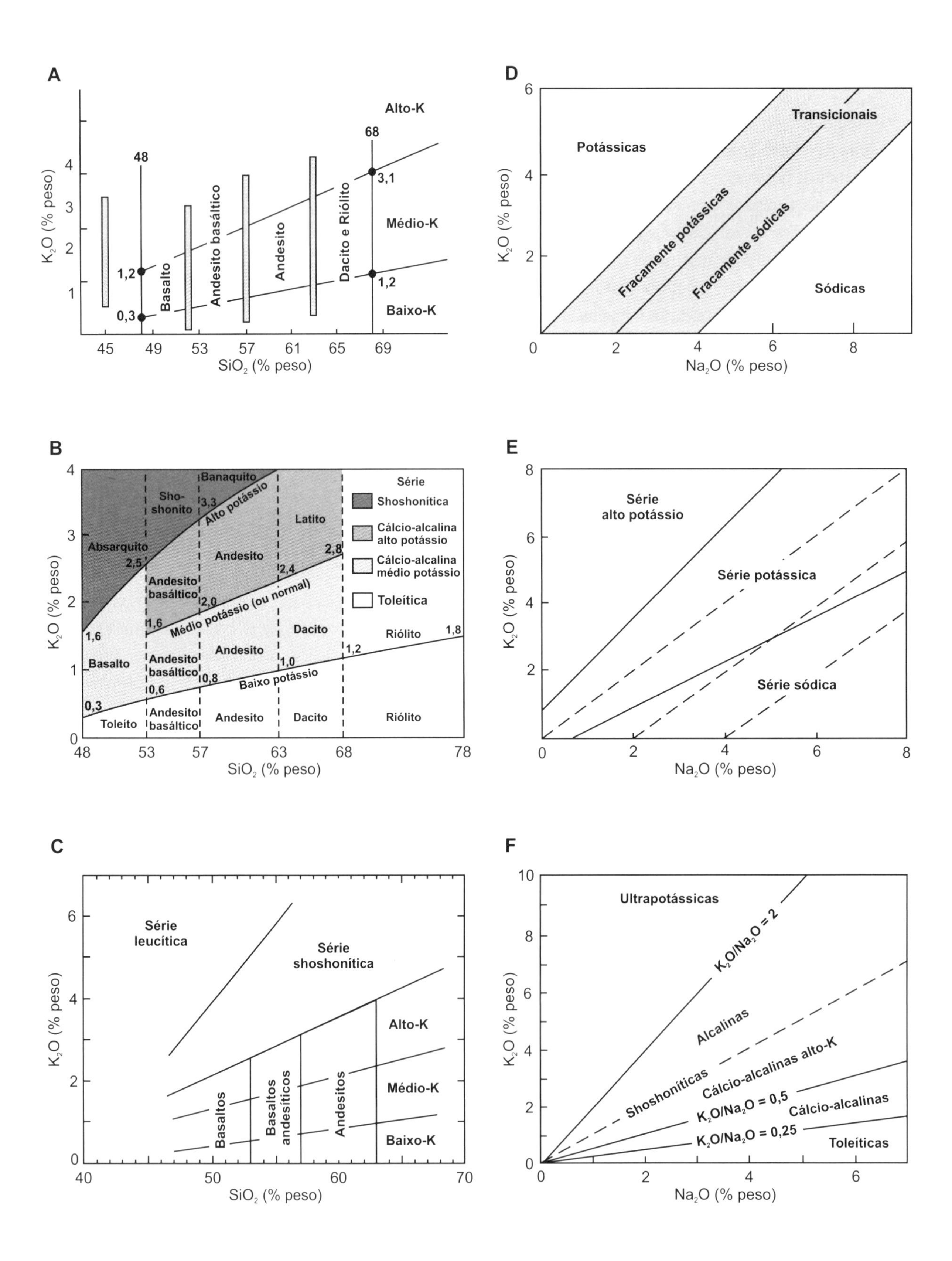
A
Alto-K
68
48
3,1
Médio-K
1,2
1,2
0,3
Baixo-K
Basalto
Andesito basáltico
Andesito
Dacito e Riólito
K_2O (% peso)
SiO_2 (% peso)
D
Potássicas
Transicionais
Fracamente potássicas
Fracamente sódicas
Sódicas
K_2O (% peso)
Na_2O (% peso)
B
Banaquito
Sho-
shonito
Alto potássio
Latito
Absarquito
Andesito
Andesito
basáltico
Médio potássio (ou normal)
Dacito
Riólito
Basalto
Baixo potássio
Toleito
Série
Shoshonítica
Cálcio-alcalina
alto potássio
Cálcio-alcalina
médio potássio
Toleítica
K_2O (% peso)
SiO_2 (% peso)
E
Série
alto potássio
Série potássica
Série sódica
K_2O (% peso)
Na_2O (% peso)
C
Série
leucítica
Série
shoshonítica
Alto-K
Médio-K
Baixo-K
Basaltos
Basaltos
andesíticos
Andesitos
K_2O (% peso)
SiO_2 (% peso)
F
Ultrapotássicas
$K_2O/Na_2O = 2$
Alcalinas
Shoshoníticas
Cálcio-alcalinas alto-K
$K_2O/Na_2O = 0,5$
Cálcio-alcalinas
$K_2O/Na_2O = 0,25$
Toleíticas
K_2O (% peso)
Na_2O (% peso)

Figura 13.6 – Relação entre sílica, potássio e sódio

A a **C – O diagrama $SiO_2 \times K_2O$** (Peccerillo; Taylor, 1976; Wheller et al., 1987; Taylor et al., 1981; Le Maitre, 1989)

Magmas resultantes do progressivo fracionamento de minerais ricos em elementos compatíveis (MgO, CaO, FeO) apresentam gradual incremento do teor de álcalis, (Na_2O e K_2O), elementos incompatíveis. Os teores de sódio nos (Ca,Na)-piroxênios e anfibólios, minerais frequentes no estágio inicial e principal da cristalização magmática, são relativamente pequenos assim como nos (Ca,Na)-plagioclásios de basaltos e anortositos e não existe um piroxênio ou anfibólio tipicamente potássico de cristalização precoce. Em rochas subalcalinas os minerais levemente a fortemente potássicos cristalizados são biotita, último mineral da série de reação descontínua, muscovita e o K-feldspato, minerais da série de cristalização residual.

Por outro lado, potássio é o primeiro elemento maior incompatível extraído de rochas-fontes por fusão parcial incipiente a moderada. Como todos magmas parentais sofrem gradual enriquecimento em álcalis durante sua evolução por cristalização fracionada, o teor de potássio em rochas pouco evoluídas (pobres em sílica) é fator importante na caracterização de séries magmáticas resultantes da cristalização fracionada de magmas gerados de rochas-fontes mais ou menos férteis (mais ou menos ricas em álcalis e outros elementos incompatíveis). Existem várias propostas de classificação de rochas e séries magmáticas em termos da relação $SiO_2 \times K_2O$. A mais simples, a da IUGS, subdivide o campo magmático em três ramos evolutivos denominados de baixo-, médio- e alto-K (**A**). Outra subdivide o campo magmático em quatro ramos e utiliza nomes de séries magmáticas consagradas: baixo-K ou toleítica, cálcio-alcalina médio-K, cálcio-alcalina alto-K e série shoshonítica. O limite entre dacitos e riólitos não é representado, pois no diagrama TAS-classificação ele é inclinado (**B**). Finalmente, outra proposta subdivide o campo magmático em cinco áreas pela delimitação da série leucitítica (**C**).

D a **F – O diagrama $Na_2O \times K_2O$** (Middlemost, 1975, 1985, 1991; Le Maitre, 1989)

Segundo a IUGS no diagrama $Na_2O \times K_2O$ as rochas magmáticas são classificadas em sódicas, nas quais $Na_2O - 4 > K_2O$, transicionais e potássicas, estas com $K_2O > Na_2O$ em % peso (**D**). As rochas transicionais compreendem rochas fracamente sódicas e fracamente potássicas; o limite entre ambas é a relação $Na_2O - 2 = K_2O$. No diagrama TAS-classificação, a divisão do segundo ramo em rochas potássicas e rochas sódicas para sua nomenclatura específica utiliza este limite. A desvantagem do gráfico é que a evolução de séries sódicas e potássicas de áreas oceânicas e continentais no gráfico $Na_2O \times K_2O$ descreve arcos côncavos ou convexos que cruzam uma ou mais vezes os limites entre as estreitas faixas composicionais propostas. Esta feição enfatiza novamente a vantagem do diagrama $SiO_2 \times K_2O$ na caracterização da evolução de séries magmáticas, pois aqui o conjunto das análises têm disposição mais retilínea.

Muitos autores ainda utilizam uma divisão mais antiga do diagrama $Na_2O \times K_2O$ em três áreas convergentes que abrigam as séries fortemente potássica (ou alto-potássio), potássica e sódica (**E**). A vantagem dessa subdivisão é que confina a evolução de diferentes exemplos das três séries magmáticas quase sempre a um dos campos delimitados.

Assim como nos diagramas TAS-alcalinidade e $SiO_2 \times K_2O$, também no diagrama $Na_2O \times K_2O$ foram quantificados os limites entre as séries toleítica, cálcio-alcalina, cálcio-alcalina alto-K e ultrapotássica (**F**).

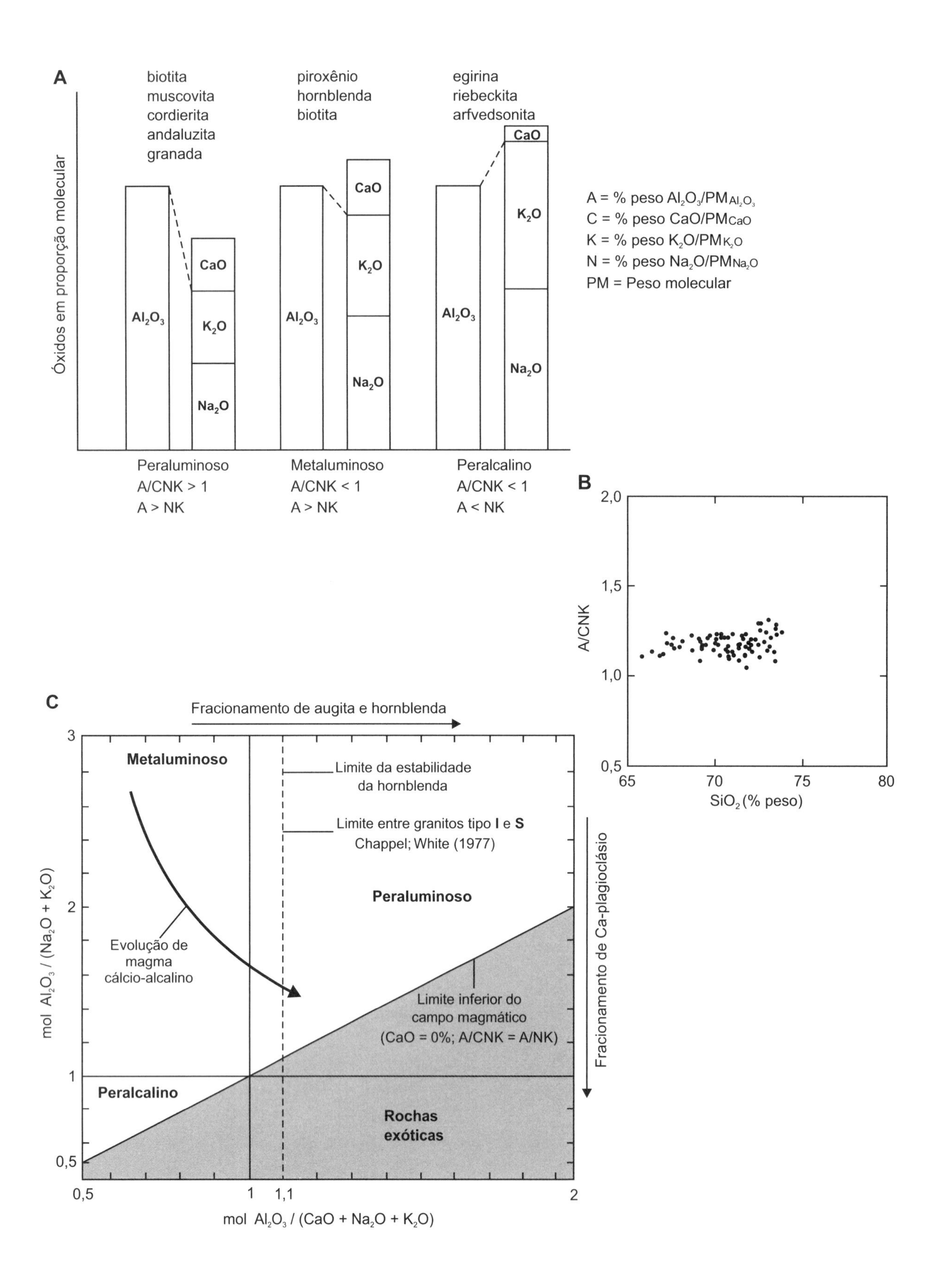
A
biotita
muscovita
cordierita
andaluzita
granada
piroxênio
hornblenda
biotita
egirina
riebeckita
arfvedsonita
Óxidos em proporção molecular
Al2O3
CaO
K2O
Na2O
Peraluminoso
A/CNK > 1
A > NK
Metaluminoso
A/CNK < 1
A > NK
Peralcalino
A/CNK < 1
A < NK
A = % peso Al2O3/PMAl2O3
C = % peso CaO/PMCaO
K = % peso K2O/PMK2O
N = % peso Na2O/PMNa2O
PM = Peso molecular
B
A/CNK
SiO2 (% peso)
C
Fracionamento de augita e hornblenda
Metaluminoso
Limite da estabilidade da hornblenda
Limite entre granitos tipo I e S Chappel; White (1977)
Peraluminoso
Evolução de magma cálcio-alcalino
Limite inferior do campo magmático (CaO = 0%; A/CNK = A/NK)
Peralcalino
Rochas exóticas
Fracionamento de Ca-plagioclásio
mol Al2O3 / (Na2O + K2O)
mol Al2O3 / (CaO + Na2O + K2O)

Figura 13.7 – Relação entre alumina-saturação e peralcalinidade

A – Relação molar entre CaO, Na_2O, K_2O e Al_2O_3; diagrama de Shand (Shand, 1947, 1951; Clarke, 1992; Chappell; White, 1974)

O diagrama de Shand reúne o índice de alumina-saturação, a relação molar $Al_2O_3/(CaO + Na_2O + K_2O)$ ou A/CNK e o índice de peralcalinidade, a relação molar $Al_2O_3/(Na_2O + K_2O)$ ou A/NK. A alumina-saturação subdivide as rochas magmáticas em peraluminosas, subaluminosas e metaluminosas. Nos feldspatos ($CaAl_2Si_2O_8$, $NaAlSi_3O_8$ e $KAlSi_3O_8$), os minerais mais frequentes da crosta terrestre, a relação entre CaO, Na_2O ou K_2O e Al_2O_3 é 1:1. Decorre que de um magma com relação molar $Al_2O_3/CaO + Na_2O + K_2O = 1$ os únicos minerais aluminosos que cristalizam são os feldspatos. Portanto, só cristalizam minerais fêmicos desprovidos de alumina, caso das olivinas e do Mg-piroxênio enstatita, ditos minerais subaluminosos. Rochas portadoras de minerais subaluminosos também são chamadas de subaluminosas (**A**, **C**). Rochas subaluminosas são muito raras, pois a exata equivalência entre A e CNK é excepcional.

Rochas com A/CNK > 1 são ditas peraluminosas (**A**, **B**). Após a cristalização dos feldspatos, o excesso de alumina é acomodado nos minerais máficos, o que resulta em minerais máficos aluminosos, os minerais máficos peraluminosos. Minerais peraluminosos podem ser fracamente aluminosos, caso de hornblenda e biotita, ou fortemente aluminosos, caso de muscovita, sillimanita etc. Rochas peraluminosas são portadoras de biotita, muscovita, granada, cordierita, sillimanita, topázio e turmalina. Quanto maior a relação A/CNK do magma, maior o volume de minerais fêmicos aluminosos cristalizados, maior a sua riqueza em alumínio e menor o seu teor em elementos compatíveis que podem faltar totalmente. Um batólito composto de plutons de biotita granitos, biotita-muscovita granitos e muscovita granitos espelha uma crescente relação A/CNK nos sucessivos pulsos magmáticos intrusivos (**B**). A relação A/CNK aumenta com o aumento do teor de sílica da rocha (**C**). É mostrada a trilha evolutiva de magmas cálcio-alcalinos que envolve o fracionamento de piroxênios, anfibólios e plagioclásio; os dois primeiros aumentam a relação A/CNK, o último diminui a relação A/NK do magma. As últimas frações da evolução magmática podem ser peraluminosas, com A/CNK > 1,1. As fácies mais evoluídas do granito Mairiporã-SP, um biotita-hornblenda granito cálcio-alcalino típico, contém biotita e rara granada. Em magmas metaluminosos, as relações A/CNK < 1 e A/NK > 1 revelam um excesso de Ca em relação ao alumínio (**A**, **B**). O Ca não incorporado pelo plagioclásio entra na composição de minerais máficos cálcicos fracamente aluminosos caso da augita e da hornblenda. Também uma pequena parte dos álcalis é incorporada por minerais fêmicos fracamente aluminosos, caso da hornblenda e da biotita. O par hornblenda e biotita é altamente diagnóstico para dioritos, tonalitos, granodioritos e granitos cálcio-alcalinos, cordilheiranos ou tipo I (de ígneo). Hornblenda é estável até uma relação A/CNK = 1,1, que determina o limite dos granitos I no diagrama de Shand (**C**).

O índice de peralcalinidade A/NK < 1 caracteriza magmas peralcalinos (**A**, **C**). O excesso de álcalis após o consumo da alumina pela cristalização dos feldspatos alcalinos é incorporado pelos minerais fêmicos que se tornam minerais máficos alcalinos, caso da egirina, egirina-augita, riebeckita e arfvedsonita. Também é mostrado o limite entre rochas metaluminosas e rochas peralcalinas naturais, que difere um pouco do limite teórico unitário, e o limite composicional das rochas magmáticas ($CaO = 0 \therefore A/CNK = A/NK$). Rochas com composição abaixo da linha A/CNK = A/NK são ditas exóticas e frequentemente resultam de processos pneumatolíticos/hidrotermais.

A

Harker (1896) Becke (1903)	Vários autores	Tyrell (1937)	Peacock (1931)	Niggli (1936)
Pacífico	Subalcalino, cálcio-alcalino	Cálcico	Cálcico	Cálcio-alcalino ou Pacífico
			Cálcio-alcalino	
Atlântico	Alcalino	Alcalino	Álcali-cálcico	Alcalino Sódico ou Atlântico Potássico ou Mediterrâneo
			Alcalino	

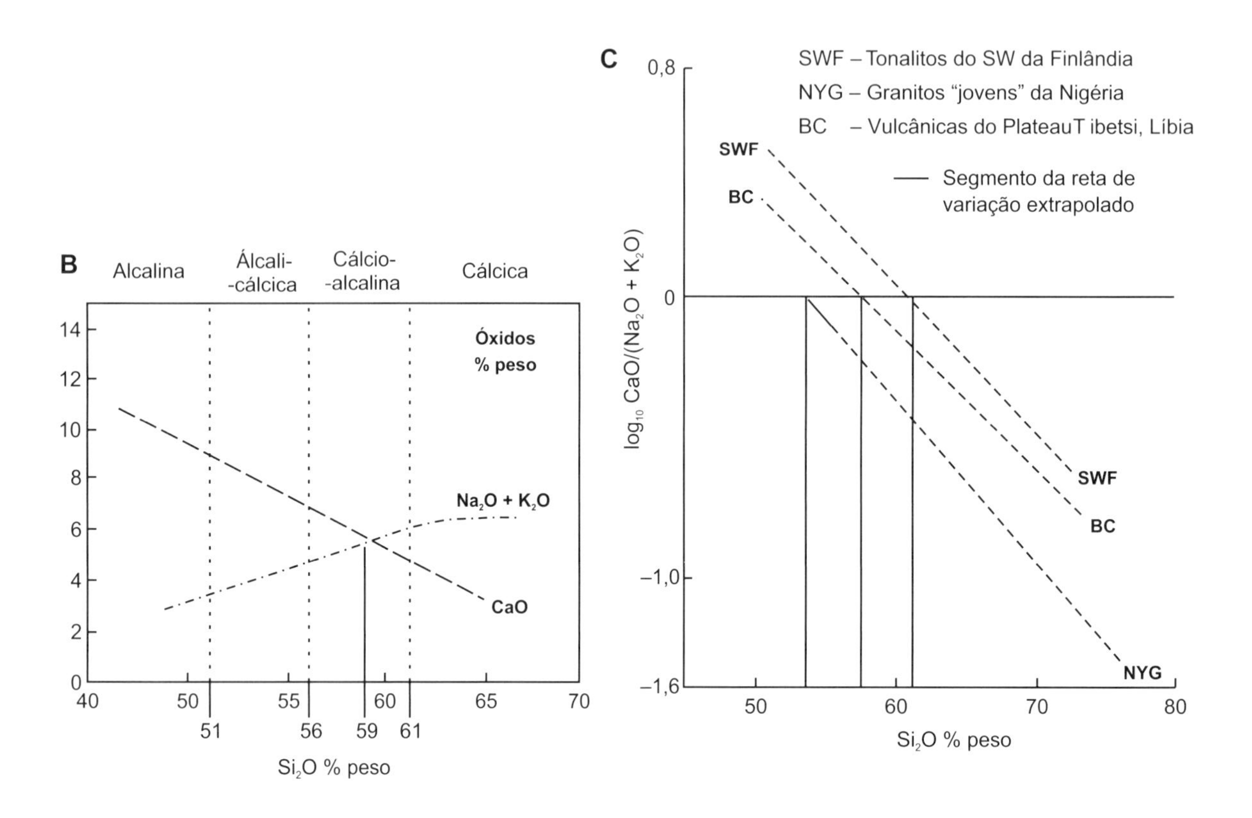

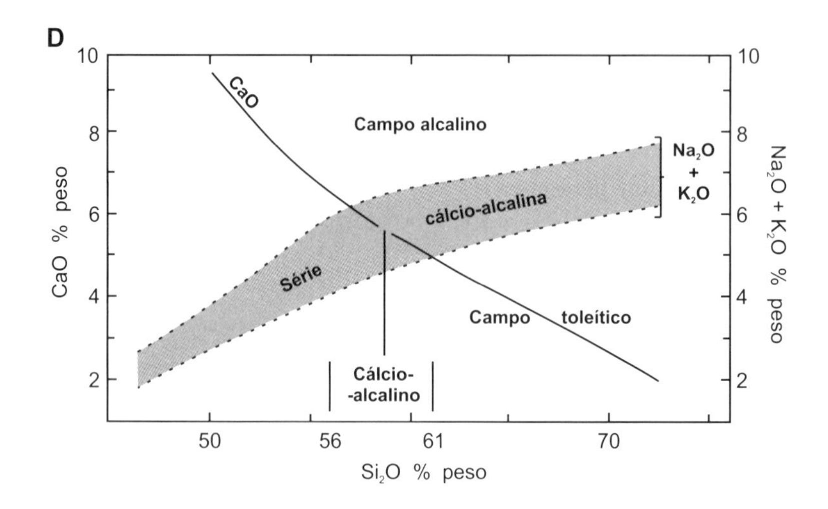

Figura 13.8 – Relação entre silício, álcalis e cálcio

A – Classificação das Rochas em termos de SiO_2, Na_2O, K_2O e CaO (Barth, 1962)

Há longa data foi constatada a existência de magmas com características químicas contrastantes. Harker e Becke subdividiram os magmas em tipo Pacífico que reunia magmas subalcalinos com vinculação orogênica (as cordilheiras e os Andes que bordejam o Pacífico) e magmas tipo Atlântico que reuniam diferentes magmas alcalinos com vinculação anorogênica e colocação/erupção fissural, frequentes na borda (e ilhas) do continente europeu. Os nomes geográficos logo causaram muita confusão já que a cadeia orogênica dos Caledonides bordeja parte do Atlântico e as ilhas oceânicas do Pacífico são dominantemente alcalinas. Tyrell classificou os magmas em bases estritamente químicas, definindo magmas cálcicos e alcalinos. Niggli e Rittman introduziram uma série de índices e valores numéricos (valores de Niggli e o índice "s") para classificar os magmas e introduziram uma nomenclatura química-geográfica: magmas cálcicos/cálcio-alcalinos ou tipo Pacífico, alcalino sódicos ou tipo Atlântico e alcalinos potássicos ou tipo Mediterrâneo, pois na Espanha, Itália, Grécia etc. situam-se famosas ocorrências de rochas potássicas. Atualmente os nomes geográficos estão totalmente abandonados.

B a **D – Diagrama de Peacock** (Peacock, 1931; Brown, 1982)

Uma classificação tipológica numérica relativamente simples dos diferentes tipos de magmas é a classificação nos diagramas superpostos ($SiO_2 \times CaO$) $\times$ ($SiO_2 \times Na_2O + K_2O$), óxidos em % peso. Numa suíte rochosa cogenética quimicamente expandida (ou série magmática) a razão $SiO_2/Na_2O + K_2O$ aumenta com a progressão do fracionamento enquanto a razão SiO_2/CaO diminui. Decorre que numa representação superposta das duas relações tendo em comum a abcissa SiO_2, as duas curvas se cruzam (**B**). O teor de sílica na qual ocorre o cruzamento, que representa a condição $CaO = Na_2O + K_2O$, é denominado de índice de Peacock (IP). Decorre que quanto maior o teor de álcalis da série magmática, menor o teor de sílica do cruzamento das curvas ($SiO_2 \times CaO$) e ($SiO_2 \times Na_2O + K_2O$) e quanto mais rica em cálcio a série, maior o seu índice de Peacock. Decorre que séries magmáticas mais ou menos ricas em álcalis (que representam o teor de feldspatos e minerais fêmicos alcalinos) ou cálcio (que representa os plagioclásios e minerais fêmicos cálcicos) podem ser caracterizadas pelo índice de Peacock. Este subdivide as séries magmáticas em alcalinas (IP < 51), álcali-cálcica (IP entre 51 e 56), cálcio-alcalina (IP entre 56 e 61) e cálcica (IP > 61). Nos diagramas TAS e $SiO_2 \times K_2O$ a série cálcica corresponde à série toleítica ou série baixo-K e a série álcali-cálcica à série transalcalina ou cálcio-alcalina alto-K.

A representação simultânea de diferentes séries ou corpos magmáticos no diagrama de Peacock original é muito confusa. Resultou a sua transformação no diagrama $SiO_2 \times \log CaO/Na_2O + K_2O$, óxidos em % peso, no qual as duas curvas do diagrama original de Peacock se transformam em uma reta e o índice de Peacock é o teor de SiO_2 do cruzamento da reta das análises químicas com a linha $\log CaO/Na_2O + K_2O = 0$ (**B**).

Outro diagrama derivado útil é o que representa os limites da série cálcio-alcalina em toda sua extensão no diagrama de Peacock. Os limites foram determinados por meio das análises químicas de numerosos corpos magmáticos com mineralogia tipicamente cálcio-alcalina (**C**).

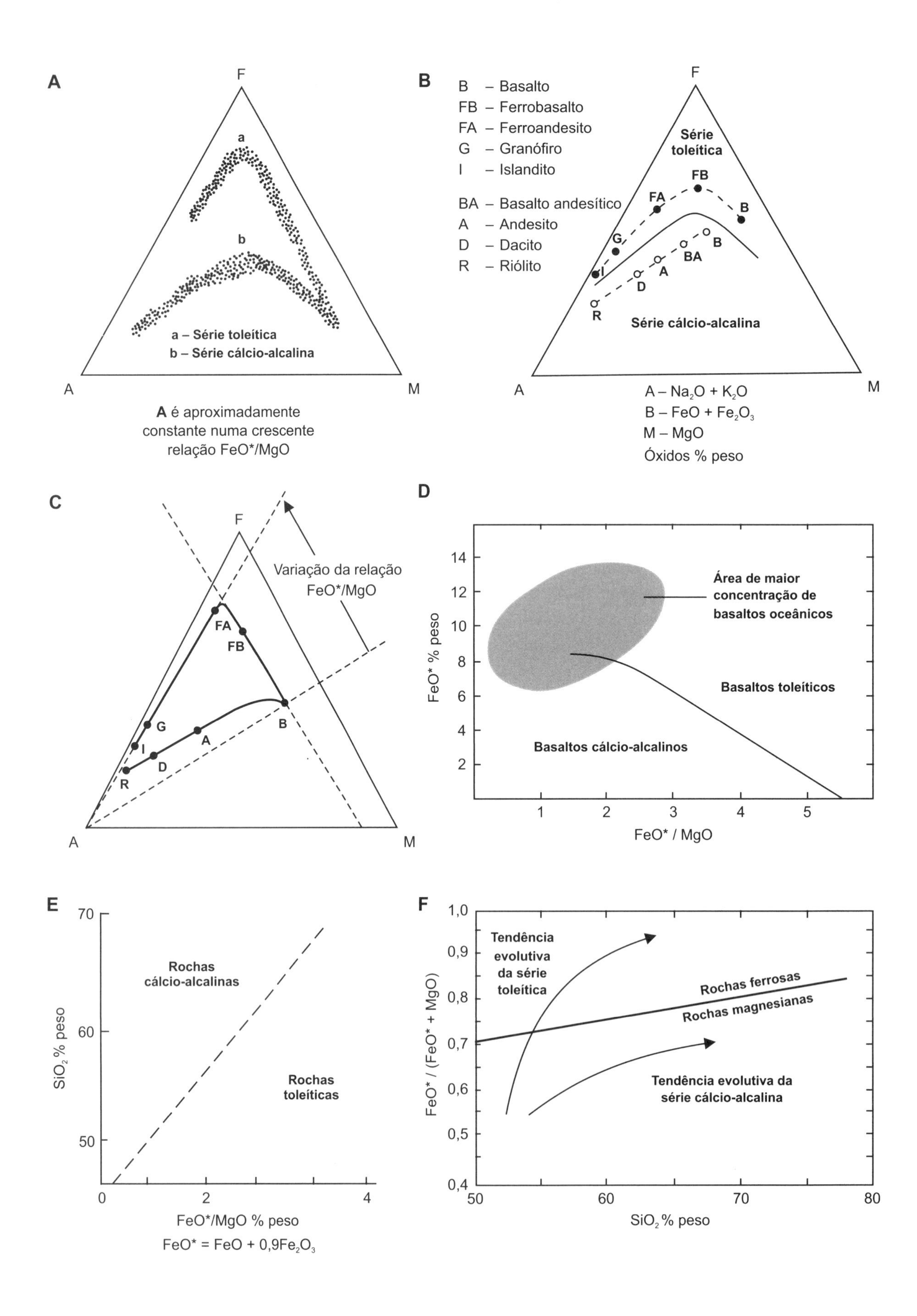
A
F
a
b
a – Série toleítica
b – Série cálcio-alcalina
A
M
A é aproximadamente constante numa crescente relação FeO*/MgO
B
B – Basalto
FB – Ferrobasalto
FA – Ferroandesito
G – Granófiro
I – Islandito
BA – Basalto andesítico
A – Andesito
D – Dacito
R – Riólito
F
Série toleítica
FB
FA
B
G
I
B
BA
A
D
R
Série cálcio-alcalina
A
M
A – Na2O + K2O
B – FeO + Fe2O3
M – MgO
Óxidos % peso
C
F
Variação da relação FeO*/MgO
FA
FB
G
I
A
B
D
R
A
M
D
Área de maior concentração de basaltos oceânicos
Basaltos toleíticos
Basaltos cálcio-alcalinos
FeO* % peso
FeO* / MgO
E
Rochas cálcio-alcalinas
Rochas toleíticas
SiO2 % peso
FeO*/MgO % peso
FeO* = FeO + 0,9Fe2O3
F
Tendência evolutiva da série toleítica
Rochas ferrosas
Rochas magnesianas
Tendência evolutiva da série cálcio-alcalina
FeO* / (FeO* + MgO)
SiO2 % peso

Figura 13.9 – Diagrama AFM

A a **F** – **Evolução magmática no diagrama AFM** (Kuno, 1968; Irvine; Baragar, 1971; Rickwood, 1989; Frost; Frost, 2014)

O diagrama AFM ou ($Na_2O + K_2O$)-(FeOT)-(MgO), óxidos em % peso, serve para comparar a relação FeOT/MgO e o aumento da concentração de ($Na_2O + K_2O$) com a evolução magmática por fracionamento progressivo de rochas basálticas. O diagrama AFM separa as séries toleítica e cálcio-alcalina, pois ambas apresentam diferentes trilhas evolutivas decorrentes de seus distintos conteúdos de H_2O (**A**, **B**). A variação do teor de água dissolvida em magmas basálticos determina diferentes trilhas evolutivas, pois:

- a dissociação de água controla a Po_2 (a pressão parcial de gases reais) ou fo_2 (a pressão termodinâmica ou fugacidade de gases ideais) que atua sobre o magma durante sua cristalização. Quanto maior o teor de água no magma, tanto maior a Po_2 e a consequente oxidação do sistema. Como o H_2O tem comportamento de elemento incompatível, seu teor aumenta no decrescente volume de fração magmática líquida no decorrer da cristalização e, consequentemente, aumenta a Po_2 do sistema. O aumento da Po_2 no decorrer da cristalização evidencia-se pela cristalização inicial de minerais fêmicos portadores de Fe^{2+}, caso da olivina e dos (Ca,Mg,Fe)-piroxênios, e da cristalização final de biotita, mineral com Fe^{2+} e Fe^{3+} na sua composição. Fundamental para a evolução magmática é o controle que a Po_2 exerce sobre a cristalização mais ou menos precoce da magnetita $FeFe_2O_4$ ($FeO + Fe_2O_3$), pois sua cristalização e fracionamento retira consideráveis teores de Fe do sistema e aumenta o teor de sílica na fração magmática líquida remanescente;
- a presença de água retarda o início da cristalização de plagioclásio. Normalmente magmas basálticos são multisaturados, isto é, olivina, piroxênio e plagioclásio iniciam sua cristalização num intervalo de temperatura muito pequeno. A cristalização precoce e o fracionamento de Ca-plagioclásios junto com minerais fêmicos magnesianos (olivina, ortopiroxênios e clinopiroxênios) empobrece a fração líquida em Ca, Mg e Al e, consequentemente a enriquece em FeO. Já o retardo da cristalização do plagioclásio enriquece a fração magmática líquida em alumina dada a cristalização e fracionamento inicial apenas de olivina e piroxênios.

Magmas toleíticos são muito pobres em álcalis e água. Portanto, sua evolução é caracterizada por um enriquecimento em Fe na ausência de enriquecimento em sílica. Resulta a cristalização de abundantes ferrobasaltos (ferrogabros), menores quantidades de ferroandesitos (ferrodioritos), e raros islanditos (granófiros) e mais de 90% de sua trilha evolutiva concentra-se numa reta paralela ao lado F-M do diagrama AFM (**C**). Magmas cálcio-alcalinos são mais ricos em álcalis e água. Portanto, durante sua evolução não ocorre enriquecimento em ferro (a relação Fe/Mg permanece aproximadamente constante), ocorre enriquecimento em sílica e álcalis e o enriquecimento inicial em alumina se manifesta numa posteriormente abundante cristalização de feldspatos que produz rochas félsicas. Resultam abundantes andesitos (tonalitos, dioritos) e dacitos (granodioritos) e quantidades menores de riólitos (granitos); a trilha evolutiva do magma descreve uma curva levemente convexa que passa para uma reta entre a composição basáltica inicial e o ápice A no diagrama AFM (**C**).

A ocorrência ou não do enriquecimento em ferro, expresso pela variabilidade da relação Fe/Mg, permite separar as séries toleítica e cálcio-alcalina nos diagramas FeOT × MgO e FeOT/MgO × FeOT. (**D**) O enriquecimento em sílica que acompanha o dos álcalis no diagrama AFM permite separar as duas séries nos diagramas SiO_2 × FeOT/MgO, (**E**) e SiO_2 × FeOT/(FeOT + MgO) (**F**). Este também classifica as rochas genericamente em magnesianas e ferrosas que incluem, respectivamente, a série toleítica e a cálcio-alcalina cujas evoluções são mostradas.

A

	1	2	3		4	5	6
SiO_2	73,84	70,56	73,05	SiO_2	46,59	49,16	51,02
TiO_2	0,16	0,4	0,24	TiO_2	2,26	2,29	2,03
Al_2O_3	14,29	14,00	10,62	Al_2O_3	15,19	13,33	13,49
Fe_2O_3	0,34	0,91	3,04	Fe_2O_3	2,96	1,31	3,22
FeO	0,75	2,41	2,98	FeO	9,89	9,71	8,12
MnO	0,05	0,06	0,21	MnO	0,18	0,16	0,17
MgO	0,21	0,48	0,10	MgO	8,74	10,41	8,42
CaO	0,69	1,63	0,60	CaO	10,2	10,93	10,30
Na_2O	3,61	3,56	4,23	Na_2O	3,01	2,15	2,10
K_2O	5,21	5,39	4,48	K_2O	0,96	0,51	0,40
H_2O^+	0,6	0,50	0,37	H_2O^+	0,05	0,04	0,21
P_2O_5	0,25	0,10	0,08	P_2O_5	0,29	0,16	0,26
Q	31,7	24,5	29,9	Q	–	–	4,26
Or	30,6	31,7	26,7	Or	5,56	2,78	2,22
Ab	30,4	29,9	29,3	Ab	20,96	17,82	17,82
An	1,7	6,4	–	An	25,30	25,30	26,13
C	2,1	–	–	Ne	2,27	–	–
Wo	–	0,3	1,0	Di (Wo + En)	18,51	22,93	18,60
En	0,5	1,2	0,3	Hy (En + Fs)	–	15,35	21,27
Fs	0,9	3,0	4,6	Ol (Fo + Fa)	18,21	9,14	–
Ac	–	–	5,5				
Mt	0,5	1,4	1,6	Mt	4,41	2,09	4,64
Il	0,3	0,8	0,5	Il	4,26	4,41	3,80
Ap	0,6	0,3	0,2	Ap	0,67	0,34	0,67

Análises químicas e normas CIPW de:

1 – Granitos com diferentes graus de alumina saturação

1. Muscovita granito (peraluminoso)
2. Biotita-hornblenda granito (metaluminoso)
3. Riebeckita granito (peralcalino)

2 – Basaltos com diferentes graus de sílica saturação

4. Basalto alcalino (sílica-insaturado)
5. Olivina toleíto (sílica-saturado)
6. Quartzo toleíto (sílica-supersaturado)

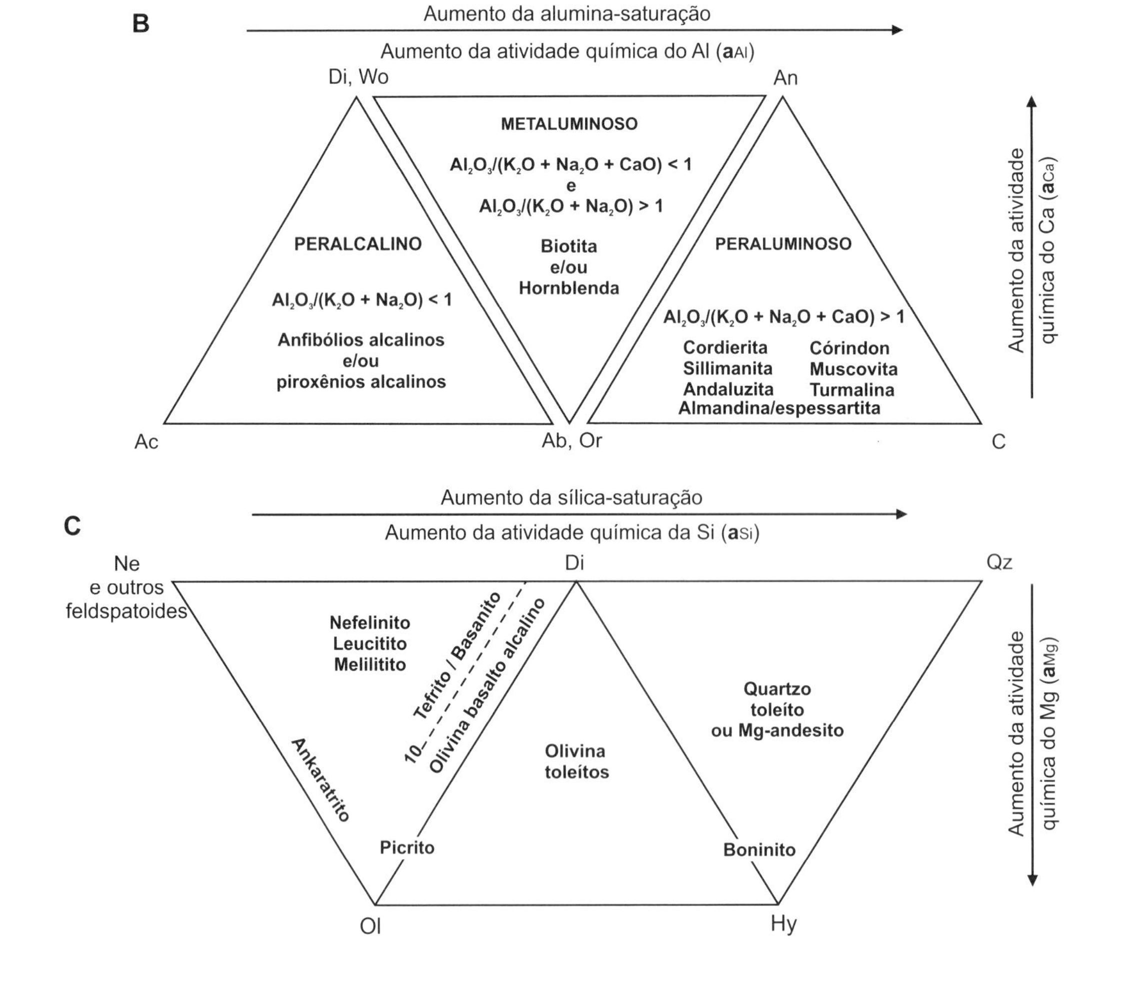

Figura 13.10 – Alumina-saturação, alcalinidade e minerais normativos

A, B – Norma de granitos com variável alumina-saturação (Le Maitre, 1976a, 1976b; Le Bas et al., 1992; Hall, 1996)

Granitos são rochas portadoras de quartzo e, portanto, sílica-supersaturadas. Em termos de alumina-saturação granitos podem ser peraluminosos, metaluminosos e peralcalinos. Em rochas peraluminosas o excesso de alumínio após a formação dos feldspatos é incorporada por minerais que se tornam peraluminosos, caso de biotita, muscovita, cordierita, sillimanita, granada, topázio, turmalina etc. A riqueza em alumina é representada na norma pela presença de córindon (C) mineral diagnóstico de rochas alumina-supersaturadas (**A**). Granitos alcalinos têm como minerais modais típicos piroxênios e anfibólios alcalinos sódicos. A riqueza em sódio é caracterizada na norma pela presença da acmita (Ac), mineral diagnóstico da peralcalinidade (**A**). Granitos metaluminosos são portadores de minerais fêmicos pobres ou isentos de alumina, caso de augita, hornblenda e biotita, cuja paragênese caracteriza dioritos, tonalitos, granodioritos e granitos cálcio-alcalinos. A norma dos granitos metaluminosos não contém nem córindon nem acmita; ausência dos dois minerais normativos é altamente diagnóstico de um estado de alumina saturação entre peraluminoso e peralcalino (**A**).

A quantificação da alumina-saturação é feita no diagrama [Wo, Di]-An-Ac-C, um triângulo truncado resultante da justaposição dos diagramas triangulares (Wo, Di)-Ac-(Ab, Or) para rochas peralcalinas, (Ab, Or)-(Di, Wo)-An para rochas metaluminosas e An-(Ab, Or)-C, para rochas peraluminosas (**B**). Nesta representação da base Ac ($NaFe^{3+}Si_2O_6$)-C(Al_2O_3), para o topo (Wo, Di) ($CaSiO_3$, $CaMgSi_2O_6$)-An ($CaAl_2Si_2O_8$) do diagrama ocorre um aumento da atividade química do cálcio enquanto da esquerda para a direita do diagrama ocorre um aumento da alumina-saturação. A partir da análise é calculada a norma da rocha (expressa em % peso) e determinada sua alumina-saturação por meio dos minerais críticos (C, Ac ou pela ausência de ambos). Determinada a alumina-saturação é selecionado o correspondente triângulo normativo onde a amostra será lançada. A proporção entre os minerais do triângulo normativo contidos na norma da rocha é recalculada para 100 % peso.

C – Normas de basaltos com variável sílica-saturação (Yoder; Tilley, 1962; Macdonald; Katsura, 1964; Thompson, 1984; Hall, 1996)

Em termos de sílica-saturação as rochas são classificadas em sílica-supersaturadas, insaturadas e saturadas, caracterizadas, respectivamente, por Qz normativo, um ou mais minerais sílica-insaturados (Ne, Lct, Kls) e Ol (Fo + Fa) ou pela ausência dos citados minerais (**C**). A quantificação da sílica-saturação de basaltos é feita no diagrama de Thompson, o diagrama Ne (ou outro feldspatoide)-Ol-Hy-Di-Qz, que resulta da justaposição dos triângulos Ne-Ol-Di para basaltos criticamente sílica-insaturadas ou alcalinos (nefelina-olivina basaltos ou olivina basaltos alcalinos, basanitos, tefritos, nefelinitos, leucititos e melilititos), Di-Ol-Hy para basaltos sílica-insaturados (olivina toleítos) e Di-Hy-Qz para basaltos sílica-supersaturados (quartzo toleítos) (**C**). No gráfico, a sílica-saturação aumenta da esquerda para a direita e a atividade química do Mg (**a**MgO) aumenta do topo para a base do diagrama. O diagrama é mais preciso para rochas com mais de 6% peso de MgO, assumindo-se uma relação $FeO/(FeO + Fe_2O_3) = 0,85$ ou $Fe_2O_3/FeO = 0,18$ e para rochas frescas, pois pequenas variações no teor de Na_2O, comuns em rochas mais ou menos alteradas, modificam sensivelmente a composição normativa de basaltos.

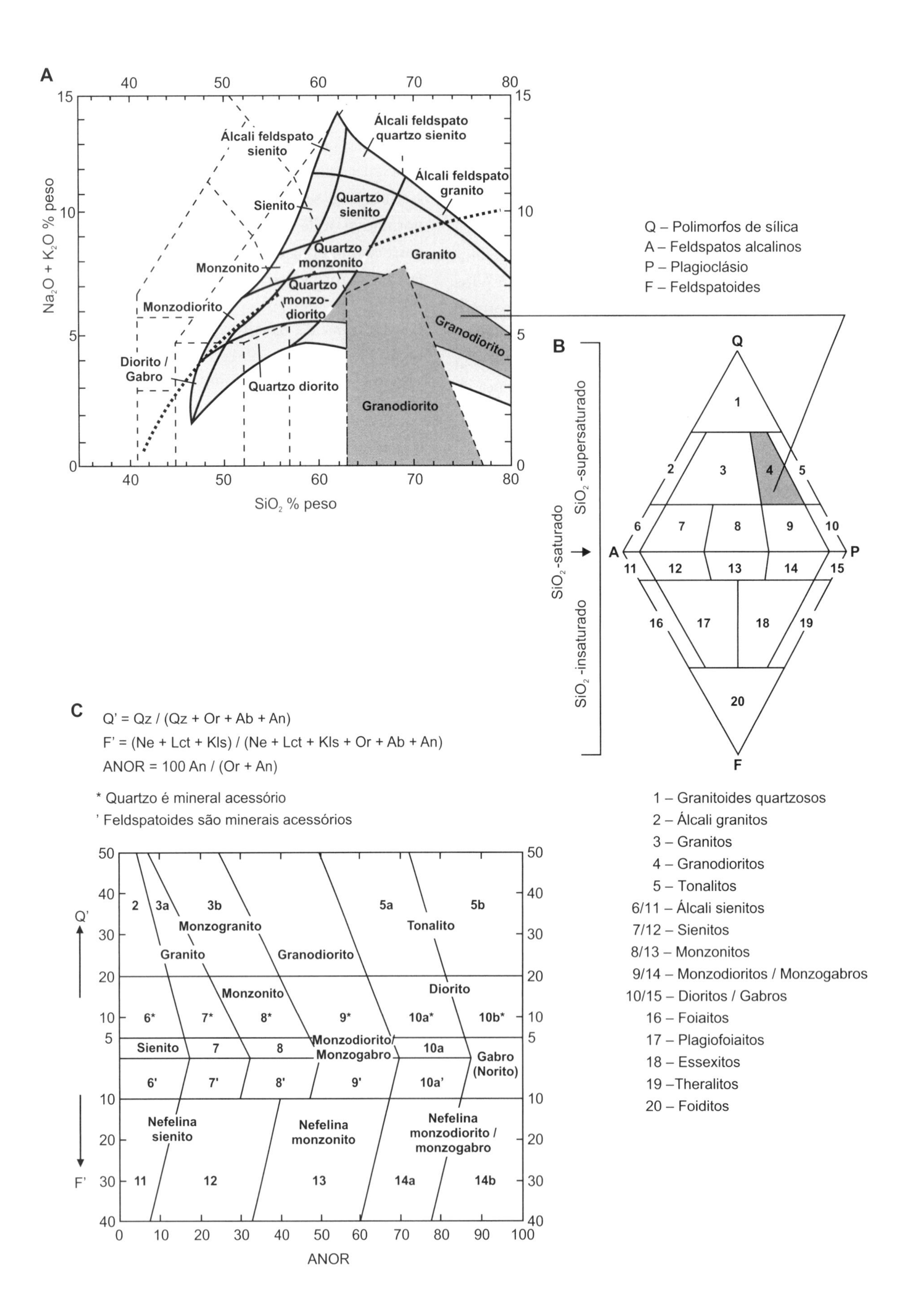
A
SiO₂ % peso
Na₂O + K₂O % peso
Álcali feldspato sienito
Álcali feldspato quartzo sienito
Álcali feldspato granito
Sienito
Quartzo sienito
Quartzo monzonito
Granito
Monzonito
Quartzo monzo-diorito
Monzodiorito
Granodiorito
Diorito / Gabro
Quartzo diorito
Granodiorito
Q – Polimorfos de sílica
A – Feldspatos alcalinos
P – Plagioclásio
F – Feldspatoides
B
SiO₂ -supersaturado
SiO₂ -saturado
SiO₂ -insaturado
1 – Granitoides quartzosos
2 – Álcali granitos
3 – Granitos
4 – Granodioritos
5 – Tonalitos
6/11 – Álcali sienitos
7/12 – Sienitos
8/13 – Monzonitos
9/14 – Monzodioritos / Monzogabros
10/15 – Dioritos / Gabros
16 – Foiaitos
17 – Plagiofoiaitos
18 – Essexitos
19 –Theralitos
20 – Foiditos
C
Q' = Qz / (Qz + Or + Ab + An)
F' = (Ne + Lct + Kls) / (Ne + Lct + Kls + Or + Ab + An)
ANOR = 100 An / (Or + An)
* Quartzo é mineral acessório
' Feldspatoides são minerais acessórios
Monzogranito
Granito
Granodiorito
Tonalito
Monzonito
Diorito
Sienito
Monzodiorito/ Monzogabro
Gabro (Norito)
Nefelina sienito
Nefelina monzonito
Nefelina monzodiorito / monzogabro
ANOR

Figura 13.11 – O diagrama QAPF normativo

A, B – Relação entre os diagramas QAPF e TAS (Middlemost, 1985)

As subdivisões do diagramas QAPF (**A**) assim como as do diagrama TAS (**B**) foram baseadas em banco de dados de modas e análises químicas de rochas. Os dois conjuntos de dados são de rochas plutônicas. É possível transformar os parâmetros QAPF ($Q = SiO_2$, $A = NaAlSi_3O_8$ e $KAlSi_3O_8$, $P = CaAl_2Si_2O_8$ e $NaAlSi_3O_8$, $F = NaAlSiO_4$) e os cruzamentos das subdivisões internas que definem as diferentes famílias de rochas em composições químicas e criar, assim, um diagrama QAPF "químico" e, posteriormente, compará-lo com o diagrama TAS. A transposição é bastante complexa e implica a distorção de alguns dados. K-feldspato contém, variáveis teores de Na como mostra as frequentes pertitas em rochas plutônicas. Assim, uma rocha que contém exclusivamente feldspato potássico na moda em realidade contém K_2O e Na_2O no diagrama TAS, fato que altera a definição modal da rocha que não contempla a coexistência entre K-feldspato e albita. Além disso, para cada família de rochas teve que ser definida a composição média do plagioclásio presente para o cálculo do seu equivalente químico, embora a composição do plagioclásio em cada família de rocha apresente variabilidade mais ou menos ampla. Para o parâmetro F foi escolhido a nefelina, o feldspatoide mais frequente. Assim, a transposição química não se aplica às rochas sódio-potássicas, caso de fonólitos e traquitos portadores simultaneamente de nefelina e leucita, dois feldspatoides com distintos teores de sílica; nem às rochas potássicas e fortemente potássicas portadoras de leucita ou leucita e kalsilita e às rochas básicas fortemente sílica-insaturadas portadoras de melilita. Além disso, à semelhança da albita, também a nefelina contém variados teores de potássio, embora a substituição de Na por K não altere o teor total de álcalis contido no mineral.

É mostrada a superposição das classificações das rochas plutônicas no diagrama QAPF "químico" e no diagrama TAS. A discordância entre os limites para as diversas famílias de rochas é evidente e foi ressaltada para a família dos granodioritos. Decorre que frequentemente a classificação de uma rocha no diagrama TAS não equivale a sua classificação baseada na moda no diagrama QAPF.

C – O diagrama QAPF normativo (Streckeisen; Le Maitre, 1979)

Um dos problemas para a equivalência entre a classificação modal e normativa é a alocação da albita normativa (Ab). Parte da Ab deve ser adicionada ao K-feldspato normativo (Or), tornando-o mais sódico ou ela deve ser totalmente adicionada à anortita normativa (An) para a formação de plagioclásios? No primeiro caso, qual deve ser a proporção Or/Ab escolhida? Além disso, a norma é calculada em % peso e o diagrama QAPF utiliza minerais em % volume. Estes fatores impedem a classificação das rochas magmáticas no diagrama QAPF utilizando-se diretamente sua composição normativa. A solução foi desenvolver um diagrama normativo no qual é eliminada a Ab na caracterização da composição dos feldspatos (**C**). Resultou o diagrama ANOR × Q' ou F' no qual o eixo X reflete a mudança composicional do feldspato e o eixo Y o grau de sílica-saturação tanto através da quantidade de quartzo ou de feldspatoides normativos. $ANOR = 100\ An/(Or + An)$, $Q' = Q/(Q + Or + Ab + An)$ e $F' = (Ne + Lct + Kls)/(Ne + Lct + Kls + Or + Ab + An)$, valores calculados segundo a norma molecular Barth-Niggli. Os limites dos campos das famílias de rochas foi estabelecido empiricamente utilizando mais de 15 mil análises químicas de rochas, boa parte dispondo de análise modal.

14. Oxidação e redução

1. Os metais ou elementos da primeira série de transição (Sc ao Cu) apresentam dois ou mais estágios de oxidação naturais ou artificiais (Figura 14.1.A). Os estágios de oxidação artificiais são gerados em laboratórios em condições que normalmente não ocorrem na natureza.

2. O ferro, o mais importante elemento de transição das rochas magmáticas, apresenta vários estágios de oxidação (Figura 14.1.B):

- Fe^0. É o ferro nativo ou metálico. É o maior constituinte do núcleo terrestre onde forma uma liga com cerca de 8% peso de Ni. Também ocorre em meteoritos e rochas lunares.
- Fe^{2+}. Ocorre como único estágio de oxidação em alguns silicatos, caso da faialita ($Fe^{2+}{}_2SiO_4$) e no óxido wüstita ($Fe^{2+}O$), mineral muito raro. Entretanto, a maioria dos silicatos máficos complexos contém Fe^{2+} e Fe^{3+}.
- Fe^{3+}. Normalmente ocorre associado com Fe^{2+} na magnetita ($Fe^{2+}Fe^{3+}{}_2O_4$) e na maioria dos silicatos máficos, mas na hematita ($Fe^{3+}{}_2O_3$) e no piroxênio sódico egirina ($NaFe^{3+}Si_2O_6$) é o único estágio de oxidação presente.

3. A concentração de oxigênio num sistema é expressa principalmente pela pressão de oxigênio ($\mathrm{P}O_2$) ou pela fugacidade do oxigênio ($\mathrm{f}O_2$). A $\mathrm{f}O_2$ é a expressão termodinâmica da pressão do oxigênio contido no sistema que, dadas as condições de pressão e temperatura do sistema, também expressa a concentração do gás ideal no sistema. Em misturas de gases reais contendo oxigênio, a $\mathrm{f}O_2$ corresponde à pressão parcial de oxigênio, $\mathrm{P}O_2$ no sistema. Em misturas de gases reais contendo oxigênio, a relação entre $\mathrm{f}O_2$ e $\mathrm{P}O_2$ é dada pelo coeficiente de fugacidade γ:

$\mathrm{f}O_2 = \gamma\, \mathrm{P}O_2$ onde $\gamma = 1$ para gases ideais.

A diferença entre $\mathrm{f}O_2$ e $\mathrm{P}O_2$ em gases reais sob baixas pressões é muito pequena quando comparada com a ampla variação de $\mathrm{f}O_2$ de magmas e lavas.

4. Diferentes valores de $\mathrm{f}O_2$ em magmas e lavas são expressos por meio de tampões de oxigênio minerais contendo principalmente ferro:

(1) $2Fe + O_2 + SiO_2 \leftrightarrows Fe_2SiO_4$ (Ferro = Fe^0)
(tampão IQF de *iron*, ferro em inglês, quartzo e faialita)

(2) $2Fe + O_2 \leftrightarrows 2FeO$ (Wüstita = Fe^{2+})
(tampão IW de *iron*, ferro em inglês, e wüstita)

(3) $FeO + O_2 \leftrightarrows 2FeFe_2O_4$ (Magnetita = $Fe^{2+} + Fe^{3+}$)
(tampão WM de wüstita e magnetita)

(4) $3Fe_2SiO_4 + O_2 \leftrightarrows 2FeFe_2O_4 + 3SiO_2$ (Magnetita = $Fe^{2+} + Fe^{3+}$)
(tampão FMQ de faialita, magnetita e quartzo)

(5) $4FeFe_2O_4 + O_2 \leftrightarrows 6Fe_2O_3$ (Hematita = só Fe^{3+})
(tampão MH de magnetita e hematita)

A ordem das letras do tampão varia de autor para autor. Uns iniciam a sigla com o estágio mais oxidado (por exemplo, tampão MW), outros com o estágio menos oxidado (tampão WM).

Adicionalmente são utilizados tampões de outros metais com variáveis graus de oxidação com destaque para o Ni e o Mn (também metais de transição) que se situam entre as reações (4) e (5):

(6) $2Ni + O_2 \leftrightarrows 2NiO$
(7) $6MnO + O_2 \leftrightarrows 2Mn_3O_4$

Enquanto persistir a presença do reagente que interage com o oxigênio, a fugacidade da reação (fO_2) permanece constante e com valores crescentes da reação (1) para a reação (5) e da reação (6) para a reação (7).

5. No diagrama Temperatura (em °C) × log fO_2 (em bar), os tampões definem um conjunto de curvas convexas aproximadamente paralelas, ascendentes com intervalos aproximadamente iguais (Figura 14.1.C). A disposição paralela das curvas indica que a mudança na entalpia associada com a oxidação é aproximadamente a mesma para os diferentes O_2-tampões. As curvas ascendentes indicam que a fO_2 dos O_2-tampões aumenta com a temperatura. Resultam, assim, o fato de que muitas substâncias sofrem desvolatização com o aumento da temperatura, que no caso dos O_2-tampões consiste na liberação de oxigênio e o consequente aumento da fO_2 do sistema.

6. Como os tampões minerais cristalizam no interior de magmas e lavas, conclui-se que a fO_2 representa a pressão do oxigênio neles dissolvido. Em geral, a fO_2 de magmas e lavas é elevada demais para propiciar a cristalização de ferro nativo (Fe^0) ou wüstita (FeO) e baixa demais para a cristalização de hematita (Fe_2O_3). Excepcionalmente, ferro nativo ocorre em magmas contaminados com material sedimentar carbonoso e a hematita em rochas que cristalizam em lagos de lavas basálticas de crateras vulcânicas onde a lava tem interação prolongada com o ar atmosférico.

7. A pressão de oxigênio de um sistema é expressa de várias maneiras com ênfase para a:

- pressão parcial de oxigênio, $\mathbf{P}O_2$. Embora possa ser determinada com precisão mesmo em fases fluidas complexas, a sua importância geológica se restringe a sistemas hidratados onde a $\mathbf{P}O_2$ pode ser correlacionada com o grau de dissociação da água. Em sistemas anidros (ou condensados), a $\mathbf{P}O_2$ não tem importância geológica. Essa limitação levou ao abandono da $\mathbf{P}O_2$ como medida da concentração de oxigênio em trabalhos petrológicos modernos. Além disso, num gráfico Temperatura × log $\mathbf{P}O_2$, os campos da estabilidade da wüstita e da magnetita, situados entre os campos do ferro nativo e da hematita, são muito pequenos para a representação de possíveis outras subdivisões (Figura 14.2.A);
- fugacidade de oxigênio, $\mathbf{f}O_2$. A fugacidade de oxigênio é a expressão termodinâmica da pressão de oxigênio $\mathbf{P}O_2$ e pode ser aplicada a sistemas condensados (anidros) devido a sua vinculação com a atividade química dos componentes do sistema. Consideremos a fO_2 do tampão FMQ [3Faialita (Fa) + $O_2 \leftrightarrows$ 2Magnetita (Mag) + 3Quartzo (SiO_2)], no qual a constante de equilíbrio é:

$$K_{FMQ} = \frac{(\mathbf{a}Fa)^3}{(\mathbf{a}SiO_2)\,(\mathbf{a}Mag)} \cdot (\mathbf{a}O_2), \quad \text{onde}$$

a é a atividade química dos componentes na fórmula, neste caso faialita, sílica, magnetita e oxigênio. A atividade química de uma substância pura é unitária (= 1). Resulta, assim,

$$K_{FMQ} = QO_2 = \frac{fO_2}{f^0O_2}, \quad \text{onde}$$

fO_2 é a fugacidade de oxigênio sob dadas condições de P e T e $\mathbf{f}^0O_2$ a fugacidade de oxigênio no estado padrão de referência. Se esse estado é uma atmosfera, $\mathbf{f}^0O_2 = 1$ e $K_{FMQ} = \mathbf{f}O_2$

$$\text{Como} \quad \log K = \frac{-\Delta G^{0\ FMQ}}{2.303\ RT} \ \text{segue que}$$

$$\log \mathbf{f}^0O_2 = \frac{-\Delta G^{0\ FMQ}}{2.303\ R_2T}, \ \text{onde}$$

$\Delta G^{0\ FMQ}$ é a mudança da energia livre para a reação F $\leftrightarrows$ MQ no estado-padrão de referência, R é a constante dos gases e T a temperatura absoluta. A fugacidade de oxigênio livre em ambientes petrológicos é muito baixa. A fO_2 $(FMQ)_{500\ °C}$ (a fugacidade de oxigênio do tampão FMQ sob 500 °C) é 10^{-22} bar, equivalente à pressão exercida por uma molécula de oxigênio num volume de 1 m^3. Uma fO_2 um pouco maior ocorre no sistema FeO-Fe_2O_3 (Figura 14.2.B).
- A relação $\mathbf{P}H_2O/\mathbf{P}H_2$. Essa relação vincula a pressão total do fluido aquoso no sistema com as pressões parciais dos produtos de sua dissociação, H_2 ($\mathbf{P}H_2$) e ½ de O_2 ($\mathbf{P}O_2$). Em condições de equilíbrio

$$KH_2O = (\mathbf{P}H_2) \cdot (\mathbf{P}O_2)^{1/2}/(\mathbf{P}H_2O)$$

ou

$$(\mathbf{P}O_2)^{1/2} = (KH_2O) \cdot (\mathbf{P}H_2O)/(\mathbf{P}H_2)$$

Dessa maneira, a relação PH_2O/PH_2 é uma medida da pressão parcial de oxigênio. PH_2O/PH_2 podem ser representadas simultaneamente no gráfico composto log PH_2O/PH_2 e PO_2 × Temperatura (Figura 14.2.C). A relação PH_2O/PH_2 é importante para a compreensão da atuação de tampões de oxigênio em trabalhos experimentais utilizando reagentes anidros e água.

A noção da importância da fO_2 em sistemas hidratados surgiu quando as tentativas de síntese da annita em laboratório falharam sucessivamente. Em vez da Fe-mica era obtida sistematicamente a paragênese sanidina + magnetita. O aumento da fO_2 do sistema resultava da dissociação da água necessária para a síntese do silicato hidratado sob altas temperaturas. Para evitar esse problema foi desenvolvida a seguinte metodologia experimental: 1) colocar numa cápsula de platina, metal permeável ao H_2, os reagentes da reação e água (annita mineral hidratado); 2) introduzir a cápsula de platina numa cápsula maior de ouro, metal impermeável ao H_2 contendo os reagentes do tampão de oxigênio junto com água; 3) colocar a cápsula de ouro num cilindro de aço especial com volume conhecido junto com dado volume de água que sob altas temperaturas gera a pressão (PH_2O) desejável do experimento. A relação entre temperatura, volume de H_2O, volume do cilindro e PH_2O, é dada em tabelas; 4) colocar o cilindro num forno elétrico de alta temperatura regulável. O mesmo aquecimento da água no cilindro e nas cápsulas de platina e de ouro equaliza a pressão interna destas com a pressão exercida pela água do cilindro; 5) após pouco tempo, os reagentes do tampão entram em equilíbrio e definem uma PO_2 que depende da temperatura do forno e do tampão escolhido. O tampão controla a PO_2 (e a PH_2) resultante da dissociação da água em hidrogênio e oxigênio na cápsula de ouro; 6) o hidrogênio da cápsula de ouro difunde para o interior da cápsula de platina até a obtenção de um equilíbrio entre a PH_2 da água dissociada na cápsula de ouro e a PH_2 da água dissociada na cápsula de platina; 7) como $PO_2 = PH_2O/PH_2$ (uma razão igual nas duas cápsulas), a PO_2 da cápsula de platina passa a ser igual à PO_2 controlada pelo tampão da cápsula de ouro.

8. De modo geral, a fO_2 é uma variável que indica se o ferro do sistema ocorre em estado nativo (IW, IM), como único estado de oxidação Fe^{2+} em silicatos (IQF) ou óxido (IW), como associação entre Fe^{2+} e Fe^{3+} em óxidos e silicatos (IM, FMQ) ou apenas como Fe^{3+} em óxidos (MH). O controle da fO_2 em experimentos de laboratório e o estudo da fO_2 em meteoritos resultaram em dois conceitos errôneos:

- considerar a fO_2 de sistemas geológicos uma variável independente. Em realidade, a fO_2 é uma variável dependente de vários parâmetros químicos do magma. Em sistemas naturais, além do ferro, também Mg e Ti têm importante papel na determinação da estabilidade de silicatos, magnetita e ilmenita. Em muitos silicatos ocorre uma maior ou menor substituição de Fe por Mg; silicatos ricos em Mg são estáveis sob maiores fO_2. Resulta que (Mg,Fe)-silicatos podem coexistir com hematita (que cristaliza sob elevada fO_2). Por outro lado, a substituição de $Fe^{2+} + Ti^{4+}$ por $2Fe^{3+}$ em magnetita e hematita estabiliza esses óxidos em relação aos silicatos coexistentes. Resulta que em paragêneses contendo silicatos e óxidos, a relação Fe/Mg nos silicatos, o teor de Ti e a relação Fe^{2+}/Fe^{3+} nos óxidos e a fO_2 são intimamente relacionadas. Assim, é mais apropriado dizer que a fO_2 é uma função dependente da relação Fe/Mg nos silicatos e do teor de Ti nos óxidos do que a considerar uma variável independente imposta pelo meio ambiente como nos trabalhos experimentais;
- confundir a fO_2 de um tampão com a presença dos seus reagentes e produtos no sistema geológico considerado. Uma rocha que cristaliza sob fO_2 do tampão NNO ($2Ni + O_2 \leftrightarrows 2NiO$) não cristaliza nas imediações de grandes massas de níquel, pois a fO_2 desse tampão pode ser gerada por numerosas reações-tampões, nenhuma envolvendo a participação de Ni. A ocorrência de reagentes e produtos de um tampão na natureza é muito rara, pois seus componentes são compostos puros. Um dos raros exemplos é a coexistência de magnetita e hematita quase puras (tampão MH) em alguns minérios de ferro metamórficos (itabiritos).

9. A notação da fO_2 pode ser absoluta ou relativa. A notação absoluta é utilizada principalmente para a fO_2 de pontos situados sobre as curvas dos O_2-tampões num diagrama log fO_2 × T, caso do ponto O (Figura 14.3.A). A notação absoluta do ponto O sob 500 °C é $fO_2\ (O)_{500\ °C} = (FMQ)_{500\ °C} =$

–25 onde –25 significa 10^{-25} bar. A notação relativa se aplica principalmente à fO_2 de pontos situados entre dois O_2-tampões, caso do ponto P cuja notação absoluta é $fO_2(P)_{500\,°C} = -27$, onde –27 significa 10^{-27} bar. A notação relativa expressa o desvio da fO_2 do ponto P em relação a fO_2 (sob mesma temperatura) de um dos dois O_2-tampões entre os quais P se situa; geralmente o O_2-tampão escolhido é o de posição imediatamente superior; no caso do ponto P, o tampão FMQ (Figura 14.3.A). A notação relativa é $fO_2(P)_{500\,°C} = fO_2\ (C)_{500\,°C} - 2$ unidades log [(–25) – (–2) = (–27)] que resulta na notação $fO_2(P)_{500\,°C}$ = FMQ –2.

10. A disposição subparalela dos diferentes O_2-tampões no gráfico Temperatura × log fO_2 permite sua normalização em relação à fO_2 de um tampão de referência. A normalização FMQ/FMQ determina uma reta com relação 1 ou log fO_2 (FMQ)N(FMQ) = O. Os demais O_2-tampões têm valores de fO_2 normalizados abaixo (–) ou acima (+) dessa reta de referência e seus valores são denominados de Δ fO_2. O Δ fO_2 (IM)N FMQ sob 400 °C é –5,5, o Δ fO_2 (MH)N FMQ sob 1.000 °C é 5,5 (Figura 14.3.B). A notação do tipo de normalização, neste caso N FMQ, geralmente é omitida por ser a normalização pelo tampão FMQ a mais corrente e, portanto, subentendida. Resulta a notação simplificada Δ fO_2(IM)N (400) = –5,5 e Δ fO_2 (MH)N (1.000) = 5,5.

11. (Fe,Ti)-óxidos ocorrem em quase todas as rochas magmáticas sob forma de variados minerais acessórios incluídos no grupo genérico dos "minerais opacos".

12. Os (Fe,Ti)-óxidos formam três séries de soluções sólidas que com a queda da temperatura, normalmente apresentam exsoluções subsólidas (Figura 14.4):

- a série (ortorrômbica) entre iserita ou Fe-pseudobrookita ($FeO{\cdot}2TiO_2$) e pseudobrookita ($Fe_2O_3{\cdot}TiO_2$). É também conhecida como série pseudobrookita;
- a série (romboédrica, trigonal) entre ilmenita ($FeO{\cdot}TiO_2$) e hematita (Fe_2O_3); e
- a série dos espinélios entre ulvoespinélio ($2FeO{\cdot}TiO_2$) e magnetita ($FeFe_2O_4$). Nesta série destaca-se a titanomagnetita, o (Fe,Ti)-óxido mais frequente das rochas magmáticas.

13. Ulvoespinélio e magnetita, os membros finais da solução sólida dos espinélios, além da estrutura "espinélio invertido", apresentam as seguintes características:

- A solubilidade do ulvoespinélio na magnetita diminui com a temperatura assim como a do Cr, V, Ni, Co, Zn, Mg, Mn e Ca, as principais impurezas dos (Fe,Ti)-espinélios. Dessa maneira, o teor de Ti na titanomagnetita pode ser utilizado como termômetro geológico desde que não ocorra exsolução subsólida. Titanomagnetita homogênea metaestável (termicamente "congelada") ocorre em muitos tufos e vulcanitos. Num resfriamento lento, caso das rochas plutônicas, a exsolução resulta em magnetita contendo agulhas, lamelas ou grãos de ilmenita ou finos discos de ulvoespinélio. A textura de exsolução em "treliça" de ilmenita nos planos (111) da Ti-magnetita pode resultar, também, da oxidação da fração Fe_2TiO_4 da titanomagnetita. Textura em "treliça" é obtida facilmente em laboratório pela oxidação de ulvoespinélio sob 1 kbar a 2 kbar e 600 a 1.000 °C. Em condições pneumatolíticas/hidrotermais, a titanomagnetita altera-se para leucoxênio. Se a alteração é precedida de exsolução de ilmenita, esta forma uma rede de espículas ou ripas (textura treliça) na massa de leucoxênio.
- A magnetita determina as características magnéticas das rochas. Precede, acompanha ou sucede a cristalização inicial dos principais Mg- e Ca-silicatos. No primeiro caso, embora mineral acessório, a magnetita, por diferenciação gravitacional, pode constituir horizontes mais ou menos extensos, espessos e puros em sienitos, anortositos, gabros/noritos e piroxenitos/peridotitos. Famosos são os horizontes de magnetita com espessura multimétrica no complexo máfico-ultramáfico toleítico de Bushveld, África do Sul. Em vulcanitos ocorrem geralmente duas gerações de magnetita: uma, precoce, formando fenocristais euedrais ou esqueléticos, e outra, tardia e dominantemente xenomórfica, na matriz. Nessas rochas, a magnetita pode formar-se também pela decomposição de minerais silicáticos máficos hidratados que se tornam instáveis pela diminuição repentina da P_{H_2O} por extrusão das lavas. Resulta a formação de auréolas de piroxênio + magnetita em torno de anfibólios e micas ricas em ferro. Magnetita também ocorre sob condições pneumatolíticas na zona de metamorfismo de contato de rochas

calcárias (pirometassomatismo de contato), bem como produto de fluidos exalativos pós-magmáticos. Magnetita oxida na superfície de derrames formando cristais de martita (pseudomorfos de hematita sobre magnetita). A mesma alteração ocorre sob influência de soluções pneumatolíticas/hidrotermais, principalmente em zonas de cisalhamento. Rochas metamórficas ricas em magnetita (itabiritos) sofrem oxidação intempérica para hematita (α-Fe_2O_3) via maghemita (γ-Fe_2O_3). Por oxidação e hidratação, a magnetita transforma-se, numa mistura de hematita e goethita (hematita hidratada). Na presença de soluções sulfurosas, a magnetita transforma-se em pirita.

- A relação $Fe_2O_3/(Fe_2O_3 + FeO)$ do magma controla o início da cristalização de Ti-magnetita. Sob pressão constante, a relação $Fe_2O_3/(Fe_2O_3 + FeO)$ varia com a temperatura (T), a fugacidade de oxigênio (fo_2), a atividade química dos álcalis (a_{alc}) e a natureza do álcali dominante (K é mais oxidante que Li e Na) (Figura 14.5).

Em lavas e magmas subvulcânicos basálticos com baixa fo_2 inicial, a cristalização da magnetita sucede a dos Mg-silicatos. Dessa maneira, no intervalo entre o início da cristalização dos Mg-silicatos e da magnetita, o magma enriquece-se em ferro e gera Fe-gabros (ou Fe-basaltos) e Fe-dioritos (ou Fe-andesitos ou islanditos básicos). Essa evolução caracteriza a série toleítica. Em lavas e magmas subvulcânicos basálticos com fo_2 inicial maior, a magnetita cristaliza prematuramente junto com silicatos de Fe e Mg, o que impede o enriquecimento em ferro. Como a magnetita não contém sílica, o seu fracionamento aumenta significativamente o teor de sílica nos sucessivos magmas derivados com a consequente abundante cristalização de dioritos e tonalitos (andesitos), granodioritos (dacitos) e menores quantidades de monzogranitos (riodacitos) e granitos (riólitos). Essa evolução caracteriza a série cálcio-alcalina.

14. Ilmenita e hematita são os membros finais da série de solução sólida romboédrica que apresenta as seguintes características:

- A ilmenita, embora mineral acessório, é um dos principais compostos de titânio da crosta terrestre. Em algumas raras rochas alcalinas (nelsonitos) é mineral essencial. Em rochas magmáticas normalmente precipita após a magnetita, mas sua cristalização pode persistir até abaixo de 500 °C. Mn-ilmenitas com mais de 30% mol de $MnTiO_3$ são denominadas de manganoilmenitas; ocorrem quase sempre em algumas lavas equiríticas (lavas alcalinas sílica-supersaturadas portadoras de máficos alcalinos). Mg-ilmenitas com cerca de 50% de $MgTiO_3$ são denominadas de picroilmenitas (termo quimicamente intermediário da série geikielita-ilmenita). A geikielita ($MgTiO_3$) ocorre em kimberlitos e lamproitos. Sob elevadas temperaturas, a ilmenita pode incorporar algum Al_2O_3, exsolvido como agulhas de coríndon sob temperaturas mais baixas.
- Em elevadas temperaturas, ilmenita e hematita formam uma solução sólida completa. Em baixas temperaturas, a solubilidade da ilmenita na hematita é muito restrita, cerca de 10% mol $FeTiO_3$. O excesso de titânio da Ti-hematitas exsolvido por resfriamento subsólido forma lamelas de ilmenita em hematita pobre em titânio. Já a exsolução de Fe-ilmenitas gera lamelas e grãos de hematita em ilmenita pobre em ferro. Também magnetita e ilmenita são miscíveis em elevadas temperaturas (magnetoilmenita); com a queda desta ocorre a exsolução de finas lamelas de $FeFe_2O_4$.
- Ilmenitas de diferentes rochas mantélicas (principalmente basaltos) indicam fo_2 de cristalização entre 10^{-6} e 10^{-7} bar, a fugacidade de oxigênio do equilíbrio wüstita (só Fe^{2+}) + $O_2 \leftrightarrow$ magnetita ($Fe^{2+} + Fe^{3+}$) sob 1.300 °C e 30 kbar. Essa pressão permite inferir a geração dos magmas basálticos toleíticos em cerca de 100 km de profundidade (1 kbar ≈ 3,3 km de profundidade).
- Em rochas com pequena a_{SiO_2}, caso de rochas básicas alcalinas, a ilmenita é mineral geralmente ausente devido a reação:

$2FeO.TiO_2 + 2CaAl_2Si_2O_8 \leftrightarrow 2CaTiAl_2O_6 + Fe_2SiO_4 +$
ilmenita + anortita $\leftrightarrow$ Ti-piroxênio + faialita +
$3SiO_2$ (+ $CaAl_2Si_2O_8$)
sílica (+ sobra de anortita)

que estabiliza os produtos (Ti-augita + Fe-olivina) em paragênese com plagioclásio (que sobra entre os reagentes após o consumo total da rara ilmenita).

- Por aquecimento, a ilmenita transforma-se em pseudobrookita; por alteração hidrotermal em hematita + rutilo (ou anatásio). Na presença de soluções cálcicas e sulfurosas, ilmenita gera, respectivamente, titanita e pirita. Ilmenita é mais resistente ao intemperismo que magnetita; pode ser concentrada em areias ilmeníticas. São famosas as areias ilmeníticas das praias de Guarapari-ES.

- Hematita geralmente não é mineral magmático primário por ser instável acima de 700 °C. Mesmo assim, em paragênese com magnetita, é mineral essencial de raras lavas ferríferas expelidas por alguns vulcões cálcio-alcalinos andinos nas quais cristaliza ao redor de 600 °C sob elevada P_{H_2O}, a dissociação da água gera f_{O_2} anormalmente elevadas.
- Sob elevadas temperaturas, hematita e pseudobrookita formam a solução sólida completa da titanohematita.

15. Iserita (ou Fe-pseudobrookita) e pseudobrookita são os membros finais da série ortorrômbica (ou da pseudobrookita) que apresenta as seguintes características:

- A solução entre iserita-pseudobrookita é total acima de 1.150 °C e pode incorporar até 21% de MgO (sob forma de geikielita, $MgTiO_3$) ou Mn (sob forma da pirofanita, $MnTiO_3$) e até 8% de Al_2O_3. Por resfriamento subsólido ocorre frequente exsolução de agulhas de rutilo em pseudobrookita mais ferrífera ou a exsolução de lamelas de hematita em pseudobrookita mais titanífera. A solubilidade da série da pseudobrookita com a série romboédrica e a série dos espinélios é muito limitada.
- Pseudobrookita é mineral raro; ocorre intercrescido com ilmenita em alguns gabros ricos em álcalis e ferro (gabros alcalinos), pegmatitos de nefelina sienitos ou associada com apatita em nelsonitos, rochas alcalinas. É mineral instável abaixo de 600 °C. Pode decompor-se em finos agregados de hematita e rutilo intercrescidos.

16. A relação Fe_2O_3/FeO ou $Fe_2O_3/(Fe_2O_3 + FeO)$ nas rochas ígneas é apenas uma expressão aproximada da f_{O_2} ativa durante a cristalização desses óxidos, pois a relação não considera a oxidação de outros elementos (S, Mn, H e C). A razão de oxidação, dada pela relação $FeO/(FeO + Fe_2O_3)$, óxidos em % peso, diminui com o aumento dos teores de sílica e álcalis (Figura 14.6.A). Rochas ácidas são mais oxidadas que rochas básicas, rochas alcalinas são mais oxidadas que rochas subalcalinas e rochas vulcânicas são mais oxidadas que rochas plutônicas.

Em rochas alcalinas é comum a ocorrência de minerais máficos ricos em Fe^{3+}, caso da egirina ($NaFe^{3+}Si_2O_6$). A f_{O_2} de rochas vulcânicas situa-se entre os tampões FMQ e MH, próximo ao tampão NNO (Figura 14.6.B). O mesmo vale para os gases que emanam de vulcões (Figura 14.6.C). De modo geral, a f_{O_2} de magmas terrestres situa-se entre os tampões IW e MH, mais perto deste que daquele (Figura 14.6.D).

17. A f_{O_2} tem grande influência sobre a mineralogia que resulta da cristalização magmática. O efeito da f_{O_2} sobre a mineralogia cristalizada fica evidente no sistema Mg_2SiO_4-Fe_2SiO_4-SiO_2 (Figura 14.7.A). Enquanto baixas f_{O_2} permitem a cristalização da solução sólida completa das (Mg,Fe)-olivinas, sob elevadas f_{O_2} a cristalização da magnetita (que contém Fe^{2+} e Fe^{3+}) substitui a da faialita (na qual todo ferro é Fe^{2+}) e a ferrossilita (idem). Resulta a redução do campo das olivinas e dos ortopiroxênios (Figura 14.7.B). O sistema Mg_2SiO_4-Fe_2SiO_4-SiO_2 revela, assim, claramente dois dos três efeitos principais da elevada fugacidade de oxigênio:

- substituição da cristalização de silicatos ricos em Fe^{2+} por magnetita;
- redução da miscibilidade entre os membros finais ricos em Mg e Fe^{2+} nas soluções sólidas de olivinas, piroxênios, anfibólios e micas; e
- substituição progressiva de Fe^{2+} por Fe^{3+} em silicatos ricos em ferro. Na fórmula teórica da egirina, $NaFe^{3+}Si_2O_6$, um piroxênio alcalino que cristaliza sob alta f_{O_2}, todo ferro é Fe^{3+}.

18. Basicamente, existem dois regimes de f_{O_2} atuando na cristalização fracionada de magmas basálticos:

- Baixa f_{O_2} num sistema fechado. É a dissociação da água que gera a f_{O_2} pois o H_2, simultaneamente liberado, difunde mais rapidamente pelo magma e escapa da câmara magmática. Assim, quanto maior o teor de água no magma parental, maior a f_{O_2} nos sucessivos magmas fracionados. Decorre que magmas iniciais praticamente anidros apresentam baixa f_{O_2}. Nessa condição, a f_{O_2} cresce muito lentamente durante a cristalização magmática refletindo um gradual, mas insignificante enriquecimento da decrescente fração magmática em água pela progressiva cristalização de minerais anidros. Apenas após a cristalização de mais de 90% do volume da fase líquida inicial a fO_2 atinge na quase reduzida fase líquida terminal os valores críticos para a precipitação de magnetita e a consequente extração de ferro da fase líquida. Essa situação caracteriza a evolução de magmas toleíticos. Decorre que a evolução de magmas basálticos ocorre essencialmente pela cristalização e fracionamento de (Mg,Fe^{2+})-silicatos ricos em magnésio (olivinas, piroxênios) e cálcio (plagioclásios) na ausência de magnetita. Consequentemente, diminuem os teores de Mg e Ca e aumenta rapidamente o teor de Fe (que se comporta como elemento incompatível) e a razão FeO*/MgO nos sucessivos magmas fracionados, sempre na ausência de um notável enriquecimento em SiO_2, pois os teores de sílica de misturas de Mg-olivinas ± Mg-piroxênios ± Ca-plagioclásios são iguais, pouco maiores ou pouco menores que os dos magmas e lavas basálticas e andesito-basálticos das quais cristalizam. No caso de magmas parentais mais pobres em sílica, pode ocorrer inclusive diminuição no teor de sílica nos magmas fracionados mais primitivos. No exemplo mostrado (Figura 14.7.D), o aumento da relação FeO*/MgO aumenta de 3 para rochas com 48% peso de SiO_2 para 305 em rochas com 46% peso de SiO_2.

A cristalização de magmas basálticos toleíticos fracionados define uma tendência evolutiva típica paralela ao lado MgO-FeO* no diagrama AFM (Figura 14.7.C) que indica o aumento da relação FeO*/MgO na ausência de enriquecimento em álcalis (e sílica). A tendência persiste até as proximidades do ápice F quando a extração de Fe pela cristalização de magnetita modifica a configuração final da curva evolutiva. Dos abundantes líquidos ricos em ferro e pobres em sílica cristalizam grandes volumes de Fe-gabros/Fe-basaltos e Fe-dioritos/Fe-andesitos. Apenas após o início da extração de ferro a pequena quantidade de magma residual sofre enriquecimento em álcalis e sílica que implica na cristalização final de ínfimas quantidades de granófiros (com o típico intercrescimento granofírico entre quartzo e feldspato) e islanditos, mais pobres em feldspato potássico que riólitos e mais ricos em clinopiroxênios e Fe-olivina que dacitos. No diagrama SiO_2 × FeO*/MgO (Figura 14.7.D), a cristalização da magnetita inicia-se em magmas com 46% peso de SiO_2 e uma relação FeO*/MgO = 305 e seu fracionamento junto com os demais minerais gera um magma residual com 49% peso de SiO_2 e uma relação FeO*/MgO de 75. O diagrama FeO* × FeO*/MgO (Figura 14.7.E) retrata a relação entre o aumento da relação FeO*/MgO e o aumento do teor de FeO*, dois valores que expressam a contínua queda dos teores de MgO e CaO nos sucessivos magmas derivados.

- Maiores fO_2 num sistema tamponado. Essa situação caracteriza a cristalização de magmas e lavas básicos cálcio-alcalinos mais ricos em água e álcalis que os magmas basálticos toleíticos. Os maiores teores de água que sofrem considerável aumento na decrescente fração magmática no decorrer da cristalização (a ponto de ocorrer a cristalização de hornblenda em magmas fracionados andesíticos) geram uma fO_2 relativamente alta e constante. A fO_2 é suficientemente elevada para permitir a cristalização da magnetita já no final do estágio inicial ou no início do estágio principal da cristalização magmática. Nessas condições ocorre a cristalização e fracionamento conjunto de (Mg,Fe)-olivinas e piroxênios, Ca-plagioclásios e magnetita. Consequentemente, a relação FeO*/MgO é praticamente constante ou levemente crescente nos sucessivos líquidos fracionados que também apresentam rápido enriquecimento em sílica. O enriquecimento é acompanhado por notável aumento dos álcalis dada a grande extração de Mg, Fe e Ca. Decorre que no diagrama AFM (Figura 14.7.C) a trilha evolutiva formada pelas composições das rochas resultantes dos sucessivos magmas fracionados descreve um arco aberto que representa a ausência de nítido enriquecimento F/M e o rápido enriquecimento em álcalis (e sílica). Dos abundantes líquidos mais silicosos e aluminosos (as crescentes pressões de água retardam a cristalização do feldspato e, portanto, a extração de Al da fase líquida) cristalizam grandes volumes de dioritos/andesitos, tonalitos/quartzo andesitos, granodioritos/dacitos e quantidades menores de granitos/riólitos. O diagrama SiO_2 × FeO/MgO (Figura 14.7.D) mostra o rápido enriquecimento em sílica da série cálcio-alcalina e o restrito aumento da relação FeO/MgO ao redor de 1 em rochas com 48% peso de SiO_2 para 10 em rochas com 74% peso SiO_2 (Figura 14.7.D). Assim, a relação FeO/MgO na série cálcio-alcalina cresce cerca de 30 vezes menos que na série toleítica. Comparando-se as duas séries no diagrama FeO* × FeO*/MgO (Figura 14.7.E) fica evidente a importância da magnetita como agente de extração de ferro de magmas cálcio-alcalinos.

Magmas alcalinos são algo mais oxidados e mais ricos em álcalis que magmas cálcio-alcalinos. A maior fase volátil se manifesta em amplas zonas de alteração hidrotermal sódica (fenetização) que circundam complexos alcalinos silicáticos e silicático-carbonáticos.

19. A fo_2 tem grande influência na sequência de cristalização da série de reação descontínua, o conjunto dos silicatos minerais portadores de ferro. O fracionamento de minerais da série de reação descontínua cristalizados sob baixa fo_2 gera líquidos magmáticos derivados enriquecidos em ferro e pobres em magnésio, cálcio, sílica e álcalis. Típica é a cristalização de (Mg,Fe^{2+})-silicatos na ausência de magnetita no início da série de reação descontínua. A sequenciação mineral da série termina com a cristalização de (Ca,Mg)-piroxênios e Fe-olivina + quartzo, paragênese mais estável que a ferrossilita. Faialita é mineral portador apenas de Fe^{2+} que ocorre em granófiros, as rochas portadoras de quartzo mais evoluídas das grandes intrusões máficas-ultramáficas toleíticas subvulcânicas fortemente fracionadas, caso do lopólito de Skaergaard, Groenlândia (Figura 14.8.A). O fracionamento de minerais da série de reação descontínua cristalizada sob fo_2 moderada e tamponada gera líquidos magmáticos derivados empobrecidos em ferro, magnésio e cálcio e enriquecidos em sílica, alumina e álcalis. A sequenciação mineral da série termina com a cristalização de anfibólios e biotitas, minerais hidratados portadores de álcalis, Fe^{2+} e Fe^{3+}, presente ao lado de quartzo em tonalitos (quartzo dioritos), granodioritos e granitos. Típica é a cristalização conjunta de (Mg,Fe^{2+})-silicatos e magnetita já no início da série de reação descontínua (Figura 14.8.B).

20. No sistema basáltico experimental Mg_2SiO_4-FeO-Fe_2O_3-$CaAl_2Si_2O_8$-SiO_2, a sequência de cristalização dos minerais varia com o valor da pressão de oxigênio tamponado (Figura 14.8.C):

- Sob baixas fo_2 a sequência de cristalização é:
  (1) espinélio + olivina ou anortita →
  (2) olivina + anortita →
  (3) piroxênio + anortita →
  (4) piroxênio + anortita + magnetita →
  (5) piroxênio + anortita + polimorfo de sílica + magnetita.
- Sob médias fo_2 a sequência de cristalização é:
  (1) espinélio + olivina →
  (2) espinélio + piroxênio →
  (3) piroxênio + anortita →
  (4) piroxênio + anortita + polimorfo de sílica →
  (5) piroxênio + anortita + polimorfo de sílica + magnetita.
- Sob elevadas fo_2 a sequência de cristalização é:
  (1) espinélio + olivina →
  (2) espinélio + piroxênio →
  (3) espinélio + piroxênio + polimorfo de sílica →
  (4) piroxênio + anortita + polimorfo de sílica + magnetita.

21. Em muitas rochas magmáticas cristalizam conjuntamente ilmenita e titanomagnetita. O intervalo composicional da coexistência entre as duas soluções sólidas em basaltos, andesitos, dacitos e riólitos é bem definido no sistema FeO-Fe_2O_3-TiO_2-O_2 (figuras 14.9.A e B). De modo geral, a relação entre Ti-magnetita e ilmenita nas rochas ígneas é de 2:1, independentemente do teor de TiO_2 da rocha, maior em gabros/basaltos, que em granitos/riólitos.

O primeiro método desenvolvido para medir a fo_2 durante a cristalização magmática utilizou a variação composicional sistemática nas soluções sólidas ulvoespinélio-magnetita e ilmenita-hematita com o aumento da fugacidade de oxigênio (figuras 14.9.A e B):

$$\underset{\text{ulvoespinélio}}{Fe^{2+}(Fe^{2+},Ti^{4+})O_4} + \underset{\text{oxigênio}}{O_2} \leftrightarrows \underset{\text{magnetita}}{Fe^{2+}(Fe^{3+},Fe^{3+})O_4} \text{ e}$$

$$\underset{\text{ilmenita}}{Fe^{3+}Ti^{4+}O_3} + \underset{\text{oxigênio}}{O_2} \leftrightarrows \underset{\text{hematita}}{Fe^{3+}Fe^{3+}O_3}$$

Um aumento da fo_2 diminui o teor de titânio nas duas soluções sólidas (pela substituição de Ti^{4+} por Fe^{3+}), mas o contrário ocorre com um aumento da temperatura devido à maior solubilidade do Ti em (Fe,Ti)-óxidos. Conhecida a composição química de duas soluções sólidas de (Fe,Ti)-óxidos coexistindo em equilíbrio, as duas variáveis (T e fo_2) são obtidas pelo cruzamento das curvas T × fo_2

da ilmenita e da titanomagnetita (Figura 14.9.C). Ocorrendo apenas uma fase solução sólida de (Fe,Ti)-óxido, a fO_2 só pode ser obtida após prévia determinação da temperatura por outros métodos de termometria geológica. No caso de rochas vulcânicas também pode ser utilizado o valor médio de temperatura de extravasamento de lavas com composição idêntica à da rocha estudada. As temperaturas de extravasamento de lavas são obtidas por medidas diretas utilizando diferentes metodologias (pirômetros, varetas de ligas metálicas com diferentes pontos de fusão etc.). A metodologia Fe-Ti foi aperfeiçoada por meio de dados provenientes de outras abordagens, caso da composição de soluções sólidas de biotitas coexistentes em equilíbrio com (Fe,Ti)-óxidos, a composição de soluções sólidas de espinélio coexistentes em equilíbrio com piroxênios em espinélio lherzolitos, a composição de soluções sólidas de granadas coexistentes em equilíbrio com piroxênios em granada lherzolitos etc. Atualmente, é corrente a determinação da fO_2 indiretamente pela medida eletroquímica da atividade química do oxigênio na rocha (aO_2 é função da fO_2) utilizando cristais de ZrO_2 dopados com ítrio; é o método da célula f.

A determinação da fO_2 é mais precisa em rochas vulcânicas vitrofíricas, hipovítreas e hipocristalinas, pois: 1) o bloqueio térmico por resfriamento abrupto impede sua posterior exsolução subsólida dos óxidos; 2) a vitrificação precoce do líquido magmático evita a cristalização de outros minerais de Fe e Ti além dos óxidos; 3) o pequeno intervalo térmico entre o início (temperatura liquidus) e o fim (vitrificação do líquido magmático por resfriamento abrupto) da cristalização da lava resulta numa paragênese com variabilidade composicional restrita, pois o intervalo composicional de cada membro da paragênese de (Fe,Ti)-óxidos se amplia com o aumento do intervalo de cristalização e a fO_2 é determinada pela composição média dos (Fe,Ti)-óxidos coexistentes; e 4) limita a variabilidade da fO_2 do sistema. Como a fO_2 aumenta no decorrer da cristalização, o congelamento térmico da lava logo após o início da cristalização faz que os óxidos formados representem uma variação na fO_2 (ΔfO_2) muito pequena que implica restrita variabilidade composicional dos (Fe,Ti)-óxidos.

22. A estabilidade das biotitas é controlada pela fugacidade de oxigênio (fO_2), temperatura (T), a sílica-saturação do sistema, a composição da biotita e a pressão de água (P_{H_2O}).

- Sob composição fixa (annita) e P_{H_2O} constante (por exemplo, 2 kbar), a fO_2 controla a estabilidade da Fe-biotita annita, mineral no qual todo ferro ocorre sob forma de Fe^{2+}, pois as várias reações de decomposição da annita em um composto de Fe e um de Al dependem da fO_2 do sistema. As reações de síntese ou decomposição da annita sob decrescentes fO_2 são as seguintes:

(1) em fO_2 maior que o O_2-tampão MH
$KFe_3AlSi_3O_{10}(OH)_2 + 3O_2 \leftrightarrow$
annita
$KAlSi_3O_8 + 3Fe_2O_3 + H_2O\ (+ SiO_2)$
sanidina hematita fluido (+quartzo)

(2) em fO_2 entre os O_2-tampões MH e FMQ
$KFe_3AlSi_3O_{10}(OH)_2 + \frac{1}{2} O_2 \leftrightarrow$
annita
$KAlSi_3O_8 + FeFe_2O_4 + H_2O\ (+ SiO_2)$
sanidina magnetita fluido (+quartzo)

(3) em fO_2 entre os O_2-tampões FMQ e IQF
$KFe_3AlSi_3O_{10}(OH)_2 \leftrightarrow$
annita
$KAlSiO_4 + KAlSi_2O_6 + 3Fe_2SiO_4 + 2H_2\ (+ SiO_2)$
kalsilita leucita faialita fluido (+quartzo)

(4) em fO_2 menor que o O_2-tampão IQF
$KFe_3AlSi_3O_{10}(OH)_2 \leftrightarrow$
annita
$KAlSi_3O_8 + 3Fe + H_2O + 1\frac{1}{2}O_2\ (+ SiO_2)$
sanidina ferro fluidos (+quartzo)

- O mineral aluminoso formado depende da sílica-saturação do sistema: em sistemas sílica-supersaturados é a sanidina (reações 1, 2 e 4); em sistemas sílica-saturados e sílica-insaturados é a paragênese kalsilita + leucita (reação 3). Num sistema sílica-supersaturado, kalsilita e leucita reagem com sílica formando sanidina. A faialita não reage com sílica, pois a paragênese faialita + quartzo é mais estável que a ferrossilita. Resulta, portanto, que a reação de decomposição da annita num sistema sílica-supersaturado sob fO_2 entre os O_2-tampões FMQ e IQF é annita = sanidina + faialita + fluido + quartzo.

Todas as reações ocorrem sob diferentes temperaturas e seu conjunto estabelece o campo da estabilidade da annita no gráfico Temperatura × fO_2 (Figura 14.10.A). A paragênese annita + faialita + quartzo + K-feldspato + magnetita que ocorre em alguns granitos rapakivi define a temperatura de cristalização da rocha em 710 °C sob fO_2 de $10^{-7,5}$ bar.

- A estabilidade da biotita aumenta com o aumento do seu teor em Mg ao longo da solução sólida entre annita, $KFe_3AlSi_3O_{10}(OH)_2$ com relação Fe/(Fe + Mg) = 1 e flogopita, $KMg_3AlSi_3O_{10}(OH)_2$ com relação Fe/(Fe + Mg) = 0. O campo de estabilidade de biotitas com relação Fe/(Fe + Mg) = 0,7, 0,4 e 0,3 aumenta sucessivamente num sistema sílica-supersaturado com fO_2 entre MH e WM e PH_2O de 2.000 bar (Figura 14.10.B). Decorre que em rochas sílica-supersaturadas, caso de granitos e riólitos, nas quais a biotita está em equilíbrio com K-feldspato (sanidina) e um ou mais (Fe,Ti)-óxidos (hematita, magnetita) ou faialita, a composição da biotita permite definir a temperatura e a fugacidade de oxigênio do sistema magmático.
- A pressão de água (PH_2O) pouco influencia a temperatura das reações de decomposição da annita em condições sílica-saturadas como mostram suas curvas de equilíbrio subverticais no diagrama T × PH_2O (Figura 14.10.C). Decorre que variações na PH_2O não alteram significativamente a dimensão do campo de estabilidade da annita.

23. Em rochas peralcalinas, caracterizadas por minerais máficos alcalinos portadores de Fe^{2+} e Fe^{3+} (fO_2 = $f_{magnetita}$), a magnetita pode faltar pela interação das três reações de formação de egirina por reações de oxidação:

(1) $2Fe_2SiO_4 + Na_2SiO_5 + SiO_2 + O_2 \leftrightarrow$
faialita + dissilicato de sódio + sílica + oxigênio ↔
$2NaFeSi_2O_6$
egirina

(2) $2FeFe_2O_4 + 3Na_2SiO_5 + 9SiO_2 + O_2 \leftrightarrow$
magnetita + dissilicato de sódio + sílica + oxigênio ↔
$6NaFeSi_2O_6$
egirina

(3) $Na_2Fe_5TiSi_6O_{20} + Na_2SiO_5$
enigmatita + dissilicato de sódio
$+ O_2 \leftrightarrow 4NaFeSi_2O_6 + FeTiO_3$
oxigênio ↔ egirina + ilmenita

A geração de egirina consome Fe-olivina (reação 1), magnetita (reação 2) ou libera ilmenita (reação 3). Assim, as reações explicam a ausência de magnetita em paragêneses naturais com egirina, a presença de ilmenita em paragêneses contendo egirina e a ausência de ilmenita em paragêneses com enigmatita. As três reações determinam no gráfico fO_2 × Temperatura o campo de estabilidade (cinza) da paragênese egirina + enigmatita na ausência de magnetita (Figura 14.11). Essa área situa-se entre as fO_2 dos tampões de oxigênio faialita + O_2 ↔ magnetita + quartzo ($Fe^{2+} + O_2 \leftrightarrow Fe^{2+} + Fe^{3+}$) e magnetita + O_2 ↔ hematita ($Fe^{2+} + Fe^{3+} + O_2 \leftrightarrow Fe^{3+}$).

24. A mineralogia de rochas ígneas mantélicas indica que a fO_2 diminui com o aumento da profundidade. Basaltos de fundos oceânicos e peridotitos do manto superior têm fO_2 próximas ou pouco abaixo do tampão FMQ (Figura 14.12.A), mas lamproitos e kimberlitos, rochas alcalinas formadas entre 100 km e 200 km de profundidade, contêm grafita e/ou diamante (figuras 14.12.B e C). Sob elevadas fO_2 e altas pressões de carga (ou litostáticas), o carbono ocorre sob forma de carbonatos (CO_3^{2-}), como nos carbonatitos; sob elevadas fO_2 e baixas pressões de carga, como CO_2 em gases vulcânicos. Trabalhos experimentais de peridotitos submetidos a crescentes temperaturas e pressões (crescentes profundidades mantélicas) na presença de uma fase fluida com 0,7 CO_2 e 0,3 H_2O permitiram definir os campos de estabilidade da dolomita, $(Ca,Mg)CO_3$, e da magnesita, $MgCO_3$, no manto, fundamental para a abordagem dos diferentes tipos de carbonatitos. Sob mesma temperatura, a dolomita se torna estável sob pressões menores que a magnesita (Figura 14.12.D). O estudo da origem de carbonatitos e kimberlitos também requer uma boa avaliação da composição do sistema C-O-H em diferentes ambientes mantélicos. Os gases dominantes no manto superior são H_2O, CO_2, CO, H_2 e CH_4. Comuns são fluidos mistos entre CO_2 e H_2O sob condições mais oxidantes ou CH_4, H_2 e C (grafita/diamante) sob condições redutoras. Aparentemente, CH_4 é o fluido mais comum no manto redutor e inclusões de CH_4 ocorrem em minerais de kimberlitos e lamproitos. Hidrogênio pode ocorrer sob forma reduzida (H) ou oxidada (H_2O).

A mesma variação do estado de oxidação ocorre no enxofre onde a fO_2 controla a ocorrência de enxofre nativo, sulfetos (S^{2-}) e sulfatos (SO_4^{4-}). Em muitas rochas magmáticas e jazidas hidrotermais dominam os sulfetos (principalmente a pirita, calcopirita, covellita, galena, esfarelita, estibinita, cinábrio etc.). Alguns feldspatoides (hayunita e noseana) e a escapolita contêm (SO_4^{4-}) na estrutura. Enxofre nativo é depositado por muitas fumarolas. Barita ($BaSO_4$) é mineral de ganga comum em jazidas minerais e constitui diques e veios em rochas alcalinas como na intrusão de Araxá-MG, indicando alta fO_2.

25. Crescentes pressões e temperaturas aumentam os teores de Mg nas soluções sólidas de óxidos de rochas mantélicas. Na série romboédrica isto significa uma crescente incorporação de geikielita na solução sólida entre ilmenita e hematita. As composições de 1.140 análises de ilmenitas de rochas do manto superior bem como a fO_2 de sua geração estão representadas no diagrama Hematita (Fe_2O_3)-Ilmenita ($FeTiO_3$)-Geikielita ($MgTiO_3$) (Figura 14.13.A). Diferentes termômetros e geobarômetros aplicados às rochas estudadas fixaram suas condições de gênese em 1.300 °C e 30 kbar. A fO_2 de mais de 80% das amostras concentra-se entre 10^{-6} e 10^{-7} bar (Figura 14.13.A). Por meio de cálculos termodinâmicos, essa fugacidade foi considerada equivalente à fO_2 do O_2-tampão Magnetita-Hematita (f_{MH}) nas mesmas condições termobáricas.

No gráfico Temperatura × log fO_2 os O_2-tampões descrevem arcos convexos ascendentes (curvas positivas) que se tornam retas num gráfico log fO_2 × 1/Temperatura (graus K), um gráfico Arrhenius. O gráfico desse tipo para a pressão de uma atmosfera encontra larga aplicação na representação da fO_2 de rochas vulcânicas e subvulcânicas (Figura 14.13.B).

Estabelecida a equivalência entre a dominante fO_2 entre 10^{-6} e 10^{-7} bar para rochas mantélicas geradas sob 1.300 °C e 30 kbar e o O_2-tampão Magnetita-Hematita (f_{MH}) nas mesmas condições termobáricas, é possível calcular a fO_2 dos demais O_2-tampões do gráfico log fO_2 × 1/Temperatura (K) para as mesmas condições de temperatura e pressão. Igualmente foi calculada a fO_2 dos diversos O_2-tampões para a pressão de 30 kbar ao longo de um gradiente geotérmico cratônico continental com fluxo térmico superficial de 40 mW/m^2. Os dois gráficos Arrhenius mostram boa concordância e são utilizados na quantificação da fO_2 de rochas do manto profundo, caso de lamproitos e kimberlitos, rochas portadoras de grafita ou diamantes. Os dados referentes a kimberlitos de Koidu (Serra Leoa), Kpo Range (Libéria) e Antoschka (Guiné) revelaram fugacidades de oxigênio entre os tampões f_{IW} e f_{FMQ} (Figura 14.13.C).

26. Em certos grupos de rochas, a presença de diferentes (Fe,Ti)-óxidos é utilizada para caracterizar subgrupos. Particularmente a ilmenita e a magnetita servem para subdividir os granitos em magnetita granitos e ilmenita granitos (classificação desenvolvida no Japão), magnetita-allanita (ou titanita) granitos e ilmenita-monazita granitos (classificação desenvolvida na Rússia) e entre granitos I (de metaígneas) e granitos S (de metassedimentar), (classificação desenvolvida na Austrália), respectivamente granitos mais e menos oxidados. As três classificações enfatizam a existência de dois grandes grupos de magmas graníticos, um gerado pela fusão parcial de paragnaisses (rochas mais ricas em sílica, álcalis, alumina e água) em condições mais redutoras (ilmenita granitos, ilmenita-monazita granitos e granitos S) e outro formado por fusão parcial de ortognaisses (rochas mais pobres em sílica, álcalis, alumina e água e mais ricas em cálcio, ferro e magnésio) em condições mais oxidantes (magnetita granitos, magnetita-allanita, granitos e granitos I).

A estrutura da monazita, (Ce,La,Nd,Th)PO_4, consiste de tetraedros de PO_4 distorcidos e átomos metálicos em coordenação 9); o tamanho da unidade estrutural decresce com o aumento da substituição de Ca e Th por Ce e La. Allanita, (Ca,Mn,Ce,La,Y,Th)$_2$(Fe^{2+},Fe^{3+},Ti)(Al,Fe^{3+})$_2$(SiO_4)(Si_2O_7)O(OH), tem estrutura semelhante à do epidoto enriquecida em ETR leves.

As diferenças nas características das rochas-fonte implicam nitidamente nas características químicas, isotópicas e na natureza das mineralizações associadas nos dois grupos de granitos (quadros 14.1.A e B). Em alguns casos, o limite de ocorrência entre magnetita granitos e ilmenita granitos é preciso, contínuo e estreito, caso das Montanhas Rochosas na faixa costeira ocidental dos Estados Unidos e México (Figura 14.14); outras vezes a faixa de contato é mais larga e difusa como no caso dos granitos I e S da Austrália.

A

Grupo	Elemento		Estado de oxidação							
Ia	Potássio	K	0	1						
IIa	Cálcio	Ca	0		2					
IIIa	Escândio	Sc	0			3				
IVa	Titânio	Ti	0		2	3	4			
Va	Vanádio	V	0		2	3	4	5*		
VIa	Cromo	Cr	0		2	3			6*	
VIIa	Manganês	Mn	0		2	3	4		6	7*
VII VIII	Ferro	Fe	0		2	3	4		6	
	Cobalto	Co	0		2	3	4			
	Níquel	Ni	0		2	3	4			
Ib	Cobre	Cu	0	1	2	3				
IIb	Zinco	Zn	0		2					
IIIb	Gálio	Ga	0			3				

Metais de transição (IIIa a Ib)

* Agentes oxidantes

Grupo / Valência

Estados de oxidação encontrados em ambientes geológicos e meteoritos (cinza)

Estados de oxidação gerados apenas em laboratórios (branco)

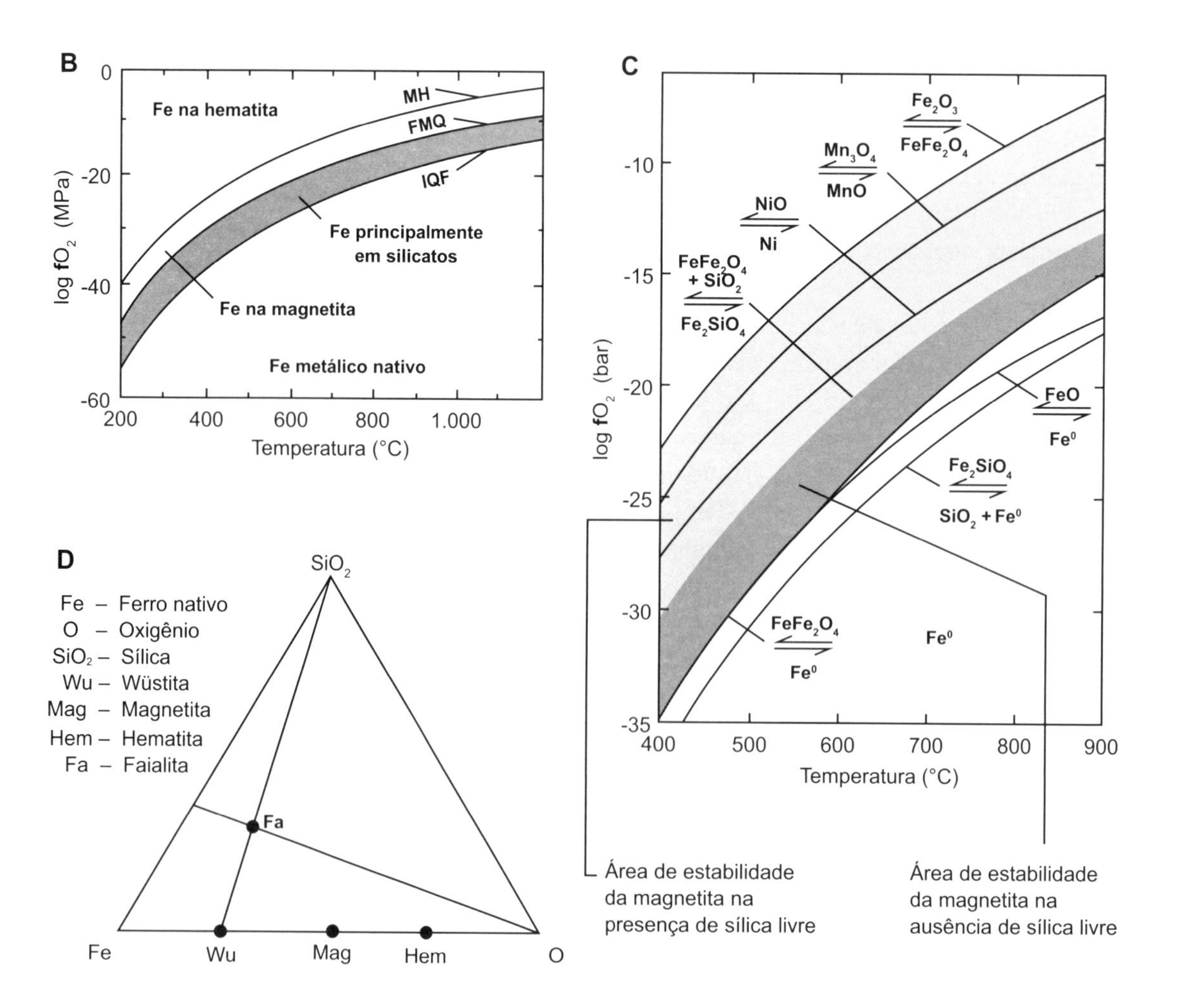

Figura 14.1 – Oxidação de rochas magmáticas

A – Estados de oxidação (Gill, 1989)

Elementos podem apresentar um ou mais estados ou graus de oxidação. Estados de oxidação podem ser naturais e artificiais, estes obtidos em laboratórios. Estados de oxidação naturais são os presentes em ambientes geológicos correntes, incluindo meteoritos. Elementos com múltiplos estados de oxidação são particularmente comuns nos metais de transição, elementos com estrutura eletrônica na qual a subesfera d é apenas parcialmente preenchida. Na primeira (ou série Sc-Cu), segunda (ou série Y-Ag) e na terceira série (ou série La-Au), a subesfera preenchida é a 3d, 4d e 5d. O ferro, um dos elementos metálicos de transição geologicamente mais importantes, apresenta quatro graus de oxidação, três naturais (Fe^0, Fe^{2+}, Fe^{3+}) e um artificial (Fe^{4+}). Na primeira série de transição, o manganês apresenta o grau máximo de oxidação artificial, Mn^{7+}, e o cromo o maior grau de oxidação natural, Cr^{6+}.

B – Graus de oxidação naturais do ferro (Frost, 1991)

Os graus de oxidação naturais do ferro são Fe^0, Fe^{2+} e Fe^{3+}. Os principais compostos contendo ferro são o ferro metálico, silicatos e óxidos. Fe^0 (ferro nativo) natural ocorre em meteoritos, no núcleo terrestre, em algumas rochas que cristalizaram em condições redutoras dadas por rochas encaixantes ricas em grafita ou carvão e em basaltos lunares. Fe^{2+} ocorre principalmente em silicatos, onde forma o único estado de oxidação na Fe-olivina faialita (Fe_2SiO_4) e do Fe-piroxênio ferrossilita ($Fe_2Si_2O_6$); o óxido wüstita (FeO) é muito raro na natureza. Rochas magmáticas geralmente cristalizam sob pressões parciais ou fugacidades de oxigênio que propiciam a cristalização da paragênese magnetita ($FeFe_2O_4$) e silicatos fêmicos contendo Fe^{2+} e Fe^{3+}. Fe^{3+} como único estado de oxidação ocorre tanto em silicatos, caso do piroxênio alcalino egirina ($NaFeSi_2O_6$) quanto em óxidos, caso da hematita (Fe_2O_3). Hematita é mineral magmático primário muito raro, mas é comum como produto do intemperismo oxidante subaéreo ou subaquático de águas rasas e agitadas.

C, D – Tampões de oxigênio nos diagramas Temperatura × fo_2 e Fe-O-SiO_2 (Eugster; Wones, 1962; Ernst, 1968; Morse, 1980)

Na reação de oxidação genérica $X + O_2 \leftrightarrow Y$, a fugacidade de oxigênio do sistema permanece constante enquanto o reagente X não for totalmente transformado no produto Y. Assim, reações de oxidação/redução representam tampões de oxigênio. Diferentes reações de oxidação/redução ocorrem sob diferentes fo_2 e podem envolver um ou mais reagentes além do O_2. É o caso da reação $2Fe^0 + SiO_2 + O_2 \leftrightarrow Fe_2SiO_4$. Outras vezes, a reação de oxidação envolve "quebra" (decomposição) do reagente. É o caso da reação $3Fe_2SiO_4 + O_2 = 2FeFe_2O_4 + 3SiO_2$. No diagrama Temperatura (°C) × log fo_2 (bar), os tampões definem um conjunto de curvas convexas aproximadamente paralelas com intervalos aproximadamente iguais. Seu formato ascendente indica que a fo_2 dos O_2-tampões de dada reação de oxidação/redução aumenta com a temperatura. Esse comportamento implica no fato de que muitas substâncias (óxidos, hidróxidos, cloretos, fluoretos etc.) sofrem desvolatização com o aumento da temperatura. Nos O_2-tampões, a desvolatização consiste na liberação de oxigênio e o consequente aumento da fo_2 do sistema.

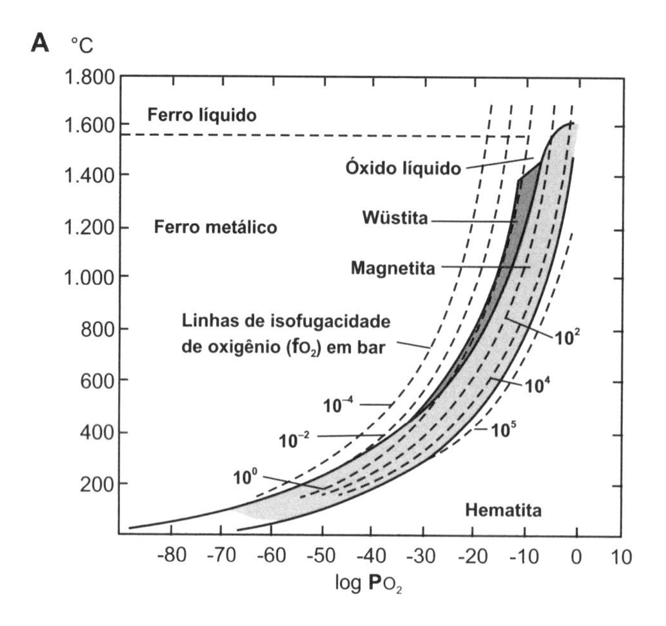
A
°C
Ferro líquido
Óxido líquido
Wüstita
Ferro metálico
Magnetita
Linhas de isofugacidade
de oxigênio (fO2) em bar
Hematita
log PO2

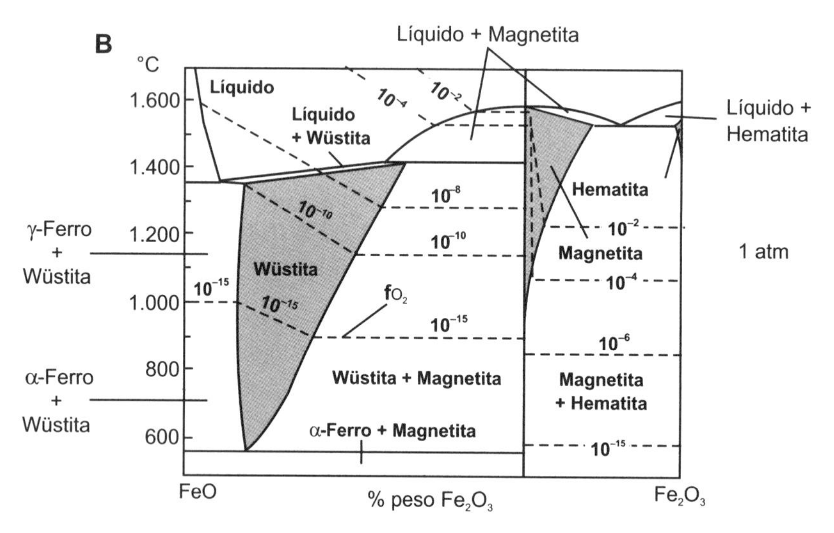
B
Líquido + Magnetita
Líquido
Líquido
+ Wüstita
Líquido +
Hematita
Hematita
Magnetita
1 atm
γ-Ferro
+
Wüstita
Wüstita
fO2
α-Ferro
+
Wüstita
Wüstita + Magnetita
Magnetita
+ Hematita
α-Ferro + Magnetita
FeO
% peso Fe2O3
Fe2O3

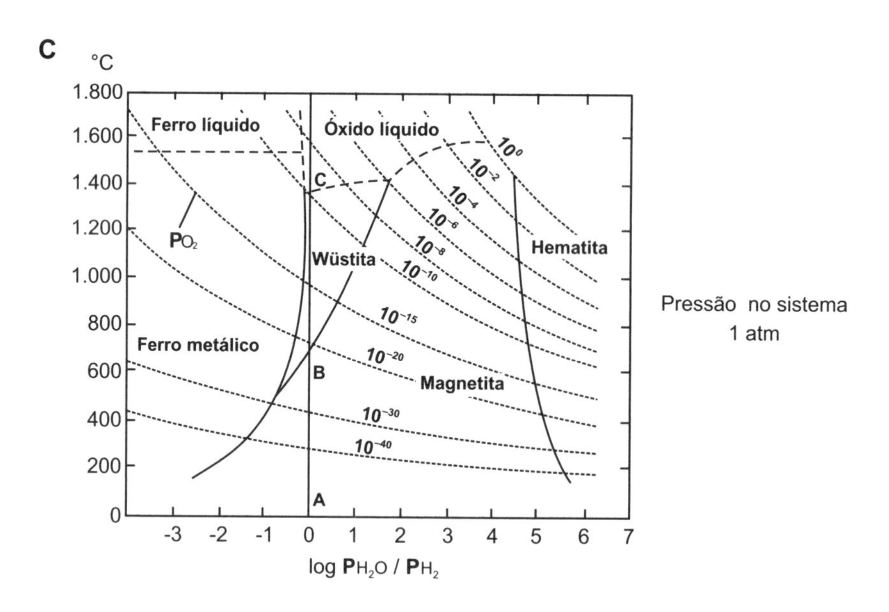
C
°C
Ferro líquido
Óxido líquido
PO2
Wüstita
Hematita
Pressão no sistema
1 atm
Ferro metálico
Magnetita
log PH2O / PH2

Figura 14.2 – Medida da pressão de oxigênio

A a **C** – **Medidas de pressão de oxigênio** (Muan, 1958)

A concentração de oxigênio num sistema pode ser expressa de várias maneiras, mas sua quantificação é feita principalmente por meio de três parâmetros:

- Pressão parcial de oxigênio. É expressa no sistema Fe-O (**A**). Embora a PO_2 possa ser determinada com precisão mesmo em fases fluidas complexas, devido sua correlação com o oxigênio liberado pela dissociação da água em sistemas hidratados, o conceito de PO_2 carece de significado geológico em sistemas anidros (sistemas condensados). Essa limitação levou ao abandono da PO_2 como medida da concentração de oxigênio em trabalhos petrológicos modernos que envolvem frequentemente sistemas anidros. Além disso, no diagrama PO_2 × Temperatura, os campos da estabilidade da wüstita e da magnetita, situados entre os campos do ferro metálico e da hematita, são muito comprimidos, fato que dificulta a representação de pequenas variações e a interpolação de dados de concentração de oxigênio.
- Fugacidade de oxigênio. É expressa no sistema FeO-Fe_2O_3 (wüstita-hematita), um subsistema do sistema Fe-O (**B**). A fO_2 é a expressão termodinâmica da pressão de oxigênio e pode ser aplicada a sistemas condensados devido a sua vinculação com a atividade química dos componentes do sistema. A fO_2 é uma variável que indica se o ferro do sistema ocorre em estado nativo (IW, IM), como único estado de oxidação Fe^{2+} em silicatos (IQF), ou óxido (IW), como associação entre Fe^{2+} e Fe^{3+} em óxidos e silicatos (IM, FMQ) ou apenas como Fe^{3+} em óxidos (MH).

  A fugacidade de oxigênio livre em ambientes petrológicos é muito baixa. A fO_2 $(FMQ)_{500\,°C}$ (a fugacidade de oxigênio do tampão FMQ sob 500 °C) é 10^{-22} bar, equivalente à pressão exercida por uma molécula de oxigênio num volume de 1 m^3. Uma fO_2 um pouco maior ocorre no sistema FeO-Fe_2O_3.
- Relação PH_2O/PH_2. É expressa no sistema Fe-O (**C**). A expressão PH_2O/PH_2 relaciona a pressão total do fluido aquoso, PH_2O, com as pressões parciais PO_2 e PH_2 do sistema que apresentam as quantidades de H_2 e ½ de O_2 resultantes da dissociação da água. Decorre que a relação PH_2O/PH_2 é uma medida da pressão parcial de oxigênio PO_2 do sistema. Frequentemente, PO_2 (**A**) e PH_2O/PH_2 (**C**) são representadas simultaneamente.

Os experimentos laboratoriais levaram ao equívoco generalizado de que a fO_2 de sistemas geológicos é uma variável independente e típica do meio ambiente do sistema. Em realidade é uma variável dependente de vários parâmetros químicos do magma. Portanto, não existe um sistema basáltico toleítico de elevada fO_2, pois a composição global do magma basáltico toleítico implica baixa pressão parcial de oxigênio que difere da fO_2 de um sistema basáltico cálcio-alcalino. Em sistemas naturais, além do ferro também Mg e Ti, P, C, S etc. e água têm importante papel na determinação da estabilidade de minerais (silicatos, óxidos, elementos nativos, sulfetos etc.) com Fe^0, Fe^{2+}, Fe^{3+} e $Fe^{2+} + Fe^{3+}$. Os trabalhos experimentais levaram, também, a confundir a fO_2 de um tampão com a presença física dos seus reagentes e produtos no sistema geológico considerado. Uma rocha que cristaliza sob fO_2 do tampão NNO não cristaliza nas imediações de grandes massas de níquel, pois a fO_2 desse tampão pode ser obtida por numerosas reações de oxidação/redução que envolvem apenas a troca de elétrons entre reagentes e produtos puros. Portanto, a ocorrência de reagentes e produtos de um tampão em dada rocha é muito rara; exemplo é a coexistência de magnetita e hematita pura (tampão MH) em alguns minérios de ferro metamórficos (itabiritos).

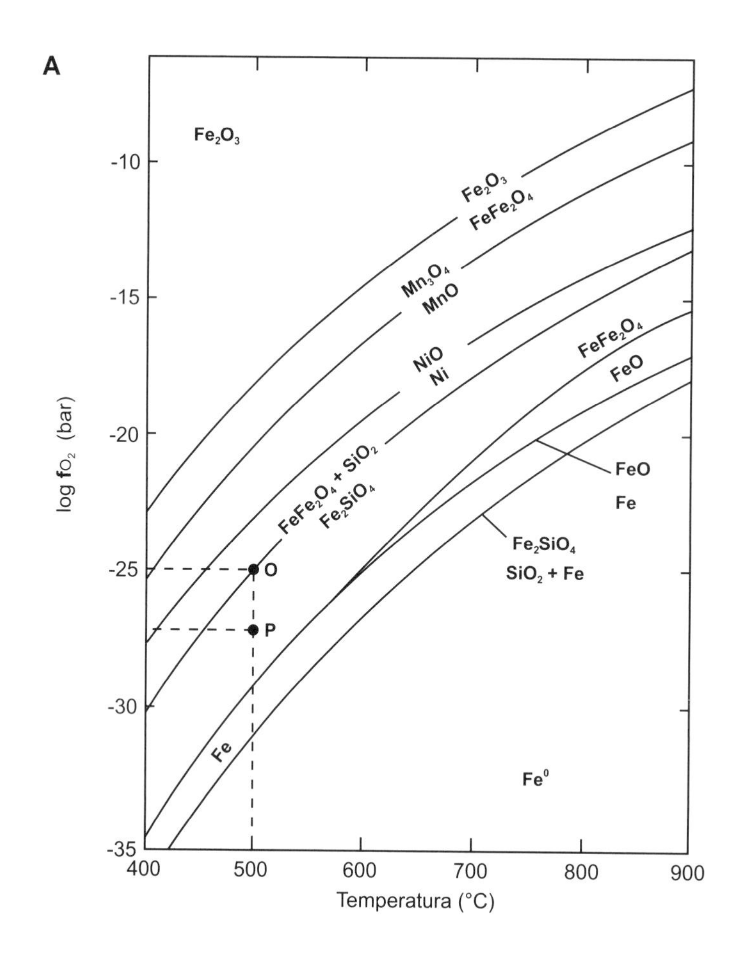
A
Fe2O3
Fe2O3
FeFe2O4
Mn3O4
MnO
NiO
Ni
FeFe2O4 + SiO2
Fe2SiO4
FeFe2O4
FeO
FeO
Fe
Fe2SiO4
SiO2 + Fe
O
P
Fe
Fe0
log fO2 (bar)
-10
-15
-20
-25
-30
-35
400
500
600
700
800
900
Temperatura (°C)

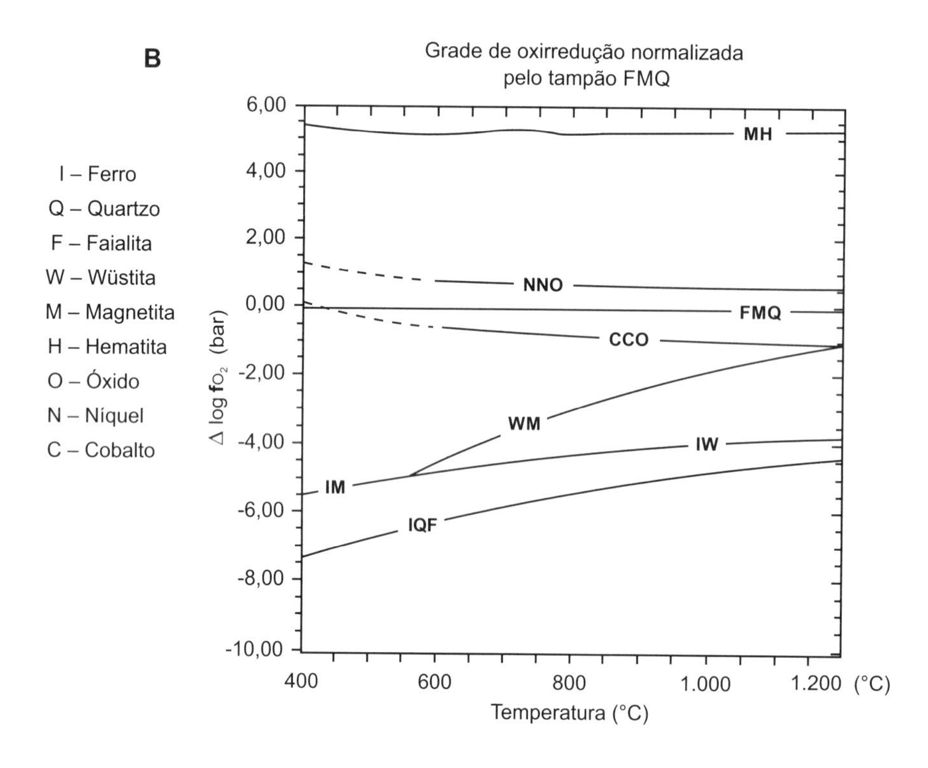
B
Grade de oxirredução normalizada
pelo tampão FMQ
I – Ferro
Q – Quartzo
F – Faialita
W – Wüstita
M – Magnetita
H – Hematita
O – Óxido
N – Níquel
C – Cobalto
MH
NNO
FMQ
CCO
WM
IW
IM
IQF
Δ log fO2 (bar)
6,00
4,00
2,00
0,00
-2,00
-4,00
-6,00
-8,00
-10,00
400
600
800
1.000
1.200 (°C)
Temperatura (°C)

Figura 14.3 – Notação do grau de oxidação

A, B – Grades de oxirredução normal e normalizada; notação do grau de oxidação (Ernst, 1968)

Chama-se de tampão de oxigênio ou O_2-tampão os equilíbrios químicos que controlam a fugacidade de oxigênio (fo_2) de um sistema. É o caso dos equilíbrios das reações ferro + quartzo + O_2 ↔ faialita, faialita + O_2 ↔ magnetita + quartzo, magnetita + O_2 ↔ hematita etc.

No diagrama Temperatura (°C) × log fo_2 (bar), os tampões definem um conjunto de curvas convexas ascendentes aproximadamente paralelas e com intervalos aproximadamente iguais (**A**). A disposição paralela das curvas indica que a mudança na entalpia associada com a oxidação é aproximadamente a mesma para os diferentes O_2-tampões. As curvas ascendentes indicam que a fo_2 dos O_2-tampões aumentam com a temperatura. Representam, assim, o fato de que muitas substâncias sofrem desvolatização com o aumento da temperatura que, no caso dos O_2-tampões, consiste na liberação de oxigênio e o consequente aumento da fo_2 do sistema. Além dos tampões de Fe, também estão representados dois tampões de Ni e Mn que se situam entre os tampões fFMQ e fMH e, assim, tornam a caracterização da fo_2 de um sistema mais precisa.

Como os O_2-tampões determinam o grau de oxidação do ferro nos minerais cristalizados conclui-se que a fo_2 representa a pressão do oxigênio dissolvido em magmas e lavas. Em geral, a fo_2 de magmas e lavas é elevada demais para propiciar a cristalização de ferro nativo (Fe) ou wüstita (FeO) e baixa demais para a cristalização de hematita (Fe_2O_3). Excepcionalmente, ferro nativo ocorre em magmas contaminados ou em contato por material carbonoso reduzido (turfa, carvão) e hematita em rochas que cristalizam em lagos de lavas basálticas de crateras vulcânicas onde a lava convectante tem contato prolongado com o ar atmosférico.

A notação da fo_2 pode ser absoluta ou relativa. Na grade de oxirredução normal, a notação absoluta se aplica principalmente para a fo_2 de sistemas situados sobre os O_2-tampões, caso do sistema O. Sua notação absoluta sob 500 °C é $fo_2\ (O)_{500\,°C}$ = $(fFMQ)_{500\,°C}$ = –25 onde –25 significa 10^{-25} bar.

A notação relativa se aplica principalmente para fo_2 de sistemas situados entre dois tampões sucessivos, caso do sistema P. Sua notação absoluta sob 500 °C é $fo_2(P)_{500\,°C}$ = –27, onde –27 significa 10^{-27} bar, e sua notação relativa é $fo_2(P)_{500\,°C}$ = $fo_2\ (FMQ)_{500\,°C}$ –2 unidades log [(–25) – (–2) = (–27)] ou $fo_2\ (P)_{500\,°C}$ = fFMQ–2 (**A**).

A disposição subparalela dos diferentes O_2-tampões no gráfico – log fo_2 (bar) × T (°C) permite a sua normalização em relação à fo_2 de um tampão de referência, geralmente o tampão fFMQ. A normalização fFMQ/fFMQ corresponde a uma reta com log = O. Resulta uma grade de oxirredução normalizada nos quais os O_2-tampões têm disposição aproximadamente horizontal e paralela (**B**).

Na grade de oxirredução normalizada, a posição relativa dos O_2-tampões normalizados, por exemplo, log fo_2 (MH)N FMQ = log [fo_2MH/fo_2FMQ)] em relação à reta fo_2 (FMQ) normalizada define valores de fo_2 negativos (–), caso do tampão IQF, ou positivos (+), caso do tampão NNO, e os valores dos desvios são grafados Δfo_2. O símbolo subentende que o valor da razão da fo_2 normalizada está expresso em logaritmo. Δfo_2 (IM)N FMQ sob 400 °C é –5,5, Δfo_2 (MH)N FMQ sob 1.000 °C é 5,5. A notação do tipo de normalização, neste caso N FMQ, geralmente é omitida por ser a normalização pelo tampão FMQ a mais corrente e, portanto, subentendida. Resulta a notação simplificada Δfo_2(IM)N (400) = –5,5 e Δfo_2 (MH)N (1.000) = 5,5.

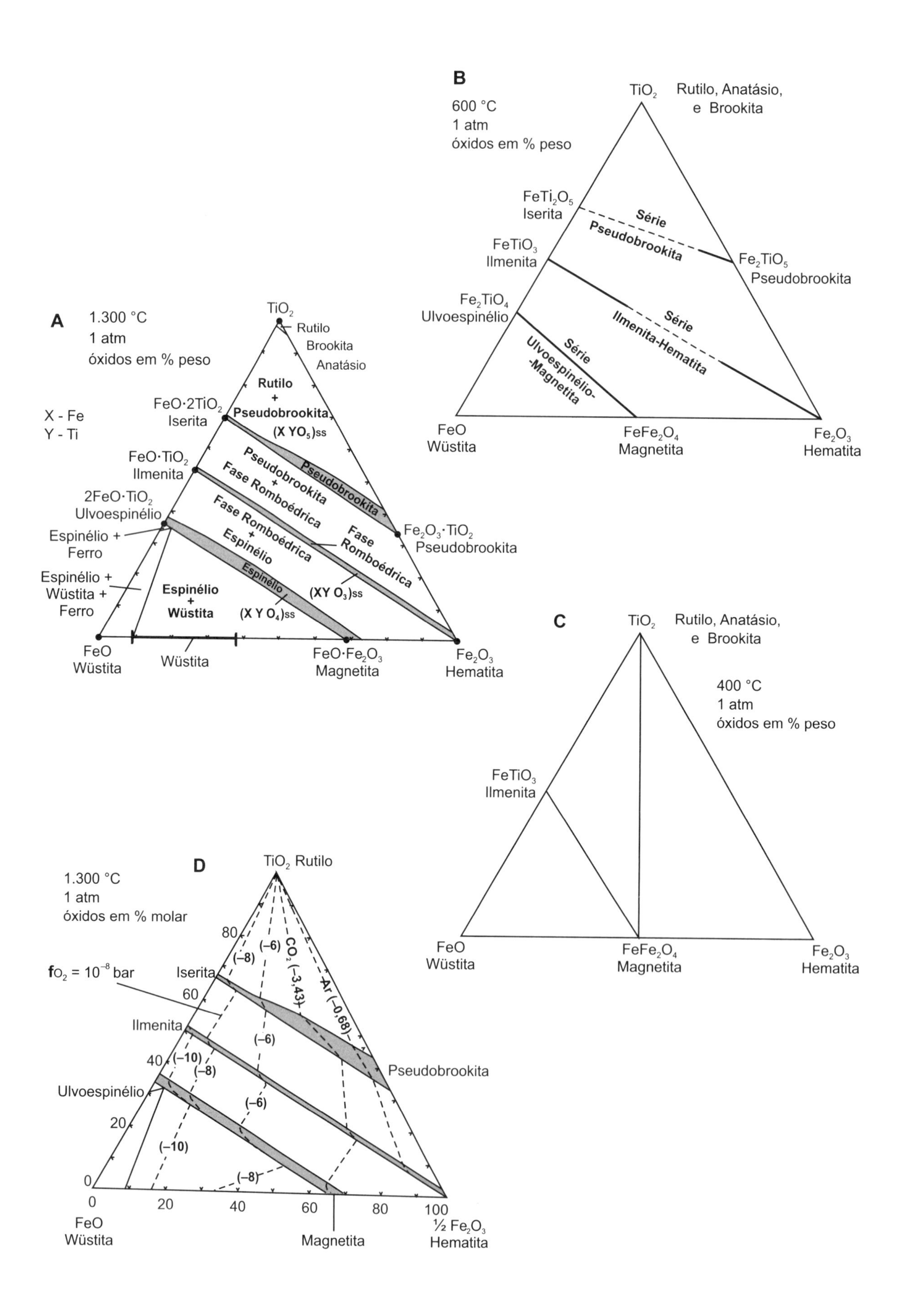
A
1.300 °C
1 atm
óxidos em % peso
X - Fe
Y - Ti
TiO2
Rutilo
Brookita
Anatásio
Rutilo + Pseudobrookita
(X YO5)ss
FeO·2TiO2 Iserita
FeO·TiO2 Ilmenita
2FeO·TiO2 Ulvoespinélio
Pseudobrookita + Fase Romboédrica
Pseudobrookita
Fase Romboédrica + Espinélio
Fase Romboédrica
Espinélio
Espinélio + Ferro
Espinélio + Wüstita + Ferro
Espinélio + Wüstita
(XY O3)ss
(X Y O4)ss
Fe2O3·TiO2 Pseudobrookita
FeO Wüstita
Wüstita
FeO·Fe2O3 Magnetita
Fe2O3 Hematita
B
600 °C
1 atm
óxidos em % peso
TiO2
Rutilo, Anatásio, e Brookita
FeTi2O5 Iserita
FeTiO3 Ilmenita
Fe2TiO4 Ulvoespinélio
Série Pseudobrookita
Fe2TiO5 Pseudobrookita
Série Ilmenita-Hematita
Série Ulvoespinélio-Magnetita
FeO Wüstita
FeFe2O4 Magnetita
Fe2O3 Hematita
C
TiO2
Rutilo, Anatásio, e Brookita
400 °C
1 atm
óxidos em % peso
FeTiO3 Ilmenita
FeO Wüstita
FeFe2O4 Magnetita
Fe2O3 Hematita
D
1.300 °C
1 atm
óxidos em % molar
TiO2 Rutilo
fO2 = 10^-8 bar
Iserita
Ilmenita
Ulvoespinélio
Pseudobrookita
CO2 (–3,43)
Ar (–0,68)
(–6)
(–8)
(–10)
80
60
40
20
0
0
20
40
60
80
100
FeO Wüstita
Magnetita
½ Fe2O3 Hematita

Figura 14.4 – Soluções sólidas e fo_2 no sistema TiO_2-FeO-Fe_2O_3

A a C – Soluções sólidas no sistema TiO_2-FeO-Fe_2O_3 sob 1 atm e 1.300 °C, 600 °C e 400 °C (Taylor, 1964)

No sistema TiO_2-FeO-Fe_2O_3 sob 1 atmosfera e 1.300 °C ocorrem três soluções sólidas: 1) a série dos espinélios entre ulvoespinélio (2FeO•TiO_2) e magnetita ($FeFe_2O_4$); 2) a série romboédrica entre ilmenita (FeO•TiO_2) e hematita (Fe_2O_3); e 3) a série ortorrômbica ou da pseudobrookita entre iserita (FeO•2TiO_2) e pseudobrookita (Fe_2O_3•TiO_2). O sistema também contém as fases rutilo (brookita, anatásio), wüstita e ferro nativo. A wüstita incorpora variáveis teores de magnetita numa solução sólida parcial rica em FeO cuja variabilidade composicional é dada por uma barra sobre o lado Wüstita-Hematita do sistema. A disposição das soluções sólidas no sistema define as paragêneses de (Fe,Ti)-óxidos presentes nas rochas magmáticas em elevadas temperaturas: 1) rutilo + pseudobrookita SS; 2) pseudobrookita SS + óxido romboédrico SS; 3) óxido romboédrico SS espinélio SS; 4) espinélio solução SS + wüstita SS; 5) espinélio SS + wüstita SS + ferro; e 6) espinélio SS sólida + ferro. As duas últimas paragêneses só ocorrem sob fo_2 muito baixas. Em 600 °C, as soluções sólidas completas passam para soluções sólidas parciais ou incompletas com exceção da solução sólida dos espinélios. Na solução sólida romboédrica, a solução sólida restringe-se a composições ricas em ilmenita e hematita; na solução sólida da pseudobrookita, apenas aos termos muito ricos em Fe_2TiO_5. Sob 400 °C, após a exsolução das soluções sólidas completas de alta temperatura, só existem soluções sólidas entre rutilo e magnetita e entre ilmenita e magnetita.

D – Fugacidade de oxigênio (fo_2) no sistema TiO_2-FeO-Fe_2O_3 (Ernst, 1968)

No sistema TiO_2-FeO-Fe_2O_3, a fo_2 aumenta do rutilo para a wüstita, do rutilo para a hematita e da wüstita para a hematita passando pela magnetita. São mostradas as linhas de isofugacidade de oxigênio no sistema sob 1 atmosfera e 1.300 °C. A paragênese ulvoespinélio + wüstita + ferro só é estável para fo_2 menores que $10^{-10,82}$ bar. Sob 1 atmosfera e 25 °C, a fo_2 do ar é de $10^{-0,21}$ bar; sob 1 atmosfera e 1.300 °C, sua fo_2 é de $10^{-0,68}$ bar; nessas condições, o Fe-óxido estável é a hematita. A oxidação de ferro metálico sob condições atmosféricas (oxigenadas e hidratadas) origina a ferrugem, essencialmente uma mistura de hematita (Fe_2O_3) e goethita (α-FeO•OH) e/ou limonita (FeO•OH•nH_2O) colomórfica ou metacoloidal. Hematita, goethita, limonita e lepidocrocita (γ-FeO•OH) são os principais constituintes do "chapéu de ferro" que encima jazidas de sulfeto na zona de oxidação, que corresponde a zona de intemperismo situada entre a superfície e o limite inferior do lençol freático. Grandes massas (em parte oolíticas) de "minério de ferro castanho" (Brauneisenerz) nas margens de mares e lagos onde resultam da floculação de soluções ferríferas coloidais continentais sob o efeito eletrolítico da água marinha e, possivelmente, da ação de Fe-bactérias.

Também está assinalada a linha de isofugacidade de oxigênio de $10^{-3,43}$ bar para o CO_2 dissociado sob 1 atmosfera e 1.300 °C. Em experimentos de laboratório que envolvem sólidos e gases, a fo_2 é controlada por misturas entre gases oxidantes (O_2, CO_2, H_2O) e gases redutores (C, CO, H_2). Muito usadas são misturas de C, H e O, pois existem tabelas que fornecem a fo_2 de diferentes misturas dos três gases sob diferentes temperaturas e pressões.

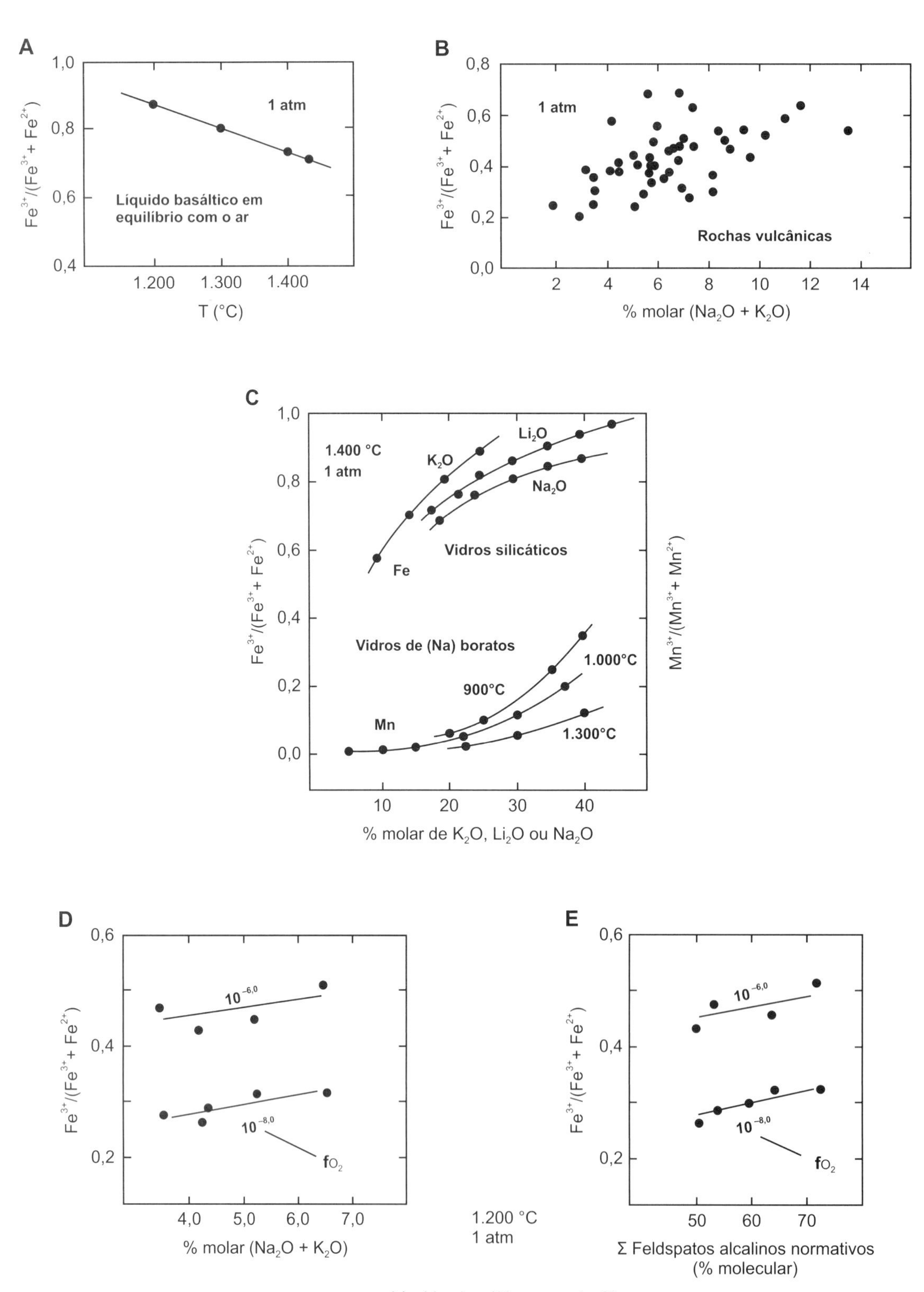
A
1 atm
Líquido basáltico em equilíbrio com o ar
T (°C)
B
1 atm
Rochas vulcânicas
% molar ($Na_2O + K_2O$)
C
1.400 °C
1 atm
K_2O
Li_2O
Na_2O
Vidros silicáticos
Fe
Vidros de (Na) boratos
1.000°C
900°C
Mn
1.300°C
% molar de K_2O, Li_2O ou Na_2O
$Fe^{3+}/(Fe^{3+} + Fe^{2+})$
$Mn^{3+}/(Mn^{3+} + Mn^{2+})$
D
$10^{-6,0}$
$10^{-8,0}$
fO_2
% molar ($Na_2O + K_2O$)
1.200 °C
1 atm
E
Σ Feldspatos alcalinos normativos (% molecular)
Líquidos basálticos e andesíticos

Figura 14.5 – Razão de oxidação, temperatura e alcalinidade

A – Razão de oxidação de lavas basálticas (Kennedy, 1948)

A razão de oxidação (Ro_2), uma expressão da fo_2 durante a cristalização de magmas e lavas, é dada pela relação $FeO/(FeO + Fe_2O_3)$ da rocha resultante, óxidos em % peso. Quanto menor a relação, maior a oxidação do sistema. Valores 0 e 1 de Ro_2 indicam, respectivamente, que todo ferro ocorre sob forma de Fe^{3+} (alta oxidação) ou Fe^{2+} (baixa oxidação). Faialita (Fe_2SiO_4) e wüstita (FeO) indicam baixa razão de oxidação; egirina ($FeNaSi_2O_6$) e hematita (Fe_2O_3) sinalizam alta razão de oxidação e magnetita ($FeFe_2O_4$) condições intermediárias. Rochas magmáticas geralmente cristalizam sob médias Ro_2, representadas por silicatos máficos (piroxênios, anfibólios e micas) e óxidos (magnetita) contendo Fe^{2+} e Fe^{3+}.

A razão de oxidação de lavas basálticas em contato com o ar atmosférico diminui com o aumento de sua temperatura, devido à maior tendência de escape de um gás com o incremento da temperatura sob pressão constante. O escape do O_2 diminui a relação $Fe^{3+}/(Fe^{3+} + Fe^{2+})$, pois quanto maior a pressão parcial de Po_2, maior a taxa de Fe^{3+} no sistema. (**A**) mostra a variação da razão de oxidação de lavas basálticas em equilíbrio com o ar para diferentes temperaturas acima do liquidus.

B a **E – Relação entre razão de oxidação e alcalinidade em lavas** (Fudali, 1963; Paul; Douglas, 1965a, 1965b; Paul; Lahiri, 1966)

Lavas alcalinas são sistemas magmáticos com razão de oxidação $[Fe^{3+}/(Fe^{3+} + Fe^{2+})$ ou $Fe_2O_3/(Fe_2O_3 + FeO)]$ maior que magmas subalcalinos, mais pobres em álcalis. Quanto maior o teor em álcalis de rochas vulcânicas naturais, maior sua razão de oxidação (**B**).

Resultados experimentais com lavas sintéticas em laboratórios são mostrados em (**C**). Os dados mostram: 1) que a razão de oxidação em vidros sintéticos em equilíbrio com o ar aumenta com a queda da temperatura independentemente do seu teor de álcalis; 2) a razão de oxidação aumenta com a alcalinidade da lava; e 3) em lavas com mesmo teor total de metais alcalinos as mais ricas em K_2O são mais oxidadas que as com idênticos teores de Li_2O ou Na_2O.

Em vidros de Na-boratos dopados com manganês e em equilíbrio com o ar: 1) sob dada temperatura fixa, a relação $Mn^{3+}/(Mn^{3+} + Mn^{2+})$ aumenta com o aumento do teor de sódio no vidro; e 2) para um dado teor fixo de Na a relação $Mn^{3+}/(Mn^{3+} + Mn^{2+})$ dos vidros aumenta com a queda da temperatura (**C**).

Os gráficos (**D**) e (**E**) mostram a relação entre a razão de oxidação e composição (alcalinidade) de rochas basálticas/andesíticas numa fugacidade de oxigênio (fo_2) de 10^{-6} e 10^{-8} bar (sob pressão atmosférica e 25 °C a fo_2 do ar é de $10^{-0,21}$ bar). A alcalinidade das rochas vulcânicas é expressa em % molar de $K_2O + Na_2O$ ou pela % molar dos feldspatos alcalinos normativos ortoclásio (Or) e albita (Ab) calculada a partir da análise química das rochas. A relação $Fe^{3+}/(Fe^{3+} + Fe^{2+})$ aumenta com o incremento da fo_2 no sistema e para dada fo_2 a relação $Fe^{3+}/(Fe^{3+} + Fe^{2+})$ aumenta com o aumento do teor de álcalis (ou do teor de feldspatos alcalinos normativos) nas rochas.

Para estabelecer uma relação direta entre a intensidade de oxidação e o valor numérico da razão de oxidação, vários autores usam para esta a relação $Fe_2O_3/(Fe_2O_3 + FeO)$ em vez de $FeO/(FeO + Fe_2O_3)$.

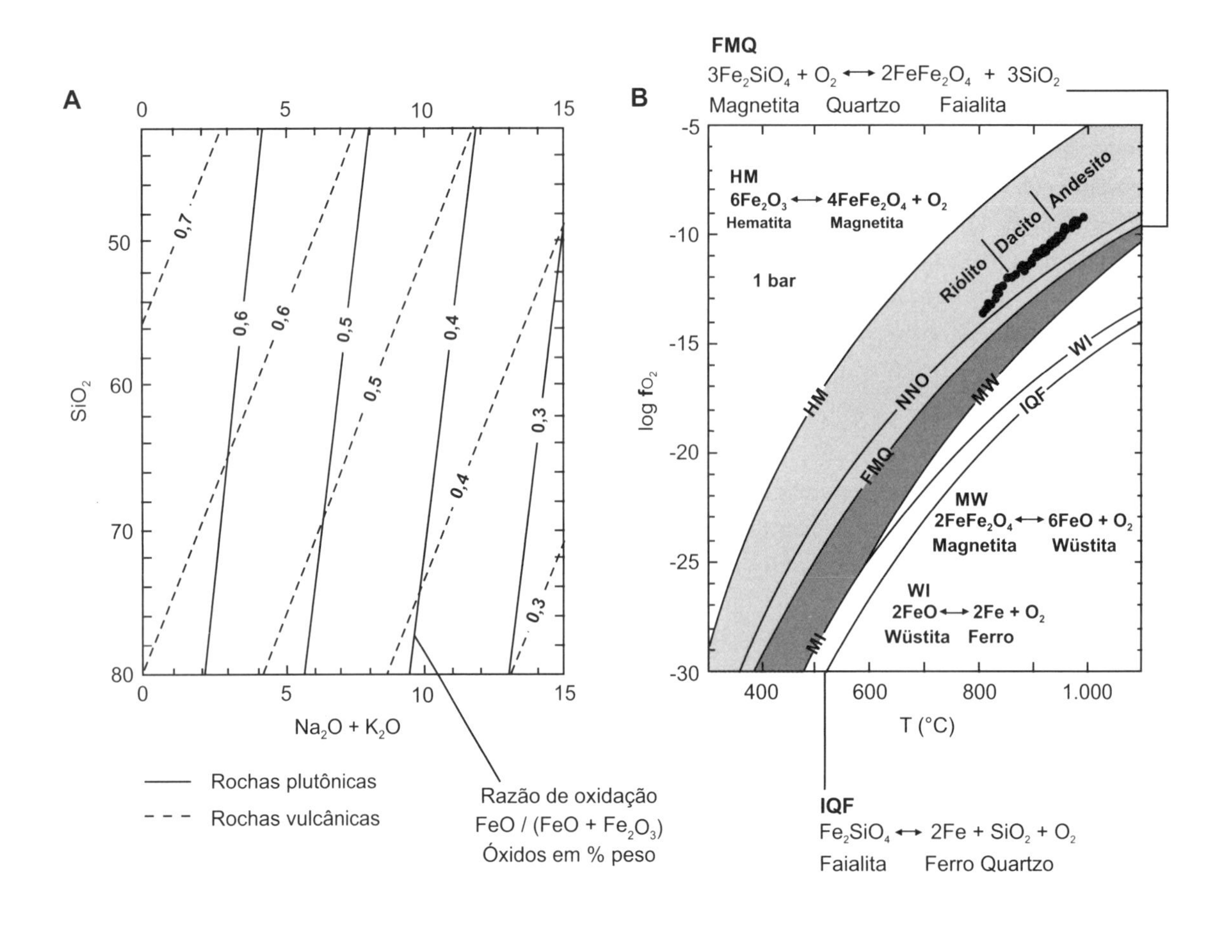
A
Na2O + K2O
SiO2
Rochas plutônicas
Rochas vulcânicas
Razão de oxidação
FeO / (FeO + Fe2O3)
Óxidos em % peso
B
FMQ
3Fe2SiO4 + O2 ⟷ 2FeFe2O4 + 3SiO2
Magnetita Quartzo Faialita
HM
6Fe2O3 ⟷ 4FeFe2O4 + O2
Hematita Magnetita
1 bar
Riólito
Dacito
Andesito
NNO
MW
WI
IQF
MW
2FeFe2O4 ⟷ 6FeO + O2
Magnetita Wüstita
WI
2FeO ⟷ 2Fe + O2
Wüstita Ferro
log fO2
T (°C)
IQF
Fe2SiO4 ⟷ 2Fe + SiO2 + O2
Faialita Ferro Quartzo

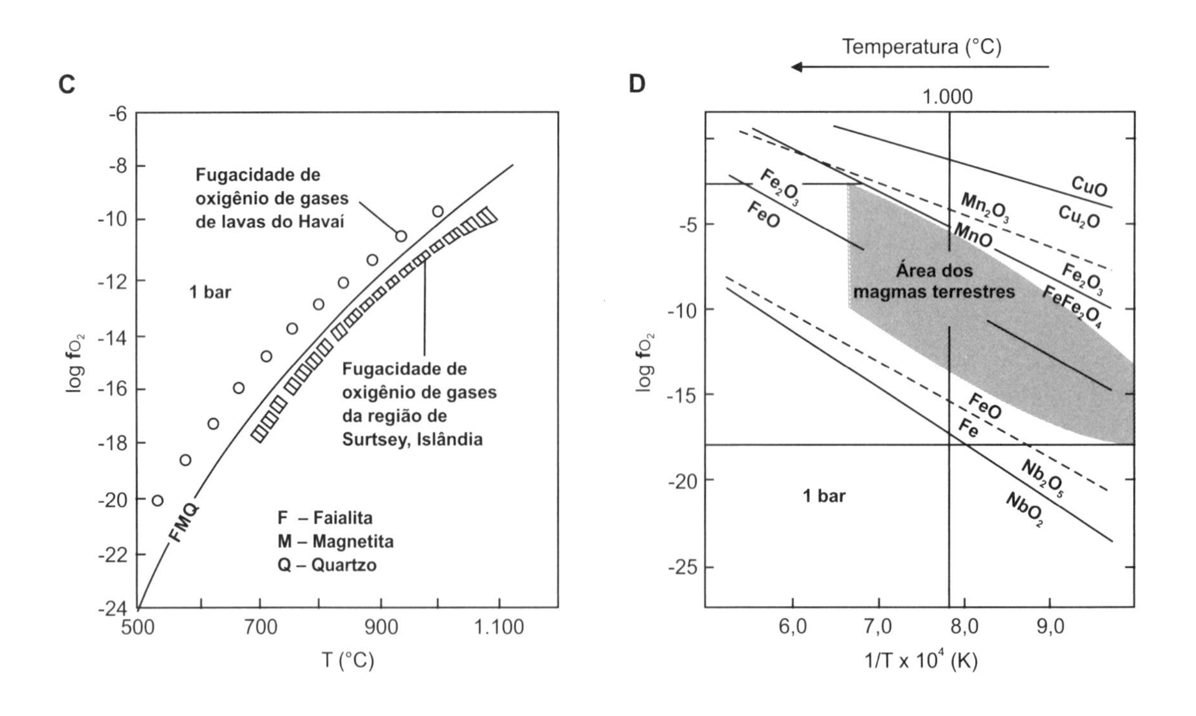
C
Fugacidade de oxigênio de gases de lavas do Havaí
1 bar
Fugacidade de oxigênio de gases da região de Surtsey, Islândia
FMQ
F – Faialita
M – Magnetita
Q – Quartzo
log fO2
T (°C)
D
Temperatura (°C)
1.000
CuO
Cu2O
Mn2O3
MnO
Fe2O3
FeO
Área dos magmas terrestres
Fe2O3
FeFe2O4
FeO
Fe
Nb2O5
NbO2
1 bar
log fO2
1/T x 10^4 (K)

Figura 14.6 – Oxidação de lavas e magmas

A – A relação FeO/(FeO + Fe_2O_3) em rochas magmáticas (Le Maitre, 1976a; Middlemost, 1985)

Nas rochas magmáticas, a razão de oxidação (Ro_2), dada pela relação FeO/(FeO + Fe_2O_3), óxidos em % peso, é apenas uma expressão aproximada da fugacidade de oxigênio (fo_2) em magmas e lavas por não considerar outros elementos do líquido magmático que também apresentam diferentes graus de oxidação, caso do carbono (C, CO_2, CO_3^{2-}) e do enxofre (S, SO_2, SO_4^{2-}). Para mesmos teores de sílica, a Ro_2 diminui (isto é, a oxidação aumenta) com o aumento dos teores de álcalis, e, para mesmos teores de álcalis, a Ro_2 diminui com o aumento do teor de sílica do líquido magmático. Lavas são algo mais oxidadas que magmas com mesma composição.

B – Temperatura e fugacidade de oxigênio de lavas (Hildreth, 1983)

O diagrama Temperatura (°C) × fo_2 (logaritmo decimal dos valores em bária) mostra os valores de 65 riólitos, dacitos e andesitos extravasados do vulcão Novarupta em 1912 no Vale das 10.000 Fumarolas na região do Katmai, Alasca, Estados Unidos. As temperaturas das lavas foram obtidas a partir da composição de (Fe,Ti)-óxidos coexistentes (Ti-hematitas e Ti-magnetitas). A pressão do sistema durante o derrame e cristalização das lavas é considerada atmosférica. A grade de oxirredução foi detalhada pela inclusão do tampão NNO (2Ni + O_2 ↔ 2NiO). A área cinza escura do gráfico assinala a estabilidade da magnetita em sistemas isentos de sílica; a área cinza clara, a sua estabilidade em sistemas com excesso de sílica. Os dados, obtidos de lavas de um só vulcão, se coadunam com os dados coletados em âmbito mundial. No caso das lavas do vulcão Novarupta, a aproximada constância da fo_2 para lavas com variáveis teores de SiO_2, paralela ao tampão NNO, sugere que a diferenciação magmática tenha ocorrido numa câmara magmática sob fugacidade de oxigênio constante (fo_2 tamponada), compatível com um fracionamento magmático termo-gravitacional em estado líquido na câmara subvulcânica.

C – Oxidação de gases vulcânicos (Haggerty, 1976)

São apresentadas as fo_2 de gases vulcânicos dos vulcões Havaí (Estados Unidos) e Surtsey (Islândia) entre 550 °C e 1.150 °C. Os valores situam-se próximos e paralelamente à fo_2 do tampão FMQ indicando a gradual queda da fo_2 dos gases durante seu progressivo resfriamento.

D – Oxidação de magmas e lavas (Carmichael, 1991)

A figura resulta da coleta mundial de dados de fo_2 de magmas e lavas com diferentes temperaturas de cristalização obtidas da composição de pares coexistentes de ilmenita e Ti-magnetita. A fo_2 de magmas terrestres varia entre 10^{-8} e 10^{-3} bar. O limite superior é o tampão $FeFe_2O_4$ ↔ Fe_2O_3 (fMH) e o limite inferior situa-se pouco acima do tampão Fe ↔ FeO (fIW).

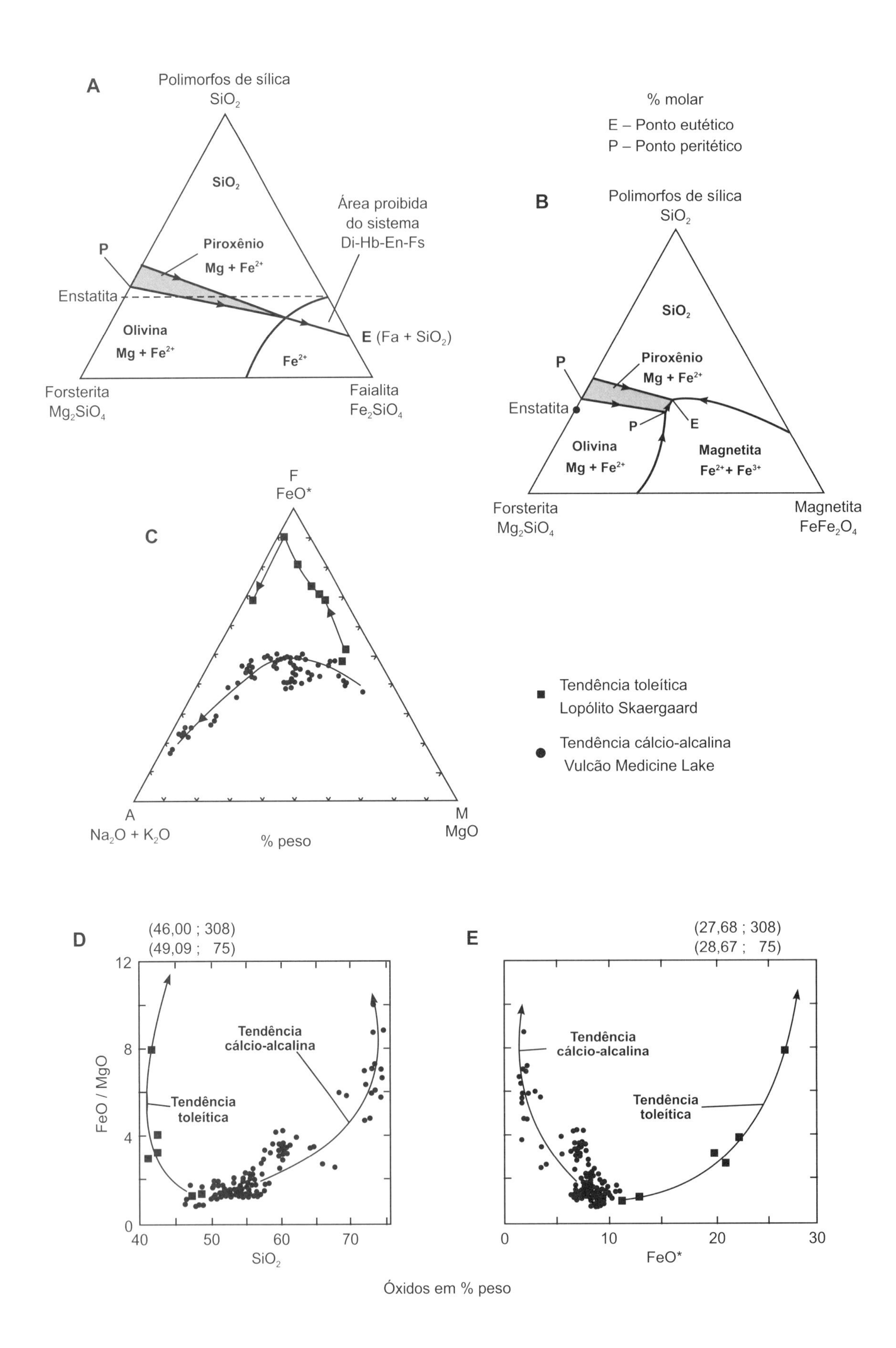
A
Polimorfos de sílica
SiO2
SiO2
Piroxênio
Mg + Fe2+
Área proibida
do sistema
Di-Hb-En-Fs
P
Enstatita
Olivina
Mg + Fe2+
E (Fa + SiO2)
Fe2+
Forsterita
Mg2SiO4
Faialita
Fe2SiO4
% molar
E – Ponto eutético
P – Ponto peritético
B
Polimorfos de sílica
SiO2
SiO2
P
Piroxênio
Mg + Fe2+
Enstatita
P
E
Olivina
Mg + Fe2+
Magnetita
Fe2+ + Fe3+
Forsterita
Mg2SiO4
Magnetita
FeFe2O4
F
FeO*
C
A
Na2O + K2O
% peso
M
MgO
Tendência toleítica
Lopólito Skaergaard
Tendência cálcio-alcalina
Vulcão Medicine Lake
D
(46,00 ; 308)
(49,09 ; 75)
FeO / MgO
Tendência cálcio-alcalina
Tendência toleítica
SiO2
E
(27,68 ; 308)
(28,67 ; 75)
Tendência cálcio-alcalina
Tendência toleítica
FeO*
Óxidos em % peso

Figura 14.7 – Fugacidade de oxigênio, mineralogia e sequência de cristalização

A, B – O sistema Forsterita-Faialita-Sílica (Bowen; Schairer, 1935)

O sistema Forsterita-Faialita-Sílica (ou sistema Mg_2SiO_4-Fe_2SiO_4-SiO_2) é a ampliação do sistema Forsterita-Sílica pela introdução do componente faialita, que forma com a forsterita a solução sólida das (Mg,Fe)-olivinas. Sob baixa fO_2, o sistema compreende três campos de cristalização primária: 1) o campo dos polimorfos de sílica (cristobalita e tridimita); 2) o campo da solução sólida dos (Mg,Fe)-piroxênios; e 3) o campo da solução sólida das (Mg,Fe)-olivinas. O ponto P é o ponto peritético de sílica-saturação do sistema Enstatita-Sílica. O limite ferroso do campo de estabilidade dos piroxênios corresponde às composições mais estáveis que a paragênese polimorfo de sílica + olivina que definem o limite da "zona proibida" no sistema dos piroxênios subalcalinos ou sistema Diopsídio-Hedenbergita-Enstatita-Ferrossilita (Di-Hb-En-Fs). Sob altas fO_2, a cristalização de olivinas ricas em faialita (só com Fe^{2+}) é substituída pela magnetita (que contém Fe^{2+} e Fe^{3+}). Resulta uma redução do campo de estabilidade de olivinas e piroxênios e a supressão da paragênese polimorfo de sílica + Fe-olivina. Assim, o sistema Fo-Fa-Qz em (**A**) e (**B**) representa, respectivamente, os reagentes (menos oxidados) e os produtos (mais oxidados) da reação de oxidação $3Fe_2SiO_4 + O_2 \leftrightarrow 2FeFe_2O_4 + 3SiO_2$ do tampão f_{FMQ}.

C a E – Evolução de magmas basálticos sob alta e baixa fo_2 (Grove; Baker, 1984; Shirley, 1987; McBirney, 1996)

Alta e baixa fO_2 respectivamente antecipam e retardam a cristalização das paragêneses magnetita + (Mg,Fe^{2+})-silicatos (olivinas, piroxênios) em magmas basálticos. O isolamento (fracionamento) das paragêneses (Mg,Fe)-olivina + (Mg,Fe,Ca)-piroxênio + Ca-plagioclásio + magnetita sob altas fO_2 gera líquidos fracionados sucessivamente: 1) mais ricos em sílica; 2) mais pobres em Mg, Fe e Ca; e 3) com relação FeO/MgO aproximadamente constante ou levemente crescente. Essas variações são bem expressas pelos gráficos AFM, nos quais A = $Na_2O + K_2O$, F = FeO* = FeO + 0,9Fe_2O_3 e M = MgO (**C**), SiO_2 × FeO/MgO (**D**) e FeO* × FeO/MgO (**E**) baseado no exemplo dos derrames cálcio-alcalinos do vulcão Medicine Lake, próximo à costa W dos Estados Unidos.

O fracionamento das paragêneses Mg-olivina + (Mg,Ca)-piroxênio + Ca-plagioclásio na ausência de magnetita sob baixas fO_2 gera sucessivos líquidos fracionados: 1) com teores de sílica aproximadamente constantes, levemente crescentes ou decrescentes; 2) mais ricos em ferro; 3) mais pobres em Mg e Ca; e 4) com crescente relação FeO/MgO. Apenas na fase líquida fracionada residual final (que representa menos de 5% do volume da fração magmática líquida inicial) a fO_2 atinge o valor crítico que propicia a cristalização da magnetita, que implica evolução magmática final caracterizada pela diminuição dos teores de ferro da fase líquida. Essa evolução é mostrada em (**C**), (**D**) e (**E**) tendo como exemplo o corpo toleítico subvulcânico em forma de lopólito de Skaergaard, Groenlândia, mais pobre em álcalis que as rochas cálcio-alcalinas de Medicine Lake. Em (**D**) e (**E**) estão representadas as amostras de um restrito intervalo composicional do lopólito caracterizado por decrescentes teores de sílica sob crescentes relações FeO/MgO. A evolução termina com a cristalização de granófiros. Das diferenças nas paragêneses fracionadas resulta que andesitos, dacitos, riodacitos e riólitos e seus correspondentes plutônicos são tipos litológicos frequentes na série cálcio-alcalina, enquanto na série toleítica abundam Fe-basaltos, Fe-andesitos, Fe-gabros e Fe-dioritos.

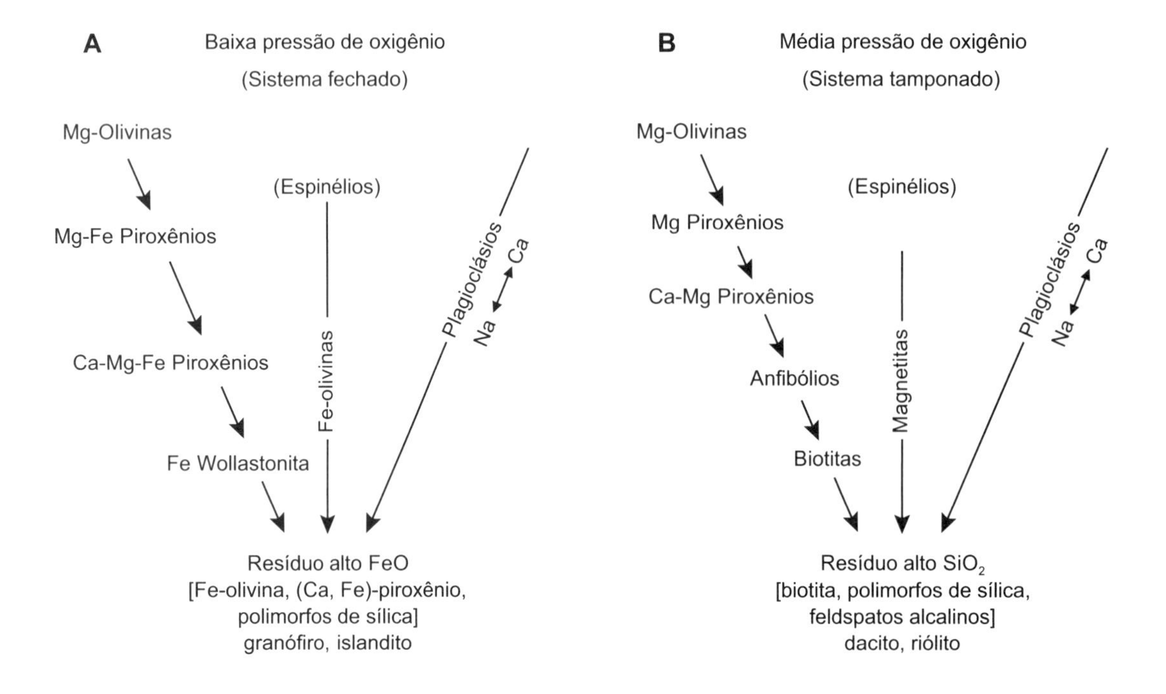
A
Baixa pressão de oxigênio
(Sistema fechado)
Mg-Olivinas
(Espinélios)
Mg-Fe Piroxênios
Plagioclásios
Ca
Na
Ca-Mg-Fe Piroxênios
Fe-olivinas
Fe Wollastonita
Resíduo alto FeO
[Fe-olivina, (Ca, Fe)-piroxênio,
polimorfos de sílica]
granófiro, islandito
B
Média pressão de oxigênio
(Sistema tamponado)
Mg-Olivinas
(Espinélios)
Mg Piroxênios
Ca-Mg Piroxênios
Plagioclásios
Ca
Na
Anfibólios
Magnetitas
Biotitas
Resíduo alto SiO_2
[biotita, polimorfos de sílica,
feldspatos alcalinos]
dacito, riólito

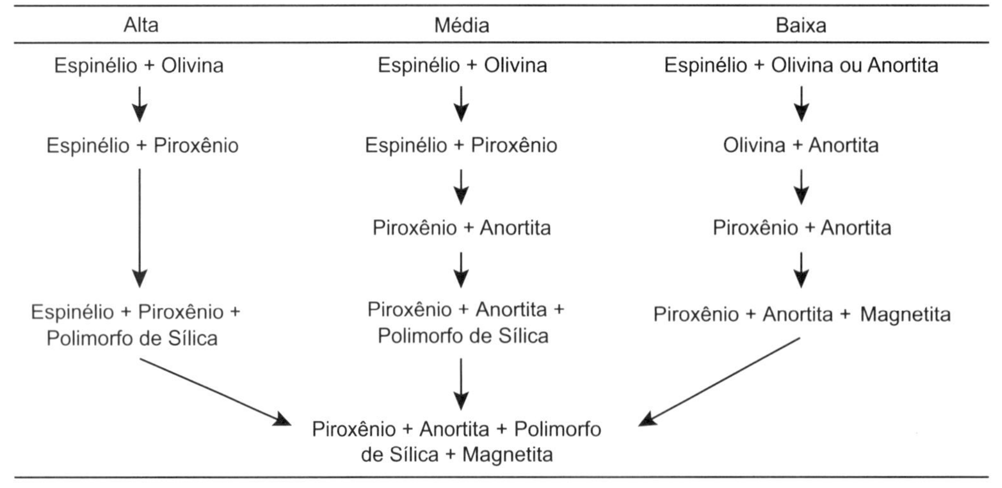
C
Cristalização no Sistema Tamponado
Mg_2SiO_4-FeO-Fe_2O_3-$CaAl_2Si_2O_8$-SiO_2
Pressão de Oxigênio
Alta
Média
Baixa
Espinélio + Olivina
Espinélio + Olivina
Espinélio + Olivina ou Anortita
Espinélio + Piroxênio
Espinélio + Piroxênio
Olivina + Anortita
Piroxênio + Anortita
Piroxênio + Anortita
Espinélio + Piroxênio + Polimorfo de Sílica
Piroxênio + Anortita + Polimorfo de Sílica
Piroxênio + Anortita + Magnetita
Piroxênio + Anortita + Polimorfo de Sílica + Magnetita

Figura 14.8 – Sequência de cristalização de minerais fêmicos sob crescente fo_2

A, B – A série de reação descontínua em distintas fo_2 (Osborn, 1962)

Basicamente existem dois regimes de fo_2 na cristalização de magmas basálticos:

- baixas fo_2 num sistema fechado. Esta condição ocorre em magmas toleíticos, pobres em água e álcalis. Apenas após a cristalização de mais de 95% peso da fração magmática líquida inicial, a fo_2 da fração magmática residual atinge os valores necessários para a formação de magnetita. Até lá, a ausência da cristalização e fracionamento de magnetita gera sucessivos magmas derivados pobres em sílica e álcalis e com crescentes e altas relações FeO*/(FeO* + MgO). Consequentemente, a série de reação descontínua encerra-se com a cristalização do (Fe,Ca)-piroxênio Fe-wollastonita que junto com Fe-olivina, polimorfos de sílica e plagioclásio cristalizam em granófiros, as rochas mais evoluídas do complexo máfico-ultramáfico de Skaergaard, Groenlândia, ou em islanditos, caso do vulcão Thingmuli, Islândia.
- moderadas fo_2 num sistema tamponado, isto é, a fo_2 permanece constante durante toda a cristalização. Esta condição caracteriza magmas cálcio-alcalinos mais ricos em álcalis e água que magmas equivalentes toleíticos. A fo_2 moderada implica a cristalização e fracionamento de magnetita já no início do estágio principal de cristalização magmática que resulta em magmas derivados cada vez mais ricos em sílica, álcalis e água. Esta retarda a cristalização inicial de plagioclásio, característica que aumenta o teor de alumina nos magmas fracionados. Consequentemente, a série de reação descontínua encerra-se com a cristalização da biotita na presença de quartzo, plagioclásio e feldspato alcalino em granodioritos, monzogranitos e sienogranitos.

C – A série de reação descontínua sob crescente fo_2 tamponada (Osborn, 1962)

No sistema basáltico experimental Mg_2SiO_4-FeO-Fe_2O_3-$CaAl_2Si_2O_8$-SiO_2 a sequência de cristalização dos minerais fêmicos varia com a fo_2 em condições de oxirredução tamponadas:

Sob elevadas fo_2 a sequência de cristalização é:
(1) espinélio + olivina →
(2) espinélio + piroxênio →
(3) espinélio + piroxênio + polimorfo de sílica →
(4) piroxênio + anortita + polimorfo de sílica + magnetita.

Sob médias fo_2 a sequência de cristalização é:
(1) espinélio + olivina →
(2) espinélio + piroxênio →
(3) piroxênio + anortita →
(4) piroxênio + anortita + polimorfo de sílica →
(5) piroxênio + anortita + polimorfo de sílica + magnetita.

Sob baixas fo_2 a sequência de cristalização é:
(1) espinélio + olivina ou anortita →
(2) olivina + anortita →
(3) piroxênio + anortita →
(4) piroxênio + anortita + magnetita →
(5) piroxênio + anortita + polimorfo de sílica + magnetita.

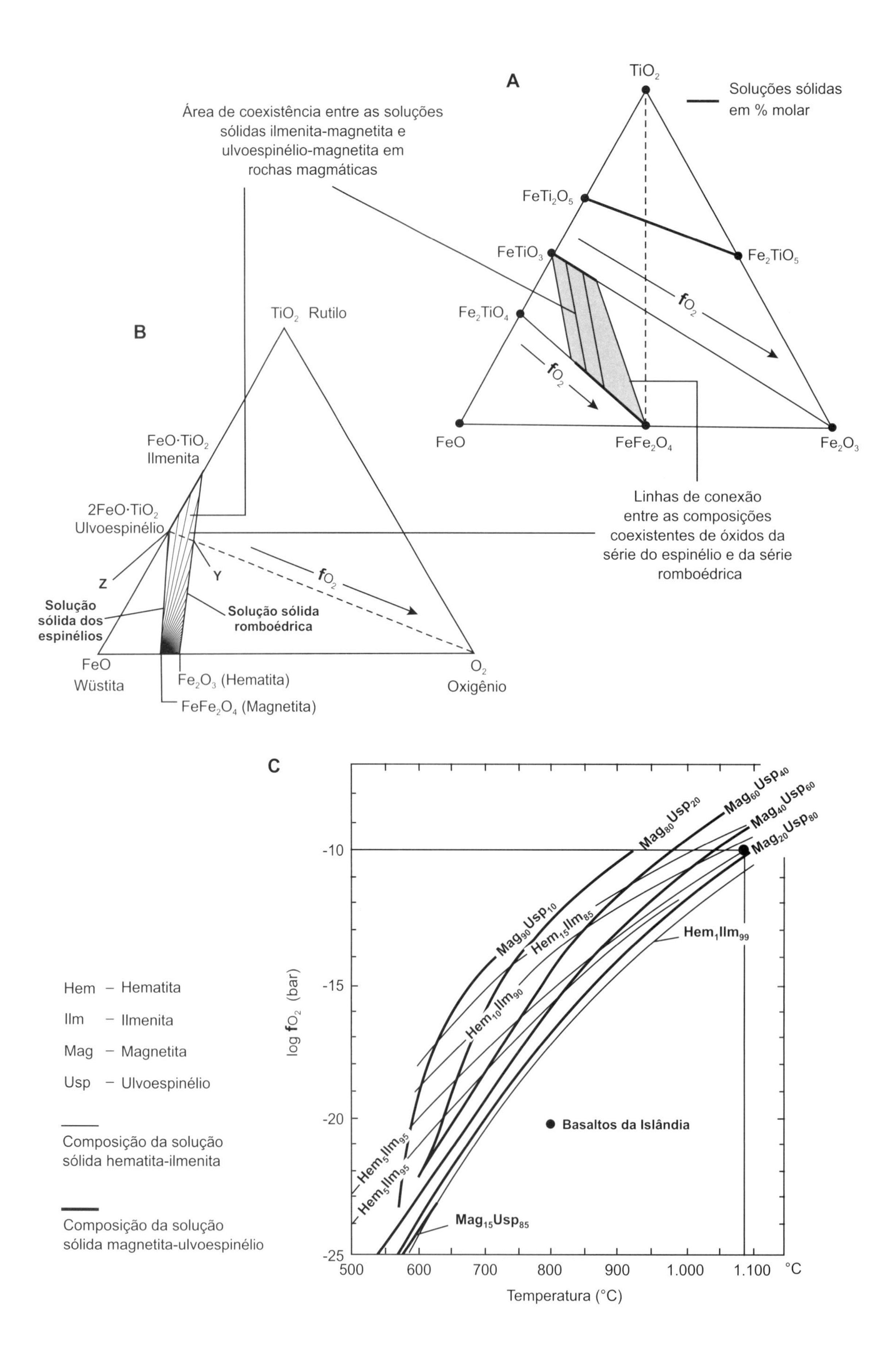

A
TiO_2
Soluções sólidas em % molar
Área de coexistência entre as soluções sólidas ilmenita-magnetita e ulvoespinélio-magnetita em rochas magmáticas
$FeTi_2O_5$
$FeTiO_3$
Fe_2TiO_5
Fe_2TiO_4
fO_2
FeO
$FeFe_2O_4$
Fe_2O_3
Linhas de conexão entre as composições coexistentes de óxidos da série do espinélio e da série romboédrica
B
TiO_2 Rutilo
$FeO{\cdot}TiO_2$ Ilmenita
$2FeO{\cdot}TiO_2$ Ulvoespinélio
Z
Y
Solução sólida dos espinélios
Solução sólida romboédrica
FeO Wüstita
Fe_2O_3 (Hematita)
$FeFe_2O_4$ (Magnetita)
O_2 Oxigênio
C
Hem – Hematita
Ilm – Ilmenita
Mag – Magnetita
Usp – Ulvoespinélio
Composição da solução sólida hematita-ilmenita
Composição da solução sólida magnetita-ulvoespinélio
log fO_2 (bar)
-10
-15
-20
-25
500
600
700
800
900
1.000
1.100
°C
Temperatura (°C)
$Mag_{80}Usp_{20}$
$Mag_{60}Usp_{40}$
$Mag_{40}Usp_{60}$
$Mag_{20}Usp_{80}$
$Mag_{90}Usp_{10}$
$Hem_{15}Ilm_{85}$
Hem_1Ilm_{99}
$Hem_{10}Ilm_{90}$
Hem_5Ilm_{95}
Hem_5Ilm_{95}
$Mag_{15}Usp_{85}$
Basaltos da Islândia

Figura 14.9 – Determinação da fugacidade de oxigênio

A, B – O sistema Rutilo-Wüstita-Hematita (Buddington; Lindsley, 1964; Haggerty, 1976)

No sistema Rutilo-Wüstita-Hematita (ou sistema TiO_2-FeO-Fe_2O_3) ocorrem três soluções sólidas: a da pseudobrookita entre iserita ($FeTi_2O_5$) e pseudobrookita (Fe_2TiO_5), a romboédrica entre ilmenita ($FeTiO_3$) e hematita (Fe_2O_3) e a do espinélio entre ulvoespinélio (Fe_2TiO_4) e magnetita ($FeFe_2O_4$). A miscibilidade das três soluções sólidas aumenta com a temperatura. (Fe,Ti)-óxidos ocorrem em quase todas as rochas magmáticas sob forma de variados minerais acessórios incluídos no grupo genérico dos "minerais opacos". Geralmente coexistem em equilíbrio dois (Fe,Ti)-óxidos, um da série ilmenita-hematita e outro da série ulvoespinélio-magnetita. Para que ocorram as duas soluções sólidas, a fugacidade de oxigênio do sistema tem que ser maior que a fO_2 da reação de oxirredução faialita + O_2 = magnetita + quartzo ($Fe_2SiO_4 + O_2 = FeFe_2O_4 + SiO_2$). É mostrado o intervalo composicional das soluções sólidas do espinélio e romboédrica coexistentes nos sistemas Rutilo-Wüstita-Hematita (**A**) e Rutilo-Wüstita-Oxigênio (**B**). A composição do óxido de cada uma das duas séries de solução sólida depende da pressão de carga, da temperatura e da fugacidade de oxigênio, fO_2. Em lavas, a pressão de carga é baixa, atmosférica, e a temperatura dos principais tipos de rochas efusivas foi determinada quer por medidas diretas durante erupções vulcânicas quer via trabalhos experimentais ou cálculos termodinâmicos teóricos. Em derrames subaquáticos e rochas subvulcânicas, a pressão de carga é maior; em rochas plutônicas, a pressão de carga é alta.

C – Diagrama Temperatura × fO_2 para o Equilíbrio Hematita-Magnetita (Buddington; Lindsley, 1964; Haggerty, 1976)

Determinando-se a composição química dos (Fe,Ti)-óxidos coexistentes e cristalizados em condições de equilíbrio das soluções sólidas ulvoespinélio-magnetita e ilmenita-hematita numa rocha, os valores (em % peso de ulvoespinélio (Usp) e hematita (Hem)) são lançados num diagrama T (°C) × fO_2 (log decimal dos valores em bárias). Neste constam as composições de Ti-magnetitas e Fe-ilmenitas coexistentes geradas em laboratório por diferentes reações de oxirredução executadas em condições de pressão atmosférica e variadas fO_2 e temperaturas. Trata-se, pois de um gráfico para a determinação da temperatura e da fugacidade de oxigênio reinante durante a cristalização de rochas vulcânicas e subvulcânicas. A curva superior na porção NW do diagrama corresponde à composição $Hem_{100}Usp_0$, ou seja, só existe Fe^{3+} no sistema. As curvas sucessivamente posicionadas mais para SE configuram dois leques de dados, um para soluções sólidas de espinélios com crescentes teores de ulvoespinélio e outro para soluções sólidas romboédricas com decrescentes teores de hematita. Dessa maneira, os dois leques de curvas indicam decrescentes fO_2 (sob temperatura fixa) de N para S e crescentes temperaturas (sob fO_2 fixa) de W para E. O cruzamento das curvas com as composições da Ti-magnetita e Fe-ilmenita analisadas determina a temperatura e a fO_2 de sua cristalização. Os dados experimentais foram confirmados por numerosas medidas de temperatura e fugacidade de oxigênio em derrames e lagos de lavas de vulcões e crateras de vulcões. Estão assinaladas as condições de T e fO_2 de cristalização para basaltos da Islândia. A grade do gráfico mostrada em (**C**) sofre seguidas correções baseadas em reações de oxirredução executadas em condições térmicas e de fO_2 cada vez mais precisas e ampliadas e por comparação com novos resultados obtidos por outros métodos de quantificação da oxirredução, também em contínuo refinamento.

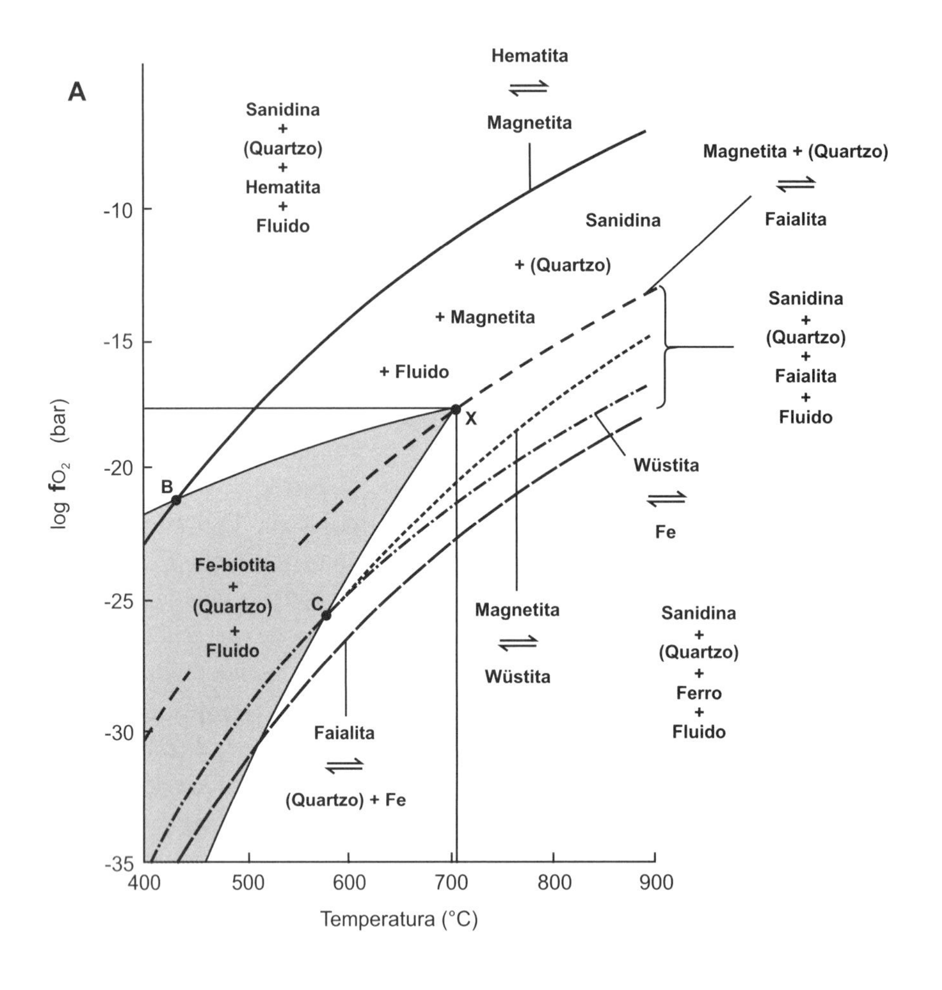
A
Hematita
Magnetita
Sanidina
+
(Quartzo)
+
Hematita
+
Fluido
Magnetita + (Quartzo)
Faialita
Sanidina
+ (Quartzo)
+ Magnetita
+ Fluido
Sanidina
+
(Quartzo)
+
Faialita
+
Fluido
X
B
C
Wüstita
Fe
Fe-biotita
+
(Quartzo)
+
Fluido
Magnetita
Wüstita
Sanidina
+
(Quartzo)
+
Ferro
+
Fluido
Faialita
(Quartzo) + Fe
log fO2 (bar)
Temperatura (°C)

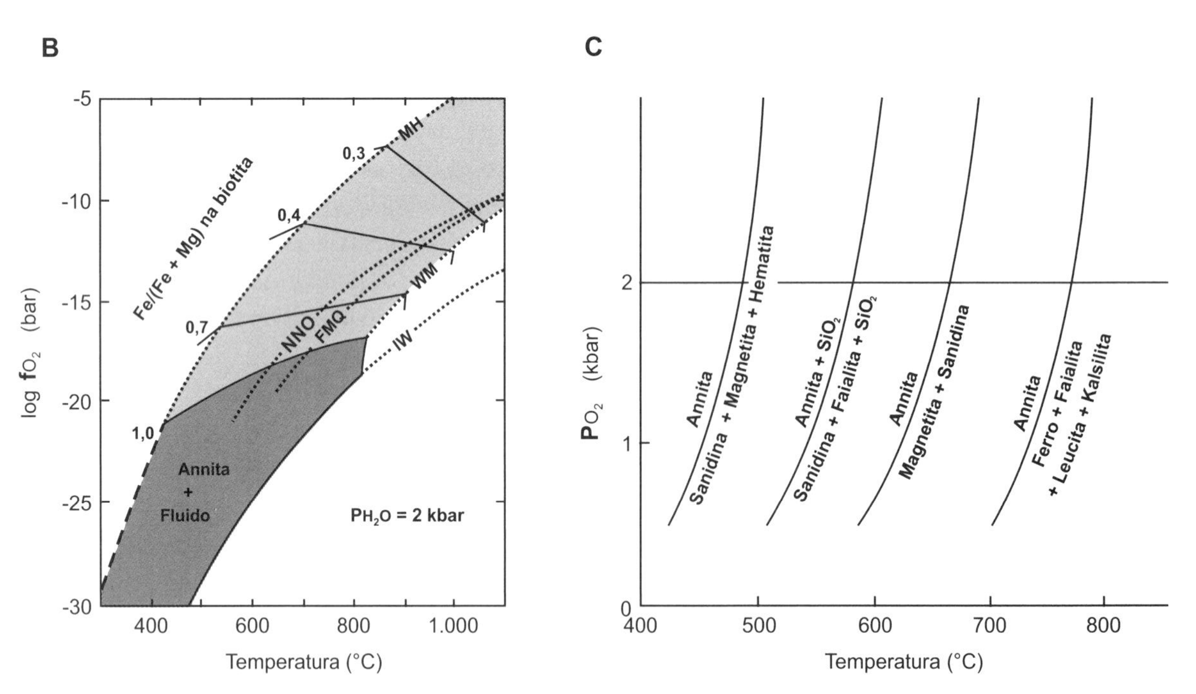
B
Fe/(Fe + Mg) na biotita
MH
0,3
0,4
0,7
1,0
WM
NNO
FMQ
IW
Annita
+
Fluido
PH2O = 2 kbar
log fO2 (bar)
Temperatura (°C)
C
Annita
Sanidina + Magnetita + Hematita
Annita + SiO2
Sanidina + Faialita + SiO2
Annita
Magnetita + Sanidina
Annita
Ferro + Faialita
+ Leucita + Kalsilita
PO2 (kbar)
Temperatura (°C)

Figura 14.10 – Estabilidade da Fe-biotita

A a C – Estabilidade da Fe-biotita annita (Eugster; Wones, 1962; Wones; Eugster, 1965)

A estabilidade das biotitas é controlada pela: 1) fugacidade de oxigênio (**fO_2**); 2) sílica-saturação do sistema; 3) temperatura; 4) relação Fe/Mg da biotita; e 5) pressão de água (**PH_2O**).

1) Sob composição fixa (annita) e **PH_2O** constante (2 kbar em (**A**)), a **fO_2** controla a estabilidade da Fe-biotita annita, mineral no qual todo ferro ocorre sob forma de Fe^{2+}, pois as várias reações de síntese da annita a partir de um composto de Fe e um de Al dependem da **fO_2** do sistema. O mesmo vale para a decomposição do mineral. As reações de síntese ou decomposição da annita sob decrescentes **fO_2** são as seguintes:

(I) em **fO_2** maior que o O_2-tampão MH

$KFe_3AlSi_3O_{10}(OH)_2$ (annita) + $3O_2$ ↔ $KAlSi_3O_8$ (sanidina) + $3Fe_2O_3$ (hematita) + H_2O (+ SiO_2) (fluido (+quartzo))

(II) em **fO_2** entre os O_2-tampões MH e FMQ

$KFe_3AlSi_3O_{10}(OH)_2$ (annita) + ½ O_2 ↔ $KAlSi_3O_8$ (sanidina) + $FeFe_2O_4$ (magnetita) + H_2O (+ SiO_2) (fluido (+quartzo))

(III) em **fO_2** entre os O_2-tampões FMQ e IQF

$KFe_3AlSi_3O_{10}(OH)_2$ (annita) ↔ $KAlSiO_4$ (kalsilita) + $KAlSi_2O_6$ (leucita) + $3Fe_2SiO_4$ (faialita) + $2H_2$ (+ SiO_2) (fluido (+quartzo))

(IV) em **fO_2** menor que o O_2-tampão IQF

$KFe_3AlSi_3O_{10}(OH)_2$ (annita) ↔ $KAlSi_3O_8$ (sanidina) + 3Fe (ferro) + H_2O + 1½ O_2 (+ SiO_2) (fluidos (+quartzo))

2) O mineral aluminoso formado depende da sílica-saturação do sistema: em sistemas sílica-supersaturados é a sanidina (reações I, II, IV); em sistemas sílica-saturados e sílica-insaturados é a paragênese kalsilita + leucita (reação III). Num sistema sílica-supersaturado, kalsilita e leucita reagem com sílica formando sanidina. A faialita não reage com sílica, pois a paragênese faialita + quartzo é mais estável que a ferrossilita. Resulta, portanto, que a reação de decomposição da annita num sistema sílica-saturado ou sílica-supersaturado sob **fO_2** entre os O_2-tampões FMQ e IQF é annita = sanidina + faialita + fluido + quartzo.

3) Todas as reações ocorrem sob diferentes temperaturas e seu conjunto estabelece o campo da estabilidade da annita no gráfico Temperatura × **fO_2** sob **PH_2O** de 2 kbar. A paragênese X em (**A**) com annita + faialita + quartzo + K-feldspato + magnetita que ocorre em alguns granitos rapakivi define a temperatura de cristalização da rocha em 710 °C sob **fO_2** de $10^{-7,5}$ bar.

4) A estabilidade da biotita aumenta com o aumento do seu teor em Mg ao longo da solução sólida annita [$KFe_3AlSi_3O_{10}(OH)_2$] com relação Fe/(Fe + Mg) = 1 – Flogopita [$KMg_3AlSi_3O_{10}(OH)_2$] com relação Fe/(Fe + Mg) = 0. Em (**B**) é mostrado o limite do campo de estabilidade de biotitas com Fe/(Fe + Mg) = 0,7; 0,4 e 0,3 para **fO_2** entre MH e WM e **PH_2O** de 2 kbar num sistema sílica-saturado. Decorre que em rochas nas quais a biotita está em equilíbrio com K-feldspato e um ou mais (Fe,Ti)-óxidos (ou faialita), a composição da biotita permite definir a temperatura e a fugacidade de oxigênio do sistema magmático.

5) A figura (**C**) mostra a influência da pressão de água (**PH_2O**) sobre as reações de decomposição da annita sob condições sílica-saturadas. A subverticalidade das curvas de reação mostra que o aumento da **PH_2O** não altera significativamente a dimensão do campo de estabilidade da annita.

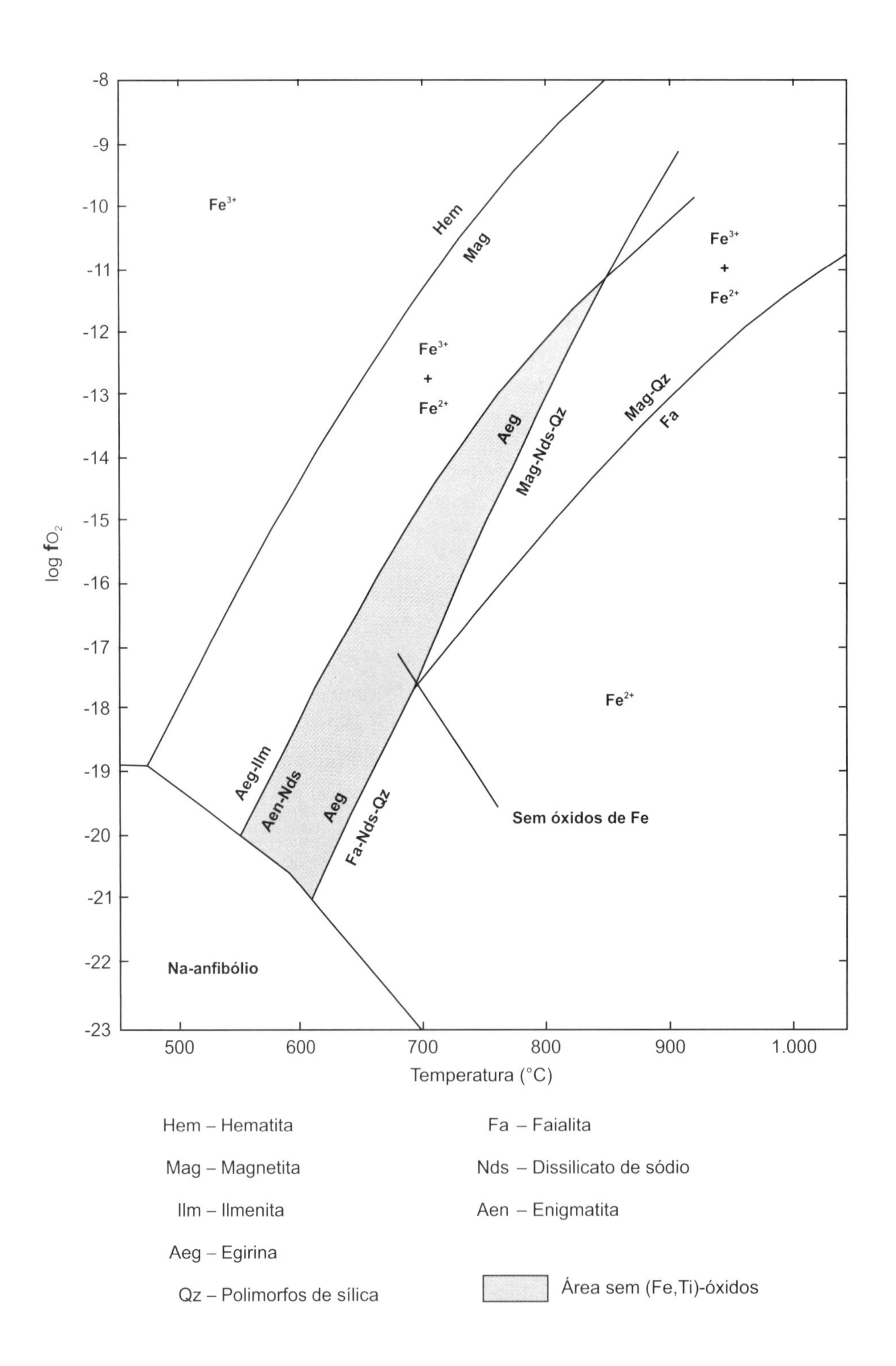

log fO_2
-8
-9
-10
-11
-12
-13
-14
-15
-16
-17
-18
-19
-20
-21
-22
-23
500
600
700
800
900
1.000
Temperatura (°C)
Fe^{3+}
Hem
Mag
Fe^{3+} + Fe^{2+}
Fe^{3+} + Fe^{2+}
Aeg
Mag-Nds-Qz
Mag-Qz
Fa
Fe^{2+}
Aeg-Ilm
Aen-Nds
Aeg
Fa-Nds-Qz
Sem óxidos de Fe
Na-anfibólio
Hem – Hematita
Mag – Magnetita
Ilm – Ilmenita
Aeg – Egirina
Qz – Polimorfos de sílica
Fa – Faialita
Nds – Dissilicato de sódio
Aen – Enigmatita
Área sem (Fe,Ti)-óxidos

Figura 14.11 – (Fe,Ti)-óxidos em rochas peralcalinas

Ausência de magnetita em rochas peralcalinas (Nicholls; Carmichael, 1969)

Rochas peralcalinas resultam de magmas bastante oxidados e ricos em álcalis e ferro, que em boa parte entra nos minerais como Fe^{3+}. Rochas peralcalinas são rochas alcalinas com $Al_2O_3 < Na_2O + K_2O$, óxidos expressos em proporção molecular (ou molar). Proporção molecular é a relação entre a % peso do óxido na análise química e o peso molecular do óxido. Rochas peralcalinas são, por definição, rochas alumina-deficientes. A deficiência de alumina indica que apenas a maior parte dos álcalis do magma podem cristalizar como feldspatos alcalinos. A parte de álcalis excluída desse processo (principalmente o sódio) é incorporada junto com o ferro (como Fe^{2+} em fO_2 abaixo do O_2-padrão FMQ, $Fe^{3+} + Fe^{2+}$ em fO_2 entre os O_2-tampões FMQ e MH ou Fe^{3+} em fO_2 acima do O_2-tampão MH) em minerais máficos alcalinos ricos em ferro no decorrer da cristalização magmática. Enigmatita ($Na_2Fe^{2+}{}_5TiSi_6O_{20}$), egirina ($NaFe^{3+}Si_2O_6$), riebeckita [$Na_2(Fe^{2+},Mg)_3Fe^{3+}{}_2Si_8O_{22}(OH)_2$] e arfvedsonita [$Na_3(Fe^{2+},Mg)_4(Fe^{3+},Al)Si_8O_{22}(OH)_2$] são exemplos de minerais máficos alcalinos ricos em sódio, ferro ferroso e ferro férrico. Frequentemente piroxênios e anfibólios alcalinos envolvem núcleos de minerais máficos equivalentes subalcalinos.

Egirina pode resultar da reação de oxidação da faialita, magnetita e enigmatita na presença de um líquido rico em sílica e sódio (líquido equerítico) representado pelo componente teórico Na_2SiO_5, o dissilicato de sódio. As reações são as seguintes:

(1) $2Fe_2SiO_4 + Na_2SiO_5 + SiO_2$
faialita + dissilicato de sódio + sílica
$+ O_2 \leftrightarrow 2NaFeSi_2O_6$
+ oxigênio ↔ egirina

(2) $2FeFe_2O_4 + 3Na_2SiO_5 + 9SiO_2$
magnetita + dissilicato de sódio + sílica
$+ O_2 \leftrightarrow 6NaFeSi_2O_6$
+ oxigênio ↔ egirina

(3) $Na_2Fe_5TiSi_6O_{20} + Na_2SiO_5$
enigmatita + dissilicato de sódio
$+ O_2 \leftrightarrow 4NaFeSi_2O_6 + FeTiO_3$
+ oxigênio ↔ egirina + ilmenita

As reações consomem faialita, magnetita e enigmatita e geram tanto apenas egirina (reações 1 e 2) quanto egirina e ilmenita (reação 3). As condições de equilíbrio das três reações estão representadas num gráfico Temperatura (°C) × Fugacidade de oxigênio (bar em –log). A reação 3 ocorre em temperaturas e fO_2 mais elevadas, a reação 1 em condições mais baixas e as reações 2 e 3 se cruzam. A disposição das três curvas de equilíbrio no gráfico define uma área (cinza) na qual ocorre apenas egirina ou a paragênese enigmatita + egirina na ausência de magnetita. A área situa-se entre as fO_2 dos O_2-tampões faialita + O_2 ↔ magnetita + quartzo (tampão f_{FMQ}) e magnetita + O_2 ↔ hematita (tampão f_{MH}). As reações explicam a ausência de magnetita em paragênese com egirina, a presença de ilmenita em paragênese com egirina e sua ausência na presença de enigmatita em rochas peralcalinas naturais.

A incorporação do ferro nos minerais máficos alcalinos tem reflexos nos (Fe,Ti)-óxidos presentes em diferentes tipos de riólitos. Riólitos alcalinos (pantelleritos e comenditos) que contêm cerca de 2,3% peso de Fe_2O_3, 5,8 % de FeO e 0,4% de TiO_2 apenas excepcionalmente contêm (Fe,Ti)-óxidos, pois o ferro integra preferencialmente os minerais máficos alcalinos. Quando ocorre um (Fe,Ti)-óxido nessas rochas, este é a ilmenita. Em riólitos cálcio-alcalinos metaluminosos, mesmo pequenos teores em Fe_2O_3 (cerca de 1,5% peso), FeO (1,1 % peso) e TiO_2 (ao redor de 0,2% peso) resultam na cristalização conjunta de titanomagnetita e ilmenita.

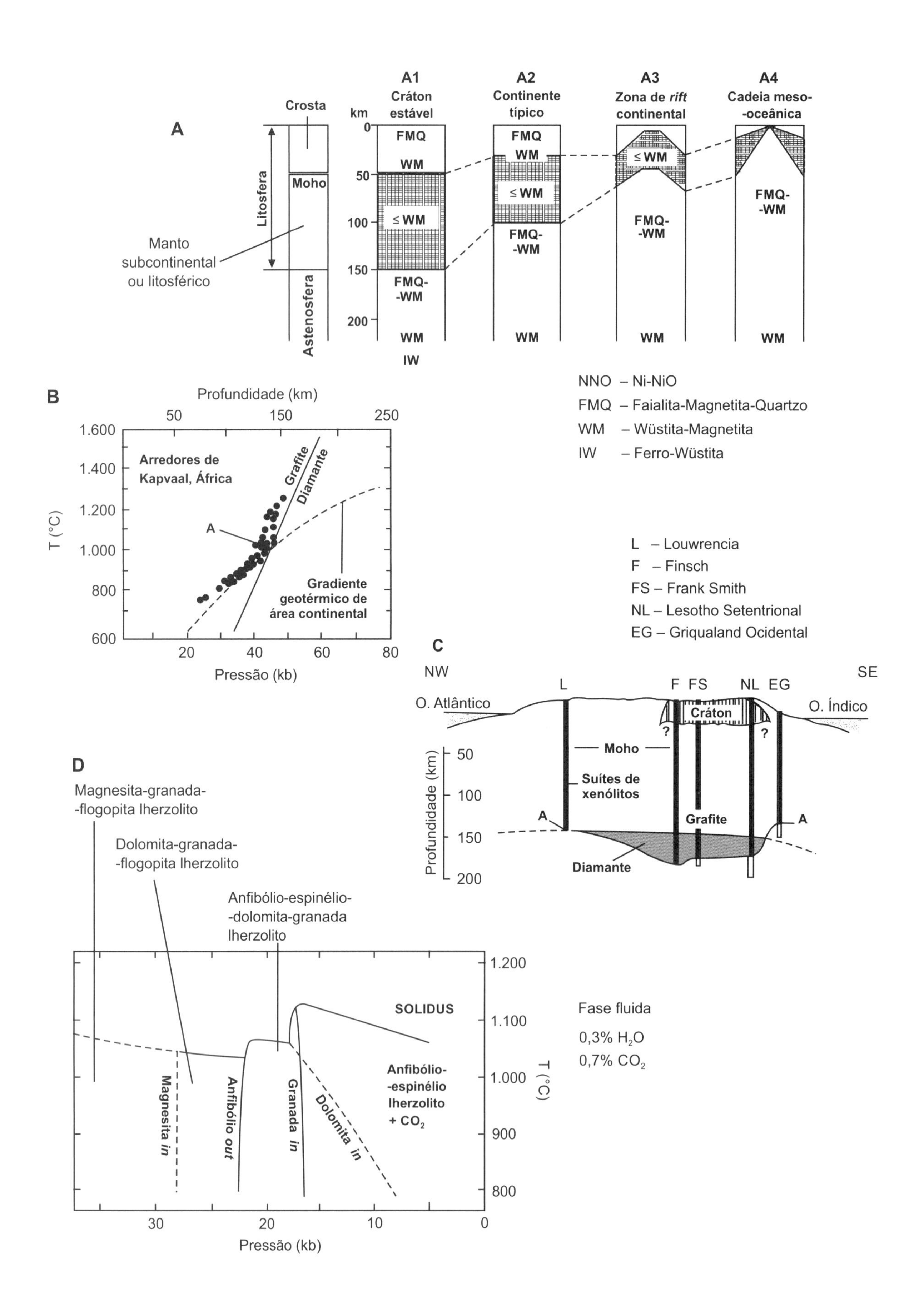
A
Crosta
Moho
Litosfera
Astenosfera
Manto subcontinental ou litosférico
km
A1 Cráton estável
A2 Continente típico
A3 Zona de *rift* continental
A4 Cadeia meso-oceânica
FMQ
WM
≤ WM
FMQ-WM
IW
NNO – Ni-NiO
FMQ – Faialita-Magnetita-Quartzo
WM – Wüstita-Magnetita
IW – Ferro-Wüstita
B
Profundidade (km)
Arredores de Kapvaal, África
Grafite
Diamante
Gradiente geotérmico de área continental
T (°C)
Pressão (kb)
L – Louwrencia
F – Finsch
FS – Frank Smith
NL – Lesotho Setentrional
EG – Griqualand Ocidental
C
NW
SE
O. Atlântico
O. Índico
Cráton
Moho
Suítes de xenólitos
Grafite
Diamante
Profundidade (km)
D
Magnesita-granada-flogopita lherzolito
Dolomita-granada-flogopita lherzolito
Anfibólio-espinélio-dolomita-granada lherzolito
SOLIDUS
Magnesita *in*
Anfibólio *out*
Granada *in*
Dolomita *in*
Anfibólio-espinélio lherzolito + CO_2
Fase fluida
0,3% H_2O
0,7% CO_2
T (°C)
Pressão (kb)

Figura 14.12 – Fugacidade de oxigênio em diferentes ambientes geológicos

A - Fugacidade de oxigênio na crosta e no manto (Haggerty; Tompkins, 1983)

A fugacidade de oxigênio (fO_2) diminui com a profundidade sendo mais baixa na astenosfera (onde dominam os tampões fWM, wüstita-magnetita e fIW, ferro-wüstita) que na litosfera. A fO_2 na zona de transição entre a litosfera e a astenosfera situa-se entre os tampões fWM e fFMQ (faialita-magnetita + quartzo); este domina na porção superior da crosta. A fO_2 na descontinuidade Moho (base da crosta) é a do tampão fWM. Rochas alcalinas (kimberlitos e lamproitos) de áreas cratônicas estáveis podem conter diamante e/ou grafita, forma reduzida de carbono, que indicam um tampão fIW no manto profundo. A espessura da litosfera (crosta e manto litosférico) varia em diferentes ambientes geológicos (**A1**, **A2**). Em *rifts* continentais, a astenosfera se aproxima da superfície (**A3**) que aflora no centro das cadeias meso-oceânicas (**A4**).

A fO_2 dos diferentes reservatórios geológicos é obtida pela composição química de pares de ilmenitas e Ti-magnetitas coexistentes em rochas que resultam da cristalização de magmas de diferentes ambientes magmáticos. Magmas alcalinos resultam da fusão de um manto fértil em elevadas pressões (profundidades), magmas subalcalinos anidros (toleíticos) de um manto depletado em profundidades menores e magmas subalcalinos hidratados (cálcio-alcalinos) resultam da fusão do manto hidratado e metassomatizado da cunha suprasubducção sob variáveis pressões.

B, C - A inversão grafita-diamante no manto (Kennedy; Kennedy, 1976; Boyd; Gurney, 1986; Finnerty; Boyd, 1987)

Kimberlitos e lamproitos são rochas de origem profunda portadoras de diamante e grafita (C^0), carbonatitos e alguns lamprófiros são ricos em carbonatos (CO_3^{2-}) e vulcões emanam o gás CO_2. Conclui-se que o grau de oxidação varia com a profundidade e nos diferentes ambientes magmáticos. O gráfico Temperatura (T) × Profundidade (Pressão, P) mostra os dados termobáricos do equilíbrio grafita ↔ diamante no manto redutor bem como os valores para a cristalização de xenólitos de granada lherzolitos de kimberlitos estéreis e férteis da região de Kaapvaal, África (**B**). Notar a típica inflexão da linha T × P na região da interação do gradiente geotérmico continental com o equilíbrio grafita ↔ diamante. Em (**C**) é mostrado um perfil geológico esquemático NW-SE através de cinco províncias diamantíferas da área cratônica da África austral. A linha A-A é a interpretação geológica/petrológica da linha termobárica truncada para lherzolitos mostrada em (**B**).

D - Oxidação e redução no sistema Peridotito-CO_2-H_2O (Olafsson; Eggler, 1983)

É mostrado o diagrama de fases do sistema Peridotito-CO_2-H_2O entre 880 °C e 1.150 °C e 5 kbar a 38 kbar para uma fase fluida composta por 0,3% H_2O e 0,7% CO_2. O limite entre os campos do CO_2 e da dolomita, $CaMg(CO_3)_2$, é importante indicador de oxidação/redução. Sob 900 °C e 1.000 °C, o equilíbrio CO_2 ↔ CO_3^{2-} ocorre, respectivamente, ao redor de 10 kbar (cerca de 33 km de profundidade) e 15 kbar (aproximadamente a profundidade do Moho em áreas cratônicas). Sob pressões da ordem de 28 kbar, a dolomita é substituída pela magnesita, $MgCO_3$.

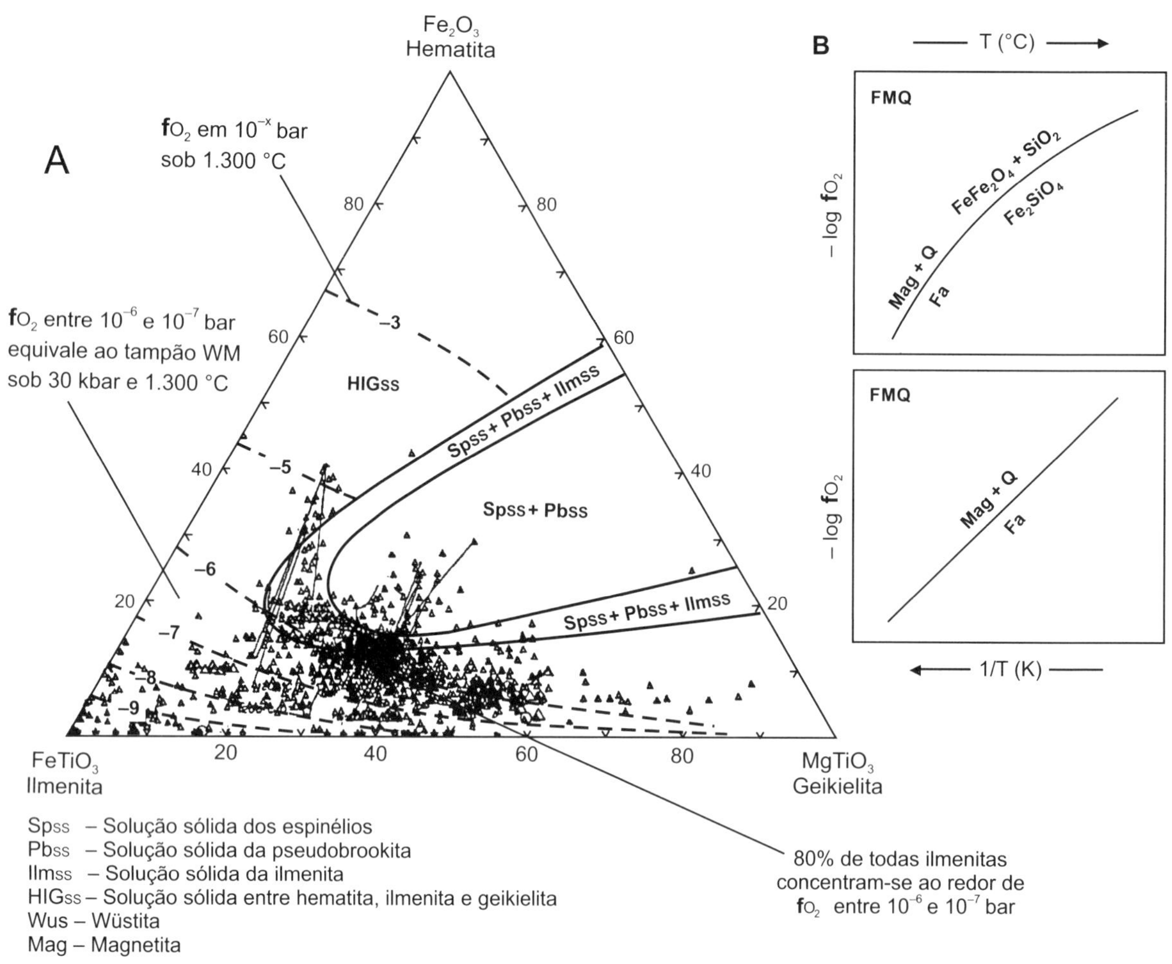

A
Fe_2O_3
Hematita
fO_2 em 10^{-x} bar
sob 1.300 °C
fO_2 entre 10^{-6} e 10^{-7} bar
equivale ao tampão WM
sob 30 kbar e 1.300 °C
HIGss
Spss+ Pbss+ Ilmss
Spss+ Pbss
-3
-5
-6
-7
-8
-9
80
60
40
20
$FeTiO_3$
Ilmenita
$MgTiO_3$
Geikielita
Spss – Solução sólida dos espinélios
Pbss – Solução sólida da pseudobrookita
Ilmss – Solução sólida da ilmenita
HIGss – Solução sólida entre hematita, ilmenita e geikielita
Wus – Wüstita
Mag – Magnetita
— Linha de conexão unindo valores mantélicos e valores crustais,
estes resultantes do rápido alçamento das rochas profundas
80% de todas ilmenitas
concentram-se ao redor de
fO_2 entre 10^{-6} e 10^{-7} bar
B
T (°C)
FMQ
$FeFe_2O_4 + SiO_2$
Fe_2SiO_4
Mag + Q
Fa
– log fO_2
FMQ
Mag + Q
Fa
– log fO_2
1/T (K)

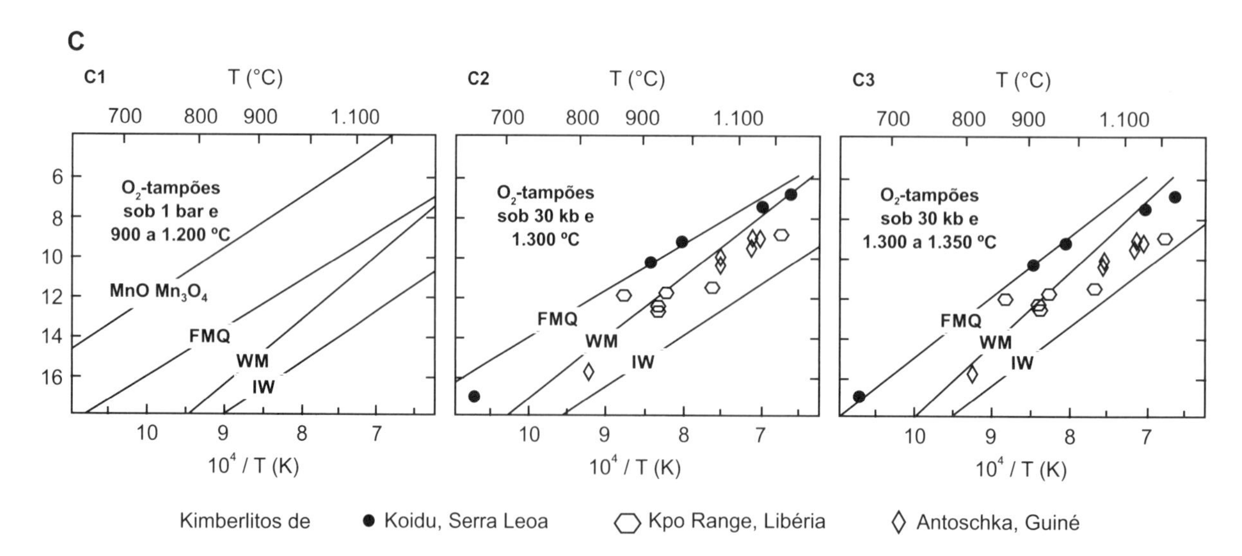

C
C1
T (°C)
700 800 900 1.100
O_2-tampões
sob 1 bar e
900 a 1.200 °C
MnO Mn_3O_4
FMQ
WM
IW
6 8 10 12 14 16
10 9 8 7
10^4 / T (K)
C2
T (°C)
700 800 900 1.100
O_2-tampões
sob 30 kb e
1.300 °C
FMQ
WM
IW
10 9 8 7
10^4 / T (K)
C3
T (°C)
700 800 900 1.100
O_2-tampões
sob 30 kb e
1.300 a 1.350 °C
FMQ
WM
IW
10 9 8 7
10^4 / T (K)
Kimberlitos de
● Koidu, Serra Leoa
⬡ Kpo Range, Libéria
◊ Antoschka, Guiné

Figura 14.13 – Ilmenitas em rochas mantélicas

A – Composição e fO_2 de ilmenitas no sistema Hematita-Ilmenita-Geikielita (Woerman et al., 1970; Haggerty, 1990)

São mostradas 1.140 análises das ilmenitas de rochas (principalmente basaltos) do manto superior no diagrama Hematita-Ilmenita-Geikielita (sistema Fe_2O_3-$FeTiO_3$-$MgTiO_3$), assim como os campos da solução sólida romboédrica entre hematita, ilmenita e geikielita (HIGss) e das soluções sólidas entre espinélio, pseudobrookita e ilmenita e entre espinélio e pseudobrookita. Geikielita é óxido típico de ambientes titaníferos-magnesianos de altas pressões e temperaturas. A temperatura liquidus (1.300 °C) e as condições báricas (30 kbar) de cristalização das rochas foram obtidas por diferentes geotermômetros e geobarômetros. Também estão traçadas as curvas de isofugacidade de oxigênio (bar em log na base 10). A fugacidade de oxigênio é maior no vértice hematita (Fe_2O_3, todo ferro sob forma de Fe^{3+}) que no vértice ilmenita ($FeO{\cdot}TiO_2$, todo ferro sob forma de Fe^{2+}). Mais de 80% das análises concentram-se entre as curvas de isofugacidade de oxigênio entre 10^{-6} e 10^{-7} bar. Esse intervalo de fO_2 é considerado equivalente à do tampão wüstita-magnetita (fWM) sob 30 kbar e 1.300 °C. Algumas amostras apresentam dois dados de fO_2, um, mais baixo, que retrata as condições de oxirredução mantélicas de sua cristalização e outro, mais elevado, que resulta do rápido alçamento das rochas para ambientes crustais. Os dois valores são unidos por retas de conexão.

B, C – O gráfico Arrhenius Temperatura × fO_2 para 30 kbar (Haggerty; Tompkins, 1984; Haggerty, 1990)

No gráfico fO_2 × 1/Temperatura (graus K), um gráfico Arrhenius, as curvas arqueadas convexas ascendentes dos O_2-tampões do gráfico fO_2 × Temperatura (°C) são transformados em retas (**B**). Corrente é o gráfico Arrhenius Temperatura × fO_2 para uma atmosfera de pressão utilizado para a representação da fugacidade de oxigênio de rochas vulcânicas e subvulcânicas (**C1**).

Mais difícil é a extrapolação do gráfico para grandes profundidades (pressões e temperaturas mantélicas) dadas as incertezas sobre a correta variação da fO_2 no manto onde são gerados tanto magmas com carbono reduzido (diamantes e grafita em kimberlitos e lamproitos) quanto oxidado (carbonatos em carbonatitos e lamprófiros). Essa variabilidade litológica gerada em condições aproximadamente isobáricas levanta questões sobre a persistência vertical e horizontal dos variáveis estágios de oxidação do sistema H-O-C que inclui as fases C, CO, CO_2, H_2, NH_4 e H_2O e as possíveis composições (que definem diferentes fO_2) de uma fase fluida mista composta por CO_2 e H_2O.

Admitida a equivalência da fO_2 entre 10^{-6} e 10^{-7} bar da maioria das rochas mantélicas no sistema Hematita-Ilmenita-Geikielita (**A**) com o O_2-tampão wüstita-magnetita (fWM) para 1.300 °C e 30 kbar é possível definir a fO_2 para os demais O_2-tampões nas mesmas condições termobáricas (**C2**). Para as mesmas condições termobáricas também foram calculadas as fO_2 dos O_2-tampões considerando-se um gradiente geotérmico cratônico com fluxo térmico superficial de 40mW/m^2 (**C3**). Os dois gráficos mostram boa concordância e foram utilizados para estimar a fO_2 das condições genéticas de kimberlitos de Koidu (Serra Leoa), Kpo Range (Libéria) e Antoschka (Guiné). Os valores situam-se entre os tampões fFMQ (faialita ↔ magnetita + quartzo) e fIW (ferro ↔ wüstita) indicando baixas fO_2 durante a cristalização das rochas que contêm diamantes ou grafita.

A Características geoquímicas dos granitos Tipo I

PARÂMETRO	VALOR CARACTERÍSTICO	EXPLICAÇÃO
SiO_2	Entre 53%-76%	Rochas-fonte relativamente máficas
K_2O / Na_2O	Baixo	Não foi removido pelo intemperismo
K_2O / SiO_2	Variável	Rochas-fonte com moderado e variável teor de K
Ca	Alto em rochas máficas	Alto teor de Ca nas rochas-fonte, não removido pelo intemperismo
$\frac{Al_2O_3}{Na_2O + K_2O + CaO}$	Normalmente baixo	Somente frações líquidas iniciais de temperatura mínima ou rochas Tipo I fracionadas podem ser peraluminosas
Fe^{3+} / Fe^{2+}	Moderado	
Cr e Ni	Baixo	Rochas-fonte com teores de Cr e Ni relativamente baixos, indicando fracionamento prévio
$\delta^{18}O$	Baixo	Rochas-fonte meta-ígneas
^{87}Sr / ^{86}Sr	Geralmente baixo	Rochas-fonte ígneas derivadas do manto. Alguns valores altos para granitoides derivados de rochas-fonte antigas com alto Rb/Sr

B Características geoquímicas dos granitos Tipo S

PARÂMETRO	VALOR CARACTERÍSTICO	EXPLICAÇÃO
SiO_2	Entre 65%-74%	Rochas-fonte ricas em SiO_2
K_2O / Na_2O	Alto	Durante o intemperismo o K é absorvido por argilas enquando o Na é removido
Ca e Sr	Baixo	Removidos pelo intemperismo
$\frac{Al_2O_3}{Na_2O + K_2O + CaO}$	Alto (> 1,05). O valor aumenta nas rochas mais máficas	O intemperismo concentra o Al em relação ao Na + K + Ca
Fe^{3+} / Fe^{2+}	Baixo	Carbono é comum em rochas sedimentares de ambientes redutores
Cr e Ni	Alto em relação ao granito Tipo I	Cr e Ni são incorporados pelas argilas durante o intemperismo
$\delta^{18}O$	Alto	Isótopos de oxigênio são fracionados durante a produção de argilas por intemperismo de baixa temperatura
^{87}Sr / ^{86}Sr	Alto (normalmente > 0,708)	Rb é concentrado em relação ao Sr durante intemperismo e sedimentação

Quadro 14.1 – Granitos I e S

A, B – Características geoquímicas e isotópicas de granitos I e S (Chappell; White, 1974)

Magnetita e ilmenita são os (Fe,Ti)-óxidos típicos, respectivamente, dos granitos I (rocha-fonte meta-Ígnea) e S (rocha-fonte meta-**S**edimentar) que cristalizam, respectivamente, em condições mais oxidantes e redutoras. Magmas graníticos I resultam da fusão de ortognaisses dioríticos a granodioríticos sob altas temperaturas na interface crosta/manto. Magmas graníticos S resultam da fusão parcial de paragnaisses aluminosos em ambiente tipicamente crustal sob temperaturas menores. As diferenças entre as duas rochas-fonte são representadas por características químicas e isotópicas contrastantes nos granitos I e S. Entendidas as causas das características de um tipo de granito é fácil deduzir as correspondentes para o outro tipo (**A, B**). Entre as principais características dos granitos I destacam-se:

- Associações litológicas (tonalitos a granitos) quimicamente expandidas (53% a 76% peso de SiO_2). Alta temperatura de fusão atuando sobre ortognaisses dioríticos, tonalíticos e granodioríticos geram magmas mais quentes e básicos que os magmas dominantemente eutéticos obtidos por fusão incipiente sob temperaturas menores. A cristalização fracionada desses magmas gera associações de rochas quimicamente expandidas que podem formar corpos homogêneos ou zonados, simples ou múltiplos. São típicos abundantes enclaves microgranulares máficos nos granitos I que indicam frequentes contatos entre os magmas derivados dos ortognaisses e magmas basálticos mantélicos. Granitos S constituem associações litológicas quimicamente contraídas, mas com elevados teores de sílica, pois metassedimentos geralmente são mais silicosos que ortognaisses.
- Baixa relação molar $Al_2O_3/(CaO + Na_2O + K_2O)$. Ortognaisses dioríticos a granodioríticos, as rochas-fonte dos magmas I, são geralmente metaluminosos e sua fusão parcial gera magmas também metaluminosos. A paragênese hornblenda + biotita é típica da associação litológica metaluminosa Tipo I. Em contraste, granitos S frequentemente são peraluminosos e contêm monazita que representa o enriquecimento da crosta em Ce, um ETRL incompatível.
- Baixa relação K_2O/Na_2O. O sódio das rochas-fonte metaígneas não foi removido por intemperismo pré-metamórfico como nos metassedimentos, as rochas-fonte dos granitos S.
- Variável relação K_2O/SiO_2. As rochas-fonte metaígneas dos granitos I resultam do metamorfismo de dioritos, tonalitos granodioritos e granitos de séries baixo-, médio- e alto-K. A fusão extensiva das rochas-fonte origina magmas I com variáveis teores de potássio.
- Altos teores de Ca. Ortognaisses dioríticos a granodioríticos, as rochas-fonte dos magmas I, apresentam em média teores de CaO mais elevados que os metassedimentos argilosos mais ou menos arenosos e feldspáticos que são as rochas-fonte dos magmas S. O alto teor de Ca manifesta-se pela cristalização dos minerais acessórios titanita, apatita e allanita.
- Baixos teores de Cr e Ni. A suíte diorito-granito, que por metamorfismo gera as rochas-fontes metaígneas dos magmas I, são produtos do fracionamento progressivo de magmas parentais mais básicos. Consequentemente, são empobrecidos em Cr e Ni, elementos concentrados nos primeiros minerais máficos fracionados (olivina e piroxênios).
- Baixa relação $^{87}Sr/^{86}Sr$ e baixos valores $\delta^{18}O$. Os magmas que por fracionamento originam a suíte diorito-granodiorito, que via metamorfismo transformaram-se nos ortognaisses rochas-fontes dos magmas I, são de origem mantélica e mais primitivos que as rochas sedimentares recicladas que originam os paragnaisses que são as rochas-fontes dos magmas S.

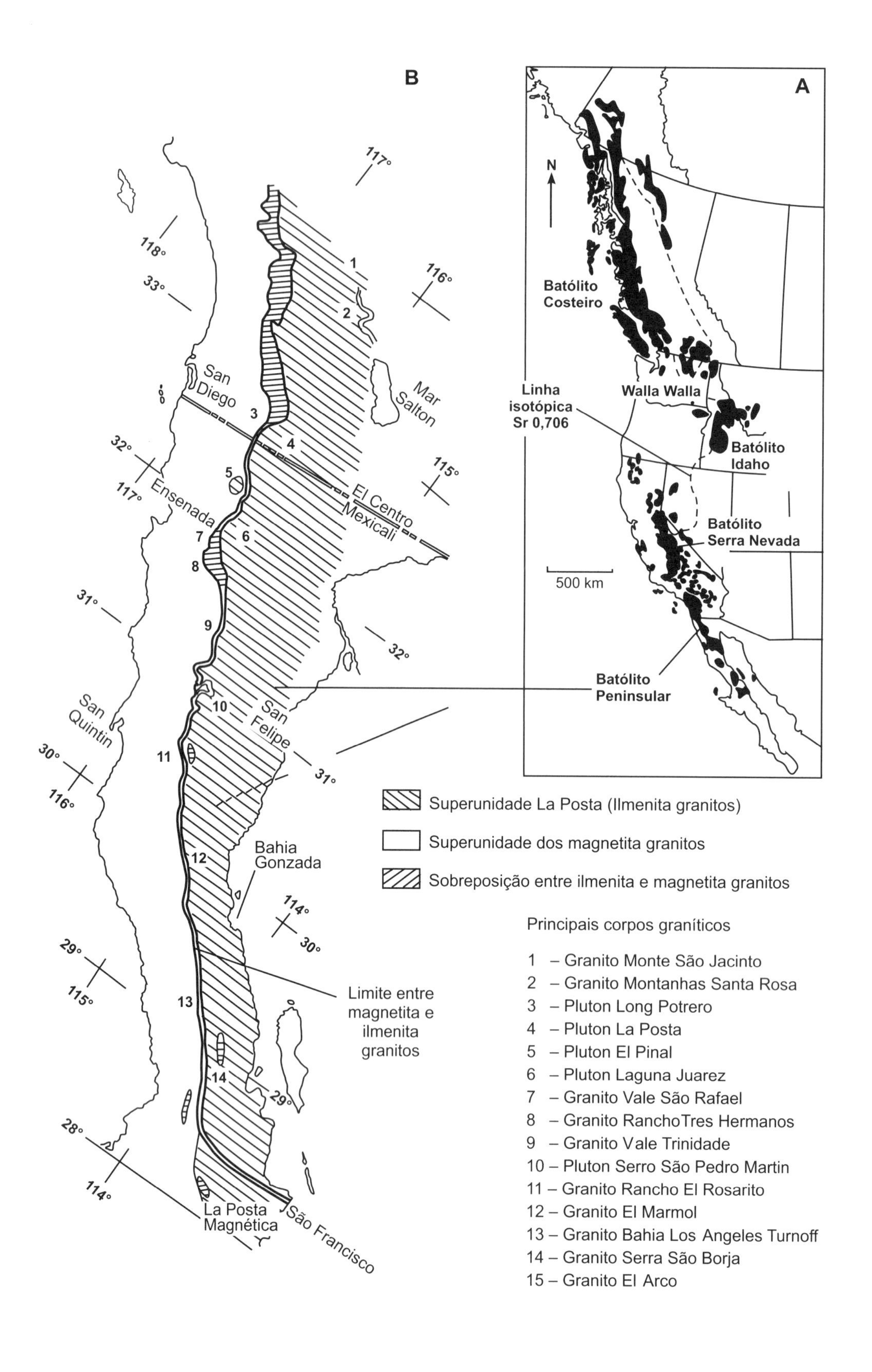
B
A
N
Batólito
Costeiro
Linha
isotópica
Sr 0,706
Walla Walla
Batólito
Idaho
Batólito
Serra Nevada
500 km
Batólito
Peninsular
117°
118°
33°
116°
San
Diego
Mar
Salton
32°
115°
117°
Ensenada
El Centro
Mexicali
31°
32°
San
Quintin
San
Felipe
30°
116°
31°
Bahia
Gonzada
114°
30°
29°
115°
Limite entre
magnetita e
ilmenita
granitos
29°
28°
114°
La Posta
Magnética
São Francisco
1
2
3
4
5
6
7
8
9
10
11
12
13
14
Superunidade La Posta (Ilmenita granitos)
Superunidade dos magnetita granitos
Sobreposição entre ilmenita e magnetita granitos
Principais corpos graníticos
1 – Granito Monte São Jacinto
2 – Granito Montanhas Santa Rosa
3 – Pluton Long Potrero
4 – Pluton La Posta
5 – Pluton El Pinal
6 – Pluton Laguna Juarez
7 – Granito Vale São Rafael
8 – Granito RanchoTres Hermanos
9 – Granito Vale Trinidade
10 – Pluton Serro São Pedro Martin
11 – Granito Rancho El Rosarito
12 – Granito El Marmol
13 – Granito Bahia Los Angeles Turnoff
14 – Granito Serra São Borja
15 – Granito El Arco

Figura 14.14 – A Linha Magnetita-Ilmenita no arco magmático cordilheirano

A – O arco magmático mesozoico do W dos Estados Unidos (Best, 1982)

A cordilheira das Montanhas Rochosas, W dos Estados Unidos, compreende um arco magmático composto por grandes batólitos graníticos com até mais de 1.000 km de extensão (áreas escuras) e extensivas rochas vulcânicas mesozoicas. O arco magmático compreende dois arcos magmáticos menores justapostos com características muito distintas.

O arco magmático ocidental, beira-mar, é composto por magnetita granitos, principalmente dioritos e tonalitos ao lado de granodioritos. Gabros e granitos são subordinados. Dados mineralógicos e químicos indicam para esses granitoides uma origem derivada essencialmente de rochas-fonte mantélicas. Em diagramas geoquímicos, os gabros destoam da tendência evolutiva definida pelos dioritos, tonalitos, granodioritos, monzogranitos e granitos, o que sugere que a associação litológica resulte de um magmatismo bimodal gabro-granito. A riqueza dos granitoides em enclaves microgranulares básicos sustenta a hipótese. Geologicamente, o arco magmático ocidental representa um arco de ilha aglutinado ao continente, feição recorrente em cinturões metamórficos pericontinentais.

O arco magmático ocidental, interiorano, compreende dominantemente ilmenita granitos em parte peraluminosos. Gabros e enclaves microgranulares faltam ou são raros. Dados mineralógicos e químicos indicam para esses granitoides uma origem derivada essencialmente de rochas-fonte crustais.

O limite entre os dois arcos é dado pela Linha Isotópica $(^{87}Sr/^{87}Sr)_{inicial} = 0{,}706$, um dos variáveis valores iniciais obtidos em numerosas isócronas Rb/Sr executadas em diferentes granitoides dos dois arcos adjacentes. O limite isotópico permite amarrar a razão $(^{87}Sr/^{87}Sr)_{inicial}$ de granitoides com a natureza de suas rochas-fonte. Granitos com $(^{87}Sr/^{86}Sr)_{inicial}$ $<$ que 0,706 são derivados essencialmente de rochas-fonte mantélicas, os com $(^{87}Sr/^{86}Sr)_{inicial}$ $>$ que 0,706 de rochas-fontes crustais.

B – Magnetita granitos e ilmenita granitos no batólito Peninsular Ranges (Kistler, 1990; Miller; Barton, 1990)

A presença de magnetita ou ilmenita em granitoides é um bom indicador das rochas-fonte de seus magmas. Magnetita e ilmenita granitos indicam respectivamente fO_2 de cristalização maiores e menores; fO_2 menores indicam condições de oxirredução crustais profundas. Magnetita granitos e ilmenita granitos podem ocorrer num mesmo batólito, caso do batólito Peninsular Ranges, com comprimento e largura respectivamente da ordem de 1.000 km e 100 km, localizado na porção norte da península Califórnia. Magnetita e ilmenita granitoides constituem respectivamente a porção oriental e ocidental do batólito. As duas associações litológicas são separadas pela Linha Magnetita-Ilmenita que coincide com a Linha $(^{87}Sr/^{87}Sr)_{inicial} = 0{,}706$ e o limite geofísico entre uma crosta continental mais fina a W e uma mais espessa a E. De W para E crescem as relações A/CNK, $(La/Yb)_N$, Eu/Eu*, ΣETR, ΣLILE nas rochas e F/OH nas biotitas; também crescem as relações isotópicas $\delta^{18}O$, $^{207}Pb/^{204}Pb$, $^{206}Pb/^{204}Pb$ e $^{87}Sr/^{86}Sr$ enquanto diminui o teor de elementos metálicos de transição. As variações composicionais são compatíveis com o modelo de uma expressiva participação de material crustal na magmagênese dos ilmenita granitos e de material mantélico na gênese de magmas dos magnetita granitos.

Bibliografia recomendada

Esta relação bibliográfica compreende:

- os trabalhos citados no texto e
- trabalhos específicos visando ao aprofundamento de alguns dos tópicos expostos no texto.

ABDEL-RAHMAN, A. F. M. Nature of Biotites from Alkaline, Calc-Alkaline and Peraluminous Magmas. *Journal of Petrolology*, v.35, n.2, p.525-41, 1994.

AKELLA, J. Garnet-Pyroxene Equilibrium in the System $CaSiO_3$-$MgSiO_3$-Al_2O_3 and in a Natural Mixture. *American Mineralogist*, v.61, p.589-98, 1976.

ALBARÈDE, F. *Geoquímica*: uma introdução. Trad. F. R. D. de Andrade. São Paulo: Oficina Textos, 2011.

ANDERSEN, O. The System Anorthite-Forsterite-Sílica. *American Journal of Science*, v.39, p.407-54, 1915.

ARCULUS, R. J. Oxidation Status of the Mantle: Past and Present. *Annual Reviews of Earth and Planetary Science*, v.13, p.913-21, 1985.

______; DELANO, J. W. Oxidation State of the Upper Mantle: Present Conditions, Evolution and Controls. In: NIXON, P. H. (Ed.). *Mantle Xenolith*. New York: John Wiley and Sons, 1987. p.589-98.

______; ______. Siderophile Element Abundances in the Upper Mantle: Evidence for a Sulphide Signature and Equilibrium with the Core. *Geochimica and Cosmochimica Acta*, v.45, n.8, p.1.331-43, 1981a.

______;______. Intrinsic Oxygen Fugacity Measurements: Techniques and Results for Spinels from Upper Mantle Peridotites and Megacryst Assemblages. *Geochimica and Cosmochimica Acta*, v.45, n.6, p.899-913, 1981b.

______; ______. Implication for the Primitive Atmosphere of the Oxidations State of Earth's Upper Mantle. *Nature*, v.288, p.72-4, 1980.

______; DAWSON, J. B.; MITCHELL, R. H.; GUST, D. A.; HOLMES, R. D. Oxidation States of the Upper Mantle Recorded by Megacryst Ilmenite in Kimberlites and Type A and B Spinel Lherzolitos. *Contributions to Mineralogy and Petrology*, v.85, n.1, p.85-94, 1984.

ARMSTRONG, R. L. The Persistent Myth of Crustal Growth. *Australian Journal of Earth Sciences*, v.38, p.613-30, 1991.

______. Mesozoic and Early Cenozoic Magmatic Evolution of the Canadian Cordillera. *Geological Society of America Special Papers*, v.218, p.55-91, 1988.

______. Radiogenic Isotopes: the Case for Crustal Recycling on a Near-Steady-State no-Continental-Growth Earth. *Philosophical Transactions of the Royal Society of London*, Londres, A301, p.443-72, 1981.

______; TAUBENECK, W. H.; HALES, P. O. Rb-Sr and K-Ar Geochronometry of Mesozoic Granitic Rocks and their Sr Isotopic Composition, Oregon, Washington and Idaho. *Geological Society of America Bulletin*, v.88, n.3, p.397-411, 1977.

ARTH, J. G. Rare-Earth Element Geochemestry of the Island-Arc Volcanic Rocks of Rabaul and Talasca, New Britain. *Geological Society of America Bulletin*, v.92, n.11, p.858-61, 1981.

______. Some Trace Elements in Trondhjemites: their Implications to Magma Genesis and Paleotectonic Settings. In: BARKER, F. (Ed.). *Trondhjemites, Dacites and Related Rocks*. New York: Elsevier, 1979. p.123-32.

______. Behaviour of Trace Elements During Magmatic Processes: a Summary of Theoretical Models and their Applications. *J. Res. U. S. Geol. Surv.*, v.4, p.41-7, 1976.

BAILEY, J. C.; GWOZDZ, R.; ROSE-HANSEN, J.; SØRENSEN, H. Geochemical Overview of the Ilimaussaq Alkaline Complex, South Greenland. *Geology of Greenland Survey Bulletin*, v.190, n.100, p.35-53, 2001.

BAILEY, R. A.; DALRYMPLE, G. B.; LAMPHERE, M. A. Volcanism, Structure and Geochronology of Long Valley Caldera, Mono County, California. *Journal of Geophysical Research*, v.81, n.5, p.725-44, 1976.

BAILEY, S. W. Classification and Structures of the Micas. In: ______ (Ed.). Micas. *Reviews in Mineralogy and Geochemistry*, v.13, p.1-12, 1984a.

______. Crystal Chemistry of the True Micas. In: ______ (Ed.). Micas. *Reviews in Mineralogy and Geochemistry* , v.13, p.13-57, 1984b.

______. Review of Cation Ordering in Micas. *Clays and Clay Minerals*, v.32, n.2, p.81-92, 1984c.

BAKER, J. A.; MACPHERSON, C. G.; MENZIES, M. A.; THIRLWALL, M. F.; AL-KADASI, M.; MATTEY, D. P. Resolving Crustal and Mantle Contributions to Continental Flood Volcanism, Yemen: Constraints from Mineral Oxygen Isotope Data. *Journal of Petrology*, v.41, n.12, p.1.805-20, 2000 .

BARD, J. P. *Microtextures of Igneous and Metamorphic Rocks*. Trad. francês M. Marechal. Boston: D. Reidel Publishing Company, 1986. 264p.

BARKER, D. S. *Igneous Rocks*. New Jersey: Prentice Hall, Inc., Englewood Cliffs, 1983. 417p.

BARRON, L. M. Thermodynamic Multicomponent Silicate Equilibrium Phase Calculations. *American Mineralogist*, v.57, n.5-6, p.809-23, 1972.

BARTH, T. F. W. *Theoretical Petrology*. New York: John Wiley & Sons, Inc., 1962. 416p.

BASALTIC VOLCANISM STUDY PROJECT (BVSP). *Basaltic Volcanism on the Terrestrial Planets*. [S.l.]: Pergamon Press, 1981.

BEBOUT, G. E.; SCHOLL, D. W.; KIRBY, S. H.; PLATT, J. P. (Eds.). Subduction Top to Bottom. *Geophys. Union. Monography*, v.96, 1996.

BECKE, F. Die Eruptivgesteine des böhmischen Mittelgebirges und der amerikanischen Anden. Atlantische und pazifische Eruptivgesteine. *Tschermaks mineralogische und petrographische Mitteilungen*, v.XXII, 1903.

BELLIENI, G.; BROTZU, P.; COMIN-CHIARAMONTI, P.; ERNESTO, M.; MELFI, A. J. Petrological and Paleomagnetic Data on the Plateau Basalt to Rhyolite Sequences of the Southern Paraná Basin (Brazil). *Anais da Academia Brasileira de Ciências*, v.55, n.4, p.355-83, 1983.

BEST, M. G. *Igneous and Metamorphic Petrology*. San Francisco: W. H. Freeman and Company, 1982. 630p.

______; CHRISTIANSEN, E. H. *Igneous Petrology*. Massachusetts, EUA: Blackwell Science, Inc., Malden, 2001. 458p.

BETECHTIN, A. G. *Lehrbuch der Speziellen Mineralogie*. Berlin: VEB Deutscher Verlag für Grundstoffindustrie, 1968. 679p.

BILLINGS, P.; KEEVIL, N. B. The White Mountains Magma Series. *Geological Society America Bullettin*, v.57, n.2, p.327-49, 1946.

BONIN, B. *Les Granites des Complexes Annulaires*. Orléans: Bureau des Recherches Géologiques et Minières (BRGM), 1982. 183p. [Série Manuels et Méthodes, n.4.]

BOTTINGA, Y.; KUDO, A.; WEILL, D. F. Some Observation on Oscillatory Zoning and Crystallization of Magmatic Plagioclase. *American Mineralogist*, v.51, p.792-806, 1966.

BOWEN, N. L. *The Evolution of the Igneous Rocks*. Princeton: Princeton University Press, 1928. 334p. [© 1956 Dover Publications Inc., New York.]

______. The Crystallization of Haplobasaltic, Haplodioritic and Related Magmas. *American Journal of Science*, v.40, p.161-85, 1915.

______. The Melting Phenomena of the Plagioclase Feldspars. *American Journal of Science*, v.35, p.577-99, 1913.

______. The Binary System: $Na_2Al_2Si_2O_8$ (Nephelite, Carnegieite)-$CaAl_2Si_2O_8$ (Anorthite). *American Journal of Science*, v.33, p.551-73, 1912.

______; ANDERSEN, O. The Binary System MgO-SiO_2. *American Journal of Science*, s.4., v.37, p.487-500, 1914.

______; SCHAIRER, J. F. Crystallization Equilibrium in Nepheline-Albite-Silica Mixtures with Fayalite. *Journal of Geology*, v.46, p.397-411, 1938.

______; ______. The System MgO-FeO-SiO_2. *American Journal of Science*, v.29, p.151-217, 1935.

______; TUTTLE, O. F. The System $NaAlSi_3O_8$--$KAlSi_3O_8$-H_2O. *Journal of Geology*, v.58, p.489-511, 1950.

BOYD, F. R.; ENGLAND, J. L. The Rhombic Enstatite-Clinoenstatite Inversion. *Yearbook*, Annual Rpt. Dir. Geophys. Lab., Carnegie Inst. Washington, v.64, p.117-20, 1965.

______; ______. The Quartz-Coesite Transition. *Journal of Geophysical Research*, v.65, n.2, p.749-56, 1960.

______; ______. Pyrope. *Yearbook*, Carnegie Inst. Geophys. Lab., 1958-1959, p.83-7, 1959.

______; GURNEY, J. J. Diamonds and the African Lithosphere. *Science*, v.232, p.472-7, 1986.

BRADY, J. E.; RUSSEL, J. W.; HOLUM, J. R. *Chemestry, Mather and Changes*. 3.ed. New York: John Wiley & Sons, Inc., 2000. 627p.

BROTZU, P.; MORBIDELLI, L.; PICCIRILLO, E. M.; TRAVERSA, G. The Basanite to Peralkaline Phonolite Suite of the Plioquaternary Nyambeni Multicentre Volcanic Range (East Kenya Plateau). *Neus. Jahrbuch für Miner. Abh.*, v.147, n.3, p.253-80, 1983.

BROWN, G. C. Calc-Alkaline Intrusive Rocks: their Diversity, Evolution and Relation to Volcanic Arcs. In: THORPE, R. S. (Ed.). *Andesites*: Orogenic Andesites and Related Rocks. New York: John Willey & Sons Ltd., 1982. p.464-73.

BROWN, P. E.; ESSENE, E. J.; PEACOR, D. R. Phase Relations Inferred from Field Data for Mn-Pyroxenes and Piroxenoids. *Contributions to Mineralogy and Petrology*, v.74, n.4, p.417-25, 1980.

BROWNLOW, A. H. *Geochemestry.* 2.ed. New Jersey: Prentice Hall, 1979. 580p.

BUDDINGTON, A. F.; LINDSLEY, D. H. Iron-Titanium Oxide Minerals and Oxygen Fugacity in Volcanic Rocks. *Journal of Geophysical Research*, v.72, n.18, p.4.665-85, 1964.

BURNHAM, C. W. The Importance of Volatile Constituents. In: YODER JR., H. S. (Ed.). *The Evolution of Igneous Rocks*. Fiftieth Anniversary Perspectives. Princeton: Princeton University Press, 1979. p.439-82.

______; JAHNS, R. H. A Method for Determining the Solubility of Water in Silicate Melts. *American Journal of Science*, v.260, n.10, p.721-45, 1962.

______; HOLLOWAY, J. R.; DAVIES, N. F. Thermodynamic Properties of Water to 1.000 °C and 10.000 bars. *Geological Society of America Bulletin. Spec. Pap.*, p.132-96, 1969.

BURNS, R. G. *Mineralogical Applications of Crystal Field Theory*. Cambridge: Cambridge University Press, 1970. 521p.

BURRUS, R. C. Analysis of Fluid Inclusions: Phase Equilibria at Constant Volume. *American Journal of Science*, v.281, p.1.104-26, 1981.

CARMICHAEL, I. S. E. The Redox State of Basic and Silicic Magmas: a Reflection of their Source Region? *Contributions to Mineralogy and Petrology*, v.106, n.2, p.129-41, 1991.

______. The Iron-Titanium Oxides of Salic Volcanic Rocks and their Associated Ferromagnesian Silicates. *Contributions to Mineralogy and Petrology*, v.14, p.36-64, 1976a.

______. The Mineralogy of Thingmuli, a Tertiary Volcano in Eastern Iceland. *American Mineralogist*, v.52, p.1.815-41, 1976b.

______. The Mineralogy and Petrology of the Volcanic Rocks from the Leucite Hills, Wyoming. *Contributions to Mineralogy and Petrology*, v.15, p.24-66, 1967.

______; GHIORSO, M. S. The Effect of Oxygen Fugacity on the Redox State of Natural Liquids and their Crystallizing Phase. In: NICHOLS, J.; RUSSEL, J. K. (Eds.). Modern Methods of Igneous Petrology: Understanding Magmatic Processes. *Reviews Mineral. Soc. Am.*, v.24, p.191-212, 1990.

______; ______. Oxidation-Reduction Relations in Basic Magma: a Case of Homogeneous Equilibria. *Earth Planet. Sci. Lett.*, v.78, p.200-10, 1986.

______; NICHOLLS, J. Iron-Titaniumoxides and Oxygen Fugacity in Volcanic Rocks. *Journal of Geophysical Research*, v.72, p.4.665-87, 1967.

______; ______; SMITH, A. L. Silica-Activity in Igneous Rocks. *Am. Mineral.*, v.55, p.246-63, 1970.

______; TURNER, F. J.; VERHOOGEN, J. *Igneous Petrology*. New York: McGraw-Hill Book Company Inc., 1974. 739p.

CHAPPELL, B. W.; STEPHENS, W. E. Origin of Infracrustral (I-Type) Granite Magmas. *Trans. Roy. Soc. Edinburgh*, v.79, p.71-86, 1988.

______; WHITE, A. J. R. Two Contrasting Granite Types. *Pac. Geol.*, v.8, p.173-4, 1974.

______; ______; WYBORN, D. The Importance of Residual Source Material (Restite) in Granite Petrogenesis. *Journal of Petrology*, v.28, p.1.111-38, 1987.

CLARK, J. R.; PAPIKE, J. J. Crystal: Chemical Characterization of Omphacite. *Am. Mineral.*, v.53, p.840-68, 1968.

CLARKE, D. B. *Granitoid Rocks*. New York: Chapman & Hall, 1992. 265p.

COOMBS, D. S. Trends and Affinities of Basaltic Magmas and Pyroxenes as Illustrated on the Diopside-Olivine-Silica Diagram. *Mineral. Soc. Am. Spec. Pap.*, v.1, p.227-50, 1963.

CORRENS, C. W. *Einführung in die Mineralogie*. 2.ed. Berlin; Heidelberg; New York: Springer Verlag, 1968. [reimpr. 1981.]

CORRIGAN, G. M. Supercooling and the Crystallization of Plagioclase, Olivine and Clinopyroxene from Basaltic Magmas. *Min. Mag.*, v.46, p.31-42, 1982.

CORTINI, M.; HERMES, O. D. Sr Isotope Evidence for Multi-Source Origin of the Potassic Magmas in the Neapolitan Área (S. Italy). *Contrib. Mineral. Petrol.*, v.77, p.47-55, 1981.

COX, K. G. A Model of Flood Basalt Vulcanism. *J. Petrol.*, v.21, p.629-50, 1980.

______; BELL, J. D.; PANKHURST, R. J. *The Interpretation of Igneous Rocks.* London: George Allen & Unwin Publisher Ltd., 1979. 450p. [4.ed. 1984.]

______; PRICE, N. B.; HARLE, B. *An Introduction to the Practical Study of Crystals, Minerals and Rocks.* 1.ed. rev. [S.l.]: McGraw-Hill Co., 1988. 472p.

DAVIES, J. H.; STEVENSON, D. J. Physical Model of Source Region of Subduction Zone Volcanism. *Journal of Geophisical Research*, v.97, p.2.037-70, 1992.

DEER, W. A.; HOWIE, R. A.; ZUSSMAN, J. *An Introduction of Rock-Forming Minerals*. 2.ed. London: Longmans, Greens and Co. Ltd., 1992. 528p.

______; ______; ______. *Rock-Forming Minerals*. Single-Chain Silicates. v.2A. 2.ed. London: Longman Group, Ltd, 1978. 668p.

______; ______; ______. *Rock Forming Minerals*. Framework Silicates. v.4. London: Longmans, Green and Co., Ltd., 1963. 435p.

DONALDSON, C. H. An Experimental Investigation of Olivine Morphology. *Contrib. Mineral. Petrol.*, v.57, p.187-213, 1976.

DOWNES, H. Sr and Nd Isotope Geochemistry of Coexisting Alkaline Magmas Series, Cantal, Massif Central, France. *Earth and Planetary Science Letters*, v.69, p.321-34, 1984.

DRAKE, M. J.; WEILL, D. F. The Partition of Sr, Ba, Ca, Y, E^{+2}, Eu^{+3} and other REE between Plagioclase Feldspar and Magmatic Silicate Liquid: an Experimental Study. *Geochim. Cosmochim. Acta*, v.39, p.689-712, 1975.

DUNITZ, J. D.; ORGEL, L. E. Electronic Properties of Transition-Metal Oxides. II. Cation Distribution among Octahedral and Tetrahedral Sites. *Journal of Physics and Chemestry Solids*, v.3, p.318-33, 1957.

ECKERMANN, H. V. Some Notes on the Reaction Series. *Geologiska Föreningen i Stockholm Förhandlingar*, v.66, n.2, p.282-7, 1944.

EGGLER, D. H. Composition of the Partial Melt of Carbonated Peridotite in the System CaO-MgO-SiO_2-CO_2. *Yearbook*, Carnegie Institution of Washington, v.75, p.623-6, 1976.

______. Role of CO_2 in Melting Processes in the Mantle. *Yearbook*, Carnegie Institution of Washington, v.72, p.457-67, 1973a.

______. Effect of CO_2 on the Melting of Peridotite. *Yearbook*, Carnegie Institution of Washington, v.73, p.215-24, 1973b.

______. Water-Saturated and Undersaturated Melting Relations in the Paricutins Andesite and the Estimate of Water Content in Natural Magmas. *Contributions to Mineralogy and Petrology*, v.34, p.267-71, 1972.

______; HOLLOWAY, J. R. Partial Melting of Peridotite in the Presence of H_2O e CO_2: Principles and Review. *Geol. Mineral Indust.*, Oregon Dept., v.96, 1977.

EHLERS, E. G *The Interpretation of Geological Phase Diagrams*. New York: Dover Publications, Inc., 1972. 280p.

EHLERS, E. G; BLATT, H. *Petrology*: Igneous, Sedimentary, and Metamorphic. [S.l.]: W. H. Freeman and Company, 1982. 732p.

EILER, J. (Ed.). Inside Subduction Factory. *Am. Geophys. Un. Monograph*, v.138, 2003.

EISSEN, J. P.; JUTEAU, T.; JORON, J. L.; DUPRE, B.; HUMLER, E.; AL'MUKHAMEDOV, A. Petrology and Geochemistry of Basalts from the Red Sea Axial Rift at 18 deg. North. *Journal of Petrology*, v.30, n.4, p.791-839, 1989.

ENGEL, A. E.; ENGEL, C. G. Progressive Metamorphism and Granitization of the Major Paragneiss, Northwest Adirondak Mountains. *Bull. Geol. Soc. Am.*, New York, v.71, p.1-58, 1960.

______; ______. Progressive Metamorphism and Granitization of the Major Paragneiss, Northwest Adirondak Mountains. *Bull. Geol. Soc. Am.*, New York, v.69, p.1.369-414, 1958.

ERNST, W. G. *Petrological Phase Equilibria*. San Francisco: W. H. Freeman, 1976. 333p.

______. *Amphiboles*. New York: Springer Verlag, 1968. 125p.

ESSENE, E. J. Geologic Thermometry and Barometry. In: FERRY, J. M. (Ed.). Characterization of Metamorphism through Mineral Equilibria. *Review in Mineralogy, Mineralogical Society of America*, Washington, DC, v.10, p.153-206, 1982.

______; FYFE, W. S. Omphacite in Californian Metamorphic Rocks. *Contrib. Mineral. Petrol.*, v.15, p.1-23, 1967.

EUGSTER, H. P. Minerals in Hot Water. *Am. Mineral.*, v.71, p.655-73, 1986.

____. Granites and Hydrothermal Ore Deposits: a Geochemical Framework. *Mineral. Mag.*, v.49, p.7-23, 1985.

____. Heterogeneous Reactions Involving Oxidation and Reduction at High Pressure and Temperatures. *J. Chem. Phys.*, v.26, p.1.760-1, 1957.

____; WILSON, G. A. Transport and Deposition of Ore-Forming Elementa in Hydrothermal Systems Associated with Granites. In: CONFERENCE ON H. H. P. *High Heat Production (HHP) Granites, Hydrothermal Circulation and Ore Genesis*. London: The Institution of Mining and Metallurgy, 1985. p.87-98.

______; WONES, D. R. Stability Relations of a Ferruginеous Biotite, Annite. *J. Petrol.*, v.3, p.82-125, 1962.

EVANS, B. W. Application of a Reaction Rate Method to the Breakdown Equilibria of Muscovite and Muscovite Plus Quartz. *Am. J. Sci.*, v.263, p.647-67, 1965.

EVANS, R. C. *An Introduction to Crystal Chemistry*. 2.ed. Cambridge: Cambridge University Press, 1964.

EWART, A. Petrology and Petrogenesis of the Quaternary Pumic Ash in the Taupo Area, New Zealand. *J. Petrol.*, v.4, p.392-431, 1963.

EWART, A.; GREEN, D. C.; CARMICHAEL, I. S. E.; BROWN, F. H. Voluminous Low Temperature Rhyolitic Magmas in New Zealand. *Contributions to Mineralogy and Petrology*, v.33, n.2, p.128-44, 1971.

FENNER, C. N. The Contact Relations between Rhyolitic and Basalt on Gardine River, Yellowstone Park, Wyoming. *Geol. Soc. Bull.*, v.49, p.1.441-84, 1938.

FERREIRA, C. J. *Geoquímica e análise deformacional do Complexo Itaqui, SP*. Evolução de granitos cálcio-alcalinos poli-intrusivos. Rio Claro, SP, Brasil, 1996. 272p. Tese (Doutorado) – Instituto de Geociências e Ciências Exatas, Universidade Estadual Paulista (Unesp).

______. *Geologia, petrografia e tipologia de zircão da Suíte Intrusiva Itaqui, Barueri-SP*. Rio Claro, SP, Brasil, 1991. 253p. Dissertação (Mestrado) – Instituto de Geociências e Ciências Exatas, Universidade Estadual Paulista (Unesp).

FINNERTY, A. A.; BOYD, F. R. Thermobarometry of Garnet Peridotites: Basis for the Determination of Thermal and Composition Structure of the Upper Mantle. In: NIXON, P. H. (Ed.). *Mantle Xenolith*. Chichester, Oxford: Willey, 1987. p.381-402.

______; ______. Evaluation of Thermobarometers for Garnet Peridotites. *Geochim. Cosmochim. Acta*, v.84, p.12-27, 1984.

FISHER, G. W. Rate Laws in Metamorphism. *Geochim. Cosmochim. Acta*, v.42, p.1.035-50, 1978.

FISHER, R. V.; SMITH, A. L.; ROOBOL, M. J. Destruction of St. Pierre, Martinique, by Ash-Cloude Surges, may 8-20, 1920. *Geology*, v.8, p.472-6, 1980.

FLINN, R. A.; TROJAN, P. K. *Engineering Materials and their Applications*. 4.ed. Boston: Houghton Mifflin, 1990.

FOSTER, M. D. Interpretation of the Composition of Trioctahedral Micas. *Geol. Surv. Profess. Papers.*, v.354-B, p.6-49, 1960.

FRANCO, R. R.; SCHAIRER, J. F. Liquidus Temperatures in Mixtures of the Feldspars of Soda, Potash and Lime. *J. Geol.*, v.59, p.259-67, 1951.

FROST, B. R. Introduction to Oxygen Fugacity and its Petrologic Importance. In: LINDSLEY, D. H. (Ed.). Oxide Minerals: Petrologic and Magnetic Importance. *Reviews Mineral. Soc. Am.*, v.25, p.1-10, 1991.

______. On the Stability of Sulfides, Oxides and Native Metals in Serpentenites. *J. Petrol.*, v.26, p.31-63, 1985.

______; LINDSLEY, D. H. Occurrence of Iron-Titanium Oxides in Igneous Rocks. In: LINDSLEY, D. H. (Ed.). Oxide Minerals: Petrologic and Magnetic Importance. *Reviews Mineral. Soc. Am.*, v.25, p.433-68, 1991.

______; ______. Equilibria Among FE-Ti Oxides, Pyroxenes, Olivine and Quartz. II. Applications. *Am. Mineral.*, v.77, p.1.004-20, 1988.

FROST, C. D.; FROST, B. R. *Essentials of Igneous and Metamorphic Petrology*. Cambridge: Cambridge University Press, 2014. 303p.

______; ______. Reduced Rapakivi-Type Granites: the Tholeiitic Connection. *Geology*, v.25, p.647-50, 1997.

FUDALI, R. F. Oxygen Fugacities of Basaltic and Andesitic Magmas. *Geochim. Cosmochim. Acta*, v.29, p.1.063-75, 1995.

______. Experimental Studies on the Origin of Pseudoleucite and Associated Problems of Alkali Rock Systems. *Geol. Soc. Am. Bull.*, v.74, p.1.101-26, 1963.

GALEMBECK, T. M. B. *Aspectos geológicos, petrográficos e geoquímicos do complexo granitoide Itu, SP*. Rio Claro, SP, Brasil, 1991. 352p. Tese (Doutorado) – Instituto de Geociências e Ciências Exatas, Universidade Estadual Paulista (Unesp).

______; WERNICK, E.; HÖRMANN, P. K. Chemistry of Biotites and Whole Rocks from the Rapakivi Itu Complex (Late Precambrian) State of São Paulo, Brazil. *An. Acad. Bras. Ci.*, v.69, n.3, p.415-29, 1997.

GASPARIK, T. Two-Pyroxene Thermobarometry with New Experimental Data in the System CaO-MgO-Al_2O_3-SiO_2. *Contrib. Min. Petr.*, v.87, p.87-97, 1984.

GASTIL, G. et al. The Problem of the Magnetite/Ilmenite Boundary in Southern Baja California, California. In: ANDERSON, J. L. (Ed.). The Nature and Origin of Cordilleran Magmatism: Boulder, Colorado. *Geological Society of America, Memoir*, v.174, p.19-32, 1990.

GILL, J. B. *Orogenic Andesites and Plate Tectonics*. Berlin: Springer Verlag, 1981. 389p.

______. Geochemestry of Viti Levu, Fidji, and its Evolution as an Island Arc. *Contrib. Mineral. Petrol.*, v.27, p.179-203, 1970.

GILL, R. *Igneous Rocks and Processes*: a Practical Guide. Chichester; Oxford: Wiley-Blackwell, 2010. 428p.

______. *Chemical Fundamentals of Geology*. London: Unwin Hyman Ltd., 1989. 294p.

GIRET, A.; BONIN, B.; LEGER, J. M. Amphibole Compositional Trends in Oversaturates and Undersaturates Alkaline Ring-Complexes. *Canadian Mineral.*, v.18, p.481-95, 1980.

GITTINS, J. The Origin and Evolution of Carbonatite Magmas. In: BELL, K. (Ed.). *Genesis and Evolutions*. London: Unwin Hyman, 1989. p.580-600.

______. The Feldspathoidal Alkaline Rocks. In: YODER JR., H. S. (Ed.). *The Evolution of Igneous Rocks*. Princeton: Princeton University Press, 1979. p.351-90.

GOLDSTEIN, S. L. Chemical and Physical Processes Affecting Element Mobility from the Slab to the Surface. *Chemical Geology*, v.239, n.3-4, ed. esp., 2007.

GORANSON, R. W. Silicate-Water Systems; Phase Equilibria in the $NaAlSi_3O_8$-H_2O Systems at High

Temperatures and Pressures. *Am. J. Sci.*, v.35, p.71-91, 1938.

GREEN, D. H.; RINGWOOD, A. E. A Comparison on Recent Experimental Data on the Gabbro – Garnet Granulite – Eclogite Transition. *Journal of Geology*, v.80, p.227-88, 1972.

______; ______. The Genesis of Basaltic Magmas. In: The Earth Crust and Upper Mantle. *Geophysical Monography*, p.489-95, 1969.

______; ______. Genesis of Calc-Alkaline Igneous Rock Suite. *Contributions to Mineralogy and Petrology*, v.18, p.105-62, 1968.

______; ______. The Genesis of Basaltic Magmas. *Contributions to Mineralogy and Petrology*, v.18, p.103-90, 1967.

______; ______. Fractionation of Basaltic Magmas at High Pressures. *Nature*, v.201, p.1.276-9, 1964.

GREEN, T. H.; PEARSON, N. J. Rare-Earth Element Partitioning between Sphene and Coexisting Silicate Liquid at High Pressure and Temperature. *Chem. Geology*, v.55, p.105-11, 1986.

______; ______. Effect of Pressure on Rare Earth Element Partition Coefficient in Common Magmas. *Nature*, v.305, p.414-6, 1983.

GREENBAUM, D. Magmatic Processes at Ocean Ridges, Evidences from the Troodos Massif, Cyprus. *Nature*, v.238, p.18-21, 1972.

GREENWOOD, H. J. The Synthesis and Stability of Anthophyllite. *J. Petrol.*, v.4, p.317-51, 1963.

GREIG, J. W. Immiscibility in Silicate Melts. *Am. J. Sci.*, v.13, p.1-44, p.133-54, 1927.

______; BARTH, T. F. W. The System $Na_2O.Al_2O_3.2SiO_2$ (Nepheline, Carnegieite)-$Na_2O.Al_2O_3.6SiO_2$ (Albite). *Am. J. Sci.*, s.5, v.35A, p.94-112, 1938.

GROUT, F. F. *Petrography and Petrology*: a Textbook. New York: McGraw-Hill Book Company, Inc., 1932. 522p.

GROVE, T. L.; BAKER, M. B. Phase Equilibrium Controls on the Tholeiitic Versus Calc-Alkaline Differentiation Trends. *J. Geophys. Res.*, v.89, p.2.113-21, 1984.

_____; ______; PRICE, R. C.; PARMAN, S. W.; ELKINS-TANTON, L. T.; CHATTERJEE, N.; MÜNTENER, O. Magnesian Andesite and Dacite Lavas from Mt. Shasta, Northern California: Products of Fractional Crystallization of H_2O-Rich Mantle Melts. *Contributions to Mineralogy and Petrology*, v.148, n.5, p.542-65, 2005.

______; KINZLER, R. Petrogenesis of Andesites. *Ann. Rev. Earth Planet. Sci.*, v.14, p.417-54, 1986.

GUPTA, A. K. The System Forsterite-Diopside-Akermanite-Leucite and its Significance in the Origin of Potassium-Rich Mafic and Ultramafic Volcanic Rocks. *Am. Mineral.*, v.57, p.1.242-59, 1972.

______; YAGI, K. *Petrology and Genesis of Leucite-Bearing Rocks*. New York; Berlin; Heidelberg: Springer Verlag, 1980. 252p.

HAGGERTY, S. E. Oxide Mineralogy of the Upper Mantle. In: LINDSLEY, D. H. (Ed.). Oxide Minerals: Petrologic and Magnetic Importance. *Reviews Mineral. Soc. Am.*, v.25, p.355-417, 1991.

______. Redox State of the Continental Lithosphere. In: MENZIES, M. A. (Ed.). Continental Mantle. *Oxford Monographs on Geology and Geophysics*, Oxford: Clarendon Press, v.16, p.87-103, 1990.

______. Opaque Mineral Oxides in Terrestrial Igneous Rocks. In: RUMBLE III, D. (Ed.). *Reviews of Mineralogy*, v.3: Oxyde Minerals. Mineralogical Society of America, p.Hg1-Hg100, 1976.

______; TOMPKINS, L. A. Subsolidus Reactions in Kimberlitic Ilmenites: Exsolution, Reduction and the Redox State in the Mantle. In: KORNPROBST, J. (Ed.). *Kimberlites I*: Kimberlites and Related Rocks. Amsterdam: Elsevier, 1984. p.335-57.

______; ______. Redox State of Earth's Upper Mantle from Kimberlitic Ilmenites. *Nature*, v.303, p.295-300, 1983.

HAKESWORTH, C. J.; GALLAGHER, K.; HERGT, J. M.; MCDERMOTT, F. Mantle ans Slab Contribution in Arc Magmas. *Rev. Earth Planet. Sci.*, v.21, p.175-204, 1993.

HALL, A. *Igneous Petrology*. 2.ed. Essex: Longman Group Ltd., 1996. 551p.

HAMILTON, D. L. Nephelines as Crystallization Temperature Indicator. *J. Geol.*, v.69, p.321-9, 1961.

______; BURNHAM, C. W.; OSBORN, E. F. The Solubility of Water and Effects of Oxygen-Fugacity and Water Content on Crystallization in Mafic Magmas. *J. Petrol.*, v.5, p.21-39, 1964.

______; MACKENZIE, W. S. Phase Equilibrium Studies in the System Na-$AlSiO_4$ (Nepheline)-$KALSiO_4$ (Kalsilite)-$SiO_2.H_2O$. *Mineral. Mag.*, v.34, p.214-31, 1965.

______; ______. Nepheline Solid Solutions in the System $NaAlSiO_4$-$KalSiO_4$-SiO_2. *J. Petrol.*, v.1, p.56-72, 1960.

HARKER, A. *Petrology for Students*: an Introduction to the Study of Rocks under the Microscope. 8.ed. rev. Cambridge: Cambridge University Press, 1956. 283p.

_____. *The Natural History of Igneous Rocks*: I. Their Geographical and Chronological Distribution. London: Science Progress, 1896. 287p.

HARLEY, S. L. The Solubility of Alumina in Orthopyroxene Coexisting with Garnet in FeO-MgO-Al_2O_3-SiO_2 and CaO-FeO-MgO-Al_2O_3-SiO_2. *Journal of Petrology*, v.25, p.665-96, 1984.

HATCH, F. H.; WELLS, A. K.; WELLS, M. K. *Textbook of Petrology*: Petrology of the Igneous Rocks. v.1. 13.ed. reesc. London: Thomas Murby & Co, 1975. 551p.

HAWKESWORTH, C. J.; GALLAGHER, K.; KELLEY, S. P. et al. Paraná Magmatism and the Opening of the South Atlantic. In: STOREY, B. C.; ALABASTER, T.; PANKHURST, R. J. (Eds.). Magmatism and the Causes of Continental Break-Up. *Geol. Soc. Spec. Publ.*, Geological Society of London, v.68, p.221-40, 1992.

HEAD, J. W.; COFFIN, M. F. Large Igneous Province: a Planetary Perspective. *AGU, Geophysical Monography*, v.100, p.411-38, 1997.

HEINRICH, E. W. M. *Petrografia microscópica*. Trad. P. M. Strong. 2.ed. [S.l.]: Ediciones Omega, 1972. 320p.

______. *Microscopic Petrography.* [S.l.]: McGraw-Hill Book Company, Inc., 1956. 296p.

HEMING, R. F.; CARMICHAEL, I. S. E. High Temperature Pumice Flows from the Robaul Caldera, Papua, New Guinea. *Contrib. Mineral. Petrol.*, v.38, p.1-20, 1973.

HENDERSON, P. *Inorganic Geochemestry.* Oxford: Pergamon Press, 1982. 542p.

HERZBERG, C. T. Pyroxene Geothermometry and Geobarometry; Experimental and Thermodynamic Evaluation of some Subsolidus Phase Relations Envolving Pyroxene in the System CaO-MgO-Al_2O_3-SiO_2. *Geochim. Cosmochim. Acta*, v.42, p.945-58, 1978.

______; CHAPMAN, N. R. Clinopyroxene Geothermometry of Spinel-Lherzolites. *American Mineralogist*, v.61, p.626-37, 1976.

HESS, H. H. Stillwater Igneous Complex, Montana: a Quantitative Mineralogical Study. *Mem. Geol. Soc. Am.*, v.65, p.39-70, 1960.

______. Pyroxenes of Common Mafic Magmas. Part II. *American Mineralogist*, v.26, p.573-94, 1941.

HIBBARD, M. J. *Petrography to Petrogenesis*. Englewood Cliffs, New Jersey: Prentice Hall, 1995. 587p.

HILDRETH, W. The Compositionally Zoned Eruption of 1912 in the Valley of Ten Thousend Smokes, Katmai National Park, Alaska. *J. Vol. Geotherm. Res.*, v.18, p.1-56, 1983.

______. The Bishop Tuff: Evidence for the Origin of Compositional Zoning in Silicic Magma Chambers. In: CHAPIN, C. E.; ELSTON, W. E. (Eds.). Ash Flow Tuffs. *Geological Society of America, Special Paper*, v.180, p.43-75, 1979.

HILL, P. G. *The Petrology of the Aden Volcano, People's Democratic Republic of Yemen*. Escócia, 1974. Tese (Doutorado) – University of Edinburgh.

HOLLAND, H. D. Some Application of Thermochemical Data to Problems of Ore Deposits. I. Stability Relation among the Oxides, Sulfides, Sulfates and Carbonatites of Ore and Gangue Metals. *Economic Geology*, v.54, p.184-223, 1959.

HOOPER, P. R.; HAWKESWORTH, C. J. Isotopic and Geochemical Constraints on the Origin and Evolution of the Columbia River Basalt. *Journal of Petrology*, v.34, p.1.203-46, 1993.

HUANG, W. L.; WYLLIE, P. J. Melting Reactions in the System $NaAlSi_3O_8$-$KAlSi_3O_8$-SiO_2 to 35 Kilobars, Dry and with Excess Water. *Journal of Geology*, v.83, p.737-48, 1975.

HUANG, W. T. *Petrology*. New York; London: McGraw-Hill Book Company, 1962. 480p.

HUEBNER, J. S.; SATO, M. The Oxygen-Fugacity Temperature Relationships of Manganese Oxide and Nickel Oxide Buffers. *American Mineralogist*, v.55, p.934-52, 1970.

______; TURNOCK, A. C. The Melting Relations at 1 Bar of Pyroxene Composed Largely of Ca-, Mg-, and Fe-bearing Components. *American Mineralogist*, v.65, p.225-71, 1980.

HUGHES, C. J. *Igneous Petrology*. New York: Elsevier, 1982. 551p.

HUHEEY, J. E. *Inorganic Chemestry, Principles of Structure and Reactivity*. New York: Harper & Row, 1975. 737p.

HUMPHRIS, S. E.; THOMPSON, G.; SCHILING, J-G.; KINGSLEY, R. A. Petrological and Geochemical Variations along the Mid-Atlantic Ridge between 46 °S and 32 °S: Influence of the Tristan da Cunha Mantle Plume. *Geochim. Cosmochim. Acta*, v.49, p.1.445-64, 1985.

HYNDMAN, D. W. *Petrology of Igneous and Metamorphic Rocks*. New York: McGraw-Hill, 1972.

IRVINE, T. N. Magmatic Infiltration Metasomatism, Double-Diffusive Fractional Crystallization, and Adcumulus Growth in the Muskox Intrusion and other Layered Intrusions. In: HARGRAVES, R. B. (Ed.). *Physics of Magmatic Processes*. Princeton, New Jersey: Princeton University Press, 1980. p.352-83.

______. Origin of the Chromitite and others Layers in the Muskox Intrusion and other Stratiform Intrusions: a New Interpretation. *Geology*, v.209, p.35-50, 1977.

______; BARAGAR, W. R. A. The Muskox Intrusion and Coppermine River Lavas, Northwest Territories, Canadá. In: INTERNATIONAL GEOLOGICAL CONGRESS, 24, 1972. *Guidebook*. Montreal, Field Excursion A29, 1972. 70p.

______; ______. A Guide to the Classification of the Common Volcanic Rocks. *Canadian Journal of Earth Sciences*, v.8, p.523-48, 1971.

IRVINE, T. N.; KEITH, D. W.; TODD, S. G. The J-M Platinum-Palladium Reef of the Stillwater Complex, Montana. II: Origin by Double Diffusive Convective Magma Mixing and Implications for the Bushveld Complex. *Econ. Geol.*, v.78, p.1.287-334, 1983.

______; STOESER, D. B. Structures of the Skaergaard through Bands. *Yearbook*, Carnegie Institut Washington, v.77, p.725-32, 1978.

ISHIHARA, S. The Magnetite Series and the Ilmenite Series Granitic Rocks. *Mining Geology*, v.27, p.293-305, 1977.

ITO, K.; KENNEDY, G. C. The Composition of Liquids Formed by Partial Melting of Eclogites at High Temperatures and Pressures. *J. Geol.*, v.82, p.383-92, 1974.

______. Melting and Phase Relation in a Natural Peridotite at 40 Kilobars. *Am. J. Sci.*, v.265, p.519-38, 1968.

JAMES, R. S.; HAMILTON, D. L. Phase Relations in the System $NaAlSi_3O_8$-$KAlSi_3O_8$-$CaAl_2Si_2O_8$-SiO_2 at 1 Kilobar Water Vapour Pressure. *Contrib. Mineral. Petrol.*, v.21, p.111-41, 1969.

JAUPART, C.; TAIT, S. Dynamic of Differentiation in Magma Reservoirs. *J. Geophys. Res.*, v.100, p.17.615-636, 1995.

JENSEN, M. L.; BATEMAN, A. M. *Economic Mineral Deposits*. 3.ed. [S.l.]: John Wiley & Sons, 1981. 593p.

JOHANNES, W.; HOLTZ, F. *Petrogenesis and Experimental Petrology of Granitic Rocks*. Berlin; Heidelberg; New York: Springer Verlag, 1996. 828p.

KENNEDY, C. S.; KENNEDY, G. C. The Equilibrium Boundary between Graphite and Diamond. *J. Geophys. Res.*, v.81, p.2.467-70, 1976.

KENNEDY, G. C. A Portion of the System Silica-Water. *Econ. Geol.*, v.45, p.629-53, 1950.

______. Equilibrium between Volatiles and Iron Oxides in Igneous Rocks. *Am. J. Sci.*, v.246, p.529-49, 1948.

KINGSLEY, L. Cauldron Subsidence of the Ossipee Mountains. *Am. J. Sci*, v.222, p.139-68, 1931.

KISTLER, R. W. Two Different Lithosphere Types in the Serra Nevada, California. In: ANDERSON, J. L. (Ed.). The Nature and Origin of Cordilleran Magmatism. *Memoir, Geological Society of America*, v.174, p.271-81, 1990.

KLEBER, W. *Einführung in die Kristallographie*. Berlin: VEB-Verlag Technik, 1965. 418p.

KLEIN, C. *Manual of Mineral Science*. 22.ed. New York: John Wiley & Sons, Inc., 2002. 641p.

______; DUTROV, B. *Manual de ciências dos minerais*. 23.ed. Trad. e rev. técn. Rualdo Menegat. Porto Alegre: Bookman, 2012. 716p.

______; ______. *Manual of Minerale Science*. 23.ed. New York: John Wiley & Sons, Inc., 2008. 678p.

KRAUSKOPF, K. B. *Introduction to Geochemistry*. New York: McGraw-Hill Book Company, 1967a. 721p.

______. Thermodynamics Used in Geochemistry. In: WEDEPOHL, K. H. (Ed.). *Handbook of Geochemistry*. v.1. Berlin; Heidelberg; New York: Springer Verlag, 1967b. p.37-77.

______. Dissolution and Precipitation of Silica at Low Temperatures. *Geochim. Cosmochim. Acta*, v.10, p.1-26, 1956.

KUNO, H. Differentiation of Basalt Magmas. In: HESS, H. H.; POLDERVAART, A. (Eds.). *Basalts*: the Poldervaart Treatise on Rocks of Basaltic Composition. v.2. New York: Interscience Publisher, 1968. p.623-88.

______. Lateral Variation of Basalt Magma Type across Continental Margins and Island Arcs. *Bull. Volc.*, v.29, p.195-222, 1966.

KUSHIRO, I. Viscosity, Density and Structure of Silicate Melts at High Pressure and their Petrological Application. In: HARGRAVES, R. B. (Ed.). *Physics of Magmatic Processes*. Princeton: Princeton University Press, 1980. p.93-120.

______. Composition of Magma Formed by Partial Zone Melting of the Earth's Upper Mantle. *J. Geophys. Res.*, v.73, p.619-34, 1968

______. Si-Al Relation in Clinopyroxenes from Igneous Rocks. *Am. J. Sci.*, v.258, p.548-54, 1960.

LACROIX, A. *La Montagne pelée et ses éruptions*. Paris: Masson, 1904. 662p.

LARTER, R. D.; LEAT, P. T. (Eds.). Intra-Oceanic Systems: Tectonic and Magmatic Processes. *Geological Society London*, v.219, ed. esp., 2003.

LEAKE, B. E. Nomenclature of Amphiboles. *Bull. Mineral.*, v.101, p.453-67, 1978.

_____. A Catalog of Analyzes Calciferous and Subcalciferous Amphiboles Together with their Nomenclature and Associated Minerals. *Geo. Soc. Am. Spec. Papers*, v.98, 1968. 210p.

LE BAS, M. J. *Carbonatite-Nephelenite Volcanism*. London: Wiley-Interscience, 1977.

______. The Role of Aluminium in Igneous Clinopyroxene with Relation their Parentage. *Am. J. Sci.*, v.260, p.267-88, 1962.

______; LE MAITRE, R. W.; STRECKEISEN, A.; ZANETTI, B. A. Chemical Classification of Volcanic Rocks Based on the Total Alkalies-Silica Diagram. *J. Petrol.*, v.27, p.745-50, 1986.

______; ______; WOOLLEY, A. R. The Construction of the Total Alkalies-Silica Chemical Classification of Volcanic Rocks. *Mineral. Petrol.*, v.46, p.1-22, 1992.

LE MAITRE, R. W. (Ed.). *A Classification of Igneous Rocks and Glossary of Terms*: Recommendations of the IUGS Subcommission on Systematic of Igneous Rocks. Oxford: Blackwell, 1989. 193p.

LE MAITRE, R. W. The Chemical Variability of some Common Igneous Rocks. *J. Petrol.*, v.17, n.4, p.589-637, 1976a.

______. Some Problems of the Projection of Chemical Data into Mineralogical Classifications. *Contrib. Mineral. Petrol.*, v.56, p.181-9, 1976b.

LEE, R. W. On the Role of Hydroxyl in the Diffusion of Hydrogen in Fused Silica. *Physics Chem. Glasses*, v.5, p.35-43, 1964.

LE ROEX, A. P.; DICK, H. J. B.; ERLANK, A. J.; REID, A. M.; FREY, F. A.; HART, S. R. Petrology and Geochemistry of Basalts from the American-Antarctic Ridge, Southern Ocean: Implications for the Westward Influence of the Bouvet Mantle Plume. *Contributions to Mineralogy and Petrology*, v.90, n.4, p.367-80, 1985.

______. Geochemestry, Mineralogy and Petrogenesis of Lavas Erupted along the Southwest Indian Ridge between the Bouvet Triple Junction and 11 degrees East. *Journal of Petrology*, v.24, n.3, p.267-318, 1983.

LETERRIER, J.; MAURY, R. C.; THONON, P.; GIRARD, D.; MARCHAL, M. Clinopyroxene Composition as a Method of Identification of the Magmatic Affinities of Paleo-Volcanic Series. *Earth and Planetary Science Letters*, v.59, n.1, p.139-54, 1982.

LIBAU, F. Über die Kristallstruktur des Pyroxmangits (Mn, Fe, Ca, Mg)SiO_3. *Acta Crystallographica*, v.12, p.177-81, 1959.

LIDE, D. R. (Ed.). *CRC Handbook of Chemestry and Physics*. 72.ed. Boca Raton, Florida: CRC Press, 1991. 1.023p.

LIÈGEOIS, J.-P. Le Batholite composite de l'Adrar des Iforas (Mali). *Nouvelle Série*, Acad. Royale Scien. D'Outre-Mer, Classe des Sciences Naturelles et Médicales, t.22, fasc.2, 1988.

LINDSLEY, D. H. Experimental Studies of Oxide Minerals. In: ______ (Ed.). Oxide Minerals: Petrologic and Magnetic Importance. *Reviews Mineral. Soc. Am.*, v.25, p.69-106, 1991.

______. Pyroxene Thermometry. *Am. Mineral.*, v.68, p.477-93, 1983.

______. Experimental Studies of Oxide Minerals. In: RUMBLE III, D. (Ed.). Oxide Minerals. *Reviews in Mineralogy*, v.3, p.168-88, 1976.

______. Melting Relations of Plagioclase at High Pressure. In: ISACHSEN, Y. W. (Ed.). Origin of Anorthosites and Related Rocks, N. Y. *State Mus. Sci. Serv. Mem.*, v.18, p.39-46, 1968.

______. Pressure-Temperature Relations in the System Fo-SiO_2. *Yearbook*, Carnegie Inst. Washington, v.65, p.226-30, 1966.

______; BROWN, G. M.; MUIR, J. D. Conditions of Ferrowollastonite-Ferrohedenbergite Inversion in the Skaergaard Intrusion, East Greenland. *Mineral. Soc. Am. Spec. Paper*, v.2, p.193-201, 1969.

LIPMAN, P. W. Iron-Titanium Oxide Phenocrysts in Compositionally Zoned Ash-Flow Sheets from Southern Nevada. *J. Geol.*, v.79, p.438-56, 1971.

LITTLE, E. J.; JONES, M. M. A Complete Table of Electronegativities. *J. Chem. Education*, v.37, p.231-3, 1960.

LOFGREN, G. Experimental Studies on the Dynamic Crystallization of Silicate Melts. In: HARGRAVES, R. B. (Ed.). *Physics of Magmatic Processes*. Princeton: Princeton University Press, 1980. p.487-551.

LOOMIS, T. P. Numerical Simulations of Crystallization Processes of Plagioclase in Complex Melts: the Origin of Major and Oscillatory Zoning in Plagioclase. *Contrib. Mineral. Petrol.*, v.81, p.219-29, 1982.

LOWDER, G. G. The Volcanos and Caldera of Talaska, New Britain: Mineralogy. *Contrib. Mineral. Petrol.*, v.26, p.324-70, 1970.

LOWRY, R. K.; HENDERSON, P.; NOLAN, J. Diffusion in Silicate Melts under High Pressures and Temperatures. *Contrib. Mineral. Petrol.*, v.80, p.254-61, 1982.

LUTH, W. D.; JAHNS, R. H.; TUTTLE, O. F. The Granite System at Pressures of 4 to 10 Kilobars. *J. Geophys. Res.*, v.69, p.759-73, 1964.

MACDONALD, G. A. *Volcanoes*. Englewood Cliffs: Prentice Hall, 1972. 510p.

______; KATSURA, T. Chemical Composition of Hawaiian Lavas. *Journ. Petrology*, v.5, p.82-133, 1964.

MANIAR, P. D.; PICCOLI, P. M. Tectonic Discrimination of Granitoids. *Bull. Geol. Soc. Am.*, v.101, p.635-43, 1989.

MARRE, J. *Méthodes d'analyse structurale des granitoïdes*. [S.l.]: Bureau de Recherches Géoliques et Mineiere (BRGH), 1982. 126p. [Manuels et Méthodes n.3.]

MARUYAMA, S.; SANTOSH, S. (Eds.). Island Arcs, Past and Presente. *Gondwana Research*, v.11, ed. esp., p.3-6, 2007.

MASON, B. *Principles of Geochemistry*. 3.ed. (2.ed. rev.) New York: John Wiley & Sons, Inc., 1966. 329p.

MASON, R. Ophiolites. *Geology Today*, v.1, p.136-40, 1985.

MATTHES, S. *Mineralogie*. Berlin; Heidelberg; New York: Springer Verlag, 1996. 499p.

MCBIRNEY, A. R. The Skaergaard Intrusion. In: CAWTHORN, R. G. (Ed.). *Layered Intrusions*. [S.l.]: Elsevier, 1996. p.147-80.

______. *Igneous Petrology*. 2.ed. London: Jones and Bartlett Publisher, 1993. 508p.

______. Rheological Properties of Magmas. *Annual Reviews of Earth and Planetary Science*, v.12, p.337-57, 1984.

MCBIRNEY, A. R. *Igneous Petrology.* San Francisco: Freeman & Cooper, 1983. 412p.

______. Effects of Assimilation. In: YODER JR., H. S. (Ed.). *The Evolution of Igneous Rocks*: Fiftieth Anniversary Perspectives. Princeton: Princeton University Press, 1979. p.308-38.

MCCULLOCH, M. T.; GAMBLE, J. A. Geochemical and Geodynamic Constrains on Subduction Zone Magmatism. *Earth Planet. Sci. Lett.*, v.102, p.358-71, 1991.

MIDDLEMOST, E. A. K. Towards a Comprehensive Classification of Igneous Rocks and Magmas. *Earth Sci. Rev.*, v.31, p.73-87, 1991.

______. Iron Oxidation Ratios, Norms and the Classification of Volcanic Rocks. *Chem. Geology*, v.77, p.19-26, 1989.

______. *Magmas and Magmatic Rocks*: an Introduction to Igneous Petrology. London: Longman Group Limited, 1985. 266p.

______. Contribution to the Nomenclature and Classification of Volcanic Rocks. *Geol. Magazine*, v.117, n.1, p.51-7, 1980.

______. The Basalt Clan. *Earth Sci. Rev.*, v.11, p.337-64, 1975.

______. Petrogenetic Model for the Origin of Carbonatites. *Lithos*, v.7, p.275-8, 1974.

______. A Simple Classification of Volcanic Rocks. *Bull. Volc.*, v.36, n.2, p.382-97, 1972.

MILLER, C. F.; BARTON, M. D. Phanerozoic Plutonism in the Cordilleran Interior, USA. *Geol. Soc. Am. Special Paper*, v.241, p.213-31, 1990.

MITCHELL, R. H. *Kimberlites, Orangeites, and Related Rocks.* New York: Plenum, 1995. 410p.

______; BERGMAN, S. C. *Petrology of Lamproites.* New York; London: Plenum, 1971. 446p.

MIYASHIRO, A. Volcanic Rock Series in Island Arc and Active Continental Margins. *Am. J. Sci.*, v.274, p.321-55, 1974.

MÖLLER, P. *Anorganische Geochemie.* Berlin; Heidelberg: Springer Verlag, 1986. 326p.

MORIMOTO, N. Nomenclature of Pyroxenes. *Min. Mag.*, v.52, p.535-50, 1988.

MORSE, S. A. *Basalts and Phase Diagrams.* New York: Springer Verlag, 1980.

______. Alkali Feldspars with Water of 5 kb Pressure. *J. Petrol.*, v.11, p.221-53, 1970.

______. Syenites. *Yearbook*, Carnegie Inst. Washington, v.67, p.112-20, 1969.

MUAN, A. Phase Equilibria at High Temperature in Oxide Systems Envolving Change in Oxidation State. *Am. Jour. Sci.*, v.256, p.171-207, 1958.

MUELLER, R. F.; SAXENA, S. K. *Chemical Petrology (with Applications to the Terrestrial Planets and Meteorites).* New York: Springer Verlag, 1977. 394p.

MURASE, T.; MCBIRNEY, A. R. Properties of some Common Igneous Rocks and their Melts at High Temperatures. *Bull. Geol. Soc. Am.*, v.84, p.3.563-92, 1973.

MURATA, K. J.; RICHTER, D. H. Chemistry of the Lavas of the 1959: 60 Eruption of Kilauea Volcano, Hawaii, U. S. *Geol. Surv. Prof. Pap.*, v.537A, 1966. 26p.

MYERS, J. S.; EUGSTER, H. P. The System Fe-Si-O: Oxygen Buffer Calibration to 1500 K. *Contr. Min. Petr.*, v.82, p.75-90, 1983.

NACHIT, H.; RAZAFIMAHEFA, N.; STUSSI, J. M.; CARON, J. P. Composition chimique des biotites et typologie magmatique des granitoids. *C. R. Hab. Acad. Sc. Paris*, v.301, n.11, p.813-5, 1985.

NASH, W. P.; WILKINSON, J. F. G. Shonking Sag Laccolith, Montana. I. Mafic Minerals and Estimates of Temperature, Pressure, Oxygen Fugacity and Silica Activity. *Contrib. Mineral. Petrol.*, v.25, p.241-69, 1970.

NEMOTO, T.; HAYAKAWA, M.; TAKAHASHI, K.; OANA, S. Report on the Geological, Geophysical and Geochemical Studies of Showa-Shinzan, Usu-Volcano. *Surv. Japan Rept.*, v.170, 1957. [em japonês.]

NICHOLLS, J.; CARMICHAEL, I. S. E. Peralaline Acid Liquids: a Petrological Study. *Contrib. Mineral. Petrol.*, v.20, p.268-94, 1969.

NIGGLI, P. Magmentypen. *Schweiz Mineral. Petrogr. Mitt.*, v.16, p.295-317, 1936.

NISHIOKA, U. *The Equilibrium Diagram in the Ternary System* $CaO{\cdot}TiO_2{\cdot}SiO_2$-$CaO{\cdot}SiO_2$-$CaO{\cdot}Al_2O_3{\cdot}2SiO_2$. v.12. Japan: Research Institute for Metals, 1935. p.449-58.

NOBLE, D. C.; KORRINGA, M. K. Strontium, Rubidium, Potassium and Calcium Variation in Quaternary Lavas, Crater Lake, Oregon and their Residual Glasses. *Geology*, v.2, p.187-90, 1974.

NOCKOLDS, S. R. Average Chemical Composition of some Igneous Rocks. *Geol. Soc. Am. Bull.*, v.65, p.1.007-32, 1954.

______. The Relation between Chemical Composition and Paragenesis in the Biotite Micas of Igneous Rocks. *Am. J. Sci.*, v.245, n.7, p.401-21, 1947.

______. The Garabal-Glen Fyne Igneous Complex. *Geol. Soc. London Quart. Jour.*, v.96, p.451-511, 1941.

______; ALLEN, R. (1953-1956). The Geochemistry of some Igneous Rock Series. *Geochim. Cosmochim. Acta*, v.4, p.105-42, 1953; v.5, p.245-85, 1954; v.9, p.34-77, 1956.

______; KNOX, R. W. O'B.; CHINNER, G. A. *Petrology for Students.* Cambridge: Cambridge University Press, 1978. 435p.

NOCKOLDS, S. R.; LE BAS, M. J. Average Calc-Alkaline Basalt. *Geol. Mag.*, v.114, p.311-4, 1977.

OLAFSSON, M.; EGGLER, D. H. Phase Relations of Amphibole, Amphibole-Carbonate and Phlogopite-Carbonate Peridotite: Petrologic Constraints on the Asthenosphere. *Earth Planet. Sci. Lett.*, v.64, p.305-15, 1983.

OSBORN, E. F. The Reaction Principles. In: YODER JR., H. S. (Ed.). *The Evolution of Igneous Rocks*. Princeton: Princeton University Press, 1979. p.123-70. 588p.

______. Reaction Series for Subalkaline Igneous Rocks based on Different Oxygen Pressure Conditions. *Am. Mineral.*, v.47, p.221-6, 1962.

______. Role of Oxygen Pressure in the Crystallization and Differentiation of Basaltic Magma. *Am. J. Sci.*, v.257, p.609-47, 1959.

______. The System $CaSiO_3$-Diopside-Anorthite. *Am. J. Sci.*, v.240, p.751-88, 1942.

______; SCHAIRER, J. F. The Ternary System Pseudo--Wollastonita-Akermanita-Gehlenita. *Am. J. Sci.*, v.239, p.715-63, 1941.

______; TAIT, D. B. The System Diopside-Forsterite--Anorthite. *Am. J. Sci.*, Bowen, v.1, p.413-33, 1952.

OSTROVSKY, I. A. On some Sources of Errors in Phase-Equilibria Investigations at Ultra-High Pressure; Phase Diagram of Silica. *Geol. Jour.*, v.5, n.2, p.321-8, 1967.

PAUL, A.; DOUGLAS, R. W. Ferrous-Ferric Equilibrium in Binary Alkali Silicate Glasses. *Physics Chem. Glasses*, v.6, p.207-11, 1965a.

______; ______. Cerous-Ceric Equilibrium in Binary Alkali Borate and Alkali Silicate Glasses. *Physics Chem. Glasses*, v.6, p.212-5, 1965b.

______; LAHIRI, D. Manganous-Manganic Equilibrium in Alkali Borate Glasses. *J. Am. Ceram. Soc.*, v.49, n.10, p.565-8, 1966.

PAULING, L. *General Chemestry*. 3.ed. San Francisco: W. H. Freeman & Co., 1970. 317p.

______. *The Nature of Chemical Bond*. 3.ed. Ithaca, New York: Cornell University Press, 1960. 637p.

PEACOCK, M. A. Classification of Igneous Rocks. *Journal of Petrology*, v.39, p.1-25, 1931.

PEATE, D. W. The Paraná-Etendeka Province. In: MAHONEY, J. J.; COFFIN, M. F. (Eds.). *Large Igneous Provinces*: Continental, Oceanic and Platernary Flood Volcanism. [S.l.]: American Geophysical Union, 1997. p.217-46. [Geophysical Monograph, 100.]

PECCERILLO, A.; TAYLOR, S. R. Geochemistry of Eocene Calc-Alkaline Volcanic Rocks from the Kastamonu Area, Northern Turkey. *Contributions to Mineralogy and Petrology*, v.58, p.63-81, 1976.

PERSIKOV, F. S. Viscosity of Water-Rich Granite Melts at High Pressure. *High Temperatures – High Pressures*, v.9, p.700-1, 1977.

PETERSON, D. W.; MOORE, R. B. Geologic History and Evolution of Geological Concepts, Island of Hawaii. In: DECKER, R. W.; WRIGHT, T. L.; STAUFFER, P. H. (Eds.). *Volcanism in Hawaii*. v.I. Washington: USGS Prof. Paper 1350, 1987. p.149-89.

PHILLIPS, E. R.; RANSOM, D. M. The Proportionality of Quartz in Mirmekite. *Am. Min.*, v.53, p.1.411-3, 1968.

PHILPOTTS, A. R. *Principles of Igneous and Metamorphic Petrology*. Englewood Cliffs: Prentice-Hall, 1990. 498p.

______. A Model for Generation of Massif-Type Anorthosites. *Canad. Mineral.*, v.19, p.233-53, 1981.

PICCIRILLO, E. M.; CIVETTA, L.; PETRINI, R. et al. Regional Variation within the Paraná Flood Basalts (Southern Brazil): Evidence for Subcontinental Mantle Heterogeneity and Crustal Contamination. *Chemical Geology*, v.75, n.1 e 2, p.103-22, 1989.

POLDERVAART, A.; HESS, H. H. Pyroxenes in the Crystallization of Basaltic Magma. *J. Geol.*, v.59, p.472-89, 1951.

PRESNALL, D. C. Alumina Content of Enstatite as a Geobarometer for Plagioclase and Spinel Lherzolites. *Am. Mineral.*, v.61, p.582-8, 1976.

______. The Geometrical Analysis of Partial Fusion. *Am. J. Sci.*, v.267, p.1.178-94, 1969.

PUPIN, J. P. Zircon and Granite Petrology. *Contributions to Mineralogy and Petrology*, v.73, p.207-20, 1980.

RAGLAND, P. C. *Basic Analytical Petrology*. Oxford: Oxford University Press, Inc., 1989. 369p.

RAHMAN, S.; MACKENZIE, W. S. The Crystallization of Ternary Feldspars: a Study from Natural Rocks. *American Journal of Sciences*, v.267A, p.391-406, 1969.

RAYMAHASHAY, B. C. A Geochemical Study of Rock Alteration by Hot Springs in the Paint Pot Hill Area, Yellowstone Park. *Geochim. Cosmochim. Acta*, v.32, p.499-522, 1968.

RIBBE, P. H. The Chemistry, Structure and Nomenclature of Feldspars. *Reviews of Mineralogy, Feldspar Mineralogy*, v.2, p.1-72, 1975.

RICKWOOD, P. C. Boundary Lines within Petrological Diagrams which Use Oxides of Major and Minor Elements. *Lithos*, v.22, p.333-444, 1989.

RITTMANN, A. *Vulkane und ihre Tätigkeit*. Stuttgart: E. Schweitzerbart'sche Verlagsbuchhandlung, 1960. 307p.

ROEDDER, E. Silicate Liquid Immiscibility in Magmas. In: YODER JR., H. S. (Ed.). *The Evolution of the Igneous Rocks*: Fiftieth Anniversary Perspectives. Princeton: Princeton University Press, 1979a. p.15-57.

ROEDDER, E. Fluid Inclusion as Samples of Ore Fluids. In: BARNES, H. L. (Ed.). *Geochemestry of Hydrothermal Ore Deposits*. New York: Wiley, 1979b. p.684-737.

ROLLINSON, H. *Using Geochemical Data*. Essex: Longman Scientific & Technical, 1993. 352p.

ROUX, J.; HAMILTON, D. L. Primary Igneous Analcite: an Experimental Study. *J. Petrol.*, v.17, p.244-57, 1976.

SAHAMA, T. G. Potassium-Rich Alkaline Rocks. In: SØRENSEN, H. (Ed.). *The Alkaline Rocks*. [S.l.]: John Wiley & Sons, 1974. p.96-109.

SATO, M.; VALENZA, M. Oxygen Fugacities of the Layered Series of the Skaergaard Intrusion, East Greenland. *Am. J. Sci.*, v.280A, p.134-58, 1980.

SAVELLI, C. The Problem of Rock Assimilation by Somma-Vesuvius Magma. *Contrib. Mineral. Petrol.*, v.16, p.328-53, 1967.

SCARFE, C. M. Viscosity of a Pantellerite Melt at One Atmosphere. *Can. Mineral.*, v.15, p.185-9, 1977.

______; LUTH, W. C.; TUTTLE, O. F. An Experimental Study Bearing on the Absence of Leucite in Plutonic Rocks. *Am. Mineral.*, v.51, p.726-35, 1966.

SCHAIRER, J. F. Melting Relations of the Common Rock-Forming Silicates. *J. Amer. Ceram. Soc.*, v.40, p.215-35, 1957.

______. The System K_2O-MgO-Al_2O_3-SiO_2: I, Results of Quenching Experiments on Four Joins in the Tetrahedron Cordierite-Forsterite-Leucite-Silica and the Join Cordierite-Mullite-Potash Feldspar. *Journal Am. Ceram. Soc. J.*, v.37, n.11, p.501-33, 1954.

______. The Alkali Feldspar Join in the System $NaAlSiO_4$-$KAlSiO_4$-SiO_2. *J. Geol.*, v.58, p.512-7, 1950.

______; BOWEN, N. L. The System Na_2O-Al_2O_3-SiO_2. *Am. J. Sci.*, v.254, p.129-95, 1956.

______; ______. The System K_2O-Al_2O_3-SiO_2. *Am. J. Sci.*, v.253, p.681-746, 1955.

______; ______. The System Anorthite-Leucite-Silica. *Comm. Geol. Finl. Bull.*, v.140, p.67-87, 1948.

______; ______. The System Anorthite-Leucite-SiO_2. *Geol. Finl. Bull.*, v.20, p.67-87, 1947.

______; ______. Preliminary Report on the Equilibrium Relations between Feldsparthoids, Alkali-Feldspars and Silica. *Eos, Trans. Am. Geophys. Union*, v.16, n.1, p.325-8, 1935.

______; YODER JR., W. S. The Join Na_2O-$3MgO$-$5SiO_2$ – Sodium Disilicate in the System Na_2O-MgO-SiO_2. *Yearbook*, Carnegie Institut Washington, v.69, p.157-60, 1971.

______; ______. Crystallization in the System Nepheline-Forsterite-Silica at One Atmosphere Pressure. *Yearbook*, Carnegie Institut Washington, v.77, p.725-32, 1961.

______; ______. The Nature of Residual Liquids from Crystallization, with Data on the System Nepheline-Diopside-Silica. *Am. J. Sci.*, v.258A, p.273-83, 1960.

SCHERMERHORN, L. J. G. Framework and Evolution of Hercynian Mineralization in the Iberian Meseta. *Comun. Serv. Geol. Port.*, v.68, n.1, p.91-140, 1982.

______. The Granites of Trancoso (Portugal): a Study in Microclinization. *Am. J. Sci.*, v.254, n.6, p.329-48, 1956.

SCHILLING, J. G.; ZAJAC, M.; EVANS, R. J. et al. Petrologic and Geochemical Variations along the Mid-Atlantic Ridge from 29 degrees N to 73 degrees N. *Am. J. Sci.*, v.283, p.510-86, 1983.

SCHOLTZ, D. L. The Magmatic Nickeliferous Ore Deposits of East Griqualand and Pondoland. *Transactions of the Geological Society of South Africa*, v.39, 1936.

SHAND, S. J. *The Study of Rocks*. London: Thomas Murby and Co., 1951. 236p.

______. *Eruptive Rocks, their Genesis, Composition, Classification, and their Relation to Ore-Deposits*. 3.ed. [S.l.]: John Wiley & Sons, 1947. 488p. [4.ed. 1950.]

SHANNON, R. D. Revised Effective Ionic Radii and Systematic Studies of Interatomic Distances in Halides and Chalcogenides. *Acta Crystallographica*, v.25, p.925-46, 1976.

SHAW, H. R. The Fracture Mechanism on Magma Transport from the Mantle to the Surface. In: HARGRAVE, R. B. (Ed.). *Physics of Magma Processes*. Princeton: Princeton University Press, 1980. p.201-64. 585p.

______. Comments on Viscosity, Crystal Settling on Convection in Granitic Magmas. *Am. J. Sci.*, v.263, p.120-52, 1965.

______. Obsidian-H_2O Viscosities at 1000 and 2000 Bars in the Temperature range 700 °C to 900 °C. *J. Geophys. Res.*, v.68, p.6.337-43, 1963a.

______. The Four-Phase Curve Sanidine-Quartz-Liquid-Gas between 500 and 4000 Bars. *Am. Mineral.*, v.48, p.883-96, 1963b.

SHEARER, C. K.; HESS, P. C.; WIECZOREK, M. A. Thermal and Magmatic Evolution of the Moon. *Rewievs of Mineralogy and Geochemestry*, v.60, p.365-518, 2006.

SHELLEY, D. *Igneous and Metamorphic Rocks under the Microscope*: Classification, Textures, Microstrutures and Mineral Prefered Orientations. New York: Chapman & Hall, 1993. 445p.

SHIRLEY, D. N. Differentiation and Compaction in the Palisade Sill, New Jersey. *J. Petrol.*, v.28, p.835-65, 1987.

SILVER, L. A.; IHINGER, P. D.; STOLPER, E. The Influence of Bulk Composition on the Specification of Water in Silicate Glasses. *Contrib. Mineral. Petrol.*, v.104, p.142-63, 1990.

SIMKIN, T. Flow Differentiation in the Picritic Sills of North-Skye. In: WYLLIE, P. J. (Ed.). *Ultramaphic and Related Rocks*. New York: John Wiley & Sons, Inc., ,1967. p.64-9.

SIPPEL, R. F. Sodium self Diffusion in Natural Minerals. *Geochim. Cosmochim. Acta*, v.27, p.107-20, 1963.

SMITH, J. V. Lunar Mineralogy: a Heavenly Detective Story Presidential Address. Part 1. *Am. Mineral.*, v.59, p.231-43, 1974.

______. The Effect of Composition and Structural State on the Rhombic Section and Pericline Twins of Plagioclase Feldspars. *Mineral. Mag.*, v.31, p.914-28, 1958.

______; BROWN, W. L. *Feldspar Minerals*. I. Crystal Structures, Physical, Chemical and Microtextural Properties. 2.ed. Berlin; Heidelberg; New York: Springer Verlag, 1988. 327p.

SOOD, M. K. *Modern Igneous Petrology*. New York: John Willey, 1981. 244p.

SOUPIRAJAN, S.; KENNEDY, G. C. The System H_2O-NaCl at Elevated Temperatures and Pressures. *Am. J. Sci.*, v.260, p.115-41, 1962.

STEINER, J. C.; JAHNS, R. H.; LUTH, W. C. Crystallization of Alkali Feldspar and Quartz in the Haplogranite System $NaAlSi_3O_8$-$KalSi_3O_8$-SiO_2-H_2O at 4 kb. *Geol. Soc. Am. Bull.*, v.86, p.83-98, 1975.

STRECKEISEN, A. L. Classification and Nomenclature of Volcanic Rocks, Lamprophyres, Carbonatites and Melilitic Rocks. *N. Jb. Min. Abh.*, v.134, p.1-14, 1978.

______. To Each Plutonic Rock its Proper Name. *Earth Sci. Rev.*, v.12, p.1-33, 1976.

______. Classification and Nomenclature of Plutonic Rocks. *Geol. Rundschau*, v.63, n.2, p.773-86, 1974.

______. Classification and Nomenclature of Igneous Rocks (Final Report of an Inquiry). *N. Jb. Min. Abh.*, v.107, n.2-3, p.144-240, 1967.

______; LE MAITRE, R. W. A Chemical Approximation to the Modal QAPF Classification of Igneous Rocks. *Neues Jahrb. Minerl. Abbh.*, v.136, p.169-206, 1979.

STRONG, D. F. A Review and Model for Granite-Related Mineral Deposits. In: TAYLOR, R. P.; STRONG, D. F. (Eds.). Recent Advances in the Geology of Granite-Related Mineral Deposits. *Can. Inst. Mining and Metall.*, v.39, n.esp., p.424-45, 1988.

______. A Model for Granophile Mineral Deposits. *Geosci. Can.*, v.8, p.155-61, 1981.

______. Petrology of Island of Moheli, Western Indian Ocean. *Bull. Geol. Soc. Am.*, v.83, p.389-406, 1972.

SWANSON, S. E. Relation of Nucleation and Crystal-Growth Rate to the Development of Granitic Textures. *Am. Mineralogist*, v.62, p.966-78, 1977.

TAYLOR, D.; MACKENZIE W. S. A Contribution to the Pseudoleucite Problem. *Contrib. Mineral. Petrol.*, v.49, p.321-33, 1975.

TAYLOR, S. R. *Solar System Evolution*: a New Perspective. Cambridge: Cambridge University Press, 2001. 529p.

______. *A Planetary Science*: a Lunar Perspective. Houston: Lunar and Planetary Institut, 1982. 418p.

______. Abundance of Chemical Elements in the Continental Crust, a New Table. *Geochemica et Cosmochemica Acta*, v.28, p.1.273-85, 1964.

______; ARCULUS, R.; PERFIT, M. R.; JOHNSON, R. W. Island Arc Basalts. In: *Basaltic Volcanism on the Terrestrial Planets* (Basaltic Volcanism Study Project). [S.l.]: Pergamon Press, 1981. p.193-213.

TEUPPENHAYN, J. P. Der Spätpräkambrische Granit-Pegmatit-Komplex bei Perus und Umliegende Granitkörper im Bundesstaat São Paulo, SE Brasiliens. *Münchner Geologishe Hefte*, Reihe A (Allgenmeine Geologie), v.14, 1994.

THIEL, R. *Der Roman der Erde*. Berlin: Paul Neff Verlag, 1959. 380p.

THOMPSON, R. N. Dispatches from the Basalt Front. 1. Experiments. *Proceedings Geological Association*, v.95, p.249-62, 1984.

______; TILLEY, C. E. Melting and Crystallization Relations of Kilauean Basalts of Hawaii. The Lavas of 1959-1960 Kilauea Eruption. *Earth and Planetary Science Letters*, v.5, p.469-77, 1969.

TILLEY, C. E. The Leucite Nepheline Dolerites of Meiches, Vogelsberg, Hessen. *Am. Mineral*, v.43, p.758-61, 1958.

TOKSÖZ, M. N.; HSUI, A. T. Numerical Studies on Back-Arc Convection and the Formation of Marginal Basins. *Tectonophysics*, v.50, p.177-96, 1978.

TRÖGER, W. E. *Optische Bestimmung der Gesteinsbildeden Minerale*. Parte 2: Textband. 2.ed. Stuttgart: E. Schweizerbart'sche Verlagsbuchhandlung, 1969. 822p.

______. *Optische Bestimmung der Gesteinsbildeden Minerale*. Parte 1: Bestimmungstabellen. 3.ed. Stuttgart: E. Schweizerbart'sche Verlagsbuchhandlung, 1959. 147p.

TUREKIAN, K. K.; WEDEPOHL, K. H. Distribution of the Elements in some Major Units of the Earth's Crust. *Bull. Geol. Soc. Am.*, v.72, p.175-91, 1961.

TURNER, F. J.; VERHOOGEN, J. *Igneous and Metamorphic Petrology*. New York, London: McGraw-Hill Co., 1960. 694p.

TUTTLE, O. F. Classification of Granites, Syenites and Nepheline Syenites. *Geol. Soc. Am. Mem.*, v.74, p.1-153, 1953.

______. Origin of the Contrasting Mineralogy in Extrusive and Plutonic Sialic Rocks. *J. Geol.*, v.60, p.107-24, 1952.

______; BOWEN, N. L. Origin of Granite in the Light of Experimental Studies in the System $NaAlSi_3O_8$-$KAlSi_3O_8$-SiO_2-H_2O. *Geol. Soc. Am. Mem.*, v.74, 1958.

______; ENGLAND, J. L. Preliminary Report on the SiO_2-H_2O. *Geol. Soc. Am. Bull.*, v.66, p.149-52, 1955.

______; SMITH, J. V. The Nepheline-Kalsilite System II: Phase Relations. *Am. J. Sci.*, v.256, p.571-89, 1958.

TYRRELL, G. W. *The Principles of Petrology*: an Introduction to the Science of Rocks. 13.ed. London: Methuen & Co., Ltd., 1956. 349p.

______. Flood Basalts and Fissure Eruption. *Bull. Volc. Ser. II*, v.1, 1937.

VERHOOGEN, J. Distribution of Titanium between Silicates and Oxides in Igneous Rocks. *Am. J. Sci.*, v.260, p.91-136, 1962.

VON ECKERMANN, Harry. Some Notes on the Reaction Series. *Geologiska Föreningen i Stockholm Förhandlingar*, v.66, n.2, p.283-7. <doi: 10.1080/11035894409451835>.

WAGER, L. R.; BROWN, G. M. *Layered Igneous Rocks*. Edimburgo; London: Oliver & Boyd, 1968. 588p.

______; ______. *Layered Igneous Rocks*. San Francisco: W. H. Freeman and Co., 1967. 588p.

______; DEER, W. A. Geological Investigations in East Greenland. III: The Petrology of the Skaergaard Intrusion, Kangerdlugssuak, East Greenland. *Medd. om Grønland*, v.105, n.4, p.103-48, 1939.

WALKER, F. Differentiation of the Palisade Diabase, New Jersey. *Bull. Geol. Soc. Am.*, v.51, p.1.059-106, 1940.

WALTHER, J. V.; HELGESON, H. C. Calculation of the Thermodynamic Properties of Aqueous Silica and the Solubility of Quartz and its Polymorph at High Pressure and Temperature. *Am. J. Sci.*, v.277, p.1.315-51, 1977.

WASHINGTON, H. S. Italite Locality of Vila Senni. *Am. J. Sci.*, v.14, p.173-82, 1927.

______. The Roman Comagmatic Region. *Publications Carnegie Institution of Washington*, v.57, p.1-19, 1906.

WEED, W. H.; PIRSSON, L. V. Missourite, a New Leucite Rock from Highwood Mountains of Montana. *Am. J. Sci.*, v.2, p.315-23, 1986.

WEILL, D. F.; HON, R.; NAVROTSKY, A. The Igneous System $CaMgSi_2O_6$-$CaAl_2Si_2O_8$-$NaAlSi_3O_8$: Variations on a Classic Theme by Bowen. In: HARGRAVES, R. B. (Ed.). *Physics of Magmatic Processes*. Princeton, New Jersey: Princeton University Press, 1980. p.49-92.

WERNICK, E. *Rochas magmáticas*: conceitos fundamentais e classificação modal, química, termodinâmica e tectônica. São Paulo: Editora Unesp, 2004. 655p.

______. *Petrografia básica*: um curso de macroscopia. Rio Claro, SP: IGCE; Centro de Estudos Geológicos, 1975. 210p.

______. *Petrogênese das rochas magmáticas*. Rio Claro, SP: Centro de Estudos Geológicos, 1972. 126p.

______. A silicificação do arenito Botucatu na Quadrícula de Rio Claro (SP). *Bol. Soc. Bras. Geol.*, v.15, n.2, p.49-57, 1966.

______; ARTUR, A. C.; HÖRMANN, P. K.; WEBER-DIEFENBACH, K.; FAHL, C. O magmatismo alcalino potássico Piracaia, SP (SE, Brasil): aspectos composicionais e evolutivos. *Revista Brasileira de Geociências*, v.27, n.1, p.53-66, 1997a.

______; FERREIRA, C. J. Estruturas, arquitetura e evolução do complexo granitoide Itaqui, SP. *Geociências*, São Paulo: Unesp, v.12, n.1, p.89-109, 1993.

______; ______; HÖRMANN, P. K. Evolução das unidades magmáticas do complexo granitoide Itaqui (Pré-Cambriano Superior), Estado de São Paulo, Brasil: aspectos geológicos, petrográficos e geoquímicos (elementos maiores). *Revista Brasileira de Geociências*, v.23, n.3, p.274-88, 1993.

______; GALEMBECK, T. M. B.; GODOY, A. M.; HORMANN, P. K. Geochemical Variability of the Rapakivi Itu Province, State of São Paulo, SE Brazil. *Anais da Academia Brasileira de Ciências*, v.69, n.3, p.359-413, 1997.

______; RIGO JUNIOR, L.; GALEMBECK, T. M. B.; ARTUR, A. C.; WEBER-DIEFENBACH, K. Razão Rb : Ba : Sr e tipologia de zircão em granitoides dos estados de São Paulo, Paraná e Minas Gerais. *Geociências*, São Paulo: Unesp, v.9, p.87-106, 1990.

______; WEBER-DIEFENBACH, K.; CORREIA, L. A.; CERQUEIRA, L. C. C. Os granitos Mairiporã, Cantareira e Perus, arredores de São Paulo: dados químicos, tipologia de zircão e uma interpretação preliminar. In: SIMPÓSIO REGIONAL DE GEOLOGIA, 5, 1985, São Paulo. *Atas do...* v.1. São Paulo: SBG, Núcleo São Paulo, 1985. p.3-18.

WHELLER, G. E.; VARNE, R.; ABBOTT, M. J. Geochemestry of Quaternary Volcanism in the Sunda Banda Arc, Indonesia, and Three Component Genesis of Island-Arc Basaltic Magmas. *Journal of Volcanology and Geothermal Research*, v.32, n.1-3, p.137-60, 1987.

WHITE, A. J. R.; CHAPPELL, B. W. Granitoid Types and their Distribution in Lachland Fold Belt,

Southeastern Australia. In: RODDICK, J. A. (Ed.). Circum-Pacific Plutonic Terranes. *Memoir, Geological Society of America*, v.159, p.21-34, 1984.

WHITE, D. E. Thermal Waters of Volcanic Origin. *Geological Society of America Bulletin*, v.68, p.1.637-58, 1957.

______; WARING, G. A. Volcanic Emanations. In: FLEISCHER, M. (Ed.). Data of Geochemistry. *U. S. Geol. Surv. Prof. Paper*, v.440-K, p.187-253, 1963.

WHITNEY, J. A. The Origin of Granite: the Role and Source of Water in the Evolution of Granitic Magmas. *Geological Society of America Bulletin*, v.100, p.1.886-97, 1988.

WHITTAKER, E. J. W.; MUNTUS, R. Ionic Radii for Use in Geochemistry. *Geochemica et Chosmochimica Acta*, v.34, p.945-56, 1970.

WRIGHT, T. L. Chemistry of Kilauea and Mauna Loa Lava in Space and Time. *U. S. Geol. Surv. Prof. Paper*, v.735, 1971.

WILLIAMS, H.; TURNER, F. J.; GILBERT, C. M. *Petrografia*: uma introdução ao estudo das rochas em seções delgadas. Trad. R. R. Franco. São Paulo: Polígono, 1970. 445p.

WILSON, M. Igneous Petrogenesis: A Global Tectonic Approach. London: Unwin Hyman. 466p. <doi https://doi.org/10.1007/978-1-4020-6788-4>.

WIMMENAUER, W. *Petrographie der Magmatischen und Metamorphen Gesteine*. Stuttgart: Ferdinand Enke Verlag, 1985. 382p.

WINKLER, H. G. F. *Stuktur und Eigenschaften der Kristalle*. Berlin; Göttingen; Heidelberg: Springer Verlag, 1955. 314p.

______; VON PLATEN, H. Experimentelle Gesteinmetamorphose IV: Bildung Anatektischer Schmelzen aus Ultrametamorphisierten Grauwaken. *Geochimica et Cosmochimica Acta*, v.24, p.48-69, 1961.

WOERMANN, E.; HIRSCHBERG, A.; LAMPRECHT, A. Das System Hämatit-Ilmenit-Geikielith unter Hohen Temperaturen und Hohen Druken. *Fortschritte der Mineralogie*, v.47, n.1, I-II, p.79-80, 1970.

WONES, D. R.; EUGSTER, H. P. Stability of Biotite: Experimentals, Theory and Application. *American Mineralogist*, v.50, p.1.228-72, 1965.

______; GILBERT, M. C. Amphiboles in the Igneous Environment. In: VEBLEND, D. R.; RIBBE, P. H. (Eds.). Amphiboles: Petrology and Experimental Phase Relations. *Reviews in Mineralogy*, v.9B, p.355-90, 1982.

______; ______. The Fayalite-Magnetite-Quartz Assemblage between 600 °C and 800 °C. *American Journal of Science*, v.267A, p.480-8, 1969.

YODER JR., H. S. (Ed.). *The Evolution of Igneous Rocks*. Fiftieth Anniversary Perspectives. Princeton: Princeton University Press, 1979. 588p.

______ (Ed.). *Generation of Basaltic Magmas*. New York: Natural Academy of Sciences, 1976. 265p.

______ Effect of Water on the Melting of Silicates. *Yearbook*, Carnegie Inst. Washington, v.57, p.189-91, 1958.

______; EUGSTER, H. P. Phlogopite Synthesis and Stability Range. *Geochimica et Cosmochimica Acta*, v.6, n.4, p.157-85, 1954.

______; STEWART, D. B.; SMITH, J. V. Ternary Feldspars. Ann. Rpt. Dir. Geophys. Lab. *Yearbook*, Carnegie Inst. Washington, v.56, p.206-14, 1957.

______; TILLEY, C. E. Origin of Basalt Magmas: an Experimental Study of Natural and Synthetic Rocks Systems. *Journal of Petrology*, v.3, n. 3, p.342-532, 1962.

ZEN, E. Plumbing the Depths of Batholith. *American Journal of Science*, v.289, n.10, p.1.137-57, 1989a.

____. Wet and Dry AFM Mineral Assemblages of Strongly Peraluminous Granites. *EOS*, v.7, p.109-10, 1989b.

______. Aluminium Enrichment in Silicate Melts by Fractional Crystallization: some Mineralogic and Petrographic Constraints. *Journal of Petrology*, v.27, n.5, p.1.095-117, 1986.

______; HAMMARSTROM, J. M. Magmatic Epidote and its Petrological Significance. *Geology*, v.12, p.515-8, 1984.

Índice remissivo

S

SOBRE O LIVRO

Formato: 21 x 28 cm

Mancha: 39,2 x 56,7 paicas

Tipologia: Iowan Old Style 10/14

Papel: Offset 75 g/m² (miolo)

Cartão Triplex 250 g/m² (capa)

1ª edição Editora Unesp: 2024

EQUIPE DE REALIZAÇÃO

Edição de texto

Tulio Kawata e Sandra Kato (Copidesque e revisão)

Capa

Negrito Editorial

Editoração eletrônica

Eduardo Seiji Seki (Diagramação)

Assistente de produção

Erick Abreu

Assistência editorial

Alberto Bononi

Gabriel Joppert

Rua Xavier Curado, 388 • Ipiranga - SP • 04210 100

Tel.: (11) 2063 7000 • Fax: (11) 2061 8709

rettec@rettec.com.br • www.rettec.com.br